Robert Flechsig

Handbuch der Balneotherapie für praktische Ärzte

Robert Flechsig

Handbuch der Balneotherapie für praktische Ärzte

ISBN/EAN: 9783744632560

Hergestellt in Europa, USA, Kanada, Australien, Japan

Cover: Foto ©berggeist007 / pixelio.de

Weitere Bücher finden Sie auf **www.hansebooks.com**

HANDBUCH

DER

BALNEOTHERAPIE

FÜR PRACTISCHE ÄRZTE.

———

HANDBUCH

DER

BALNEOTHERAPIE

FÜR PRACTISCHE ÄRZTE

BEARBEITET VON

Dr. R. FLECHSIG,

KOENIGL. SÄCHS. GEH. HOFRATH UND KOENIGL. BRUNNENARZT ZU BAD ELSTER,

Ritter 1. Klasse vom Königl. Sächsischen Verdienstorden, vom Sachsen-Ernestinischen Hausorden, vom Königl. Preussischen Kronenorden mit rothem Kreuze auf weissem Felde, sowie Inhaber des Königl. Sächsischen Erinnerungskreuzes an die Jahre 1870 und 71 und der Königl. Preussischen Medaille für Pflichttreue im Kriege.

BERLIN 1888.

VERLAG VON AUGUST HIRSCHWALD.

NW. UNTER DEN LINDEN 68.

Vorrede.

Die vorliegenden Blätter sind lediglich für den praktischen Arzt bestimmt. Sie sollen ihm nicht allein den Standpunkt darlegen, welchen die Balneotherapie in der Medicin gegenwärtig einnimmt, sondern vorzugsweise die Curmittel und Curmethoden ihm vorführen, über welche diese zur Zeit gebietet.

Demgemäss zerfällt die nachstehende Darstellung derselben in eine allgemeine Balneotherapie, in welcher die verschiedenen Curarten, die hierbei in Frage kommen, ihre Besprechung und Würdigung finden, aber auch Hydrotherapie und Klimatotherapie, insoweit sie vom praktischen Arzte gekannt sein müssen und von ihm zu verwerthen sind, berücksichtigt werden und in eine specielle Balneotherapie, welche die einzelnen chronischen Krankheiten vorführt, die gegenwärtig Gegenstand balneotherapeutischer Curen sind und deren Behandlungsweisen bespricht, welche zur Zeit als die allgemein üblichen angenommen sind.

Der Tendenz des Buches entsprechend und um dem praktischen Arzte eine Unterlage für richtige Beurtheilung des Werthes und der therapeutischen Leistungsfähigkeit der in den einzelnen Curorten gebotenen Curmittel mehr zu geben, sind noch die empirisch gewonnenen Thatsachen besonders gewürdigt und nicht blos im Allgemeinen, sondern auch im Speciellen thunlichst festgestellt worden. Ich habe mich hierbei ganz besonders an die Beobachtungsergebnisse und Erfahrungen der neuesten Zeit gehalten und nur da, wo dieselben mir unvollkommen erschienen, mehr zum Zweck der Ergänzung ältere herangezogen, welche mir theils mein vor einigen Jahren erschienenes Bäderlexikon, theils die Helfft-Thilenius'sche Balneotherapie bot. Zu weiterer Orientirung verweise ich daher auf diese beiden angezogenen Werke, insbesondere wenn die von mir angegebenen literarischen Quellen nicht zur Hand sind oder ungenügend erscheinen sollten.

Als Eintheilungsprincip habe ich das meinem Bäderlexikon zu Grunde gelegte beibehalten, weil es dem Leser einen raschen Ueberblick gewährt und auch in mancher anderen Beziehung sich als praktisch erwiesen hatte.

Die Darstellung selbst wurde möglichst zusammengedrängt und im engen Rahmen gehalten, um die Grenzen nicht zu überschreiten, welche das Bedürfniss des praktischen Arztes und seine Muse steckt. Es ist daher Alles weggeblieben, was nicht streng zur Sache gehört und was ohne Schädigung des Verständnisses wegbleiben konnte. So sind in Verfolg dieses Princips hauptsächlich nur diejenigen Curorte angeführt worden, wohin der deutsche Arzt Kranke zu schicken pflegt, und nur die wichtigsten des Auslandes, die ihm für die Praxis zwar fern liegen, aber allgemeines ärztliches Interesse beanspruchen, haben Berücksichtigung gefunden.

Aus gleichem Grunde wurden auch keine vollständigen Analysen von Mineralwässern, welche als Curmittel dienen, gegeben, sondern nur die Hauptbestandtheile derselben, in der Voraussetzung, dass nur diese, nicht minimale Nebenbestandtheile den praktischen Arzt bei Beurtheilung des therapeutischen Werthes einer Quelle leiten, angeführt. Ebenso sind alle Regeln für Bade- und Trinkcuren, für Dauer und Zeit einer Cur, für geeignetes Verhalten des Curgebrauchenden während und nach derselben, sowie über Diät und was die praktische Ausführung einer Cur in einem Bade oder sonstigen Curorte betrifft, weggelassen worden, weil alles Dies nicht den Hausarzt, sondern lediglich den an Ort und Stelle thätigen Arzt angeht, zumal die Erfahrung sattsam lehrt, dass Instructionen von Seiten des Hausarztes und alles Curiren par distance meist zu Misserfolgen, wenigstens zu recht störenden Unzuträglichkeiten führen.

Mögen diese anspruchslosen Blätter den Nutzen schaffen, den ihr Verfasser bei ihrer Abfassung vor Augen hatte.

Der Verfasser.

Inhaltsverzeichniss.

Allgemeine Balneotherapie.

Seite

Einleitung 3

A. Balneotherapie 5
   I. Mineralwassercuren 5
      1. Akratothermen 5
         Curorte 10
      2. Säuerlinge, einfache (Sauerbrunnen, Antbrakokrenen) 11
         Curorte 12
      3. Die alkalischen Quellen 13
         Curorte 19
      4. Die alkalisch-erdigen Quellen 21
         Curorte 24
      5. Eisenwässer 25
         a) Kohlensaure Eisenwässer 25
         b) Schwefelsaure Eisenwässer 29
         Curorte 30
      6. Kochsalzwässer (Halopegen, Halothermen) . . . 33
         a) Kochsalztrinkquellen 34
         b) Kochsalzbäder 37
         Curorte 40
         c) Mutterlaugen 43
         Curorte 43
      7. Bitterwässer 46
         Curorte 48
      8. Schwefelquellen 49
         Curorte 55
   II. Inhalationscuren 57
         Curorte 60
   III. Gasbäder 60
         Curorte 61

Seite

IV. Die Seebadecuren 61
      Seebadeplätze 67
V. Milch-, Molken-, Kumyss-, Kefircuren 70
      a) Milchcuren 70
      b) Molkencuren 71
      c) Kumyss- und Kefircuren 73
      Curorte 75
VI. Trauben- und Kräutercuren 76
      a) Traubencuren 76
      b) Kräutercuren 78
      Curorte 78
VII. Moor- und Schlammbäder 79
      a) Moorbäder 79
      b) Schlammbäder 82
      Curorte 83
VIII. Fichtennadel- und Kräuterbädercuren 84
      Curorte 85
IX. Hydroelectrische Badecuren 86
      Curorte 90
X. Sandbadecuren 90
      Curorte 92

B. Hydrotherapie 92
  I. Thermische Effecte 93
      a) Auf Körpertemperatur 93
      b) Auf Circulation 94
      c) Auf Respiration 94
      d) Auf das Nervensystem 95
      e) Auf den Stoffwechsel 96
      f) Auf Secretionen und Excretionen 97
  II. Mechanische Effecte 97

    Hydrotherapeutische Anwendungsformen:

    1. Kalte Waschung 97
    2. Kalte Abreibung 97
    3. Feuchtkalte Einwickelung 98
    4. Das Lakenbad 98
    5. Das Vollbad 98
    6. Das Halbbad 98
    7. Das Fussbad 99
    8. Das Sitzbad 99
    9. Kalte Umschläge 99
   10. Kalte Begiessungen, Sturzbäder und Douche 100
   11. Schwitzeinpackung 100

    Wirkungsäusserungen der hydriatischen Curformen:

    1. Reizende 101
    2. Beruhigende 101

Seite

3. Wärmeentziehende 101
4. Ableitende 101
5. Zertheilende 101
6. Zusammenziehende, roborirende 101
Wasserheilanstalten 101

C. Klimatotherapie 103

Klimafactoren (Einwirkungen auf den menschlichen Organismus).
   a) Wärme der Luft 104
   b) Luftfeuchtigkeit 104
   c) Bewölkung des Himmels 105
   d) Luftdruck 106
   e) Luftströmungen 106
   f) Electrische Verhältnisse der Atmosphäre . . . 107
   g) Chemische Zusammensetzung der atmosphärischen
      Luft 107
1. Das alpine Klima 108
2. Das subalpine Klima 108
3. Das Seeklima 110
4. Die Niederungsklimate 113

   A. Sommercurorte 115
     1. Höhencurorte mit alpinem Klima von 1900 bis
       900 m Erhebung über dem Meeresspiegel . 115
     2. Höhencurorte mit subalpinem Klima und mit
       900 bis 400 m Erhebung über dem Meeres-
       spiegel 115
     3. Curorte mit Niederungsklimaten von 400 bis
       100 m Seehöhe 117
   B. Wintercurorte 118

Specielle Balneotherapie.

Einleitung 121

A. Klinische Balneotherapie 124
  A. Constitutionelle Krankheiten 125
    I. Anämie 125
    II. Gewebserkrankungen des Blutes 130
      a) Chlorose 130
      b) Perniciöse Anämie 134
      c) Leukämie und Pseudoleukämie 135
      d) Werlhoff'sche Blutfleckenkrankheit 135
    III. Scrofulose 136
    IV. Gicht 139

Seite

V. Fettsucht 144
VI. Diabetes mellitus 146
VII. Syphilis 150
VIII. Chronische Metallintoxicationen 152
    a) Bleiintoxication 152
    b) Quecksilberintoxication 153
    c) Arsenikintoxication 154
B. Chronische Nervenkrankheiten 155
I. Functionelle Störungen des Nervensystems (Neurasthenie) 155
II. Hypochondrie 157
III. Hysterie 158
IV. Epilepsie 160
V. Chorea 161
VI. Neuralgien 161
    a) Ischias 163
    b) Intercostalneuralgie (Cruralneuralgie, Cervicobra-
       chialneuralgie) 164
    c) Gesichtsschmerz 164
    d) Hemicranie 164
    e) Cardialgie 165
VII. Anästhesie und Parästhesie 165
VIII. Tabes dorsualis 166
IX. Amyotrophische Lateralsclerose 169
X. Circulationsstörungen im Gehirn und Rückenmark . . 169
    a) Cerebrale und spinale Anämie 169
    b) Cerebrale und spinale Hyperämie 170
    c) Hämorrhagien im Gehirn und Rückenmark . . . 170
XI. Chronische Leptomeningitis spinalis 170
XII. Chronische Myelitis 171
XIII. Multiple Sclerose des Gehirns und Rückenmarks . . . 174
XIV. Hirnsyphilis 174
XV. Rückenmarkssyphilis 175
XVI. Motorische Lähmungen 175
    a) Functionelle Lähmungen 176
       1. Lähmungen aus Blutarmuth 176
       2. Lähmungen nach überstandenen schweren
          Krankheiten 177
       3. Hysterische Lähmungen 177
       4. Schrecklähmungen 178
       5. Reflexlähmungen 178
       6. Lähmungen der männlichen Sexualorgane
          (männliche Impotenz) 179
    b) Lähmungen aus anatomisch nachweisbaren Ursachen 180
       1. Periphere Lähmungen 180
          α) Rheumatische und gichtische Läh-
            mungen 180

Seite

β) Traumatische und Intoxications-Läh-
mungen 181
γ) Neuritische Lähmungen von Muskeln 181
2. Centrale Lähmungen 182
α) Hemiplegien 182
β) Paralytische Erkrankungen des ver-
längerten Marks und Halsmarks . . 184
γ) Spastische Spinalparalyse, die chro-
nische Poliomyelitis und Landrysche
Paralyse 184
δ) Compressionslähmungen 185
ϵ) Lähmungen nach Myelitis 185
ζ) Rückenmarkserschütterungen . . . 185
d) Lähmungen nach Abdominaltyphen 186

C. Krankheiten der Respirationsorgane 186

I. Krankheiten des Kehlkopfes 186
a) Chronische Laryngitis 186
b) Sensibilitäts- und Motilitätsstörungen des Larynx . 190
II. Krankheiten der Trachea und der Bronchien 191
a) Chronischer Bronchialkatarrh 191
b) Bronchiales Asthma 194
III. Krankheiten der Lunge 195
a) Chronische Pneumonie 195
b) Tuberculose der Lunge 198
c) Lungenemphysem 207
IV. Krankheiten der Pleura 208
a) Pleuritisches Exsudat 208

D. Krankheiten des Circulationsapparates 209

I. Chronische Erkrankungen des Herzens 209
a) Hypertrophie und Dilatation des Herzens . . . 210
b) Klappenfehler am Herzen 211
c) Fettherz 213
d) Nervöses Herzklopfen 213
e) Angina pectoris (Stenocardie) 214
II. Chronische Erkrankungen des Gefässsystems 214
a) Arteriosclerose (Atherom der Gefässe) 215
b) Phlebectasien 215

E. Krankheiten des Nahrungscanals und seiner Adnexa 216

I. Der chronische Rachenkatarrh 216
II. Der chronische Magenkatarrh und die habituelle Dyspepsie 218
III. Neurosen des Magens 225
a) Nervöse Dyspepsie 225
b) Gastrodynie 226
IV. Das runde Magengeschwür und die Erosionen des Magens 226
V. Der chronische Darmkatarrh und die habituelle Obstipation 227

Seite

F. Chronische Erkrankungen der grossen Drüsen des Unterleibs . 231
   I. Chronische Erkrankungen der Leber und der Gallenblase 231
     a) Leberhyperämie 231
     b) Fettleber . . . ., ... 233
     c) Lebercirrhose und Amyloidleber 234
     d) Chronischer Katarrh der Gallenwege 235
     e) Gallenconcremente und eingedickte Galle . . . 236
   II. Chronische Milzerkrankungen 237
     a) Hypertrophie der Milz 237

G. Unterleibsplethora (Hämorrhoiden) 228

H. Chronische Erkrankungen der weiblichen Sexualorgane . . . 240
   I. Chronische Metritis 240
   II. Chronischer Uterin- und Vaginalkatarrh 244
   III. Chronische Oophoritis 247
   IV. Beckenexsudate (Perimetritis, Parametritis, Perioophoritis,
     Pelveoperitonitis) 248
   V. Neubildungen im Uterus und in den Ovarien 250
   VI. Menstruationsanomalien 251
     a) Amenorrhoe 252
     b) Menorrhagie 253
     c) Metrorrhagie 255
     d) Dysmenorrhoe 255
        1. Nervöse 255
        2. Congestive 256
        3. Membranöse 257
   VII. Neigung zu Abortus 257
   VIII. Weibliche Sterilität 258

J. Chronische Erkrankungen der männlichen Geschlechtsorgane . 259
   I. Chronische Hodenentzündung 259
   II. Pollutionen und Spermatorrhoe (Impotenz) 260

K. Chronische Erkrankungen des Harnapparates 262
   I. Chronische Nephritis (Morbus Brightii) 262
   II. Chronische Cystitis und Pyelitis 266
   III. Nephrolithiasis 270
     a) Harnsäuresteine 270
     b) Oxalatsteine 273
     c) Phosphatsteine 273
     d) Cystin- und Xanthinsteine 274
   IV. Chronische Erkrankungen der Harnröhre und Prostata . 275
     a) Chronischer Katarrh der Harnröhre 275
     b) Chronische Prostatitis 275

L. Chronische Erkrankungen des Bewegungsapparates 276
   I. Der chronische Gelenkrheumatismus 276
   II. Chronische Myositis (chronischer Muskelrheumatismus) . 280
   III. Chronische Erkrankungen des Periost, des Knochens und
     der Weichtheile des Bewegungsapparates 283

Seite

M. Chronische Erkrankungen der Haut 285
    I. Chronische Exantheme 285
        a) Chronisches Eczem und Impetigo 285
        b) Psoriasis 286
        c) Prurigo und Pruritus 287
        d) Acne 287
        e) Urticaria 288
        f) Chronisches Erysipel und Furunculosis 288
        g) Pemphigus, Lupus, Ichthyosis 289
    II. Chronische Hautgeschwüre 289
    III. Hautschwäche 290

N. Chronische Krankheiten der Sinnesorgane 290
    I. Chronische Krankheiten der Augen 290
    II. Chronische Erkrankungen des Gehörorgans 293
    III. Chronische Krankheiten der Nasenhöhle 294

B. Balneographie 295
    Die wichtigsten Curorte und Wasserheilanstalten in Bezug auf
    ihre Curmittel und therapeutischen Eigenthümlichkeiten . . 295

Allgemeine Balneotherapie.

Wenn man die Balneotherapie als die Lehre von der therapeutischen Verwendung der Heilquellen bezeichnet, so weist man ihr damit zunächst die Aufgabe zu, den allgemein therapeutischen Werth der zum Trinken und Baden verwendeten Mineralwässer, sowie der Thermen und Seebäder darzulegen, ihre Wirkungsweise zu untersuchen und zusammenzufassen, was die Erfahrung über den Gebrauch derselben in Krankheiten gelehrt hat. Bei der grossen Verschiedenartigkeit und Vielfältigkeit der Heilagentien, welche hier in Frage kommen, ist ihr Gebiet ein ziemlich umfängliches. Schon die in ihrer Wirkungsweise so verschiedene Anwendung der Mineralquellen zu Trink- und Badecuren führt nach verschiedenen Richtungen hin, von welchen aus der therapeutische Werth einer Heilquelle beurtheilt werden muss. Hierzu kommt noch die ausserordentliche Verschiedenheit der chemischen Zusammensetzung der einzelnen Mineralquellen, welche nicht selten Stoffe vereinigt, deren pharmakodynamischer Charakter ein weit auseinander gehender ist. Dass es unter diesen Umständen bisweilen ausserordentlich schwierig ist, einer Mineralquelle einen bestimmten therapeutischen Charakter aufzudrücken und für sie die richtigen Indicationen herauszufinden, bedarf wohl kaum erst hervorgehoben zu werden.

Wenn man nun auch bestimmte Gruppen von Mineralwässern aufgestellt und dadurch eine Zusammengehörigkeit gewisser Individuen nicht blos in physikalisch-chemischer, sondern auch in pharmakodynamischer Beziehung geschaffen hat, welche diesen einen gemeinschaftlichen therapeutischen Grundcharakter zuerkennt, so ist damit noch keineswegs eine solche Basis hergestellt, auf Grund deren der therapeutische Gesammteffect der einzelnen Mineralwässer mit aller Bestimmtheit und Vollständigkeit sich feststellen liesse. Schon Braun weist in seinem Lehrbuche der Balneotherapie auf diesen Mangel hin, indem er gestützt auf die Thatsache, dass verschiedenartige Quellen auf gleichartige Krankheitszustände ganz ähnlich einwirken und gleiche Mineralquellen, soweit sie als solche erkannt werden können, auf sehr verschiedenartige Krankheiten günstig influiren, hervorhebt, dass sowohl in den chemisch ver-

1*

schieden charakterisirten Heilmitteln, als auch in den verschiedenen Krankheitszuständen gemeinschaftliche Momente obwalten müssen, welche den gemeinsamen Erfolg bewirken.

Diese Einflüsse nun, welche sich bei allen Brunnen- und Badecuren geltend machen, gipfeln vorzugsweise in der gänzlich veränderten Lebensweise der Kranken, in veränderter Diät, in dem Aufgeben nachtheilbringender Gewohnheiten, in dem Land- und Gebirgsleben, in der grösseren Bewegung und in anderen ähnlichen veränderten Verhältnissen mehr. Als noch wichtigere Factoren aber müssen angesehen werden der vermehrte Genuss des Wassers und die äussere Anwendung desselben als Träger der Feuchtigkeit, der Wärme und der Kälte, sowie die veränderten klimatischen Verhältnisse mit ihren höchst mannigfaltig sich gestaltenden Einflüssen auf den menschlichen Organismus, in welche der Kranke tritt. Rechnet man nun noch die ausserordentlich zusammengesetzte Natur der Brunnen- und Badecuren hinzu, so erklärt es sich leicht, dass die Balneotherapie heutigen Tages sich nicht mehr in den engen Kreisen bewegt, welche ihr die Begriffsbestimmung in früherer Zeit lediglich zugewiesen hatte.

Die Heilagentien der Balneotherapie sind nach Leichtenstern's geistvoller Auffassung gegenwärtig dreifacher Art, nämlich:

Hydrotherapeutische, insofern es sich um die Wirkungen kalter, warmer und heisser Wasserbäder, Dampfbäder, Douchen, kalter Abreibungen und der übrigen hydriatischen Proceduren handelt, insofern ausserdem das mit den Trinkcuren einverleibte Wasser eine oft wichtige Rolle spielt.

Pharmakodynamische, insofern bei den Trinkcuren mit Salz- und Gaslösungen diese Bestandtheile gewisse Wirkungen im Organismus vollführen.

Hygienische und psychische, insofern veränderte klimatische und diätetische Einflüsse, Ruhe und Ausspannung von den Berufsgeschäften, das Leben in anderer Umgebung mit anderer geistiger Anregung, der Aufenthalt in anderer Gegend und anderem Klima, in Wald- und Gebirgsluft, am Strande, und andere oben bereits angedeutete Verhältnisse ihre wohlthätige Einwirkung geltend machen, einen günstigen Umschwung in dem subjectiven körperlichen und geistigen Befinden, in der Stimmung, dem Appetit und der Verdauung bewirken und damit einen direct oder indirect günstigen Einfluss auf einzelne pathologische Zustände ausüben.

Man muss Leichtenstern vollkommen beistimmen, wenn er bemerkt, dass bei manchen Brunnen- und Badecuren sämmtliche der genannten 3 Factoren in annähernd gleichmässiger Weise an der Erzielung eines günstigen Erfolges sich betheiligen, in anderen Fällen vielleicht nur der pharmakodynamische Charakter der Quelle, das reichliche Wassertrinken, das kalte und warme Bad in Verbindung mit hydriatischen Proceduren von hervorragender Wirkung, vielleicht auch der hautreizende Salz- und Gasgehalt der Bäder da und dort von Bedeutung sein mögen, dass es aber bei dem vielfach zusammengesetzten Charakter der Brunnen und Badecuren nicht möglich ist, festzustellen, welchen der oben gena Einflüsse im Einzelfalle der Hauptantheil an dem Erfolge zuzum

Aus dem Gesagten geht hervor, dass die allgemeine Balneotherapie sich heutigen Tages zusammensetzt aus der Balneotherapie im engeren Sinne des Wortes, aus der Hydrotherapie und aus der Klimatotherapie, wenngleich die beiden letzten Zweige derselben für sich schon abgeschlossene Doctrinen bilden.

Gehen wir nun zur Betrachtung der wichtigsten Factoren der Balneotherapie im engeren Sinne über, zu einer Darlegung der verschiedenen Brunnen- und Badecuren, welche gegenwärtig als therapeutische Stützpunkte betrachtet werden.

A. Balneotherapie.

Die physiologischen und therapeutischen Wirkungen der Trink- und Badecuren lassen sich im Allgemeinen dahin zusammenfassen, dass man alle die verschiedenartigen, durch letztere hervorgerufenen Wirkungen auf thermische Effecte des Bades, auf dessen mechanische Effecte und diejenigen Effecte zurückführt, welche die in den Mineralwasserbädern aufgelösten Salze und Gase und andere im Badefluidum vorhandene Stoffe hervorrufen, während die therapeutischen Wirkungen der Trinkcuren zunächst in dem gesteigerten Wassergenuss und der dadurch veränderten Wasserbilanz des menschlichen Organismus zu suchen sind, wobei selbstverständlich wiederum die Wirkungsäusserungen durch die Menge und Temperatur des Wassers, sowie die dasselbe enthaltenden Bestandtheile in Zurechnung kommen.

Die wichtigsten der Trink- und Badecuren sind unleugbar die Mineralwassercuren, welche ihrerseits in verschiedene Gruppen zerfallen, je nach der Klasse der Mineralwässer selbst.

I. Mineralwassercuren.

1. Akratothermen.

Die Akratothermen, auch indifferente Thermon, zweckmässiger Wildbäder genannt, haben die Eigenthümlichkeit gemeinsam, dass sie arm an festen und gasigen Stoffen sind, deren quantitatives Verhältniss zu anderen Quellengruppen nicht als Massstab für die Beurtheilung ihres therapeutischen Werthes angesehen werden kann. Die

Grenze des höchsten Gehaltes an festen Bestandtheilen wird für diese
Quellengattung meist zu 1 bis 0,6 auf 1000 Theile Wasser angenommen, so dass die Summe dieser dem Gehalte der Brunnen- und Fluss-
wässer an solchen gleich steht. Nur qualitativ scheinen die Bestandtheile verschieden zu sein, indem die Akratothermen im Verhältniss zu
anderen im Wasser noch vorhandenen Salzen offenbar mehr kohlensaures
Natron und Chlornatrium enthalten, während in den Brunnenwässern
mehr die Kalksalze überwiegen. Das gleiche Verhältniss findet auch in
Bezug auf Kohlensäure statt. Sie tritt immer nur in sehr geringen
Mengen auf, während Stickstoff und Sauerstoff nicht selten in auffallend
höherem Mengeverhältniss vorhanden sind.

Sind sonach vom chemischen Standpunkte aus diese Wässer, streng
genommen, zu den Mineralquellen nicht zu zählen, so lässt sich andererseits nicht wohl in Abrede stellen, dass sie ungeachtet ihrer Stoffarmuth
gewisse therapeutische Eigenschaften besitzen, welche dem kranken Organismus zu dessen Gunsten sich recht wohl fühlbar machen können.

Diese Thatsache hat zu den verschiedensten Auffassungen ihres
Wirkungsvermögens Veranlassung gegeben. Zunächst ist in dieser Beziehung ihr electrisches Verhalten zu nennen. Nachdem Baumgärtner schon im Jahre 1834 in Poggendorff's Annalen der Physik
seine Versuche über die Leitungsfähigkeit des Gasteiner Thermalwassers
für den electrischen Strom publicirt hatte, die durch die ausführlichen
Experimente von Scoutetten in Metz (de l'éctricité considérée come
cause principale de l'action de eaux minérales sur l'organisme par H.
Sc. Paris 1864) nicht allein bestätigt wurden, sondern auch, wenigstens
diesen letzteren Experimentator zu der Ansicht führten, dass allen Mineralwässern auf diese Weise eine gewisse mehr oder weniger tief gehende
Erregung auf den menschlichen Organismus verliehen werde, gewann die
Ansicht, dass Electricität die Wirkungen der indifferenten Thermen be-
dinge, immer mehr Boden und hat sich bis heutigen Tages, wenngleich
nach vielfachen Erschütterungen, erhalten. Hierzu trug wohl nicht unwesentlich der Umstand bei, dass in neuerer Zeit auch andere Forscher,
wie Pröll in Gastein, Heymann und Krebs in Wiesbaden, Schuster
in Aachen u. A., diese Versuche wieder aufnahmen und bestätigten und
in neuester Zeit ein Mann von Fach, v. Waltenhofen, eine physikalische Untersuchung der Gasteiner Quellen mit Anwendung der neueren
Methoden und Hilfsmittel der Wissenschaft ausgeführt hatte (Sitzungs-
Ber. d. kais. Acad. d. Wissensch., XCII., 2. Abth., Decemberheft 1885)
und die Baumgärtner'schen Resultate bestätigen konnte. Er fand
nämlich, dass wenn als Einheit für die Leitungsfähigkeiten der einzelnen
Quellen das an der Quelle des Badeschlosses und an der von Provenchères gewonnene Ergebniss gleich 413 gesetzt wurde, das Brunnenwasser Provenchères nur 35 und das des Giftbrunnens am Bockkarsee
29,6 als vergleichende Zahlen entgegensetzten. Gleiche Resultate hatte
auch das nach Hofgastein in einer mehrere Kilometer langen Röhren-
leitung aus Bad Gastein geführte Thermalwasser ergeben, welches noch
die Leitungsfähigkeit von 392 zeigte.

Stellt man ein solches Verhalten des Gasteiner Wassers dem von
gewöhnlichem Brunnenwasser gegenüber, so lässt sich die einst von

Braun ausgesprochene und weit verbreitete Ansicht, dass die therapeutischen Wirkungen der Wildbäder nicht von denen der gewöhnlichen
Wasserbäder verschieden seien, kaum mehr aufrecht erhalten, wenngleich diesem electrischen Verhalten noch nicht allgemein ein wesentlicher Antheil an der therapeutischen Wirkungsweise der Wildbäder zugesprochen ist.

Bedeutungsvoller ist jedenfalls die diesen Wässern eigenthümliche
höhere Temperatur, die zwischen 19 bis 70° C. schwankt. Auch
über die Entstehungsweise dieser, wie über deren Wirkungsart auf den
menschlichen Organismus, hat man sehr verschiedene und nicht selten
wunderliche Ansichten aufgestellt, die aber die Neuzeit mit dem Nachweis über den Haufen geworfen hat, dass die tellurische Wärme der
Wildbäder mit der Wärme des einfachen Süsswasserbades zu identificiren
ist. Diese nüchterne Anschauung hat aber manchen Widerspruch erfahren und erst in neuerer Zeit hat Renz in Wildbad (Die Heilkräfte
der sogenannten Thermen, insbesondere bei Krankheiten des Nervensystems. Tübingen 1878) einen solchen erhoben, indem er darzulegen
gesucht hat, dass ein Wasser, welches den hohen Temperaturgraden des
Erdinnern ausgesetzt gewesen ist, andere Lagerung seiner Molecüle und
andere Wärmeschwingungen annehmen und in Folge dessen anders auf
die peripherischen Nerven einwirken müsse, als ein eben erst aufge-
wärmtes Wasser. Indess haben solche auf rein hypothetischen Annahmen
fussende, durch Nichts bewiesene Einwürfe keinen überzeugenden Werth
und können die oben aufgestellte Identität der Wildwässer mit gewöhnlichem Wasser bezüglich der ihnen zukommenden Eigenwärme nicht
widerlegen.

Eine solche Unterscheidung zweier verschiedener Wärmearten wäre
nach der gegenwärtigen Anschauung therapeutisch aber auch ganz bedeutungslos. Der thermische Reiz, der als Hauptfactor der physiologischen Wirkung der Wildbäder gilt, verleiht diesen erst verschiedene
Eigenschaften, wenn die Temperaturgrade verschiedene sind, Eigenschaften, die sich bei gleichwarmen Süsswasserbädern wieder finden. So
erklärt es sich, dass einzelne Wildbäder eine stark erregende, andere
eine reizmildernde Wirkung besitzen, je nachdem ihre Temperatur
die Körperwärme übersteigt oder ihr nahe bleibt.

Diese Thatsache hat zu der Annahme eines Indifferenzpunktes geführt,
bei welchem die Reaction des Körpers gegen Temperatureinflüsse auf ein
Minimum herabsinkt.

Nach den Untersuchungen von Jürgensen sind es Temperaturgrade von 34 und 35° C., bei welchen nicht allein die Körpertemperatur
des Badenden constant die normale bleibt, sondern auch die an das
Badewasser abgegebenen Wärmemengen ebensoviel betragen, als in der
gleichen Zeit beim gewöhnlichen Aufenthalt in der Luft an dieselbe abgegeben worden wäre.

Bäder von diesen Temperaturen entbehren sonach jedes höheren
thermischen Reizes, aber sie besitzen die Eigenschaft, Temperaturgrade des
Körpers, die das normale Mass übersteigen oder unter ihr liegen, auszugleichen. Bei diesem Mangel reizender Einwirkung auf die Haut, regen
sie die peripherischen Nerven nicht wie die mit höheren Temperaturen

an, wirken vielmehr regulirend auf die Nerventhätigkeit und mild beruhigend bei Erregung derselben, jedoch auch mild anregend, wenn das
Nervensystem einer milden Anregung bedarf. Aber nicht blos das
peripherische Nervensystem wird von ihnen betroffen, auch das centrale
participirt auf dem Reflexwege an ihrer regulirenden Einwirkung.

Wesentlich anders ist die Wirkung der Akratothermen, wenn
ihr Temperaturgrad die Körperwärme wesentlich übersteigt.
Dann wirken sie erregend auf die Blutcirculation in der Haut,
beschleunigen Puls- und Herzthätigkeit, fördern die Schweisssecretion und
die Resorptionsthätigkeit der Venen und Lymphgefässe und regen das
gesammte Nervensystem, das peripherische wie das centrale, mächtig an.

Im Allgemeinen aber steht fest, dass durch den Gebrauch indifferenter Thermalbäder, auch wenn die Badetemperatur keine die Körperwärme
wesentlich übersteigende ist, die peripherische Blutcirculation angeregt
und die Resorption chronischer Entzündungsproducte eingeleitet und befördert wird. Zeugnisse ihrer trefflichen Wirksamkeit nach dieser
Richtung hin geben chronischer Rheumatismus der Gelenke und Muskeln,
namentlich mit Schwellung der betroffenen Gelenke und Gewebstheile
verbundene, rheumatische Contrakturen, Residuen nach Gichtanfällen,
die Exsudatreste nach Verletzungen, nach Stich- und Schusswunden, nach
Knochenbrüchen, schlecht heilende torpide Wunden und Geschwüre der
Haut und andere ähnliche Zustände, welche zu ihrer Beseitigung einer
mild belebenden Anregung bedürfen.

Aber auch das Nervensystem, zunächst das peripherische und
durch Uebertragung das cerebale, erfährt, wie wir bereits oben gesehen
haben, durch die sogenannten indifferenten Thermen, wenn sie keine
allzuhohe Temperatur besitzen, ebenfalls eine sehr günstige Beeinflussung. Nervenschmerzen der verschiedensten Art, allgemeine Ueberreizung der Nerven, Hysterie, Hypochondrie und andere ähnliche Neurosen, Hemi- oder Paraplegien, tabetische Erkrankungen und andere
verwandte das Nervensystem betreffende functionelle Störungen finden
durch sie Beseitigung oder doch mindestens Besserung. Als Schlusseffect
einer solchen günstig verlaufenden Thermalbadecur tritt, wie Thilenius
in seiner Bearbeitung der Helfft'schen Balneotherapie besonders betont,
allgemeine Kräftigung und höhere Leistungsfähigkeit des Nervensystems
und des ganzen Körpers ein. Freilich mögen ausser dem thermischen
Reiz hierbei wohl auch andere Momente mitwirken und nicht selten mag
ein nicht unwesentlicher Antheil der guten Wirkungen der Akratothermen
klimatischen Verhältnissen, der Höhenlage des Kurorts, einer bestimmten
Methodik zufallen, allein alle diese Beeinflussungen sind nur nebensäch-
licher Natur, und der Löwenantheil an dem erreichten Curerfolge dürfte
kaum der Therme abzusprechen sein.

Welche Akratothermen im concreten Falle in Frage kommen können,
kann nur der Temperaturgrad dieser bestimmen, der ihnen den Wirkungscharakter aufdrückt. Machen sich stärkere Erregungen bezweckende Eingriffe nothwendig, wird man zweckmässiger seine Zuflucht zu den höher
und höchst temperirten Bädern nehmen, welche, wenn sie auch zu weit
niedrigeren Temperaturen genommen zu werden pflegen, als die Temperatur ist, mit welcher sie dem Erdboden entspringen, immerhin die Möglich-

keit bieten, Temperaturgrade in Anwendung zu bringen, welche das gewöhnliche Mass übersteigen und damit intensivere Einwirkungen gewährleisten. Je mehr Beruhigung man bezweckt, desto mehr wird man die tiefer temperirten Bäder wählen, wobei man freilich zu bedenken hat, dass der thermische Indifferenzpunkt nicht überschritten werden darf, da, je tiefer die Temperatur des Bades unter denselben sinkt, der Charakter der Akratothermen umsomehr ein wärmeentziehender wird und dementsprechend der ähnlich hoher Temperatur wirkende Kältereiz in die Erscheinung tritt, welcher die beabsichtigte Schonung und Beruhigung des Nervensystems gänzlich illusorisch machen würde.

Eine ausserordentlich wichtige Eigenschaft, welche die Akratothermen besitzen, ist ihre mächtige Anregung der Resorptionsthätigkeit und ihre gute Verwendbarkeit zu sogenannten Dauerbädern, welche namentlich in der chirurgischen Praxis sich grosser Beliebtheit erfreuen und zur Heilung von Verbrennungen, schlecht schliessenden Wunden und Geschwüren u. a. m. vielfache Verwendung finden, aber auch zur Aufsaugung von Exsudaten im Beckenraume, bei chronischen Eczemen, rheumatischen und sonstigen Krankheiten der Bewegungsorgane sich besonders nützlich erweisen.

Ihre Benutzung zu diesem Zweck ist bis jetzt im Allgemeinen eine ziemlich beschränkte geblieben, wohl weil man meinte, allgemeine Störungen im Organismus herbeizuführen. Indess ist diese Befürchtung eine völlig unbegründete. Man mag sich nur des Umstandes erinnern, dass langes, die jetzige übliche Badedauer weit übersteigendes Baden in Thermalwasser den Ruf der meisten berühmten Thermen der Jetztzeit begründet hat und man heutigen Tags noch in Leuk, in Plombières und in verschiedenen Pyrenäenbädern mit grossem Nutzen für den Badenden Stunden lang im Bade verweilt, sowie dass Hebra allen theoretischen Bedenken gegenüber bewiesen hat, dass einfache warme Wasserbäder ohne allen Schaden für die Gesundheit ertragen werden. Schlagende Beweise für die völlige Unschädlichkeit der permanenten Thermalbäder liefert Prof. Bälz in Tokio (Berl. klin. Wochenschr. No. 48, 1884), welcher oft beobachtete, dass die dortigen Eingeborenen in indifferenten oder leicht salzigen Thermen von 42 bis 48° C. täglich 10 bis 15 mal badeten und oft tage- und wochenlang bei Tag und Nacht in dem 36° C. warmen Thermalwasser von Kawanaka verweilten und dies ohne allen Schaden für ihre Gesundheit thaten.

Noch ist zu bemerken, dass an manchen Kurorten mit indifferenten Thermen die Thermalquelle auch innerlich, wenngleich in beschränkter Weise Anwendung findet. Dieselbe bezieht sich hauptsächlich auf leichtere Magenkatarrhe und Cardialgien, mehr aber noch, wie es scheint, auf mit Diarrhöen einhergehende Darmkatarrhe. In dieser Beziehung geniessen nach Dürand-Fardel und anderen französischen Aerzten die Thermen von Plombières einen hohen Ruf, während man in Deutschland von Wildbad und Toplitz ähnliche Wirkungen berichtet. Auch die Thermen von Johannisbad, Badenweiler, Warmbrunn, Schlangenbad, Bath, Bristol u. A. haben solche Benutzung gefunden und finden sie theilweise noch.

Die bekannteren Akratothermen sind nachstehende:

a) Akratothermen mit dem Indifferenzpunkt nahestehenden Temperaturen.

	Summe der festen Bestandtheile im Liter Wasser in Grammen.	Quellentemperatur in C.	Seehöhe in Metern.
Liebenzell in Württemberg .	1,15	23,7—27,6	318
Brennerbad in Tirol . .	0,53	22,5	1326
Tobelbad in Tirol .	0,46	24,3—28	330
Töffer in Steiermark	0,42	33—37,5	250
Vöslau bei Wien . . .	0,40	23,0	540
Wiesenbad in Sachsen . . .	0,35	22,0	435
Badenweiler im Schwarzwald	0,33	26,4	422
Schlangenbad in Hessen-Nassau	0,33	28—32	313
Pfäffers in der Schweiz	0,29	37,5	605
Ragaz in der Schweiz . .	0,29	35,3	521
Neuhaus in Steiermark . .	0,27	35,0	375
Wolkenstein in Sachsen . .	0,24	30,0	458
Johannisbad in Böhmen .	0,22	30,0	610
Landeck in Schlesien . . .	0,17	20—31,5	447
Römerbad in Steiermark	0,08	37	237

b) Akratothermen mit die Körperwärme übersteigenden Temperaturen.

Neris in Frankreich . . .	1,26	49,5—53,9	260
Dax in Frankreich.	1,02	53—60	40
Bormio im Veltlin . . .	0,98	33—41	1448
Teplitz in Böhmen	0,64	28—49	220
Bajmocz in Ungarn . . .	0,66	38—50	—
Bains in Frankreich. . . .	0,50	30—50	306
Stubica in Kroatien	0,50	58,0	—
Warmbrunn in Schlesien .	0,50	36—40	325
Topusko in Ungarn. . . .	0,50	49—57	—
Daruvar in Slavonien . . .	0,43	42—47	131
Gastein in Oesterreich . .	0,32	43—48,7	1047
Plombières in Frankreich	0,32	12—60,6	421
Luxeuil in Frankreich	0,54	28—52,5	404
Wildbad in Württemberg	0,54	33,7—39,5	430

2. Die einfachen Säuerlinge (Sauerbrunnen, Anthrakokrenen).

Als einfache Säuerlinge bezeichnet man solche Quellen, welche so arm an festen Bestandtheilen sind, dass aus deren Gehalt physiologische und therapeutische Wirkungen sich nicht wohl ableiten lassen, welche aber wegen ihres grösseren Gehalts an Kohlensäure therapeutische Wirkungen erlangen und damit die Berechtigung, unter die Mineralquellen resp. Heilquellen eingereiht zu werden. Diese Quellengruppe repräsentirt sonach lediglich die physiologischen und therapeutischen Aeusserungen der Kohlensäure, welche sich an allen anderen mit Kohlensäure stark belasteten Quellen, combinirt mit den Wirkungsäusserungen verschiedener Salzverbindungen, natürlicherweise wiederfindet.

In den Magen gebracht, äussern einfache Säuerlinge ähnliche Wirkungen auf denselben, wie Brausepulver oder das künstlich dargestellte Sodawasser. Durch ihren hohen Gehalt an Kohlensäure wirken sie, wie diese, reizend auf die Magenschleimhaut, auf dessen Nerven und Musculatur, regen dadurch die peristaltische Bewegung des Magens an und fördern auf diese Weise die Weiterbewegung des Speisebreis, wobei allerdings ein sehr grosser Theil dieses Gases durch Ructus aus dem Magen wieder entfernt wird. Dass bei der Aufnahme des kohlensauren Wassers in den Magen eine Resorption grösserer Mengen von Kohlensäure und deren Ueberführung ins Blut stattfinde, ist sehr unwahrscheinlich, weil jede grössere derartige Gasaufnahme bei der grösseren Spannung, welche die Kohlensäure des Blutes auf die Gefässwandungen ausübt, als unmöglich erscheint. Nicht abzuweisen dürfte dagegen die Annahme einer diuretischen Wirkung der Kohlensäure, beziehentlich der einfachen Kohlensäuerlinge sein, wenngleich ein richtiger Erklärungsgrund für eine solche noch nicht gefunden ist. Am meisten spricht noch die Annahme von Quinke an, dass die Kohlensäure durch Reizung der Mucosa eine Hyperämie derselben erzeuge, die zur Resorption grösserer Wassermengen und diese wiederum zu lebhafterer Urinausscheidung führe. Auf Respiration und Puls hat der Genuss solcher Wässer einen leicht erregenden, auf den Blutdruck selbst keinen nachweisbaren Einfluss.

Der therapeutische Werth der einfachen Säuerlinge gipfelt sonach bei ihrer inneren Anwendung in Hebung der darniederliegenden Verdauungsacte, in Beseitigung auf mangelhafter Innervation beruhender dyspeptischer Beschwerden und in Anregung stärkerer Nierenthätigkeit. Andere ihnen nachgerühmte Wirkungen und Verwendungen in krankhaften Zuständen lassen manchen Zweifel an ihrem Werthe zu.

In Form von Bädern üben diese Wässer eine ähnliche reizende, wenn auch weniger fühlbare Wirkung auf die Haut aus. Es ist auch hier die Kohlensäure wieder, welche die peripherischen Nerven reizt und von diesen aus centripetal auf das höhere Nervensystem einwirkt. Der Reiz selbst ist intensiver, als der von reizenden Salzverbindungen, wie vom Kochsalz, erreicht aber nicht die Höhe des Kältereizes und sehr hoher Temperaturen. Ebenso wirkt er nicht aufregend auf die Herzactionen, wie man früher vielfach glaubte, indem durch neuero Untersuchungen jede derartige Wirkung ausgeschlossen werden muss. Wie beim innerlichen Gebrauche, muss auch beim äusserlichen jede stärkere Gasdiffundirung in Abrede gestellt werden, so dass von dieser Seite aus keine Mitbetheiligung an der Bäderwirkung erwartet werden kann. Indess lassen sich aus der Reizung des peripherischen Nervensystems alle therapeutischen Wirkungen erklären, welche diesen Bädern zugesprochen werden.

Einfache Säuerlinge.

Im Liter Wasser sind enthalten in:

Name der Quelle.	Freie Kohlensäure in Kubikcentimetern.	Feste Bestandtheile in Grammen.
Schwalbach in Preussen.		
Lindenbrunnen	1590	0,9
Apollinarisbrunnen in Preussen . .	1521	2,2
Reinerz in Preussen.		
Kalte Quelle	1465	1,5
Wildungen in Waldeck.		
Georg-Victorquelle .	1322	1,4
Cudowa in Schlesien.		
Oberbrunnen	1298	2,1
Brückenau in Baiern.		
Wernazer Quelle	1276	0,1
Teinach in Württemberg.		
Hirschquelle .	1260	1,5
Marienbad in Böhmen.		
Karolinenbrunnen . .	1231	1,5
Ambrosiusbrunnen .	1198	0,8
Imnau in Württemberg.		
Fürstenquelle	1113	2,3
Dizenbach in Württemberg . .	1100	0,3
Passug in der Schweiz.		
Belvedraquelle . .	1076	2,7
Gleichenberg in Steiermark.		
Klausenquelle	932	0,1
Flinsberg in Schlesien.		
Queisquelle	927	0,7
Tarasp in der Schweiz.		
Carolaquelle	892	1,2
Heppinger Brunnen in Rheinpreussen .	726	2,3
Rippoldsau in Baden.		
Prosperschachtquelle	712	1,4

Name der Quelle.	Freie Kohlensäure in Kubikcentimetern.	Feste Bestandtheile in Grammen.
Liebwerda in Böhmen.		
Trinkbrunnen	710	0,1
Fideris in der Schweiz	686	1,5
Landskroner Brunnen in Rheinpreussen	672	2,0
Neuenahr in Preussen,		
Augustaquelle	593	1,3
Victoriaquelle	584	1,3
Niedernau in Württemberg	584	1,4
Karlsbad in Böhmen,		
Dorotheenquelle	555	0,1
Sinzig in Preussen	530	0,8
Charlottenbrunn in Schlesien . . .	372	0,4

3. Die alkalischen Quellen.

Die alkalischen Quellen zeichnen sich vor allen anderen Quellen durch einen höheren Gehalt an kohlensauren Alkalien aus, unter denen das kohlensaure Natron oben ansteht. Sind sie kalt, besitzen sie mit wenigen Ausnahmen viel freie Kohlensäure und gestalten sich durch dieselbe zu alkalischen Säuerlingen. Als Nebenbestandtheile finden sich meist in sehr untergeordneten Mengen noch Chlornatrium, schwefelsaures Natron, kohlensaures Lithion und kohlensaure Erden vor, indess treten diese Stoffe bisweilen auch in einem quantitativen Verhältniss auf, dass sie die therapeutischen Eigenschaften dieser Quellen nicht unwesentlich beeinflussen. Dies gilt besonders vom Chlornatrium und dem schwefelsauren Natron, vielleicht auch vom kohlensauren Lithion, indess ist dieses letztere stets nur in Mengen vertreten, welche jede wesentliche Mitbetheiligung an der allgemeinen Quellenwirkung stets zweifelhaft erscheinen lassen. So unterscheidet man:

alkalische Quellen mit dem absoluten Uebergewicht an kohlensaurem Natron,

alkalisch-muriatische Quellen, bei welchen zum kohlensauren Natron wirksame Mengen an Kochsalz hinzutreten und

alkalisch-salinische Quellen, bei welchen das Glaubersalz in die Quellenwirkung wesentlich eingreift.

Der Gehalt an diesen beiden am meisten vertretenen Stoffen, dem kohlensauren Natron und der Kohlensäure, ist in diesen Wässern sehr verschieden. Man beobachtet bezüglich des kohlensauren Natrons Gewichtsschwankungen von 0,54 bis 8,60 g (Jgnatzbrunnen zu Rohitzsch) bezüglich der freien Kohlensäure von 460 bis 1867 ccm (Luhatschowitz)

im Liter Wasser. Ebenso schwankend erweist sich der Gehalt derselben
an Kochsalz und schwefelsaurem Natron, denn auch hier begegnen
wir Differenzen von 0,17 bis 4,63 g bezüglich des ersteren und 0,78 bis
5,26 g bezüglich des Sulphats in gleicher Wassermenge. Werden die
Wirkungen der kohlensauren Alkalien durch den grösseren oder geringeren
Gehalt dieser beiden Bestandtheile in mancher Beziehung auch etwas
verändert, worauf wir später zurückkommen werden, so bleiben doch
immer als Grundtöne derselben die Wirkungsäusserungen, welche das
kohlensaure Natron ausübt.

Das bei dem Genuss einfacher alkalischer Säuerlinge in den Magen
gelangte kohlensaure Natron wirkt zunächst bindend auf die in
ihm sich vorfindenden freien Säuren. Neben den organischen Säuren,
die als Zersetzungsproducte organischer Verbindungen aus dem Process
der Magenverdauung hervorgehen, wird auch die zu den Acten dieser
letzteren nothwendige Magensäure neutralisirt und es können dann, wenn
die Secretion des Magensaftes nur eine mässige ist, Verdauungsstörungen
leicht eintreten, die namentlich bei animalischer Kost am meisten her-
vorzutreten pflegen. Indess kommen wir auf diese Eigenschaft des
Natroncarbonats bei Besprechung der balneotherapeutischen Behandlung
des Magenkatarrhs später zurück, es sei daher hier nur noch bemerkt,
dass diese Befürchtung allzuweit gehender Neutralisation des Magensaftes
meist nur bei grösseren Dosen kohlensauren Natrons zutrifft, welche in
Mineralwässern nur mit wenigen Ausnahmen, vielleicht in den Wässern
von Vichy, Vals, Szczawnica, sich nicht vorzufinden pflegen. Zu dem
kommt, dass der Reiz, den die theils durch Zersetzung des Bicarbonats frei gewordene, theils meist im Ueberschuss schon vorhandene
Kohlensäure und das selten fehlende Kochsalz auf die Magenwandung
ausüben, zur Secretion frischen Magensaftes führt und somit jeder
etwaige nachtheilige Einfluss des Natroncarbonats leicht beglichen werden
kann. Als natürliche Folge davon erscheint bei rascherer Magenverdauung
und Lösung des störenden Schleims, wobei die Umwandlung des in den
Nahrungsmitteln enthaltenen Stärkemehls in Dextrin und Zucker gefördert wird, ein gesteigertes Bedürfniss nach Speisen, welches um so
lebhafter hervortritt, je mehr die im Wasser vorhandene Kohlensäure
die peristaltische Bewegung anregt und zur rascheren Entleerung des
Mageninhalts beiträgt. Weitere Veränderungen in der Magen- und
Darmfunktion, welche letztere nur in geringem Grade betroffen wird,
sind nicht bekannt, und wo solche beobachtet wurden, dürften diese
mehr von dem störenden Einfluss abzuleiten sein, den das kohlensaure
Natron auf Ernährungsvorgänge im Blute und in Geweben unter Umständen wohl äussern kann.

In das Blut übergeführt auf dem Wege der Resorption entfaltet
das kohlensaure Natron von hier aus seine Wirkung auf den Organismus, zunächst aber auf Erhaltung der Alkalescenz des Blutes selbst,
welche ·bekanntlich als Mittel dient, das Eiweiss und Fibrin desselben
in Lösung zu erhalten. Es übt unzweifelhaft einen grossen Einfluss auf
den Stoffwechsel und die Erhaltung eines gewissen nothwendigen Mischungs-
verhältnisses der organischen Bestandtheile der thierischen Säfte und somit auf das ganze Gebiet der Ernährung aus, unterstützt aber auch

wesentlich die Umsotzung der aus den Nahrungsmitteln in das Blut auf-
genommenen Säuren und Salze, indem es nach der von Liebig aufgestellten Annahme die durch den Oxydationsprocess frei werdende Kohlensäure an sich bindet, um sie endlich durch die Lungencapillaren aus dem Körper zu entfernen. In gleicher Weise wird auch die Lymphe beeinflusst
und werden die Schleimhäute zu regerer Thätigkeit angeregt. Andorer-
seits wird durch die oxydationsbefördernde Wirkung des Natrons der
Ausscheidungsprocess der verbrauchten Stoffe wesentlich gefördert, aber auch eine regressive Stoffmetamorphose von Nährstoffen im Blute bei Ueberschuss von Natroncarbonat in demselben
eingeleitet, durch welche es bis zur Anämie und Hydrämie wohl kommen kann.

Eine solche höhere Alkalescenz des Blutes, die man ohne Weiteres
beim Gebrauche alkalischer Wässer anzunehmen pflegt, scheint aber nur
unter ganz bestimmten Bedingungen möglich zu sein, denn aus den Versuchen von Buchheim (Arzneimittellehre, 3. Aufl., 1878) geht' mit
Sicherheit hervor, dass das Diffusionsvermögen des Natronbicarbonats
ein sehr geringes ist und dieses selbst vom Blute bald wieder ausgeschieden wird. Bei gewöhnlichen Verhältnissen erscheint sonach
auch die Annahme in etwas schiefem Lichte, dass dieses Salz und mit
ihm die Natronwässer die Eigenschaft besitzen, durch Erhaltung der
Alkalescenz des Blutes auch Eiweiss und Fibrin in Lösung zu erhalten,
den Faserstoff des Blutes zu vermindern und den Oxydationsprocess in
ihm zu erhöhen, überhaupt den Stoffwechsel zu steigern, wenngleich sich
nicht in Abrede stellen lässt, dass grössere und länger als gewöhnlich
andauernde Zufuhr von kohlensaurem Natron unter Umständen die oben
geschilderten Nachtheile herbeiführen kann.

Leichtenstern, der hauptsächlich auf die Unhaltbarkeit dieser allgemein gültigen Annahme von der Wirkungsweise des kohlensauren Natrons hingewiesen hat, macht diese Zweifel besonders in Bezug auf die
Oxydation des Zuckers und Fettes geltend und bestreitet sowohl, dass
die in einzelnen Badeorten, wie in Marienbad und Tarasp, bei Behandlung der Fettleibigkeit erzielten Resultate auf eine durch den Natrongehalt dieser Wässer angeregte vermehrte Verbrennung des Fettes
zu beziehen seien, als auch, dass die Karlsbader Wässer und das Karlsbader Salz, erstere wegen ihres hohen Natrongehaltes, im Stande seien,
die Zuckerausscheidung im Diabetes zu verringern.

Mag man auch diese angeregten Zweifel an der Wirkungsweise des
kohlensauren Natrons, bez. der alkalischen Wässer aufrecht erhalten, so
lässt sich doch wohl nicht leugnen, dass vom Blute aus gewisse Wirkungsäusserungen dieser letzteren stattfinden, welche für deren Gebrauch
die Indicationen abgeben können. Der Schwerpunkt dieser Allgemein-
erscheinungen liegt für die Balneotherapio ganz besonders in dem mächtigen Einfluss der alkalischen Wässer auf die Secretionsverhältnisse
der Schleimhäute, wodurch sie, wie Thilenius sehr richtig bemerkt,
anticatarrhalische Mittel ersten Ranges werden.

Indicirt erscheint sonach die Anwendung alkalischer Wässer
vor allem bei übermässiger Salzsäureproduction des Magens,
welche nach den verbesserten Untersuchungsmethoden der Neuzeit zu den

häufigsten Vorkommnissen gehörend unter dem Bilde dyspeptischer Beschwerden einhergeht oder als dyspepsia acida oder hypersecretoria bezeichnet zu werden pflegt. Sie wirken neutralisirend auf die übermässig abgeschiedene Salzsäure und beseitigen damit die häufig sich hinzugesellenden cardialgischen Beschwerden und stärkeren Schleimproductionen, die das Bild des Magencatarrhs an sich tragen, wobei zugleich der gestörte Einfluss der allzu starken Salzsäurebildung auf die Amylolyse ausgeglichen wird. Im Anschluss an diese antacide Wirkung steht der günstige Einfluss, den die alkalischen Wässer auf das Magengeschwür und die Cardialgie chlorotischer auszuüben pflegen, welche bekanntlich häufig, wenigstens die Cardialgie, Folge der übermässigen Saftabsonderung des Magens sind. Auch bei Atonie und Flatulenz des Magens erweisen sie sich nützlich, wenn sie durch einen grösseren Gehalt an Kohlensäure reizend auf die Magenschleimhaut einwirken können. Bei ausgesprochenen chronischen Magencatarrhen jedoch, bei welchen sie in früherer Zeit die ausgedehnteste Anwendung fanden, erscheinen sie weniger zweckmässig, da die Untersuchungen von Ewald und Riedel dargethan haben, dass bei dieser Magenaffection die Saftproduction eine stark verminderte ist und kohlensaure Alkalien nur schaden können, indem sie die spärlich vorhandene Säure binden und damit die Magenverdauung aufheben.

Eine besonders wichtige Indication finden die alkalischen Wässer in ihrer Anwendung gegen Catarrhe der verschiedensten Art, ohne dass eine bestimmte genügende Erklärung dieser klinischen Thatsachen sich geben lässt. Nicht blos bei chronischen, auch bei acuten Catarrhen erweisen sie sich behufs leichterer Ausführung des Schleimsecrets und der abgestossenen Epithelien nützlich, wobei wohl auch das Wasser als Getränk durch seine lösende und verdünnende Eigenschaft einen nicht unwichtigen Antheil hat. Dies gilt besonders von den Catarrhen der Respirationsschleimhaut, bei welchen sie als bewährte Expectorantien einen hohen Ruf geniessen. Von ihnen sind es namentlich die warmen Quellen dieser Gattung, welchen vor den kühlen meist der Vorzug gegeben wird.

Wichtiger aber noch als bei Catarrhen der Respirationswege erscheinen die alkalischen Wässer bei Catarrhen der Blasenschleimhaut. Da das Natroncarbonat, wie man weiss, bald nach seiner Aufnahme ins Blut durch den Harn wieder ausgeschieden wird, eignet es sich besonders dazu, dem Harne die durch seine saure Beschaffenheit die Blasenschleimhaut reizende Eigenschaft zu benehmen und vielleicht auch bis zu einem gewissen Grad direct auf diese letztere anticatarrhalisch einzuwirken, wobei freilich nicht ausser Acht zu lassen ist, dass der Harn nur eine neutrale, keineswegs eine stark ausgesprochene alkalische Reaction auf Lakmuspapier annehmen darf, weil es in diesem Falle zur Ausfällung von Erdphosphaten· im Harne kommen würde. Die Wässer von Vichy und Neuenahr, sowie die alkalischen Säuerlinge von Fachingen, Bilin, Preblau, Geilnau, Vals in Frankreich und die erdigen von Wildungen haben sich als vortreffliche Heilmittel gegen Blasencatarrhe bewährt.

In Einklang hiermit steht die Indication der alkalischen Wässer bei überschüssig gebildeter Harnsäure und davon ausgehenden harnsauren Concrementen. Ihr Nutzen, den sie hierbei haben, ist unbestritten ein bedeutender und ihre besondere Verwendung bei diesen Krankheitszuständen eine vollkommen berechtigte. Wiederum sind es die Natronquellen von Vichy, Vals, Neuenahr, Bilin, Fachingen, und ausser diesen die lithiumhaltigen Wässer von Assmannshausen, Weilbach, Salzschlirf, Salzbrunn, sowie die erdigen Säuerlinge von Wildungen u. A., welche eines hohen Rufs in dieser Beziehung sich erfreuen.

Auch bei Gicht finden die alkalischen Wässer bekanntlich vielfache Verwendung, wenngleich bei dieser Krankheit die Ausscheidung von Harnsäure im Harne eine verminderte ist. Die durch sie erlangten günstigen Curerfolge sind wohl lediglich auf die Steigerung der regressiven Stoffmetamorphose zurückzuführen, welche dem kohlensauren Natron, wie wir oben angedeutet haben, kaum abzusprechen sein dürfte. Reichlicher Wassergenuss und Bäder sind hierbei treffliche Unterstützungsmittel und leisten unter Umständen bei Gicht vielleicht noch mehr, als es das Natroncarbonat vermag.

Die Wirksamkeit alkalischer Wässer bei Störungen der Gallensecretion ist durch die Erfahrung längst festgestellt. Nur über die Art derselben laufen die Ansichten noch sehr auseinander. In neuerer Zeit aber scheinen die Arbeiten von Lewaschew mehr Klarheit in diese dunkle Frage gebracht zu haben, welcher das Vermögen des kohlensauren Natrons, die Gallensecretion zu steigern und die abgesonderte Galle zu verdünnen, auf dem Wege des Experimentes nachwies. Aus diesem Ergebnisse finden sich die engeren Indicationen dieser Wässer bei Erkrankungen der Galle und der Gallenwege leicht von selbst. Im Uebrigen kommen wir bei Besprechung der balneotherapeutischen Behandlung der Gallenconcremente auf diese wieder zurück.

Allgemein anerkannt ist die Indication alkalischer Natronwässer für Diabetes, nachdem die Empirie ihren Nutzen vielfach festgestellt hat. Die Art ihrer Wirkungsweise ist aber noch unbekannt. Man weiss nur, dass die Thermen von Vichy, Neuenahr und von Karlsbad sich in der Behandlung des Diabetes bis zu einem gewissen Grade bewährt haben. Später kommen wir hierauf wieder zurück.

Die alkalisch-muriatischen und alkalisch-salinischen Wässer haben im Allgemeinen gleiche Indicationen, wie die einfachen Natroncarbonatwässer. Bei den ersteren bietet das hinzugetretene Kochsalz in etwas grösserer Menge, als es gewöhnlich auch in einfachen alkalischen Quellen vorzukommen pflegt, ein treffliches Unterstützungsmittel für die Wirkungen des Natroncarbonats, ohne mit diesem dessen die Verdauungsacte heruntersetzende Eigenschaften zu theilen. Diese Combination des Natroncarbonats mit Kochsalz lässt die alkalisch-muriatischen Quellen für Catarrhe der Magen- und Darmschleimhaut, hauptsächlich aber der Luftwege besonders indicirt erscheinen und die Praxis hat dies durch die guten Curerfolge, die sich bei derartigen Krankheitszuständen durch den Gebrauch der Quellen von Ems, Royat, Selters, Luhatschowitz, Gleichenberg u. a. erreichen lassen, zur Genüge bestätigt.

Eine etwas andere Richtung erlangen aber die alkalischen Wässer durch das Hinzutreten des schwefelsauren Natrons, welches deren Wirkungen mehr nach den Digestionsorganen hin verweist. Allgemein bekannt sind in dieser Beziehung die therapeutischen Erfolge, welche sich bei Magen- und Darmcatarrhen, Catarrhen der Gallengänge und des Duodenums mit Icterus und verschiedenen anderen hier einschlagenden Krankheitszuständen durch die Quellen von Karlsbad, Marienbad, Elster-Salzquelle, Franzensbader Salzquelle, die Tarasper Wässer u. a. sich erreichen lassen. Ebenso anerkannt sind die vorzüglichen Wirkungen, welche die alkalisch-salinischen Wässer bei Unterleibsstasen, Anschwellungen der Leber und Milz, Fettleibigkeit und anderen ähnlichen Zuständen, die in einer sogenannten erhöhten Venosität begründet sind, zu zeigen pflegen. Auch auf die Bedeutung, welche Karlsbad in der Therapie des Diabetes einnimmt, muss hier hingewiesen werden, wobei es sich freilich nicht constatiren lässt, ob und welchen Antheil das Natronsulfat an den Heilerfolgen hat, welche man daselbst erlangt.

Ausser zu Trinkcuren finden die alkalischen Quellen auch zu Bädern therapeutische Anwendung. Diese letztere steht aber in ihrer Bedeutung gegen die erstere wesentlich zurück.

Die Bestandtheile, welche in diesen Wässern hierbei in Betracht kommen, sind ausschliesslich das kohlensaure Natron und die freie Kohlensäure; das Kochsalz hingegen ist meist in nur so geringen Mengen vorhanden, dass es selbst in den alkalisch-muriatischen Wässern keine Wirkung auf die Haut ausüben kann, während das schwefelsaure Natron bekanntlich auch in grösserer Menge gänzlich wirkungslos auf dieselbe ist.

Je nach ihrem quantitativen Gehalt an Natroncarbonat wirken die Bäder aus alkalischen Wässern reizend auf die Haut oder erweichend und secundär reizmildernd. Je höher derselbe sich beläuft, desto mehr tritt die, wenngleich nur in geringem Grade sich documentirende kaustische Wirkung des Aetznatrons hervor und verleiht den Bädern eine reizende Eigenschaft. Dieselbe zeigt sich jedoch im Allgemeinen sehr selten und dürfte nur an den an Natroncarbonat reichen Quellen, wie zu Vichy, sich beobachten lassen, während an derartigen Säuerlingen es gänzlich unentschieden bleiben muss, welcher Antheil an der reizenden Wirkung auf die peripherischen Nerven der Kohlensäure oder dem Natroncarbonat beizulegen ist.

Die den meisten alkalischen Wässern zukommende Badewirkung liegt in ihrer Eigenschaft, erweichend und quellend auf die Epidermis einzuwirken und die verbrauchten Epidermisschuppen in hervorragender Weise zu entfernen. Diese Eigenschaft theilen sie zwar mit den gewöhnlichen Wasserbädern, aber nach v. Ibell hat der Natrongehalt dieser eine weit intensivere Wirkung hierauf, als sie das gewöhnliche Wasserbad besitzt. In derselben Richtung wirkt nach diesem Autor auch das kohlensaure Natron wegen seiner fettverseifenden Eigenschaft auf die in den Ausführungsgängen der Talg- und Schweissdrüsen angesammelten Secrete ein.

Fällt die Temperatur des alkalischen Bades in den thermischen Indifferenzpunkt hinein, bleibt sonach Wärmeabgabe und Wärmeaufnahme eine unveränderte, so beschränkt sich, wie auch v. Ibell in Bezug auf die Emser Bäder hervorhebt (Grossmann, Die Heilquellen des Taunus, 1887, S. 256), die Einwirkung dieser auf das peripherische Nervensystem in soweit, als es dessen Reizbarkeit herabsetzt. Beruhigung des Nervensystems bei Reizzuständen und Regulirung der Hautthätigkeit müssen sonach als die Cardinalwirkungen der alkalischen Wasserbäder bezeichnet werden.

Die reizende Einwirkung der Kohlensäure kommt nur bei einzelnen alkalischen Wässern in Betracht, wie z. B. in Gleichenberg, Luhatschowitz, Szczawnica, Giesshübel u. a., wo neben Trinkcuren auch Badecuren installirt sind, allein bei allen diesen Wässern wiegt die Wirkung der Kohlensäure im Bade in einer Weise vor, dass die des Natroncarbonats nicht mehr zur Geltung kommen und man thatsächlich nur von kohlensauren Wasserbädern sprechen kann. In den Thermen jedoch, wie von Vichy, Ems, Neuenahr, ist schon der hohen Wassertemperatur wegen die Kohlensäure nur in kleinen Mengen vertreten und dann quantitativ unzureichend, dem Bade den reizenden Charakter zu verleihen. Grossmann will zwar einen solchen für die Emser Bäder anerkannt wissen (Die Mineralquellen von Ems, 1867), allein v. Ibell sowohl (l. c. S. 254), als auch Fromm (Braun's Balneotherapie, 5. Aufl., bearbeitet von From, S. 331) negiren auf Grund eigener und vielfacher Beobachtungen eine solche vollständig. Man wird daher auch an anderen Badeorten dieser Gattung zu anderer Annahme schwerlich berechtigt sein.

A. Die alkalischen Quellen (Säuerlinge).

In einem Liter Wasser enthält:

Name der Quelle.	Natron-bicarbonat. g	Chloride und Sulfate von Natron. g	Freie Kohlensäure. ccm	Temperatur. ° C.
Rohitsch in Steiermark. Ignazbrunnen	8,6	0,3	348	13
Vals in Frankreich, La Madelaine . . .	7,3	0,41	1082	13
Passug in der Schweiz. Ulricusquelle	5,3	1,0	954	8
Vichy in Frankreich. Source Celestins .	5,1	0,18	532	12
Source Grande Grille	4,8	0,18	460	41
Rादein in Steiermark	4,3	0,19	879	12
Fellathalquellen in Illyrien . . .	4,3	0,2	609	8
Bilin in Böhmen	2,9	0,8	1340	12
Fachingen in Preussen . . .	3,6	0,6	905	10
Preblau in Kärnthen	2,0	0,2	324	10
Birresborn in Preussen	2,8	0,5	1184	15
Obersalzbrunn in Pr. Schlesien . . .	2,4	0,5	630	7

Name der Quelle.	Natron-bicarbonat.	Chloride und Sulfate von Natron.	Freie Kohlensäure.	Temperatur.
	g	g	com	°C.
Johannisquelle bei Gleichenberg in Steiermark	1,7	0,5	755	11
Brüx in Böhmen, Riesensprudel	2,1	0,1	1080	10
Lipik in Slavonien	1,5	0,6	256	63
Giesshübel in Böhmen	0,8	0,1	1303	10
Krondorf in Böhmen	1,2	0,04	1200	11
Apollinarisbrunnen in Preussen (Ahrthal)	1,2	0,7	1500	21
Geilnau in Preussen	1,0	0,03	1468	10
Neuenahr in Preussen	0,7	0,1	593	32
Sulzmatt im Elsass, Bachquelle . . .	0,9	0,1	972	10

B. Die alkalisch-muriatischen Quellen.

Name der Quelle.	Natron-bicarbonat.	Natrium-chlorid.	Freie Kohlensäure.	Temperatur.
	g	g	com	°C.
Szczawnica in Galizien, Magdalenenquelle	6,4	4,6	711	11
Luhatschowitz in Mähren, Johannisbrunnen	5,5	3,5	554	7,5
Louisenbrunnen	5,4	4,2	953	9,2
Vincenzbrunnen	2,9	2,9	1687	8,4
Gleichenberg in Steiermark, Constantinsquelle	2,4	1,8	1172	17,2
Tönnistein in Rheinpreussen, Heilbrunnen	2,5	1,4	1354	11
Ems in Preussen, Kränchen	1,9	0,9	597	36
Fürstenquelle	2,0	1,0	599	40
Kesselbrunnen	1,9	1,0	553	48
Römerquelle	2,1	1,0	525	44
Neue Badequelle	2,0	0,9	418	50
Weilbach in Preussen, Natron-Lithionquelle	0,9	1,2	101	12
Royat in Frankreich, Eugenienquelle	1,3	1,7	190	35
Selters in Nassau	1,2	2,3	1139	16
Roisdorf in Rheinpreussen	0,7	1,8	633	12
Mont-Dore in Frankreich	0,5	0,3	303	41

C. Die alkalisch-salinischen Quellen.

Name der Quelle.	Natron-sulfat. g	Natron-bicarbonat. g	Chlor-natrium. g	Freie Kohlensäure. ccm	Temperatur. ° C.
Elster in Sachsen.					
Salzquelle	5,2	1,6	0,8	986	9,0
Marienbad in Böhmen.					
Ferdinandsbrunnen	5,0	1,8	2,0	1127	9,0
Kreuzbrunnen	5,0	1,6	1,7	552	11,8
Franzensbad in Böhmen.					
Kalter Sprudel	3,3	1,0	1,0	1231	10,6
Salzquelle	2,2	1,1	1,1	840	11,4
Karlsbad in Böhmen.					
Mühlbrunnen	2,4	2,0	1,0	180	57,8
Sprudel	2,4	1,9	1,0	104	73,8
Schlossbrunnen	2,3	1,7	1,0	483	56,9
Tarasp in der Schweiz.					
Bonifaciusquelle	0,2	0,9	—	1263	6,5
Luciusquelle	2,0	3,4	3,6	1112	6,0
Rohitsch in Steiermark.					
Tempelbrunnen	2,0	1,0	0,1	1129	10,0
Bertrich in Rheinpreussen	0,9	0,2	0,4	140	32,5
Füred in Ungarn.					
Franz Josephquelle	0,7	0,1	0,1	1283	12,5

4. Die alkalisch-erdigen Quellen.

In dieser Gruppe bilden die Verbindungen des Kalks und der Magnesia mit Kohlensäure oder des Kalks mit Schwefelsäure diejenigen Bestandtheile, welche den Charakter der Quelle bestimmen. Es handelt sich bei denselben sonach nicht sowohl um den quantitativ hohen Gehalt an erdigen Bestandtheilen überhaupt, als vielmehr um ein relatives Uebergewicht derselben über die übrigen wirksamen Stoffe.

Diese Quellen sind meist kalt, und sehr wenige von ihnen gehören zu den Thermen. Sie finden besonders in Form von Trinkcuren ihre Anwendung, indess dienen einzelne auch zu Badezwecken.

In früherer Zeit genossen die erdigen Wässer einen hohen Ruf gegen die verschiedensten Krankheiten, und heutigen Tages noch klagt Macpherson (Bath, Contrexéville and the lime sulphated waters with their use in medicine. London 1886. S. 12) darüber, dass die ausserordentliche Verschiedenheit der Krankheiten, gegen welche sie Anwendung

finden und gefunden haben, es höchst schwierig mache, rationelle Indicationen für sie zu begründen.

In Deutschland ist ihr Ruf in neuerer Zeit ein sehr schwankender
geworden und einzelne Balneologen, wie Fromm in Braun's Lehrbuch der
Balneotherapie, möchten sie ganz aus der Klasse der Mineralwässer
streichen. Der Grund zu dieser Negation liegt besonders darin, dass
sich die physiologische Gesammtwirkung dieser Wässer aus den sie
charakterisirenden Hauptbestandtheilen nicht erklären lässt und sie gegen
diejenigen Krankheiten, deren Wesen man mit einem Mangel von Kalk-
salzen erklären zu müssen glaubte, sich therapeutisch nicht bewährt
haben. Hierzu kommt, dass man gewohnt ist, den Gips als einen un-
nöthigen, nur den Magen beschwerenden Ballast einer Quelle zu betrachten, welcher zum grössten Theil unverändert den Magen passirt,
und dass bei einer nicht unbeträchtlichen Anzahl wirksamer Mineralquellen Mangel an Gips als einer ihrer wesentlichen Vorzüge ganz besonders betont wird. Ausserdem hat die physiologische Chemie gelehrt,
dass, wenn auch in den Magen ein Ueberschuss von Kalk eingeführt
wird, er doch nicht in's Blut und in die Gewebe gelangt und mit den
Fäces wieder ausgeschieden wird, der nothwendige Bedarf des Organismus an solchem durch die eingeführten Nahrungsmittel vollkommen gedeckt wird.

Der in den Mineralwässern gelöste doppeltkohlensaure
Kalk wird nach einer durch die Wärme des Magens bewirkten Ent-
weichung eines Acquivalents Kohlensäure in einfach kohlensauren
Kalk und dieser durch die Säuren des Magens in Chlorcalcium oder
auch in milchsauren Kalk umgesetzt, in welcher Verbindung er in
die Säfte übergeführt wird, um im Harne als kohlensaurer oder phosphorsaurer Kalk wieder zu erscheinen. Ueber das weitere Schicksal des
Kalks nach seiner Resorption ist nichts Genaues bekannt und herrschen
nur Hypothesen. Denn alle die verschiedenen Veränderungen, welche
die erdigen Mineralwässer wegen ihres Kalkgehalts in der thierischen
Oeconomie herbeiführen sollen, wo ihr Kalk bald als nothwendige Bedingung zur Bildung der organischen Zelle hingestellt wird, bald eine
fehlerhafte Blutmischung beseitige, bald mangelhafte zögernde Entwickelung des Körpers ausgleiche, ist nur der Thatsache entnommen, dass
phosphorsaurer Kalk für den Ausbau des Organismus nothwendig ist
und Kalk in allen Organen angetroffen wird. Dass man aber deswegen
durch Kalkwässer heruntergekommene Organismen wieder auf ihren
Normalzustand zurückführen könne, ist ein Glaube, den die Wissenschaft
längst gerichtet hat.

Auch die viel gerühmte säuretilgende Eigenschaft dieser Wässer
ist nicht hoch zu veranschlagen, denn die Menge des in der gewöhnlichen Trinkdosis zugeführten Kalkcarbonats dürfte zu diesem Zweck
kaum hinreichend sein und andererseits kohlensaures Natron in dieser
Beziehung sich viel wirksamer erweisen. In wie weit die secretionsbeschränkende Wirkung der Kalksalze, die ihnen vielfach nachgerühmt wird, einen ausgedehnteren therapeutischen Werth besitzt, als
sie ihn auf die Darmfläche äussern, ist sehr zweifelhaft, bedarf wenigstens
noch näherer Erörterung.

Einige der erdigen Wässer enthalten auch Stickstoff in etwas grösserer Menge, als er in Mineralwässern sonst vorzukommen pflegt. Bekanntlich ist darauf hin eine Stickstofftherapie aufgebaut worden, wie dies in Lippspringe und auf dem Inselbade geschehen ist, aber auch diese ist bald wieder verlassen worden, hat wenigstens in ärztlichen Kreisen die gewünschte Anerkennung nicht gefunden, so dass die Empfehlung einzelner solcher Wässer gegen mit Fieber verbundene phthisische Krankheiten der Luftwege gegenwärtig gänzlich unbeachtet bleibt.

Angesichts dieser Thatsachen kann es nicht Wunder nehmen, dass der Glaube an den einst so hochgerühmten therapeutischen Werth dieser Wässer gegenwärtig sehr erschüttert worden ist. Und doch lässt sich nicht wohl in Abrede stellen, dass die Empirie ihnen immer noch eine gesicherte Stellung in der Balneotherapie erhalten hat und hier die Praxis mit der Theorie nicht Hand in Hand geht. Es sei nur daran erinnert, dass gehaltreichere erdige Mineralquellen, wie die Quellen von Wildungen, St. Galmier, Chatel-Guyon einen grossen Ruf gegen Catarrhe der Blase, der Nieren und Harnwege überhaupt auch heutigen Tages noch geniessen und dass sie auch bei Catarrhen der Luftwege, namentlich chronischen Bronchiten, erfahrungsgemäss Erhebliches leisten, wie dies bezüglich der Quellen von Lippspringe, Weissenburg, Leuk u. a. allgemein anerkannt wird, obwohl hier die ihnen zugeschriebene secretionsbeschränkende Einwirkung nicht nur nicht eintritt, wie auch in der Helfft-Thilenius'schen Balneotherapie hervorgehoben, sondern im Gegentheil die etwa erschwerte Expectoration geradezu erleichtert wird und Lungenkranke Kalkwässer nicht selten viel besser vertragen, als Natron- und Kochsalzwässer, welche den erwarteten Curerfolg nicht brachten, den erdige Mineralwässer noch boten. Auch bei Magen- und Darmcatarrhen finden sie vielfache erfolgreiche Anwendung, wie man sich in Wildungen zu überzeugen immer Gelegenheit hat.

Ebenso werden gegen Gicht und Concrementbildungen im Harne die erdigen Mineralwässer häufig empfohlen und gerühmt. Es gilt dies namentlich von den Gipsthermen von Leuk, Bath, Bristol. Pisa (St. Giuliano bei Pisa) und Lucca. bei welchen namentlich die hohen Temperaturverhältnisse eine nicht wesentliche Rolle mitspielen mögen, man rühmt aber auch kalte Quellen gegen diese Krankheitsformen, wie die Hersterquelle bei Driburg, Contrexéville, Vittel, ganz besonders aber ist es die Gipsquelle zu Contrexéville in den Vogesen, welche einen ausserordentlichen Ruf gegen Gicht und bei alcalisch oder neutral reagirendem Harn sich bildenden Harnconcrementen geniesst. Diese ihre vortrefflichen Eigenschaften hebt Macpherson (l. c.) besonders hervor und bezeichnet sie geradezu als ein souveränes Mittel bei Concrementbildungen überhaupt, die nicht blos die Harnorgane, sondern auch die Gallenblase betreffen. Aber nicht blos bei Gicht und Concrementbildungen, auch bei Dyspepsien, Intestinalneuralgien, chronischer Diarrhoen, namentlich der Tropendiarrhoe, Diabetes und anderen ähnlichen Krankheiten werden Gipswässer, namentlich Contrexéville und Vittel von diesem englischen Arzte gerühmt.

Die Bäder aus erdigen Mineralwässern sollen angeblich die Secretion der Haut beschränken und haben deswegen gegen nässende
Hautausschläge und Hautgeschwüre mit torpidem Charakter vielfache Empfehlung gefunden, leisten aber thatsächlich nicht mehr, wie
Bäder aus indifferenten Thermen. Gerühmt werden in dieser Beziehung
als besonders wirksam die Thermen von Leuk, wobei freilich die
lange Dauer, zu welcher die Bäder daselbst genommen zu werden pflegen,
mit in Anrechnung zu bringen ist, während die Thermen von Bath
gegen Gicht, die Thermen von Ussat und Lippspringe wegen ihrer
sedativen Wirkung als besonders heilkräftig gelten.

Die engeren Indicationen für die innere Anwendung der erdigen
Wässer ergeben sich leicht aus dem Gesagten, diejenigen der Bäder
fallen entweder mit den für einfache kohlensäurehaltige Quellen oder
für indifferente Thermen aufgestellten zusammen.

Die bekannteren Kalkquellen sind nachstehende, von denen im
Liter Wasser enthalten sind:

Name der Quelle.	Temperatur.	Kohlensaurer Kalk und kohlensaure Magnesia	Gips.	Freie Kohlensäure.	Stickstoff.	Feste Bestandtheile.
	° C.	g	g	ccm	ccm	g
Wildungen, Königsquelle	10,0	2,23	unbest.	1322,0	—	3,71
Borszék in Ungarn	9,0	2,20	—	1569,5	—	3,19
Driburg, Hersterquelle.	10,6	1,51	1,00	1043,0	—	2,72
Contrexéville in Frankreich, Pa-						
villonquelle	10,0	0,86	1,16	59,0	30,0	2,82
Ussat in Frankreich	39,0	0,67	0,18	16,5	20,3	1,23
Lippspringe, Arminiusquelle . .	21,2	0,61	0,82	646,0	30,3	2,40
Inselbad, Ottilienquelle	18,2	0,49	0,08	52,4	24,5	1,38
Szliács in Ungarn, Adamquelle . .	25,5	0,63	0,72	816,0	—	1,95
Vals in der Schweiz	24,9	0,45	1,22	unbest.	—	2,05
Vittel in Frankreich	11,0	0,41	1,00	132,0	—	3,13
Pisa in Italien (Giuliano)	53,0	0,36	1,13	—	—	2,35
Muri in der Schweiz	10,1	0,36	—	226,6	—	0,42
Bristol in England	24,0	0,28	0,19	—	—	0,75
Rütihubelbad in der Schweiz .	10,0	0,26	—	0,14	—	0,31
Faulenseebad in der Schweiz .	11,0	0,26	0,14	2,0	—	1,78
Bormio im Veltlin	41,0	0,17	0,49	—	—	1,02
Nydelbad in der Schweiz . .	12,5	0,17	—	unbest.	—	0,38
Bath in England . . .	47,0	0,12	1,14	24,0	—	2,06
Skleno in Ungarn	52,0	0,10	2,64	827,0	—	3,43
Weissenburg in der Schweiz	26,0	0,07	0,93	53,0	1,0	1,39
Leuk in der Schweiz	51,0	0,01	1,53	4,0	19,3	1,98

5. Eisenwässer.

Bei der grossen Verbreitung, welche das Eisen hat, fixirt man am zweckmässigsten den Begriff Eisenquelle dahin, dass man die relative Menge des vorhandenen Eisensalzes, d. h. dessen quantitatives Verhältniss zu den übrigen festen Bestandtheilen festhält und ausserdem ihn von der Abwesenheit solcher Substanzen, welche für andere Quellengruppen charakteristisch sind, abhängig macht. Der Eisengehalt schwankt meistens zwischen 0,02 bis 0,08 g kohlensaures Eisenoxydul im Liter Wasser, während die Summe der festen Bestandtheile zwischen 0,5 bis 5,0 g in derselben Wassermenge liegt; indess herrscht in der Bezeichnung einer Quelle als Eisenquelle viel Willkür und viel alte Gewohnheit. Angaben höheren Eisengehaltes lassen den Verdacht auf unrichtige Analyse, mindestens unrichtige Wiedergabe derselben zu.

Das Eisen ist meist als kohlensaures Eisenoxydul vorhanden, seltener tritt es als schwefelsaures Eisenoxydul und noch seltener als Eisenchlorid auf, dessen Existenz in Wässern überhaupt vielfach bezweifelt wird. Zuweilen findet es sich auch an Quellsäure und Phosphorsäure gebunden vor, besonders in Quellen, welche Torfboden oder angeschwemmtem Lande entspringen.

Im Allgemeinen unterscheidet man aber nur zwei Hauptgruppen von Eisenwässern, nämlich kohlensaure Eisenwässer, gemeinhin Stahlquellen genannt, und schwefelsaure Eisenwässer oder Vitriolwässer. Die wichtigsten und verbreitetsten sind unleugbar die ersteren.

a) Kohlensaure Eisenwässer.

Sämmtliche hierher gehörende Qellen sind mehr oder weniger reich an Kohlensäure und gehören sonach auch der Klasse der Säuerlinge an. Je nach dem Vorwiegen der Nebenbestandtheile zerfallen sie in alkalische Eisensäuerlinge mit vorherrschendem Gehalte an kohlensaurem Natron, in muriatische Eisensäuerlinge mit überwiegendem Kochsalzgehalt, in salinische Eisensäuerlinge mit bemerkenswerthem Glaubersalzgehalt und in erdige Eisensäuerlinge mit nennenswerthem Gehalte an kohlensauren Erden oder auch an Gips. Sind die erdigen Bestandtheile, resp. Kalk und Magnesia nur in sehr geringer Menge vorhanden, dass man ihnen keine besondere Wirkung zusprechen kann, werden diese Art Eisenwässer auch als reine Eisenwässer bezeichnet. Fast alle diese Quellen sind kalt und sinkt die Temperatur in einzelnen sogar bis zu 5° C. herab, beträgt gewöhnlich aber 10° C., nur einige wenige sind Thermen, wie Szliacz in Ungarn mit 25 bis 32° C., Vichnye ebendaselbst mit 30° C., Sylvanès in Frankreich mit 31 bis 36° C., Schelesnowodzk im Kaukasus mit 42,5° C., Jagwara ebendaselbst mit 83° C. Sie sind geruchlos, klar und haben einen etwas tintenhaften Geschmack, der, soweit sie nicht Thermen sind, durch das Ueberwiegen der Kohlensäure keineswegs unangenehm erscheint. Sie dienen zu Trink- und Badekuren, vorzugsweise aber zu ersteren, wenn grössere Mengen von Kohlensäure das Eisen für den Magen leichter verdaulich machen.

Die physiologischen Wirkungen der Eisenwässer sind zur Zeit noch nicht klar gelegt, wie man überhaupt über die Function des Eisens im Blute und in den Geweben nur sehr wenig weiss. Nur soviel ergiebt sich aus den Forschungen der physiologischen Chemie, dass das Eisen auf dem Wege der Verdauung aus den Nahrungsmitteln in's Blut übergeführt wird, sich mit einem bestimmten Eiweisskörper, dem Globulin, zu Hämoglobin verbindet, und dass dieser neugebildete Eiweisskörper die Fähigkeit besitzt, Sauerstoff aufzunehmen und durch Vermittelung des Eisens in Oxyhämoglobin sich umzusetzen, welches wahrscheinlich die Quelle zur Ozonbildung, bez. zum activen Sauerstoff wird. Auf dieser Eigenschaft des Eisens basiren die Ansichten über seine blutbildende und die Oxydationsvorgänge im Körper einleitende Wirkung.

Wenn Eisenwässer in den Magen eingeführt werden, so erleidet das in ihnen sich vorfindende Eisen, wie dies mit jedem anderen Eisenpräparat geschieht, durch die Säure des Magens eine Umsetzung in Eisenchlorid, nachdem das Bicarbonat durch die Wärme des Magens unter Verlust der Kohlensäure zum Eisenoxyd umgewandelt gewesen war, und wird bei der grossen Affinität der Eisensalze zu Eiweisskörpern sehr bald zum Eisenalbuminat umgebildet, welches theils als Ferroalbuminat, theils als Ferridalbuminat in die Erscheinung tritt. In dieser Form gelangt wahrscheinlich ein grosser Theil des Eisens in die Blutbahn auf dem Wege der Resorption, während ein anderer Theil unresorbirt in dem Darmkanal zu Schwefeleisen sich umwandelt und die Stühle schwarz färbt.

Eine solche Umwandlung des eingeführten Eisens im Magen zu Albuminaten scheint aber nicht nothwendige Bedingung für die Aufnahme desselben in's Blut zu sein, denn aus Versuchen von Dietl und Heidler (Prager Vierteljahrsschrift, 1874, II. Bd., S. 89) geht die Wahrscheinlichkeit einer Resorption des Eisens in Form löslicher Salze im Magen selbst schon hervor.

Bezüglich der resorbirbaren Eisenmenge soll nach den Untersuchungen von Wild und A. Meyer im Magen fast die Hälfte des genossenen Eisens resorbirt werden, welches aber, sobald das Eisengleichgewicht im Organismus wieder hergestellt ist, mag dasselbe nun durch Nahrungsmittel- oder directe Eisenzufuhr geschehen, durch die Galle und aus dem Darm wieder ausgeschieden wird. So lange dasselbe aber nicht stattfindet, tritt nach den Untersuchungen von Quinke (Ueber das Verhalten der Eisensalze im Thierkörper. Berlin 1868) und von Hamburger (Zeitschr. für physiolog. Chemie, 2. Bd., 1878 und 4. Bd., 1880) eine Aufspeicherung des Eisens im Körper ein, indem diese Experimentatoren in frischen Darmsecreten nach vorausgegangener Eisenzufuhr in den Organismus vermehrte Eisenmengen nicht nachweisen konnten. Ob und in welcher Menge das Eisenwasser auch vom Darm aus resorbirt wird, ist nicht entschieden; dass es die Secretion des Darmrohres beschränkt und kräftigend auf dessen Muscularis einwirkt, dürfte seine Stuhl verstopfende Wirkung und Beseitigung chronischer Darmschwäche beweisen, welche nur auf lokale Einflüsse zurückgeführt werden können.

Nach erfolgter Aufnahme des Eisens in's Blut bilden sich die weissen Blutkörperchen im Blute zu rothen um, wie Voit nachgewiesen hat (Hermann's Physiologie, Bd. VI). Dass thatsächlich durch Eisengebrauch eine numerische Zunahme der rothen Blutzellen und damit auch eine erhöhte Bildung von Hämoglobin im Blute erfolgt, haben auch die von Löffler und Anderen vorgenommenen Zählungen der ersteren constatirt, während erhöhte functionelle Thätigkeit des Gesammtorganismus, Hebung der gesammten Ernährung und allgemeine Kraftzunahme als die Endresultate der Eisenwirkung, bezw. der Stahlwässer, von der täglichen Erfahrung bezeichnet werden.

Dass mit Zunahme der rothen Blutzellen gesteigerte Oxydationsvorgänge und vermehrter Stoffwechsel stattfindet, ist nach diesen Endresultaten der Eisenwirkung kaum zu bezweifeln, und in der That haben die Untersuchungen von Rabuteau und Valentiner und in neuester Zeit solche von C. Genth mit Schwalbacher Eisenwasser, (Berliner klin. Wochenschr., 1883, No. 27 und 28, sowie 1887, No. 46) ergeben, dass bei dem innerlichen Gebrauch von Eisenwässern eine vermehrte Harnstoffausscheidung stattfindet, wobei freilich, wie Frickhöffer meint, in Bezug auf die Schwalbacher Quellen es unentschieden bleibt, welcher Antheil hieran der Kohlensäure zufällt.

Bezüglich der therapeutischen Wirkung der Eisenquellen auf den Organismus ist zunächst hervorzuheben, dass die bei Trinkcuren mit solchen in Frage kommende Eisenmenge zwar eine der üblichen medicamentösen Dosis gegenüber sehr geringe ist, hiernach aber darf, wie dies häufig geschieht, die Wirksamkeit der Eisenquellen nicht beurtheilt werden. Aus den Beobachtungen von Schroff geht hervor, dass grössere Eisenmengen dem Blute verhältnissmässig weit geringere Quantitäten Eisen zuführen als kleinere, indem bei grösseren Gaben der grösste Theil des Eisens aus dem Darm wieder ausgeschieden wird. Im Uebrigen ist die Menge des mit den Eisenwässern zugeführten Eisens keineswegs eine so gar geringfügige, wie sie wohl manchem erscheinen mag, worauf bereits Kisch (Grundriss der klin. Balneotherapie, 1883, S. 100) hingewiesen hat. Hält man die Angabe von Boussingault fest, nach welcher durchschnittlich 0,05 g des mit der Nahrung eingeführten Eisens das Bedürfniss des gesunden menschlichen Organismus vollständig decken, so würden $1\frac{1}{2}$ Liter eines Mineralwassers, welches im Liter 0,08 g Eisenbicarbonat enthält, gerade ausreichend sein, den nothwendigen Bedarf an metallischem Eisen zu 0,052 g zu liefern. Eine solche Quantität Wasser aber ist in der That keine so grosse, als dass sie nicht bequem in 1 bis 2 Tagen getrunken werden könnte. Verdauungsstörungen würden hierbei nicht leicht zu fürchten sein, weil die oft in sehr grosser Menge vorhandene Kohlensäure meist noch in Gemeinschaft mit Kochsalz und kohlensaurem Natron durch den Reiz, den sie und diese Stoffe auf den Magen ausüben, die Bedingungen einer ungleich besseren Verdaulichkeit des Eisens liefert, als dieselbe sonst da sein würde.

Der Einfluss, welchen die Nebenbestandtheile der Eisenwässer auf die Eisenwirkungen selbst ausüben, beschränkt sich in der Hauptsache nur auf die Herbeiführung gewisser Modificationen derselben, welche durch die physiologischen Wirkungen dieser nothwendigerweise bedingt werden. Sie beziehen sich, in soweit Chlornatrium und kohlensaures Natron in Frage kommen, meist nur auf die oberen Digestionsorgane, bezüglich Natronsulfats auf den Darmcanal und bezüglich der erdigen Bestandtheile meist nur auf den Harnapparat, während die Kohlensäure auf den Magen und Darmcanal zugleich als Reizmittel einwirkt. Alle diese Nebenwirkungen, welche hierdurch den Eisenwässern aufgedrückt werden, finden an den betreffenden Stellen ihre Besprechung.

· Finden die Eisenwässer in Form von Bädern ihre Anwendung, so tritt bei ihnen in erster Linie die Wirkung der Kohlensäure hervor; dass eine Resorption von Eisen durch die äussere Haut in bemerkenswerther Weise stattfinde, lässt sich bei der gegenwärtigen Lage der cutanen Resorptionsfrage kaum erwarten. Ob ein adstringirender Einfluss auf die sensiblen Hautnerven von seiten des kohlensauren Eisenoxyduls erfolgt, ist bei den in solchen Wässern auftretenden geringen Mengen dieses Salzes mehr als unwahrscheinlich und würde sich auch nicht feststellen lassen, weil der Reiz der Kohlensäure und der tieferen Temperatur, zu welcher diese Art Bäder meist genommen werden, jedenfalls den des Eisens wesentlich übersteigt und letzteren nicht zur Geltung kommen lässt.

Vor Jahren hat Verfasser dieser Schrift Untersuchungen über die Wirkungsweise lauer (32,5 ^{0} C. = 26 ^{0} R.) an Kohlensäure reicher Eisenwasserbäder angestellt (Schmidt's Jahrbücher der ges. Medicin, Bd. 134, S. 225). Als Resultate derselben haben sich ergeben, dass durch solche Bäder ein absolut reichlicher Uebergang der genossenen organischen Substanz in die Säftemasse herbeigeführt wird, eine wesentliche Erhöhung der Transpiration nach denselben eintritt und eine grössere Wasserausscheidung erfolgt, eine lebendigere Kohlensäurebildung und Ausscheidung dieses Gases sich beobachten lässt, mehr Harnstoff sich durch den Harn ausscheidet und es zu einer reichlicheren Bildung von Schwefelsäure und Phosphorsäure im Harne kommt. Alle diese Untersuchungsergebnisse führen zu der Annahme, dass bei dem Gebrauche von kohlensauren Eisenbädern ein lebhafterer Stoffwechsel eintritt, welcher lediglich durch die Reizwirkungen der Kohlensäure herbeigeführt wird. Einen Antheil der Temperatur des Bades beizulegen, wäre unstatthaft, weil diese in den Indifferenzpunkt des Organismus hineinfällt.

Als allgemeine, durch langjährige Erfahrungen begründete Indicationen gelten für die Trinkcuren mit Eisenwässern:

Anämie sowohl, wie Frickhöffer (Grossmann, Die Heilquellen des Taunus, 1887, S. 344) sie bezeichnet, die directe, nach Blut- und Säfteverlusten entstandene, als auch die indirecte, in Erkrankungen verschiedener Organe beruhende Form, und Chlorose der Pubertätsjahre; chronische Erkrankungen des Nervensystems, sowohl Depressionsals Exaltationszustände der sensiblen und motorischen Nerven, wenn sie mit Anämie einhergehen, namentlich Neurasthenie, Hysterie, Neuralgien, Lähmungen peripherischer Natur, die Anämie hinterlassen haben, Krampfformen, die von allgemeiner constitutioneller Schwäche ausgehen; Erkrankungen der weiblichen Sexualorgane, als chronischer Uterinund Vaginalcatarrh, Menstruationsanomalien, wie Amenorrhoe, Menorrhagie und Dysmenorrhoe, insoweit diese auf Constitutionsanomalien und sonstigen

Allgemeinstörungen beruhen, Neigung zu Abort, Sterilität mit allgemeinen oder localen Schwächezuständen verbunden; **Erkrankungen der männlichen Geschlechtsorgane**, wenn sie sich auf chronische Gonorrhoe, Impotenz und Pollutionen beziehen; **Erkrankungen der Harnorgane**, wie Morbus Brightii, Diabetes mellitus; **Erkrankungen der Verdauungsorgane**, wie chronischer Magencatarrh zur Nachcur nach anderen Curen, nervöse Dyspepsie, chronische Diarrhoe.

Gegenanzeigen der Eisencuren sind: alle febrilen Zustände und tief darniederliegende Verdauung, Congestionszustände verschiedener Art, schwere organische Erkrankungen der Leber, der Nieren, der Lungen, insbesondere ausgesprochene, mit Blutspuren verbundene Tuberculose derselben und Hydropsien.

Die **Indicationen** der **Stahlbäder** fallen zumeist mit den eben gegebenen Indicationen für den inneren Gebrauch der Eisenwässer, sowie für kohlensaure Wasserbäder im allgemeinen zusammen, nur treten hier noch mehr die Erkrankungen des Nervensystems, wie Lähmungen, Spinalirritationen, Neuralgien, allgemeine Hyperästhesien in den Vordergrund.

b) Schwefelsaure Eisenwässer.

Diese **Art Eisenwässer**, welche das Eisen als **schwefelsaures Eisenoxydul** enthalten, besitzen meistens einen höheren Gehalt an diesem Metall, als die kohlensauren Eisenwässer, welcher sogar bis zu 4.6 grm. schwefelsaures Eisenoxydul im Liter Wasser steigt. Sie sind sämmtlich kalt, enthalten keine Kohlensäure, sind klar, geruchlos und besitzen einen zusammenziehenden Geschmack, welcher sie lange Zeit von dem innerlichen Gebrauche ausschloss. Als Nebenbestandtheile enthalten sie zuweilen Alaun, seltener noch kohlensaures Eisenoxydul und Arsenverbindungen.

Sie dienen zu **Trink-** wie auch zu **Badecuren**, am meisten in Gebrauch sind die letzteren. Die ersteren sind vorzugsweise durch **Knauthe**, früher in Meran, in die Praxis wieder eingeführt worden (Archiv der Heilkunde, 1875, XVI., 2). Dessen Erfahrungen zufolge ist die Trinkcur weit höher in ihrer Bedeutung als Curmittel zu veranschlagen als die Badecur. Er misst ihr eine **desinficirende, adstringirende** und eine **allgemeine Einwirkung** bei, welche letztere sie mit der Eisencarbonatcur gemein hat, diese aber in therapeutischer Beziehung übertreffen soll. Die desinficirende Eigenschaft dieser Wässer wirkt nach **Knauthe** der Pilzbildung bei Magen- und Darmkrankheiten der Kinder entgegen, insbesondere bei **aphthösen Entzündungen der Mundschleimhaut** und die adstringirende gegen anhaltende **Diarrhoen**, namentlich kleinerer Kinder, chronische **Darmkatarrhe** Erwachsener und **Magengeschwür**, gegen welche Krankheiten er sie ausserordentlich rühmt. Dabei betont er, dass Eisenvitriolwässer keineswegs schwer verdaulich seien, wie man vielfach glaubt.

Die **schwefelsauren Eisenbäder** zeigen ebenfalls adstringirende Wirkungen, welche am meisten an den von der Haut aus zugänglichen Schleimhäuten hervortritt. Sie leisten bei chronischen Schleimflüssen aus den weiblichen Sexualorganen, bei chronischer Gicht, Rheumatismus und Hautschwäche mit grosser Neigung zum Schwitzen gute Dienste, welche namentlich von schwedischen Aerzten gerühmt werden.

Eisenquellen.

In einem Liter Wasser sind enthalten in:

a) Eisencarbonatwässer.

Name der Quelle.	Eisenbicarbonat. g	Freie Kohlensäure. ccm	Nebenbestandtheile.
König Ottobad bei Wiesau in Baiern. Ottoquelle	0,79	953	Kohlensaures Natron. kohlensaure Erden.
Elopatak in Siebenbürgen .	0,29	1254	Kohlensaures Natron. kohlensaure Erden.
Szliacs i. Ungarn. Josephsquelle	0,11	1124	Kalk- und Magnesiasulfat.
Cudowa in Schlesien. Trinkquelle	0,11	1300	Natroncarbonat.
Rippoldsau im Schwarzwald. Wenzelquelle	0,11	559	Kohlensaure Erden. Natroncarbonat. Natronsulfat.
Rodna in Siebenbürgen . . .	0,11	1536	Kohlensaures Natron. kohlensaurer Kalk.
Homburg in Nassau. Stahlbrunnen	0,10	1082	Kochsalz.
Sangerberg in Böhmen . .	0,10	1312	Kohlensaures Kali und Natron. Natronsulfat.
Elster in Sachsen. Moritzquelle	0,08	1310	Natronsulfat. Natroncarbonat.
Liebenstein in Thüringen .	0,08	1003	Chlornatrium. Kalk- und Magnesiacarbonat.
Bartfeld in Ungarn. Hauptquelle	0,08	1716	Natroncarbonat.
Schwalbach in Nassau. Stahlbrunnen	0,08	1570	Natron- und Kalkcarbonat.
Dinkholderbrunnen bei Braubach a. Rhein	0,08	1456	Natron- und Kalkcarbonat.
Königswart in Böhmen. Victoriaquelle	0,08	1240	Kalk- u. Magnesiacarbonat.
Korytnica in Ungarn	0,08	—	Kalk- und Magnesiasulfat. Kalkcarbonat.
Reiboldsgrün in Sachsen. Eberhardinenbrunnen	0,07	nicht bestimmt	Kalkcarbonat.
Driburg in Westfalen. Hauptquelle	0,07	1234	Kalk- u. Magnesiacarbonat.

Name der Quelle.	Eisen-bicar-bonat. g	Freie Kohlen-säure. ccm	Nebenbestandtheile.
Griessbach in Baden. Antonius-quelle	0,07	1266	Kalk- u. Magnesiacarbonat. Natronsulfat
Boklet in Baiern	0,07	1313	Chlornatrium, Kalkcarbonat.
Krynica in Galizien. Franz Jo-seph-Quelle	0,07	1280	Kalksulfat. Kalkcarbonat.
Pyrmont in Waldeck. Haupt-quelle	0,07	1271	Kalk- u. Magnesiacarbonat. Kalksulfat und Chlor-natrium.
Malmedy in der preussischen Rheinprovinz	0,06	1080	Kalk- und Natroncarbonat.
Steben in Baiern	0,06	1117	Kalkcarbonat.
Spaa in Belgien. Pouchon . . .	0,06	304	Kalkcarbonat.
Ronneburg in Sachsen-Alten-burg	0,06	128	Kalkcarbonat.
Polzin in Pommern	0,06	53	Kalkcarbonat, Chlornatrium, Natronsulfat.
Alexanderbad in Oberfranken	0,06	1238	Kalk- und Natroncarbonat.
Pyrawarth in Niederösterreich	0,06	65	Kalk- und Natronsulfat, Natroncarbonat. Chlor-natrium.
Lobenstein im Reussischen . .	0,06	33	Natronsulfat. Kalk- und Magnesiacarbonat
Reinerz in Schlesien. laue Quelle	0,05	1097	Kalk- u. Magnesiacarbonat.
Imnau in Württemberg. Kaspar-quelle	0,05	1179	Kalk- u. Magnesiacarbonat.
Charbonniéres in Frankreich	0,04	geringe Mengen	Kalkcarbonat, Kalksulfat.
Franzensbad in Böhmen. Fran-zensquelle	0,04	1276	Natronsulfat. Natroncarbo-nat, Chlornatrium.
Antogast im bad. Schwarz-walde. Trinkquelle	0,04	1036	Natron-, Kalk- und Mag-nesiacarbonat.
Neuenhain im Taunus . . .	0,04	1266	Chlornatrium, Kalkcarbonat.
Petersthal in bad. Schwarz-walde	0,04	1106	Kalk- u. Magnesiacarbonat.
Godesberg in der preussischen Rheinprovinz	0,04	362	Natron- und Kalkcarbonat. Natronsulfat. Chlorna-trium.
Berka in Thüringen	0,04	113	Kalkcarbonat.
Freiersbach im Badischen .	0,04	1122	Kalk- u. Magnesiacarbonat. Natronsulfat.
Schwarzwald, Gasquelle . .	0,04	1122	Kalk- u. Magnesiacarbonat, Natronsulfat.

Name der Quelle.	Eisen-bicar-bonat. g	Freie Kohlen-säure. ccm	Nebenbestandtheile.
Altheide in Schlesien . . .	0,04	—	Kalkcarbonat, Natroncarbonat.
St. Moritz in der Schweiz (Paracelsusquelle	0,03	1615	Kalk- u. Magnesiacarbonat.
Niederlangenau in Schlesien	0,03	1183	Kalk-, Magnesia- u. Natroncarbonat.
Hofgeismar in Hessen	0,03	617	Magnesiacarbonat. Chlornatrium, Natronsulfat.
Sternberg in Böhmen	0,03	304	Kalkcarbonat, Magnesia- u. Natronsulfat.
Liebwerda in Böhmen, Stahlbrunnen	0,03	727	Kalk- u. Magnesiacarbonat.
Tarasp in der Schweiz,Wyquelle	0,03	1585	Natron- und Kalkcarbonat, Natronsulfat.
Borszék in Ungarn, Lászlóquelle	0,02	1075	Kalk- und Natroncarbonat.
Flinsberg in Schlesien	0,02	918	Kalk- u. Magnesiacarbonat.
Freienwalde in Brandenburg, Königsbrunnen	0,02	geringe Mengen	Kalksulfat u. Kalkcarbonat.
Lamalou in Frankreich, Lamalouquelle	0,02	wenig	Natron- und Kalkcarbonat.
Brückenau in Baiern, Stahlquelle	0,01	1198	Kalkcarbonat, Magnesiasulfat.
Bibra in Thüringen, Eisenquelle	0,01	515	Kalkcarbonat, Natronsulfat.

b) Eisenvitriolwässer.

Name der Quelle.	Eisensulfat. g	Chloreisen. g	Alaunerde. g	Nebenbestandtheile.
Parad in Ungarn, Alaunquelle	4,40	—	1,12	Kali- und Kalksulfat.
Hermannsbad bei Lausigk in Sachsen	4,18	—	—	Sulfate von Kalk, Magnesia und Kali.
Ronneby in Schweden, alte Quelle	2,49	—	1,50	
Roncegno in Tirol	2,38	—	1,20	Gips, schwefelsaure Magnesia, Arsen.
Muskau in Schlesien,				
Badequelle	0,75	—	—	Sulfate von Kalk, Magnesia,
Trinkquelle	0,19	—	—	Natron.

Name der Quelle.	Eisen-sulfat. g	Chlor-eisen. g	Alaun-erde. g	Nebenbestandtheile.
Mitterbad in Tirol . .	0,44	—	—	Schwefelsaurer Kalk, schwefelsaure Magnesia.
Ratzes in Tirol	0,40	—	Spuren	Gips.
Erdöbenye in Ungarn . .	0,34	—	1,80	Magnesia. Arsen.
Alexisbad im Harz. Selke-brunnen	0,05	0,10	—	Gips, Magnesia- u. Natronsulfat.

Hierzu noch:

Levico. Innerbad, Völlaner-
bad. Laderbad. Thaler-
bad. Scerina. Passy. '

6. Die Kochsalzwässer (Halopegen, Halothermen).

Die Quellengruppe der Kochsalzwässer enthält, wie schon der Name genügend bezeichnet, als Hauptbestandtheil Kochsalz. Sie enthält aber nebenbei in der Regel noch andere Chlorverbindungen, insbesondere Chlorcalcium und Chlormagnesium, ausserdem in geringerer Menge schwefelsaure Alkali- und Erdsalze, kohlensaure Kalk- und Talkerde, nicht selten aber auch bemerkenswerthe Mengen kohlensauren Eisenoxyduls, hingegen Jod- und Bromverbindungen meist nur in sehr geringen Mengen. Indess kommen auch solche in einzelnen Quellen in genügend wirksamen Quantitäten vor. Von den Gasen finden sich in ihnen öfters bedeutende Mengen von Kohlensäure vor, wodurch sie zu Kochsalzsäuerlingen sich gestalten; bisweilen auch Schwefelwasserstoff, der, wenn er in erheblicher Menge auftritt, sie zu Schwefelwässern macht, seltener Stickstoff- und Kohlenwasserstoffgas. Die Kochsalzwässer sind theils kalt, theils warm und dienen sowohl zu Trink- wie zu Badecuren. Sie sind meist klar, durchsichtig. schmecken mehr oder weniger nach ihrem Kochsalzgehalt scharf salzig, bisweilen brennend. während die mit Kohlensäure belasteten in der Regel einen sehr angenehmen Geschmack besitzen, und haben die Allgemeinwirkung, dass sie die Verdauung anregen und eine raschere Aufnahme der Nahrungsstoffe herbeiführen. Der Luft ausgesetzt, verlieren sie rasch ihre gasigen Bestandtheile, insbesondere Kohlensäure und Eisen. wenn sie solche überhaupt enthalten. Von Alters her ist man gewohnt, die Kochsalzwässer in einfache Kochsalzwässer, jod- und bromhaltige Kochsalzquellen und in Soolen einzutheilen.

Die einfachen Kochsalzwässer sind theils natürliche, theils künstlich erbohrte Quellen. theils kalte. theils warme, und unterscheiden

sich von den Soolen nur durch ihren geringeren Kochsalzgehalt, nicht
selten auch durch einen ziemlichen Reichthum an Kohlensäure, insbesondere, wenn sie als artesische Brunnen zu Tage treten. Die Summe
ihrer Bestandtheile ist meist etwas weniger als ein Procent, von denen
die Hälfte gewöhnlich aus Kochsalz besteht. Die einfachen Kochsalzwässer dienen zum Trinken und zum Baden, wobei ihr Gehalt an Kochsalz ihre therapeutische Wirkung bestimmt, die durch die etwa vorhandenen Nebenbestandtheile gewisse Veränderungen erfährt.

Als Soolen werden jene Kochsalzwässer bezeichnet, welche einen
Kochsalzgehalt von mindestens 1,5 pCt. besitzen und die entweder
mit einer solchen Concentration schon zu Tage treten oder durch Gradirwerke zu einer solchen gebracht werden, wo sie dann zur Salzgewinnung
und nebenbei zu medicinischen Zwecken Verwendung finden. Ihr Salzgehalt ist ein ausserordentlich schwankender, dessen höhere Grade sie
nur zum Badegebrauche und erst in grosser Verdünnung zu Trinkcuren
geeignet machen.

Die jod- und bromhaltigen Kochsalzwässer unterscheiden sich
von den vorhergegangenen fast nur durch einen beträchtlicheren Gehalt
an Jod- und Bromverbindungen, welche meist als Jodnatrium,
Bromnatrium und Brommagnesium, sowie als Jodmagnesium, ferner als
Bromkalium und Bromcalcium aufgeführt werden. und haben theils einen
hohen, theils einen niedrigen Kochsalzgehalt, der sie bald als Trinkquellen, bald als Badequellen erscheinen lässt.

Im Weiteren folgen wir dem in Valentiners Handbuch der Balneotherapie angenommenen Eintheilungsprincip und theilen die Kochsalzquellen ein in: Kochsalztrinkquellen und in Kochsalzbade-
quellen.

a) Die Kochsalztrinkquellen.

Beim Trinken kleiner und mässiger Mengen solcher Wässer, namentlich wenn sie Kohlensäure enthalten, empfindet man schon im Munde
ein angenehmes Wärmegefühl und eine gewisse Frische, der Schleim auf
der Mund- und Rachenschleimhaut löst sich und eine etwas vermehrte
Absonderung von Speichel macht sich im Munde fühlbar. Im Magen
stellt sich ebenfalls das behagliche Wärmegefühl ein, der Schleim wird
ebenfalls gelöst, sobald der Magen leer ist, und bei Vorhandensein von
Nahrungsmitteln werden die in ihnen enthaltenen Nährstoffe zur Auf-
lösung gebracht, wobei die Ausscheidung von Salzsäure begünstigt und
die Verdauung der Eiweisskörper gefördert wird. Besonders gehoben
wird im Zwölffingerdarm die Verdauung des Stärkemehls, dessen leichtere
Ueberführung in Zucker durch die auf reflectorischem Wege gesteigerte
Absonderung von Bauchspeichel im Pancreas gegeben ist. Auch auf
gesteigerte Gallenabsonderung erstreckt sich reflectorisch die Magenreizung
durch das Kochsalzwasser, und wird auch von dieser Seite her die Verdauung günstig beeinflusst. In dem ganzen Verdauungscanale unterstützt das Kochsalzwasser den Uebertritt der gelösten Nahrungsstoffe in
das Blut ausserordentlich, indem es die Nahrungsmittel zur besseren
Ausnützung geschickter macht. Durch diesen gesteigerten Verdauungs-

process, der nach aussen hin als erhöhtes Nahrungsbedürfniss, als grösserer Appetit sich kennzeichnet und Verminderung der Fäcalmasse zunächst zur Folge haben muss, wird eine bessere und raschere Ernährung des Gesammtorganismus bedingt und als Endresultat derselben eine höhere Leistungsfähigkeit desselben geschaffen.

Dieser Process wird durch die physiologischen Wirkungen des Kochsalzes eingeleitet und gefördert, dabei wird aber auch durch den Reiz, den das Wasser auf den Magen ausübt, die peristaltische Bewegung des Magens gesteigert und dadurch eine bessere Abfuhr des Inhalts dieses Organs in die angrenzenden Darmparthien bewirkt. Diese regere Thätigkeit des Magens pflanzt sich aber auch bald auf die benachbarten und selbst entfernteren Darmparthien fort und ruft in ihnen eine lebendigere Ausscheidung hervor, die sich leicht zur purgirenden Wirkung steigert, namentlich beim Genusse der an Kochsalz reicheren Quellen. In dieser abführenden Wirkung hat man vielfach die Hauptwirkung der Kochsalztrinkquellen gesucht, allein diese Anschauungsweise ist eine gänzlich unrichtige, wenngleich sich nicht leugnen lässt, dass unter Umständen ihre purgirende Eigenschaft sich vortheilhaft verwerthen lässt. Die wahre Wirkung der Kochsalztrinkquellen auf den Organismus findet unbestritten erst nach ihrer Aufnahme in das Blut statt, welche sowohl in Gemeinschaft mit den gelösten Nahrungsstoffen, die durch das Kochsalz eine raschere Ueberführung erleiden, als auch für sich allein von der Schleimhaut des ganzen Verdauungsapparates und zwar in sehr ergiebiger Weise erfolgt. Aus den Untersuchungen von Voit (Untersuchungen über den Einfluss des Kochsalzes, des Kaffees und der Muskelbewegungen auf den Stoffwechsel, 1860, S. 66) wissen wir, dass das Kochsalz den Stoffwechsel wesentlich influirt und einen vermehrten Umsatz stickstoffhaltiger Gebilde bewirkt, in dem es, wie Forster, Eichhorst und andere Forscher dargethan haben, vermöge seiner physikalischen Eigenschaften die Saftströmung im Organismus befördert und die Oxydation des Eiweisses vermehrt, welche in einer Steigerung der ausgeschiedenen Harnstoffmenge ihren Ausdruck findet.

Wird auch das Kochsalz, ohne dass es engere organische Verbindungen mit Eiweisskörpern des Blutes eingeht, mit Vorliebe von den Säften und Geweben zurückgehalten, so findet ein solcher Vorgang doch nur bis zur Herstellung des stabilen Gleichgewichts statt, nach dessen Erreichung der Organismus bekanntlich von ihm nichts mehr aufnimmt. Den Beweis für eine solche Zurückhaltung des Kochsalzes im Körper liefert Kaupp mit seinen Untersuchungen ("Beiträge zur Physiologie des Harns" im Archiv f. physiolog. Heilkunde, Bd. 14, S. 385), der eine vermehrte, der Zufuhr entsprechende Kochsalzausscheidung erst nach einigen Tagen constatiren konnte.

Diese physiologisch erkannten Wirkungen des Kochsalzes hat man auch auf pathologische Zustände übertragen. Berühren dieselben auch mehr den Gesammtorganismus, so lässt sich doch wohl kaum in Abrede stellen, dass auch pathologische Producte bestimmter Organe von ihnen betroffen werden, denn indem das Kochsalz und mit ihm die Kochsalzwässer die Säftediffusion durch solche mehr anregen, entführen sie diesen Albuminate, ihren organischen Zerfall begünstigend, und lockern somit ihren inneren Bau, bis das Endglied dieses Zerstörungswerkes, das Fett, an die Stelle jener Exsudate tritt, welches seinerseits mit Leichtigkeit aufgesaugt zu werden pflegt.

Auf dieser Einwirkung der Kochsalzwässer basirt auch ihre anerkannt treffliche Wirkung gegen Scrophulose, gegen chronische Gebärmutter-entzündung, gegen Exsudate im Beckenraume und andere ähnliche Zustände mehr. In wie weit aber dieselben das ihnen nachgerühmte Restaurationswerk des Organismus auszuführen im Stande sind, indem sie, wie man annimmt, die plastische Thätigkeit des Organismus erhöhen und die Zellenbildung steigern. lässt sich zur Zeit noch nicht mit Bestimmtheit sagen.

Ebenso findet sich bezüglich ihrer Wirkung auf die Schleimhäute der Respirationswege, die als offenkundige Thatsache dasteht, keine genügend zutreffende Erklärung. Ein wesentlicher Antheil derselben mag, wie aus den Pfeiffer'schen Untersuchungen über die physiologische Wirkungsweise der Kochsalzwässer hervorgeht (Die Trinkcur in Wiesbaden von Dr. Emil Pfeiffer, Wiesbaden, 1881), dem Wasser, resp. dem warmen Wasser zufallen, eine Ansicht, die auch von Leichtenstern vertreten wird. Nach Pfeiffer's Ansicht wird zunächst durch die Aufnahme des Wassers in den Pfortaderkreislauf das Blut desselben vermehrt und verdünnt und hierdurch alle Absonderungen aus dem Blute in gleicher Weise vermehrt und verdünnt. Vorerst betrifft diese Veränderung die Beschaffenheit und Quantität der Galle, erstreckt sich weiterhin aber auch auf die Absonderungen des Speichels, des Mund- und Rachenschleims, des Schleims aus den Schleimdrüsen der Mund- und Athmungsorgane. des Kehlkopfs, der Luftröhre und der Bronchien, wozu auch der vermehrte Salzgehalt der Absonderungen noch wesentlich beiträgt.

Der Vorgang greift auch auf die Absonderung des Magensaftes über. Auch diese erfährt eine Steigerung und der vermehrte Kochsalz-gehalt des Blutes bietet den Labzellen die Möglichkeit, mehr Salzsäure zu bilden, als sie ohne diesen vermehrten Kochsalzgehalt zu liefern im Stande wären. In gleicher Weise wird auch die Urinentleerung gesteigert und damit die leichtere Ausfuhr der Harnsäure und des Harnstoffs wesentlich gefördert.

Ausser dem Kochsalze und dem Wasser als Flüssigkeit kommen bei den meisten Kochsalztrinkquellen noch andere Stoffe hinzu, wie wir bereits oben gesehen haben, die ihren Einfluss auf den Organismus ebenfalls geltend machen. Der wichtigste derselben ist unleugbar die Kohlen-säure, über deren physiologische und therapeutische Wirkungen wir bereits unter dem Abschnitte „einfache Säuerlinge" das Nöthige gesagt haben; hier wollen wir nur kurz bemerken, dass sie ein höchst nützliches Unterstützungsmittel für die Wirkungen der Kochsalzquellen ist, sowohl wenn dieselben getrunken, als auch wenn sie zum Baden verwendet werden.

Anders verhält es sich mit den vielgerühmten Jod- und Brom-verbindungen, welche als Beimischungen zu den Kochsalzquellen auftreten. Ihre Menge ist meist eine so geringe, dass die Kritik den Gehalt derselben in den eben genannten Wässern geradezu als therapeutisch irrelevant bezeichnet, indessen dürfte, so sehr auch der alte Jod- und Bromruhm dieser Quellen gegenwärtig in Misscredit steht, doch einer wochenlangen Trinkcur mit denselben alle Jodwirkung kaum abzusprechen sein. Es gilt dies besonders von jenen Quellen, in welchen der Kochsalzgehalt ein relativ niedriger, der Gehalt an Jod- und Bromverbindungen ein relativ hoher ist, wie dieser Fall bei den Quellen von Hall in Oberösterreich, Lippik in Slavonien, Iwonicz in Galizien, Krankenheil und der Adelheidsquelle in Baiern und einigen anderen noch eintritt. Von allen diesen Wässern lehrt die Erfahrung, dass sie die Thätigkeit der Lymphgefässe stark anregen und die Resorption in den drüsigen Organen, aber auch in allen anderen Geweben steigern. Freilich ist es hierbei schwer zu trennen, was auf Rechnung des Kochsalzes und Wassers zu bringen und welcher Antheil an den Gesammteinwirkungen den Jod- und Bromverbindungen beizumessen ist.

Andere Hinzukommnisse, wie Chlorkalium, Chlormagnesium, Chlorcalcium, Chlorlithium, vielleicht sogar kohlensaures Eisenoxydul sind nicht fähig, in den Mengen, in denen sie in Kochsalztrinkquellen aufzutreten pflegen, die Signatur der Kochsalzwässer wesentlich zu ändern, selbst Gips dürfte dies kaum vermögen und nur die schwefelsauren Alkalien und die schwefelsaure Magnesia einen Einfluss in soweit ausüben, als sie, sobald ihre Menge nicht gar zu unbedeutend ist, die abführende Wirkung der Salzquellen steigern.

Die innere Anwendung der Kochsalzwässer gegen Krankheitszustände lässt sich im Allgemeinen dahin formuliren, dass diese als indicirt erscheinen bei Catarrh des Rachens und Schlundes, bei chronischem Catarrh des Magens, des Duodenums und der Gallenwege, besonders wenn ersterer mit Dyspepsie und Atonie der Schleimhaut verbunden ist, beim chronischen, besonders mit Stuhlverstopfung verbundenem Darmcatarrh schwächlicher, anämischer Individuen, bei Blutüberfüllung der Unterleibsorgane, einfacher Milz- und Leberanschwellung, chronischer Entzündung der Gebärmutter, beim chronischen Catarrh des Larynx und der Bronchien, bei plastischen Exsudaten auf der Pleura und Bauchfell, bei Scrophulose in ihren verschiedensten Aeusserungen, bei Fettsucht und Gicht mässigen Grades, bei Chlorose und Anämie scrophulöser, mit Verstopfung belasteter Individuen und bei anderen allgemeinen Ernährungsstörungen, namentlich solchen nach schweren Krankheiten, wo Eisen nicht gut vertragen wird. Diruf hat die Indicationen in seinem im Valentiner'schen Handbuche der Balneotherapie gegebenen Exposé noch weiter ausgedehnt und zu weiterer Information verweisen wir auf das daselbst Gesagte.

b) Die Kochsalzbäder.

Nachdem die Resorptionsfrage in kochsalzhaltigen Bädern allgemein zu ihren Ungunsten entschieden ist, hat man den chemischen Reiz des Salzes auf die Nerven der Haut zur Erklärung der Wirkungen der Kochsalzbäder angerufen. Dieser Reiz gestaltet sich je nach der Concentration derselben bald als ein stärkerer, bald als ein geringerer. Hiernach wird seine Wirkung eine verschiedene. Die experimentelle Physik hat bewiesen, dass schwache Hautreize die Gefässe verengen, starke Reize sie erschlaffen und Erweiterung derselben bewirken. Der Reiz des Soolbades übt in Folge dessen einen wechselnden Einfluss auf die Circulationsverhältnisse der Haut und auf die Blutvertheilung aus. Ableitung oder Zuleitung des Blutes nach innen oder aussen wird je nach der Stärke des Reizes die nächste Folge sein müssen.

Diesen Reiz des Soolbades hat man andern Reizen vielfach gleichgestellt und behauptet, dass derselbe mit dem eines Süsswasserbades oder Moorbades zu identificiren sei. Ein gewisser Unterschied scheint aber doch zu bestehen, denn neuere Untersuchungen, namentlich die von Röhrig (Berl. klin. Wochenschr., 1875, No. 46) und von Santlus („Ueber den Einfluss der Chlornatriumbäder auf die Hautsensibilität". Dissert. Marburg 1872), sowie einiger anderer Experimentatoren, wie von Clemens, Langerhanss und August Schott, haben ergeben, dass die Hautnerven des Coriums, bis zu welchen das durch die Epidermis imbibirte Kochsalz vordringt, von diesem direct gereizt werden. Von hier aus werden der allgemeinen Annahme zufolge, die in neuester Zeit in Th. Schott (Balneol. Section d. Gesellsch. f. Heilkunde in Berlin XI., 1885, S. 14 u. ff.) einen eifrigen Vertreter gefunden hat, auf reflectorischem Wege eine Reihe von Erscheinungen ausgelöst, die die weiteren Wirkungen des Soolbades bekunden.

Von ungleich grösserer Wichtigkeit für die Beurtheilung der Wirkungsweise der Soolbäder sind die Experimentaluntersuchungen von Röhrig und Zuntz einerseits und Paalzow andererseits. Diese fanden beim 3 procent. Soolbade gegenüber einem Süsswasserbade von gleicher Temperatur und Dauer eine Steigerung des Oxydationsprocesses, welche sich durch vermehrte Sauerstoffconsumption und vermehrte Kohlensäureausscheidung kund giebt, und zwar wurde in einem 3 procent. Soolbad 15,3 pCt. Sauerstoff mehr verbraucht und 25,1 pCt. Kohlensäure mehr gebildet und ausgeschieden; dieser Effect aber konnte nicht mehr erreicht werden, wenn durch Curare die Nervenenden gelähmt wurden.

Um die hohe Bedeutung gesteigerter Sauerstoffaufnahme und erhöhter Kohlensäureabgabe genügend zu würdigen, bedarf es des Hinweises, dass die neueren Physiologen, wie Pflüger, Hermann u A. den Sauerstoff als Gewebsbildner, als respiratorischen Nähr- und Kraftstoff und die Kohlensäure als muskelermüdendes toxisches Zerfallsproduct der aus Sauerstoff mit aufgebauten lebendigen Substanz beurtheilen, sowie dass Sauerstoffaufnahme ins Blut nach Ludwig, Holmgreen und Wolffberg auf die Blutkohlensäure geradezu chemisch austreibend wirkt.

Im Grossen und Ganzen lässt sich die Wirkung der Soolbäder dahin zusammenfassen, dass sie den Gesammtorganismus zu erhöhter Thätigkeit im Stoffumsatz anregen und, wie Thilenius besonders betont, bei dem vermehrten Bedürfniss entsprechender Nahrungszufuhr als Schlusseffect nicht ein Minus in der Gesammtbilanz, sondern Verstärkung der Anbildung erzielen. So erklärt sich ihre heilsame Wirkung bei Scrophulose, Rachitis, Anschwellungen der Lymphdrüsen, während ihre ungewöhnliche resorbirende Wirkung auf chronische Exsudate und Entzündungsresiduen der verschiedensten Art in der These Pflügers, dass aus der lebendigen Substanz Kohlensäure abgespalten wird, sobald ein mechanischer, chemischer, thermischer, elektrischer Reiz auf die Haut zur Einwirkung gelangt, ihre naturgemässe Erklärung findet.

Als weitere Indicationen erscheinen für Soolbäder mässige Grade von Hautschwäche, chronische Exantheme, indess wird in dieser Beziehung ihre Wirkung stark in Zweifel gezogen und ihnen meist nur eine oberflächliche Einwirkung auf die Hauteruption zugewiesen, wie dies erst in neuester Zeit Fromm in seiner Bearbeitung des Braun'schen Lehrbuchs der Balneotherapie gethan hat, ferner rheumatische Zustände und Gicht, bei welchen beiden die Prognose keine besonders günstige genannt werden kann, Neurosen verschiedener Art, welche aber namentlich nur den Thermalsoolbädern zufallen, und gewisse anämische Zustände, besonders wenn sie mit Scrophulose einhergehen.

Diese eben dargelegten Wirkungsäusserungen der Soolbäder und deren practische Verwendbarkeit, welche vorzugsweise auf ihrem hohen Kochsalzgehalt beruhen, finden in verschiedenen Nebenbestandtheilen des Soolewassers eine nicht zu unterschätzende Unterstützung. Dies gilt besonders von der Kohlensäure, welche in verschiedenen Soolen hinzutritt, deren Wirkungen wir bereits oben besprochen haben und vom Chlorcalcium, welches derartigen Wässern, wie denen von Kreuznach nach Angabe von Wimmer (Die Curmittel Kreuznachs in der Berl. klin. Wochenschrift, 1878) eine viel stärkere Reizwirkung auf die Haut verleihen soll, als das Chlornatrium sie zu geben vermöge.

Als reizverstärkende Mittel der Soolbäder kommen zum Chlorcalcium die gradirte Soole und die Mutterlauge hinzu, während die Gradirluft wegen der in ihr suspendirten Salztheilchen als ein die Schleimhaut der Luftwege gelind reizendes und sie erfrischendes, die Expectoration förderndes Mittel gilt. Man hat dieser letzteren oft eine specifische Heilkraft für tuberculöse Lungen zugeschrieben, und noch heutigen Tags wird auf den Genuss derselben für Lungenkranke vielfach grosses Gewicht gelegt, allein bei genauer Prüfung ihres therapeutischen Werthes ergiebt sich, dass sie zwar, wie Fromm meint, eine angenehme diätetische Zugabe zu Badecuren ist, aber keineswegs solche auf sie gesetzte Hoffnungen zu rechtfertigen vermag.

Man hat die Luft an den Gradirwerken mit der Seeluft verglichen und in der That findet in der Zusammensetzung beider Luftarten, worauf Fromm ebenfalls hinweist, eine gewisse Aehnlichkeit statt, welche namentlich auf den höheren Gehalt an Ozon sich bezieht, aber darin lässt sich kein Ersatzmittel für die Seeluft selbst erblicken, wie dies wohl bisweilen in Soolbadeorten geschehen ist.

A. Kochsalzquellen im Allgemeinen.

In einem Liter Wasser sind enthalten:

Name der Quelle.	Kochsalz. g	Feste Bestand- theile. g	Temperatur. °C.
a) Kalte Soolen:			
Ciechocinek in Polen	334,1	389,9	12,0
Rheinfelden in der Schweiz	311,6	318,8	10,0
Inowraclaw in Posen	306,8	317,8	12,0
Salzungen in Thüringen	256,6	265,0	13,8
Hall in Tirol	255,5	263,9	12,5
Dürrheim in Baden	255,4	262,5	12,5
Hallstädter Soole (Ischl)	255,2	271,6	15,0
Stotterheim im Grossherzogth. Weimar	250,9	257,5	12,5
Frankenhausen in Thüringen	249,6	259,3	18,7
Jaxtfeld in Württemberg	245,5	251,7	14,6
Ischl im Salzkammergut	236,1	245,4	15,0
Artern in Thüringen	235,8	244,6	12,5
Aussee im Salzkammergut	233,6	248,7	12,0
Gmunden in Oberösterreich	233,6	244,2	15,0
Oldesloe in Holstein	227,4	236,8	12,5
Rosenheim in Baiern	226,4	237,1	15,0
Aibling in Baiern	224,3	233,0	16,2
Arnstadt in Thüringen	224,3	237,7	18,7
Traunstein in Baiern	224,3	233,0	16,2
Reichenhall in Baiern	224,3	233,0	16,2
Köstritz im Reussischen	220,6	227,1	17,0
Salies de Béarn in Frankreich	216,6	234,4	12,5
Königsdorf-Jastrzemb in Schlesien. concentrirte Soole	189,6	207,2	17,0
Salins in Frankreich	168,0	320,2	15,0
Kreuznach in Preussen, gradirte Soole	164,0	205,4	12,0
Bex in der Schweiz	156,6	170,2	15,0
Salzhemmendorf in Hannover, neue Bohrsoole	113,0	141,2	12,5
Sulza in Thüringen, Leopoldsquelle	98,7	107,0	18,0
Juliushall im Harz, neue Soolquelle	66,5	69,8	12,5
Salzdetfurth in Hannover	57,8	65,6	12,5
Rothenfelde in Westfalen	56,1	67,2	18,2
Rothenberg in Hessen, Soole	59,3	61,6	10,0
Elmen bei Magdeburg	48,9	53,6	12,0
Ciechocinek in Polen, drei Bohrquellen	44,2	52,9	12,0
Colberg in Pommern	43,6	51,0	15,0

Name der Quelle.	Kochsalz. g	Feste Bestand- theile. g	Temperatur. °C.
Kösen in Thüringen	43.4	49.5	18.1
Castrocaro in Toscana	36.8	43.4	15.0
Wittekind bei Halle a. d. Saale . . .	35.4	37.7	12.5
Salzuffeln bei Herford	34.0	41.9	12.0
Pyrmont in Waldeck	32.0	40.4	10.0
Goszalkowitz in Schlesien	31.5	40.5	16.2
Bassen in Siebenbürgen	31.2	41.5	18.7
Königsborn in Westfalen	26.2	30.6	12.5
Schwäbisch-Hall	23.8	28.4	15.0
Karlshafen a. d. Weser	20.2	22.1	11.2
Orb in Unterfranken	17.0	22.9	15.5
Hubertusbad im Unterharz	14.3	25.9	8.7
Kreuznach. einfache Soole	14.1	17.6	12.0
Sodenthal bei Aschaffenburg	14.0	21.3	13.0
Salzungen. Trinkquelle	12.0	14.0	13.8
Oeynhausen. Bitterbrunnen.	12.0	16.0	10.0
Also Sebes in Ungarn	11.7	14.8	12.0
Beringer Brunnen im Harz	11.3	27.5	8.7
Schmalkalden in Thüringen	9.2	14.0	17.5
Kreuzburg in Thüringen	8.9	13.0	12.5
Friedrichshall in Thüringen	7.9	25.3	8.1
b) Warme Soolen:			
Münster am Stein in der pr. Rheinprov.	7.6	9.8	30.0
Wiesbaden in Nassau. Kochbrunnen .	6.8	8.2	68.7
Balaruc in Frankreich	6.8	9.1	48.0
Bourbonne-les-bains in Frankreich .	5.8	7.6	58.7
Baden-Baden. Hauptquelle	2.1	3.8	68.6
Battaglia in Italien. Helenenquelle . .	1.5	2.3	71.2

B Kochsalzsäuerlinge.

Name der Quelle.	Tempe- ratur. °C.	Kochsalz. g	Feste Bestand- theile. g	Kohlen- säure. ccm
a) Kalte.				
Rothenfelde in Westfalen	18.0	56.1	67.2	574
Salzkotten in Westfalen	21.2	49.7	63.1	reichliche Mengen

Name der Quelle.	Tempe- ratur. °C.	Kochsalz. g	Feste Bestand- theile. g	Kohlen- säure. ccm
Neuhaus in Baiern.				
Marienquelle	8,7	15,3	20,6	1239
Bonifaciusquelle	8,7	14,7	19,9	1133
Elisabethenquelle	8,6	8,1	12,3	1052
Soden in Nassau.				
Soolbrunnen	21,2	14,2	16,9	845
Schwefelbrunnen	16,2	10,0	11,6	1550
Champagnerbrunnen	15,0	6,5	7,7	1389
Kissingen in Baiern.				
Schönbornsprudel	20,4	11,7	15,8	1271
Soolsprudel.	18,1	10,5	14,3	764
Ragoczy	10,7	5,8	8,5	1392
Salzschlirf in Hessen.				
Tempelbrunnen	11,2	11,1	16,1	1029
Bonifaciusbrunnen	11,2	10,2	14,2	872
Neu-Rokocy bei Halle a. d. Saale.				
Quelle I	12,5	10,2	11,7	127
Quelle II	12,5	4,7	5,7	124
Salzhausen in der Wetterau.				
Quelle I	12,5	9,2	11,6	144
Quelle II	12,5	9,4	11,7	100
Homburg v. d. Höhe. Elisabethbrunnen	10,6	9,8	13,3	1039
Schmalkalden in Hessen	18,7	8,8	13,1	237
Dürkheim a. d. Hardt. Bleichbrunnen .	12,5	8,8	11,4	158
Pyrmont in Waldeck. Salztrinkquelle .	10,2	7,0	10,7	954
Mergentheim in Württemberg.				
Karlsquelle	11,0	6,6	13,9	297
Kronthal in Nassau	16,2	3,5	6,9	1175
Kanstatt in Württemberg.				
Sulzerainquelle	20,0	1,9	4,6	786
Schwalheim in Hessen	10,6	1,5	2,3	1648
b) Warme.				
Werne in Westfalen	29,2	62,8	71,4	742
Oeynhausen in Westfalen.				
Bohrloch II	33,7	31,7	40,7	731
Nauheim in Hessen.				
Friedrich Wilhelm-Sprudel . .	34,0	29,3	37,1	579
Kurbrunnen	21,4	15,4	18,7	995
Soden am Taunus.				
Soolsprudel	28,7	14,5	16,8	773
Milchbrunnen	24,3	2,4	3,3	951
Mondorf im Grossherzogth. Luxemburg	24,6	8,7	14,3	396

C. Mutterlaugen.

In einem Liter sind enthalten:

Name der Quelle.	Kochsalz. g	Feste Bestand- theile. g
Hall in Oberösterreich	945.9	1000,0
Sulza in Thüringen	499.2	714,8
Rheinfelden in der Schweiz	310.2	318,8
Kreuznach in der pr. Rheinprovinz . .	256,8	341.2
Reichenhall in Baiern	224.3	253,4
Hall in Tirol.	194.2	264.2
Inowraczlaw in Posen	191.3	349.2
Elmen bei Magdeburg	186,0	311.0
Wittekind (Badesalz)	185,2	313.5
Salins in Frankreich	108.0	320,0
Rodenberg in Hessen	125.2	288.1
Kissingen in Baiern	121.4	316,9
Salzungen in Thüringen.	93.7	311.0
Königsborn in Westfalen	47.6	399,7
Bex in der Schweiz	33.9	292.5

D. Kochsalzquellen mit Chlorcalcium.

Im Liter Wasser sind enthalten:

Name der Quelle.	Chlorcalcium. g
a) Soolen.	
Neudorf in pr. Hessen	96.0
Salzhemmendorf in Hannover	26,2
Hubertusbad im Unterharz	10.7
Königsdorf-Jastrzemb (conc. Soole) . . .	10.0
Beringer Brunnen im Harz	9.7
Arnstadt in Thüringen (24 proc. Soole) . . .	6.4
Goczalkowitz in Schlesien	5.2
Sodenthal bei Aschaffenburg	4.9
Colberg in Pommern	4.3
Bassen in Siebenbürgen	3.9
Sierck in Lothringen	3.6
Werne in Westfalen	3.5
Nauheim in Hessen. Friedrich Wilhelm-Sprudel	3.3

Name der Quelle.	Chlorcalcium.
	g
Neudorf in Hessen, Soolschwefelquelle . . .	3,2
Mondorf in Luxemburg	3,2
Kreuznach, Oranienquelle	2,9
Dürkheim an der Hardt	2,9
Rotternheim in Weimar	1,5
Münster am Stein in der Rheinprovinz . . .	1,4
Also-Sebes in Ungarn	1,0
Niederbronn im Elsass	0,8
Salzungen in Thüringen	0,7
Homburg vor der Höhe	0,7
Wiesbaden, Kochbrunnen	0,4
Hall in Oberösterreich	0,4
b) Mutterlaugen.	
Kreuznach	319,1
Dürkheim a. d. Hardt	285,0
Wittekind, Badesalz	239,7
Arnstadt	231,5
Königsborn	132,6
Hall in Tirol	15,9
Hall in Oberösterreich, Badesalz	14,3

E. Kochsalzquellen mit Jodverbindungen.

Name der Quelle.	Gramm.	
a) Soolen.		
Salzburg in Ungarn	0,250	Jodnatrium.
Zaizon in Siebenbürgen	0,239	Jodnatrium.
Königsdorf-Jastrzemb in Schlesien . . .	0,210	Jodmagnesium.
Saxon-les-bains in der Schweiz	0,165	Jodcalcium.
Sulza in Thüringen, Kunstquellsalz	0,123	Jodnatrium.
Castrocaro in Toscana	0,103	Jodnatrium.
Kreuznach, gradirte Soole	0,080	Jodmagnesium.
Lippic in Slawonien	0,077	Jodcalcium.
Bassen in Siebenbürgen	0,077	Jodnatrium.
Salzhausen in der Wetterau	0,070	Jodnatrium.
Kainzenbad in Baiern	0,060	Jodnatrium.
Hall in Oberösterreich, Tassiloquelle	0,058	Jodmagnesium.
Wildegg in der Schweiz	0,027	Jodnatrium.
Adelheidsquelle in Baiern	0,027	Jodnatrium.

Name der Quelle.	Gramm.	
Luhatschowitz in Mähren.		
Louisenquelle	0,022	Jodnatrium.
Iwonicz in Galizien, Karlsquelle	0,016	Jodnatrium.
Sulzbrunn bei Kempten in Oberbaiern . . .	0,014	Jodmagnesium.
Goczalkowitz in Schlesien	0,012	Jodnatrium.
Tölz in Oberbayern	0,001	Jodnatrium.
b) Mutterlaugen.		
Hall in Oberösterreich, Badesalz	2,600	Jodmagnesium.
Wittekind, Badesalz	0,454	Jodaluminium.
Kreuznach	0,077	Jodkalium.
Reichenhall	0,010	Jodnatrium.

F. Kochsalzquellen mit Bromverbindungen.

Name der Quelle.	Gramm.	
a) Soolen.		
Salies de Béarn in Frankreich	1,050	Bromkalium.
Kreuznach, gradirte Soole	0,625	Brommagnesium.
Elmen bei Magdeburg	0,566	Brommagnesium.
Salzhemmendorf in Hannover	0,553	Bromnatrium.
Königsdorf-Jastrzemb in Schlesien . . .	0,314	Brommagnesium.
Kreuznach, Oranienquelle	0,232	Brommagnesium.
Sierk in Lothringen	0,200	Bromnatrium.
Inowraczlaw in Posen	0,168	Bromnatrium.
Mondorf in Luxemburg	0,098	Brommagnesium.
Münster am Stein in der Rheinprovinz . . .	0,083	Bromnatrium.
Bourbonne-les-bains in Frankreich . . .	0,065	Bromnatrium.
Sodenthal bei Aschaffenburg	0,064	Brommagnesium.
Arnstadt, 24proc. Soole	0,054	Brommagnesium.
Colberg in Pommern	0,049	Bromnatrium.
Lippik in Slawonien	0,046	Bromcalcium.
Adelheidsquelle in Baiern	0,046	Bromnatrium.
Hall in Tirol	0,045	Brommagnesium.
Salzdetfurth in Hannover	0,044	Brommagnesium.
Hall in Oberösterreich, Tassiloquelle	0,043	Brommagnesium.
Bassen in Siebenbürgen	0,035	Bromnatrium.
Hubertusbad im Harz	0,034	Brommagnesium.
Salzungen in Thüringen	0,034	Brommagnesium.
Balaruc in Frankreich	0,032	Brommagnesium.
Salins in Frankreich	0,031	Bromkalium.
Reichenhall, Edelquelle	0,030	Brommagnesium.

Name der Quelle.	Gramm.	
Reichenhall in Bayern	0,030	Brommagnesium.
Wildegg in der Schweiz.	0,030	Bromnatrium.
Königsborn in Westfalen	0,029	Brommagnesium.
Iwonicz in Galizien	0,023	Bromnatrium.
Dürkheim an der Hardt	0,019	Bromnatrium.
Hallstädter Soole	0,016	Brommagnesium.
Ischl im Salzkammergut	0,012	Brommagnesium.
Sulza in Thüringen. Mühlbrunnen	6,012	Brommagnesium.
Niederbronn im Elsass	0,011	Bromnatrium.
Salzschlirf, Bonifaciusbrunnen	0,005	Brommagnesium.
b) Mutterlaugen.		
Wittekind. Badesalz	14,799	Bromide.
Rothenfelde	12,611	Brommagnesium.
Münster am Stein	7,200	Bromnatrium.
Reichenhall	6,820	Bromnatrium.
Kreuznach.	6,814	Bromkalium.
Arnstadt	3,757	Brommagnesium.
Hall in Oberösterreich. Badesalz	3,200	Brommagnesium.
Elmen bei Magdeburg	2,880	Brommagnesium.
Salins in Frankreich	2,842	Bromkalium.
Salzungen.	2,791	Brommagnesium.
Kissingen	2,525	Brommagnesium.
Königsborn in Westfalen	1,613	Brommagnesium.
Hall in Tirol	1,414	Brommagnesium.
Inowraczlaw in Posen	1,339	Bromnatrium.
Bex in der Schweiz	0,330	Bromnatrium.
Rodenberg in Hessen.	0,132	Bromnatrium.

7. Bitterwässer.

Unter Bitterwässern versteht man jene Classe von Mineralwässern, die sich durch einen sehr hohen Gehalt an schwefelsaurer Magnesia und schwefelsaurem Natron auszeichnen. Ausser
diesen beiden Salzen findet man in ihnen meist noch in erheblicher Menge
schwefelsauren Kalk, kohlensauren Kalk und kohlensaure Magnesia, Chlormagnesium und in einzelnen auch noch salpetersaure Magnesia, selten geringe Mengen freier Kohlensäure, nie aber kohlensaures Natron.

Als Auslaugungsproducte aus den oberen Erdbodenschichten besitzen
sie die Temperaturen dieser, sind sonach kalt und haben sämmtlich einen
bitteren Geschmack, der bei grösserer Menge an Kochsalz einen scharfen
Beigeschmack erhält. Sie dienen mit sehr wenigen Ausnahmen nur zu
Trinkcuren und haben in einer Gabe von 100 bis 200 g pro dosi fast
stets eine abführende Wirkung.

Ueber die physiologischen Wirkungen dieser beiden das Bitterwasser charakterisirenden Salze ist nur sehr wenig Sicheres bekannt. Da sie nicht Bestandtheile des Blutes sind, hat sich auch eine chemische Einwirkung derselben auf dieses und andere Gewebe nicht constatiren lassen, sie scheinen vielmehr die Blutbahn nur zu passiren und nach ihrer Aufnahme in dieselbe bald wieder ausgeschieden zu werden. Nach den Untersuchungen von Mosler und Mering (Berl. klin. Wochenschr., 1880, 11) sollen sie zwar den Stoffwechsel anregen, die Harnstoffausscheidung vermehren und die Umsetzung der Albuminate steigern, sowie nach Seegen die Fettbildung herabsetzen, allein da diese Untersuchungen lediglich mit dem kochsalzreichen Friedrichshaller Bitterwasser angestellt sind, so bleibt es gänzlich unentschieden, ob der Hauptantheil an dieser Wirkung den beiden Sulfaten oder dem Chlornatrium beizulegen ist. Wahrscheinlicher ist es, dass derselbe den Chloriden zufällt, indem die Untersuchungen von Voit ergeben haben, dass schwefelsaures Natron an dem Eiweissumsatze sich nicht betheiligt.

Andere Resultate als die Mering'schen haben hingegen die auf der Riegel'schen Klinik in Giessen freilich an heruntergekommenen Personen angestellten Untersuchungen ergeben, durch welche weder eine Vermehrung der Harnausscheidung, noch eine Zunahme der Phosphate, des Harnstoffs und der Chloride im Harn nachgewiesen wurde.

Die Cardinalwirkungen der Bitterwässer liegen nach Allem dem in ihrer reizenden Einwirkung auf die Magen- und Darmschleimhaut, deren Absonderungen sie anregen von leichter wässriger Secretion bis zu den stärksten schleim- und eiweisshaltigen Diarrhoen. Zur Hervorrufung der ersteren mild anregenden Wirkung gehören meist Gaben von 2 bis 5 g, zur letzteren, der stark abführenden, gewöhnlich 30 bis 60 g und noch mehr, wobei Functionsstörungen des Magens sehr selten ausbleiben, die bei den kleineren Dosen in der Regel nicht beobachtet werden. Bei allzu ausgedehntem und relativ zu starkem Gebrauch der Bitterwässer tritt endlich Ermüdung des Darms ein, der dann Dyspepsie und Catarrh der Darmschleimhaut zu folgen pflegen.

Ueber die Art, mit welcher die abführende Wirkung der Bitterwässer zu Stande kommt, ist man noch nicht vollständig aufgeklärt. Die Liebig'sche Theorie, welche sich auf verstärkte Exosmose, d. h. auf den gesteigerten Austritt von Wasser aus den Gefässwandungen bei erfolgtem Durchgange bestimmter Salzmengen durch dieselben und ihrem Uebertritt ins Blut stützte und mit dieser die abführende Wirkung zu erklären versuchte, ist bekanntlich von Aubert, Wagner, Donders und Andern widerlegt worden, welche im Gegensatz zu jener aprioristischen Annahme fanden, dass die Concentration der Salzlösung keinen Einfluss auf die abführende Wirkung hat, und dass sogar ausserordentlich diluirte Lösungen von Glaubersalz und Bittersalz die gleiche Wirkung erzielen wie concentrirte. Die Abführwirkung ist vielmehr als Folge der Steigerung der Peristaltik zu betrachten, welche durch Reizung der Nerven hervorgerufen wird, wie die Experimente von Thiry, Schiff, Moreau u. A. ergeben, und beruht nach Radziejewsky's Untersuchungen auf einer localisirten Reizung der Magennerven, durch welche reflectorisch eine Beschleunigung der Darmperistaltik hervorgerufen wird.

Es liegt somit die Annahme nahe, worauf auch Zuelzer in einem Vortrage in der balneol. Section der Gesellschaft für Heilkunde in Berlin (Verhdlg. derselben, 1879, S. 21) hingewiesen hat, dass die Diarrhoe erzeugende Wirkung der Laxantien wesentlich dadurch hervorgerufen wird, dass die Darmsäfte, welche in den oberen Theil des Darmrohrs aus dem Pancreas und den Darmdrüsen ergossen werden, nicht wie im intacten Zustande mehr oder weniger vollständig resorbirt, sondern schnell durch den Darm hindurchgetrieben und ausgeschieden werden.

Wie man auch die Wirkungsweise der Bitterwässer auffassen mag, thatsächlich findet stets eine vermehrte Secretion auf der Darmfläche und ebenso eine raschere Abfuhr von Nahrungsstoffen aus dem Darm statt, welche, wenn kein genügender Wiederersatz der Verluste eintritt, zur Abnahme des Körpergewichts und Schwinden des Fettes führen muss. Ob die Sulfate einen directen Einfluss auf den Umsatz des Fettes ausüben, wie Seegen der Ansicht ist, erscheint nach den Untersuchungen von Voit und von Basch zweifelhaft.

Ihre hauptsächlichsten Indicationen finden nach dem Gesagten die Bitterwässer bei chronischer Stuhlverstopfung kräftiger vollsäftiger Individuen, namentlich wenn dieselben nebenbei an Congestionen nach Kopf und Lungen leiden, bei allgemeiner Uebernährung und damit verbundener Fettbildung, gegen Blutstockungen in den Unterleibsorganen, Hämorrhoiden, Leberschwellungen, Fettleber und anderen ähnlichen Krankheitszuständen, wogegen sie bei allen derartigen Leiden, wenn diese bei anämischen, heruntergekommenen Personen auftreten, als völlig ungeeignet erscheinen. mögen die Gaben, in denen sie verabreicht werden, grössere oder kleinere sein.

Ausser bei anämischen Individuen finden die Bitterwässer noch eine Gegenanzeige bei grösserer Reizbarkeit des Magens und des Darmcanals, bei Magen- und Darmcatarrh und Neigung zu Diarrhoen. Dieses ist besonders zu beachten, da heutigen Tages mit ungarischen Bitterwässern im Publikum ein grosser Missbrauch getrieben und dadurch mancher Schaden angerichtet wird.

Die Bitterwässer.

In einem Liter Wasser sind enthalten:

Name der Quelle.	Schwefelsaure Magnesia.	Schwefelsaures Natron.	Schwefelsaurer Kalk.	Chlornatrium.	Chlormagnesia.
Gran	45.6	—	0.2	—	—
Ofen.					
Victoria	32.4	20.9	1.6	—	—
Franz Josef	24.8	23.2	1.3	—	—
Hunyadi Laszlo . .	24.2	22.8	1.6	—	—
Attila	24,2	33,5	1,7	—	—

Name der Quelle.	Schwefel-sauer Magnesia.	Schwefel-saures Natron.	Schwefel-saurer Kalk.	Chlor-natrium.	Chlor-magnesia.
Ofen,					
Hunyadi Janos . . .	22,3	22,5	—	1,3	—
Rakoczy	20,8	14,4	—	—	—
Arpad	18,1	19,6	—	—	—
Deak.	18,0	14,2	1,5	—	—
Szent-Istvan	16,7	12,9	1,2	—	—
Szechenyi	11,7	16,5	0,2	—	—
Elisabeth	8,0	14,1	1,2	—	—
Birmenstorfer Bitterwas-ser in der Schweiz . .	21,1	6,7	0,4	—	—
Sedlitz in Böhmen . . .	13,5	—	1,4	—	0,4
Pülna in Böhmen . . .	12,1	16,1	—	0,3	—
Saidschütz in Böhmen .	10,9	6,1	1,3	—	0,3
Montmirail in Frankreich	9,3	5,1	0,2	—	—
Galthofer Bitterquelle in Mähren	7,3	4,9	0,3	—	—
Rehme.	5,4	4,4	—	6,1	—
Friedrichshall	5,1	6,0	1,3	7,9	3,9
Kissingen	5,1	6,0	1,3	7,9	3,9
Gross-Wunits in Böhmen	4,7	7,4	0,5	—	—
Alap in Ungarn,					
Unter-Alap	4,1	18,1	0,2	14,5	—
Ober-Alap.	3,1	5,7	1,8	4,2	0,9
Kis-Czég.	3,1	13,7	—	1,4	—
Ivanda.	2,4	12,4	3,3	2,3	—
Türr in Siebenbürgen . .	2,6	15,7	1,3	—	—
Mergentheim in Würt-temberg, Karlsquelle. .	2,5	3,7	—	13,4	—
Grossenlüder, hessisches Bitterwasser	1,3	—	—	15,4	—

8. Die Schwefelquellen.

Als Schwefelquellen werden jene Mineralwässer bezeichnet, welche als constanten normalen Bestandtheil eine Schwefelverbindung, entweder freien Schwefelwasserstoff und Kohlenoxydsulfid oder ein Schwefelmetall, als Schwefelnatrium, Schwefelcalcium, Schwefelmagnesium, Schwefelkalium oder beide zusammen enthalten. Die übrigen Bestandtheile dieser Wässer können sehr verschieden sein, zuweilen herrschen Erdsalze, namentlich Gips, zuweilen Kochsalz vor, zuweilen ist ihr

Gehalt an festen Bestandtheilen überhaupt nur ein sehr geringer. Wässer, in welchen sich durch zufällige Beimengungen organischer Substanzen Schwefelwasserstoff bildet, werden heutigen Tags nicht mehr als Schwefelwässer bezeichnet.

Die Quellen dieser Gruppe, welche theils kalt, theils warm sind, besitzen im Allgemeinen einen nur geringen Gehalt an Schwefelwasserstoff, der von Spuren an bis zu etwa 42 ccm. im Liter Wasser schwankt oder an Schwefelnatrium, welches sein Maximum in den Schwefelthermen zu Luchon in Frankreich mit 0.07 g erreicht. Auch Schwefelcalcium findet sich in einigen Schwefelquellen, namentlich französischen vor. Aus diesem Gehalte an Schwefelwasserstoff und Schwefelverbindungen leitet man gewöhnlich den Werth der Schwefelwässer ab. Von den geringen Mengen dieser Stoffe liessen sich auch nur geringe Wirkungen erwarten, und nachdem das in früherer Zeit hell leuchtende Gestirn des Schwefels untergegangen war, begann man den Schwefelquellen als solchen ihren therapeutischen Werth abzusprechen und nur die Nebenbestandtheile, die allerdings quantitativ meist prävaliren, als die eigentlichen wirksamen Agentien zu bezeichnen, bis Reumont für den unterdrückten Ruf dieser Wässer eine Lanze brach und denselben wenigsten einigermassen wieder herstellte.

Je nach den Bestandtheilen, welche die Schwefelwässer ausser dem Schwefelwasserstoff und dem Schwefelnatrium enthalten, unterscheidet man Schwefelkochsalzwässer, welche Kochsalz zuweilen in ziemlich bedeutender Menge enthalten, alcalische Schwefelquellen mit vorwiegendem kohlensauren Natron, Schwefelkalkwässer, welche vorzugsweise schwefelsauren und kohlensauren Kalk, zuweilen auch Chlorcalcium und Kochsalz enthalten, salinische Schwefelwässer mit grösseren Mengen schwefelsauren Natrons und schwefelsaurer Magnesia und Schwefelnatriumwässer, die meist nur sehr geringe Mengen Schwefelnatrium und fester Bestandtheile überhaupt besitzen und sich in dieser Beziehung den Akratothermen nähern, zu welchen sie schon wegen ihrer höhern Temperatur, die fast allen zukommt, mehr Verwandtschaft zeigen.

Bei dieser ausserordentlichen Verschiedenheit, welche zwischen diesen Wässern hinsichtlich ihrer chemischen Zusammensetzung stattfindet, kann selbstredend von einer ihnen gemeinschaftlich zukommenden Wirkungsweise auf den Organismus nicht wohl die Rede sein, wenn man den ihnen gemeinschaftlichen Körper, den Schwefelwasserstoff nicht als den Charakter der Quelle bestimmend ansehen will. Aber hinsichtlich dieses laufen die Ansichten sehr auseinander. Ein grosser Theil der Balneologen hat sich der im Jahre 1847 von Roth in Weilbach aufgestellten und von Schönlein gut geheissenen Theorie angeschlossen, nach welcher die Schwefelverbindungen nach ihrem Uebergang ins Blut mit dem Eisen der Blutkörperchen und zwar zunächst der verbrauchten, aber noch im Stromgebiete der Pfortader circulirenden, zu Schwefeleisen sich verbinden sollen. Indem hiermit der beginnende Zerfall der rothen Blutzellen sehr begünstigt und mehr Material zur Gallenbildung geschaffen wird, steigert sich nach der Roth'schen Theorie die Gallensecretion und das Blut selbst erleidet hiernach einen Mauserungsprocess. Vielfache an Schwefelquellen gemachte Beobachtungen haben allerdings eine Volumensveränderung der angeschwollenen Leber ergeben, und noch in neuester Zeit macht Stifft in Grossmann's Heilquellen des Taunus (1887, S. 77) darauf aufmerksam, dass beim Gebrauche der Weilbacher Schwefelquelle der Umfang der Leber sich vermindere, wenn derselbe durch Hyperämie oder Fettablagerung vermehrt war, und bei reichlichem Material zur Gallenbildung und Integrität der Leberzellen die Steigerung der Gallensecretion eine so sicher eintretende Erscheinung sei, dass sie je nach Individualität des betreffenden Individuums selbst dem Grade nach mit Bestimmtheit vorausgesagt werden könne. Ebenso bestehe physiologisch nach demselben Autor kein Zweifel, dass die dunkle Färbung der Fäces, die sich bald einstellt, durch reichlichen Erguss von Galle in den Darmkanal, nicht in Folge neugebildeten Schwefeleisens entstehe. Die eingetretene Vermehrung der Gallensecretion selbst wird von ihm in der Fähigkeit des Schwefelwasserstoffs, das Vaguscentrum zu erregen, gefunden.

Durch diese Befreiung des Pfortaderblutes von solchen Stoffen der regressiven Metamorphose soll eine freiere Blutströmung eingeleitet und locale Hyperämien in den Unterleibsorganen beseitigt, aber auch die resorbirende Thätigkeit der venösen Gefässe erhöht werden.

Gegen diese Roth'sche nach Liebig'schem Muster aufgebaute Blutmauserungstheorie, welcher gegenwärtig noch viele balneologische Schriftsteller und practische Aerzte folgen, haben sich in neuerer Zeit mancherlei Bedenken an ihre Richtigkeit erhoben. Die Mengen vom Schwefelwasserstoff, welche durch Schwefelwässer ins Blut übergeführt werden können, sind nach der Ansicht von Leichtenstern allzu gering, um wesentliche Erscheinungen herbeiführen zu könen, indem sie bei dem bedeutenden Ueberwiegen des Sauerstoffs im Blute sofort oxydirt und in Schwefelsäure umgewandelt werden, ehe eine Einwirkung dieses Gases auf Hämoglobin stattgefunden hat. Auf eine solche Oxydation des Schwefelwasserstoffs deuten auch die Experimente Beissel's („Balneolog. Studien, mit Bezug auf die Aachener und Burtscheider Thermalquellen". Aachen, 1888, S. 34) hin, welcher nach dem Genusse von 1200 ccm Aachener Thermalwasser eine Vermehrung von 0.26 g an Schwefelsäure im Harn fand, mithin eine solche, wie sie sich aus dem Zerfall von Eiweisskörpern und der Umbildung der im Wasser vorhandenen Schwefelalkalien zu Sulphaten keineswegs erklären lässt. Auch Dronke (Berl. klin. Wochenschr., 1887, No. 49) konnte nach reichlichem Genuss von Schinznacher Schwefelwasser im Urine keine Spur von Schwefelwasserstoff nachweisen und sieht sich zu der Annahme gezwungen, dass ein unverhältnissmässig grosser Theil dieses Gases zu Schwefelsäure oxydirt sei, wobei er bemerkt, dass die Verbindungen mit Phenolen nicht nur nicht gesteigert, sondern sogar herabgesetzt waren, was unzweifelhaft darauf hindeutet, dass die Eiweisszersetzung sich erheblich vermindert hatte. Ebenso fand Dronke im Harne gesteigerte Ausscheidung von Schwefelsäure. Fast noch beweisender in dieser Beziehung sind die Versuche von Kauffmann und Rosenthal (Archiv f. Anatomie und Physiologie, 1865), aus welchen hervorgeht, dass Schwefelwasserstoff dem Blute Sauerstoff rasch und in solcher Menge entzieht. dass der

4*

Tod erfolgen muss, wenn derselbe in etwas grösserer Menge in dieses übertritt.

Eine andere sehr plausible Erklärungsweise der Wirkungen der Schwefelwässer stützt sich auf die verschiedenen Wirkungserscheinungen, welche im Bereiche des Circulations- und Respirationssystems einzutreten pflegen. Stifft hat dieselben einer kritischen Beleuchtung unterworfen („Die physiologische und therapeutische Wirkung des Schwefelwasserstoffgases", Berlin, 1886) und aus derselben den Schluss gezogen, dass der Schwefelwasserstoff specifisch und unmittelbar die sensiblen Fasern des Lungenvagus und von diesen aus die mit den Ursprüngen des Vagus verknüpften Centren der Athmung, der Herz- und Gefässbewegung, bei andauernder stärkerer Reizung die Medulla oblongata in ihrer Totalität zu erregen und bei Uebermass der Reizung zu lähmen vermag. Damit lassen sich alle Wirkungsäusserungen erklären, welche man den Schwefelwässern beimisst, mögen sich dieselben auf die Respirationsorgane, auf den gesammten Circulationsapparat, auf die Se- und Excrete, auf die Organe des Unterleibes, auf das centrale Nervensystem und auf den Stoffwechsel, beziehentlich auf die gesteigerte Ausscheidung von Harnstoff und Harnsäure beziehen.

Neben der Trinkcur, vielleicht in ausgedehnterer Weise noch, dienen die Schwefelwässer zu Badezwecken. In ihrer Wirkung auf den Organismus stehen sie dann offenbar den Wildbädern sehr nahe. Ihr Gehalt an Schwefelverbindungen soll ihnen zwar eine gewisse erregende Wirkung auf das peripherische Nervensystem verleihen, allein eine solche Wirkung auf die Haut und ihre Nerven ist keineswegs experimentell nachgewiesen und dürfte, wo sie sich thatsächlich vorfindet, der Temperatur des Bades mehr zufallen. Auch die klinische Erfahrung spricht sich nicht für eine solche erregende Wirkung der Schwefelbäder aus. Denn von den Aachener Bädern, welche den thermischen Indifferenzpunkt nicht überschreiten, berichtet Reumont, dass zwar die Haut von einem angenehmen Wärmegefühl durchdrungen, aber die Circulation und Respiration ruhiger werde, welche sich in einer oft bedeutenden Abnahme der Pulsschläge zu erkennen gebe, sowie dass die durch das Bad gesetzte Beruhigung des Gemeingefühls länger wie gewöhnlich fortdauere. Diese an Schwefelthermen gemachten Beobachtungen beweisen aber nichts für eine diesen eigenthümliche Wirkungsweise, sie finden sich ebenso an Wildbädern wieder, wenn sonst die Temperaturverhältnisse des Bades gleiche sind.

Es wird somit durch nichts bestätigt, dass die in den Schwefelbädern enthaltenen Schwefellebern dieser Bädergruppe eine besondere therapeutische Wichtigkeit verleihen.

Dasselbe lässt sich auch vom Schwefelwasserstoff sagen. Es ist zwar eine altbekannte Thatsache, dass Schwefelwasserstoff, wie andere Gase, die Epidermis leicht durchdringt und in das Blut übergeführt wird, allein ungeachtet dessen kann nicht behauptet werden, dass dieses Gas die Allgemeinwirkung des Bades wesentlich beeinflusse und als erhebliches Moment zu der Thermalwirkung hinzutrete. Der Grund zu dieser Erscheinung mag wohl, wie wir oben gesehen haben, in der raschen Oxydation des Schwefelwasserstoffs durch den Sauerstoff des Blutes und

in den geringen Mengen, in welchen er in Mineralwässern, namentlich in
künstlich erwärmten Schwefelwässern, sich vorfindet, zu suchen sein.
Auch die über dem Spiegel des Badewassers sich ansammelnde Gas-
schicht hat man zur Erklärung der Wirkungen der Schwefelwässer mit
herangezogen, weil der Badende in derselben zu athmen gezwungen ist,
allein jede genaue Würdigung der einschlagenden Verhältnisse hat nie
zu Gunsten der Annahme einer Resorptionswirkung des Schwefelwasserstoffs geführt.

Aus Allem geht hervor, dass von einer den Schwefelbädern eigenthümlichen therapeutischen Wirkung zur Zeit nicht die Rede sein kann,
und erst dann eine solche in Frage kommen kann, wie auch Fromm der
Ansicht ist, wenn nachgewiesen wird, in welcher Art und in welchem
Masse der geringe Gehalt von Schwefelwasserstoff die allgemeine Badewirkung modificirt.

Aus diesen eben dargelegten Wirkungsäusserungen der Schwefelwässer ergeben sich die allgemeinen Indicationen für deren Gebrauch zu
therapeutischen Zwecken ohne besondere Schwierigkeit. Mag man ihre
Wirkungsweise bei interner Anwendung in einer Weise auffassen und
beurtheilen, wie man will, man wird sich nie der Ueberzeugung ver-
schliessen können, dass nach längerem Gebrauche der Schwefelwässer ein
gewisser Grad von Anämie sich herausbildet, welcher deren weiteren
Fortgebrauch verbietet, und Herz- und Gefässsystem, wie auch der Ath-
mungsprocess in ihrer Thätigkeit herabgesetzt werden, wodurch ihrer
therapeutischen Verwendung eine bestimmte Grenze gesetzt wird.

Hieraus folgt, dass der interne Gebrauch von Schwefelwässern nur für gut genährte vollsaftige Personen sich eignet,
und ältere decrepide Individuen mit reizlosen pastosen, phlegmatischen
Constitutionen, sowie hochgradiger nervöser Reizbarkeit, Chlorose und
Blutarmuth denselben meiden müssen.

Im Weiteren erscheinen für diese Classe von Mineralwässern indicirt, und zwar zunächst venöse Stauungen im Pfortadergebiete
mit dem daraus resultirenden Hämorrhoidalleiden und Dilatation
des rechten Herzventrikels, jener Zustand, den man gemeinhin als
Abdominalplethora bezeichnet, mit Leberhyperämie und Fettleber, Catarrhe der Respirationsschleimhaut, welche auf venösen Stasen
beruhen, chronische Pharyngiten, chronisch-pneumonische Zustände und Asthma, welche aus gleichen Ursachen hervorgehen, Neigung zu Congestionen und Blutungen bei Personen mit leicht er-
regbarem Gefässsystem und chronische Darmcatarrhe, die mit
abnormer Reizbarkeit des Darmcanals verbunden sind.

Von Alters her haben Schwefelwässer bei chronischen Blei- und
Quecksilbervergiftungen vielfache Anwendung erfahren. Die neuere
Zeit spricht namentlich in Bezug auf chronische Bleiintoxicationen ihnen
die Berechtigung hierzu ab und legt das Schwergewicht ihrer Wirkung
auf die reichliche Zufuhr des Wassers. Auch die Wirkungen der Schwefelwässer gegen Mercurialismus werden heutigen Tags in ähnlicher Weise
beurtheilt. Auch bei ihm wird dem Schwefelwasserstoff und den Schwefelalkalien die chemische Einwirkung streitig gemacht und dem Wassertrinken und Baden die Palme zuerkannt. Dass man in diesem ab-

sprechenden Urtheile zu weit gegangen ist, werden wir im speciellen Theile unter den betreffenden Abschnitten darthun.

Anders verhält es sich mit der constitutionellen Syphilis, welche bekanntlich ebenfalls zu den altberechtigten Indicationen der Schwefelwässer zählt. Empfiehlt man sie heutigen Tags in Deutschland auch weniger gegen dieselbe selbst und beschränkt sich mehr auf deren Complication mit Mercurialismus, so findet man doch in südlichen Ländern, namentlich in Spanien, die Ansicht noch sehr vertreten, dass Schwefelwässer ein vorzügliches Heilmittel der Syphilis seien. Hier in Deutschland sieht man in ihnen nur ein kräftiges Reagens auf Syphilis und benutzt sie, um die schlummernde Seuche wieder insoweit wachzurufen, damit sie durch Quecksilber- und Jodcuren ihre endliche Beseitigung finde. Der Ruf, welchen Aachen, Schinznach, Mehadia gegen Syphilis geniessen, beruht auf dieser Eigenschaft der Schwefelwässer, bezw. der Schwefelbäder, welche man bei der Zweifelsucht der heutigen Tage mehr dem warmen Wasser als der Schwefelquelle vindicirt.

Die Wirkungen der Schwefelbäder sind in der Hauptsache neben den Wirkungen des internen Gebrauchs derselben bereits besprochen worden, es sei nur noch kurz im Anschluss an die aufgestellte Aehnlichkeit dieser mit den Wildbädern bemerkt, dass sie in gleicher Weise, wie diese, bei chronischen Rheumatismen und Gicht, bei Lähmungen und andern Neurosen eine hauptsächliche Anwendung finden. Fast allgemein wird die Zweckmässigkeit der Schwefelbäder bei verschiedenen chronischen Hautkrankheiten, namentlich bei der grossen Klasse der Eczeme, anerkannt. Mag der Nutzen, den sie bei denselben unbestritten haben, theilweise auch nur in der lösenden Eigenschaft des warmen Wassers für Epidermisschuppen liegen, bei dem häufigen parasitären Charakter dieser Krankheiten liegt aber auch die Annahme nahe, dass der Schwefelwasserstoff auf vorhandene Pilze, welche in ihm bekanntlich ein sehr feindliches Element besitzen, eine deletäre Wirkung ausübe. Auf diese antimycotische Eigenschaft des Schwefelwasserstoffs hat in neuester Zeit namentlich A. Amsler in Schinznach (Correspondenzbl. f. Schweiz. Aerzte, 1884, No. 10) wieder hingewiesen und mit derselben die vortheilhaften Wirkungen der Schwefelquellen bei Herpetismus zu erklären versucht.

Bei dieser Gelegenheit sei noch bemerkt, dass man nach der Koch'schen Entdeckung des Tuberkelbacillus versucht hat, den Schwefelwasserstoff in Form von Trink- und Badecuren mit Schwefelwässern oder von Inhalationen dieses Gases auch als Desinfectionsmittel gegen Tuberculose zu benutzen. Nach Versuchen, welche vorzugsweise Cantani nach dieser Richtung hin angestellt hat (Centralbl. f. medic. Wissensch., 1882, No. 16), sollen die erlangten Resultate zur Fortsetzung jener auffordern. Dieselbe scheint aber doch unterblieben zu sein, denn von weiteren derartigen Experimenten ist nichts in die Oeffentlichkeit gedrungen.

Noch sei bemerkt, dass bei Trinkcuren mit Schwefelwässern die Kost stets eine nährende, besonders aus Fleisch bestehende sein muss, weil sich ohne eine solche leicht hochgradige Anämie herausbilden würde und, ehe die Trinkcur beginnt, der Zustand der Magenverdauung

einer Prüfung zu unterwerfen ist, damit nicht von vornherein das Curresultat in Frage gestellt wird.

Ausser den Trink- und Badecuren kommen in vielen Curorten noch
Inhalationen der Quellengase und auch des zerstäubten Mineralwassers zur Anwendung. Sie dienen besonders als treffliches Unterstützungsmittel der Trinkcur bei Rachen- und Kehlkopfcatarrhen,
auch wohl der Bronchien und haben in Deutschland, besonders aber
in einzelnen Pyrenäenbädern, wie in Eaux-bonnes, Cauterets u. A.
eine ganz besondere Ausbildung erfahren.

In einzelnen Schwefelbädern wird auch Schwefelschlamm zu
medicinischen Zwecken benutzt. Seine Anwendung in Krankheiten, die
in Nenndorf, Eilsen, Meinberg, Pystjan in Ungarn und einigen
andern deutschen und ungarischen Curorten in Gebrauch, aber namentlich
in den Euganeischen Thermen eine ausserordentlich beliebte ist, fällt
mit der der Moorbäder im Allgemeinen zusammen.

A. Schwefelthermen.

In einem Liter Wasser sind enthalten in:

Name der Quelle	Temperatur. °C.	Schwefelnatrium. g	Schwefelcalcium. g	Schwefelsaures Natron. g	Schwefelsaurer Kalk. g	Chlornatrium. g	Schwefelwasserstoff. ccm	Schwefelwasserstoff in 100 ccm Gasgemenge. ccm
Aachen, Kaiserquelle . .	55,0	0,01	—	0,27	—	2,53	—	0,31
Aix-les-bains (Savoyen)	43,5	—	—	0,03	0,09	0,03	2,23	—
Amélie-les-bains,franz. Pyrenäen	61,0	0,01	—	0,05	—	0,04	—	—
Ax in Frankreich (le Teich)	73,5	0,02	—	0,03	—	0,03	—	—
Baden bei Wien	36,0	—	0,04	0,30	0,73	0,25	2,56	21,0
Baden in der Schweiz . .	50,0	—	—	0,28	1,35	1,62	—	0,06
Bagnères de Luchon in Frankreich (la Reine) .	55,2	0,05	—	0,02	0,03	0,06	—	—
Barèges in Frankreich .	44,0	0,02	—	0,02	—	0,03	—	—
Burtscheid,Victoriaquelle	60,0	0,001	—	0,27	—	2,67	—	—
Cauterets in Frankreich. Raillièrequelle	39,0	0,02	—	0,04	—	0,05	—	—
Eaux-bonnes in Frankreich, alte Quelle . . .	33,0	0,02	Spure	—	0,17	0,26	6,1	—
Eaux chaudes in Frankreich, Boudotquelle . . .	27,1	0,01	—	—	—	0,11	—	—
Grosswardein in Ungarn	45,0	—	—	0,72	0,39	—	17—20	—
Harkány in Ungarn. . .	62,5	—	—	—	—	0,04	6,8 (Kohlenoxydsulfid)	—

Name der Quelle.	Temperatur. °C.	Schwefelnatrium. g	Schwefelcalcium. g	Schwefelsaures Natron. g	Schwefelsaurer Kalk. g	Chlornatrium. g	Schwefelwasserstoff. ccm	Schwefelwasserstoff in 100 ccm Gasgemenge. ccm
Helouan in Aegypten . .	30,5	—	—	—	0,21	3,20	4,7	—
Lawey in der Schweiz . .	45,0	—	—	0,70	0,09	0,36	3,5	—
La Preste in Frankreich .	48,7	0,01	—	0,02	—	—	—	—
Mehadia in Ungarn. . .	44,0	0,08	—	—	—	3,82	—	—
Moltig in Frankreich . .	38,0	0,01	—	0,01	—	0,01	—	—
Piätigorsk in Kaukasien	47,5	—	—	1,25	—	1,61	0,68	—
Pystjan in Ungarn . . .	63,0	—	—	0,33	0,51	0,07	15,6	—
Saint Sauveur in Frankreich. Badequelle . . .	34,0	0,02	—	0,04	—	—	nicht best.	—
Schinznach i. d. Schweiz	36,0	—	—	1,23	0,15	—	135,9	—
Trenczin-Töplitz in Ungarn	40,2	—	—	0,06	1,60	0,17	15,0	—
Vernet in Frankreich . .	39,0	0,04	—	0,01	—	0,01	—	—
Warasdin-Teplitz in Ungarn	57,0	—	0,03	0,16	—	1,22	4,7	—

B. Schwefelqeullen, kalte.

In einem Liter Wasser sind enthalten:

Name der Quelle.	Temperatur. °C.	Schwefelnatrium. g	Schwefelcalcium. g	Schwefelsaurer Kalk. g	Schwefelsaures Natron. g	Kochsalz. g	Schwefelwasserstoff. ccm
Allevard in Frankreich . .	24,3	—	—	0,05	1,21	0,50	24,7
Alveneu in der Schweiz . .	8,5	—	—	0,95	0,02	—	7,5
Eilsen in Schaumburg-Lippe	12,5	—	—	0,21	—	—	50,4
Enghien in Frankreich. Source la Pécherie. .	14,0	—	—	0,32	—	—	32,0
Gurniglbad in der Schweiz. Schwarzbrünnli . . .	8,3	—	0,004	1,30	0,05	—	15,1
Hechingen in den hohenzollernschen Landen	11,25	—	—	0,02	0,43	—	47,7
Heustrich in der Schweiz .	5,7	0,03	—	—	—	0,09	11,1
Höhenstädt in Baiern . . .	10,0	0,07	—	—	—	0,03	20,0

Name der Quelle	Temperatur. °C.	Schwefelnatrium. g	Schwefelcalcium. g	Schwefelsaurer Kalk. g	Schwefelsaures Natron. g	Kochsalz. g	Schwefelwasserstoff. ccm
Kreuth in Baiern	11,0	—	—	0.29	—	—	6,6
Labassère in Frankreich . .	14,0	0,04	—	—	—	0,19	31,0
Langenbrücken in Baden.							
Waldquelle	13,7	—	—	0,12	0,08	0,01	165,7
Curbrunnen	11,2	—	—	0,07	0,03	0,01	4,3
Langensalza in Thüringen .	12,5	—	—	1.22	—	0,06	unbest.
Lenk in der Schweiz	8,7	—	—	1,68	0,04	—	44,5
Le Prese in der Schweiz . .	8,1	—	—	0,12	—	—	4,5
Lostorf in der Schweiz. . .	14,6	0,23	—	—	—	3,02	120,0
Lubien in Galizien	10.2	—	—	1,92	0,07	0,04	80,0
Marlioz in Frankreich,							
Source Esculape . .	14,0	0,06	—	—	0,02	0,02	6,7
Meinberg in Lippe-Detmold .	11,2	0,01	—	1,04	0,73	—	23,1
Nenndorf in Preussen . . .	11,2	—	0,07	1.01	0,36	—	39,3
Pierrefonds in Frankreich .	12,0	—	0,01	—	—	—	1,5
Reutlingen in Württemberg	12,5	—	—	—	0,06	0,05	2,7
Schimbergbad i. d. Schweiz	11,0	0,03	—	—	—	—	6,7
Sebastiansweiler in Württemberg	12,0	—	—	—	0,56	0,07	13,8
Stachelberg in der Schweiz	9,5	0,04	—	0,04	0,12	—	48,0
Tennstädt in Thüringen . .	11,2	—	—	0,69	0,06	—	19,8
Weilbach in Nassau	13,7	—	—	—	—	0,27	5,2
Wipfeld in Baiern	13,0	—	—	1,08	0,02	—	35,1
Yverdon in der Schweiz . .	24,0	0,02	—	—	—	0,02	unbest.

II. Inhalationscuren.

An verschiedenen Kurorten ist die Einrichtung getroffen, die aus dem Mineralwasser sich entwickelnden Gase und fein zerstäubtes Mineralwasser therapeutisch zu verwerthen. Es geschieht dies besonders zum Zweck, um auf die Respirationsorgane und den Schlundkopf, sowie auf die Nasenräume direct einzuwirken. Eine Einwirkung auf die Bronchien, welche man früher besonders im Auge hatte, wird vielfach in Abrede gestellt, indess geht aus einer Discussion über den Werth der Zerstäubung von Mineralwässern, welche in der Akademie der Medicin zu Paris stattfand (Bullet. de l'acad., 1874, No. 4), hervor, dass das mittels der jetzigen verbesserten Instrumente in Zerstäubungs-

zustand gebrachte Wasser recht wohl bis in die Bronchien eindringen
kann und dass die Beschränkung der Pulverisation auf Erkrankungen
des Schlundkopfes und des Larynx eine ungerechtfertigte ist. Wie man
nun auch über den Werth dieser Inhalationen für catarrhalische Erkrankungen der Bronchien urtheilen mag, es ist nicht wohl in Abrede
zu stellen, dass als ihr eigentliches Wirkungsgebiet die obersten Luftwege angesehen werden.

Am meisten verbreitet sind die Inhalationsbäder an Curorten,
wo Kochsalzgewinnung stattfindet und zur Concentration der Soole
Gradirwerke errichtet sind. Die Luft in deren Nähe hat durch die
Zerstäubung der Soole einen nicht unbeträchtlichen Gehalt an Kochsalz,
bisweilen auch, wie in Kreuznach Jod- und Bromverbindungen beigemengt,
sie ist kühler, dichter und compacter und soll auch mehr Sauerstoff,
wohl Ozon enthalten. Von gleicher Beschaffenheit ist wohl auch die
Luft in den Sooldunstbädern. Bischoff hat dieselbe in dem Sooldunstbade von Oeynhausen untersucht und gefunden, dass sie aus
3,40 pCt. Kohlensäure, 4,41 pCt. Wasserdampf, 0,01 pCt. mechanisch fort-
gerissenen Salztheilchen und 92,18 pCt. atmosphärischer Luft zusammengesetzt ist.

Die Benutzung der Gradirluft zu therapeutischen Zwecken geschieht
in der Weise, dass man die Kranken längs des Gradirwerkes spazieren
gehen lässt, oder sie auch in einem Raume im Gradirwerke selbst unter-
bringt, wo sie vor Durchnässung durch das herabträufelnde Salzwasser
geschützt sind. In Sooldunstbädern geschieht die Zerstäubung des Salz-
wassers auf verschiedene Weise, meist mittels einer in der Mitte des
Raumes angebrachten Fontaine, wobei die Kohlensäure, um Intoxications-
wirkungen vorzubeugen, auf dem Wege der Ventilation möglichst entfernt wird. Die Dauer des Dunstbades beträgt ¼ bis 1 ganze Stunde
1 oder 2 Mal täglich, wobei die Kranken warm gekleidet sein müssen.

Der Einfluss der Gradirluft documentirt sich zunächst in der
Weise auf die Respirationsorgane, dass die Athemzüge tiefer werden,
aber an Zahl gleich wie die Pulsschläge abnehmen, der Gasaustausch
in den Lungenalveolen sich steigert, die Reizbarkeit der Lungen und des
Herzens sich vermindert und die Expectoration der Bronchialschleimhaut
erhöht wird. Aehnlich ist die Wirkung der Sooldunstbäder, bei
welchen Temperatur und Feuchtigkeitsgrad der Luft geregelt werden
können. Bei diesen wirkt die Feuchtigkeit der warmen Luft nach
Thilenius beim Einathmen so, dass das Wasser der Ausathmungsluft
sich vermindert und zwar nicht allein im Blute, sondern auch in den
Respirationsorganen, selbst im Lungenparenchym, den Bronchialästen und
der Luftröhre in vermehrtem Masse zurückbleibt. Dadurch wird der
zähe Auswurf flüssiger gemacht, die Reizung der Schleimhaut vermindert.
Daher fühlen sich die meisten an chronischen Catarrhen, Emphysem etc.
Leidenden im Sooldunstbade erleichtert. In vielen Fällen lassen sich
die Sooldunstbäder durch Einathmung von zerstäubter Salzlösung ersetzen, welche man mittels der Apparate von Salès-Girons, Bergson,
Sigle-Levin erhält.

Gleiche Wirkungen beobachtet man auch an einzelnen Orten, wo
natürliche Dunstbäder sich vorfinden, wie in einigen Orten von Italien

Sicilien, Island, Amerika, in der Nähe von Vulcanen und heissen Quellen, ganz besonders aber in der berühmten Grotte von Mansommano, in welcher die Luft nach einer Analyse von Targioni und Grandeau in 1000 ccm 4 ccm Wasser in Dunstform bei der Temperatur von 33.75° C. und 3,25 pCt. Kohlensäure, sowie eine Menge von kohlensaurem Kalk im fein zertheilten Zustande enthält (Oesterr. Bade-Ztg. No. 11 und 12, 1877). Auch der Stickstoff übersteigt in ihr die normalen Verhältnisse.

Ausserdem findet man Einrichtungen zur Einathmung zerstäubten Wassers häufig in Curorten, deren Quellen Natroncarbonat vorzugsweise enthalten und gegen Erkrankungen der Luftwege vielfach in Anwendung gezogen werden. Solchen Inhalatorien begegnet man in Ems, besonders aber an den Natronthermen von Mont-Dore, Bourboule, St. Nectaire, Royat, wo sie namentlich in den erstgenannten Curorten zu einer besonderen Specialität sich herausgebildet haben und eines hohen therapeutischen Rufes gegen chronische Laryngiten, Pharyngitis, nervöses Asthma und andere ähnliche Erkrankungen seit Jahren sich erfreuen (cfr. Journ. de Thérap. IX p. 841, 889, Novbr., Decbr. 1882. — Gaz. hebdomad. 39, 1884).

Von Quellengasen, welche zum Inhaliren therapeutisch verwendet werden, sind vorzugsweise Stickstoff, Schwefelwasserstoff und Kohlensäure zu nennen.

Die ersteren wurden zuerst auf dem Inselbad bei Paderborn in Lippspringe von Hörling eingeführt. Derselbe fand, dass in dem Inhalationszimmer die Athemzüge um $\frac{1}{3}$ tiefer, als in atmosphärischer Luft erfolgten und der Puls in der Minute um 12 Schläge sich verminderte, dass ebenso die Hauttemperatur nach 1stündiger Inhalation um 0,83° C. sinkt, und empfahl auf Grund dieser Beobachtungen die Stickstoffinhalationen bei Phthisen mit fieberhaften Exacerbationen und sehr beschleunigtem Athem, wobei die Einathmungsluft statt 79 Volumenprocente Stickstoff deren 81,6 bis 92,4 pCt. besass (Deutsche Klinik, 1872, No. 14, 15). Fast zu gleichen Resultaten gelangte auch Zuntz bei Analysirung der Lippspringer Inhalationsluft, die er aus 15,8 bis 20,5 Sauerstoff und 79,4 bis 84,2 pCt. Stickstoff zusammengesetzt fand.

Die Beobachtungen von Hörling konnte Brügelmann am Inselbade bestätigen. Auch nach ihm haben die Stickstoffinhalationen ihre Indication bei starkem Erethismus der Bronchialschleimhaut mit besonderer Neigung zur Hämeptoë, bei eitriger Bronchopneumonie und Pleuritis.

Gleiche Beobachtungen machten auch Steinbrück (Stickstoffgasinhalationen, Halle 1875) in Neurakoczy und Treutler in Blasewitz. Beide empfehlen in gleicher Weise Stickstoffinhalationen bei chronischer Lungentuberkulose, Bluthusten, Vomica, chronischer Pneumonie, Herzhypertrophie, nervöser Hyperästhesie und andern ähnlichen Krankheitszuständen mehr.

Aehnliche beruhigende Wirkungen wie der Stickstoff besitzen auch die Inhalationen eines Quellengases, welches eine bestimmte Menge Schwefelwasserstoff enthält. Wird das Gas mit den Wasserdämpfen zugleich inhalirt, wie dies an Schwefelthermen geschieht, so ist die

Wirkung der Inhalation eine sehr milde und beruhigende für die gereizte Respirationsschleimhaut. Besonders indicirt sind die Inhalationen mit Schwefelwasserstoffgas bei chronischen Catarrhen des Pharynx, Larynx, der Trachea und Bronchien, wenn die Schleimhäute der Luftwege in stark gereiztem Zustande sich befinden. Die vortrefflichen Wirkungen, welche man in Weilbach, Nenndorf, Aachen und an andern Schwefelquellen beobachtet, geben hiervon Zeugniss. Noch mehr aber als in Deutschland finden in einzelnen Pyrenäenbädern, wie in Eaux-bonnes, Cauterets u. a. Schwefelthermen diese Inhalationen ihre Anwendung, wo sie einen höchst wichtigen Anwendungsmodus des Schwefelwassers bilden.

Entgegengesetzt sind die Wirkungen, welche die Inhalationen ausüben, wenn der Inhalationsluft eine geringe Menge Kohlensäure beigemengt ist. Solche Inhalationen wirken reizend auf die Schleimhaut der Respirationswege und finden ihre Anwendung bei chronischer Laryngitis und Bronchialcatarrhen torpider Individuen, bei welchen ein dicker zäher Schleim ausgeschieden wird, und chronischer Angina und folliculärer Pharyngitis, wogegen sie bei Phthisikern und Neigung zu Brustcongestionen contraindicirt sind. Gegenwärtig ist ihr Gebrauch ein sehr beschränkter geworden und alle früheren Anstalten dieser Art sind unseres Wissens eingegangen.

Anstalten mit Sooldunstbädern finden sich in:
Oeynhausen, Kreuznach, Münster am Stein, Nauheim, Kissingen, Salzungen, Elmen. Dürkheim, Reichenhall u. a. Orten mehr.

Anstalten mit Stickgasinhalationen in:
Lippspringe, Inselbad, Neurakoczi, Weissenburg. Die früher in Blasewitz bestandene Treutler'sche ist eingegangen.

Anstalten mit Schwefelwasserstoffinhalationen sind in:
Nenndorf, Weilbach, Langenbrücken. Heustrich, Lenk im Berner Oberland, Lostorf im Canton Baselland, Marlioz in Savoyen (fast ausschliesslich nur Inhalationen), Uriage in Frankreich, St. Honoré (besonders pulverisirtes Wasser neben Inhalationen), Pierrefonds, Aachen, Baden im Aargau (zerstäubtes Wasser und Gase), Schinznach (in gleicher Weise), Aix in Savoyen (ebenso), Amélie-les-Bains in den französ. Pyrenäen, Vernet, Luchon, Cauterets, Eaux-bonnes.

III. Gasbäder.

Von den Gasen, welche den Mineralquellen entströmen, dienen nur die Kohlensäure und der Schwefelwasserstoff zu eigentlichen Badezwecken. Der Kranke, welcher von solchen Bädern Gebrauch machen will, setzt sich angekleidet in eine leere, oben verschliessbare Badewanne, in welche mittels eines Schlauches das Gas eingeleitet wird. Dasselbe durchdringt sehr bald die Kleidung und kommt auf diese Weise in Contact mit der äusseren Haut.

Die Wirkungen dieser Bäderart kommen im Allgemeinen mit den Wasserbädern überein, in welchen Kohlensäure und Schwefelwasserstoff prävaliren, stehen aber an Intensität derselben gegen diese letzteren zurück. Nach Kisch stellt sich das kohlensaure Gasbad als ein die Hautcapillaren und die Hautthätigkeit anregendes, das Gemeingefühl steigerndes, auf die Nerven als Reizmittel einwirkendes Agens dar, welches nach längerer Dauer die bekannten Erscheinungen der Kohlensäureintoxication hervorruft, und findet seine therapeutische Verwerthung bei Neuralgien der verschiedensten Art, peripherischen Lähmungen, einer Reihe von Hautkrankheiten mit torpidem Charakter, Rheumatismus der Muskeln, Impotenz der Männer, Dysmenorrhoe, Amenorrhoe, spärlicher Menstruation und andern ähnlichen Zuständen mehr.

Diese Bäder finden neben der allgemeinen auch locale Anwendung in Form von Douchen.

Die Gasbäder von Schwefelwasserstoff werden meist als Dampfbäder in Gasdampfkasten verabreicht, in welchen das mit Wasserdampf und Kohlensäure gemengte Gas eingeleitet wird, wie es den Schwefelthermen entströmt. Auch an diesen Gasbädern wird die beruhigende Wirkung auf das Nerven- und Gefässsystem hervorgehoben, welche wir bei den Schwefelquellen und Inhalationen mit Schwefelwasserstoff haltiger Luft kennen gelernt haben. Sie finden daher bei allgemeiner Hyperästhesie, Hysterie, bei Neuralgien und andern ähnlichen Krankheitszuständen mehr ihre practische Verwerthung.

Den Gasbädern mit Schwefelwasserstoff schliessen sich die Fumarolen von Pozzuoli bei Neapel an. Die dasige Solfatara, welche der Krater eines halb erloschenen Vulcans ist, aber immer noch Schwefeldampf, dem Arsendämpfe beigemischt sein sollen, in wahrnehmbarer Menge entwickelt, ist nämlich nach Storers Mittheilung (Lancet II, 13, 1877, Sept.) gleich einer Quelle mit steinernem Portale gefasst, vor welchem hin sich die Kranken in einer Entfernung von 10 Schritten setzen, um die Emanationen des Kraters einzuathmen. Besonders sind es Asthmatiker und Personen mit Catarrhen der Luftwege, sowie Phthisiker, welche nach Storer hier Heilung suchen. Nach Schreiber aber, der die Solfatara ebenfalls besuchte (Wien. med. Presse, 1877, No.3), kommt nur die reine Höhenluft als wirksames Agens hierbei in Frage.

Kohlensaure Gasbäder finden sich vor in:
Driburg, Pyrmont, Meinberg, Nauheim, Homburg, Marienbad, Franzensbad, Szliacs und an einigen andern Orten noch.

Schwefelwasserstoffbäder in:
Nenndorf, Aachen, Langenbrücken, Wipfeld, Marlioz, Baden bei Wien, Lavey, Lüchon und einigen andern Orten.

IV. Die Seebadecuren.

Das kalte Seebad oder das Strandbad muss als ein in starker Bewegung begriffenes Soolbad von verschiedener Concentration be-

zeichnet werden, welches in Gemeinschaft mit der Seeluft die Gesammtwirkung der Seebadecur begründet. Es ist sonach, wie
Fromm (in Braun's Balneotherapie, 5. Aufl., 1887) sich ausdrückt,
als eine klimatische Kur in Verbindung mit einer erregenden
Form der Kaltwassermethode zu betrachten. Als charactoristisch
gelten für ein Seebad im engeren Sinne eine tiefere Temperatur,
als die der gewöhnlichen Bäder beträgt, welche man in Soolbädern zu
nehmen pflegt, ein gewisser Salzgehalt des Wassers und die Bewegung desselben: der Wellenschlag.

Vor allem characterisirt sich das Seebad als eine mehr oder weniger
hautreizende Badeform, welche durch den Salzgehalt des Wassers
und durch dessen Kältereiz, den sie auf die Gewebe der Haut und
peripherischen Nerven und von diesen auf das centrale Nervensystem, sowie auf das Gefässsystem ausübt, eine stürmische Reaction im ganzen
Organismus hervorruft. Da aber das Seebad meist nur von sehr kurzer
Dauer genommen wird, so überwiegt der Reiz der Kälte sehr über die
chemische Reizwirkung des Seewassers und steht ebenso diese letztere
der des Soolbades nach. Der Schwerpunkt seiner Wirkung ist daher
mehr in den Reizeffecten zu suchen, welche Kälte und Wellenschlag
hervorrufen.

Die mittlere Temperatur des Meerwassers ist zwar thatsächlich eine
höhere als die der meisten Kaltwasserbäder, erscheint aber der Angabe
Fromm's zufolge (Braun's Balneotherapie, 5. Aufl., 1887, S. 265) immerhin als eine kühlere, weil die Wärmeentziehung durch die beständige
Bewegung des Wassers bedeutend gesteigert wird, welche immer neue
kalte Wassermassen heranwälzt, durch welche die dem Körper anhängen-
den, schon erwärmten Wassertheilchen wieder losgerissen werden. Indess kommt dieser Verlust nach allgemeinen Angaben dem Badenden
nicht voll zum Bewusstsein, weil er zum grossen Theil durch die mechanische Reizung des Wellenschlags verdeckt wird.   .

Der Wärmeverlust, den der Körper im Seebade erfährt, ist kein
unbedeutender, wie aus den Untersuchungen, welche Beneke in Norderney machte, hervorgeht. Auch andere Experimentatoren kamen zu
gleichen Resultaten. Es sei in dieser Beziehung auf die Versuche von
Virchow, welche derselbe in Misdroy anstellte, hingewiesen. Diesen
zufolge betrug die Herabsetzung der Körpertemperatur im Mittel von
19 Beobachtungen 1,59° C. Andere Ergebnisse seiner Versuche erlangte
Zimmermann, welcher bei den in Helgoland genommenen Nordseebädern nur 0,15 bis 0,10° C. Differenz gegen die Normaltemperatur des
Körpers nachweisen konnte.

Dieser Kältereiz, der die Primärwirkung des Seebades ist, bewirkt
znächst eine ausgedehnte Kontraction der Hautgefässe, wodurch die
Circulation in der Peripherie beschränkt und, wie eben bemerkt wurde,
die Körpertemperatur herabgesetzt wird, während im Körperinnern eine
lebhafte Wärmeproduction stattfindet und dessen Temperatur wegen ver-
ringerter Circulation durch die abgekühlte Haut nicht reducirt werden
kann. Mit Nachlass des Kältereizes verschwindet auch die Kontraction
der Hautgefässe wieder und es tritt unter normalen Verhältnissen eine
vermehrte Zuströmung von Blut und zugleich eine vermehrte Wärme-

production auch in der Haut ein. Damit verbindet sich, wie Liebreich nachgewiesen hat, eine stärkere Kohlensäureausscheidung, welche im geraden Verhältniss zum Wärmeverlust steht, und nach Röhrig eine vermehrte Aufnahme von Sauerstoff, wobei, wie Voit dargethan hat, eine gesteigerte Verbrennung von Fett, nicht aber von Eiweisskörpern stattfindet. Daraus erklärt es sich auch, dass abgemagerte, fettarme und anämische Individuen kalte Seebäder weit weniger gut, als wohlgenährte, fettreichere vertragen und ihre Zuflucht zu erwärmten Seebädern nehmen müssen, bei welchen dieser Kältereiz sich nicht geltend machen kann.

Bei der Wichtigkeit der Temperaturverhältnisse der Seebäder wollen wir noch die Bemerkung anschliessen, dass der **Wärmegrad des Wassers in den verschiedenen europäischen Meeren während der Sommerzeit ein sehr verschiedener ist und die zu Badezwecken geeignete Temperatur zu verschiedener Zeit eintritt.** Während das Mittelländische Meer die Temperatur von mindestens 18 bis 19° C. meist schon im Juni erreicht, ist dies bei der Nordsee im Juli, bei der Ostsee im August der Fall.

Im Allgemeinen beträgt die **Sommerwärme des Meeres im Mittelmeere 22 bis 23° C.**, im Meerbusen von Biscaya 23° C., im Adriatischen Meere 22 bis 27° C., im Atlantischen Ozean vom Meerbusen von Biscaya bis zum Canal „la Manche" 20 bis 23° C., in der Nordsee vom Canal bis Bergen 16 bis 20° C., in der Ostsee 16 bis 17,7° C. Die Tagesschwankungen der Wassertemperatur sind oft nicht unbedeutend, namentlich gilt dies von der Differenz zwischen Morgen- und Mittagstemperatur. Solche Unterschiede sind aber wohl zu beachten.

Ebenfalls wichtig für die Praxis sind die **Differenzen zwischen Wasser- und Lufttemperatur.** Moss (Valentiners Handbuch der Balneotherapie, 1876, S. 484) hat dieselben in Bezug auf die Nordsee, resp. auf die Umgebungen von Scheveningen zusammengestellt und gefunden, dass die durchschnittliche Differenz der Wassertemperatur im letzten Drittheile des Juni — 4,21° C., Mitte Juli — 6,9° C., Anfangs August — 6,1° C. und gegen Ende September + 4,2° C. beträgt, so dass in diesem Monate resp. im Herbste die Wassertemperatur die Lufttemperatur übersteigt.

In ähnlicher Weise wie der Kältereiz verhält sich auch das mechanische Moment der Seebadewirkung, der **Wellenschlag.** Durch den Anschlag und Anprall der Wellen erfährt der Oberkörper des Badenden einen mehr oder weniger kräftigen Schlag, zu dem noch die Reibung der Haut durch die aufgewühlten Sandkörner hinzukommt, während die untere Körperhälfte durch die zurückweichende Woge in ähnlicher Weise mechanisch betroffen wird. Hierdurch wird eine bedeutende Reizung der sensiblen Hautnerven bedingt, durch welche in Verbindung mit der Einwirkung auf die Gefässnerven das anfängliche Kältegefühl des Badenden alsbald in ein wohlthuendes Wärmegefühl verwandelt wird. Nicht zu unterschätzen ist hierbei, dass der Badende, um sich gegen den Anprall der Wogen zu schützen, ziemlich starke Muskelanstrengungen machen muss, durch welche ebenfalls eine höhere Wärmeproduction herbeigeführt wird und der Oberkörper bald dem Wasser, bald der Luft ausgesetzt ist, wodurch, namentlich wenn die Luft kälter als das Wasser ist, ein nicht unerheblicher Reiz auf die sensiblen Hautnerven hervorgebracht wird.

So sehr nun auch die Effecte des Kälte- und des mechanischen Reizes beim Seebade in den Vordergrund treten, so darf man doch den Reiz, welchen der Salzgehalt des Seewassers auf den Badenden ausübt, nicht für bedeutungslos halten. Nach Fromm wirkt dieser letztere in zweifacher Beziehung, einmal indem er die mechanische Reibung des Wassers an der Oberfläche der Haut erhöht, andererseits chemisch, indem die Salztheilchen, namentlich solche, die auch nach dem Bade in den obersten Schichten der Epidermis liegen bleiben, theils einen erregenden Einfluss auf die Ernährungsvorgänge in den feinsten Nervenverzweigungen ausüben, der zu den Centralorganen fortgeleitet wird, theils ein stärkeres Zuströmen des Blutes nach der Peripherie hervorrufen und dadurch den Eintritt der Reaction beschleunigen. Bei der Kürze der Zeit aber, mit welcher ein Seebad genommen wird, lässt sich nicht wohl erwarten, dass der durch die auf der Haut zurückgelassenen Salztheilchen ausgeübte Reiz auf die peripheren und centralen Nerven eine wesentliche Wirkung ausübt, da die Imbibition in die Epidermisschichten keine so tiefe sein dürfte, dass die Endkolben der sensiblen Nerven davon berührt werden könnten. Jedenfalls fällt dem Momente der Reibung der Hauptantheil zu, welchen der Salzgehalt des Meerwassers in seiner reizenden Eigenschaft auf den Badenden ausübt. Dieses Moment ist ein quantitativ verschieden wirkendes, je nach der Höhe des Salzgehaltes des Meeres. Den höchsten Gehalt an Salz hat das Mittelländische Meer, welches durchschnittlich 8,2 bis 4,1 pCt. an solchem besitzt; die Nordsee hat einen solchen von 3,0 pCt., der Atlantische Ocean von 3,0 bis 3,7 pCt. und die Ostsee von 0,4 bis 1,9 pCt., welche ihre höheren Ziffern mit der grösseren Annäherung an die Nordsee erreicht. Es repräsentiren sich sonach in den verschiedenen Meeren und Meerestheilen die verschiedenen Abstufungen zwischen starken, mittelstarken und schwachen Soolen.

Diese Reizeinwirkungen nun, welche Kälte, Wellenschlag und Salzgehalt des Seewassers in ihrer Gemeinschaft auf die Hautnerven äussern, werden auf centripetalem Wege zu den Centralorganen des Nervensystems übertragen, und von hier aus wird im Organismus eine Kette von Erscheinungen ausgelöst, welche für die Wirkungen der Seebäder charakteristisch sind.

Die eben geschilderte Wirkungsweise der Seebäder wird nicht unwesentlich durch die Seeluft beeinflusst, welche als ein gleichwerthiger Factor zu betrachten ist und, wie bereits angedeutet, in Gemeinschaft mit dem Seebade erst die Wirkungen der Seebadecuren vervollständigt. Ihre speciellen Eigenschaften sind verschiedenartige. Zunächst ist für sie eine zwar niedrigere Temperatur, als sie das Binnenland aufweist, dabei aber eine grössere Gleichmässigkeit derselben charakteristisch, welche die Thatsache zum Theil wenigstens erklärt, dass man an der See sich weniger leicht erkältet, als dies im Innern des Landes und im Gebirge zu geschehen pflegt. Nicht diese Gleichmässigkeit, wie sie in Bezug auf Temperatur hervortritt, beobachtet man am Stande der Quecksilbersäule des Barometers, denn viel bedeutendere Barometerschwankungen beobachtet man am Strande, als im Binnenlande. Dagegen gehört ein sehr hoher Luftdruck, mithin eine grössere absolute Dichtheit der Atmosphäre zu den Eigenthümlichkeiten des Seeklimas, welche jedenfalls bedeutungsvoller für den menschlichen Organismus ist, als die Barometerschwankungen. Ihr Einfluss auf denselben giebt sich durch Verlangsamung der Pulsschläge und Vertiefung der Athmung besonders zu erkennen, ob aber damit eine grössere Ausscheidung von Kohlensäure durch die Lungen erfolgt, wie man ohne Weiteres anzunehmen geneigt ist, erscheint sehr zweifelhaft, wenn man sich der Versuche von Speck erinnert (Zeitschr. f. klin. Medicin. 1887, XII, S. 6), aus welchen hervorgeht, dass die Kohlensäureausscheidung von der Sauerstoffaufnahme sehr unabhängig ist und diese letztere nach dem Sättigungsgrade des Hämoglobins und der chemischen Affinitäten mit Sauerstoff regulirt wird.

Auch grössere Reinheit in Bezug auf organische Zersetzungsproducte und höherer Ozongehalt werden der Seeluft zugeschrieben und mögen ihren wohlthätigen Einfluss auf den menschlichen Organismus geltend machen.

Das Vorhandensein von suspendirtem Chlornatrium und anderen Salzen ist nach Fromm eine unbestreitbare Thatsache und soll der Seeluft ihre die Respirationsschleimhaut mild anregende und die Expectoration erleichternde Eigenschaft verleihen. Auch zur Steigerung des Stoffwechsels und Neubildung von Blutkörperchen soll nach den Ansichten von Cazin und Mettenheimer das durch die Lungen in das Blut gelangte Salz durch Aufsaugung von Wasser und vermehrte Ausscheidung beitragen, indess bedarf eine solche Annahme noch der Begründung durch die exacte Forschung.

Andererseits haben neuere Untersuchungen, die von D. Knuth in Kiel auf der Insel Sylt gemacht wurden, ergeben, dass die Seeluft unter normalen Verhältnissen kein Kochsalz enthält und Salzwassertheilchen nur aus der Gischt der Brandung aufnimmt, welche meist an der Düne sich niederschlagen. Es erklärt sich daher die Angabe, dass die oben gerühmte sanitäre Bedeutung der Seeluft, in soweit sie durch Beimengung von Kochsalz und auch wohl von Ozon bedingt ist, nur auf die Luft kleinerer Inseln sich bezieht, und dass diese schon von $\frac{1}{2}$ Stunde Entfernung von der See weg landeinwärts aufhört.

Ein ganz besonderes Gewicht legt Fromm noch auf die grössere Intensität der Luftströmung, die am Meere stattfindet. Sie bringe stets, wenn sie auch schwach vorhanden ist, dem Körper selbst bei hoher Sommertemperatur Kühlung und schütze vor der erschlaffenden Einwirkung der Wärme, während ihre stärkere Beweglichkeit eine Bedingung für ihre abhärtende Wirkung sei, die den Aufenthalt am Strande selbst beim windigen Wetter stundenlang in sitzender Stellung ohne Nachtheil ertragen lässt.

Von noch grösserer Bedeutung ist der hohe Feuchtigkeitsgehalt der Seeluft, welcher den der Landluft um etwa den dritten Theil übersteigt. Bekanntlich wird durch einen solchen die Perspiration der Haut sehr vermindert und die Harnausscheidung und mit dieser zugleich der Abgang verbrauchter Stoffe gefördert, aber auch eine sedative Wirkung auf die Athmungswerkzeuge und das Nervensystem herbeigeführt, welche einerseits bei chronischen Catarrhen des Kehlkopfs und der Bronchien, andererseits bei nervösem Asthma und allgemeiner nervöser Reizbarkeit sich vortheilhaft geltend macht.

Auf diesen eben genannten Eigenschaften beruht die Indication und die Contraindication der Seeluft, deren dynamischer Grundcharacter Erhöhung des rückbildenden und anbildenden Stoffwechsels ist. Diesem entsprechend erscheint die Seeluft vorzugsweise indicirt bei Anämie, Hautschwäche, allgemeiner Atrophie, Scrophulose, Rheumatismus und Gicht, bei Neurosen sensibler und motorischer Art, Spinalirritation, Neurasthenie, Krankheiten der Verdauungsorgane, welche von einer fehlerhaften Thätigkeit des Nervensystems ausgehen; obenan stehen aber in der Liste der Indicationen: Scrophulose, constitutionelle Schwächezustände, Neurasthenien, Catarrhe der Respirationswege, Emphysem mit Asthma, pleuritische Exsudate und beginnende phthisische Processe der Athmungsorgane. Als nothwendige Bedingung eines Curerfolges wird Integrität der Assimilationsorgane angesehen, welche Bürgschaft für den Wiederersatz der verbrauchten organischen Materie zu gewähren geeignet ist. Erhebliche organische Veränderungen derselben und der Organe des Kreislaufs, wie der Respiration sind hingegen ausgesprochene Gegenanzeigen für den Gebrauch der Seebäder.

Als den Stoffwechsel lebhaft anregendes Mittel fordert das Seebad eine gewisse Leistungsfähigkeit des Gesammtorganismus, wo diese aber fehlt, wird es nach dem übereinstimmenden Urtheile von an Seebadeplätzen thätigen Aerzten nur Ueberreizung, Schwächung und Abmagerung herbeiführen. Es muss daher vor Allem festgehalten werden, sagt Fromm, dass das Seebad an sich kein Stärkungsbad ist, sondern dass es erst dazu wird, wenn durch die Reize, die es in sich birgt, eine erhöhte Thätigkeit der organischen Processe hervorgerufen und die durch die Wärmeentziehung bedingten Stoffverluste nicht bloss bis zu dem entzogenen Masse, sondern über dasselbe hinaus ersetzt werden. Das Seebad ist, wenn das Gleichniss von Runge für die Kaltwassercur angebracht ist, für den menschlichen Körper, was die Peitsche beim Thiere ist.

Die warmen Seebäder haben den Charakter der Soolbäder und weichen nur darin in ihrer Wirkung von diesen letzteren ab, dass sie mit der Eigenschaft starker Soolbäder den Genuss der Seeluft vereinigen. Sie eignen sich daher besonders für jene Krankheitszustände, bei welchen neben der Soolewirkung es erwünscht ist, noch etwas eingreifender auf die Vorgänge des Stoffwechsels einzuwirken, als es beim alleinigen Gebrauche des Soolewassers möglich ist.

Auch zu Trinkcuren wurde in neuerer Zeit das Meerwasser benutzt. Lebert (Correspondenzbl. d. Schweiz. Aerzte, V., 19, 1876) empfiehlt es auf eine 3 bis 5 proc. Salzgehalt normirt und mit Kohlensäure imprägnirt, gegen Obstruction, Abdominalplethora, Neigung zu Congestionen und derartigen Krankheitszuständen. In Schweden und Norwegen scheint diese Gebrauchsweise desselben häufiger zu sein als in Deutschland, wohl weil es daselbst an Kochsalztrinkquellen fehlt.

Schönberg in Christiania (Norsk Mag. for Lägevidensk., 3 R., S X.,
10, Forh. i det med. Selskab., S. 150, 1879) wandte es häufig bei
Scrophulose und Drüsenleiden und Ebbesen (a. a. O., S. 151) als leichtes
Abführungsmittel, besonders in der Kinderpraxis an. Auch in Varberg
wird das Meerwasser mit Kohlensäure imprägnirt, nach den Mittheilungen
von A. Levertin (Hygina, XLVII., 8, Svenska läkaresällsk. Förh.,
S. 138, 1885) zu Trinkcuren benutzt.

Die bekannteren Seebadeplätze sind:

A. An der Nordsee.

1. An der deutschen Küste und auf deutschen Inseln: Wyk auf
der schleswigschen Insel Föhr, Westerland auf der schleswigschen Insel
Sylt, Helgoland, friesische Insel Borkum, friesische Inseln: Spiekeroog,
Juist, Langeoog, Wangeoog, Norderney, Cuxhaven, Büsum,
Dangast;
2. an der belgischen Küste: Ostende, Blankenberghe, Heyst;
3. an der holländischen Küste: Scheveningen, Zandvoort,
Katwyk;
4. an der schwedischen Küste am Skager-Rack: Strömstadt,
Grebbestadt, Lysekiel, Gustavsberg, Marstrand; im Kattegat:
Uddewalla, Sarö, Varberg; im Sunde: Landskrona, Ramslösa;
5. an der englischen Ostküste: Deal, Sandgate, Ramsgate,
Margate, Broatstairs, Gravesend, sämmtlich in der Grafschaft
Kent; Southead, Harvich in der Grafschaft Essex; Aldborough in
der Grafschaft Suffolk; Lowestoff, Yarmouth, Cramor in der Graf-
schaft Norfolk; Bridlington, Filey, Scarborough, Redcar,
Coatham in der Grafschaft York; Hartlepoul in der Grafschaft Durham;
6. an der schottischen Ostküste: Portobello in der Grafschaft
Edinbourgh; Elie in der Grafschaft Fife, beide am Firth of Forth;
St. Andrews in der Grafschaft Fife; Broughty-Ferry in der Grafschaft Fife, am Firth of Tay.

B. An der Ostsee.

1. An der deutschen Küste, der ostpreussischen: Kranz, Brüster-
ort, Georgswalde, Neukuhren, Pillau, Rauschen, Warniken;
an der westpreussischen: Kahlberg, Westerplatte, Zoppot; an der
pommerschen: Bauernhufen, Colberg, Greifswalde, Gross-Möllen,
Rügenwalde; auf den pommerschen Inseln: a) Usedom: Swinemünde,
Heringsdorf, Ahlbeck, Zinnowitz; b) Wollin: Divenow, Misdroy,
Neuendorf; c) Rügen: Putbus, Sassnitz, Crampas, Lohme, Binz,
Thissow; d) Zingst: Zingst; an der mecklenburgischen Küste: Bolten-
hagen, Dobberan mit Heiligendamm, Warnemünde, Wenndorf,
Wismar, Stuer; an der holsteinischen: Düsternbrook, Hafkrug,
Travemünde, Scharbeutz, Niendorf; an der schleswigschen: Apen-
rade, Borbye (Eckernförde), Glücksburg im Flensburger Meerbusen;

2. an der dänischen Küste, Insel Seeland: Marienlyst, Klampenborg.

3. an den russischen Küsten: Libau, Windau, Bullen, Bilderlingshof, Majorenhof, Dubbeln, Karlsbad, Assern, Recksting, Kaupern. Lappemesch, Pernau, sämmtlich in Kur- und Livland; Hapsal, Reval in Estland; Helsingfors, Neufinnland in Finnland;

4. an der schwedischen Ostküste: Wisby; Furusund, Nortellje, Hillerick, Ronneby, Carlskrona, Warberg.

C. Am Canal (La Manche).

1. An der französischen Küste: Havre. Dieppe, Trouville, Etretat, Fécamp, Boulogne, Cabourg, Calais;

2. an der englischen Südküste: Fowey, in der Grafschaft Cornwall, Devonport, Plymouth, Torquay, Teignemouth, Shaldon, Dawlish, Topsham, Exmouth, Lympstone, Sidmouth in der Grafschaft Devon; Leyme-Regis, Charmouth, Weymouth in Dorsethire; Lymington, Southampton. Mudiford, Bourne-Cliff in Hampshire; Cowes, Ryde, Sandowe, Shanklin, Ventnor auf der Insel Wight, Worthing, Brighton, Rottingdean, Eastbourne, Hastings, Bognor, Little Hampton, Heythe. Dover, sämmtlich in der Grafschaft Sussex.

D. Am atlantischen Ocean.

1. An der englischen Westküste: Allonbey in der Grafschaft Cumberland, Blackpool, Southport, Runcorn in Lancashire; am irischen Meere: Bangor und Caernarvon. Barmouth, Towyn, Aboryswith im St. Georgscanal; Tenby, Swansea im Bristolkanal, sämmtlich in Wales; Minehead in der Grafschaft Somerset, Ilfracombe in der Grafschaft Devon, beide am Bristolcanal, Barnstaple, Bideford-Appledorn, Instow in der Grafschaft Devon;

2. an der schottischen Westküste: Campleton in der Grafschaft Bute am Kilbrennan-Sund des Nordkanals, Rothsay, Helensburgh, Gourock, Innerkip, Largs, Androssan, Saltcoats, sämmtlich am Firth of Clyde des Nordcanals.

3. An den irischen Küsten: a) an der Ostküste: Port Rusch und Port Stewart am Nordcanal, Cuschindall am Nordcanal, Glenarn am Nordcanal, sämmtlich in der Grafschaft Londonderry; Belfast am Nordcanal, New-Castle am Irischen Meere in der Grafschaft Dowyn, Drogheda in der Grafschaft Meath am Irischen Meere, Bray in der Grafschaft Dublin am Irischen Meere, Dublin in der Grafschaft gleichen Namens am Irischen Meere, Warrenpoint in der Grafschaft Dompatrik am Irischen Meere, Rosstrevor in der Grafschaft Down am Irischen Meere; b) an der Südküste: Dumore-Waterford in der Grafschaft Waterford am Georgscanal, Tramore in der Grafschaft Waterford am Georgscanal, Tralen in der Grafschaft Waterford am Georgscanal, Cork in der Grafschaft Cork am Georgscanal; c) an der Westküste: Kilkee an der Moore-Bai in der Grafschaft Clare und Miltown Malbay ebendaselbst in der Liscanor-Bai, beide am offenen Ocean.

4. An der französischen Küste: Biarritz im Departement Basses-Pyrenées, Arcachon im Departement Gironde, la Teste de Buch ebendaselbst, Royan und la Rochelle im Departement Charente inférieure.

5. An der spanischen Küste: San Sebastian in der Provinz Guipuzcoa, Santander in der gleichnamigen Provinz, Portugalete und Olavijaja in der Provinz Vizaya, Cadiz in der Povinz Sevilla, Junquera in der Provinz Galizien, La Coruna ebendaselbst, Finisterre ebendaselbst, Bayona und Pontevedra in der Provinz Pontevedra.

6. An der portugiesischen Küste: Lissabon in der Provinz Estremadura, Ericeira ebendaselbst, Cezimbra ebendaselbst, Setubal ebendaselbst, Sao Joao do Foz in der Provinz Minho, Espozende und Pavoa de Varzim ebendaselbst, Viana do Castello in der Provinz Entre Duro e Minho, Figueira do Foz do Mondego in der Provinz Beiramar.

E. Am Mittelländischen Meere.

1. An der spanischen Küste: Alicante in der Provinz Alicante, Barcellona im Fürstenthum Cataluna, Villa Joyosa und Valencia in der Provinz Valencia, Tarragona in der gleichnamigen Provinz, Grao el Cabagnol in der Provinz Valencia.

2. An der französischen Küste: a) am Gallischen Meere: Cette im Departement Hérault, Marseille im Departement Bouches du Rhone, Hyères im Departement Var; b) am Ligurischen Meere: Monaco, Antibes, Cannes, Nizza, Mentone, sämmtlich im Departement Alpes maritimes, Ajaccio auf Corsika.

3. An der italienischen Küste: a) am Ligurischen Meere: La Specia, Pegli, Nervi, Viareggio, Genua, Rapallo, sämmtlich in der Provinz Genua, Savona und Alasso ebendaselbst, sämmtlich am Golfe von Genua, Massa in der Provinz Massa und Carrara, San Remo in der Provinz Porto-Mauricio, Livorno in der Provinz Novara; b) am Tyrrhenischen Meere: Bastia auf Corsika, Civitavecchia in der Provinz Campobasso, Ischia in der Provinz Neapel, Neapel in der gleichnamigen Provinz, Palermo und Messina auf Sicilien; c) am Ionischen Meere: Acireale, Catania, Siracusa, sämmtlich auf Sicilien; d) am Adriatischen Meere: Venedig in der Provinz Venecia, Ancona in der gleichnamigen Provinz, Pesaro in der Provinz Pesaro-Urbino.

4. An der österreichischen Küste: Triest am Adriatischen Meere.

F. Binnenseebäder.

a) In Deutschland.

1. Am Bodensee: a) an dem deutschen Ufer: Konstanz, Lindau, Radolfzell, Ueberlingen; b) an dem österreichischen Ufer: Bregenz; c) an dem schweizerischen Ufer: Romanshorn, Horn, Kreuzlingen, Arbon, Mammern, Ermatingen.

2. Am Seeoner See in Oberbaiern: Seeon.

3. Am Starnberger See: Feldafing.

4. Am Arendsee in Preussen; Arendsee.

5. Am Uckersee: Prenzlau.

6. Am Zwischenahnersee in Oldenburg: Zwischenahn.

b) In Oesterreich-Ungarn.

1. Am Plattensee: Füred.
2. Am Traunsee: Gmunden, Ebensee.
3. Am Hallstädter See: Hallstadt.

c) In der Schweiz.

1. Am Züricher See: Zürich, Wädensweil, Horgen, Lachen, Stäfa, Meindorf, Meilen, Herrliberg.
2. Am Vierwaldstätter See: Flüeln, Wäggis, Hergiswyl.
3. Am Zuger See: Immensee, Zug.
4. Am Thunersee: Eichbühl, Gunten, Därligen.
5. Am Genfer See: Rolle.
6. Am Murtener See: Murten.
7. Am Neuenburger See: Neuchatel.
8. Am Bieler See: Biel.

d) In Italien.

1. Am Comersee: Cadenabbia, Bellagio.
2. Am Luganersee: Lugano.
3. Am Lago Maggiore: Pallanza.
4. Am Gardasee: a) österreichisches Ufer: Riva; b) lombardisches Ufer: Gargnano, Salò.

V. Milch-, Molken-, Kumyss- und Kefir-Curen.

a) Milchcuren.

Zu Milchcuren dient vorzugsweise Kuhmilch wohl hauptsächlich nur, weil sie in Deutschland überall und meist in guter Beschaffenheit zu haben ist. Gleichwerthig ist in therapeutischer Beziehung Ziegen- und Schafmilch, indess ist erstere weniger beliebt wegen des nicht selten recht unangenehmen Beigeschmacks, und letztere lässt sich bekanntlich nur in Gegenden beschaffen, wo, wie in Ungarn, die Schafzucht cultivirt wird. Dasselbe gilt auch von der Stutenmilch, und zum Theil auch von der Eselinnenmilch. Indess ist die chemische Zusammensetzung dieser verschiedenen Milcharten keine ganz gleichartige und hiernach richtet sich auch ihre Verwendung zu Curzwecken. Der chemischen Analyse zufolge ist die Stutenmilch mit 17 pCt. fester Bestandtheile die stoffreichste, ihr zunächst steht die Schafmilch mit 16 pCt., die Kuhmilch mit 14,3 pCt., die Ziegenmilch mit 13,6 pCt. und die Eselinnenmilch mit 9 pCt. In gleichem Verhältniss, wie die festen Bestandtheile zu einander, steht auch der Gehalt dieser verschiedenen Milcharten an stickstoffhaltigen Nährstoffen, bezw. an Casein und Albumin. Voran stehen in dieser Beziehung Kuh- und Schafmilch mit je 5,3 pCt. derselben, diesen reiht sich an zunächst die Ziegenmilch mit 4,6 pCt., die Eselinnenmilch mit 2 pCt., die Stutenmilch mit 1,6 pCt. In Bezug auf Butter-

gehalt ist die Stutenmilch die reichste mit 6,9 pCt., ihr nahe steht die
Schafmilch mit 5.9 pCt., während die Kuh- und Ziegenmilch nur 4,3 pCt.,
die Eselinnenmilch 1,2 pCt. davon besitzen, in Bezug auf Milchzucker
besteht, die Stutenmilch wegen ihres sehr hohen Gehalts an solchem
ausgenommen, eine hervorragende Differenz nicht. Der Gehalt der Milch
an Kali, Natron, Kalk, Magnesia, Eisen, Phosphorsäure, Salzsäure und
etwas Schwefelsäure ist bekannt genug.

Aus dieser Zusammensetzung der verschiedenen Milcharten geht
hervor, dass Kuh- und Schafmilch besonders da zu Curzwecken sich
empfehlen, wo die Ernährung zunächst gehoben werden soll, die
Ziegenmilch bei ziemlich gleichem Nährwerth, wo nebenbei Darmcatarrhe bestehen, die Eselinnenmilch bei geringem Nährwerth und
leichter Verdaulichkeit, wo fördernd auf den Stuhl eingewirkt und
bei chronischen Brustleiden leichten Fieberexacerbationen entgegen
getreten werden muss, die Stutenmilch bei ihrem Reichthum an Butter
und festen Bestandtheilen, sowie an Milchzucker, wo chronisch-entzündliche tuberculöse Erkrankungen der Athmungsorgane sich
ausgebildet haben.

Unter Berücksichtigung der eben dargelegten therapeutischen Ver-
schiedenheiten der einzelnen Milcharten findet im allgemeinen der methodische Gebrauch der Milch statt bei verschiedenen Consumptions-
krankheiten, starken Blut- und Säfteverlusten, bei schweren
Magenaffectionen, wenn sonst die Milch vertragen wird, namentlich
bei Magengeschwür, bei Magen- und Darmcatarrhen mit grosser
Reizbarkeit der Schleimhäute, besonders aber bei chronischen, mit
starken Eiweissverlusten verbundenen Nierenentzündungen, bei chronischer Lungenphthise nach Ablauf des acuten Fieberzustandes, bei
Diabetes und andern ähnlichen Ernährungsstörungen.

Die Buttermilch wird auch bisweilen zu Curzwecken verwendet
in ihrer Eigenschaft als leicht abführendes Getränk, welches die nährenden
Eigenschaften der Milch ohne das Fett derselben enthält. Sie findet
vorzugsweise bei habitueller Stuhlverstopfung und chronischem
Magengeschwür, bei Circulationsstörungen von Klappenfehlern
am Herzen und derartigen Krankheitszuständen ihre curmässige Anwendung.

Leider fordert die Milch eine gewisse Integrität der Verdauungsorgane,
wenn sie längere Zeit getrunken werden soll. Dies gilt besonders von
der frischen Kuh-, Ziegen- und Schafmilch, weniger oder garnicht von
der Buttermilch. Im Falle, wo die Milch nicht gut vertragen wird, ist
es zweckmässig, ihr kleine Mengen, etwa 1 bis 2 Theelöffel auf ein Glas,
guten Cognac oder etwas doppelt kohlensaures Natron oder zweckmässiger
noch soviel Kochsalz zuzusetzen, wie man zur Bereitung von Milchsuppen
zu thun pflegt, nachdem man die allzu fette Milch etwas hat entrahmen
oder mit Wasser verdünnen lassen.

b) Molkencuren.

Die Molke ist das nach Abscheidung des Caseins und Fetts
zurückbleibende Serum der Milch und besteht hauptsächlich aus

Wasser, Milchzucker und Salzen, welche letztere vorzugsweise aus Chlorkalium, Chlornatrium, phosphorsaurem Kali und Natron bestehen.   Zu ihrer Darstellung wird Kuhmilch, Ziegenmilch und Schafmilch verwendet. Bei uns in Deutschland und in der Schweiz bedient man sich hierzu meist der Ziegenmilch, in Oesterreich und Ungarn aber, wo viel Schafzucht getrieben wird, meist der Schafmilch, welchen beiden Milcharten zur Abscheidung des Caseins kleine Mengen getrockneten Kälber- oder Ziegenmagens zugesetzt werden, nachdem die Milch zu einer bestimmten Temperatur gebracht worden ist.   Hierbei sind aber noch einige Kautelen zu beachten, welche wir hier übergehen können.

Die so bereitete Molke stellt eine gelblich grüne, leicht opalisirende Flüssigkeit dar, welche von den in ihr enthaltenen Caseinflocken mehr oder weniger leicht getrübt erscheint.   Ausser dieser süssen Molke stellt man auch saure Molke dar, welche durch Zusatz von Weinstein, Tamarinden, Essig, Alaun gewonnen wird.   In neuerer Zeit aber hat man diese verschiedenen Molkearten fast ganz ausser Gebrauch gesetzt und beschränkt sich auf die süsse Molke.

Die jetzt üblichen Molkenarten, die Kuh-, Ziegen- und Schafmolken weichen in ihrer chemischen Zusammensetzung etwas von einander ab.   Die Differenzen liegen nach einer Analyse von Valentiner (Valentiners Handbuch der allgem. u. speciellen Balneotherapie, 2. Aufl., 1876, S. 612) hauptsächlich darin, dass der Gehalt an Albuminaten in den Schafmolken mit 2,1 pCt. fast doppelt so gross ist als in den Kuh- und Ziegenmolken mit 1,1 pCt., dass der Milchzuckergehalt, welcher in den Schaf- und Kuhmolken 5,1 pCt. beträgt, in den Ziegenmolken nur 4,5 pCt. ausmacht, dass der hohe procentische Gehalt der Schafmolken an festen Bestandtheilen vorzugsweise durch deren Reichthum an Eiweiss bedingt ist und der höhere Gehalt an phosphorsauren Salzen und zwar an mit Albumin verbundenen phosphorsaurem Kalk vorzugsweise den Schafmolken zufällt.   Die Molken lassen sich sonach dahin definiren, dass man sie als eine Verbindung eines stickstofffreien Nahrungsbestandtheils mit den Salzen der animalischen stickstoffhaltigen Kost bezeichnet.

.   Der Gedanke, welcher der Verwendung der Molke zu Curzwecken zu Grunde liegt, ist der, dass man dem erkrankten Organismus eine bestimmte Menge stickstofffreier (Milchzucker) Nahrungsmittel in Verbindung mit anorganischen Stoffen (die Salze der Milch, Erden, Eisen, Phosphorsäure u. s. w.) in einer angemessenen Form zuführen will.

Der Wassergehalt der genossenen Molke führt zu denselben Resultaten, wie die vermehrte Zufuhr von Flüssigkeit überhaupt, er erhöht die Thätigkeit der Secretionsorgane und damit die Summe der Ausscheidung, welche bisweilen als eine laxierende und mehr noch als eine diuretische in die Erscheinung tritt.   Die Molkencur befreit sonach den Organismus von einer grösseren Quantität stickstoffhaltiger, stickstofffreier und organischer Substanzen.   Der Milchzuckergehalt der Molke ist hierbei von wesentlichem Einfluss, indem er ihr die abführende Wirkung verleiht. Nebenbei werden durch Einverleibung der Molke dem Organismus alle jene anorganischen Verbindungen zugeführt, welche zum Bestehen der

Gesundheit erforderlich sind. Auf die Zufuhr dieser Salze, deren hoher Nährwerth durch die Arbeiten von Forster, Kemmerich, Lehmann, Voit und v. Liebig festgestellt ist, legt man heutigen Tags besonderes Gewicht und misst ihr vielfach den therapeutischen Werth der Molke zu, welche man nach der Ansicht von Thilenius mehr als eine Art Mineralwasser mit Kali- und Kalkphosphat, denn als ein besonders wichtiges Nahrungsmittel, wie dies bis noch vor wenigen Jahren geschah, anzusehen hat. Wenn man aber in der Molke nur die Wirkung des warmen Wassers gelten lassen will, wie dies in neuester Zeit vielfach geschieht, nachdem Leberts absprechende Stimme sich gegen sie erhoben hatte, dürfte man in der Skepsis doch wohl zu weit gehen. Ihren mitigirenden Einfluss jedoch wird man ihr wohl nicht bestreiten können.

Bei Krankheitszuständen, in denen die Blutbildung leidet und die Zufuhr von Phosphaten geboten ist, bei chronischen Catarrhen der Respirationsschleimhaut und bei den leichteren Formen der Phthise werden Molkencuren, wenn sonst die Diät entsprechend geregelt ist, die Verdauungsorgane nicht darnieder liegen und Wald- und Bergluft ihren wohlthätigen Einfluss geltend macht, sicherlich Nutzen bringen, wobei keineswegs gesagt sein soll, dass Milchcuren unter solchen Umständen nicht vielleicht gleiche Dienste thun.

c) Kumyss- und Kefircuren.

Kumyss und Kefir sind beide in alkoholische Gährung übergeführte Milch und besitzen dementsprechend gleiche chemische Zusammensetzung, sowie, wie die Erfahrung vielfach gelehrt hat, einen gleichen Einfluss auf den gesunden und kranken Organismus. Nur insofern besteht ein Unterschied zwischen beiden Nährstoffen, als sich die Stutenmilch, aus welcher Kumyss bereitet zu werden pflegt, von der Kuhmilch, die das Material für den Kefir liefert, unterscheidet. Von der Milch selbst unterscheiden sich Kefir und Kumyss nach ihrem Gehalt an Milchsäure, Alkohol, Kohlensäure und Hemialbumose (ein Uebergangsglied zwischen den Eiweisskörpern und den Peptonen), deren relatives Verhältniss zu einander sich mit dem mehr oder weniger vorgeschrittenen Gährungsprocess verändert.

Beide bilden ein angenehmes, erfrischend schmeckendes, mehr oder weniger berauschendes, noch in Gährung begriffenes Getränk, welches im Magen zunächst ein Gefühl von Kälte bewirkt, dem sehr bald ein angenehmes Gefühl von Wärme folgt. Kohlensäure und Alkohol regen die Magenschleimhaut an und begünstigen auf diese Weise die Absonderung des Magensaftes, während die Milchsäure die Eiweissverdauung fördert, indem sie das Casein in Lösung bringt und in ihr erhält. Dabei steigert sich schon nach wenigen Tagen der Appetit, der Kranke nimmt mehr Nahrung zu sich und vermehrt auf diese Weise durch bessere Ernährung das Körpergewicht. Der Puls wird bald voller und die Athmung leichter und freier. Die diuretische und diaphoretische, wie auch die schleimlösende Wirkung des Kumyss und des Kefirs wird bald behauptet, bald in Abrede gestellt, ist sonach jedenfalls keine constante. Der Stoffwechsel wird etwas vermindert, wie aus den Beobachtungen von Soboloff, Dimitrieff, Podwisotzky und anderen russischen Aerzten hervorgeht. Was die therapeutische Bedeutung des Kumyss und Kefirs anlangt, so ergiebt sich aus der physiologischen Wirkung derselben, dass sie in Fällen krankhaft erhöhten Stoffwechsels, bei Anämie, in der Reconvalescenz nach schweren Krankheiten, bei Magen- und Darmcatarrhen, Säfteverlusten bei Abmagerung und Kräfteverfall zweckmässige und vortheilhafte Verwendung finden können. Bei verschiedenen Magenkrankheiten, wo die medicamentöse Behandlung weniger angezeigt ist und mehr eine entsprechende Diät in Frage kommen kann, wird der Kefir sich nützlich erweisen, die belegte Zunge nach Karrick's Beobachtungen bald reinigen und Dyspepsie und cardialgische Beschwerden bald zum Verschwinden bringen. Auch Brehmer in Görbersdorf spricht sich sehr zu Gunsten des Kefirs in einem Berichte aus, den er auf dem 14. schlesischen Bädertag (Verhdl. herausgeg. v. Dengler-Reinerz, 1886, S. 9) abgegeben hat, indem er hervor hebt, dass ihm die Kefircur bei Lungenkrankheiten, veralteten hartnäckigen Magen- und Darmcatarrhen mit anhaltendem Durchfall und bei den meisten Arten von Lungenschwindsucht als die Ernährung des Patienten hebendes, diätetisches Heilmittel vortreffliche Dienste geleistet habe. Schtscherbakoff (Berl. klin. Wochenschr., XIII., 44, 46; 1876, XIV., 12, 1877) hat zur Feststellung des mehrfach angezweifelten therapeutischen Werths des Kumyss einen Ueberblick über die durch Kumysscuren erlangten Resultate auf Grund eigner und fremder Beobachtungen gegeben und dabei constatirt, dass der Einfluss dieses Getränks auf krankhafte Zustände am deutlichsten bei Anämie und allgemeiner Schwäche hervortritt, welche sowohl als selbstständige Krankheit, als auch als consecutives und accessorisches Leiden besonders schnell der Kumysscur weichen. Bei Leiden der Brustorgane, namentlich in Bezug auf das örtliche Leiden der Lungen und des Rippenfells, wie auch auf die diese Krankheiten begleitende Herabsetzung der Ernährung erwies sich die Wirkung des Kumyss verschieden. Derselbe ist wirksam, wenn der Zerstörungsprocess in der Lunge noch wenig ausgedehnt und der übrige Theil derselben gesund ist, wenn kein verbreiteter bronchialer Catarrh vorhanden, wenn der fieberhafte Zustand nicht den Charakter der Febris continua hat, sondern volle Remissionen darbietet, wenn endlich Ernährung und Kräfte des Kranken den Genuss der frischen Luft gestatten. Derartige Kranke nehmen unter dem Gebrauch der Kumysscur an Körpergewicht zu, bekommen eine frischere Gesichtsfarbe, neue Kräfte und verlieren die Fiebertemperatur und die nächtlichen Schweisse. Endlich ist die wohlthätige Wirkung des Kumyss unzweifelhaft in den Fällen von chronischer catarrhalischer Pneumonie, welche, keinen weitverzweigten Process darbietend, nur mit schlechter Ernährung, Schwäche, Hautblässe und geringem Fieber einhergehen, während sie bei ausgedehnter Affection an den Bronchien und continuirlichem Fieber ausbleibt. Ebenso erfolglos sind Kumyss- und Kefircuren bei Blutspeien und anderen Blutungen, bei pleuritischen Exsudaten, bei Störungen des Nervensystems, von der einfachen reizbaren Schwäche bis zur ausgesprochenen Hysterie und Spinalirritation Nützlich erwies sich nach Schtscherbakoff der Kumyss bei

chronischen Leiden des Digestionscanals, insbesondere chronischem
Magen- und Darmcatarrh. In Bezug auf die Heftigkeit des Hustens
zeigt derselbe gar keinen Nutzen, einen sehr geringen auf die Expectoration.

Als Contraindicationen werden angegeben Fettsucht, hochgradiges
Fieber, sogenannte Unterleibsplethora, sowie ausgesprochener Widerwille
des Kranken gegen das Mittel.

Ueber die Verwendung des Kefirs in der Praxis bemerkt Kühne in
einem am III. Congress für innere Medicin abgehaltenen Vortrage (Verhandlungen S. 353), dass für die Kinderpraxis sich empfehle, zur Darstellung des Kefirs gekochte und mit Wasser verdünnte Kuhmilch zu
verwenden und ebenso in Fällen von chronischen Catarrhen des Digestionscanals, bei welchen ausserdem stets drei- bis viertägiger Kefir
angewendet werden muss. Der am häufigsten zu Nährzwecken bei sehr
heruntergekommenen Kranken gebrauchte Kefir ist nach demselben Autor
der zweitägige, aus gekochter, leicht abgerahmter Kuhmilch bereitete.
Er regt die Peristaltik leicht an, während der ältere eine entschieden
stopfende Wirkung ausübt. Von der richtigen Auswahl dieser verschiedenen Sorten für bestimmte Krankheitsfälle hängt natürlich der Erfolg
des Kefirs ganz wesentlich ab.

Kefir in Anstalten zu verabreichen, bezw. denselben fabrikmässig
darzustellen, halten Podwyssotski und Brehmer (l. c.) für unzulässig,
weil die Bedingungen, von denen das Erlangen eines guten Getränks ab-
hängt, zu erfüllen, nur bei der Bereitung einer geringen Anzahl von
Flaschen möglich sei.

Bezüglich der zu verordnenden Menge muss nach Adam in Flinsberg (Verhandlungen des XV. schles. Bädertages, Reinerz 1887, S. 59)
sehr gewechselt und nur mit kleinen Quantitäten angefangen werden.
Er verordnet zumeist nicht mehr als $\frac{1}{2}$ Liter pro Tag und beschränkt
die Menge der übrigen flüssigen Nahrung, um den Magen nicht zu belästigen.

A. Die bekannteren Curorte, wo Milch und Molken zu Curzwecken verabreicht werden, sind:

Aachen, Aibling, Abendberg, Alexisbad, Appenzell, Bains d'Alliaz,
Andeer, Andreasberg, Arco, Arnstadt, Aussee, Axenstein, Baden bei Wien,
Badenweiler, Badersee, St. Beatenberg, Belvoir-Nidelbad, Bentheim, Bergün,
Berka, Berneck, St. Blasien, Bolechow, Brückenau, Charlottenbrunn, Chur-
walden, Clavadel, Driburg, Eilsen, Elmen, Elster, Empfing, Ems, Engel-
berg, Engstein, Ernsdorf, Ettingen, Felsenegg, Franzensbad, Freudenstadt,
Freiersbach, Friedrichsroda, Guis, Geltschberg, Giesshübel, Gleichenberg,
Gleisweiler, Gmunden, Gonten, Griess, Griessbach, Gurnigl, Gyrenbad,
Heiden, Heinrichsbad, Heustrichbad, Homburg, Houschka, Hütten, Jakobs-
bad, Interlaken, Johannisbrunn, Jordanbad, Ischl, Iwonicz, Karlsbrunn,
Kissingen, Klosters, König Otto - Bad, Kösen, Korytnicza, Krähenbad,
Kreuth, Krynica, Laubach, Lauterbach, Liebenstein, Liegau, Lindau, Lo-
benstein, Lostorf, Luhatschowitz, Magglingen, Mammern, Mariabrunn,

Marienberg, Meran, Merishausen, Montreux, St. Moritz, Muggendorf. Mün-
singen, Muri, Muskau, Neudorf, Neuendorf, Neuhaus in Steiermark, Nie-
dernau, Niendorf, Oberentfelden, Petersthal, Preblau, Pyrmont, Rehburg,
Reichenhall, Reinerz, Reutershof, Rigi-Scheidegg, Rigi-Staffel, Rilchingen,
Rinderwald, Römerbad, Rosenhügel, Rothbad, Roznau, Ruch-Extingen,
Ruhla, Salzbrunn, Schafmatt, Schlangenbad, Schnittweyer, Schönbrunn,
Schrezheim, Schwarzenberg, Schwarzseebad, Schwefelbergbad, Schweizer-
hall, Schwendi-Kaltbad, Sedrun, Seeon, Seewis, Spindelmühl, Stachelberg,
Sternberg, Störgelbad, Stoss, Streitberg, Sulza, Suhl, Sulzbach, Szczaw-
nica, Teinach, Teufen, Tharand, Tiefenbach, Tobelbad, Todi, Traunstein,
Travemünde, Gr. Ullersdorf, Warmbad, Walzenhausen, Weggis, Weissbad,
Wiesbaden, Wiesenbad, Wilhelmshöhe, Wittekind.

B. Curorte mit Kumysscuren sind:

Davos, Driburg, Gaisberg, Gleisweiler, Meran, Szczawnica, Traut-
mannsdorf in Niederösterreich, Wiesbaden.

C. Curorte mit Kefircuren sind:

San Remo, Zürich, Falkenstein am Taunus, Reiboldsgrün in Sachsen,
Ernsdorf-Jaworze, Flinsberg, Salzbrunn, Reinerz, Görbersdorf und andere
Sanatorien für Phthisiker, in Russland ausser vielen derartigen Kurorten
besonders Jalta.

VI. Trauben- und Kräutersaftcuren.

a) Traubencuren.

Die Weintraube, welche aber erst im vollkommen reifen Zustande
zu Curzwecken Benutzung finden darf, gilt bekanntlich seit alter Zeit als
ein treffliches Heilmittel bei verschiedenen chronischen Krankheiten, welches
in seinem therapeutischen Werthe früher vielfach überschätzt wurde, heutigen Tags aber ebenso unterschätzt wird.

Der Traubensaft, um den es sich hierbei lediglich handelt, ist
ziemlich reich an Traubenzucker, an Pflanzeneiweiss und verschiedenen
organischen Säuren und deren Verbindungen mit Basen, unter welchen
Wein-, Trauben-, Apfelsäure, weinsaures Kali, weinsaure Kalkerde und
weinsaure Thonerde die hervorragendsten sind. Der Gehalt an Traubenzucker aber ist ein ausserordentlich verschiedener und wechselt je nach
Sorte, Standort der Traube und Jahrgang nicht selten zwischen 8 bis
20 pCt.

Bei der verschiedenen Beurtheilung der Traubencuren in Bezug auf
ihre therapeutische Wirksamkeit ist es erklärlich, dass auch die Indicationen für dieselben keine festen Stützpunkte haben. Es möge daher
erlaubt sein, an deren Stelle die Erfahrungen zu setzen, welche Hausmann in Meran auf Grund langjähriger Beobachtungen zu machen Ge-

legenheit hatte (Beitrag zur Traubencur von San.-R. Dr. R. Hausmann, in therapeutischen Monatsheften von Liebreich, I. Jahrg. 1887, Heft 9, S. 339. — Derselbe, Ueber die Weintraubencur mit Rücksicht auf Erfahrungen in Meran, 4. Aufl., 1882). Derselbe bemerkt. dass er sichere Erfolge durch die Weintraubencur erlangt habe zunächst bei Ptyalismus, wenn er mit Störungen im Magen, besonders aber mit Stuhlverstopfung zusammenhing, bei dyspeptischen Erscheinungen, wie sie bei chloranämischen Mädchen, welche an Menstruationsanomalien leiden, bei Frauen, welche durch Säugung und Blutverluste heruntergekommen sind, und bei Neurasthenikern, welche durch Ueberanstrengung geschwächt sind, vorzukommen pflegen, wogegen bei bestehender Hypersecretion des Magensaftes das Curresultat ein sehr zweifelhaftes ist, ferner bei habitueller Stuhlverstopfung, besonders dann, wenn die Traube nicht zu zuckerhaltig war, bei Hämorrhoidalleiden fettleibiger Personen, weniger günstige, wenn die Hämorrhoidarier mager waren, bei Blasencatarrhen, wo die Traubencur von hervorragender Bedeutung war, und bei Pyelitis. Bei Herzkrankheiten sah Hausmann günstige Wirkungen der Traubencuren nur, wenn das hämodynamische Gleichgewicht noch erhalten und keine Compensationsstörungen vorhanden waren, und bei Tuberculose der Lunge, wenn die Patienten nicht zu Blutspucken neigen, der Kehlkopf vollkommen intact und der Darm nicht ulcerös ist, indem in solchen Fällen leicht Ulcerationen sich herausbildeten. Sehr günstig bewährte sich ihm die Traubencur bei chronischem Lungencatarrh, besonders dem mit Emphysem complicirten, mit unbedeutender Reizung des Rachens, mit öfter stockendem, dabei massenhaftem Auswurf.

Absolut nachtheilig wirkt nach Hausmann die Traubencur bei Magenkrebs, bei hochgradigen Reizungen der Kehlkopfschleimhaut, bei tuberculösen Kehlkopf- und Darmprocessen.

In ähnlicher Weise fasst auch Curchod in Montreux die Wirkungen der Traube auf. Durch stärkere Thätigkeit des Darmcanals, die sie hervorruft, werden diesem Autor zufolge zunächst mechanische Hindernisse der Blutcirculation entfernt und dadurch der Blutdruck in den abführenden Gefässen anderer Organe vermindert. Besonders kommt den dem Darmcanal zunächst gelegenen und mithin zu reichlicher Secretion gleichzeitig angeregten Organen, Leber und Milz, diese Ableitung zu Gute und wird bei ihnen zur sogenannten solvirenden Wirkung, ohne dass man dem Traubensafte besondere auflösende Kräfte zuzuschreiben brauzht. Hierauf basirt seine Empfehlung gegen Abdominalplethora, Hämorrhoidalleiden, habituelle Obstipation, Herzkrankheiten mit Stauungserscheinungen und anderen ähnlichen Zuständen mehr. Dabei nimmt nach Curchod das Körpergewicht nicht ab, wenngleich ein lebhafter Stoffwechsel stattfindet.

Andere Krankheitszustände, gegen welche Traubencuren noch Empfehlung gefunden haben, können wir wohl übergehen, weil man den Kreis ihrer Indicationen gegenwärtig nicht mehr so ausdehnt, wie dies früher der Fall war.

Noch sei bemerkt, dass die Tagesquantität, zu welcher die Traube genommen zu werden pflegt, nach Hausmann ¼ bis 4 kg beträgt, und

zwar je nach der Krankheit im Durchschnitt $\frac{1}{2}$ bis $1\frac{1}{2}$ kg in 2 bis 3
Rationen 1 bis 2 Stunden vor oder nach dem Frühstück oder 4 Stunden
nach dem Mittagsessen.

b) Kräutersaftcuren.

Die Säfte frischer, meist wild wachsender aromatischer und bitterer
Kräuter, welche durch Auspressen gestampfter Pflanzen ohne Wasser
gewonnen sind, haben namentlich in älteren Zeiten eine wichtige therapeutische Rolle gespielt, und wurde schon von Caelius Aurelianus
Gelbsüchtigen ein oder zwei Becher vom Safte der wilden Cichorie täglich
zu trinken angerathen. Auch heutigen Tags giebt es noch verschiedene
Curorte, wo Kräutersäfte zu Curzwecken vielfach Verwendung finden. Am
ausgedehntesten fand noch vor wenigen Jahren eine solche in Goslar und
in Greiz, freilich nur in Händen geldsüchtiger Laien, statt.

Die zu solchen Curen benutzten Kräuter sind sehr verschieden. Am
meisten werden Veronica beccabunga, Nasturtium aquaticum, Leontodon
taraxacum, Tussilago farfara, Menyanthes trifoliata, Hedera terrestris,
Apium petroselinum, Allium sativum, Achillea millefolium, Fumaria
officinalis u. a. m. hierzu verwendet.

Ihre Wirkungen sind zwar nach den benutzten Kräutern etwas verschieden, haben aber bei den Tagesdosen von 30 bis 60 g Saft gemeinschaftlich eine die Thätigkeit des Darms anregende und, da auch Kräutercuren ähnlich wie Traubencuren gute Verdauungskräfte fordern, auch
fast gleiche Heilanzeigen, wie diese. Lersch hebt („Cur mit Obst
und Kräutersäften", 1869) ihre Anregung der Nierenthätigkeit hervor,
welche er vorzugsweise vom hohen Kaligehalte der Pflanzensäfte ableitet.
Die Curgäste der Kräuterheilanstalten sind vorzugsweise Unterleibs-
kranke der verschiedensten Art, Scrophulöse, zuweilen auch Brustkranke. Nach v. Liebig (Reichenhall, sein Klima und seine Curmittel,
5. Aufl., 1883, S. 81) schliesst sich der Kräutersaft mit seinem Gehalt
an Aschensalzen direct an die Molke an und ergänzt deren Wirkung in
Fällen, wo reichlichere Zufuhr von Kalk geboten ist.

A. Die bekannteren Traubencurorte sind:

Aigle in der Schweiz, Almrich bei Naumburg, Assmannshausen am
Rhein, Arco in Tirol, Bassen in Siebenbürgen, Baden-Baden, Baden bei
Wien, Berg bei Canstatt, Berneck im Rheinthal, Bingen am Rhein, Bex
in der Schweiz, Boppard am Rhein, Botzen in Südtirol, Brestenberg in
der Schweiz, Charélaz in der Schweiz, Clarens in der Schweiz, Dürkheim
in der Pfalz, Edenkoben ebendort, Erdöbenye bei Tokay, Gleisweiler in
der Rheinpfalz, St. Goarshausen bei Coblenz, Gries bei Botzen, Grünberg
in Schlesien, Hof-Ragaz in der Schweiz, Hub in Baden, Kösen, Kreuznach, Laubbach, Lamalon-l'ancien in Frankreich, Magglingen in der
Schweiz, Maikammer in der bayr. Pfalz, Marienberg bei Boppard, Meissen
mit Umgebung in Sachsen, Meran in Tirol, Montreux in der Schweiz,
Neustadt a. d. Hardt in der bayr. Pfalz, Pisa, Pressburg in Ungarn,

Rheinfelden in der Schweiz, Rüdesheim am Rhein, Scesaplana in Graubünden, Sion in der Schweiz, Sitten in der Schweiz, Sultzmatt im Elsass,
Territet in der Schweiz am Genfer See, Tokay in Ungarn, Vevey am
Genfer See, Veytaux ebendaselbst, Wachenheim a. d. Hardt, Wallen-
stadt am Wallensee, Weesen ebendaselbst, Wiesbaden.

B. Kräutersaftcurorte sind:

Arco in Tirol, Arnstadt in Thüringen, Berka in Thüringen, Berneck
in Oberfranken, Charlottenbrunn in Schlesien, Empfing in Oberbayern,
Gmunden in Oberösterreich, Goslar am Harz, Grund am Harz, Hall in
Oberösterreich, Kreuth, Lauterberg, La Prese in der Schweiz, Ottenstein
in Sachsen, Rehburg in Hannover, Reichenhall in Bayern, Rheinfelden
in der Schweiz, Rothenfelde in Preussen, Schweizermühle in Sachsen,
Streitberg in Bayern, Traunstein in Oberösterreich.

VII. Moor- und Schlammbäder.

a) Die Moorbäder.

Unter Moorbädern versteht man bekanntlich jene Art von
Mineralwasserbädern, bei welchen zur Erreichung gewisser Heil-
zwecke durch Zusatz einer gewissen Quantität Moorerde dem Bade-
medium eine grössere Consistenz gegeben wird, wogegen man als
Schlammbäder jene Mineralwasserbäder bezeichnet, bei welchen
der Niederschlag, welcher sich aus gewissen Quellen, besonders Eisensäuerlingen, starken Soolen, Gips- und Schwefelthermen oder am Meeres-
grunde bildet, in gleicher Absicht zugesetzt wird. Der Unterschied
zwischen diesen beiden Badeformen liegt sonach hauptsächlich in der
Consistenz der Badeflüssigkeit und in den Bestandtheilen, welche mit der
Moorerde sich bei deren Bildung verbunden hatten und die Unterscheidung von salinischen, Eisen- und Schwefel-Moorbädern begründen.

Die Moorbäder weichen bezüglich ihrer physiologischen
Wirkungen in mancher Beziehung von den Mineralwasserbädern, aus
welchen sie hervorgegangen sind, ab. Diese Abweichungen lassen sich
vorzugsweise auf höhere Druckverhältnisse, auf höhere Wärme-
capacität der Badeflüssigkeit, sowie auf den mehr oder weniger intensiv
auf die Haut einwirkenden Reiz von Salzen oder andern Beimengungen zurückführen. In neuester Zeit hat man auch die pilz-
tödtende Eigenschaft einzelner Mineralmoorarten, besonders solcher,
welche Eisenvitriol enthalten, den physiologischen Wirkungen dieser Badeform beigefügt (cfr. Reinl, Prager medic. Wochenschr., 1885, No. 10
und 11).

Diese veränderten Druckverhältnisse im Moorbade gegenüber
denen des Wasserbades sind jedenfalls nicht ohne Bedeutung, besonders
wenn man im Auge behält, dass dieselben bei kranken, schwachen In-

dividuen, bei welchen Moorbadecuren doch nur hauptsächlich in Frage
kommen, sich weit mehr geltend machen müssen, als bei ganz gesunden
Körpern. Man hat die physiologischen Wirkungen dieses Druckes auf
verschiedene Weise zu erklären versucht. Die einfachste und ansprechendste
Erklärung ist die Annahme beschränkter Blutcirculation in den Capillaren
der Haut und temporäres Zurückdrängen des Blutes zu den inneren
Organen, auf welches eine stärkere reactive Blutströmung nach aussen
zu folgen pflegt, mit allen daran sich schliessenden Consequenzen.

Von besonderer Wichtigkeit erscheint die thermische Wirkung
des Moorbades. Während im Wasserbade fortwährend Strömungen durch
Temperaturausgleichungen der einzelnen Wasserschichten auch bei ganz
ruhigem Verhalten des Badenden eintreten, findet eine solche Beweglichkeit des Badefluidums im Moorbade nicht statt und der Wärmeaustausch zwischen diesem und dem Körper geschieht nur mit der an-
liegenden Moorschicht, so dass jedenfalls nur ein geringer Wärmeaustausch
stattfinden kann. Jacob's (Verhandlg. des 4. schlesischen Bädertags.
— Oesterr. Badeztg. 1876, No. 7, 9, 13, 15, 16) nach dieser Richtung
hin angestellte Untersuchungen haben ergeben, dass in den ersten 2 bis
5 Minuten Moor- und Wasserbäder die wärmere Haut gleichviel abkühlen,
am Schlusse des Moorbades dieselbe aber wärmer bleibt, als im gleich
warmen, wärmeentziehenden Wasserbade, wogegen die Achsel in der
zwei- bis dreifachen Zeit vom Moorbade nicht tiefer abgekühlt wird, als
vom gleichwarmen Wasserbade. Jacob schliesst hieraus, dass das Moorbad dem Körper weit weniger Wärme entzieht, als das Wasserbad.
Ebenso fand er, dass das Moorbad wärmer als der Körper, diesem in
viel späterer Zeit eine gleiche Wärmemenge zuführt, resp. erspart, als
ein gleichwarmes Wasserbad.

Bezüglich der Beziehungen, in welche Peripherie und Centrum
des Körpers unter dem Einflusse beider Bäderarten zu einander treten,
bemerkt Jacob (l. c.), dass die Temperatur der Haut im Wasserbade
gerade wie in der Luft in einem gleichmässigen, der Höhe der Differenz
entsprechenden Sinken begriffen sei und die des Körperinnern in den
ersten 10 bis 15 Minuten steige oder constant bleibe und dann erst
Sinken der Wärme eintrete. Im Moorbade findet nach ihm der ähnliche
Vorgang höchstens bis zu den ersten 3 bis 5 Minuten statt, dann beginnt die Hauttemperatur zu steigen und hält sich während der ganzen,
oft zwei- bis dreimal so langer Dauer gegegenüber der soviel kürzeren
Zeit des verglichenen Wasserbades um 2 bis 3 ° C. höher, als die Hauttemperatur im Wasserbade, selbst wenn das Steigen sich inzwischen
wieder in ein Sinken umgewandelt hat. Dieselben Unterschiede in der
Wirkung der Moorbäder auf die Temperatur des Körperinnern und der
Haut dauern auch nach dem Bade bis zur Dauer einer Stunde fort.

Andere Resultate erzielte Fellner bei seinen Untersuchungen über
die die Körpertemperatur beeinflussende Wirkungsweise der Moorbäder
(Wien. medcin. Presse, 1883, No. 23). Derselbe fand, dass flüssige bis
mitteldichte Moorbäder mit einer Temperatur von 34 bis 35 ° C. die
Temperatur der Körperhöhlen um 0,1 bis 0,45° C. herabsetzen, während
dichtere und wärmere Moorbäder eine geringe Temperatursteigerung (0,1
bis 0,5) in den Körperhöhlen bedingen.

Diese Verschiedenheit der Untersuchungsergebnisse liegt wohl nur in der Verschiedenheit der Consistenz des Badefluidums begründet.

Das umgekehrte Verhalten von Haut und Körperinnern einem abkühlenden Medium gegenüber, wie es Jacob dargelegt hat, hat nach dessen Ansicht das entgegengesetzte Verhalten der Blut-circulation in beiden Körperregionen zur Folge. Wenn daher im Moorbade und nach demselben die Hautwärme steigt, während das Innere sinkt, so folgt, dass das Moorbad einen kräftigen Blutandrang, einen Hautreiz erzeugt. Die Hautfluxion selbst wird nach demselben Autor durch den juckenden Reiz zu Stande gebracht, welchen das Moor-bad auf die Haut ausübt, sie befindet sich aber nicht in den oberen Schichten derselben, sondern in dem subcutanen Zell- und Muskelgewebe, wie aus der Blässe der Haut und ihrer Schrumpfung hervorgehen dürfte. Dass der thermische Reiz thatsächlich die Ursache der Hautfluxion sei, hat Jacob (Berl. klin. Wochenschr., XIV., 16, 1877) mit dem Experi-mente zu beweisen gesucht, dass auch Kleienbäder von gleicher Konsi-stenz und Temperatur gleiche Veränderungen in der Blutcirculation hervorrufen, wie eisenvitriolhaltige, überhaupt Eisenmoorbäder. Nach diesem sind es also nur die physikalischen Eigenschaften des Moors, nicht sein Gehalt an Salzen und anderen Beimengungen, welchen der Hauptantheil an der reizenden Kraft der Moorbäder zufällt.

Diesen Versuchen von Jacob stehen aber die Experimente von Fell-ner und anderen Experimentatoren gegenüber. Namentlich Fellner (Wien. medic. Presse, XX., 24, 26, 28, 30, 31, 32, 1879) suchte zu beweisen, dass keineswegs der thermische Reiz allein hierbei in Frage komme, sondern dass auch die im Moore noch enthaltenen Salzeverbin-dungen und organischen Säuren einen wesentlichen Antheil an dem Hautreize haben, den die Moorbäder, namentlich solche, deren Tempe-ratur in den Indifferenzpunkt für den Körper des Badenden hineinfällt, auszuüben pflegen.

Welcher Ansicht man auch sein mag, ob dem thermischen oder dem mechanischen oder chemischen Hautreize der Hauptantheil an der Reiz-wirkung gebührt, es ist als feststehend anzusehen, dass dieser Reiz, der dem Moorbade eigen ist, nur ein mässig starker ist, und in dieser Hinsicht von dem Reize sich unterscheidet, welchen Kohlensäure haltende und an Kochsalz reiche Bäder auf das Hautorgan ausüben.

Den meisten Autoren gilt diese Reizwirkung des Moorbades unter allen den Momenten, welche die characteristischen Aeusserungen desselben zusammensetzen, als das wichtigste. Gestützt auf den Ausspruch von Leichtenstern (Allgem. Balneologie, in v. Ziemssen's Handbuche der allgemeinen Therapie, 1881), dass der Hautreiz als das mächtigste thera-peutische Agens, durch welches das Centralnervensystem und die unter dessen Herrschaft stehenden Organfunctionen beeinflusst werden können, anzusehen sei, erklärt auch Fellner, dass aus demselben sich alle die physiologischen Wirkungen, welche die Moorbäder auf Respiration, Puls und Körperwärme ausüben, erklären und ebenso die therapeutischen Wirkungen ableiten lassen, welche sie in Bezug auf bessere Ernährung aller Organe und Gewebe, auf erhöhte Leistungsfähigkeit des Organismus und auf Resorption und Ausscheidung von Krankheitsproducten documentiren.

Nachträglich sei noch bemerkt, dass aus den Versuchen von Fellner hervorgeht, dass im Moorbade von 32,5 bis 36° C., ausser den Veränderungen, die in den Temperaturverhältnissen des Körperinneren eintreten, auf welche wir bereits hinwiesen, die Respiration um 1 bis 3 Athemzüge abnimmt oder constant bleibt und die Frequenz der Pulsschläge sich um 4 bis 12 in der Minute vermindert.

Auch Erhöhung der Hautperspiration und der Harnstoffausscheidung wird meist noch zu den physiologischen Wirkungen der Moorbäder gezählt. Ob aber alle die obengenannten lediglich dem Moore zufallen, wie man vielfach annimmt, und nicht der Hauptantheil auf Rechnung des warmen Wassers zu bringen ist, mag bis auf weiteren Nachweis dahin gestellt sein.

Als Hauptvorzüge, die Moorbäder vor anderen hautreizenden Bädern besitzen, wird auch die Möglichkeit bezeichnet, dass, weil sie den Körper weit weniger Wärme zuführen oder entziehen, als diese, die Haut dem Reiz länger ausgesetzt werden kann, ferner dass die Eisenmoorbäder. d. h. solche Moorbäder, welche schwefelsaures Eisenoxydul in nennenswerther Menge enthalten, in beliebig wünschenswerther Menge verabreicht werden können, ohne die Haut zu erschlaffen und die Schweissbildung zu erhöhen. Hierdurch erlangen diese letzteren die Eigenschaft einer stärkenden Badeform, welche ausser der die Transspiration zurückhaltenden Wirkung auch noch in dem Reiz auf die Hautnerven ihre Begründung findet.

Summirt man die physiologischen Wirkungen der Moorbäder zusammen, so ergiebt sich, dass sie angezeigt sind bei Neuralgien verschiedener Art, insbesondere bei Ischias, wenn diese rheumatischer oder gichtiger Natur sind, bei peripherischen, also rheumatischen Lähmungen, arthritischen, hysterischen oder nach Diphtherie zurückgebliebenen, bei Muskel- und Gelenkrheumatismus, arthritischen Ablagerungen, deformirender Gelenkgicht, traumatischen Exsudaten, Exsudaten im Beckenraume, wo sie eine sehr wichtige Rolle spielen, und andern ähnlichen Krankheitsformen, während sie überall da, wo gesteigerte Gefässspannung besteht, contraindicirt sind. Im klinischen Theile dieses Buches werden wir vielfach auf die therapeutische Verwendung der Moorbäder zurückkommen.

b) Schlammbäder.

Die Schlammbäder stehen hinsichtlich ihrer physicalischen und physiologischen Eigenschaften zwischen den Moorbädern und den Wasserbädern und üben einen geringeren Hautreiz aus als die ersteren, wenn nicht andere unterstützende Factoren hinzutreten. Am nächsten stehen den Moorbädern noch die Schwefelmoorschlammbäder, welche durch Einleiten von Schwefelwasser der Quelle in moorähnlichen Schlamm hergestellt werden, wie dies in Nenndorf, Eilsen, Wipfold u. a. Orten zu geschehen pflegt.

Die meiste Anwendung finden die Schlammbäder gegenwärtig wohl an den Euganeischen Thermen zu Abano, Montegrotto, Battaglia, Montortone u. a., wo sie schon seit dem 16. Jahrhundert in hohem Ansehen stehen. In neuerer Zeit haben Violini Marcantonio (Annali universali di medicina e chirurgia da Conradi, 1881, No. 257. Ottobre e Novembre) und Foscarini (Guida alle terme euganee del dott. Foscarini, Padova 1872) von Neuem auf ihren hohen therapeutischen Werth aufmerksam gemacht und dieselben geradezu als fanghi meravigliosi bezeichnet. Diesen Autoren zufolge soll dieser Schlamm in Form sowohl von allgemeinen Bädern, als auch von Kataplasmen bei verschiedenen Hautkrankheiten, chronischer Synovitis mit serösem Erguss in die Gelenke, bei gichtischen Ablagerungen in die Gelenke, bei rheumatischen Exsudaten in das Muskelgewebe, bei Anschwellungen der Lymphdrüsen, namentlich scrophulösen und andern ähnlichen Krankheitsformen sich als ausserordentlich nutzbringend erweisen.

Von den übrigen Schlammbädern verdienen noch die Seeschlammbäder (Gyttgebad) besondere Erwähnung. Sie enthalten neben Landschlamm noch viele vegetabilische Reste, Kieselinfusorien und Kochsalz und gelangen namentlich in Schweden und Norwegen, sowie in den russischen Ostseeprovinzen und auf der Insel Oesel zu einer ausgedehnten therapeutischen Anwendung. Da die Art ihrer Benutzung in Deutschland wenig gekannt ist, so möge eine Darlegung derselben hier noch Platz finden. Zunächst sei bemerkt, dass dieser Seeschlamm theils als Zusatz zu Schwefelbädern, wie in Sandefjord, vorzugsweise aber zu mehrstündigen Umschlägen und Einreibungen Verwendung findet. Zu diesem Behufe wird der auf 31 bis 34° C. erwärmte Schlamm auf den ganzen Körper vom Halse bis zum Fusse aufgelegt, die Haut dann mit einer Bürste frottirt und hierauf der Schlamm mittels einer warmen Douche wieder entfernt. Hierauf nimmt der Kranke ein Wasserbad aus Seewasser von 26 bis 34, sogar bis 42° C., er wird von Neuem gedoucht, in warme Tücher eingehüllt und nun bis zur vollkommenen Trockenheit frottirt. Bisweilen wird der Kranke auch mit frischen Birkenruthen geschlagen und dann noch gehörig massirt. (Man vergleiche: Dr. Dor, de l'emploi de la vase dans les bains de mer de la Suède, 1861, S. 37.) Dieser energische Bademodus hat bei chronischen Gelenkrheumatismen und rheumatischen Lähmungen sich ausserordentlich bewährt. Volle Schlammbäder werden meist zu einer Temperatur von 30 bis 45° C. und zur Dauer von 30 bis 45 Minuten genommen. Noch sei bemerkt, dass bisweilen, namentlich in Sandefjord zur Unterstützung der Schlammbadwirkung der Kranke bei rheumatischen Lähmungen und besonders Neuralgien mit Medusen, Seequallen (Manäten) bestrichen wird. Nach Ebbesens Bericht (Norsk. Mag. f. Lägevidensk, 3 R. ll., S. 320, 1872) erweisen sich diese Bestreichungen als sehr wirksam.

A. Die hauptsächlichsten Eisenmoorbäder sind:

1. in Deutschland und Oesterreich: Augustusbad, Boklet, Brückenau, Carlsbad, Cudowa, Elster, Flinsberg, Franzensbad, Freien-

walde, Gleissen, Hofgeismar, Kissingen, Königswart, Langenau, Liebwerda,
Lobenstein, Marienbad, Muskau, Neudorf, Polzin, Pyrmont, Reiboldsgrün,
Reinerz, Schmiedeberg, Steben, Teplitz, Truskowice;

    2. in Schweden: Ronneby;

    3. in der Schweiz: Ander.

B. Die bekannteren Schlammbäder, zum Theil auch Moorbäder, sind:

    1. in Deutschland: Aachen, Bentheim, Driburg (Saatzer Schwefel-
quelle), Eilsen, Fiestel in Westfalen, Günthersbad in Thüringen, Greiffen-
berg in Oberbayern, Freienwalde, Meinberg, Nenndorf, Niederlangenau,
Northeim in Hannover, Seebruch in Westfalen, Schmeckwitz in Sachsen,
Tatenhausen, Wipfeld;

    2. in Oesterreich: Baden bei Wien, Ischl, St. Katharinenbad in
Böhmen, König Ludwigsbad bei Salzburg, Krzessow in Galizien, Mehadia,
Pystjau, Rabbi, Topusko, Warasdin-Töplitz in Kroatien;

    3. in der Schweiz: Gurnigl;

    4. in Italien: Abano, Acqui, St. Agnese, Battaglia, Bormio,
Caldiano, Cerbolo, Longoni di Monte, Montegrotto, Montortone, Morba,
S. Pietro Montagnon, Rostana, Valdieri, Visona;

    5. in Frankreich: Aix-les-bains, Barèges, Bourbonne-les-bains,
Dègne, Plombières, Uriage;

    6. in Belgien: St. Amand, Spaa;

    7. in Schweden: Furusund, Grebbestad, Gustafsberg, Hillewik,
Loka, Lysekil, Marstrand, Medewi, Norrtelje, Ronneby, Särö, Södertelge,
Strömstadt, Warberg, Wisby;

    8. in Norwegen: St. Olafsbad, Sandefjord;

    9. in Russland: Andreas-Liman bei Odessa, Arensburg auf der
Insel Oesel, Hadjibei-Liman bei Odessa, Hapsal, Kemmern, Kuganiksli-
Liman bei Odessa, Sebastopol, Tinski (Astrachaner Schlammbäder),
Tschokrakski.

VIII. Fichtennadel- und Kräuterbädercuren.

Die Fichten- oder richtiger Kiefernadelbäder sind gewöhnliche
Wasserbäder, welchen ein frisch bereiteter Kiefernadelaufguss oder ein
Dampfdestillat von Kiefernadeln (Pinus abies) zugesetzt ist. In Griessbach in Baden benutzt man hierzu das Wasser, welches als Ueberproduct
bei der Harzfabrikation gewonnen wird, und bezeichnet sie als Harzbäder. Durch die in den Kiefernadelaufgüssen, besonders im Harzwasser
enthaltenen harzigen ätherisch-öligen Substanzen und wahrscheinlich auch
darin befindliche Ameisensäure erhalten diese Bäder eine die Haut reizende Eigenschaft, die besonders in den Harzbädern hervortritt, bei welchen
sie sich sogar bis zur stark irritirenden, leicht ätzenden Wirkung steigert.
Diese flüchtigen ätherischen Bestandtheile derselben durchdringen die
Epidermis und werden durch Haut, Lungen und Harn wieder ausgeschie-

den, ohne dass man von ihrem Schicksal in den Blut- und Lymphbahnen etwas Näheres weiss.

Solche Bäder, die von anderen hautreizenden Bädern sich kaum unterscheiden dürften, werden meist nur zur Dauer von einer Viertelstunde, höchstens von einer halben Stunde zu einer Temperatur von 27,5 bis höchstens 35° C. genommen, weil sie bei längerer Badezeit und höherer Temperatur sehr aufzuregen pflegen. Namentlich gilt dies von den Harzbädern. Sie eignen sich im Allgemeinen für jene Krankheitsfälle, bei welchen man höhere Badetemperaturen gern vermeidet und doch eine stärkere Hautreizung beabsichtigt. In Griessbach werden diese Bäder resp. Harzbäder häufig mit dem innerlichen Gebrauch des dortigen Stahlwassers verbunden und finden bei Pubertätschlorosen und Hyperplasien des Uterus nach Puerperien, erheblicher Entkräftung, Vaginal- und Cervicalkatarrhen, Menorrhagien u. a. m. nach Angabe Haberr's (Aerztl. Mittheilungen aus Baden, 1885, No. 15 und 16) vortheilhafte Anwendung, während Sitzbäder mit concentrirtem Harzwasser gegen chronischen Uteruskatarrh und den ihn häufig begleitenden Pruritus sich nützlich zu erweisen pflegen. Kiefernadelbäder sind namentlich in Thüringen beliebt und finden daselbst besonders in Wasserheilanstalten gegen alle Zustände, die belebende, anregende Bäder fordern, ihre Nutzanwendung.

Kräuterbäder, d. h. Wasserbäder, denen Aufgüsse von aromatischen Kräutern zugesetzt werden, waren in früherer Zeit ausserordentlich beliebt, finden sich aber zur Zeit nur noch in einigen Curorten, wo sie eine Badeform ausmachen. Sie üben einen gewissen Hautreiz aus und finden in ähnlichen Krankheitsfällen wie die Fichtennadelbäder, denen sie an Wirksamkeit nachstehen, ihre Anwendung. Die hierbei zur Benutzung gelangenden Kräuter sind namentlich Chamille, Feldkümmel, Flieder, Calmus, Krausenminze, Lavendel, Majoran, Melisse, Pfefferminze, Salbei, Schafgarbe, Thymian, Valeriana, Heublumen u. a. m. Diese Kräuter werden zu ¹/₂ bis 1 kg für ein Vollbad, 25 bis 150 g für ein Kinder- oder Localbad, in ein Säckchen gebunden, mit 4 Liter kochendem Wasser abgebrüht, ausgedrückt und die Brühe dem Bade zugesetzt. Auch directer Zusatz ätherischer Oele, meist 1 g zum Bade, findet bisweilen statt.

Anstalten zu Fichtennadelbädern befinden sich:

Adelholzen, Aibling, Alexandersbad bei Wunsiedel, St. Andreasberg im Harz, Arnstadt, Aussee, Baden in der Schweiz, Badenweiler, Bartfeld, Bentheim, Berka, Berneck in Oberfranken, Bistritz unterm Hostein, Blankenburg in Thüringen, Blankenhain ebendaselbst, St. Blasien, Braunfels (Kreis Wetzlar), Brotterode, Buchenthal in der Schweiz, Carlsruhe in Schlesien, Charlottenbrunn, Colberg, Culm in Württemberg, Dietenmühle bei Wiesbaden, Dietharz in Thüringen, Eisenach, Elgersburg, Empfing, Ettenheimmünster in Baden, Freyersbach, Friedabad bei Dresden, Friedrichsrode, Gehren in Schwarzburg-Sondershausen, Geltschberg in Böhmen, Gérardmer, Gernsbach, Gleisweiler in der Rheinpfalz, Gmunden, Griesbach im badischen Schwarzwald, Grund am Harz, Hermsdorf in Schlesien,

Herrenalb in Württemberg, Houschka in Böhmen, Ilmenau, Ilsenburg, Johannisbrunn in Oberschlesien, Johnsdorf bei Zittau, Jordanbad in Württemberg, Ischl, Juliushall am Harz, Iwonicz, König Ludwigs-Bad bei Salzburg, König Otto-Bad in der Oberpfalz (Wiesau), Königswart, Kösen, Köstritz, Kohlgrub in Bayern, Korytnicza in Ungarn, Krähenbad in Württemberg, Kreuth, Langensalza, Liebenstein, Liegau bei Dresden, Lobenstein, Mammern in der Schweiz, Moosbad, Marienbad bei Salzburg, Mindelheim im bayerischen Schwaben, Münchshöfen in Bayern, Muggendorf, Muskau, Niedernau in Württemberg, Oberdorf in Bayern, Obladis in Tirol, Perchtoldsdorf bei Wien, Petersthal im bad. Schwarzwalde, Polzin in Pommern, Rabbi in Wälschtirol, Rastenberg in Thüringen, Rehburg, Reichenhall, Ronneburg, Rosenhain, Rudolstadt, Ruhla, Salzhausen, Salzdetfurth, Salzungen, Schandau, Schleusingen, Schmalkalden, Schrezheim in Württemberg, Schwarzbach in Schlesien, Serneus im Prättigau, Soest, Sonneberg, Straupitzbad bei Döbeln in Sachsen, Streitberg, Suderode, Suhl, Sulza, Sulzbach im bad. Schwarzwald, Teinach, Tennstedt, Thal, Thalheim bei Landeck in Schlesien, Tharand, Theusterbad in Württemberg, Tobelbad in Steiermark, Traunstein, Travemünde, Wasserburg in Oberbaiern, Wiesenbad in Sachsen, Wippra am Harz, Wolfach in Baden.

Anstalten, wo Kräuterbäder verabreicht werden, sind:

Grund am Harz, Hassfurt, Maximiliansbad bei Innsbruck, Niendorf bei Lübeck und Wasserburg in Oberbaiern.

IX. Hydro-elektrische Badecuren.

Es ist ein Verdienst des Professors A. Eulenburg in Berlin, die hydro-electrischen Bäder in die Badepraxis eingeführt und zu einer rationellen Benutzung derselben auf Grund wissenschaftlicher Untersuchungen und exacter therapeutischer Beobachtungen gebracht zu haben. Nächst ihm sind es besonders Trautwein und Lehr, denen wir den weiteren Ausbau dieses balneotherapeutischen Verfahrens zu danken haben und welche die von Eulenburg gegebene Darlegung der physiologischen und therapeutischen Wirkungen dieser Bäderart vervollkommneten.

Ehe wir indess auf diese näher eingehen, wird es zum besseren Verständniss der electrischen Bäder und für die Praxis wohl nicht überflüssig sein, einige Worte über deren Einrichtung und Gebrauchsweise zu sagen.

Eulenburg selbst bemerkt hierüber zunächst in seiner Schrift „Die hydro-electrischen Bäder" (Wien, 1883, Urban u. Schwarzenberg), dass zu den genannten Bädern jede Badewanne benutzt werden kann. Wannen aus einem nicht leitenden Material — Holz-, Cement-, Porzellan-, Kachelwannen — verdienen den Vorzug. Jedenfalls ist es zweckmässig, die Wanne mit einem Firnissüberzuge und mit isolirten Füssen zu versehen oder sie wenigstens durch eine Wachstuch- oder Gummiunterlage vom Fussboden zu isoliren. Der Körper sei bis an den Hals eingetaucht und die Temperatur des Bades die des indifferenten Thermalwassers (35 bis 38° C.); die Badedauer beträgt 15 bis 60 Minuten und noch darüber.

Für das monopolare, faradische und galvanische Bad genügt jeder nicht allzuschwache Inductionsapparat, jede leitungsfähige stationäre oder transportable Batterie von etwa 20 bis 40 Elementen. Die Stromstärke selbst nehme man als dem Empfindungsminimum im Bade möglichst entsprechend, im faradischen, wie im galvanischen Bade, und suche sie möglichst unverändert zu erhalten durch die Hülfsmittel, welche der electrischen Behandlung überhaupt zu Gebote stehen. Was die Stromquellen betrifft, so müssen dieselben möglichst bedeutende electromotorische Kraft mit möglichst geringem inneren Widerstande vereinigen. Für das faradische Bad empfiehlt sich vorzugsweise der primäre Inductionsstrom von Spiralen mit ungefähr 300 Windungen aus etwa 2 mm dickem Draht und mit circa 1 Zoll dicken Eisenkern; als Motor derselben dienen 4 grosse Grenet'sche (Tauch-) Elemente oder eine Noë'sche Thermosäule von 25 Elementen.

Für das galvanische dipolare Bad werden am zweckmässigsten ebenfalls Grenet'sche oder die in der Telegraphie gebräuchlichen Callaudschen, auch die Leclanché-Elemente benutzt. Die Zuleitung muss durch möglichst grosse, aus gleichem Metall oder gleicher Metallcomposition hergestellte Platten bewirkt werden, welche an verschiedenen Stellen der Wanne auf geeignete Weise angebracht und mit der Batterie in Verbindung gesetzt sind. Diese Platten, gewöhnlich 40 cm hoch und 12 cm breit und der Zahl nach meist 8, communiciren mittels grösserer rundlicher Oeffnungen in der inneren Holzverkleidung der Wanne mit der Badeflüssigkeit. Als 2. Pol verwendet man am besten einen mit feuchter Leinwand umwickelten Metallstab, welcher mittels hölzerner Ansätze quer über die Wanne angebracht ist und von dem Badenden mit der Hand angefasst wird. Wegen des Genaueren müssen wir auf die oben citirte Schrift von Eulenburg verweisen.

In neuester Zeit hat diese Badeeinrichtung durch Trautwein einige Veränderungen erfahren und auch Eulenburg selbst hat sich durch den Mechaniker Hirschmann in Berlin einen besonderen Apparat für hydroelectrische Bäder construiren lassen, welcher auf den angegebenen Principien und Einrichtungen zwar fussend, aber mancherlei Verbesserungen erhalten hat. Nähere Angaben über denselben finden sich in den balneologischen Verhandlungen der Gesellschaft für Heilkunde in Berlin (XI, 1885, S. 84 u. ff.), auf welche wir verweisen.

Die physiologischen Wirkungen des electrischen Wasserbades wurden besonders von Eulenburg, Lehr und Trautwein festzustellen gesucht. Ersterer (Untersuchungen über die Wirkung faradischer und galvanischer Bäder im Neurol. Centralbl. II, 6, 1883) bediente sich bei seinen Versuchen hauptsächlich des monopolaren Bades, so dass der eine Pol als Hauptelectrode in die Flüssigkeit versenkt, der andere ausserhalb des Bades direct auf den Körper applicirt wurde, Lehr (Die hydro-electrischen Bäder, ihre physiologische und therapeutische Wirkung, Wiesbaden, 1885) und Trautwein (Deutsches Archiv für klinische Medicin, 1888, 41. Bd.,

3. Heft) hingegen des dipolaren, wobei beide Pole in die Badeflüssigkeit eingelassen wurden, ohne den badenden Körper direct zu berühren. Eulenburg fand nun im galvanischen Bade, sowohl beim Anodenbade, als auch beim Kathodenbade, sowie im faradischen Bade eine stetige Abnahme der Pulsfrequenz um 10 bis 20 Schläge, resp. 8 bis 10, konnte aber in Bezug auf die Zahl der Athemzüge und deren Tiefe, sowie auf Körpertemperatur keine erheblichen Veränderungen, d. h. nur eine geringe Temperaturherabsetzung von 0,10 bis 0,70° C. und eine Verminderung um 1 bis 2 Athemzüge in der Minute constatiren. Lehr fand im faradischen wie galvanischen dipolaren Bade zwar auch eine Pulsverminderung von 10 bis 18 Schlägen, die nach dem Bade bei schwachen Strömen bald zur Norm zurückkehrten, aber bei stärkeren und langandauernden Strömen eine Steigerung der Frequenz um 10 bis 15 Schläge per Minute. In Bezug auf die Respiration ergab sich ihm im dipolaren faradischen und galvanischen Bade die Zahl der Athemzüge als um 3 bis 4 in der Minute verringert, während Tiefe und Ausgiebigkeit der einzelnen Respirationen zunahm. Nach sehr kräftigen Strömen und nach in rascher Folge wiederkehrenden Bädern blieb die Athmung noch mehrere Stunden lang verlangsamt und vertieft. Was die Körperwärme betrifft, so fand er, dass das dipolare Bad von mässiger Stromstärke kaum eine Differenz von dem gleich indifferenten erkennen lasse, während das monopolare Bad dieselbe herabsetze.

Trautwein sah bei seinen mit Soolbädern angestellten Versuchen im electrischen indifferent-warmen Soolbade keine besonderen Einwirkungen weder auf Puls, Respiration, noch Körpertemperatur eintreten. In Bezug auf die Erklärung der Gesammtwirkung electrischer Bäder auf Blutdruck und Körperwärme kommt Lehr zu dem Schluss, dass im electrischen Bade eine allgemeine Reizung der sensiblen Hautnerven und damit reflectorisch eine Erregung des Nervus vagus statthabe. In Folge dessen soll die Pulszahl abnehmen und die Temperatur im Innern sinken. Eine ausgebreitete Verengerung kleinster peripherer Arterien vergrössere die Stromwiderstände für das Blut, schneller aber als diese Widerstände wachse die Triebkraft des Herzens und verursache eine Beschleunigung des Blutstromes: Die Reflexerregbarkeit der sensiblen Hautnerven fand Trautwein im indifferent warmen Soolbade sowohl für schwache als für starke electrische Reize erheblich vermindert, wenn nicht ganz aufgehoben, so dass diesem zufolge die Lehr'sche Schlussfolgerung der reflectorischen Erregung des Vagus hinfällig würde. Eulenburg hingegen schliesst aus seinen Beobachtungen nur, dass die hydro-electrischen indifferent warmen Wasserbäder bezüglich ihrer Wirkung auf Puls, Respiration und Körpertemperatur den hautreizenden thermisch und chemisch irritirenden Badeformen gleich zu stellen seien.

Bezüglich der Wirkung des electrischen Bades auf das Allgemeinbefinden hebt Lehr in seinem oben angeführten Buche hervor, dass electrische, namentlich galvanische Bäder bei ihm zu einer excessiven Reizbarkeit des Gesammtnervensystems, besonders aber des Herznervensystems, zu Herzklopfen, Schlaflosigkeit, Eingenommenheit des Kopfes u. s. w. geführt hätten. Diese Beobachtung konnte Trautwein

(l. c.) nicht bestätigen. Bei ihm wirkte das electrische Soolbad nur erfrischend auf das ganze Nervensystem, vermehrte den Appetit und regte zu geistiger Thätigkeit an, welche Wirkungen besonders beim faradischen Bade eintraten.

Bezüglich der Verwendung electrischer Bäder zu Curzwecken ist der Grundsatz fest zu halten, dass die Behandlung mit solchen nur für Kranke passend erscheint, bei denen von einer localisirten electrischen Cur wenig oder gar kein Nutzen zu erwarten ist, vielmehr nur die sogenannte allgemeine Electrisation als indicirt gelten darf.

Angezeigt sind für electrische Bäder nach Eulenburgs (Verhandlungen der balneolog. Section der Gesellsch. f. Heilkde. in Berlin, XI., pag. 9, 2. Aflg., 1885) Erfahrung gewisse Formen von Neurasthenie, welche durch das electrische Bad und zwar sowohl durch das faradische, wie auch durch das monopolare galvanische in Form des Kathodenbades, in besonders auffälliger Weise vortheilhaft beeinflusst werden, ebenso manche Fälle von neurasthenischer Hypochondrie, wo die günstige Wirkung allerdings oft mehr vorübergehender Natur ist. Dagegen sah Eulenburg im Ganzen weniger günstige Resultate bei Hysterie und namentlich bei schweren Formen von Hysterie und Hystero-Epilepsie. Die Anwendung des Bades scheint nach seiner Ansicht hier sogar nicht ganz ohne Bedenken zu sein. Im Allgemeinen ermuthigende Resultate lieferte ihm das electrische Bad bei veralteten multiplen Neuralgien und gewissen convulsivischen Neurosen; namentlich gilt dies von den mit Tremor verbundenen Formen, wobei durch die localen Verfahren electrischer Behandlung bekanntlich ausserordentlich wenig ausgerichtet wird. Dahin gehören nicht blos Fälle von sogenanntem essentiellem Tremor, sondern auch selbst solche von Paralysis agitans, von Zittern bei disseminirter Sklerose. Endlich beobachtete Eulenburg eine günstige Wirkung auch in einem Falle von Morbus Basedowii, wobei speciell die pulsherabsetzende Wirkung des electrischen Bades in sehr evidenter Weise hervortrat. Dagegen sah er meist keine oder doch verhältnissmässig geringe Wirkungen bei chronischen Rückenmarksaffectionen, namentlich bei der Tabes.

Zu nicht so günstigen Resultaten wie Eulenburg konnte Hutchinson (Ueber das electrische Bad in New-York, med. Record, XXII., 17, p. 461, Oct. 1882) gelangen. Dieselben waren bei chronischem Rheumatismus und Neurasthenie ganz ungünstig, besonders klagten die Kranken nach dem Bade über allgemeine Depression und Kälteschauer. Er wandte das dipolare electrische Bad an und gebrauchte sowohl den faradischen, als den constanten Strom. Sehr günstige Resultate hingegen scheint Stillmann (Ueber das electrische Bad in Philad., med. and surg. Reporter, XLVII., 2, p. 29, July 1882) erhalten zu haben, denn er empfiehlt das faradische Bad gegen eine grosse Anzahl von Krankheiten. Ausser mehreren anderen Beobachtern, die günstige Resultate zu verzeichnen hatten, ist endlich auf Lehr hinzuweisen, welcher im zweiten Congress für innere Medicin die günstige Beeinflussung des Stoffwechsels, des Pulses und der Respiration, der geistigen und körperlichen Spannkraft, wie wir bereits oben angedeutet haben, besonders hervorhebt und die hydroelectrischen Bäder bei allen Krankheiten lebhaft empfiehlt, wo die eben genannten Factoren einer kräftigen Unterstützung bedürfen.

Im Weiteren dürfte das elektrische Bad, weil es als faradisches und als Kathodenbad die electrocutane Sensibilität herabsetzt, auch als antineuralgisches und antiparalgisches Mittel sich besonders nützlich erweisen, während umgekehrt das die electrocutane Sensibilität steigernde Anodenbad gegen Anästhesien sich zweckmässig verwenden lässt. Da ferner die motorische Erregbarkeit im galvanischen Bade herabgesetzt wird, kann dasselbe als antispasmodisches Mittel gelten. Da endlich die Wirkung auf Herz- und Lungenthätigkeit bei den electro-indifferent warmen Bädern der Wirkung der durch Wärmeentziehung oder chemischen Reiz hautreizenden Bäder analog ist, werden die Indicationen für diese auch für jene bis zu einem gewissen Grad gelten können.

Elektrische Bäder werden verabreicht in:

Tharandt (Haupt'sche Anstalt), Buchenthal bei Niederzwiel in der Schweiz. Dietenmühle bei Wiesbaden, Ilmenau, Elgersburg, Forstbad in Böhmen, Kreischa in Sachsen, Michelstadt im Odenwald, Nassau an der Lahn, Nerothal bei Wiesbaden, Schöneck am Vierwaldstätter See. Thalkirchen bei München, Wilhelmshöhe bei Kassel.

X. Sandbadecuren.

Als Sandbad bezeichnet man das Bedecktsein eines Körpertheils oder des ganzen Körpers, den Kopf ausgenommen, mit warmem Sand, welcher entweder auf natürlichem Wege durch Sonnenwärme oder künstlich erwärmt zu Curzwecken Verwendung findet.

Die erstere Erwärmungsart ist aus naheliegenden Gründen die ältere und findet heutigen Tags noch in einzelnen südlichen Seebadeorten, aber auch in nördlichen, wie in Norderney und Travemünde, ihre Anwendung. In Sachsen war es namentlich der Sand des bei Dresden gelegenen Priessnitzthales, in welchem nach dem Rathe eines Dresdener Arztes Dr. Ruschpler schon vor langen Jahren Rheumatiker zur Beseitigung ihres Leidens sich eingraben liessen. Die Abhängigkeit des Gebrauches solcher Bäder aber von den Witterungsverhältnissen führten Dr. Flemming in Dresden zur künstlichen Erwärmung des Sandes, und dieser liess zunächst in Dresden eine derartige Kuranstalt entstehen, die er später aus Bequemlichkeitsrücksichten nach Blasewitz verlegte. Später entstand unter Dr. Sturm in Köstritz eine ähnliche Anstalt und ihr folgten namentlich in Thüringen mehrere dieser Art. Nur von solchen Anstalten ist hier die Rede.

Das in denselben beobachtete Verfahren ist folgendes. Zur Verwendung kommt nur ganz reiner, feiner, gut ausgetrockneter und mehrfach durchsiebter Flusssand, welcher auf heissen Eisenplatten zu einer Temperatur von 45 bis 50° C. gebracht wird. Der für den einzelnen Fall nothwendige Wärmegrad wird durch Zumischen kühleren Sandes bewirkt. Der Boden des 5 bis 6 Fuss langen als Badewanne dienenden Kastens wird nun mit dem erwärmten Sande einige Zoll hoch bedeckt und hierauf der nur mit einem leichten Bademantel bekleidete Kranke in denselben hineingelegt, wobei soviel heisser Sand nachgeschüttet wird, bis der ganze Körper des Badenden mehrere Zoll hoch bedeckt ist. Dann wird der Badende, während er noch in der Wanne sich befindet, in einen nahe gelegenen luftigen Raum gebracht und hat hier nun den stark hervorbrechenden Schweiss abzuwarten, welcher vom Sande bald aufgesogen wird. Soll nur ein Halbbad genommen werden, so wird der Oberkörper mit einer wollenen Jacke bekleidet und auf die unteren Extremitäten und den Unterleib eine gleichhohe Schicht Sand geschüttet. Im Bade selbst muss sich der Kranke ganz ruhig verhalten, damit der Sand ruhig liegen bleibt. Nach dem Verlassen des Bades nimmt derselbe eine warme Brause und wird gehörig abgerieben.

Ein wesentlicher Vorzug der Sandbäder vor andern Badeformen, welche gleiche Zwecke verfolgen, liegt in der gegebenen Möglichkeit, die höchsten Wärmegrade, welche man überhaupt zu therapeutischen Zwecken anwendet, die längste Badezeit hindurch etwa bis zu einer Stunde und darüber, auf den menschlichen Körper allgemein, ganz besonders aber local zu übertragen und ihre Wirkung entfalten zu lassen. Die hier langsamere Mittheilung der Wärme macht einen solchen ausgedehnten Badegebrauch allein möglich. Nirgends kann man ferner im allgemeinen Bade weniger hoch, dabei aber an besonders gewünschten Stellen, die einer besonderen Berücksichtigung bedürfen, mit einer höhern Wärme baden.

Ueber die Erhöhung der Wärme des menschlichen Körpers in Folge der Anwendung der Sandbäder hat Flemming (Berl. klin. Wochenschr. 1878, No. 27) mehrfach Messungen angestellt und hierbei gefunden, dass bei milden Sandbädern (Temperatur 47° C., Badedauer 30 Minuten, nur Sitzen im Bade; die Arme aber bis oberhalb der Ellenbogengelenke noch mit Sand bedeckt) eine Temperaturerhöhung von 0,25° C., im Ellenbogengelenk von 0,70° C. sich ergab, während bei sogenannten starken Bädern (Temperatur 50° C., Badedauer 55 Minuten, sonst wie bei den andern) bei denselben Versuchspersonen unter der Zunge eine solche von 1,40° C., im Ellenbogengelenke von 0,90° C. eintrat. Auch die locale Wärmeübertragung durch verschiedene andere Bäder hat Flemming mit einander verglichen, wobei die Menge des Badefluidums stets 15 Liter, die Badedauer 30 Minuten, die Badetemperatur 39° C. mit Ausnahme bei dem Sandbade, die 47° C. war, betrug. Es stellte sich hierbei heraus, dass 15 Minuten nach Schluss des Bades die Erhöhung der Temperatur des kurz vorher mitgebadeten Ellenbogengelenks nach einem Wasserbade 0,60° C., nach einem salinischen Wasserbade 0,60° C., nach einem Wasserbade ohne Ergänzung des Wärmeverlustes 0,35° C., nach einem solchen salinischen 0,43° C., nach einem Moorbade 0,30° C., nach einem Sandbade 0,95° C. ausmachte. Locale Sandbäder mit einer Temperatur von 50° C. und 60 Minuten

Dauer bei einmaliger Ergänzung des Wärmeverlustes durch Nachschütten von Sand ursprünglicher Wärme bedingten wiederholt eine Temperatur-erhöhung von 1,50° C.

Indicirt sind die Sandbäder für Personen mit trägem Kreislauf, für solche mit vorwiegender Venosität, mit kühler, welker und un-thätiger Haut und bei solchen, wo es gilt, nach der äusseren Haut all-gemein und ganz besonders local kräftig abzuleiten, die Haut zu beleben und Ausscheidung und Aufsaugung auf ihr zu fördern. Erfolgreiche Anwendung finden sie sonach bei chronischen Rheumatismen be-sonders rheumatischen Auftreibungen der Gelenke, weniger bei Rheumatismen der Muskelscheiden, ferner bei Rhachitis, Scro-phulose, bei flüssigen Exsudaten, Lähmung der Hautnerven, bei trägem Blutumlauf der untern Extremitäten, sowie bei Ischias, gegen welche Krankheitsform Flemming sie ausserordentlich rühmt (Berl. klin. Wochenschr. XIV, 11, 1877). Liebermeister und Ziemssen sahen gute Erfolge bei allgemeiner Wassersucht, namentlich im Kindesalter.

Aehnliche günstige Erfolge werden auch aus der Köstritzer Anstalt von Sturm berichtet.

Die bekannteren Anstalten für Sandbadecuren sind:

Blasewitz bei Dresden, Köstritz im Reussischen, ferner Berka, Halle (Frankes Soolbäder im Fürstenthale), Jordansbad in Württem-berg, Lobenstein, Mildenstein in Sachsen, Ruhla in Thüringen, Casa micciola auf Ischia.

B. Hydrotherapie.

Die Hydrotherapie betrachtet man als jenen Theil der Balneo-therapie, welcher sich speciell mit der therapeutischen Verwerthung des kalten Wassers in seinen verschiedenen Anwendungs-formen beschäftigt. Als kaltes Wasser ist hierbei das unter dem Indifferenzpunkte befindliche, also unter 35° C. anzusehen, und sind im Allgemeinen Temperaturen desselben von 0 bis 5° C. als eiskalt, von 5 bis 10° C. als sehr kalt, von 10 bis 15° C. als kalt, von 15 bis 20° C. als mässig, von 20 bis 25° C. als kühl und von 25° und darüber als temperirt zu bezeichnen üblich.

Die Badewirkungen selbst werden auf thermische und mechanische Effecte zurückgeführt.

I. Thermische Effecte.

Besonders wichtig sind in der Hydrotherapie die thermischen Effecte, welche sich lediglich als wärmeentziehende geltend machen und durch ihren wärmeregulirenden Effect, durch die Veränderung in der Blutcirculation und durch Reizung der sensiblen Nerven, des Centralnervensystems und der motorischen Nerven der Hydrotherapie ihren hohen Werth in der Behandlung acuter wie chronischer Krankheiten sichern.

Einwirkung der thermischen Effecte.

a) Auf die Körpertemperatur:

Der Wärmeverlust, den ein gesunder Mensch im kalten Bade erleidet ist proportional der Wärmedifferenz und steigert sich mit deren Sinken in ausserordentlicher Weise. Aus den Versuchen von Liebermeister („Die Pathologie und Therapie des Fiebers") geht hervor, dass, wenn man den Wärmeverlust eines gesunden, nicht sehr fettreichen Menschen in einem Bade, dessen Temperatur mit dem Indifferenzpunkt zusammenfällt und dessen Dauer etwa 15 bis 20 Minuten beträgt, in der Achsel gemessen als Einheit betrachtet, dieser Wärmeverlust im Bade von 30° C. schon das Doppelte, im Bade von 25° C. mehr als das Dreifache, im Bade von 20° C. mehr als das Fünffache des oben angenommenen mittlern Wärmeverlustes ausmacht. Ungeachtet dessen sinkt die Temperatur im Innern des Körpers dabei nicht, vorausgesetzt, dass die Wärmeentziehung hinsichtlich ihrer Intensität und Dauer sich in gewissen Grenzen bewegt, bleibt vielmehr constant, ja erhöht sich nach Liebermeister in der Regel um ein geringes.

Jedoch nach Ablauf einer mässigen und nicht allzulang andauernden Wärmeentziehung folgt ein Zeitraum, wo die Körpertemperatur niedriger ist, als vor dem Bade, der aber bald dem Stadium compensirender Steigerung derselben weicht. Auch locale Wärmeentziehung von der Haut in Form kalter Douchen, Lakeneinwickelungen, Halbbäder etc. haben kein Sinken, sondern eher ein Steigen der Körpertemperatur im Innern zur Folge und unterscheiden sich sonach wenig von allgemeinen Wärmeentziehungen geringern Grades. Anders ist das Verhalten der Körpertemperatur im Innern, wenn die Abkühlung der Haut eine sehr erhebliche und von längerer Dauer ist. Liebermeister hat constatirt, dass die meisten Menschen gewöhnlich kalte Bäder von 20 bis 24° C. durchschnittlich etwa 15 bis 25 Minuten ertragen können, ehe die Temperatur des Innern sinkt, dagegen haben länger andauernde Bäder, insbesondere wenn sie eine noch tiefere Temperatur besitzen, ein rasches Sinken der Innenwärme des Körpers zur Folge.

Dieses Constantbleiben der Körpertemperatur erklärt sich nach demselben Autor aber nicht vollständig dadurch, dass infolge der durch den Kältereiz bewirkten Contraction der Gefässe der Haut eine nur geringe Blutströmung nach derselben stattfindet und das Blut der tiefer liegenden Gefässe einer stärkern Abkühlung nicht ausgesetzt ist, sondern dasselbe fordert auch eine höhere Wärmeproduction. Dass eine solche in der That stattfindet, hat Liebermeister ebenfalls nachgewiesen und dabei constatirt, dass die Wärmeproduction, welche im kalten Bade oft um das Doppelte und Dreifache der Norm sich steigern kann, stets nach dem Wärmeverluste sich regulirt. Dieser Umstand ist bei fieberhaften Krankheiten mit hoher Temperatur bisweilen störend und nöthigt, um ausgiebige Remissionen zu bewirken, nicht selten zu verschiedenen Abkühlungsproceduren und häufigen Wiederholungen kalter Bäder seine Zuflucht zu nehmen.

b) Auf die Circulation.

Die Einwirkung kalter Badeformen auf die Blutcirculation ist eine mannigfache. Zunächst wirken sie durch den Kältereiz contrahirend auf die Hautgefässe und erst allmälig folgt ein Nachlass der Lumensverengerung derselben, welcher bei langer Dauer und excessiver Kälte des Bades infolge von Ueberreizung Gefässerschlaffung und Circulationsverlangsamung in den peripherischen Gefässen zur Folge hat. Dabei findet auch schon bei temperirten Bädern eine erhebliche Verlangsamung der Herzcontractionen statt, welche von allen Beobachtern constatirt worden ist. Ob aber durch reflectorische Einwirkung, wie bei dem Herzen, auch der Capacitätsraum des Gefässsystems plötzlichen grossen Schwankungen unterliegt, und dadurch der Gefässdruck eine Abänderung erleidet, d. h. ob der gesammte Fassungsraum der Gefässe durch thermische Erweiterung oder Verengerung einer grossen Gefässprovinz sich rasch namhaft verändern kann, ist nach Winternitz' Ansicht fraglich, weil eine grosse Menge von Compensationsvorrichtungen bestehen, die den Fassungsraum des Gefässsystems im grossen Ganzen auf nahezu gleichem Niveau halten und dadurch plötzliche Druckschwankungen verhüten dürften.

Soll die der Gefässcontraction nachfolgende Lumenerweiterung und damit verbundene Hyperämie der Haut therapeutisch nutzbar gemacht werden, wie dies beispielsweise bei Stockungen im Pfortaderkreislaufe, Leberhyperämie, chronischer Entzündung der Gebärmutter und anderen ähnlichen Krankheitsformen der Fall ist, so wird man die hierzu nothwendige länger andauernde Erweiterung der peripheren Gefässbahnen dadurch erlangen, dass man starke Kältegrade bei kurzer Dauer und kräftigem mechanischen Reiz einwirken lässt. Diese lebhaftere Circulation in den Gefässen der Haut, die als Reaction gegen den Kältereiz gemeinhin bezeichnet wird, kann sonach zu einem trefflichen Heilmittel für gewisse Krankheitszustände in gefässreichen inneren Organen sich umgestalten.

c) Auf die Respiration.

Ueber die Einwirkungen des kalten Bades auf die Respiration lauten die Angaben der Beobachter sehr verschieden, indem einige eine gesteigerte Frequenz der Athemzüge, andere das Gegentheil wahrnahmen. Es scheint aber festzustehen, dass nach dem kalten Bade die Athemgrösse bezüglich ihres Volumens wächst, indem eine Vertiefung der Athemzüge bald mit zunehmender, bald mit abnehmender Frequenz eintritt, und dass die Zunahme derselben im Verlauf des kalten Bades, wie Leichtenstern meint, vorzugsweise durch die Steigerung der Kohlensäureproduction herbeigeführt wird. Im Allgemeinen wird nach Winternitz durch Kälteeinwirkungen das nahezu stabile Verhältniss zwischen Puls und Respiration geändert. Ob aber dabei auf eine Respiration weniger Pulse fallen als zuvor, mithin jede einzelne Blutquantität längere Zeit mit der atmosphärischen Luft in Berührung bleibt, ist noch nicht festgestellt. Andererseits haben solche Veränderungen der Respiration den Nutzen, dass sie die Blutbewegung im kleinen Kreislauf fördern. Tiefe Inspirationen, sagt Winternitz, werden den Rückfluss des Blutes, also die Circulation in dem venösen Gefässabschnitte fördern, die arterielle Strömung dagegen erschweren, den Druck im Aortensystem herabsetzen, tiefe Exspirationen dagegen die centrifugale, also die arterielle Blutströmung erleichtern und den Rückfluss des Blutes zum Herzen erschweren.

d) Auf das Nervensystem.

Der Nervenreiz, welchen ein kaltes Bad hervorruft, macht sich zwar zunächst an den sensiblen Nerven der Haut geltend, bleibt aber, wie wir oben beim thermischen Reize gesehen haben, nicht auf diese beschränkt, sondern dehnt sich auf centripetalem Wege auch auf das centrale Nervensystem aus, von welchem er auf motorische Bahnen übergeleitet wird, woraus sich die Schüttelfröste erklären, welche nach der Einwirkung tiefer Temperaturen auf die Hautoberfläche sich einzustellen pflegen. Bereits oben haben wir dargelegt, dass der thermische Reiz und somit auch der Kältereiz die Innervation zu erhöhen, also direct reizend einzuwirken, aber auch die Reizbarkeit zu vermindern, die Innervation herabzustimmen vermag, so dass er sich bald durch Erscheinungen der Erregung, bald durch solche der Depression geltend machen kann.

Das kurzdauernde kalte Bad hinterlässt ein wohlthuendes, erfrischendes Gefühl in der Haut und in den Muskeln, übt einen belebenden Einfluss auf die Gehirnthätigkeit aus und regt die psychische Leistungsfähigkeit an, während das ungewöhnlich lange fortgesetzte Bad ermüdend und schlafmachend wirkt. Also da, wo die Innervation gehoben werden soll, müssen Reizerscheinungen hervorgebracht werden, soll aber die Reizbarkeit einzelner Nerven oder im ganzen Nervensystem herabgesetzt werden, so müssen Ueberreizungen stattfinden. Eintauchen der ganzen Hautfläche oder nur eines Theiles derselben in kaltes Wasser auf ganz kurze Zeit vermag die Innervation schon dergestalt anzuregen, dass in den unwillkürlichen Muskeln des Darms, der Blase, des Uterus Contractionen entstehen, und häufig wiederholte Impulse der Kälte, wie solche bei Douchen und Begiessungen stattfinden, sind wohl auch fähig, Lähmungen, die auf einer verminderten Erregbarkeit der motorischen Nerven beruhen, günstig zu beeinflussen, während schon Einpackungen in nicht zu kalte Leintücher und, wie wir schon oben gesehen haben,

längere Zeit andauernde kalte Vollbäder die übermässige Reizbarkeit
einzelner Nerven oder des Gesammtnervensystems sehr bald herabsetzen.

e) Auf den Stoffwechsel.

Die Stoffwechselveränderungen bei Wärmeentziehungen sind in vielfacher Beziehung noch in dichtes Dunkel gehüllt. Zu den wenigen Thatsachen, die über dieselben festzustehen scheinen, gehört zunächst die von
allen zuverlässigen Forschern gemachte Beobachtung, dass das kalte Bad,
wie überhaupt alle den Wärmeverlust vermehrenden Proceduren: kalte
Abwaschungen, Douchen, Sitzbäder etc. eine Beschleunigung der Oxydationsvorgänge im Organismus bewirken. Bei dieser Mehrzersetzung
scheinen sich aber nur die stickstofffreien Stoffe, insbesondere das Fett
zu betheiligen, während nach den Versuchen von Liebermeister, Senator und Voit ein Eiweisszerfall und somit eine vermehrte Harnstoff-
bildung nicht stattfinden soll.

Diese Oxydationsvorgänge manifestiren sich sonach ganz besonders
in vermehrter Kohlensäureproduction und Kohlensäureausscheidung, und
zwar in der Weise, dass, je grösser bei der Kälteeinwirkung der thermische Nervenreiz ist, desto beträchtlicher die reflectorische Beschleunigung des Stoffwechsels wird. Nach Liebermeister war schon im Bade
von 32,5° C. die Kohlensäureausscheidung eine etwas grössere, als unter
normalen Verhältnissen, bei 18° C. stieg sie jedoch schon bis auf das
Dreifache der Norm. Die Vermehrung der Kohlensäureausscheidung hält
noch einige Zeit nach dem kalten Bade an und kommt erst allmälig
auf das normale Mass zurück. Anders gestaltet sich aber der Stoffwechsel, wenn die Körpertemperatur wirklich herabgesetzt ist. Es tritt
dann eine Verlangsamung desselben ein.

Da die Untersuchungen, welche die Stoffwechselvorgänge unter
Wärmeentziehung darlegen sollen, Winternitz ungenügend erschienen,
um einen sicheren Einblick in die Beurtheilung derselben zu gewinnen,
hat er hierzu das Verhalten des Körpergewichts herangezogen und dabei
gefunden, dass die meisten Gesunden bei sonst gleichen Bedingungen
unter dem Einflusse von Wärmeentziehungen an Körpergewicht abnehmen.
Eine geringe Anzahl von Versuchsindividuen aber zeigte eine Zunahme
des Körpergewichts, und diese suchte er mit einer besseren Ausnutzung
der zugeführten Stoffe zu erklären. Dieser Erfolg, in welchem Winternitz die Berechtigung sieht, die Hydrotherapie als eine tonisirende
Methode zu betrachten, kommt nach ihm durch Steigerung der Innervation, durch Vervollkommnung des Stoffwechsels, der intimsten Ernährungsvorgänge zu Stande. Mit der unter Wärmeentziehungen bekannten
gesteigerten Rückbildung verbindet sich eine gesteigerte Anbildung,
welche von obigem Autor bei etwa 56 pCt. der Versuchspersonen gemacht wurde und am klarsten bei methodischen Schwitzcuren sich beobachten lässt.

Die mannigfachen Stoffwechselretardationen, die Oxal- und Harnsäure-
diathese, die Fettsucht finden sonach in den methodischen thermischen
Curen ein entsprechendes Heilmittel, aber auch eine Retardation des

krankhaft beschleunigten Stoffverbrauches ist durch die Wassercur zu erzielen.

f) Auf Secretionen und Excretionen.

Die thermischen Einflüsse auf Secretionen und Excretionen sind in der Hydrotherapie im Allgemeinen von mehr untergeordneter Bedeutung und beziehen sich fast lediglich auf die Haut, in welcher die Kohlensäure- und Wasserausscheidung durch sie regulirt wird. Namentlich gilt dies von der letzteren, welche geradezu willkürlich excessiv gesteigert oder auch vermindert werden kann. Tiefe Temperaturen bewirken, wie allgemein bekannt, Contraction der Capillargefässe und damit Verminderung der Wasser- und Kohlensäureausscheidung durch die Haut.

II. Mechanische Effecte.

Die mechanischen Effecte, welche man in der Hydrotherapie sich nutzbar macht, sind dieselben welche bei Mineralwassercuren als mechanische Badewirkungen bezeichnet werden. Sie werden bei dieser aber weit mehr ausgenutzt, als es bei Mineralwassercuren geschieht, und in Verbindung mit den hydriatischen Applicationen dienen sie dazu, die oberflächlichen Epidermiszellen zu lockern, alle der Oberhaut anhaftenden Anhängsel und das in den Ausführungsgängen der Drüsen allenfalls stockende, eingedickte und eingetrocknete Secret zu entfernen, sowie die Haut zur Verrichtung ihrer verschiedenartigen Functionen geeigneter zu machen und durch den gleichzeitig hervorgerufenen rascheren Stromwechsel den Turgor und die Ernährung des Hautorgans zu verbessern.

Die Formen unter welchen das kalte Wasser zur therapeutischen Verwendung gebracht wird, sind sehr verschiedene.

Die wichtigsten sind nachstehende:

1. Die kalte Waschung. Sie ist in der Anwendung und Wirkung die einfachste und leichteste aller hydriatischen Formen und ist nicht bloss ein diätetisches Mittel zur Förderung der Hautperspiration, sondern sie bildet auch einen milden, verschiedenartig verwerthbaren Nervenreiz und hat die Eigenschaft eines leichten wärmeentziehenden Mittels, welches zur Vorbereitung des Körpers zu lebhafterer Wärmeabgabe sich besonders eignet.

2. Die kalte Abreibung. Sie steht der kalten Waschung nahe, ist aber, weil mit dem thermischen Reiz der Kälte der mechanische Reiz der Friction sich verbindet, ein weit mächtigerer Nervenreiz, als diese, und wirkt intensiv auf die Blutvertheilung der ganzen Körperoberfläche hin, welche eine grössere Blutmenge aufzunehmen gezwungen wird, wodurch der Blutreichthum der inneren parenchymatösen Organe sich vermindern muss. Die kalte Abreibung ist daher nicht bloss ein treffliches anregendes Mittel bei mannigfachen Nervenleiden, sondern auch ein vorzüglich ableitendes, den Blutdruck in den inneren Organen herabsetzendes

und findet sonach sowohl bei Anästhesie, Hyperästhesie, Neuralgie, als auch bei Stasen in inneren Organen, Unterleibsvollblütigkeit und anderen ähnlichen Krankheitszuständen seine therapeutische Verwendung.

3. Die feuchtkalte Einwickelung. Die Einwickelung in ein kaltes, feuchtes Leintuch, welche die Körperoberfläche oder nur einzelne Körpertheile umfasst, ist ebenfalls ein mächtiger Reiz auf die sensiblen peripherischen Nervenendigungen, wirkt aber nur so lange wärmeentziehend, als die den Körper umgebende Hülle dessen Temperatur noch nicht angenommen hat, dann hört die Wärmeabgabe an das feuchtwarme Medium auf, werden Puls- und Athemfrequenz, die anfangs gesteigert waren, verlangsamt und starke Erweiterung der Hautgefässe, allgemeine Beruhigung des Nervensystems und damit Neigung zum Schlaf beginnen sich einzustellen. Die entgegengesetzten Erscheinungen jedoch treten ein, sobald die Einwickelung lange fortgesetzt wird. Der Körper ist dann an seiner gewohnten Wärmeabgabe gehindert, seine Eigenwärme steigt und Puls- und Athemfrequenz nehmen von neuem zu.

Nach Winternitz giebt es keine Form der Wärmeentziehung, welche die Pulsfrequenz so dauernd und tief herabsetzt, wie die feuchte, wiederholt gewechselte Einpackung, und keine andere Procedur bewirkt eine so günstige Veränderung des Hautorgans, wie diese.

Die feuchtkalten Einwickelungen sind indicirt bei fieberhaften Krankheiten mit hoher Temperatur, bei allen acuten Catarrhen, Entzündungen innerer Organe, acuten Rheumatismen, Gicht, wo neben Herabsetzung der Temperatur die Hautthätigkeit angeregt werden soll, aber auch bei Neurosen verschiedener Art, wie Hyperästhesie, Neuralgie, wenn es sich um Ableitung und Beruhigung handelt und in Krankheitsformen, bei welchen Exsudatbildung zu befürchten oder schon eingetreten ist.

4. Das Lakenbad. Diese hydriatische Form, gemeinhin Abklatsch genannt, besteht darin, dass der Körper mit einem, in mehr oder weniger kaltes Wasser getauchten, aber noch triefend nassen Leintuch umhüllt wird, welches entweder unverändert dort auf der Haut eine gewisse Zeit lang liegen bleibt oder durch Nach- und Aufguss von Wasser stets ganz nass erhalten wird. Wie leicht ersichtlich, ist das Lakenbad ein mächtiger Hautreiz, es wirkt stark wärmeentziehend und wird von Pinoff („Handbuch der Hydrotherapie", Leipzig, 1879) als ein Antipyreticum par excellence bezeichnet. Nach demselben Autor ist es indicirt als Tonicum bei gewissen Schwächezuständen des Körpers, bei Hautschwäche, bei Hydroa und Ephidrosis, wo es ein souveränes Mittel sein soll, bei Emphysem, bei Organfehlern des Herzens und der grossen Gefässe, bei Hämorrhagien verschiedener Art, als Antipyreticum hingegen bei allen acuten Infectionskrankheiten, bei Typhus, Puerperalfieber, acuten Exanthemen, bei allen Entzündungskrankheiten, bei acutem Gelenkrheumatismus und acuter Arthritis.

5. Das Vollbad. Es ist ein mit frischem Quellwasser gefülltes Bassinbad, welches durch stetigen Ab- und Zufluss des Wassers in gleicher Temperatur erhalten wird und dessen physiologischer Effect je nach der Temperatur des Wassers, die meist zwischen + 12 und 6° C. liegt, der Dauer der Immersion und nach der Verbindung mit anderen Curformen verschieden ist. Nach Winternitz ist die Wärmeentziehung im Voll-

bade eine starke, aber auch die Nachwirkung, die reactive Temperatursteigerung eine viel intensivere, als bei jeder anderen Badeform, und
damit auch die Einwirkung auf den Stoffwechsel eine sehr mächtige.
Das Vollbad gilt als ein belebendes, tonisirendes und roborirendes Mittel,
vorausgesetzt, dass der Badende ein hinreichendes Reactionsvermögen
besitzt, aber auch als ein treffliches Ableitungsmittel für innere, einem
starken Blutdrucke ausgesetzte Organe und in Verbindung mit Dunst-
und Schwitzeinpackungen als das vorzüglichste Mittel, den Stoffwechsel
anzuregen und zu beleben.

6. Das Halbbad. Das Halbbad oder temperirte, abgeschreckte
Bad, welches im wesentlichen eine Modification der einfachen Waschung
ist und von dieser sich nur dadurch unterscheidet, dass die Waschung
in der Wanne mit einer grössern Quantität Wasser ausgeführt ist, bewirkt
relativ geringe Erschütterung des Nervensystems, stärkere Abkühlung
des Körpers und stärkere Ableitung, als das kalte Vollbad, und eignet
sich besonders für solche Fälle, wo es sich um schleunige und ausgiebige
Herabsetzung der Körpertemperatur handelt, welche je nach der Tageszeit, den Beobachtungen von Ziemssen und Zimmermann zufolge, im
Mittel 1,9 bis 2,4° C. beträgt. Ausser der antifebrilen Wirkung besitzt
das Halbbad noch eine sedative und tonisirende Wirkung.

7. Das Fussbad. Das Fussbad in kaltem, fliessendem Wasser,
welches in breitem Strahl über die Füsse hinweggeht, erweitert bei einer
Temperatur von 8 bis 10° C. die Hautgefässe der Füsse und ist ein
treffliches Ableitungsmittel gegen Congestionen nach Kopf und Brust.

8. Das Sitzbad. Das kalte Sitzbad von 8 bis 10° C. und von
10 bis 30 Minuten Dauer bewirkt nach Winternitz eine Contraction
der Bauchgefässe, eine namhafte und nachhaltige Verminderung des
Blutgehalts der Unterleibsorgane, des Darms, wie der drüsigen Gebilde
und erzeugt leicht starke Rückstauungscongestionen nach Kopf und Brust.
Es eignet sich sonach als ableitendes Mittel bei Hyperämieen der Leber,
Milz und des Darmcanals. Nach Pinoff (l. c.) findet es seine Indicationen in seiner reizenden und roborirenden Wirkung bei Schwächezuständen des Darms und der Sexualorgane, bei chronischen Diarrhöen,
bei übermässigen Pollutionen, bei Impotenz, in seiner reizmildernden, bei
entzündlichen Reizungen der Haut am Gesäss und an den Sexualorganen,
bei pruritus pudendorum u. a. Zuständen mehr, in seiner contrahirenden
bei Darm-, Uterus-, Blasenblutungen, Menorrhagieen etc., und in seiner
ableitenden bei Congestionen nach entfernter gelegenen Körpertheilen,
Kopf und Brust u. a. m.

9. Kalte Umschläge. Kalte Halscompressen und die feuchtkalte
Leibbinde lassen zunächst den Kältereiz hervortreten, wirken aber bei
längerer Dauer ähnlich wie die kalten Einwickelungen erweiternd auf die
Hautgefässe und beschleunigen dadurch in diesen Theilen die Circulation
des Blutes, wodurch eine Ableitung desselben von den darunter liegenden
Organen zu Stande kommt. Sie sind sonach ein revulsives Mittel.
Ausser dem Halsumschlage und der Leibbinde unterscheidet man noch
verschiedene andere Arten von Umschlägen, unter denen die Kopf-
umschläge, Brustumschläge, Stammumschläge, Hämorrhoidalbinden, Arm-

binden, Wadenbinden, Longettenverband und verschiedene Kühlapparate, die in der Praxis am meisten benutzten sind.

10. **Kalte Begiessungen, Sturzbäder und Douchen.** Diese verschiedenen hydriatischen Formen haben das Gemeinsame der hervortretenden mechanischen Reizwirkung in Verbindung mit dem thermischen Effecte und unterscheiden sich von einander nur durch die Art und Weise, wie das Wasser den Körper trifft, und durch die zur Anwendung gebrachte Wassermenge.

Diese Badeform, welche ein gewaltig eingreifendes Mittel genannt werden muss, kennzeichnet sich nach der Darstellung, welche Thilenius von ihr giebt, durch energische Einwirkung auf die Blutvertheilung, sowohl local durch den ersten Aufprall auf die Haut und durch den Angriff auf die unter ihr liegenden Gewebstheile, als reflectorisch auf entferntere Gefässbahnen, durch verhältnissmässige Rückstauungscongestion und energische Reaction in Gestalt des lebhaften Rückströmens des Blutes nach der Applicationsstelle unter Erweiterung der Hautgefässe, sowie mehr oder weniger ausgiebige Erregung und Erfrischung des gesammten Nervensystems. Hierzu kommt der kräftige derivatorische Effect und die anregende Wirkung auf den örtlichen und allgemeinen Stoffwechsel, sowie der Einfluss auf die von der Drucksteigerung in dem arteriellen Gefässsysteme abhängenden Functionen der grossen Drüsen, besonders auf die Vermehrung der Harnausscheidung. Als Regel muss bei Anwendung des Fallbades gelten, dass die Temperatur des fallenden Wassers um so niedriger, der Aufprall um so kräftiger und länger dauernd sein muss, je schwieriger und langsamer die Reaction eintritt, dass man sich vor der leicht eintretenden Depression hüte und dem Fallbade eine kräftige Abreibung und Muskelbewegung folgen lässt.

Von den verschiedenen Formen des Fallbades sind die üblichsten das Curriesche Sturzbad, das kalte Wellenbad bei Fluss- und Seebädern, die kalte Douche mit geschlossenem Strahle oder mit feinerer Wasserzertheilung als Brause, Regenbad und die aufsteigende Douche.

Die speciellen Wirkungen dieser hydriatischen Badeformen modificiren sich selbstverständlich nach ihrer technischen Anwendung und erscheinen bald als mild reizende, tonisirende in Schwächezuständen, bald als derivatorische bei Neuralgien, bald als antifebrile, bald als resorbirende und den Stoffwechsel anregende.

11. **Die Schwitzeinpackung.** Diese zuerst von Priessnitz eingeführte Procedur, welcher eine tief eingreifende und nachhaltige Wirkung beigemessen wird, zerfällt in die feuchtwarme und die trockene Einpackung und kommt bezüglich ihrer erstern Art mit der feuchtkalten Einwickelung überein. Ihre physiologische Wirkung wird von Pinoff (l. c.) als eine excernirende, ableitende, resorbirende und den Stoffwechsel unverändernde bezeichnet und als Indicationen für sie werden acute, ungenügend oder gar nicht sich entwickelnde Exantheme, alle fieberhaften Krankheiten, die durch regere Schweissbildung zur Entscheidung gebracht werden, Erkältungskrankheiten, Krankheiten, welche eine Ableitung nach der Haut hin fordern, Gicht, Rheumatismus, Hydrops, verschiedene chronische Cachexien, als Syphilis, Metall-

kachexien angegeben. Pinoff hat in seinem Handbuche der Hydrotherapie eine kurze Zusammenstellung der Wirkungsäusserungen der oben genannten hydriatischen Curformen gegeben. Zur Gewinnung eines raschen Ueberblickes wollen wir dieselbe hier folgen lassen. Nach diesem Autor manifestiren sie sich als:

1. reizende, und zwar a) als mild reizende, belebende, tonisirende. Die Curformen hierfür sind Waschungen von 10, 15 bis 20° C. mit leichtem Frottement; abgeschreckte Halbbäder von 15 bis 22,5° C. bis 28,7° C.; allein oder mit Uebergiessung von derselben Temperatur; leichte Abreibungen; feuchtkalte Einwickelungen von kurzer Dauer (15 bis 20 Minuten) mit darauffolgendem abgeschreckten Halbbade von 18,7°, 22,5° bis 28,7° C. Temperatur; b) als intensiv reizende. Die Curformen hierfür sind: starke Abreibungen, kalte Vollbäder, kalte Douchen und Brausen;

2. als beruhigende. Die Curformen hierfür sind: Waschungen von mittlerer Temperatur von 15 bis 18° C. und abgeschreckte Halbbäder von 22,5 bis 28,7° C., feuchtwarme Einwickelungen mit mässig temperirtem Wasser von 15 bis 19° C. und halbstündiger Dauer mit darauf folgendem abgeschreckten Halbbade von 22 bis 29° C., feuchtkalte Leibbinden (Neptunsgürtel) von längerer Dauer;

3. als wärmeentziehende. Die Curformen hierfür sind: kalte Waschungen von 12 bis 15° C.; Halbbäder von 12 bis 20° C.; kalte Lakenbäder mit kaltem Nachguss von längerer Dauer, bis zur halben Stunde; multiple feuchtkalte Einwickelungen von kurzer Dauer (10, 15 bis 20 Minuten) mit darauf folgendem Halbbade von 12 bis 20° C. oder kaltem Lakenbade mit längerem kalten Nachguss; das kalte Vollbad von 20° C.;

4. als ableitende. Die Curformen hierfür sind: feuchtkalte Einwickelungen von 1 bis 2 Stunden mit darauf folgender Abreibung; Sitzbäder von mittlerer Temperatur; Leibbinden von längerer Dauer (2 bis 3 Stunden);

5. als zertheilende, lösende. Curformen: längere feuchtkalte Einwickelungen, Dunsteinpackungen von 2 bis 3 Stunden mit darauf folgender Abreibung oder Halbbad; Schwitzeinpackung in trockner Kotze mit darauf folgendem Halb- oder Vollbade oder der Brause und Douche; feuchtkalte Umschläge von längerer Dauer (1 bis 3 Stunden);

6. als zusammenziehende, roborirende. Curformen: kalte Waschungen von 10 bis 12° C; kalte Lakenbäder mit kaltem Nachguss; kalte Halbbäder von 10 bis 15° C.; kalte Vollbäder; kalte Umschläge bis zur Eiseskälte; kalte Sitzbäder von 10 bis 15° C., 15 bis 20 Minuten lang.

Die bekannteren Wasserheilanstalten sind:

a) In Deutschland

Alexandersbad in Oberfranken, Anklam in Pommern, Arendsee in Preussen, Provinz Sachsen, Auerbach in Hessen, Bennfeld im Elsass, Blankenburg im Thüringer Walde, Brühl bei Köln, Brunnthal bei München, Centnerbrunn in Preussisch-Schlesien, Dianabad bei München, Debno bei

Neustadt an der Wartha, Dietenmühle bei Wiesbaden, Eckerberg bei
Stettin, Elgersburg in Sachsen-Coburg-Gotha, Feldberg in Mecklenburg-
Strelitz, Gleisweiler in der bair. Rheinpfalz, Godesberg bei Bonn, Görbersdorf in Schlesien, Herrenalb im bad. Schwarzwald, Hofheim in Hessen-
Nassau, Hub im Schwarzwalde, Ilmenau in Thüringen, Imnau, Johannisberg
in Hessen-Nassau, Jugenheim an der Bergstrasse in Hessen, Kissingen
in Baiern, Königsbrunn im Königreich Sachsen in der sächs. Schweiz,
Königstein in Hessen-Nassau, Kreischa in Sachsen bei Dresden, Kronthal
am Taunus, Hessen-Nassau, Langenberg im Reussischen, Laubbach bei
Coblenz, Lauterberg im Harz, Lessen in Mecklenburg-Schwerin, Liebenstein
in Meiningen, Marbach in Baden, Marienberg bei Boppard, Michelstadt in
Hessen im Odenwald, Mühlbad bei Boppard, Nassau in Hessen-Nassau,
Nerothal bei Wiesbaden, Niederwalluf im Rheingau, Pelonken in Preussen
bei Danzig, Reimannsfelde bei Elbing, Rolandseck in Rheinpreussen,
Rostock in Mecklenburg-Schwerin, Ruhla in Sachsen-Weimar, Schandau,
Schleusingen in Preussen im Thüringer Walde, Schmalkalden im Thü-
ringer Walde, Schönsicht in Frauendorf bei Stettin, Schweizermühle im
Königreich Sachsen in der sächs. Schweiz, Sonneberg in Sachsen-Meiningen,
Sophienbad in Reinbeck in Holstein, Stuer in Mecklenburg-Schwerin, Thal-
kirchen in Baiern, Weinheim an der Bergstrasse in Hessen, Wilhelms-
höhe bei Cassel, Wippra in Preussen, Provinz Sachsen, Wolfsanger in
Hessen-Nassau, Zwischenahn in Oldenburg.

b) In Oesterreich-Ungarn.

Aussee im Salzkammergut, Bartfeld in Ungarn, Bilin in Böhmen, Eggen-
berg in Steiermark, Eichwald in Böhmen, Ellgoth in Schlesien, Elöpatak in
Siebenbürgen, Ernsdorf in Schlesien, Forstbad in Böhmen, Frohnleiten in
Steiermark, Giesshübel in Böhmen, Geltschberg in Böhmen, Gräfenberg in
Schlesien, Gumpendorf bei Wien, Ischl im Salzkammergut, Kaltenbrunn
(Gainfahren) in Niederösterreich, Kaltenleutgeben in Niederösterreich,
Karlsbrunn in Schlesien, St. Katharinenbad in Böhmen, Korytnica in
Ungarn, Kreuzen bei Grein in Oberösterreich, Kremsursprung in Ober-
österreich (Mühldorf), Laab im Walde in Niederösterreich, Liebwerda in
Böhmen, Lubien in Galizien, Marillathal bei Orawitza in Südungarn,
Mürzzuschlag in Steiermark, Neu-Schmeks (Tatra-Füred) in Ungarn,
Obermais in Tirol bei Meran, Ofen in Ungarn, Pest ebendas., Priessnitz-
thal bei Mödling in Niederösterreich, St. Radegund in Steiermark, am
Schöckel, Rudolfsbad bei Reichenau in Niederösterreich, Sassow in Ga-
lizien, Schwarzenberg in Ungarn, Steinerhof in Steiermark, Tusnád in
Siebenbürgen, Triest im Küstenland, Wartenberg in Böhmen, Weidlingen
in Niederösterreich, Zuckmantel in Schlesien.

c) In der Schweiz:

Aigle im Canton Waadt, Albisbrunn im Canton Zürich, Brestenberg
im Canton Aargau, Buchenthal im Canton St. Gallen, Champel sur Arve
im Canton Genf, Charélaz im Canton Neuchatel, Engelberg im Canton
Unterwalden, Enggistein im Canton Bern, Felsenegg im Canton Zug,
Heiden im Canton St. Gallen, Horn im Canton Thurgau, Mammern im
Canton Thurgau, Rheinfelden im Canton Aargau, Rigi-Kaltbad im Canton

Luzern, Schönbrunn im Canton Zug, Schöneck am Vierwaldstätter See im Canton Unterwalden, Tiefenau im Canton Zürich, Waid im Canton St. Gallen.

d) In Italien:

Cernobbio in der Provinz Como am Comersee, La Salute am Lago maggiore, Pallanza am Lago maggiore, Regoledo am Comersee, Villa d'Este ebendaselbst.

e) In Holland:

Laachfoer.

f) In Frankreich:

Divonne im Departement Ain, Gérardmer im Departement Vósges.

g) In England:

Malvern, Matlock, Ilkely, Richmond, London: Old Roman Spring Bath, St. Agnes le Clair, Peerless-Pool, Queen Elisabeth Bath.

h) In Schweden und Norwegen:

Gefsen, Lovisa, Silkeborg, Christiania, Bin, Möseberg.

C. Klimatotherapie.

Den Begriff „Klima" definirt man gewöhnlich in der Weise, dass man die Gesammtheit der durch die Luft, den Boden und das Wasser gegebenen Einflüsse einer Gegend, welche auf das Leben der organischen Wesen einwirken, zu einem Ganzen zusammenfasst. Die Klimatotherapie ist sonach als die Lehre von der practischen Verwendung und Nutzbarmachung dieser Einflüsse zu therapeutischen Zwecken aufzufassen.

Diese dem Klima zu Grunde liegenden Einflüsse werden gemeinhin als klimatische Factoren bezeichnet. Sie liegen in der Atmosphäre und beruhen auf den Temperaturverhältnissen der Luft, auf deren Feuchtigkeits- und Lichtverhältnissen, auf deren Dichtheit, deren Bewegung, deren electrischen Zuständen und deren Reinheit, resp. Beimischung fremdartiger Substanzen. Bestimmt aber wird der Character eines Klimas durch den Einfluss des jeweiligen Sonnenstandes auf die Atmosphäre und durch verschiedene locale Einflüsse auf der Oberfläche der Erde, zu welchen nach Weber („Allgemeine Klimatotherapie") die Entfernung der betreffenden Gegend vom Aequator, resp. der Breitengrad derselben, die Elevation derselben über dem Meeresspiegel, die Niveaudifferenzen und die Lage gegen gewisse Himmelsrichtungen, das Verhältniss der Lage zum Meere, namentlich zu warmen oder kalten Meeresströmungen, oder zu grossen Binnenseen, zu heissen Wüsten oder kalten Regionen, die herrschenden Winde, die Verhältnisse der Cultivirung des Bodens, der Bevölkerung und der Civilisation vorzugsweise zu rechnen sind, so dass man im weiteren Sinne vom Klima der verschiedenen Kontinente, Gebirge, Ebenen, vom Land-, See-, Waldklima u. s. w. zu sprechen pflegt.

a) Der wichtigste Factor unter den ebengenannten klimatischen Einflüssen ist unleugbar die Wärme, welche freilich in den verschiedenen Luftschichten eine verschiedengradige zu sein pflegt. Der Einfluss aber, den verschiedene Wärmegrade auf den Organismus ausüben, ist noch wenig gekannt. Man weiss nur aus experimentellen Feststellungen, dass Kälte die Kohlensäureausscheidung vermehrt, und dieselbe Nahrungsmenge, welche bei anhaltend kalten Lufttemperaturen gerade ausreicht, das Körpergewicht gleichmässig zu erhalten, bei anhaltend wärmeren zu einer erheblichen Zunahme dieses letzteren führt. Es resultirt daraus, dass in kalten Klimaten eine Vermehrung des Stoffwechsels mit allen sich daran schliessenden Consequenzen, in warmen Klimaten eine Beschränkung dieser Vorgänge, welche in Abnahme des Körpergewichts, der Muskelkraft und der allgemeinen Gesundheit sich manifestirt, stattfindet. Die Klimatotherapie hat es aber weniger mit Temperaturextremen zu thun, es ist mehr die mässige Wärme, welche sie niedrigen Temperaturen entgegensetzt und therapeutisch verwerthet. Bei mässiger Wärme, sagt Weber (l. c.), also einer solchen, wie wir sie im Frühsommer und Spätsommer der gemässigten Zonen und in der kühlen Jahreszeit wärmerer Klimate beobachten, ist der Wärmeverlust weniger gross, als im Winter, es findet bei Gesunden Verminderung des Stoffwechsels, der Nahrungsaufnahme, der Athmungs-, Kreislaufs- und Verdauungsfunctionen und der Urinsecretion statt, während die Hautthätigkeit vermehrt ist, ebenso eine gewisse Verminderung der Energie in den Functionen des Nervensystems und der Muskelbewegung. Bei vielen Schwächlichen dagegen beobachtet man regelmässig eine grössere Energie aller Functionen, vermehrten Appetit und grössere Leichtigkeit der Muskelbewegungen, wahrscheinlich infolge der geringeren Ansprüche an den Organismus wegen verminderten Wärmeverlustes und vermehrter Hautthätigkeit. Deshalb lassen sich Orte mit mässig erhöhter Wärme bei Schwächlichen und temporär Geschwächten klimatisch gut verwerthen.

b) Die Luftfeuchtigkeit, das Product der Wasserverdunstung, steht in einem geraden Verhältniss zur Höhe der Temperatur der Luft, zum Atmosphärendruck und zur Bewegung der Luftschichten. Sie steigt und fällt mit diesen klimatischen Factoren. Sehr trocken nennt man die Luft, wenn sie unter 55 pCt. Feuchtigkeit enthält, mässig trocken zwischen 56 und 75 pCt., mässig feucht zwischen 76 und 90 pCt., sehr feucht zwischen 91 und 100 pCt. Die relative Feuchtigkeit regulirt die Evaporationskraft der Luft und wird für den Organismus dadurch besonders wichtig, dass sie bestimmend für die Menge des Wasserdampfes ist, welche ihm entzogen wird.

Noch sei bemerkt, dass die Luftfeuchtigkeit zur Ozonbildung und zu den electrischen Erscheinungen in naher Beziehung steht und zur Erzeugung einer grösseren Gleichmässigkeit des Klimas nicht unwesentlich mitwirkt.

Der Einfluss der Luftfeuchtigkeit auf den Organismus macht sich zuvörderst in der Wasserverdunstung sowohl auf der Oberfläche der äussern Haut, als auf den Lungen geltend. Die Feuchtigkeitsabgabe ändert sich nach dem Feuchtigkeitsgrade der Luft. Relativ trockene Luft bewirkt im Allgemeinen zunächst vermehrte Wasserverdunstung und dadurch Abkühlung. wodurch einerseits Verschwinden der Schweissabsonderung und Trockenheit der Haut, sowie verminderte Absonderung der Schleimhaut der Athmungswege herbeigeführt werden, andererseits ein gewisser Einfluss auf das Nervensystem sich geltend macht. Namentlich geschieht dies beim längern Aufenthalte in trockener Luft, und dieser Umstand findet auch bei Auswahl klimatischer Curorte seine practische Verwerthung. Vorausgesetzt, dass die Luft ruhig oder nur wenig bewegt ist, wird im Allgemeinen durch die Trockenheit derselben das Wohlbefinden entschieden gesteigert und die Lust an körperlicher und geistiger Thätigkeit wesentlich gefördert. Es gilt dies sowohl für heisse als für kalte Landstriche. Während warme feuchte Luft einen beruhigenden Einfluss auf die Respirationsorgane und das Nervensystem ausübt, sowie die Thätigkeit der Verdauungsorgane herabsetzt und leicht Diarrhoe erzeugt, reizt trockne, kalte Luft die Schleimhaut der Respirationswege und disponirt dieselbe leicht zu entzündlichen Zuständen, hohe Feuchtigkeitsgrade lassen eine stärkere Wasserausscheidung durch die Lungen und die Haut nicht zu und regen indirect die Nieren zu stärkerer Thätigkeit an, was bei trockener warmer Luft ungleich weniger geschieht, ein Umstand, der bei Nierenkrankheiten wohl zu beachten ist. Dabei wird das Allgemeinbefinden, insbesondere wenn die Lufttemperatur nebenbei eine sehr hohe ist, sehr ungünstig beeinflusst. Es stellt sich Ermüdung, ein unbeschreibliches Gefühl des Missbehagens ein, welches jede Bewegung, jede physische und geistige Arbeit zurückweist, aber doch keinen Schlaf zulässt, wodurch die gesammte Leistungsfähigkeit des Körpers ausserordentlich herabgesetzt wird.

Nebel und Wolken, Regen und Schnee, bekanntlich durch Abkühlung des Wasserdampfes in der Luft entstanden, sind ebenfalls für den klimatischen Werth eines Ortes von Wichtigkeit und finden in dem Gesagten nicht minder ihre Würdigung.

c) Die Bewölkung des Himmels ist in klimatischer Beziehung von Wichtigkeit, weil durch sie der Einfluss der directen Sonnenstrahlen und ihrer leuchtenden, wärmenden und chemischen Wirkungen abgeschwächt wird, dadurch aber auch die Temperatur der Luft geringeren Schwankungen ausgesetzt ist, weil Erhitzung und Abkühlung des Erdbodens keine so grosse Differenzen zeigen. Es resultirt hieraus, dass auch ein gewisser Grad von Bewölkung des Himmels einen wohlthätigen Einfluss auf den Organismus ausüben kann.

Das Sonnenlicht wirkt nur in Verbindung mit Wärme auf den Körper ein, und in dieser Weise wird fast ausschliesslich sein Einfluss auf denselben beurtheilt, den von der Wärme getrennten aber kennt

man sehr wenig und weiss nur, dass Entziehung des Lichts Gemüths-
depression und Mangel an geistiger Energie, sowie Verdauungsstörungen
leicht zur Folge hat, so dass Weber (l. c.) zu dem Schluss kommt,
dass Mangel an Licht die Oxydationsprocesse im Organismus nicht so
vollkommen hervortreten lässt, als ein kräftiger Lichteinfluss, und dadurch Stoffumsatz und Ernährung beeinträchtigt werden, sowie dass sich
Sporen aus niederen Organismen leichter entwickeln. Von diesem Gesichtspunkte aus ist auch die Dauer der Besonnung von Wichtigkeit und
bildet einen wesentlichen therapeutischen Factor eines Curorts.

d) Ein nicht unwichtiger klimatischer Factor ist der Luftdruck
resp. die Dichtigkeit der Atmosphäre. Vermehrter Luftdruck soll
die Athemzüge und Pulsschläge bezüglich ihrer Frequenz herabsetzen,
den Puls kräftiger machen, den Appetit vermehren, die Aufnahme von
Sauerstoff und Kohlensäure steigern.

Wichtiger für klimatische Verhältnisse resp. klimatische Curorte ist
die Einwirkung mässiger Luftverdünnung. Weber (l. c.) hat nach
dieser Richtung hin interessante Beobachtungen gemacht und constatirt,
dass bei Erhebungen über der Meeresfläche auf 1100 m oder aus niedrigen
Thälern auf Höhen bis zu 1500 m sich allgemein ein Gefühl von Wohl-
behagen, vermehrte Heiterkeit und Esslust, vermehrter Durst, mässige
Beschleunigung der Athemfrequenz und des Pulses einstellten und selbst
auch von Herz- und Lungenkranken leichte Bewegungen ohne Unbehagen
mit dem Gefühl vermehrter Elasticität und Kraft ausgeführt werden
konnten. Bei höherem Steigen bis zu 2600 m blieben die Verhältnisse
auch bei kränklichen Personen ähnlich, so lange sie sich ruhig verhielten,
geringe Bewegungen aber erzeugten bei allen entschiedene Vermehrung
der Puls- und Athemfrequenz, die bei nicht an Bergaufenthalt Gewöhnten
beträchtlich wurde. Auch die Erhebung bis zu 3000 m erzeugte bei
Ruhe ausser mässig vermehrter Puls- und Athemfrequenz keine unbehag-
lichen Erscheinungen, bei leichtem Steigen aber Athemnoth und unregelmässigen Herzschlag, Gefühle von Uebelkeit und Brechneigung, dabei war
Schweissbildung und Veränderung der Körpertemperatur sehr gering. Die
von Mermod („Nouvelles recherches physiologiques sur l'influence de la
dépression atmosphérique sur l'habitant des montagnes.“ Lausanne, 1877)
in derselben Richtung gemachten Beobachtungen bestätigen die Angaben
Weber's vollkommen.

e) Die Luftströmungen und Winde, welche Weber als Product
des Unterschiedes und Wechsels in Temperatur, Feuchtigkeit und Druck
der Atmosphäre bezeichnet, zerfallen in See- und Landwinde, in Berg-
und Thalwinde und in Passat- und Antipassatwinde. Die ersteren
haben mehr locale Entstehung und Bedeutung und sind das Resultat
ungleicher Erwärmung verschiedener Luftschichten, die Passate aber sind
von den Polen nach dem Aequator, die Antipassate vom Aequator nach den
Polen zu strömende Windrichtungen, welche letztere namentlich für das
Klima der Südwestküste von England und der in deren Nähe befindlichen
Inselgruppen von ausserordentlich hoher Bedeutung sind. Andere Verhältnisse begründen andere Winde, und solche finden sich in fast allen
Gegenden. Wir erinnern nur an den heissen, erschlaffenden Sirocco
Italiens und den Solano Spaniens, an den warmen und trockenen Föhn

der Schweiz, an den kalten Mistral an der Südküste von Frankreich und der ganzen Riviera.

Alle diese Winde, welche theils constante, theils periodische sind, haben auf die Temperaturverhältnisse und Feuchtigkeitsgrade der Luft einen sehr mächtigen Einfluss und bestimmen nicht selten den klimatischen Charakter einer Gegend und deren Salubrität.

Im Allgemeinen aber ist für einen Curort genügender Windschutz, ohne eigentliche Windstille, hinreichend, um die nothwendige Ventilation zu erhalten. Stärkere Luftströmungen entziehen dem Körper, namentlich wenn sie kalt sind, zu viel Wärme und Feuchtigkeit und üben deswegen auf Lungenkranke, Rheumatiker und an Gicht Leidende einen nachtheiligen Einfluss aus, während mässige Strömungen, besonders bei warmem Wetter, dem Klima einen anregenden, belebenden Charakter verleihen.

f) Ueber die electrischen Verhältnisse der Atmosphäre ist sehr wenig bekannt. Man weiss nur, dass sie im Gegensatz zur Erdoberfläche positiv electrische Eigenschaften besitzt. Auch die Kenntniss ihrer Einwirkungen auf den Organismus ist noch in tiefes Dunkel gehüllt.

g) Die chemische Zusammensetzung der atmosphärischen Luft ist unter allen Verhältnissen nahezu dieselbe. Sauerstoff und Stickstoff finden sich überall in gleichen relativen Mengenverhältnissen und Wasserdampf ebenfalls in der reinsten Luft. Ein anderer Stoff aber, das Ozon, ein modificirter Sauerstoff, ist in seinem Auftreten sehr wechselnd und viel von der Feuchtigkeit der Luft abhängig. Die neuere Zeit hat diesem Körper eine sehr wichtige Stelle im Thierchemismus zugetheilt und sämmtliche Oxydationsvorgänge im Organismus von ihm abhängig gemacht. Stark ozonisirte Luft reizt die Schleimhäute der Luftwege und ruft leicht Schnupfen hervor, wirkt aber auf das Nerensystem belebend. An einem Curorte, der auf Salubrität Ansprüche macht, muss die Ozonbildung in der Luft wenigstens bis zu einem gewissen Grade sich geltend machen, und ebenso dürfen in derselben Verunreinigungen durch Staub, Gase und andere Substanzen nicht vorkommen.

Je nach dem Vorwiegen dieser oder jener meteorologischen Factoren, welche wir eben als das Klima constituirende Elemente in ihrem Wesen und in ihrer Einwirkung auf den menschlichen Organismus betrachtet haben, hat man verschiedene Typen von Klimaten aufgestellt, um eine allgemeinere therapeutische. für die Praxis verwendbare Grundlage zu gewinnen, nach welcher klimatische Curorte gewürdigt und für Curzwecke nutzbar gemacht werden können.

Als Eintheilungsprinzip hat man meist die Wärme und den Feuchtigkeitsgehalt der Luft angenommen, und heisse, warme, gemässigte und kalte oder auch trocken-kühle, feucht-kühle, trocken-warme und feucht-warme Klimate unterschieden oder auch andere Factoren als Unterlage hierzu benutzt. allein alle diese Arten der Eintheilung haben ihre grossen Schattenseiten, wie sie jede haben muss, welche nicht die Gesammtheit der klimatischen Factoren zusammenfasst. Für unsere Zwecke ist es am geeignetsten. ein Alpenklima oder Hochgebirgsklima, ein subalpines oder Gebirgsklima, ein See-

klima und indifferente oder tiefebene Klimate zu unterscheiden.
Wir wollen versuchen, eine kurze Charakteristik dieser Klimate zu geben
und folgen dabei den Angaben, welche Thilenius in Helfft's Balneotherapie gemacht hat.

I. Das alpine Klima.

Die Grenze des alpinen Klimas nach unten beginnt für Mitteleuropa
mit etwa 900 m Erhebung über dem Meere, so dass die Höhen des
Schwarzwaldes und des Riesengebirges schon in diese Region hineinfallen:
für Baiern, Tirol, die Schweiz und die italienischen Alpen gilt eine Höhe
bis etwa 1000, höchstens 1100 m, für die Pyrenäen eine solche von etwa
12—1300 m an. Die meisten Höhen-Sanatorien sind Alpenthäler, welche
durch seitliche Gebirge vor stärkeren Winden geschützt sind, und in welche
die Sonne genügenden Zutritt hat, oder auch Höhen, welche gleichen
Schutz geniessen.

Als charakteristische Eigenthümlichkeiten des alpinen Klimas werden
von fast allen Schriftstellern über Bergcurorte angegeben: durchsichtige
Luft, intensives Licht, verminderter Luftdruck, absolut geringere Wärme als in der Ebene, aber starke Insolation, welche im
Winter die der Niederungen bei weitem übertrifft, und in Folge dessen
rascher Wechsel der Temperatur nach dem Sonnenstand, bedeutende Differenzen zwischen Sonne und Schatten, Tag und
Nacht, stark bewegte Luft, namentlich im Sommer, mit gewöhnlich
häufigem Windwechsel, wobei nicht bloss durch starke Insolation bewirkte Localwinde, sondern auch die grossen tellurischen Strömungen,
wie die Passate, Föhn, Mistral, sich besonders geltend machen, aber
geringere Luftbewegung im Winter in mit Schnee bedeckten Hochthälern,
geringe absolute Feuchtigkeit, zumal im Winter, bei ziemlich reichlichen Niederschlägen, meist höhere und rasch wechselnde Procent-
sätze der relativen Feuchtigkeit und sehr erhebliche Evaporationskraft, die von manchen Autoren aber in Zweifel gezogen wird
und keineswegs die der tiefer gelegenen Orte übertreffen soll, grosse
Reinheit der Luft in Bezug auf anorganische oder organische Stoffe,
hoher Ozongehalt und geringere Bodenfeuchtigkeit.

Die physiologischen Wirkungen des Alpenklimas sind noch
nicht genügend festgestellt. Bezüglich derselben können wir daher uns
kurz fassen und wollen nur noch zur Ergänzung des bereits oben über
verminderten Luftdruck Gesagten hinzufügen, dass das alpine Klima eine
gesteigerte Wärme- und Wasserabgabe in Lungen und Haut bewirkt,
dass es die Ernährung der Blutgefässe, Nerven und elastischen Gewebe
der Haut und das Organ selbst verbessert, die Transspiration steigert,
die Athemzüge häufiger und tiefer macht, Herz- und Pulsschläge vermehrt. Die Lungen werden blutreicher, und die Ausscheidung der Kohlensäure steigert sich nach Schlesinger (Berl. klin. Wochenschr., 1884,
No. 49), indem die bedeutende Spannung, unter welcher dieses Gas im
Blute steht, nach Ausgleichung strebt, und die Kohlensäure auf dem
Wege der Diffusion, wie Hoppe-Seyler bewiesen hat, die Blutbahn

verlässt. Dabei mehrt sich der Appetit, und die Nahrungsaufnahme
steigert sich, Blutbildung und Ernährung verbessern sich, das Nervensystem mit Einschluss der cerebralen Functionen wird angespornt zu
regerer Thätigkeit, es bildet sich leicht Schlaflosigkeit heraus, oft aber
auch verbessert sich der Schlaf, die Muskelbewegungen werden leichter
und freier und trotz grösserer Wärmeabgabe findet eine geringere Empfindlichkeit gegen Kälte statt. An alle diese Veränderungen würde sich der
Körper leicht gewöhnen, aber die fortwährend und relativ rasch stattfindenden Schwankungen im Luftdruck, in der Feuchtigkeit und Wärme
der Atmosphäre bringen immer neue Erregungen, und so gestaltet sich
der Wirkungscharakter des alpinen Klimas als ein constant
erregender und kräftigender, sobald eine gewisse Widerstandsfähigkeit im Organismus noch besteht und die Respirationsorgane den auf sie
einwirkenden Reiz gut vertragen.

Unter solcher Voraussetzung lässt sich das alpine Klima vortrefflich
verwerthen bei Krankheitszuständen, wo der Stoffwechsel lebhaft angeregt
werden muss und die Functionen der Haut und der Lungen geschwächt
sind. Mangel an Appetit und Verdauungsschwäche, Anämie, Bleichsucht,
chronische Katarrhe des Schlundes und der Bronchien, Ernährungsstörungen nach Malariainfection, Neigung zu abdominalen Stasen, Hämorrhoiden,
Hypochondrie, Neuralgien, nervöses und bronchiales Asthma, Hautschwäche,
Neigung zur Phthise, skrophulöse Leiden sind die hauptsächlichsten Curobjecte für das alpine Klima.

2. Das subalpine Klima.

Das subalpine Klima oder Bergklima, von der Grenze des Tiefeben-
klimas beginnend, hat nach oben seine Begrenzung in Deutschland und
Oesterreich bei einer Elevation von etwa 900 m, in der Schweiz, den
italienischen Alpen, den Pyrenäen, in Corsica, Madeira bei noch grösserer
Seehöhe.

Die meisten der hierher gehörenden Curorte liegen in Thälern oder
auf Hochebenen und werden durch anliegende, ihre Lage weit überragende
Höhen geschützt. Sie sind meist von Tannen- oder Laubwaldungen umgeben oder haben solche in ihrer nächsten Nähe, so dass die wohlthuenden Einflüsse des Waldes sich zum Klima noch hinzugesellen. Die
Luft zeigt daher eine angenehme, wohlthuende Frische, ist reich
an Ozon, hat einen hohen Feuchtigkeitsgehalt, einen absoluten
wie relativen, welche beide höher als in der alpinen Region sind, und
im Verhältniss zur Meereshöhe tiefere Mitteltemperatur, als die
Luft der alpinen Klimate, und wirkt wohlthuend auf das Nervensystem
und die gereizte Schleimhaut der Respirationsorgane. Atmosphärische
Niederschläge, also Nebel, Regen, Schnee, stellen sich häufiger ein
und zwar um so mehr, je näher die betreffenden Curorte dem Regen-
oder Wolkengürtel liegen, der die grösste Verdichtung der Luftfeuchtigkeit repräsentirt, und in den Thälern beobachtet man die durch ungleich-
mässige Sonnenerwärmung der Luftschichten entstehenden Morgen- und

Abendwinde, wobei die Uebergänge zwischen Tag und Nacht noch schroff sind.

Die physiologischen Wirkungen des subalpinen Klimas sind ähnlich denen des alpinen, nur sind dessen Einwirkungen nicht so intensiv und die Anforderungen an die Resistenzkraft des Organismus nicht so grosse, als wie bei diesem letztern.

Hiermit stimmen auch die Indicationen überein, welche über das subalpine Klima aufgestellt sind. Unter mehr sanfter Anregung des allgemeinen Stoffwechsels übt es auf das Nervensystem einen wohlthätigen, belebenden, mässig starken Reiz aus, und wirkt günstig noch selbst bei ausgesprochener Erkrankung der Luftwege, wogegen es bei noch in der Fortentwickelung begriffenen entzündlichen Processen in denselben, bei Catarrhen des Larynx und der Bronchien mit grosser Reizung, bei organischen Herzkrankheiten, sowie bei abnormer constitutioneller Reizbarkeit dem Urtheile fast aller Beobachter zufolge nachtheilbringend ist. Anders ist dies bei langsam verlaufender und nicht weit vorgeschrittener Phthisis jüngerer, noch gut genährter Individuen, bei welchen das subalpine Klima sich oft noch recht heilsam erweist, denn nicht allein Appetit und Körpergewicht nehmen bei ihnen oft in erfreulicher Weise zu, sondern man kann in der That selbst die Rückbildung der localen Processe der Athmungsorgane durch die physikalische Untersuchung nicht selten nachweisen.

. Ob man auf die vielgerühmte Immunität hochgelegener Curorte für Phthisis ein besonderes Gewicht zu legen hat, ist in neuerer Zeit gänzlich verneint worden, nachdem Ludwig („Das Oberengadin," Stuttgart 1877) dargethan hat, dass auch in dem hochgelegenen Pontresina die Lungenschwindsucht, wenn auch selten, vorkommt, und Koch als Ursache der Tuberculose einen Bacillus erkannt hat. Man neigt sich gegenwärtig mehr zu der Ansicht hin, dass das seltene Vorkommen oder gänzliche Fehlen dieser Krankheit in ausgesprochenen Höhenklimaten nicht auf eine specifische Einwirkung einzelner klimatischer Factoren zu beziehen, sondern lediglich auf den andauernden Aufenthalt in reiner, von schädlichen Beimengungen freier Luft, auf tüchtige körperliche Arbeit, auf naturgemässe Lebensweise, auf ererbte kräftige Körperconstitution der dortigen Bewohner zurückzuführen sei.

Solche Orte eignen sich mehr für Leute, die der Disposition zur Phthise verdächtig sind, als für ausgesprochene Phthisiker.

3. Das Seeklima.

Wir haben bereits früher, gelegentlich der Besprechung der Seebäder, auf die Eigenschaften und die physiologischen wie therapeutischen Wirkungen der Seeluft aufmerksam gemacht, und indem wir auf das daselbst Gesagte verweisen, erübrigt es uns noch zu bemerken, dass man feuchte, warme und kühle Insel- und Küstenklimate, wärmere und kältere Seeklimate von mittlerer Feuchtigkeit und trockene See- und Küstenklimate zu unterscheiden pflegt, wobei freilich eine scharfe Trennung dieser Unterabtheilungen nicht stattfindet. Bei Darlegung der Eigenthümlichkeiten dieser Klimagruppen folgen wir den Angaben Webers („Allgemeine Klimatotherapie"), welcher diese Eintheilung der Seeklimate aufgestellt hat.

Nach diesem Autor lässt sich bis zu einem gewissen Grad behaupten, dass mit der grössern Feuchtigkeit eine grössere Gleichmässigkeit der wichtigsten klimatischen Elemente und ein mehr sedativer, nach Verhältnissen erschlaffender Charakter verbunden ist, mit der grössern Trockenheit eine geringere Gleichmässigkeit und ein mehr stimulirender und nach Verhältnissen tonisirender Charakter.

Die feuchten und warmen Insel- und Küstenklimate sind besonders durch Madeira vertreten, dessen klimatische Verhältnisse am meisten bekannt sind. Der therapeutische Charakter dieses Klimas ist sedativ, für manche erschlaffend, mit auffallender Beruhigung des Hustenreizes bei den meisten Personen, dagegen den Appetit vermindernd und Diarrhöen leicht erzeugend, und empfiehlt sich daher nach Weber besonders beim chronischen Catarrh des Kehlkopfs und der Bronchien mit Reizhusten und meistens auch bei Emphysem mit beschränktem Auswurf, während er bei eigentlicher Phthisis mehr zweifelhaft ist, wenngleich dieses Klima gegen heftige Hustenreize erethischer Phthisiker sehr erleichternd einwirkt.

Die feuchten und kühlen Seeklimate liegen meistens an der West- und Nordwestküste Europas, wo durch Einwirkung des Golfstroms die über denselben hinwehenden Luftströmungen erwärmt werden. Charakteristisch für diese Klimagruppe ist verhältnissmässig geringer Unterschied zwischen den Jahreszeiten und zwischen Tag und Nacht; trübe Luft und wolkiger Himmel sind hervorragende Erscheinungen. Als Typus dieses Klimas bezeichnet Weber die Insel Bute mit der Stadt Rothesay in Schottland. Ausserdem rechnet er hierher die Klimate der Hebriden, Orkney- und Shetlandinseln, der Faröerinseln und der schwedischen Insel Marstrand.

Die wärmeren Seeklimate von mittlerer Feuchtigkeit finden sich an der Nordwestspitze von Afrika, namentlich bei Magador in Marokko und an verschiedenen Punkten des Mittelmeeres. Die Klimate dieser letzteren haben gemeinschaftlich eine höhere Wärme, als ihrem Breitengrade allein entspricht, verhältnissmässig geringe Wärmeschwankungen und einen regenlosen Sommer, dagegen heftige Herbstregen und in einzelnen Orten auch Winterregen. Diese Wärmeverhältnisse sind theils durch die hohe Temperatur des Wassers des Mittelmeeres, theils durch schützende Gebirgszüge bedingt.

Der Feuchtigkeitsgehalt der Luft, im Allgemeinen gering, nimmt gegen Osten ab und ist somit an den Ostküsten meist niedriger, als an den Westküsten. Die Verdunstung ist bedeutend. Die Feuchtigkeitsverhältnisse wechseln besonders an wärmeren Tagen in verschiedenen Tageszeiten, zeigen namentlich gegen Sonnenuntergang plötzliche Veränderungen. Als hierher gehörige Curorte des Mittelmeeres nennt Weber: Tangiers in Marokko, Algier, Cadix, San Lucar, Gibraltar, Ajaccio, die Sanguinaires bei Ajaccio, Palermo, die Riviera di Levante mit ihren verschiedenen Curorten; Pegli, Venedig, die Balkanhalbinseln: Lissa, Lesina, Corfu, Zante, Patras, die

Krim, von den westlichen atlantischen Küstenorten mit gleichen klimatischen Verhältnissen aber Lissabon, Vigo, Corunna, Ferrol, Santander, San Sebastian, Portugalete, Arcachon, New-Zealand,
New-Plymouth.

Kühleren Seeklimaten von mittlerer Feuchtigkeit begegnen
wir besonders an den westlichen Küsten von England und Irland und
an der Nordwestküste von Frankreich, wo, wie wir bereits angedeutet
haben, der Golfstrom die Luft erwärmt. Der Charakter der klimatischen Verhältnisse der englischen Seecurorte ist nach Weber
höhere Wärme, als dem Breitengrade entspricht, Gleichmässigkeit
der Temperatur in Bezug auf Jahres- und Tageszeiten, ziemlich
hohe Feuchtigkeitsverhältnisse, trübe, wenig sonnige Luft;
sehr günstige hygieinische und diätetische Verhältnisse, und
die Krankheitszustände, für welche das kühle, mittelfeuchte Klima jener
sich eignet, sind nach demselben Autor besonders Schwächezustände nach
acuten Krankheiten oder Ueberarbeitung, viele Arten von Scrophulose
und auch von Phthise.

Als Plätze mit den eben genannten klimatischen Verhältnissen
werden angeführt: Queenstown, Penzance, die Scilly-Inseln,
Torquay, Teignmouth, Salcombe, Dawlish, Budleigh-Salter-
ton, Exmouth, Bournemouth, die Insel Wight, Bonchurch,
Hastings, St. Leonards-on-Sea, Llandudno. Alle diese Stationen
können als Wintercurorte dienen; als geeignete Sommercurorte werden
die Ortschaften an der Nordküste von Cornwall und Devonshire,
Wales und Irland bezeichnet, deren Klima stimulirend ist und für
Schwächezustände verschiedener Art sich eignet. Weniger gleichmässig
in Bezug auf die Temperaturverhältnisse der Tages- und Jahreszeiten,
trockner und mehr stimulirend sind die Curorte an der Nordküste von
Frankreich, Belgien, Holland, Deutschland. Trockne See- und Küstenklimate in Verbindung mit Wärme bietet besonders die Riviera di
Ponente mit den zwischen Hyéres und Savona gelegenen Orten dar.
Alle diese Curorte sind vor kalten Nordwinden durch hohe Bergreihen
mehr oder weniger geschützt, welche nebenbei während der heissen Jahres-
und Tageszeit wieder ausstrahlen und dadurch zur Temperaturerhöhung
des Küstenstrichs wesentlich mitwirken, und erhalten vom Mittelmeere
ebenfalls beträchtliche Zufuhr warmer Luft. Die Wintertemperatur
dieser Curorte beträgt daher schon 9—12° und mehr. Die Luft ist
mässig, nicht sehr trocken und hat eine relative Feuchtigkeit von
65 bis 70 pCt. in den Wintermonaten, der Himmel ist klar, der
Sonnenschein häufig und warm. Die Zahl der schönen Tage ist
gross, die der ganz bewölkten gering und ebenso die der Regentage. Die Ventilation ist vollkommen, die Tage mit ruhiger und
mit mässig bewegter Luft sind ihrer Anzahl nach ziemlich gleich und
die vorherrschenden. Als klimatische Nachtheile werden grosse Unterschiede zwischen Sonne und Schatten, Süd- und Nordlage, beträchtlicher
Wechsel in der Temperatur bei Sonnenuntergang, die nicht selten heftigen
Winde und sehr unangenehmer Staub angegeben. Die Curzeit ist von
Ende October bis Ende April.

Die Kranken, für welche der Aufenthalt an der Riviera im

Winter und Frühling sich besonders eignet, sind meist solche, welche der freien Luft sehr bedürftig sind und in der Heimat diese nicht nach Bedürfniss geniessen können, also Geschwächte und Schwächliche, Scrophulöse, Anämische, Diabetiker, Rheumatiker und Gichtkranke, ebenso Kranke mit chronischen Kehlkopf-, Bronchial-, Magen- und Darmcatarrhen, mit Ueberresten von Pleuritis und Pneumonie, mit bestimmten Formen von Phthisis bei nicht zu erethischen, leicht fiebernden Constitutionen, wogegen Hysterische, mit rein nervöser Neuralgie, nervösem Asthma und mit grosser Reizbarkeit des Nervensystems Behaftete, trockne Larynx- und Bronchialcatarrhe, .wie auch floride Phthisis an der Riviera eine Gegenanzeige finden.

4. Die Niederungsklimate.

Die Niederungs-, auch Tiefebenen- und indifferente Klimate genannt, kennzeichnen sich dadurch, dass diejenigen Factoren, welche sich als die wichtigsten therapeutischen Agentien aller übrigen Klimatypen darstellen, mehr zurücktreten. Man erwartet daher von ihnen weniger direct curative Erfolge, als vielmehr Fernhaltung von Schädlichkeiten, welche den Kranken in der Heimath treffen und die Heilungsbestrebungen des Organismus stören würden.

Ganz indifferent sind die Einflüsse dieser Klimate auf den Körper aber nicht, denn da die Grenze derselben bis zu etwa 400 m Erhebung des Bodens über den Meeresspiegel hinansteigt, mischt sich in das Klima solcher höher gelegenen Curorte das Gebirgsklima mit hinein, und nur die Curorte der Ebene können eher als indifferent bezeichnet werden, weil sie durch den Wegfall des Höhenreizes weit geringere Anforderungen an die Leistungsfähigkeit des kranken Individuums stellen. Damit soll aber nicht gesagt sein, dass das Tiefebenenklima aller Reize entbehre.

Die Bewegungen der Luft, die Schwankungen der Temperatur und des Feuchtigkeitsgehalts der Atmosphäre, der Schutz der Lage, die Gegenwart von Wald, Fluss oder Binnensee, die Einwirkung der Sonne, die Bodenbeschaffenheit sind alles Momente, welche keineswegs einflusslos auf das Individuum sind; sie sind aber Reize ungleich schwächerer Art, als wie sie Gebirgsklimate darbieten, und entbehren alles Uebermasses und der Plötzlichkeit der klimatischen Schwankungen. Es ist sonach bei den Niederungsklimaten die Bodenerhebung der betreffenden Curorte ebensowenig ausser Augen zu lassen.

Da bei allen Arten der Niederungsklimate die Anforderungen an das Nervensystem und die Ersatzorgane relativ am geringsten sind und der Organismus die grösstmöglichste Ruhe für alle seine Functionen geniesst, so gestaltet sich der Charakter dieser Klimate als reizmildernd und kann sogar einen erschlaffenden unter Umständen annehmen. Es sind daher auch besonders reizbare, schwache, eine

geringe Resistenzkraft besitzende Individuen, Reconvalescenten nach schweren Krankheiten, an Hautschwäche und Neigung
zu Erkältung Leidende, besonders aber chronisch entzündliche
Zustände der Luftwege und gesammten Respirationsorgane mit Reizungserscheinungen, welche die Klimate der Niederungen aufzusuchen
pflegen. Der Hauptzweck dabei ist, solche Kranke, welche in der Heimat
im Winter sich schlechter fühlen, als im Sommer, in eine Zone zu versetzen, in welcher sie, wenn einigermassen thunlich, die Vortheile unseres
Sommers geniessen und in freier Luft anhaltend sich aufhalten können,
ohne der Gefahr der Acquirirung katarrhalischer oder pneumonischer
Processe sich auszusetzen. Dies gilt besonders von Phthisikern, bei
denen die Nothwendigkeit des ausgedehntesten Genusses einer reinen,
von groben staubförmigen und von schädlichen chemischen Beimengungen
freien, reizlosen atmosphärischen Luft ganz besonders hervortritt.

Aber auch an andere chronisch Kranke tritt häufig die Nothwendigkeit
des Wechsels eines Klimas heran, welches ihnen unter günstigen äusseren
Verhältnissen den Winter zu verbringen gestattet und die Möglichkeit
eröffnet, den durch das Grundleiden gebotenen reichlichen Genuss der
freien Luft nicht entbehren zu müssen. Bei allen derartigen Krankheiten,
wie pleuritische Exsudate, Diabetes, chronischer Rheumatismus, organisches Herzleiden, Brightsche Nierenerkrankung,
verschiedene Nervenleiden, Syphilis und andere bereits oben angedeutete Krankheitszustände, soweit sie sich für einen Klimawechsel
überhaupt eignen, wird aber vorher festzustellen sein, inwieweit es zweckmässig ist, nach der subalpinen Region zu gelegene Curorte mit leicht
erregendem Charakter oder solche der Tiefebene mit reinerer sedativer
Wirkung auszuwählen. Zu beachten ist hierbei, dass das Jahresmittel
der Luftwärme nicht unter dem des betreffenden Breitengrades liege,
dass die monatlichen und täglichen Mitteltemperaturen möglichst hohe,
die täglichen Schwankungen der Temperatur in den Wintermonaten möglichst geringe seien. Aber auch der relative Feuchtigkeitsgehalt der
Atmosphäre, nach welchem man feucht-warme und trocken-warme
Klimate unterscheidet, darf nicht unberücksichtigt bleiben, da derselbe
die Evaporationskraft der Luft bestimmt, und da die Erfahrung gelehrt
hat, dass grosse Evaporationskraft derselben eine erregende, geringe hingegen eine reizmildernde, erschlaffende Wirkung auf den Organismus ausübt, so dass ein feucht-warmes Klima dem trocken-warmen gegenüber
als Gegensatz erscheint. Die trocken-kalten und die feucht-kalten
Klimate übergehen wir, da sie keine therapeutische Verwendung finden.

Die bekannteren klimatischen Sommercurorte und deren
Erhebung über den Meeresspiegel, sowie die bekannteren klimatischen Winterstationen sind nachstehende:

A. Sommercurorte.

1. Höhencurorte mit alpinem Klima

und mit 1900 bis 900 m Erhebung über den Meeresspiegel.

a) In den Schweizer Alpen:

Ober-Mutten (über den Schynpass) 1874, St. Moritz 1856, Campfer 1829, Silvaplana 1816, Sils-Maria 1811, Maloja (Oberengadin) 1811, Pontresina 1803, Rigi-Kulm 1800, Sulzfluh (St. Antönien-Thal) 1774, Sertig (Davos) 1744, Samaden 1725, Zuz (Oberengadin) 1712, Ponte (Oberengadin) 1691, Madulein (Oberengadin) 1681, Fettan 1650, Rigi-Scheideck 1648, Parpan 1630, Rigi-Staffel 1594, Davos-Dörfli 1557, Davos-Platz 1556, Glavis (Davos) 1454, Wiesen (Belfort) 1454, Splügen (Rheinwald) 1450, Rigi-First 1446, Rigi-Kaltbad 1441, Ursernthal 1438, Bormio (Veltlin) 1435, Morgins 1411, Schimberg 1325, Stooss 1290, Weissenstein 1284, Churwalden 1270, Sovognino 1237, Klosters (Prätigau) 1205, Pfänder 1190, Dissentis (Oberland) 1150, Beatenberg 1148, Abendberg 1139, Flims 1150, Chaumont 1128, Richisau 1070, Grindelwald 1057, Engelberg 1019, Seewis 960, Zugerberg 937, Gais 934, Felsenegg 927, Schönfels 927, Magglingen 900.

b) In den Tiroler Alpen:

Brennerbad 1326, Obladis 1209, Innichen 1166, Niederndorf 1158, Füscherbad 1140, Mitterbad 946.

c) In den Kärnthner Alpen:

Fladnitz 1365, Sillian 1097.

d) In den bairischen Alpen:

Baierisch Zell 1046, Sarntheim 990, Achensee 930, Kohlgrub 910.

e) Im Schwarzwald:

Hohenschwand 1010, Waldau 962, Schluchsee 952.

2. Höhencurorte mit subalpinem Klima

und mit 900 bis 400 m Erhebung über den Meeresspiegel, zum Theil Sommerfrischen.

a) In den Schweizer Alpen:

Gonten 884, Bürgenstock 870, Vorauen 828, Weissbad 817, Heiden 806, Seelisberg 801, Appenzell 778, Heinrichsbad 776, Faulenseebad 760, Axenstein 750, Schöneck 705, Schönbrunn 698, Glion 687, Obstalden 683, Giessbach 660, Morschach 657, Stachelberg 654, Albisbrunn 645, Luzern 590, Interlaken 568, Gersau 460, Viznau 440, Weggis 440, Hertenstein 440, Bockenried 437, Vierwaldstättersee 437, Wallenstedt 427, Weesen 424, Mammern 407, Bodensee 400.

8*

b) In den Salzburger und Tiroler Alpen:

Reutte 844; Brunneck 815; Mitterndorf 804; Zell am See 752;
Kitzbühel 734; Lienz 650; Aussee 650; Lebenberg 569; Partschins
550; Brixlegg 511; Mondsee 492; Ischl 484; Aigen 420; Gmunden 417.

c) In den österreichischen, steierischen und Kärnthner Alpen:

Mariazell 858, Mürzzuschlag 790, Radegund 632, Admont 602,
Wildalpen 561, Reichenau 500, Veldes 475, Kreuzen 430.

d) In den bairischen Alpen:

Kreuth 812, Oberstdorf 812, Füssen 797, Badersee 793, Schliersee
789, Sonthofen 738, Tegernsee 732, Partenkirchen 722, Immenstadt 720,
Miessbach 697, Garmisch 692, Kochelsee 605, Seeon 600, Starnberger
oder Würmsee 593, Berchtesgaden 580, Ammersee 539, Chiemsee 512,
Kammer 474, Reichenhall 457.

e) Im Schwarzwalde:

St. Märgen 890, Mariazell 858, Bonndorf 847, Todtenmoos 821,
St. Blasien 753, Steinabad 739, Tryberg 618, Rippoldsau 566, Griessbach 496, Antogast 484, Schönmünzach 456, Badenweiler 452, Petersthal 430.

f) In der schwäbischen Alp:

Beuron 630, Rottweil 625.

g) In den Vogesen:

Ottilienberg 753, Gérardmer 666, Drei Aehren 617.

h) Im Fichtelgebirge und Frankenwald:

Muggendorf 600, Streitberg 584, Alexandersbad 560.

i) Im Thüringer Waldgebirge:

Brotterode 578, Lobenstein 480, Ilmenau 473, Elgersburg 470,
Tambach 452, Katzhütte 420, Friedrichsrode 410, Tabarz 400.

k) Im Taunusgebirge:

Falkenstein 400.

l) Im Harzgebirge:

Hohegeis 620, Clausthal 560, St. Andreasberg 556, Altenau 455.

m) Im Erzgebirge:

Wildenthal 732, Reiboldsgrün 688, Frauenstein 661, Elster 473,
Olbernhau 463, Wolkenstein (Warmbad) 458, Wiesenbad 435.

n) In den Sudeten:

Karlsbrunn 763, Johannesbad 630, Schreibershau 615, Reinerz 556,
Görbersdorf 550, Krumhübel 520, Eliasberg 502, Schwarzbach 500,

Charlottenbrunn 485, Spindelmühle 460, Schmiedeberg 439, Buchwald 419, Petersdorf 419.

3. Curorte mit Niederungsklimaten.

I. Auf mittleren Höhen
von 400 bis 100 m Seehöhe, zum Theil Sommerfrischen.

a) Im Schwarzwalde:

Teinach 390, Freiersbach 384, Liebenzell 334, Herrenalb 330, Suggenthal 248, Gernsbach 201, Baden-Baden 183, Lichtenthal 183.

b) In der schwäbischen Alp:
Canstatt 240, Berg 240.

c) Im Fichtelgebirge:
Berneck 380.

d) Im Thüringer- und im Frankenwalde:

Schleusingen 390, Georgenthal 381, Blankenhain 347, Schwarzburg 340, Liebenstein 315, Arnstadt 310, Thal 310, Schmalkalden 295, Rastenberg 290, Coburg 275, Lengsfeld 275, Salzungen 250, Berka 250, Blankenburg i. Th. 237, Eisenach 220, Rudolstadt 195, Ronneburg 190, Köstritz 170, Sulza 125, Kösen 110.

e) Im Habichtswalde:
Wilhelmshöhe 285, Wolfsanger 130.

f) Im Odenwalde:
Michelstadt 262.

g) Im Hardtgebirge:
Gleisweiler 310, Annweiler 183, Neustadt a. d. H. 137, Dürkheim 116.

h) Im Taunusgebirge:
Königstein 362, Homburg v. d. H. 190, Soden 145, Wiesbaden 117.

i) Im Harzgebirge:

Alexisbad 315, Grund 308, Blankenburg a. H. 290, Treseburg 280, Lauterberg 280, Sachsa 280, Thale 250, Wernigerode 244, Harzburg 235, Suderode 173.

k) Im Erzgebirge:
Eichwald 374, Hartenstein 359, Tharandt 290.

l) Im Elbsandsteingebirge:

Gohrisch 300, Weisser Hirsch 240, Lockwitz 230, Königsbrunn 156, Schandau 117, Blasewitz 100.

m) Im Sudetengebirge:

Roznau (in der mährischen Walachei) 398, Liebwerda 397, Ullersdorf 380, Fischbach 374, Erdmannsdorf 365, Seidorf 360, Niederlangenau 357, Hermsdorf 340, Wermersdorf 327, Warmbrunn 326.

n) In den steierschen Alpen:

Eggenberg 360, Tobelbad 330, Gleichenberg 290.

2. Auf der Ebene.

von 100 m Erhebung bis zum Meeresspiegel, zum Theil Sommerfrischen

a) In der norddeutschen Ebene:

Rehburg 100.

b) Im rheinischen Schiefergebirge:

Nassau 81, Rüdesheim 78, Assmannshausen 76, Sinzig 65, Boppard 64, Godesberg 48, Honnef 46.

3. Curorte mit Seeklima.

Dieselben sind unter dem Abschnitte „Seebäder" aufgeführt.

B. Wintercurorte[1]).

a) In Deutschland:

Görbersdorf, Reiboldsgrün, Falkenstein, Wiesbaden, Baden-Baden; die Wasserheilanstalten mit Wintercur: Eckerberg in Pommern, Feldberg in Pommern, Stuer in Mecklenburg-Schwerin, Königsbrunn in Sachsen, Liebenstein in Thüringen, Wolfsanger in Hessen, Cleve in Rheinpreussen, Godesberg in Rheinpreussen, Laubbach, Nassau, Boppard ebendaselbst, Königstein am Taunus, Michelstadt im Odenwald, Gleisweiler in der bairischen Rheinpfalz, Herrenalb im Schwarzwald.

b) An der englischen Küste und Inseln:

Hastings, Eastbourne, Brighton, Penzance, Salcombe, Torquay, Clifton, Bournemouth, Ventnor und die Inseln Wight, Jersey und Guernsey.

---

[1]) Nach Reimer's „Klimatische Wintercurorte" geordnet.

c) In der Schweiz:

Davos, Samaden, St. Moritz-Dorf.

d) An den südlichen Abhängen und südlichem Fusse der Mittelalpen.

Gries, Meran, Arco, Riva, Gargnano, Saló, die Tremezzina, Lugano, Pallanza, Montreux, Bex.

e) Im südlichen Frankreich und an den beiden Rivieren:

Pau, Hyeres, Cannes, Antibes, Nizza, Villafranca, Beaulieu, Monaco, Mentone, Bordighera, San Remo, Porto Maurizio, Alassio, Arenzano, Pegli, Sestri Ponente, Cornigliano, Nervi, Santa Margherita, Rapallo, Spezia, Viareggio, Pisa.

f) Auf der Insel Corsica:

Ajaccio.

g) In Italien:

Mailand, Genua, Livorno, Florenz, Rom, Neapel und seine Umgebungen.

h) An der Küste und auf Inseln des adriatischen Meeres:

Triest, Görz, Venedig, Lesina, Corfu.

i) Auf Sicilien:

Messina, Acireale, Catania, Syracus, Palermo.

k) Auf der pyrenäischen Halbinsel:

Madrid, Lissabon, Barcelona, Tarragona, Valencia, Alicanto, Elche, Murcia, Almeria, Malaga.

l) In Nordafrika:

Algier, Alexandrien, Kairo, Hélouan, Oberegypten, Nilreise. — Insel Madeira.

Specielle Balneotherapie.

Nachdem wir im allgemeinen Theile unsere jetzigen Kenntnisse von der Wirkungsart der Brunnen- und Badecuren, sowie gewisser Klassen von Mineralwässern in der Hauptsache dargelegt und zur Gewinnung allgemeiner therapeutischer Gesichtspunkte die in der Praxis gemachten Beobachtungen und Erfahrungen soviel wie thunlich und so weit sie sich erprobt haben, festzustellen gesucht, erübrigt es noch, dieses gewonnene Material für die Praxis verwendbar zu machen, um für den concreten Krankheitsfall aus ihm entnehmen zu können, was zu dessen Bekämpfung am besten geeignet erscheint.

Betrachten wir aber dieses Material mit scharfer Kritik und prüfen wir, wie weit es geeignet ist, dem praktischen Bedürfniss Rechnung zu tragen, so drängt sich uns sofort die Ueberzeugung auf, dass manche grosse Lücke noch auszufüllen ist, ehe wir in der Lage sind, den pathologischen Zuständen, welche der speciellen Balneotherapie zufallen, mit einiger Vollständigkeit und in mehr befriedigender Weise dieses Material anzupassen, dass sogar jede genauere Feststellung der Wirkungen noch fehlt, welche die Mineralquellen und deren Hauptbestandtheile auf einzelne Organe und Systeme des menschlichen Organismus ausüben. Wir müssen uns daher zur Zeit immer noch auf den Standpunkt der Empirie stellen und von da aus den Weg suchen, um unsere therapeutischen Kenntnisse über Mineralwässer und andere uns gebotene Curmittel zu erweitern und festzustellen, sowie zu ergänzen, was die experimentelle Forschung uns bis jetzt noch vorenthalten hat.

Von diesem Gesichtspunkte aus erschien es uns geboten, die an den einzelnen Curorten gewonnenen empirischen Indicationen der in ihnen sich darbietenden Curmittel einer ganz besonderen Aufmerksamkeit zu widmen und dieselben ihrem Werthe nach zu sichten, sowie möglichst scharf zu begrenzen. Wir haben dies im balneographischen Theile, soviel wie thunlich, zu erstreben gesucht, haben aber dabei zugleich die Absicht verfolgt, dem Arzte damit gewissermassen eine Handhabe zu bieten, mittelst welcher er den Wirkungswerth und die therapeutische Tragweite der einzelnen an verschiedenen Curorten gebotenen Curmittel besser beurtheilen kann, als es die allgemeine Auffassung ihm ermöglicht.

Eine solche Darlegung von auf langjährige an Ort und Stelle gemachten Erfahrungen setzt uns zugleich unter Zuhülfenahme anderweit

gemachter klinischer Erfahrung in den Stand, festzustellen, in wie weit
der Ruf sich thatsächlich rechtfertigt, welchen manche Heilquellen und
Curorte in Bezug auf bestimmte Wirkungen im Laufe der Zeit erlangt
und behauptet haben.

Nach dieser Erörterung, die vorauszuschicken uns nothwendig erschien, um den jetzigen Standpunkt der speciellen Balneotherapie festzustellen, gehen wir zu dieser selbst über, wobei wir uns auf die Indicationen stützen, welche die Kritik ihr zugewiesen hat.

A. Klinische Balneotherapie.

Zur vollständigen Begründung der Indicationen für die
einzelnen Mineralquellen in den concreten Krankheitsfällen genügt es
nicht, die der ganzen Quellengruppe zufallenden Heilanzeigen festgestellt
zu haben und sie auf den Einzelfall überzutragen, sondern es sind dabei
auch gewisse differentielle Verhältnisse im Auge zu behalten, unter
denen die eine oder die andere Mineralquelle, welche zur gleichen
Quellengruppe oder einer ihr nahestehenden Bäderklasse gehört, zur
Anwendung gelangt.

Diese Verhältnisse hat man meist als Nebenverhältnisse bezeichnet. Sie können aber unter Umständen so tief in die Indication
eingreifen, dass sie bestimmende Bedeutung erlangen. Denn nicht die
Quelle allein, nur der ganze Curort mit seinen verschiedenen Einflüssen
auf den menschlichen Organismus ist gewissermassen als eine therapeutische Individualität zu betrachten, als deren wichtigste Factoren zwar
die Mineralquellen oder sonstige curmässig angewandte Heilmittel, aber
keineswegs bedeutungslos die orographischen und socialen Verhältnisse
sich darstellen.

Ebenso einflussreich auf den Curerfolg wie diese curörtlichen Nebenverhältnisse, vielleicht noch mehr, ist die Gesammtconstitution des
betreffenden kranken Individuums. Es lässt sich gar nicht in Abrede
stellen, dass auf deren Rechnung eine ganze Reihe von Erscheinungen
gebracht werden muss, welche je nach deren Verschiedenheit auch in
verschiedener Gestaltung in die Erscheinung treten und gemeinhin als
Wirkungsdifferenzen der Curmittel bezeichnet werden.

Hierzu tritt noch der für die Indicationsstellung erschwerende Umstand, dass, worauf wir bereits im allgemeinen Theile hingewiesen haben,
für dieselbe Krankheit eine ganze Reihe der verschiedenartigsten Heilquellen und Bademethoden, oft die principiell geradezu sich entgegen-
stehenden, empfohlen, und was sich nicht leugnen lässt, vielleicht auch
mit demselben gewünschten Erfolg angewandt werden.

Unter solchen Umständen erklärt es sich leicht, dass es selten möglich sein wird, scharf begrenzte, allen gegebenen Verhältnissen Rechnung tragende Indicationen zu stellen. Und in der That scheint die absolute Nothwendigkeit zu solchen, sobald man sich auf den rein praktischen, freilich unwissenschaftlichen Standpunkt stellt, auch nicht vorzuliegen, wenn man sich der oben angeregten Thatsache erinnert, dass mit den verschiedenartigsten Quellen und Curmethoden nicht selten gleiche Zwecke erreicht werden können und die Balneotherapie niemals der Erfahrung entbehren kann.

Die Krankheitszustände nun, welche der klinischen Balneotherapie zufallen, sind im Allgemeinen nachstehende.

A. Constitutionelle Krankheiten.

I. Anämie.

Die Anämie oder richtiger gesagt Oligämie, die wirkliche Blutarmuth, welche sich sowohl als Verminderung der Blutmasse im Allgemeinen als auch speciell als numerische Abnahme der rothen Blutzellen charakterisirt, wird zwar an den verschiedensten Curorten angetroffen, fällt aber zunächst in das Gebiet der Hygiene. Geeignete, den Wiederersatz des verlorenen Blutes gewährende Ernährung, reine frische Luft, passende Wohnungsverhältnisse, genügende dem körperlichen Zustande des Individuums zusagende Bewegung und geeignete geistige Beschäftigung sind bekanntlich die Massnahmen, deren die Therapie sich zunächst zu bedienen pflegt. Diese sind jedoch nicht immer ausreichend, die eingetretenen Ernährungsstörungen vollkommen zu beseitigen. Dann ist es Aufgabe der Balneotherapie, unterstützend einzugreifen und zur Beseitigung der Anämie mitzuwirken.

Unter allen Curarten, welche dieser zu Gebote stehen, haben sich hierbei Trink- und Badecuren an Eisenquellen am meisten bewährt, mag die Anämie eine idiopathische oder symptomatische sein. Wird durch directe Zufuhr des Eisens mittelst der Trinkcur die Bildung des Hämoglobins und der Blutzellen selbst wesentlich unterstützt und somit das Hauptmoment der Blutarmuth zum leichteren Ausgleich gebracht, so werden andererseits durch die Kohlensäure der Bäder die peripherischen Nerven und mit ihnen das gesammte Nervensystem zu lebhafterer Thätigkeit angeregt, der Appetit geweckt und damit eine reichlichere Zufuhr von Ernährungsmaterial eingeleitet, welche ihrerseits Steigerung aller Ernährungsvorgänge, somit wiederum auch der Blutbildung zur Folge hat.

Diesen Gang des Restitutionsprocesses kann man an allen Eisensäuerlingen beobachten, besonders lebhaft aber tritt er an den gehaltreichen reineren Eisenwässern hervor, welche stark mit freier Kohlensäure belastet sind und bei welchen die Eisenwirkung durch Nebenbestandtheile nicht wesentlich beeinflusst wird. Es sind in dieser Beziehung vorzugsweise zu nennen die Stahlquellen von Spaa, Schwalbach, Steben, Imnau, Elster-Moritzquelle, Hofgeismar, Malmedy, Lobenstein, Flinsberg, Königswart und vor allen die Stahlquellen von St. Moritz, deren tonisirende Wirkungen durch die hohe Lage des Orts sehr unterstützt wird. Auch die gehaltreicheren weniger reinen Stahlquellen zu Pyrmont, Driburg, Elster, Franzensbad, Rippoldsau, Rohitzsch, Bartfeld in Ungarn, Krynica in Galizien u. a. thun nach dieser Richtung ebenfalls die besten Dienste.

Diese allgemeine Darstellung von der Anwendung der Eisenwässer bei Anämien hat im concreten Falle ihre Einschränkung. Es gilt dies besonders von den Anämien, welche aus starken Blutverlusten hervorgegangen sind. Man muss bei denselben wohl im Auge behalten, dass stärkere Reizungen durch den Kohlensäuregehalt dieser Wässer leicht zu erneuten Blutungen führen können und dass mithin Vorsicht im Gebrauche derselben geboten ist, die um so weniger ausser Acht zu lassen ist, wenn noch kein vollständiger Abschluss der Blutung eingetreten ist.

Die Wichtigkeit der hierbei zu treffenden Auswahl unter den Eisenquellen und Curorten macht es nothwendig, noch auf einige klinische Besonderheiten einzugehen, die zu berücksichtigen sind, wenn der Curerfolg von vornherein nicht in Frage gestellt werden soll.

In dieser Beziehung sind vorerst die nach abundanten Hämorrhoidalblutungen und Metrorrhagien entstandenen Anämien zu nennen. In beiden Fällen gilt als Bedingung für die Zweckmässigkeit einer Cur an Stahlquellen das Bestehen einer gewissen Erschlaffung der Gewebe, der Mangel von Klappenfehlern am Herzen, welche gröbere Circulationsstörungen im Blute bedingen und der einer habituellen Obstipation des Stuhls. Wo diese Bedingungen fehlen, schliesst man am zweckmässigsten die Anwendung der Eisenquellen aus, eine Forderung, die schon vor Jahren Frickhöffer in Schwalbach gestellt hat. Ebenso können auch ausgesprochene Leber- und Milzanschwellungen zur Gegenanzeige werden, indess lässt sich bei diesen durch eine Cur in Carlsbad in der Regel dieses Hinderniss für geregelte Blutcirculation so weit bekämpfen, dass der spätere Gebrauch der Eisenwässer gegen die bestehende Anämie wieder ermöglicht wird.

Gegen solche nach Hämorrhoidalblutungen und Metrorrhagien zurückbleibenden Anämien hat man vielfach die Stahlquellen von Schwalbach, Spaa, Steben und andere erdige Eisenwässer wegen ihres ziemlich hohen Eisengehalts empfohlen, allein nicht immer zum Vortheil des Kranken, welcher bei ihren innerlichen Gebrauch leicht einer sehr störenden Stuhlverstopfung anheim fällt. Zweckmässiger erscheinen für solche Anämische Trinkcuren an Eisenquellen, welche neben dem Eisen noch Natronsulfat und kohlensaure Alkalien oder auch Kochsalz enthalten und durch diese Beigabe eine die Defäcation in Ordnung haltende Nebenwirkung besitzen, wie dies bei den Eisenquellen von Elster, Marienbad, Franzensbad, Rippoldsau, Rohitzsch und den kochsalzhaltigen Wässern von Kissingen, Homburg u. a. der Fall ist.

Bei Beachtung dieser Vorsichtsmassregeln wird man ziemlich leicht über die Hindernisse hinwegkommen, welche der Behandlung anämischer

Hämorrhoidarier und blutarmer an Metrorrhagien leidender Frauen an Eisenquellen entgegenstehen, wenn sonst den Blutungen nicht Krankheitszustände, wie Neubildungen verschiedener Art unterliegen, welche ganz andere Eingriffe erfordern und die in solchen Fällen in Bezug auf Temperatur und Dauer des Bades, sowie auf dessen Kohlensäuregehalt und Verhalten des Kranken als selbstverständlich anzusehende Cautelen, genügende Beachtung finden.

Noch grössere Vorsicht im Gebrauche von Eisenquellen, beziehentlich Trinkcuren mit denselben, macht sich bei jenen anämischen Zuständen geltend, welche nach wiederholten starken Bluterbrechen in Folge von Magengeschwür oder nach starken Blutabgängen durch den After in Folge von Läsionen der Darmschleimhaut entstanden sind. In solchen Fällen ist es am zweckmässigsten von einer Cur an Eisenquellen abzusehen und seine Zuflucht zu einer vorsichtig geleiteten Cur in Karlsbad zu nehmen oder wenn auch diese bedenklich sein sollte, zur klimatischen Therapie zu schreiten, welche man eventuell mit einer Milch-, Molken- oder Kefircur, sowie mit kräftiger, aber reizloser Diät und wenn möglich mit einer Badecur verbindet. Nur erst dann, wenn man der Vernarbung des Geschwürs sicher sein kann und das eben angedeutete Verfahren zur Beseitigung der Blutarmuth ungenügend sich erweisst, kann man zu einer Cur an Eisenquellen vorschreiten. Dann erweisen sich die alkalisch-sulfatischen Eisenwässer von Elster, Franzensbad, Rippolosau, Füred als besonders nützlich, theils weil sie leicht verdaulich sind, theils weil sie die meistgestörte Defäcation wieder in Ordnung bringen. Auch die eisenhaltigen Kochsalzquellen von Soden verdienen hierbei genannt zu werden.

Nicht so grosse Vorsicht erfordern die nach Magen- und Darmkatarrhen bezw. erschöpfenden Diarrhoen zurückbleibenden Anämien. Hier empfehlen sich besonders eisenhaltige Kochsalzquellen, wie die von Soden, Homburg, Pyrmont und Kissingen, wenn noch Reste von Magenkatarrhen bestehen, wogegen bei vorwiegenden Diarrhoen die schwefelsaures Eisen enthaltenden Quellen von Mitterbad, die Quellen des Ultenthales und von Völlan in Tirol, die alaunhaltigen Eisenvitriolwässer von Ratzes und Levico in Südtirol, Muskau in der Preuss. Oberlausitz, Lausigk bezw. Hermannsbad im Königreiche Sachsen, Parad in Ungarn und Ronneby in Schweden sich vortheilhaft verwenden lassen. Die Befürchtung, welche man häufig aussprechen hört, dass Kranke mit schwacher Verdauung solche Vitriolwässer schlecht vertragen, hat Knauthe wenigstens in Bezug auf die Tiroler Wässer genügend widerlegt (Ueber die schwefelsauren Eisenoxydulwässer im Allgemeinen und über die von Südtirol im Besonderen in Wagners Archiv der Heilkunde, 1875, XVI., 2, S. 122). Derselbe verordnete gewöhnlich 100 g davon am Morgen und eine gleiche Portion in den Abendstunden zu trinken und stieg meist bis 500 g pro die.

Bei Kindern begann er in der Regel mit 10 bis 20 g und erhöhte die Gabe bis zu 200 und 250 g für den Tag. Bei diesen Gaben sah Knauthe vom internen Gebrauch dieser Wässer nie Nachtheil, vielmehr schon nach kurzer Zeit die anämischen Erscheinungen schwinden.

Nicht unwichtig ist es für solche Anämische, nach beendeter Stahlcur, insbesondere wenn sie eine gewisse Disposition zu Magenkatarrhen behalten haben, hochgelegene Luftcurorte in der Schweiz, Tirol oder in dem baierischen Hochgebirge zu einem längeren Aufenthalt aufsuchen, wo nebenbei die Verpflegung eine gute ist. Als solche sind zu nennen St. Moritz, Samaden, Pontresina, Seelisberg, Engelberg, Beatenberg u. a. in der Schweiz, Kreuth, Partenkirchen, Berchtesgaden im baierischen Hochgebirge und Aussee und Gmunden u. a. im steierischen Salzkammergute.

Für besonders hartnäckige Fälle von Anämie hat in neuester Zeit Hössli (Berl. klin. Wochenschr., 1887, No. 43) den Winteraufenthalt in St. Moritz empfohlen und rühmt dessen vorzügliche Wirkung besonders, wenn mit der Blutarmuth Neurasthenie oder nervöses Herzklopfen sich verbindet.

Wenn auch bisweilen zweifelhafte, so doch im Allgemeinen günstige Curresultate hat an Eisenquellen die aus chronischer Albuminurie hervorgegangene Anämie zu erwarten, wenn die anämischen Erscheinungen besonders in den Vordergrund treten und Nierenleiden den Gebrauch von Eisenwässer nicht verbieten. Dann wird der vorsichtige innerliche und äusserliche Gebrauch der Eisensäuerlinge von Elster, Franzensbad, Königswart, Schwalbach, Steben, Lobenstein, Alexanderbad, Brückenau, Imnau, Rippoldsau, St. Moritz u. a. sicherlich ganz am Platze sein, insbesondere von denjenigen Eisenquellen, welche eine höhere Seelage und ein trockenes Klima besitzen.

Das eben Gesagte gilt auch von jenen Anämien, welche durch zu reichliche Eiweissausscheidungen in andern Organen als in den Nieren zu Stande kommen. Als solche Anämien sind zu bezeichnen die in Folge von anhaltend eiternde Wunden und Fistelgängen, von blennorrhoische Secretionen, von Transfudaten und Exfudaten im Beckenraume und auf den Pleuren entstandenen. Alle diese Fälle stellen ein dankbares Curobject für Eisenquellen, deren roborirende Einwirkung um so sicherer und rascher in die Erscheinung tritt, wenn eine reine frische belebende Berg- und Waldluft, wie dies z. B. in Elster geschieht, die Eisenwirkung unterstützt.

Die grosse Beschränkung, welche Anämien, die mit Herzleiden verbunden sind, für die Stahlbadecur bisher hatten, hat nach dem Vorgange von Scholz (Verhdlgen. d. Ges. f. Heilk. in Berlin, VIII., Balneolog. Section. 1883, S. 15 u ff.) und Jacob (Ibid., 1884, S. 3 u. ff.) eine wesentlich andere Auffassung erfahren, indem Herzfehler, welche früher als Contraindication für Eisensäuerlinge galten, gegenwärtig zu den Heilanzeigen für sie gerechnet werden. Seitdem nimmt man keinen Anstand, diese Form der Anämie an Eisenquellen zu behandeln und deren günstigen Einfluss hat man in Elster, Schwalbach, Steben, Franzensbad und in anderen derartigen Curorten zu beobachten vielfach Gelegenheit.

Auch in Bezug auf die Behandlungsweise der mit Tuberculose der Lungen im ersten Stadium, namentlich Spitzenkatarrhen derselben einhergehenden Anämien haben sich gegenwärtig die Ansichten sehr geändert. Früher betrachtete man sie als Gegenanzeigen für Eisenquellen und beschränkte die Therapie auf den ausgedehnten Aufenthalt an hochgelegenen klimatischen Curorten und geeignete Ernährung des Kranken; seit der Entdeckung des Koch'schen Bacillus aber, nachdem man erkannt hatte, dass Anämie für seine Entwickelung der günstigste Nährboden ist, hat man sich wieder mehr den Eisenquellen zugewendet, ohne deswegen von den bisherigen Ernährungsgrundsätzen abzuweichen, wohl nur in dem Bewusstsein, durch Curen an Eisenquellen eine raschere und tiefer eingreifende Kräftigung der Gesammtconstitution zu erreichen. Bei der Auswahl dieser Quellen aber müssen die klimatischen Verhältnisse des Curorts besonders berücksichtigt werden, da die neben der Anämie bestehenden Spitzenkatarrhe der Lungen alle rauhen Klimate ausschliessen. Als in dieser Beziehung geeignete Curorte wären zu nennen: Spa, Hofgeismar, Lobenstein, Liebenstein, Brückenau, Imnau, Rippoldsau, Elster, Reinerz, Königswart, Gleichenberg mit dem Klausnerbrunnen und einige andere noch.

Besonderer Erwähnung bedarf noch die als allgemeine Ernährungsstörung sich charakterisirende erschwerte Reconvalescenz nach überstandenen schweren Erkrankungen innerer Organe. Die Aufgabe, welche die Balneotherapie hierbei hat, gipfelt in Hebung und Kräftigung der gesunkenen Energie, Aufbesserung der Verdauungs- und Assimilations- sowie Respirationsacte und endlich in Schonung und Beruhigung der überreizten Centralorgane des Nervensystems und findet ihre Lösung theils in Herbeiführung geeigneter Lebensverhältnisse, im reichlichen Genusse reiner, belebender Wald- und Gebirgsluft, wie sie der Reizbarkeit des Kranken entspricht, und passender Ernährung, theils in dem Gebrauche lauwarmer Bäder, wie sie Baden-Baden, Wiesbaden, Badenweiler bieten, welche nebenbei den Vortheil günstiger klimatischer Verhältnisse gewähren. Ausser diesen Thermen sind auch andere Wildbäder oder auch alkalische Thermen, welche wenig Kohlensäure enthalten, oder auch stoffärmere Kochsalzquellen, welche nicht besonders reizend auf das peripherische Nervensystem einwirken, wenn sonst deren klimatische Verhältnisse nicht ungünstig sind, indicirt.

Bei allen diesen Bädern ist bisher für ihre Ordination nur die dem Thermalwasser eigenthümliche Temperatur bestimmend gewesen. In neuerer Zeit aber hat man in dem Arsengehalt einiger Quellen dieser Classe den Hauptgrund zu ihrer tonisirenden Wirkung zu finden geglaubt. Dies gilt vorzugsweise von den Thermen von Baden-Baden, deren belebende, die peripherischen Nerven anregende Eigenschaft Frey von ihrem Arsengehalte ableitet (Deutsche medicin. Wochenschr., 1886, XII., 19, 20).

Auch Kumyscuren wurden in den letzten Jahren gegen erschwerte Reconvalescenz empfohlen, und Schtscherbakoff rühmt sie als höchst wirksam (Berl. klin. Wochenschr., 1876, XIII., 44, 46; ibid. 1877, XIV., 12). Er sah bei denselben die Anämie rascher schwinden, als dies bei allen anderen Curen der Fall war. Im Weiteren vergleiche man im allgemeinen Theil den Artikel „Kumys- und Kefircuren.“

Treten die nervösen Erscheinungen mehr zurück, und bedarf der
Kranke nicht mehr in dem Masse der Schonung, wie auf der Höhe der
Krankheit, tritt dagegen das Bild der Anämie mehr in den Vordergrund, dann sind anstatt der sogenannten indifferenten Thermen die
kohlensauren Eisenwässer von Spa, Schwalbach, Steben,
Alexandersbad, Elster, sowie St. Moritz zu wählen, welches
letztere schon wegen seiner Alpenluft wichtig ist. Bisweilen erweist
sich auch schon der längere Aufenthalt an der Riviera, am Genfer
See, in Interlaken, auch wohl an der Nord- und Ostsee, sowie
auf der Insel Wight und an der englischen Küste und der Nebengebrauch warmer Seebäder als nützlich, wenn die Kräfte des Kranken
im Zunehmen begriffen sind. Für solche Anämiker scheinen auch die
kohlensauren Soolthermen von Rehme, Nauheim und Soden
eine besonders wohlthätige Wirkung zu besitzen, denn solche Kranken
pflegen sich an denselben rascher als anderorts wieder zu erholen.

Noch findet man nicht selten in Badeorten Anämien, welche besonders vielbeschäftigten höheren Staatsbeamten angehören, die bei
schwächlichem, aber sonst gesundem Körperbau den an sie gestellten
geistigen und körperlichen Strapazen nicht gewachsen sind.
Sie zeigen einen eigenthümlichen, mit Blutverarmung und reizbarer
Schwäche, sowie mit dyspeptischen Beschwerden, träger Darmthätigkeit
und verlangsamter Blutcirculation in dem venösen Gebiete der Unterleibsorgane verbundenen Erschöpfungszustand, den Thilenius trefflich
als Bureaukratenanämie bezeichnet. Gegen diese Form von Anämie
empfiehlt derselbe Autor (Balneotherapie, 9. Aufl., 2. Abthlg., S. 43)
in erster Linie die eisenhaltigen Kochsalzquellen zu Homburg,
Kissingen und Soden als die am meisten geeigneten Quellen und räth
bei ausgesprochenem Magenkatarrh und grosser Empfindlichkeit des Magens den vorsichtigen Gebrauch der Karlsbader Thermen an, dem
zur Nachcur der Gebrauch der Quellen von Franzensbad oder Elster
und der Aufenthalt in frischer Gebirgsluft, namentlich Waldluft
oder auch am Strande der Nord- und Ostsee zu folgen hat, wenn
sonst die kühlende See- und Gebirgsluft vertragen wird.

II. Gewebserkrankungen des Blutes.

a) Chlorose.

Von allen Gewebserkrankungen des Blutes ist die Chlorose unstreitig
am häufigsten Gegenstand balneotherapeutischer Curen an Eisenquellen.
Nachdem von Alters her die Erfahrung gelehrt hat, dass Eisen das
wirksamste Mittel zur Bekämpfung dieser Krankheit ist, kann es nicht
auffallen, dass Chlorotische fast nur an ihnen Hülfe zu suchen pflegen.
Und diese Hoffnung wird selten getäuscht. Wenngleich die Eisenmenge
in allen solchen Wässern, selbst in den stärksten dieser Art eine ungleich
geringere ist, als die Gabe des Eisens gewöhnlich beträgt, welche in
Gestalt pharmaceutischer Eisenpräparate verabreicht wird, so sieht man
ungeachtet dessen, dass an Eisenquellen fast durchgehends günstigere

Curresultate erreicht werden, als dies bei Verabreichung der üblichen Eisenmedicamente geschieht. Der Grund hiervon liegt zum grossen Theil in der ausserordentlich löslichen Form, in welcher das Eisen in kohlensauren Stahlwässern vorhanden ist, und in der Verbindung desselben mit Salzen, welche fördernd auf die Verdauungsacte einwirken. Auch die Unterstützung der Trinkcur durch kohlensäurereiche Mineralwasserbäder, durch zusagende klimatische Verhältnisse, die der Curort bietet, durch umgeänderte geeignetere Lebensweise und passendere Diät u. a. mehr machen sich hierbei geltend.

Das stärkste Contingent Chlorotischer stellt an Eisenquellen unleugbar die Entwickolungschlorose junger, den vornehmeren Ständen angehöriger Mädchen, bei welchen die Menstruation noch nicht durchgebrochen ist oder, wenn dies der Fall war, bald wieder verschwand. Für solche Kranke ist oft schon der ausgedehnte Genuss einer reinen, frischen Berg- und Waldluft allein, wie ihn viele Sommerfrischen im Gebirge bieten, von grossem Nutzen, und wenn sich mit demselben der curgemässe Gebrauch einer Stahlquelle verbinden lässt, sieht man sie rasch wieder aufblühen und rothe Wangen bekommen. Indess machen sich nicht selten auch ernstere Curen nothwendig, welche den längeren Aufenthalt an Curorten fordern. Es kommen dann, wenn sonst keine hervorragenden Verdauungsstörungen nebenbei bestehen, zunächst die reineren und erdigen Eisenwässer zur Anwendung, von denen die Stahlquellen von Schwalbach, Steben, Spa, Imnau, die Renchbäder, Bocklet, Brückenau, Lobenstein, Liebenstein, Flinsberg, Alt-Heide, Kohlgrub und einige andere noch zu nennen sind. Bezüglich der Eisenquellen von St. Moritz im Engadin, welche ebenfalls zu den reineren, erdigen Eisenwässern zählen und nicht verschwiegen werden dürfen, macht sich eine gewisse Rücksichtsnahme auf die Organe der Brust geltend, die vorzugsweise aus der hohen Lage des Curorts hervorgeht, und Genth bemerkt in dieser Beziehung (die Heilfactoren Schwalbachs, ihre Wirkungsweise und Anwendung. Wiesbaden, 1883), dass Chlorose mit Complication einer Störung in den Athmungs- und Circulationsorganen für St. Moritz kein günstiges Heilobject darbiete, was sich von Schwalbach und wohl auch von anderen Stahlquellen in ähnlicher Seehöhe wie dieses nicht sagen lasse.

Eine unangenehme Nebenwirkung beobachtet man aber nicht selten beim Gebrauch der eben genannten Eisenquellen. Es ist die durch das Eisen bewirkte träge Defäcation, die nicht selten zu stärkerer Zurückhaltung der Fäcalmassen ausartet. Für gewöhnlich reichen einige Rhabarberpillen oder ein Glas Bitterwasser bei nüchternem Magen genommen aus, die Ordnung im Darmrohre wieder herzustellen. Man begegnet aber auch hartnäckiger Obstruction, insbesondere wenn Neigung zu Coprostasen schon vor Beginn der Eisencur vorhanden war. In solchem Falle muss man vom internen Gebrauche reiner oder erdiger Eisenwässer am zweckmässigsten ganz absehen und sich an salinische oder muriatische Eisenwässer halten, welche derartige Störungen im Darme nicht so leicht aufkommen lassen, wie dies von den Eisenwässern von Elster, Franzensbad, Rippoldsau, Rohitzsch gilt.

Hierbei sei noch bemerkt, dass man in früherer Zeit den Coprostasen eine ganz besondere Bedeutung bei der Chlorose beigelegt hat,
freilich nur solchen, die man vor der Entwickelung dieser Krankheit
beobachtet hatte. Wir meinen die von Rigby (treatment of female
deseases. London, 1857) zuerst ausgesprochene Ansicht, dass eine gründliche Entleerung des Darms die erste Indication sei, die man bei Aufbesserung der Ernährung, beziehentlich bei Behandlung der Bleichsucht
zu erfüllen habe, und kommen auf diese so ziemlich antiquirte Methode
nur zurück, weil sie in neuester Zeit wieder Anhänger gefunden hat, wie
aus einer Notiz von Hüllmann (Der Frauenarzt, Monatshefte für Gynäko-
logie und Geburtshülfe, 11. Jahrg., 1887, Heft 6), der den Marienbader
Ferdinandsbrunnen zu einer Vorcur für Eisenwässer zum Zweck der Ab-
führung empfiehlt, hervorgeht. Ob Chlorotischen ein wahrer Nutzen aus
einer im Rigby-Hüllmann'schen Sinne durchgeführten Abführungscur
erwächst, mag dahin gestellt bleiben.

Die bei Bleichsucht auftretenden dyspeptischen Beschwerden
und das als Cardialgie zunächst sich kennzeichnende Magengeschwür,
eine vielfach beobachtete Complication der Bleichsucht, haben bereits in
Abschnitte „Anämie" ihre Erörterung gefunden. Es sei hierüber nur
kurz noch bemerkt, dass, wenn bei bewandten Umständen eine Trinkcur
mit einem Eisenwasser vorgenommen wird, grosse Vorsicht geboten ist.
Man beobachtet indess bisweilen, dass bei chlorotischer Cardialgie
kohlensaure Kochsalzquellen oder alkalisch-muriatische Säuerlinge bessere Dienste leisten, als Eisenquellen. Man thut daher gut
daran, einen Versuch mit diesen Quellen erst zu machen, ehe man die
Trinkcur ganz aufgiebt.

Von besonderer Wichtigkeit in der Therapie der Chlorose ist unleugbar
das Verhalten des Nervensystems, welches verschiedene Modificationen
der Trink- und Badecur, besonders an Eisenquellen, erfordert. Erethische,
mit grosser nervöser Reizbarkeit behaftete Constitutionen, namentlich
wo Verdacht auf Lungentuberculose vorliegt, lassen nur mässige
Trink- und Badecuren zu und machen eine scharfe Controle der Badetemperatur, von der alle hohen Wärmegrade ausgeschlossen sein müssen,
sowie die Entfernung der die peripherischen Nerven allzu sehr reizenden
überschüssigen, freien Kohlensäure des Wassers und kurze Dauer des
Bades selbst nothwendig. Zusätze von gewöhnlichem Wasser, in früherer
Zeit von Malz- oder Kleie-Abkochungen oder auch Milch zum Bade und
Molke mit dem Eisenwasser gemischt, gewähren hierbei nicht selten einen
wünschenswerthen Ausgleich. Auch Moorbäder können bisweilen an
die Stelle der Stahlbäder treten und diesen bei hochgradiger Reizbarkeit
der Kranken Badecuren an lauen Wildbädern vorausgeschickt werden.

Handelt es sich um schlaffe Constitutionen mit geringer Reaction,
wählt man zweckmässig alpine Eisenquellen aus, welche noch reich
an freier Kohlensäure sind, wie die von St. Moritz oder überhaupt im
Gebirge liegenden, wie von Cudowa, Flinsberg, Altheide, Rippoldsau, Petersthal, Autogast, Elster, wo man mit der Trinkcur
kräftige Stahlbäder verbinden kann. Auch die Harzbäder von Griessbach (Aerztl. Mittheilungen aus Baden, 1885, No. 15, 16) sind bei
dieser Form der Pubertätschlorose lebhaft empfohlen worden.

Nicht selten findet man bei Chlorotischen der eben genannten Kategorie sehr reichliche Menstruation, die mitunter zur erschöpfenden Menorrhagie ausartet. Solche Kranke dürfen keine an Kohlensäure reichen Stahlbäder gebrauchen und sind auf kühle Eisenvitriol enthaltende Moorbäder angewiesen, wie sie in Elster, Franzensbad und Marienbad sich vorfinden. In gleicher Weise erweisen sich bei ihnen Eisenvitriolwässer, innerlich und äusserlich gebraucht, nützlich. Knauthe, früher in Meran (Archiv für Heilkunde von Wagner, XVI., 2, S. 105 u. ff.. 1875), rühmt ihre vorzügliche Wirkung bei derartigen Leiden.

So augenscheinlich und anerkannt die günstige Wirkung ist, welche Eisenwässer auf Chlorose ausüben, so wenig lässt sich die Thatsache wegleugnen, dass einzelne anscheinend ganz ähnliche chlorotische Erkrankungen trotz rationellen Eisengebrauchs gänzlich unbeeinflusst bleiben. Man hat diese Misserfolge auf verschiedene Weise zu erklären versucht. Für uns geht aus ihnen die Mahnung hervor, in solchen Fällen vom Weitergebrauch von Eisenwässern gänzlich abzusehen.

Man hat nach einem Ersatz für das Eisen resp. die Eisenwässer gesucht und geglaubt, in der methodischen Zufuhr von Sauerstoff zu den Athmungsorganen einen solchen gewissermassen gefunden zu haben. Von diesem Gedanken geleitet, hat Brügelmann (Deutsche medic. Zeitung. 1886, No. 76) seine Kranken Sauerstoffeinathmungen machen lassen und diese mit der Kur am Inselbade verbunden. Solche Einathmungen lassen aber den Zweck lebhafterer Anregung des Stoffwechsels nicht erreichen. Als Beweis dafür können die Versuche von Regnault und Reiset gelten, nach welchen der Sauerstoffverbrauch beim Athmen von reinem Sauerstoff nicht höher ist, als beim Athmen von atmosphärischer Luft, sowie die späteren Untersuchungen von Hermann und Pflüger, die in neuester Zeit durch die Arbeiten von Speck über die Wirkung des Sauerstoffgehalts der Luft auf die Athmung des Menschen (Zeitschr. für klin. Med., XII., 5, 6, 1887) von Neuem Bestätigung gefunden haben. Diesen letzteren zufolge veranlasst der zugeführte Sauerstoff weder den Verbrauch des organischen Stoffes, noch die chemische Action, sondern dient nur zum Ersatz des verbrauchten, wenn der zur Kohlensäurebildung verwendbare intramoleculäre Sauerstoffvorrath in genügender Menge nicht mehr vorhanden ist.

Diesen Zweck, bezichentlich die Erhöhung des allgemeinen Stoffwechsels lässt aber jedenfalls besser der von Liebig in gleicher Absicht empfohlene höhere Luftdruck erreichen (Deutsche medicinische Wochenschr., 1883, No. 22). Denn nach Speck (l. c.) bleibt bei der Athmung atmosphärischer Luft immer ein Theil des Hämoglobins und auch der Sauerstoff bedürftigen chemischen Affinitäten mit Sauerstoff ungesättigt; diese Sättigung aber vollzieht sich, wenn der Sauerstoff in concentrirterer Form zugeführt wird, und ist bei etwa 3 Atmosphärendruck vollendet. Aus diesen Versuchen lässt sich wohl der Schluss ziehen, dass der von Liebig empfohlene erhöhte Luftdruck Vermehrung und Verbesserung der Sauerstoffaufnahme und dadurch Erhöhung des allgemeinen Stoffwechsels bewirke und auf diese Weise indirect zum Heilmittel für Chlorose werden kann.

Bei leichteren Fällen von Chlorose kann auch die Hydrotherapie als Ersatzmittel für das Eisen dienen, und ebenso können auch Seebäder und Seeluft unter gleichen Verhältnissen sich nützlich erweisen. In ersterer Beziehung sei auf die längst bekannten Empfehlungen von Fleury, in letzterer auf die von Lebert (Schweiz. Corresp.-Bl., 1876, V. 19) hingewiesen, welcher die neurotische Chlorose in die nördlichen, die das Bild der Anämie mehr darbietende Form in die südlichen Stationen verweist.

Wir haben bereits oben auf die Bedeutung der arsenhaltigen Quellen von Baden-Baden bei Anämien überhaupt hingewiesen. Frey empfiehlt (l. c.) sie nun ganz besonders für jene Fälle von Chlorose, wo das Eisen nicht vertragen wird, es sich um reizbare Naturen handelt, oder wo hinter der Chlorose sich die Schwindsucht birgt, oder auch die Verhältnisse es fordern, die katamenialen Blutungen möglichst weit hinaus zu schieben. In allen solchen Fällen behauptet er in Baden-Baden sehr gute Curresultate erzielt zu haben. Aehnliches berichtet Descombes von den arsenhaltigen Natronthermen zu Royat (Gaz. des hôpitaux 1886, No. 60). Auch er sah von dem curgemässen Gebrauche derselben bei Chlorose und Anämien sehr günstige Resultate, insbesondere, wenn diese von Digestionsstörungen ausgingen oder mit ihnen combinirt waren und Eisen nicht vertragen wurde. Ebenbürtig den französischen Wässern in Bezug auf Wirkung bei Chlorose muss auch die Eugenquelle von Cudowa hingestellt werden. Jacob (Veröffentl. der Gesellschaft für Heilkunde in Berlin, Balneolog., Section XI, 1886, S. 40) sah bei einer Menge von Chlorotischen, welche früher andere gesuchte Eisenwässer gebraucht hatten, bei dem curgemässen Gebrauche seiner Quellen weit grössere Wirkungen, als sie alle sonstigen natürlichen Eisenwässer darboten.

Auch Moorbäder leisten bei solchen Chlorotischen mit hochgradig nervöser Reizbarkeit treffliche Dienste, können aber specifische Curen nicht ersetzen.

In einzelnen Fällen von Chlorose, wo kein Mangel an Eisen und Hämoglobin, vielmehr ein solcher an Schwefel zur Bildung der Eiweissmolecüle stattzufinden schien, hat man auch Schwefelquellen empfohlen, ob mit Nutzen, mag dahingestellt bleiben.

Noch sei darauf hingewiesen, dass es nicht immer gelingt, mit einer einzigen Brunnencur die Chlorose zu beseitigen. Sie fordert meist Wiederholung der Cur für mehrere Jahre und ein fortgesetztes geeignetes Regimen. Das eben Gesagte findet auch auf die die Chlorose meist begleitende Amenorrhöe seine Anwendung. Auch hier darf man nicht vergessen, dass der Wiedereintritt der Menstruation meist nur langsam erfolgt, und dass gewaltsame Eingriffe hierbei schädlich sind.

b) Die perniciöse Anämie.

Die essentielle oder sogenannte perniciöse Anämie, zu deren Bekämpfung unter vielen andern Mitteln auch Eisen und eisenhaltige Quellen Empfehlung gefunden haben, kann, so lange sie jeder ätiologischen Einheit entbehrt und nur als Inbegriff gewisser Symptome aufzufassen ist, balneotherapeutisch nicht rationell behandelt werden. Im Uebrigen sind nach Immermanns und Biermers reicher Erfahrung alle therapeutischen Massnahmen bis jetzt gänzlich erfolglos geblieben, so dass man auch von der Balneotherapie nicht viel erwarten darf.

c) Leukämie und Pseudoleukämie.

Die Leukämie und sogenannte Pseudoleukämie finden sich ebenfalls nicht selten an Eisenquellen zur Cur ein. Die Ansicht Virchow's, dass es sich bei dieser Krankheit zunächst um ausbleibende Umwandlung der weissen Blutzellen in rothe handelt, hat, gestützt auf den Befund von Voit, dass es zur Bildung dieser letzteren nur dann kommt, wenn Eisen in die Blutmasse eintritt, dahin geführt, die Leukämische nach Eisenbädern hin zu dirigiren. Leider aber sind die an denselben erlangten guten Curresultate sehr spärliche, und selbst der Rath Moslers, leukämische Kranke an einen der geschützten Curorte mit Stahlbrunnen einen lang ausgedehnten Aufenthalt nehmen zu lassen, hat ebensowenig befriedigende Resultate geliefert. Auch Badecuren in Kreuznach, an Schwefelquellen, an der See, welche vielfach empfohlen wurden, haben nichts geleistet. Inwieweit die von Frey (l. c.) empfohlene Anwendung der arsenhaltigen Quellen von Baden-Baden ihre Empfehlung rechtfertigt, muss bei dem Mangel anderweitiger Beobachtungen noch dahingestellt bleiben. Ganz resultatlos scheint dieselbe nicht zu sein, da Frey zwar kein Verschwinden der Leukämie, wohl aber eine wesentliche Aufbesserung des Allgemeinbefindens durch eine Badener Cur beobachten konnte. Gewissermassen eine Stütze findet die Frey'sche Empfehlung in der in neuerer Zeit gewonnenen Erfahrung, dass Arsen in Form der Fowler'schen Lösung diesen Process bei der Pseudoleukämie mehrfach zum Stillstand, sogar zur Heilung gebracht hat (Wiener medic. Wochenschr. 1871, No. 44. — Ibid., 1877, No. 1—4. — Berlin. klin. Wochenschr., 1880, No. 52).

d) Die Werlhoff'sche Blutfleckenkrankheit.

Gegen die Werlhoff'sche Blutfleckenkrankheit hat Thilenius (dessen Balneotherapie, 9. Aufl., 1882, II. Theil, S. 17) Trink- und Badecuren an kohlensauren Eisenwässern und mit Moorbädern zu versuchen empfohlen und hält hierzu die Eisenquellen von Elster, Franzensbad, Steben, König Ottobad und Pyrmont für geeignet. Diese Empfehlung hat auch an andern Curorten mit Eisenquellen ein Echo gefunden, und so empfiehlt auch Frickhöffer (Grossmann, Die Heilquellen des Taunus, 1887, S. 349) gegen die Blutfleckenkrankheit den ausgedehnten internen Gebrauch des Schwalbacher Stahlbrunnens. Er behauptet, dass durch eine geeignete Trinkcur mit demselben recht Günstiges geleistet werden könne. Diese Erfahrung hat man auch in Elster gemacht und damit die Empfehlung von Thilenius gerechtfertigt.

Vergessen darf man aber bei diesen Eisencuren nicht, dass allen mit Kohlensäure stark belasteten Stahlquellen eine stark erregende

Wirkung auf das peripherische Nervensystem und indirect auf das Ge-
fässssystem inne wohnt, wenn sie in Form von Bädern genommen werden,
und deswegen, wie auch aus andern Gründen, die Badecur gegen die
Trinkcur zurückstehen muss, wenn man sich nicht der Gefahr des Ein-
tretens erschöpfender Blutungen aussetzen will. Aber auch diese fordert
Vorsicht im Gebrauche und passt erst dann, wenn die Krankheit mehr
die Erscheinungen der Anämie, als die der Hämorrhagie zeigt und keine
störende Complication erkennen lässt.

III. Die Scrofulose.

Der Therapie der Scrofulose fällt bekanntlich die Aufgabe zu,
verändernd auf die Ernährung des Individuums in ihrer Gesammtheit
einzuwirken und unter Erhöhung der Leistungsfähigkeit des Blutes und
der Nerven die scrofulöse Constitutionsanomalie umzuändern.

Dieselben Ziele hat selbstverständlich auch die Balneotherapie
zu verfolgen. Sie sucht zunächst in methodisch geleiteten Badecuren,
denen nicht selten Trinkcuren sich anschliessen müssen, mit Unterstützung der Klimatotherapie diesen Zweck zu erreichen.

Zu solchen Curen haben die verschiedensten Mineralquellen Anwendung gefunden, und Thilenius kommt bei einer Kritik derselben zu
dem Schluss, dass man durch Trink- und Badecuren mit allen Mineralquellen unter Beihülfe einer passenden tonisirenden Diät und klimatischen
Einwirkungen dieser Indication zur Aufbesserung der Gesammternährung
nachzukommen vormag. Die meisten einst gerühmten specifischen Heil-
wässer sind gegenwärtig entweder ganz vergessen oder finden zu anderen
therapeutischen Zwecken ihre Benutzung. Die heutige Balneotherapie
beschränkt sich hauptsächlich auf die Anwendung kochsalzhaltiger
Quellen, Trink- wie Badequellen, namentlich von Soolquellen, sowie
chlorcalciumhaltigen Wässern und Jodquellen, deren Wirkungsweise vom Kochsalz nicht allzusehr beeinflusst wird, und legt auf entsprechende Ernährungsweise und geeignete klimatische Verhältnisse ein besonderes Gewicht, wobei sie zugleich in Rücksicht zieht,
ob der Charakter der Gesammtconstitution ein erethischer oder torpider ist.

Wie bereits angedeutet, zerfällt die balneotherapeutische Behandlungsweise der Scrofulose in eine Trink- und eine Badecur.
Für beide wird man je nach dem Grade der Ausbildung der Krankheit
und der Empfindlichkeit des Nervensystems stärkere oder schwächere,
kalte oder laue oder auch mit Kohlensäure belastete, hoch oder in der
Ebene gelegene Mineralquellen, kochsalzhaltige oder jodhaltige oder anderer Art zu wählen haben.

Handelt es sich mehr um Beseitigung einer gewissen Anlage zur
Scrofulose und ist das Individuum erethischer Natur, wird so
man wohl thun, milde Kochsalzthermen zu wählen. von denen die
von Wiesbaden und Baden-Baden schon wegen des milden Klimas des
Curorts sich mehr als andere empfehlen. Aber nicht blos beim scrofulösen Habitus, auch bei bis zu einem gewissen Grade ausgebildeter
Krankheit selbst erweisen sich diese Thermen, zu denen noch die Euga-

neischen Kochsalzthermen, wie die zu Battaglia zu rechnen sind,
als besonders wirksam. Zur Bekräftigung des Gesagten sei auf die Erfahrungen von Heymann und Frey hingewiesen. Ersterer bemerkt in
Bezug auf Wiesbaden (Die Mineralquellen und der Winteraufenthalt in
Wiesbaden. Wiesbaden 1875), dass bei der erethischen Form der Scrofulose durch die innere und äussere Anwendung des Kochbrunnens nicht
nur Scrofeln der Haut, der Schleimhaut, des Unterhautzellgewebes und
der Lymphdrüsen, sondern nach längerem Curgebrauche desselben nicht
selten auch scrofulöse Gelenk- und Knochenentzündungen gebessert werden. Frey (Deutsche medic. Wochenschr. 1886, XII., 19, 20) berichtet
von Baden-Baden Gleiches und hebt dabei hervor, dass die erethischen
Scrofeln wegen der beruhigenden Wirkung der dortigen lauwarmen Bäder
und der die Verdauung anregenden Eigenschaft der arsenhaltigen Trink-
wässer für die dortige Cur auch dann noch besonders sich eignen, wenn
die scrofulösen Kinder von kranken alten Eltern stammen, die Drüsenanschwellungen nicht zurückgehen oder gar vereitern.

Verrathen die constitutionellen Verhältnisse des kranken Individuums
eine weniger reizbare Natur, dann können auch leichteres hydropathisches Verfahren und Ostseebäder zur Anwendung kommen, namentlich wenn einige warme Wannenseebäder den Bädern in offener See vorausgeschickt werden. Der scrofulöse Habitus pflegt durch sie meist sehr
günstig beeinflusst zu werden.

Ist es zur vollständigen Ausbildung der Krankheit gekommen
und zeigt die Gesammtconstitution den Charakter ausgesprochener
Torpidität, dann kommen die eigentlichen Soolbäder mit höherem
Gehalte an Kochsalz oder auch an Chlorcalcium auch wohl an
Kohlensäure an die Reihe und ihre die Haut reizende Wirkung zur
therapeutischen Anwendung. Ist diese auch allen Soolbädern mehr oder
weniger gemein, so haben doch Tradition und Gewohnheit einzelnen verschiedenen Soolquellen gewisse scrofulöse Krankheitsformen zugewiesen,
wozu eine wissenschaftliche Begründung nicht vorliegt, die aber ungeachtet
dessen ihre Domäne geworden sind. So hat man sich in Deutschland
daran gewöhnt, bei bestehenden Drüsenanschwellungen am Halse,
in der Achselhöhle, in der Inguinalgegend den jod- und bromhaltigen
Soolen und Mutterlaugen von Kreuznach, Dürkheim, Arnstadt,
Elmen, Salzungen, Wittekind, Berchtesgaden und Reichenhall
vor ähnlichen Soolquellen den Vorzug zu geben, während in südlichen
Ländern, namentlich in Oesterreich, zu gleichem Zweck die Darkauer
Soole, die Kochsalzwässer von Aussee, Ischl, Iwonitz, Hall in
Tirol und Oberösterreich (Badesalz), Castrocaro vorzugsweise gewählt
werden. Auch die eigentlichen Jodquellen, wie die von Krankenheil
bei Tölz, die Adelheidsquelle bei Heilbrunn, Hall in Oberösterreich,
Zaizon in Siebenbürgen, Saxon-les-bains im Canton Wallis, Lippik
in Ungarn, Wildegg in der Schweiz haben sich bei gleichen scrofulösen Affectionen den seit Jahren erworbenen Ruf besonderer Heil-
kraft zu erhalten gewusst, wogegen die stoffreichen Soolbäder von
Rothenfelde in Westfalen, Juliushall, Köstritz, Artern, Jaxt-
feld, Rheinfelden, Arnstadt u. a. gegen torpide, tief gehende,
der Heilung stark widerstehende Ulcerationen der Drüsen und bei

hartnäckigen Erkrankungen der äussern Haut, wenn dieselben an vorausgegangene Scrofulose erinnern, besonders gerühmt werden, und die kohlensauren Thermalsoolen von Oeynhausen, Nauheim und Soden sowie von Werne bei gleichzeitig mangelnder Energie des gesammten Nervensystems, vorzugsweise Darniederliegen der functionellen Thätigkeit des Rückenmarks mit Vorliebe Anwendung finden. Scrofulöse Knochenleiden und Periostitiden werden meist in jodhaltige Soolquellen besonders nach Hall in Oberösterreich gewiesen und erfahren an denselben in der Regel günstige Veränderungen, während Coxalgie und Ischias in den oben genannten kohlensauren Soolthermen erfahrungsgemäss das beste Heilmittel, wenn auch nicht ausnahmslos, zu erwarten haben.

Nicht selten macht sich neben der Badecur auch der interne Gebrauch von Kochsalz- und von Jodquellen nothwendig. Von ersteren werden dann gern die Kochsalzsäuerlinge von Kissingen, Soden, Homburg, Nauheim, Salzschlirf, wenn Magen- und Darmkatarrhe nebenbei bestehen, von letzteren die Quellen von Hall in Oberösterreich und Tirol, die Adelheidsquelle und die Jodquelle von Krankheil, wenn eine Complication mit Syphilis und chronische Exsudate vorhanden sind, gewählt. Sobald aber Katarrhe der Respirationsschleimhaut hinzugetreten sind und man bacilläre Infection der Lungen befürchten muss, gebietet die Nothwendigkeit, die milden kochsalzhaltigen Trinkquellen von Soden oder alkalisch-muriatische Quellen heranzuziehen.

Den Soolbädern zunächst stehen in ihrer Bedeutung als Heilmittel für Scrofulose die Seebäder, die theils als kalte offene Seebäder, theils als warme Wannenbäder zur Verwendung kommen. Wir haben bereits oben auf die Wichtigkeit der Ostseebäder in dieser Beziehung hingewiesen, aber auch die Bäder in der Nordsee, im Ocean und im Mittelmeere stehen hierbei nicht zurück. Sie haben überall da ihre Indication, wo Soolbäder sie haben, bieten aber vor diesen noch den Vortheil des Genusses der Seeluft, welche in gleicher Richtung wie diese wirkt und dadurch für Seebadecuren zum schätzenswerthen Unterstützungsmittel wird. Ausser dem Bade und der Seeluft im Allgemeinen sind noch die klimatischen Verhältnisse der Seebadestationen zu berücksichtigen und der Individualität des Kranken entsprechend ist die Wahl zwischen nördlichen und südlichen Seebädern zu treffen. Kräftige, mehr widerstandsfähige, torpidere Naturen wird man mehr den nördlichen, der Schonung bedürftige, brustschwache Individuen zweckmässiger den südlichen Stationen zuweisen.

Ob Seebäder und Soolbäder als gleichwerthige therapeutische Factoren bei Scrofulose gelten können, darüber sind die Ansichten auch heutigen Tages noch getheilt. Gewisse Differenzen scheinen zwischen beiden doch zu bestehen. So will man beobachtet haben, dass scrofulöse Hautausschläge in den Soolbädern schneller heilen, als in den Seebädern (Seehospizen), sowie dass die Augenaffectionen Scrofulöser in ersteren gründlicher beseitigt werden, als in letzteren. Dagegen scheinen Seebäder vor den Soolbädern einen bedeutenden Vorzug zu haben, wenn man den Erfolg beider an sich ver-

gleicht. Nach Brehmer (Der 11. schlesische Bädertag. Reinerz 1883.
S. 10) schwankt der Procentsatz der Heilungen in den Seehospizen
zwischen 50 und 78 pCt., der in den Soolbäderasylen Genesener zwischen
15 und höchstens 38 pCt.

Eine ganz wesentliche Frage in der Therapie der Scrofulose ist
die Beschaffenheit der Luft. Eine reine sauerstoffreiche Land-
oder Waldluft oder Seeluft gehört zu den ersten Bedingungen einer
erfolgreichen Cur. Die wohlthätigen Folgen, welche die in neuerer Zeit
in's Leben gerufenen Feriencolonien, sowie Orts- und Klimawechsel
überhaupt für scrofulöse Kinder haben, bestätigen das eben Gesagte.
Noch mehr aber beweisen es die Erfahrungen, welche man an den Seehospizen der deutschen Nord- und Ostseeküste gemacht hat, wie aus
den Mittheilungen von Mettenheimer in Schwerin (Verhdl. d. Gesellschaft f. Heilkunde in Berlin. XI. 8. balneolog. Section 1886. S. 85)
über dieselben hervorgeht. Wo aber eine mildere Luft, als sie Nord-
und Ostsee bietet, zweckmässiger erscheint, sind die Seestationen am
Mittelmeere, wie zu Cannes, Nizza u. a., am Ocean: Arcachon,
Biarritz, San Sebastian, Santander, am Canal: Torquay, Ven-
tuor, überhaupt die Insel Wight und die englische Südküste zu
empfehlen.

Unleugbar hat auch der höhere Luftdruck an der See einen gewissen Antheil an der vortheilhaften Wirkung, welche die Seeluft auf
solche Kranke ausübt. v. Liebig in Reichenhall hat ihn zum Gegenstand seiner Studien gemacht und dabei gefunden (Deutsche medic.
Wochenschr. 1883. No. 22), dass er auf alle Krankheitszustände vortheilhaft einwirkt, welche mit verlangsamter Strömung in den Lymph-
gefässen, wie dies bei Scrofulose der Fall ist, verbunden sind.

Aber auch der verminderte Luftdruck im Gebirge scheint nicht
minder günstig auf Scrofulose einzuwirken, insbesondere, wenn ein
Soolbad nebenbei gebraucht werden kann, wie Berichte aus Ischl,
Aussee, Gmunden und anderen hochgelegenen Curorten bestätigen.
Es bleibt freilich hierbei unentschieden, welcher Antheil an dem Hei-
lungsvorgange dem verminderten Luftdruck und welcher dem Soolbade
zuzuschreiben ist.

Berücksichtigung bei der Auswahl klimatischer Curorte und von
Sommerfrischen für Scrofulöse verdient noch der Charakter der Gesammtconstitution des Individuums. Kranke mit erethischer
Constitution müssen Orte mit Windschutz, gleichmässigem
Klima und nur mittlerer Seehöhe, wenn thunlich in waldiger Gegend
gelegene, wie sie Thüringen vielfach bietet, z. B. Friedrichsroda aufsuchen, wogegen torpide Naturen das rauhere Waldklima höherer
Gebirge, das Alpenklima und vor Allem das Seeklima am Nord-
seestrand oder einer Nordseeinsel. wie Sylt, Föhr, Borkum u. a.,
vorzuziehen haben.

IV. Die Gicht.

Die Gicht gehört bekanntlich zu denjenigen constitutionellen Erkrankungen, gegen welche die Balneotherapie vorzugsweise herangezogen

wird. Die Aufgabe indess, welche dieser hierbei zufällt, lässt sich zur Zeit nicht genau präcisiren, weil man über die Ursachen, welche der gichtischen Diathese zu Grunde liegen, wie über die Art der Entstehung der Gichtanfälle noch nicht ins Klare gekommen ist. Jedenfalls aber steht so viel fest und geht aus den Garrod'schen Untersuchungen mit Sicherheit hervor, dass die Gicht als schwere constitutionelle Krankheit angesehen werden muss, welche den Stoffwechsel wesentlich alterirt und die Ansammlung von Stoffen der rückbildenden Metamorphose begünstigt.

Hiernach lässt sich die balneotherapeutische Indication im Allgemeinen dahin formuliren, dass ausgedehnte Trink- und Badecuren, denen in vielen Fällen körperliche Uebungen und Massage sich anschliessen müssen, sowie eine den individuellen Verhältnissen des Kranken entsprechende Regulirung der Diät die darniederliegende Verdauungsthätigkeit zu heben, die Darmfunctionen und die Harnsecretion anzuregen und der allzu reichlichen Fettbildung entgegen zu wirken haben.

Hierbei nun spielen der Natur der Gicht gemäss Trinkcuren eine besonders wichtige Rolle. Einerseits ist es das Wasser als solches, welches seinen wohlthätigen Einfluss hierbei geltend macht, andererseits sind es die in ihm gelösten Salzverbindungen, welche fördernd auf den Stoffwechsel und die Oxydationsvorgänge im Blute einwirken. Am einfachsten ist in dieser Beziehung unleugbar der reichliche methodische Genuss gewöhnlichen Wassers, wie er von Priessnitz einst angeregt wurde. Auch die ehemals von Cadet de Vaux empfohlene Wassercur dürfte in etwas anderer Gestalt und vernünftig geleitet, gleichen Nutzen gewähren. Von den Salzverbindungen sind es besonders die kohlensauren Alkalien, welche hierbei in Frage kommen und demgemäss die alkalischen Quellen, kalte wie warme, welche zunächst gegen Gicht in Anwendung gebracht werden. Die Eigenschaft dieser, die Harnsäure in eine löslichere Form zu bringen und zur Ausscheidung aus den Säften und Geweben geeigneter zu machen, hat vorzugsweise ihren Ruf als Antarthritica begründet und festgehalten.

Einer besonderen Beliebtheit unter den alkalischen Wässern in der Therapie der Gicht erfreuen sich in Deutschland namentlich als diätetisches Heilmittel: der Fachinger Natronsäuerling, der Geilnauer Sauerbrunnen, der Kronthaler Apollinarisbrunnen, der Birresborner Säuerling, der Harzer Säuerling, der Tönnisteiner Heilbrunnen im Brohlthale, der Roisdorfer Sauerbrunnen und vor allen der Natronsäuerling zu Selters, in den österreichischen Staaten die alkalischen Säuerlinge von Preblau, Radein, Bilin, Giesshübel, Krondorf, die Fellathalquellen, und in der Schweiz die Passuggquellen, wogegen die alkalischen Wässer von Ems, Vichy, Neuenahr, Luhatschowitz, Gleichenberg, Szczavnica, Royat und Mont-Dore beide in Frankreich, in erster Linie mehr zu eigentlichen methodischen Trinkcuren Verwendung finden.

Gleichwerthig mit den eben genannten Natronwässern in Bezug auf die lösende Eigenschaft für Harnsäure hat man, gestützt auf die Affinität dieser Säure zum Lithium, diejenigen Mineralwässer hingestellt und als Antarthritica erklärt, welche eine solche Menge Lithium enthalten, dass von ihnen eine besondere harnsäurelösende Wirkung noch zu erwarten steht. Als solche Wässer gelten die Mur- und Fett-quellen zu Baden-Baden, der Oberbrunnen und die Kronenquelle zu Salzbrunn in Oberschlesien, die Königsquelle zu Elster, die Chliare von Assmanshausen, die Natron-Lithionquelle zu Weilbach, der Bonifaciusbrunnen zu Salzschlirf und die Salvator-quelle zu Szinye-Lipócz in Ungarn. Beurtheilt man aber den thera-peutischen Wirkungswerth aller dieser Quellen nach dem quantitativen Auftreten des Lithiums gegenüber dem des kohlensauren Natrons in den obigen alkalischen Wässern, so lässt sich nicht wohl in Abrede stellen, dass die Lithionwässer in ihrer Wirksamkeit gegen Gicht diesen letzteren nachstehen müssen. Anders dürfte es mit dem von Struve dargestellten künstlichen Lithiumwasser sein, welches einen mehr als zehnfach höheren Lithiumgehalt enthält, als die gehaltreichste natürliche Quelle davon besitzt.

Wenn Dyspepsien und Neigung zu Darmkatarrhen infolge von Säureüberschuss nebenbei bestehen, sind zunächst die Thermen von Karlsbad am Platz, namentlich wenn Blutstauungen im Unterleibe, Leberanschwellungen, chronischer Magen- und Darmkatarrh hinzugetreten sind. In solchen Fällen, aber auch wo es sich nur um Beseitigung der sogenannten Vorboten der Gicht handelt, sah Fleckles sen. (Thermal-behandlung der Gicht in Karlsbad. Leipzig, 1879. — Deutsche Klinik 1870, No. 12) von der Karlsbader Cur vortreffliche Resultate, wogegen bei hartnäckiger Stuhlverstopfung die alkalisch-sulfatischen Quellen von Marienbad, Elster-Salzquelle, Tarasp zweckmässiger sich erweisen.

Unter ähnlichen Verhältnissen, wie die alkalisch-sulfatischen Quellen kommen auch die kohlensauren Kochsalztrinkquellen von Hom-burg, Kissingen, Nauheim, Soden, Kronthal, Orb, Neuhaus und andere bei Gicht zur Verwendung. Auch diese haben ihre Indi-cation, wo die Thätigkeit des Darmrohres anzuregen und die Aufbesse-rung der Gesammtconstitution wirksam zu unterstützen ist.

Auch die Schwefelwässer haben bei bestimmten Formen der Gicht eine gewisse Bedeutung sich gesichert. Für sie eignen sich namentlich jene plethorischen Constitutionen, bei welchen der Stoff-wechsel darniederliegt, eine Verminderung der rothen Blutzellen ohne Schädigung der Gesammtconstitution ertragen wird und Blutstockungen im Gebiete der Pfortader, sowie Hämorrhoidalleiden bestehen. In solchen Fällen werden die Quellen von Weilbach, Nenndorf, Eilsen, vor allen aber die Thermen von Aachen und von Baden in der Schweiz, die Euganeischen Thermen, das Herculesbad bei Mehadia, Pistjan und andere Schwefelwässer sehr gerühmt. Von Weilbach berichtet Stifft (Grossmann, die Heilquellen des Taunus, Wiesbaden, 1887, S. 96), dass dort des Oefteren Fälle von chronischer Gicht, aber mit wechselndem Erfolg zur Behandlung gekommen sind. War der Erfolg günstig, so wurde bald und zuerst die Schmerzhaftigkeit der befallenen Gelenke beseitigt, bei genügend durchgeführter und wiederholter Cur unter Abnahme der Anschwellungen die freie Beweglichkeit der Gelenke hergestellt. Besonders günstige Beobachtungen liegen in dieser Beziehung über Aachen vor. Beissel fand bei seinen Stoffwechseluntersuchungen (Balneolog. Studien mit Bezug auf die Aachener und Burtscheider Thermalquellen, Aachen, 1888), dass nach dem Gebrauche der dortigen Dampfbäder und bei Trinkcuren der procentische Gehalt des Harns an Harnstoff und Harnsäure bedeutend erhöht wurde. Seiner Ansicht nach (l. c., S. 68) ist es besonders die atonische viscerale Gicht, bei welcher das Aachener Thermalwasser seine Indication als Trink- und Badecur findet. Nach G. Mayer soll (Berl. klin. Wochenschr., XXI., 13, S. 200, 1884) die Aachener Thermalcur in Verbindung mit den nöthigen diätetischen Massnahmen bei Gichtkranken sogar eine fast specifische Wirksamkeit besitzen, und sollen die in Aachen erzielten Curerfolge weit über die in Karlsbad und Wiesbaden erreichten stehen.

Endlich sind auch eisenhaltige Trinkquellen zu erwähnen, welche bei Behandlung der Gicht in Frage kommen können. Es sind besonders anämische cachectische Arthritiker, welche durch oft wiederholte schmerzhafte Gichtanfälle geschwächt wurden, die ihrer besonders bedürfen. Die salinischen Stahlquellen von Elster, Franzensbad, Rohitzsch, Rippoldsau sind hierbei besonders indicirt, aber auch die reineren Eisenwässer von Schwalbach, Steben, Alexandersbad, Spa, Brückenau u. a. m. finden vortheilhafte Verwendung, wenn sonst Störungen in den Verdauungsorganen ihren Gebrauch nicht verbieten. Schon vor mehr als vierzig Jahren hat Reichel die Eisenquellen von Steben Arthritikern lobhaft empfohlen.

Eine sehr wesentliche Unterstützung finden die eben besprochenen Trinkcuren in Badecuren. Sie haben alle bei ihrer Verschiedenheit den Zweck, die harnsaure Diathese bekämpfen zu helfen und die Residuen nach Gichtanfällen zu beseitigen. Sie finden besonders bei den Gelenkleiden der Arthritiker ihre Anwendnng.

Bei der Hartnäckigkeit, mit welcher diese Leiden dem Einflusse der Bäder zu widerstehen pflegen, und bei den verschiedenartigsten Complicationen, welche bisweilen hinzutreten, hat man die verschiedensten Bademethoden, von den mildesten an bis zu den am meisten auf- und anregenden in Anwendung gebracht. Die ersteren greifen besonders da Platz, wo in Folge anhaltender Schmerzen das gesammte Nervensystem sich in einem krankhaften Reizungszustand befindet. Hierbei erweisen sich die indifferenten Thermen von Teplitz, Warmbrunn, Johannisbad, Badenweiler, Schlangenbad, Wildbad, Tüffer, Gastein, Ragaz-Päfers u. a. als sehr beruhigend und heben die gesunkene Energie des Nervensystems, wirken aber auch in leichteren Fällen günstig auf die gesetzten Harnsäureablagerungen ein.

Auch die kohlensauren Soolbäder von Soden, Rehme und Nauheim oder auch die alkalischen Thermalbäder von Ems, Neuenahr, Vichy, dessen Cölestinerquelle einen besonderen Ruf gegen Gichtleiden sich erworben hat, die Thermalbäder von Karlsbad, die erdigen Thermen von Leuk und Bath üben auf die ebengenannten Reizungszustände der Gicht einen wohlthätigen Einfluss aus.

Einen besonderen Ruf in der Gichttherapie haben sich die Thermen von Wiesbaden erworben, deren Wirkungsweise in der daselbst beobachteten Bademethode unleugbar eine sehr wichtige Stütze findet. Wenn ein Gichtkranker, sagt Pfeiffer (Grossmann, die Heilquellen des Taunus, Wiesbaden, 1887), welcher an einem acuten oder subacuten Gichtanfall erkrankt war, sich, sobald er nur irgend reisefertig ist, nach Wiesbaden begiebt, so wird er sicher meist schon nach wenigen Tagen wieder gehfähig. Gleich günstige Resultate beobachtet man daselbst, wo Kranke mit noch dick geschwollenen Zehen, Füssen oder Knieen behaftet sich nur unter den grössten Schmerzen hinschleppen können, und Pfeiffer versichert, dass schon zwei bis drei Bäder Schmerzen und Anschwellung zum Verschwinden bringen.

Die beste Zeit zur Vornahme einer Badecur in Wiesbaden ist nach demselben Autor die Zeit unmittelbar nach überstandenem Anfalle, weil nicht nur die Badewirkungen zu dieser Zeit die ausgiebigsten, sondern auch die sonst zuweilen auftretenden Schmerzen oder erneuten Gichtanfälle nicht zu erwarten sind.

Mit dem Verschwinden der Residuen des Anfalls und mit der wieder erlangten Gehfähigkeit ist aber die Gicht, wie Pfeiffer mit Recht hervorhebt (l. c.), noch nicht geheilt oder auch nur gebessert, und erst die Bekämpfung der harnsauren Diathese schliesst die Badewirkung ab, zu deren Unterstützung es ganz unerlässlich erscheint, das gleichzeitige Trinken des Kochbrunnens mit der Badecur zu verbinden.

Aehnliche Dienste wie die Bäder zu Wiesbaden dürften auch die zu Baden-Baden leisten.

Bei besonders hartnäckiger, äusserst chronisch verlaufender Gicht mit torpidem Charakter hat man die heissen, stark excitirenden Schwefelthermen mit Kochsalzgehalt mit Vorliebe. in Anwendung gezogen. Als besonders wirksam nach dieser Richtung hin haben sich die Schwefelthermen von Aix in Savoyen, Baden im Aargau, die Herculesbäder von Mehadia, die Thermen von Töplitz-Warasdin, von Pystian, von Burtscheid und Aachen erwiesen und erfreuen sich eines besonderen Rufes als Antarthritica. Von wesentlicher Bedeutung ist bei ihnen die Methode, unter welcher sie zu Badezwecken Verwendung finden, und die gleichzeitige Anwendung der Massage, welche eine sehr ausgedehnte zu sein pflegt. Auch die Thermalbäder von Baden bei Wien, Trentschin, Harkany, Schinznach, Lavey, Monfalcone und verschiedene Schwefelthermen in den Pyrenäen, sowie die Euganeischen Thermen, bei welchen nächst ihrer hohen Temperatur noch Badeschlamm zur Unterstützung der Badecur Anwendung findet, leisten gegen die gichtische Diathese und als Resorptionsmittel arthritischer Residuen treffliche Dienste.

Endlich ist noch der Moorbäder und der Schlammbäder zu gedenken. Auch sie sind bei Gichtleiden sehr beliebte Badeformen und wirken gleich erfolgreich gegen die harnsaure Diathese, wie gegen bestehende Gichtablagerungen. Sie sind theils Eisenmoore, theils Schwefelmoore, theils Salzmoore, theils von den Quellen selbst ausgeschiedener Schwefelschlamm und werden sowohl zu allgemeinen Bädern als auch zu Umschlägen verwendet.

In wieweit Kaltwassercuren in Anwendung gezogen werden

können, muss der individuelle Fall lehren. Im Allgemeinen lässt
sich wohl sagen, dass die Gicht für die Hydrotherapie kein günstiger
Boden ist.

V. Die Fettsucht.

Seit Voit und Pettenkofer die Gesetze der normalen Ernährung
und der Fettbildung ins Klare gestellt und in Folge dessen sich auch
die medicinischen Anschauungen über krankhafte Fettablagerung geändert
haben, ist auch die balneotherapeutische Behandlung dieser Ernährungs-
anomalie eine andere geworden. Die entziehende Methode, überhaupt die
Herabsetzung der Ernährung, die früher den ausgiebigen Gebrauch der
Bitterwässer als unbedingt nothwendig erscheinen liess, hat man mit der
Erkenntniss, dass fettleibige Personen mehr als anämische aufzufassen
sind, gänzlich fallen und eine mehr roborirende Behandlungsweise eintreten lassen.

Der jetzigen Anschauung zufolge muss jeder rationellen Therapie
der Fettsucht eine genaue Regulirung der Diät vorausgehen und
auf einer solchen fussen. Dies hatte schon Harvey erkannt, als er die
sogenannte Bantingcur empfahl. Im Laufe der Zeit hat sich aber herausgestellt, dass eine solche ausschliessliche Fleischkost Unzuträglichkeiten
mit sich bringt, die man nicht unbeachtet lassen darf. So ist man
gegenwärtig zu der Ueberzeugung gelangt, dass für Fettsüchtige eine
gemischte Kost die geeignetste Ernährungsweise ist und zwar eine solche,
welche in mittleren Mengen eiweisshaltiger Substanzen, in erster Linie
in Fleisch und nur in geringen Mengen von Kohlehydraten besteht, wobei
zugleich zur Steigerung der Blutbildung und geregelter Blutcirculation
auf genügende körperliche Bewegung und reichlichen Genuss sauerstoff-
reicher Luft zu sehen ist.

Diese diätetischen Grundsätze, die bis zu einem gewissen
Grade die Oertel-Schweninger'schen Principien mit einschliessen,
sind allen balneotherapeutischen Curen Fettsüchtiger unter-
zulegen und mit ihnen zu verbinden, wenn man durch dieselben günstige Erfolge erzielen will.

Die verschiedenen Brunnencuren, welche an Fettsucht leidenden
Kranken zur Zeit empfohlen werden, haben sich sehr vereinfacht und
sind in der Hauptsache auf solche mit alkalisch-salinischen Mineralwässern, in denen das Glaubersalz mit Eisen verbunden
auftritt, zurückzuführen. Es sind daher vorzugsweise die Glaubersalzwässer von Marienbad, die Salzquelle von Elster, die Quellen
von Tarasp-Schuls und die Thermen von Karlsbad, an welche
solche Kranke gesendet werden; indess verdienen die ersteren als kalte
Quellen hierbei den Vorzug vor den warmen Quellen Karlsbads, weil
diese leicht Congestionen nach Kopf und Brust herbeiführen können.

Ueber die Wirkungsweise der alkalischen Glaubersalzwässer
gegen Fettsucht ist man noch im Unklaren. Man glaubte die Erklärung zu derselben in der von Seegen gemachten Angabe, dass die
Einnahme von schwefelsaurem Natron die Umsetzung der stickstoff-

haltigen Körperbestandtheile beschränke und den Oxydationsprocess mehr auf die Fettgebilde des Körpers richte, gefunden zu haben, allein Voit und andere Experimentatoren haben sehr bald die Unhaltbarkeit dieser Seegen'schen Behauptung nachgewiesen und fanden sogar, dass nach dem Genusse von Glaubersalz das Körpergewicht sich jedesmal vermehre. Auf Grund dieser letzteren Beobachtung hat man den glaubersalzhaltigen Quellen von Karlsbad und Marienbad jede Berechtigung eines Heilmittels der Fettleibigkeit sogar abgesprochen und die an diesen Curorten erzielten Erfolge lediglich auf Rechnung der daselbst vorgeschriebenen Diät und der starken körperlichen Bewegung gebracht (Pfeiffer, Balneologische Studien über Wiesbaden. Wiesbaden 1883).

Wenn man indess bedenkt, dass gegenwärtig weder in Karlsbad noch in Marienbad die Diät keineswegs mehr so streng gehandhabt wird, wie ehedem, und fettleibigen Kranken nicht mehr so ermüdende Fusstouren angesonnen werden, immerhin aber bei solchen Kranken nach dem curgemässen Gebrauche der dortigen Wässer eine ganz erhebliche Abnahme des Körpergewichts beobachtet wird, kann man wohl kaum ernstlich in Abrede stellen, dass hier Theorie und Praxis einander schroff entgegenstehen und sowohl Karlsbad, wie Marienbad, Elster-Salzquelle und andere glaubersalzhaltige Wässer den fortgesetzten Gebrauch bei krankhafter Fettbildung wohl rechtfertigen. Den thatsächlichen Beweis für die Richtigkeit dieser Behauptung hat London in neuester Zeit, wenigstens in Bezug auf Karlsbad, beigebracht. Bei seinen Untersuchungen zur Feststellung des Einflusses des Karlsbader Wassers auf einige Factoren des Stoffwechsels (Zeitschr. f. klin. Medic., 1887, Bd. 13, H. 1, S. 48 ff.) hat er nämlich gefunden, dass nach dem Trinken des Sprudelwassers im Harne der Stickstoffgehalt sich steigert, und hat damit einen vermehrten Zerfall der Albuminate resp. Verminderung der Fettbildung auf indirectem Wege bewiesen.

Nicht solche Zweifel der Zweckmässigkeit sind gegen die Anwendung kochsalzhaltiger Quellen, welche ebenfalls gegen Fettsucht vielfach empfohlen werden, erhoben worden. Mehrfache in neuerer Zeit angestellte physiologische Versuche haben dargethan, dass Kochsalz in geeigneter Quantität genommen eine rasche Umbildung eiweisshaltiger Körperbestandtheile bewirkt und somit die vermehrte Anbildung vermindert. Von diesem Resultate ausgehend erklärt Pfeiffer (l. c.) die Wiesbadener Thermen gegen Fettleibigkeit weit geeigneter, als die Quellen von Karlsbad und Marienbad. Indess hat die Erfahrung gelehrt, dass nur bei geringen Graden von Fettsucht die kochsalzhaltigen Wässer günstige Curerfolge gewähren und dass sie bei mehr ausgebildeter Krankheit mit eisenhaltigen Glaubersalzwässern nicht concurriren können. Nur da, wo eine gewisse Schwäche der Gesammtconstitution besteht, Anämie in den Vordergrund sich drängt und Katarrhe der Respirationsschleimhaut, sowie solche des Verdauungscanals hinzukommen, dürften Kochsalzwässer den Vorzug verdienen, dann aber eher als die Wiesbadener Thermen die eisenhaltigen Kochsalzwässer von Kissingen. Homburg, Soden, Nauheim, Oeynhausen in die Therapie einzutreten haben.

Nur mit Einschränkung können Jodwässer gegen Fettsucht in Anwendung gebracht werden, wie dies von den Jodquellen zu Krankenheil, der Adelheidsquelle zu Heilbronn, von der Haller Tassiloquelle in Oberösterreich, von der Bischofsquelle zu Lippik in Slavonien und andern Quellen mit ausgesprochenem Jodgehalte gilt. Die tägliche Erfahrung lehrt zwar, dass nach längerem Gebrauche derselben der Körper magerer wird, sie lehrt aber auch, dass diese Abmagerung auf Kosten der Verdauung und des Allgemeinbefindens geschieht und damit der Anwendung von Jodquellen sehr bald ein Ziel gesteckt ist. Nur für die Fälle, wo der Körper ohne Schaden in seiner Ernährung etwas herabgesetzt werden und der Blutvorrath ein noch etwas geringerer sein kann, mögen Jodquellen Anwendung finden, sie sind aber ganz ausgeschlossen, wo Anämie in prononcirter Weise neben starker Fettbildung hervortritt.

Neben den Trinkcuren mit den eben genannten Wässern kommen auch Badecuren mit denselben vielfach zur Anwendung und Säuerlingsbäder, Moorbäder, Soolbäder, Stahlbäder, Dampfbäder reihen sich diesen in passender Weise an. Da kalte Bäder erfahrungsgemäss den Fettumsatz erhöhen, hat auch die Hydrotherapie gegen Fettsucht ihre Empfehlung gefunden.

Winternitz sah beim Gebrauche kalter Vollbäder die Fettsucht sich verringern und konnte durch intensive Wärmeentziehung mit grossem Nervenreize und mit Beförderung der reactiven Temperatursteigerung eine lebhafte retrograde Metamorphose und die grösste Körpergewichtsabnahme bewirken (Winternitz, Hydrotherapie im Ziemssen'schen Handbuche der allgemeinen Therapie, 1881, S. 173 und 143 und 144).

Als wichtiges Unterstützungsmittel bei allen den ebengenannten Curmethoden muss eine zweckmässig geleitete Massage des ganzen Körpers angesehen werden. Sie erweist sich dann als besonders nutzbringend, wenn die betreffenden Kranken verhindert sind, ausgiebige körperliche Bewegung sich zu machen.

Zur Nachcur eignet sich der Aufenthalt im Hochgebirge und nach vorausgegangenen eingreifenden Entfettungscuren in Marienbad und Karlsbad der Gebrauch der Eisenwässer von St. Moritz, Elster, Cudowa, Flinsberg, Steben, Lobenstein u. a.

VI. Diabetes mellitus.

Es ist eine bekannte Thatsache, dass die neuere Zeit trotz vielfacher physiologischer Forschungen das Verständniss für den Diabetes nicht wesentlich gefördert und, wenn man eine Musterung über die erlangten Ergebnisse derselben hält, im Grunde genommen nur dazu geführt hat, verschiedene Formen dieser Krankheit zu unterscheiden.

Unter solchen Umständen kann es nicht befremden, dass die Therapie im Allgemeinen, wie auch im Speciellen an verschiedenen Curorten in der Hauptsache eine symptomatische geblieben ist und darin ihre Aufgabe findet, die constitutionellen Verhältnisse des Kranken zu heben, nachdem die Forschung nach specifischen Heilmitteln fast gänz-

lich resultatlos geblieben ist. Das einzige Mittel, welches erfahrungs-
mässig nach beiden Richtungen eine gewisse Befriedigung bietet, ist das
kohlensaure Natron und mit ihm sind es diejenigen Mineralwässer
geworden, welche dasselbe in reichlicher, wirksamer Menge enthalten.
Unter diesen stehen die Thermen von Vichy und Karlsbad oben an.
Hat man ihre Wirksamkeit bei Diabetes auch vielfach in Zweifel gezogen, weil das kohlensaure Natron, allein angewandt, nicht immer
günstige Resultate bietet, so muss gegen diesen Einwurf erinnert werden, dass, wie auch Hoffmann meint (Verhandl. d. 5. Congresses f.
innere Medicin, Wiesbaden, 1886), die Curen im Spitale mit den an
Curorten ausgeführten nicht als gleichwerthige gelten können, da bei
letzteren viele andere oft den Ausschlag gebende Momente hinzutreten.

In Bezug auf die Wirksamkeit von Karlsbad beim Diabetes hat
Jaques Mayer genaue Beobachtungen angestellt (Berl. klin. Wochenschr.,
1879, No. 31, 32). Er gelangt hierbei zu der Ueberzeugung, dass der
Gebrauch seiner Quellen in allen Fällen dieser Krankheit ersten
Grades, beziehentlich bei allen leichteren Formen derselben, mögen
sie gastro-enterogener, hepatogener oder neurogener Natur sein, indicirt
ist und Heilung erfolgt, dass dies aber bei der schweren Form nicht
geschieht, sondern dass man nur im Stande ist, in einer grossen Anzahl
solcher Fälle die lästigsten Symptome zu beseitigen, den allgemeinen
Zustand zu bessern und das Leben des Kranken zu verlängern, dass aber
Karlsbad sich als unwirksam erweist, sobald die Krankheit einen vorgeschrittenen Grad erreicht hat oder Complicationen verschiedener Art sich
hinzugesellen.

Die schwere Form eignet sich nach demselben Autor nur dann
für die Karlsbader Cur, wenn der grössere Theil der Albuminate im Organismus noch zur Verwendung kommt, wenn der Organismus keinen oder
einen nur sehr unerheblichen Ausfall der zugeführten Nahrung aus seinen eigenen Gewebsbestandtheilen zu decken hat bezw. das Körpergewicht bei aus-
schliesslicher Fleischkost nicht oder nur in sehr geringem Grade abnimmt.

Von den Fällen ebengenannter Art mit Complicationen passen für
Karlsbad diejenigen, welche mit Furunculose oder Carbunculose einhergehen, die mit nervöser Amblyopie, mit Cataractbildung verbunden sind,
wenn der Gesammtzustand des Organismus noch nicht die Erscheinungen
des Marasmus bietet, sowie solche mit Albuminurie, gleichviel, ob die
Albuminurie im Beginn des Diabetes aufgetreten ist, oder erst nach
jahrelangem Bestehen der Krankheit sich einstellte. Endlich ist der
Gebrauch von Karlsbad zulässig für fettleibige Diabetiker mit mehr oder
weniger häufigen Anfällen von Angina pectoris, die auf durch Fettherz
bedingte Herzschwäche zurückzuführen sind.

In ganz ähnlicher Weise fassen auch Fleckles sen. (Bericht über
die Karlsbader Thermen vom Jahre 1877, Leipzig, 1877) und Hertzka
(Verhandlungen des Congresses für innere Medicin, 5. Congress, 1886,
S. 177 u. ff.) die Indicationen für Karlsbad auf. Nach letzterem sind
dessen Quellen zwar keine direkten Specifica, wirken jedoch ähnlich dem
Chinin und den Antipyreticis bei Fieber und erfüllen die an sie gestellten

Anforderungen besser als andere Heilmittel. Dem fügt Fleckles hinzu, dass eine Complication des Diabetes mit Leberleiden, chronischem Magenkatarrh, Nervenleiden, Nierenleiden (amyloide Entartung der Niere oder Morbus Brightii), auch mit Gicht für die Karlsbader Cur nicht gerade als besonders ungünstig gelte, dass dies aber der Fall sei, wenn der Diabetes, in höherem Grade entwickelt, mit bedeutender Anämie oder mit besonderen Störungen im Nervensystem einhergeht. Dann könne Karlsbad nur als Vorcur gelten, nach welcher der Gebrauch von Eisenquellen angezeigt ist.

Inwieweit die Karlsbader Cur indicirt oder ob sie überhaupt es noch ist, wenn der Diabetes mit Syphilis complicirt oder genetisch von dieser in hereditärer Form abzuleiten ist, gehen die Ansichten der Karlsbader Aerzte auseinander, denn während Mayer (l. c.) in solchen Fällen eine Contraindication für Karlsbad erblickt, verbindet Schnee (Verhandl. d. Congr. f. innere Med., 5. Congr., Wiesbaden 1886, S. 184) die Karlsbader Thermalcur mit einer Mercurialopiatcur und sah von einer solchen Behandlungsweise die günstigsten Resultate.

Ob man gleiche, wenigstens ähnliche Curerfolge von der Therme zu Bertrich, welche bekanntlich, wenn auch stoffärmer, den Quellen von Karlsbad in chemischer Beziehung sehr nahe steht, in der Behandlung des Diabetes erwarten kann, ist unseres Wissens noch nicht festgestellt, indess dürfte es nicht unwahrscheinlich sein, dass sie in der leichteren Form dieser Krankheit sich nützlich erweist.

Gleich wichtig wie die Thermen von Karlsbad sind in der Therapie des Diabetes die Thermen von Vichy. Ihre hohe Bedeutung für diese Krankheit ist allgemein anerkannt und namentlich von Durand-Fardel klargelegt worden. Diesem zu Folge unterstützen sie die unmittelbaren Acte der Assimilation, und indem sie erhöhend und regulirend auf den Stoffwechsel einwirken, wirken sie zugleich dem Diabetes entgegen (L'Union méd., 1881, No. 36 u. 38). Indess warnt Durand-Fardel vor ihrem Gebrauch, wenn sich diabetische Kachexie bereits ausgebildet hat, in welchem Falle durch denselben der deletäre Ausgang beschleunigt werden würde.

In Deutschland concurrirt mit Vichy das Thermalwasser von Neuenahr. Wenn dasselbe auch nicht so reich an Natroncarbonat, wie seine französische Rivalin ist, so erweist es sich doch gegen Diabetes sehr wirksam, und Schmitz, welcher in der Deutschen medicinischen Wochenschrift (1880, VI., No. 30 u. 31. — 1881, No. 48 ff.) seine Erfahrungen über die therapeutische Wirksamkeit von Neuenahr zusammengestellt hat, fühlt sich zu der Erklärung veranlasst, dass die günstige Wirkung von Neuenahr bei Diabetes mellitus keineswegs hinter der von Karlsbad und Vichy zurückstehe.

Handelt es sich aber um die Frage, ob Karlsbad, Vichy oder Neuenahr zu wählen seien, so würde man nach Schmitz ersterem dann den Vorzug zu geben haben, wenn Digestionsbeschwerden in Folge des übermässigen Genusses von Nahrungsmitteln entstanden sind oder nach deren Beseitigung die Wiederkehr solcher Beschwerden zu befürchten steht. Karlsbad bietet dann den Vortheil, durch seinen Gehalt an Natronsulfat entleerend auf das Darmrohr zu wirken, und wie wichtig die Regulirung der Function desselben beim Diabetes ist, braucht wohl nicht erst hervorgehoben zu werden.

Eine gewisse Bedeutung in ihrer Eigenschaft als Specifica gegen Diabetes muss den arsenhaltigen Mineralwässern beigemessen werden. In neuester Zeit hat Hertzka in Karlsbad (Verhandl. d. Congresses für innere Medicin, 5. Congress, 1886) auf dieselbe aufmerksam gemacht und zur Fortsetzung der Versuche mit diesen Wässern aufgefordert. Auch Frey weist auf die Nützlichkeit der Thermen von Baden-Baden auf Grund ihres Gehalts an Arsen hin (Deutsche medicinische Wochenschr. XII, 19, 20, 1886) und bemerkt in dieser Beziehung, dass ihr Gebrauch besonders im Initialstadium des Diabetes passe, wenn die Begleiterscheinungen von Seiten des Nervensystems in den Vordergrund treten und zwar in Form psychischer Aufregung, Verstimmung, Reizbarkeit, Schlaflosigkeit, Neurosen verschiedener Art, und nebenbei die Kranken magerer geworden sind.

Die günstigen Wirkungen der arsenhaltigen Natronthermen von Royat, Bourboule und Mont-Dore in Frankreich bei Diabetes mellitus sind bekannt und in neuester Zeit von Descombes (Gaz. des hopit. 1886, 60) und Fredet (Notizen über einige Indicationen von Royat, 1885) dem Arzte in's Gedächtniss zurückgerufen worden.

Die Eisenquellen, an deren Wichtigkeit zur Hebung der constitutionellen Verhältnisse Hoffmann (l. c.) erinnert, eignen sich zur Cur des Diabetes nur dann, wenn eine Vorcur in Karlsbad oder Vichy oder auch in Neuenahr vorausgegangen ist. Man empfiehlt als hierzu besonders geeignet die reinen Stahlquellen von Schwalbach, Spa, Steben, weil nach Frickhöffer (Deutsche medic. Wochenschr. 1876, No. 10 u. 11) in diesen Wässern die Eisenwirkung am reinsten und raschesten hervortreten soll und bei Anwendung salzhaltiger die Nierenaction allzusehr in Anspruch genommen werde. Dieser Empfehlung widerspricht die practische Erfahrung. Es ist eine bekannte Thatsache, dass reine Eisenwässer ausserordentlich obstruirend auf den Darmcanal einwirken, aber ebenso bekannt ist es, dass bei dem Heisshunger der Diabetiker und der durch Befriedigung desselben eintretenden Ansammlung von Fäcalmassen obstipirende Wässer nicht vertragen werden. Zweckmässiger dürfte es sein, an Stelle der reinen Eisenwässer glaubersalzhaltige, welche bekanntlich ebenso wenig die Nierenthätigkeit anregen wie die ersteren, treten zu lassen, wie z. B. die Eisenquellen von Franzensbad, Elster, Rohitzsch, Rippoldsau u. a.

Als unterstützende Curmittel werden Massage (Verhandlungen des Congresses f. innere Medicin. 5. Congress, 1886. S. 190. Vortrag von Professor Finkler in Bonn) und stärkere Körperbewegungen (l. c. S. 156) gerühmt. Es ist aber hierbei darauf aufmerksam zu machen, dass beide, Massage wie Körperbewegungen, nicht übertrieben werden dürfen, wie dies leider sehr oft geschieht, weil die schon zur Abmagerung hinneigenden Kranken dadurch in ihren Ernährungsverhältnissen ausserordentlich geschädigt werden würden. Die Karlsbader Aerzte haben oft Gelegenheit, diese Beobachtung zu machen.

Ein ausserordentlich wichtiger Punkt in der Diabetesbehandlung ist anerkannter Massen die Diät. Sie ist auch bei Brunnencuren in gleicher

Weise zu regeln, wie dies in der Praxis im Allgemeinen zu geschehen pflegt, und die richtige Auswahl in Speisen und Getränken zu treffen, welche nicht alsbald verlassen werden darf, auch wenn im Harne Zucker nicht mehr nachweisbar ist, weil damit die Disposition zum Diabetes noch nicht geschwunden ist und Rückfälle leicht eintreten können. Dies haben besonders Kranke zu beobachten, welche die Karlsbader Cur durchgemacht haben.

In neuerer Zeit ist man mehr davon abgekommen, Diabetikern die ausschliessliche Fleischkost zu empfehlen, und hat sich zu einer gemischteren, die Kohlehydrate nicht ganz ausschliesst, hingeneigt. Die gewonnenen Resultate scheinen günstiger Art zu sein.

Aber nicht blos die Qualität der Nahrung ist zu beachten, wie dies in einzelnen Curorten zu geschehen pflegt, auch der Quantität derselben ist die nöthige Beachtung zuzuwenden. Aus den in der neuesten Zeit vielfach gemachten Beobachtungen geht hervor, dass eine beschränktere Zufuhr von Nahrungsmitteln selbst bei gemischter Kost verminderte Zuckerausscheidung zur Folge hat. Erklärlich wird diese selbst bei exclusiver Fleischdiät gemachte Wahrnehmung, wenn man bedenkt, dass auch das Fleisch Kohlehydrate enthält und auch die Albuminate eine Zuckerquelle bilden, die mit der Menge des zugeführten Fleisches steigen und sinken muss.

VII. Syphilis.

Die Behandlung der verschiedenen syphilitischen Krankheitsformen mittelst Brunnen- und Badecuren theilt sich besonders in die mit Schwefelthermen und in die mit Jodquellen. Die kalten Schwefelquellen, welche auch gegen Syphilis Verwendung finden, wie namentlich die von Langenbrücken (badische ärztliche Mittheilungen, 1880, No. 6) Nenndorf, Eilsen u. a. können mit den Schwefelthermen nicht concurriren und sind daher zur Zeit gegen diese sehr zurückgesetzt. Bemerkt muss aber hierbei werden, dass die Schwefelthermen ihre Bedeutung als specifische Heilmittel gegen luetische Erkrankungen, als welche sie lange Zeit galten, nicht mehr beanspruchen können. Genauere, der neueren Zeit angehörende Untersuchungen haben vielmehr zu der Ueberzeugung geführt, dass sie nur ein gutes Unterstützungsmittel der mercuriellen Cur sind und ebenso wenig, wie andere Badecuren einschliesslich der Kaltwassercur fähig sind, das syphilitische Gift zu tilgen.

In gleicher Weise ist auch der Glaube an die Fähigkeit der Schwefelthermen, latente Syphilis zum Erwachen zu bringen, gegenwärtig ganz geschwunden und selbst Aerzte, die diese Ansicht früher vertraten, erklären, wie Reumant in Bezug auf Aachen es thut, diese angebliche Wirkungsweise jener als eine abzuweisende Uebertreibung (Reumont, Die Thermen von Aachen und Burtscheid, 5. Aufl. 1885, S. 237).

In diesem eben angedeuteten Sinne müssen die Beziehungen der Syphilis zu den Schwefelquellen und theilweise auch zu den Jodquellen aufgefasst werden und finden erstere wie letztere sowohl in der secundären, wie in der tertiären Form der Lues ihre Anwendung. Indess

kommen alle namhafteren Syphilidologen darin überein, dass es zweckmässiger ist, die secundäre Form mehr den Schwefelthermen, die
tertiäre mehr den Jodquellen zuzuweisen. Hauterkrankungen der
verschiedensten Art, welche syphilitischen Ursprungs sind, wie Schuppen-
flechte und Geschwüre, sowie Affectionen der Schleimhäute, insbesondere
des Rachens, des Mundes, der Nase etc. erfahren durch die mit Schwefelbädern verbundene specifische Cur bald eine günstige Umänderung und
Heilung, während Erkrankungen der Knochen, des Periost und der
Gelenke durch eine solche Thermalcur zwar ebenfalls ausserordentlich
günstig beeinflusst werden, aber ebenso treffliche Curmittel in den Jodquellen finden, deren vorzügliche Wirkungen besonders gerühmt werden,
wenn die Syphilis mit Scrophulose complicirt ist.

Auch viscerale Syphilis und Erkrankungen des Nervensystems syphilitischen Ursprungs, mögen dieselben peripherer oder
centraler Natur sein, finden vielfach an Schwefelthermen, vorzugsweise zu
Aachen Besserung und Heilung. Letztere aber, die tabetischen
Erkrankungen eingeschlossen werden mit Vorliebe den arsenhaltigen
Natronthermen, wie denen zu Royat, Bourbonlo, Mont-Dore zugewiesen, theils weil man sich von der Wirkung des Arsens hierbei viel
verspricht, theils weil die günstigeren klimatischen Verhältnisse dieser
ausschliesslich südlichen Curorte auf solche Kranke einen besonders vortheilhaften Einfluss auszuüben pflegen.

Aber auch da, wo Mercur und Jodkalium sich als unzureichend
erwiesen haben, sowohl in Form syphilitischer Kachexie als auch visceraler
Erkrankung und Dermatosen, oder auch die Syphilis mit Gicht oder
Scrophulose complicirt ist, und die Kranken anämisch geworden sind,
erscheinen nach Nicolas (Journ. de therap. No. 1 u. 2, 1883) diese
arsenhaltigen Thermen, insbesondere die von Bourboule indicirt und ver-
sprechen ganz günstigen Curerfolg.

Auch hochtemperirte Wildbäder, wie die von Gastein, Teplitz,
Wildbad u. a. erweisen sich in solchen Fällen als treffliche Curmittel
und dürften meist die französischen Wässer ersetzen.

Hat sich bereits Kachexie herausgebildet und ist eine ausgedehnte
Mercurialcur nicht im Stande gewesen, die Syphilis zur Heilung zu
bringen, ist eine Combination der Syphilis mit Mercurialismus vorhanden,
dann tritt zunächst die Kaltwassercur in ihr Recht ein, welcher unter
Berücksichtigung der meist vorhandenen Anämie die Aufgabe zufällt, in
energischer Weise den Stoffumsatz im Organismus zu fördern und die
Gesammtconstitution wieder zu kräftigen, sowie die Empfänglichkeit für
Arzneistoffe wieder herzustellen, womit auch eine gesteigerte Rückbildung
krankhafter Producte zu Stande kommt.

In ähnlicher Weise gestaltet sich nach Höfler (Balneolog. Studien
aus dem Bade Krankenheil-Tölz. München, 1886) auch die Wirkung der
Krankenheiler Trink- und Badecur bei Syphilis, welche ebenfalls
in Verbesserung der Constitution sich äussert, die theils durch die
Krankenheiler Brunnen selbst, theils durch die dortige Gebirgsluft zu
Stande gebracht wird.

Die tabetischen Erkrankungen und die spastische Spinalparalyse, welche nachweisbar syphilitischen Ursprungs sind, finden theils

unter dem Artikel „Tabes dorsalis", theils unter dem der „Lähmungen" die nöthige Würdigung.

Die hereditäre Syphilis gilt ebenfalls als Curobject für Schwefelthermen, und Reumont berichtet über mehrere derartige in Aachen mit Vortheil behandelte Krankheitsfälle. Auch für Jodquellen und arsenhaltige Natronthermen soll dieselbe in gleicher Weise wie für Schwefelthermen sich eignen, und Höfler berichtet über mehrere in Krankenheil mit Nutzen behandelte derartige Erkrankungen, während Nicolas solche von der Cur in Bourboule meldet.

Schliesslich sei noch bemerkt, dass bei den antisyphilitischen Curmethoden, wie sie vorzugsweise in Aachen, Schinznach, Baden im Argau, Mehadia unter Mitanwendung von Quecksilber in Gebrauch sind, die Badeweisen, Dampfbäder und heisse Douchen, zur Steigerung des Stoffumsatzes ganz wesentlich mitwirken und durch Hervorrufen einer lebhaften Circulation in der Haut dieselbe noch geeigneter für die Aufnahme des Quecksilbers machen.

Ausser dem Quecksilber hat man in geeigneten Fällen, namentlich bei tertiären Formen, in Aachen mit der Thermalcur das Jod verbunden und auch von dieser Combination günstige Wirkungen gesehen.

VIII. Chronische Metallintoxicationen.

Die chronischen Metallvergiftungen sind wegen ihres ausserordentlich langsamen Verlaufs im Allgemeinen nicht sehr häufige Vorkommnisse in Curorten und kommen dann fast ausschliesslich als Blei-, Quecksilber- und Arsenvergiftungen zur Behandlung.

Der Therapie aller dieser Intoxicationen liegt das Bestreben unter, das Gift aus dem Blute und insbesondere aus den Geweben auf dem Wege der Auslaugung herauszufördern. Es können sonach hierbei alle jene Curmethoden in Anwendung gezogen werden, welche die Ausscheidung durch künstlich beschleunigten Stoffwechsel im Organismus des Kranken zu Stande bringen.

a) Bleiintoxication.

Was zunächst die Bleiintoxicationen betrifft, so haben sie stets als Indicationen für Schwefelwässer gegolten. Man hat sich hierbei auf die Annahme gestützt, dass das Blei im Organismus an Eiweisskörper gebunden vorhanden sei und die Schwefelalkalien überhaupt Schwefelverbindungen das metallische Albuminat in löslichen Zustand bringen, in welchem es durch verschiedene Secretionsorgane ausgeschieden werde. Da die Leber als Hauptablagerungsort für Metalle im Allgemeinen erkannt worden ist, so haben die Trinkcuren mit Schwefelwässern, deren mächtige Einwirkung auf Leber und Pfortaderblut allgemein anerkannt ist, bei chronischen Bleiintoxicationen eine erhöhte Bedeutung gewonnen. Ob die Schwefelbäder gleichen therapeutischen Werth wie die Trinkcuren besitzen, erscheint zweifelhaft, wenn man bedenkt, dass ziemlich gleiche Resultate auch durch indifferente Thermen und Dampfbäder erreicht werden können. Ihr wahrer Nutzen scheint hauptsächlich auf die vollendete Technik zurückzuführen zu sein, welche sich in den wichtigeren Schwefelbädern und vor allen in Aachen und Aix ausgebildet hat und daselbst die ausgedehnteste Anwendung findet.

Den Trinkcuren reiht sich die Inhalation des Schwefelwasserstoffs an, welche entweder über Schwefelquellen selbst oder über künstlich dargestellten Schwefelbädern ausgeführt wird. Auch von ihr wird ähnliche Wirkung, wie sie nach Trinkcuren folgt, berichtet.

Die hohe Bedeutung der Schwefelwässer als solche gegen chronische Bleiintoxication scheint aber gegenwärtig etwas erschüttert worden zu sein, nachdem man sich der Angabe Melsens (Orfila, Toxicologie übers. v. Krupp. Bd. 1, S. 572) wieder erinnert hatte, dass Jodkalium im Körper befindliches Blei schnell durch den Harn zur Ausscheidung bringt. In neuester Zeit hat Husemann in Göttingen (Oesterr. Badeztg., 1879, 12, 14, 17) diese Zweifel wieder aufgenommen und erklärt, dass diese antidotarische Wirkung der Schwefelalkalien und der Schwefelwässer bei der chronischen Bleiintoxication lediglich in deren Gehalt an Alcali, nicht aber in den Schwefelpräparaten als solchen zu suchen, wie denn auch erwiesen sei, dass andere alkalische Salze gleiche Wirkungen und gleiche Resultate bei der in Rede stehenden Krankheit hervorbrächten, wie Schwefelalkalien. Husemann weist in dieser Beziehung auf das Jodkalium, welches gegenwärtig in England und Amerika das am meisten geschätzte Mittel für Bekämpfung sämmtlicher Bleiinfectionen ist und auf das Chlornatrium hin, welches bei gleicher Eigenschaft, wie das Jodnatrium, noch seinen wohlthätigen Einfluss auf die Assimilation geltend macht.

Auf Grund dieser Thatsachen findet Husemann es für rationeller, anstatt mit Schwefelquellen eine combinirte Trink- und Badecur mit natürlichen Kochsalzwässern eintreten zu lassen. In der Nebenbenutzung von Salzbädern sieht er ein entschiedenes Förderungsmittel der Heilung, indem ausser der Abspülung der etwa von aussen der Körperoberfläche anhaftenden Bleiverbindungen durch sie die Erregung der Vasomotoren auf reflectorischem Wege mittelst peripherischer Nervenreize und die damit verbundene stärkere Durchtränkung der Gewebe mit ihren Folgen ausserordentlich begünstigt werde.

Gleich günstige Erfolge beobachtet man auch beim Gebrauche von Thermalbädern im Allgemeinen und von Moorbädern bei Arthralgie und Bleikolik. Gegen beide erweisen sich warme Moorumschläge von längerer Dauer auf den Unterleib von grossem Nutzen, insbesondere wenn gegen die meist nebenbei bestehende hartnäckige Stuhlverstopfung glaubersalzhaltige Wässer mit in Anwendung gezogen werden.

Die Bleilähmung findet ihre Besprechung unter dem Capitel Lähmungen.

b) Quecksilberintoxication.

Die chronische Hydrargyrose erleidet im Allgemeinen dieselben Heilanzeigen, wie die chronische Bleiintoxication. Sie kommt theils als gewerblicher, theils und vorzugsweise als arzneilicher Mercurialismus in den Bädern zur Behandlung, von denen wiederum in erster Linie die

Schwefelthermen es sind, denen hierbei der Vorzug eingeräumt wird. Die Schwefelthermen von Aachen haben sich in der balneotherapeutischen Cur dieser Krankheit einen hohen Ruf erworben und Beistl (Balneologische Studien mit Bezug auf die Aachener und Burtscheider Thermalquellen, 1888, 2. Aufl., S. 93) bemerkt über sie, dass durch Erhöhung des Stoffwechsels, durch Ueberführung des. durch den Zerfall der Eiweisskörper frei gewordenen Quecksilbers in eine unschädliche Schwefelverbindung und durch die schnelle Ausscheidung desselben durch den Harn und die Fäces die mercuriellen Krankheitsformen rasch zur Heilung kommen. Gleiche Beobachtungen in Bezug auf die Quecksilberausscheidung durch den Harn beim Gebrauche von Schwefelbädern machte auch Güntz, welcher auf Grund derselben diesen letzteren das Wort redet.

Nicht selten beobachtet man, dass der Mercurialismus mit Syphilis complicirt ist, wenn letztere mit Quecksilber behandelt worden war. Derartige Combinationen, welche nicht selten als rein mercurielle Erkrankungen gelten, findet man besonders bei Kranken mit heruntergekommener Constitution. In solchen Fällen erweisen sich die Schwefelthermen, namentlich die von Aachen in Form von Bädern besonders als nützlich und thun es um so mehr, wenn mit diesen der innerliche Gebrauch von Jodkalium verbunden werden kann.

Wenn rheumatoide Schmerzen, Muskelschwäche oder paralytische Erscheinungen sich herausgebildet haben, pflegen nächst den Schwefelthermen jodhaltige Soolquellen oder auch hochgelegene Wildbäder, wie Gastein, Wildbad, Ragaz, Pfäfers u. a. gute Dienste zu thun, und nicht selten ist es schon der längere Aufenthalt im Hochgebirge unter Mitgebrauch von Milch- und Molkencuren, welcher hinreicht, die bestehenden Reste der Dyscrasie zu beseitigen, wie man z. B. in Kreuth, Reichenhall, Heiden, Weissbad, Kainzenbad, Engelberg, Seelisberg u. a. vielfach zu beobachten Gelegenheit hat.

Bei besonders ausgebildeter Anämie wird man Eisenwässer nicht wohl entbehren können.

c) Arsenintoxication.

Die chronischen Arsenvergiftungen machen im Allgemeinen gleiche therapeutische Massnahmen, wie die eben besprochenen Blei- und Quecksilberintoxicationen nothwendig. Auch hier sind es wiederum Schwefelbäder, welche mit Vorliebe gegen dieselben in Anwendung gezogen werden, doch dürfte, wie Thilenius mit Recht hervorhebt (Helfft's Handbuch der Balneotherapie, 9. Aufl., 1882), schonende Wiederbelebung der so tief gestörten Assimilationsvorgänge durch Versetzung in ein auf nicht zu intensive Weise die erhöhte Sauerstoffzufuhr sicherndes Klima, besonders im Hochgebirge, als das nächste und rationellste Mittel erscheinen, vorzugsweise, wenn die neurotischen Erscheinungen mehr in den Vordergrund treten. Bei besonders ausgebildeter Anämie verdienen Eisensäuerlinge in Anwendung gezogen zu werden, besonders die von höheren Gebirgslagen. Die Wirkung des Eisens als Antidot gegen Arsen dürfte aber hierbei nicht in Frage kommen, sondern lediglich seine restaurirende, die Blutzellen vermehrende Eigenschaft.

B. Chronische Nervenkrankheiten.

I. Functionelle Störungen des Nervensystems (Neurasthenie).

Bei der Mannigfaltigkeit der Erscheinungen, welche die Neurasthenie kennzeichnen, und der Nothwendigkeit, die Cur denselben anzupassen, sowie um die constitutionellen Verhältnisse des betreffenden Individuums zu berücksichtigen, müssen die balneotherapeutischen Massnahmen in verschiedener Weise geregelt werden.

Wo Motilitätsstörungen, sowie ausstrahlende Schmerzen sich besonders bemerkbar machen, leisten Moorbäder oft vortreffliche Dienste, insbesondere dann, wenn sie mit electrischen Bädern abwechselnd genommen werden. Nach Eulenburg's Erfahrung sind es gerade diese Formen der Neurasthenie, welche durch solche allgemeine Electrisation, wie sie electrische Bäder gewähren, am vortheilhaftesten beeinflusst werden, mag nun das faradische oder das monopolare galvanische Bad in Form des Kathodenbades in Anwendung gezogen werden. Auch an Kohlensäure sehr reiche Eisensäuerlinge, wie die von Cudowa, Flinsberg, Franzensbad, Elster, Königswart u. a. finden bei den die Neurasthenie gewöhnlich begleitenden Motilitätsstörungen vortheilhafte Verwendung. Stifler, der sich über die Wirkungsweise kohlensaurer Stahl- und Moorbäder verbreitet (Bair. ärztl. Intelligenzbl., 1882, No. 14 u. 15), kommt bei seiner Auseinandersetzung zu der Folgerung, dass der auf Hautreiz basirende Einfluss dieser Bäder dem des constanten Stromes gleich zu stellen sei und dadurch eine gewisse therapeutische Uebereinstimmung beider Heilagentien zu einander bestehe.

Für leichtere Fälle genügen nicht selten häufige Bewegung in freier Luft, namentlich Waldluft, Bergsteigen und geeignete klimatische Verhältnisse bei geistiger Ruhe und angenehmer Zerstreuung, um die Beschwerden Neurasthenischer zum Schweigen zu bringen. Abgeschiedene kleinere Curorte mit waldiger Umgebung, wie es z. B. Alexandersbad, Teinach und andere ähnliche sind, bieten solchen Kranken einen ganz geeigneten Aufenthaltsort.

Häufiger noch als Motilitätsstörungen bestimmen Sensibilitätsstörungen die balneotherapeutischen Curen. Es ist besonders die erhöhte nervöse Reizbarkeit, welche die meiste Berücksichtigung bei denselben fordert. Für diese sind es namentlich die stoffärmeren, sogenannten indifferenten Thermen mit mässigen Wärmegraden, welche indicirt erscheinen, wie die Thermen von Gastein, Pfäfers-Ragaz, Schlangenbad, Teplitz, Landeck, Badenweiler, Leuk, Bormio, Johannisbad, Römerbad, Tüffer, Warmbrunn, Wildbad, Liebenzell und andere. Auch warme Seebäder hat man gegen krankhaft gesteigerte Erregbarkeit in Gebrauch gezogen, und Fromm berichtet von denselben günstige Curresultate (Oesterr. Badezeitg., 1878, No. 16 u. 17). In gleicher Weise sah Riess vom Gebrauche permanenter thermisch-indifferenter Bäder zur Dauer mehrerer Stunden die all-

gemeine Hyperästhesie und vor Allem die cerebrale Aufregung schwinden
(Berl. klin. Wochenschr., 1887, No. 29).

Mehr noch als Wild- und Seebäder, insbesondere wenn ein gewisser
Grad von Anämie oder Chlorose oder auch von Scrofulose zu der
allgemeinen nervösen Hyperästhesie hinzutritt, scheinen arsenhaltige
Thermalquellen zu wirken. Wir weisen in dieser Beziehung auf die
Thermen von Baden-Baden, Royat, Mont-Dore, Bourboule hin.
Von ersteren berichtet Frey (Deutsche med. Wochenschr., 1886, XII.,
19, 20), dass sie gute Wirkungen äussern bei functionellen Störungen
des Nervensystems, mögen diese die sensiblen, motorischen oder vasomotorischen Nerven betreffen. Ueber letztere liegen gleichlautende Berichte
vor von Descombes (Gaz. des hôpit. 1886, No. 60), Fredet, Durand-
Fardel (Gaz. de Paris, 1886, No. 10) u. A.

Durch die eben genannten Bäder gelingt es nicht selten, dass eine
schon ziemlich hochgradige Nervosität wesentlich gebessert und in einen
Zustand gebracht wird, bei welchem das betreffende Individuum sich sehr
wohl, fast ganz gesund fühlt. Immerhin bleibt dasselbe für alle äusseren
Anstösse sehr empfänglich, und die belästigenden Zustände kehren bald
wieder, sobald erhöhte Anforderungen an dasselbe gestellt werden oder
die Ernährungsverhältnisse sich ändern. Es erscheint daher nicht un-
angebracht, darauf hinzuweisen, dass Badecuren zur Dauer von 4 bis
6 Wochen, wie sie gewöhnlich gebraucht werden, Neurasthenikern nur
palliative Hülfe schaffen können, und zur Bekämpfung der Neurasthenie es unbedingt erforderlich ist, ein die gesammte Ernährung veränderndes und regelndes Verfahren einzuschlagen. Da
aber der Boden, auf dem alle sogenannten functionellen Erkrankungen
des Nervensystems sich entwickeln und gedeihen, stets durchseucht ist
mit Blutarmuth, Olichämie oder Hydrämie, so hat sich zu einer rationellen Bade- und Trinkcur in erster Linie das Eisen und mit ihm der
Gebrauch von Stahlquellen empfohlen, welche selbstredend um so mehr
indicirt erscheinen, je mehr die Symptome der Anämie in den Vordergrund treten und Schwächegefühle mit verminderter Leistungsfähigkeit
des gesammten Körpers sich ausgebildet haben. Es sind besonders die
reineren Eisenquellen, welche hierbei in Frage kommen, wie die
Eisensäuerlinge von Schwalbach, Spa, Steben, St. Moritz,
vorzugsweise die letzteren, welche in dem dortigen Alpenklima eine
nicht unwichtige Unterstützung der Quellenwirkungen besitzen. Dass
bei diesen Quellen die Ordination gewisse Rücksichten auf den Gehalt
derselben an freier Kohlensäure zu nehmen hat, bedarf wohl nicht
erst der Erinnerung.

Aber auch der blosse Aufenthalt im Hochgebirge ist, wie eben
angedeutet, für Neurastheniker von besonderer Wichtigkeit, nur darf er
sich nicht bloss auf einige Wochen beschränken, sondern muss auf lange
Zeit ausgedehnt werden, wenn der Erfolg ein dauernder sein soll. Als
für einen derartigen längeren Aufenthalt, besonders für die Winterszeit
geeignet, empfiehlt Höstli (Berl. klin. Wochenschr., 1887, No. 43)
St. Moritz, welches ungeachtet seiner Höhe von 1856 m über dem
Meere keinen rauhen und strengen Winter besitzt und bei der grossen
Gleichmässigkeit der Lufttemperaturen, bei völligem Windschutz und

vorzüglicher Insolation auch dann für Neurastheniker sich noch eignet, wenn Verdacht auf Tuberculose der Lungen vorliegt.

II. Hypochondrie.

Bei Behandlung der Hypochondrie gilt, wie bei der ihr nahestehenden Neurasthenie als erste Aufgabe die vorhandene Hyperästhesie zu mässigen und alle Reize fern zu halten, welche eine solche unterhalten oder gar steigern können, zugleich aber auch die Ernährung des Nervensystems zu verbessern.

In balneotherapeutischer Beziehung ist daher zunächst darauf zu sehen, dass der gewählte Curort dem Kranken auch die nöthige psychische Ruhe bietet, ihn aber auch noch soviel Zerstreuung gewährt, dass er seinen Gedanken nicht allzusehr nachhängt und ihn in socialer Beziehung möglichst befriedigt. In kleinen Gebirgscurorten dürfte, wie Thilenius meint, diesen Anforderungen am besten entsprochen werden; nicht selten genügt schon, Aufenthalt auf dem Lande allein, wenn sonst ein zweckmässiges Verhalten eingehalten wird, diese Neurose günstig zu beeinflussen.

Hat sich die Hypochondrie auf Grund angeborener Verhältnisse entwickelt, ist sie aus der sogenannten neuropathischen oder psychopathischen Diathese hervorgegangen, dann sind die durch Brunnen- und Badecuren, die zu ihrer Heilung vorgenommen wurden, erlangten Curresultate selten befriedigender Art, wie dies auch von hereditärer Neurasthenie gilt.

Anders gestalten sich die Aussichten auf Erfolg, sobald dieser Neurose erst erworbene ätiologische Momente unterliegen. Die Prognose ist dann eine ungleich günstigere, wenn sonst die den Körper schwächenden, die Ernährung des Nervensystems beeinträchtigenden, seine Reizbarkeit und Empfindlichkeit steigernden Einflüsse beseitigbar sind.

Die Verhältnisse unter denen die Hypochondrie sich entwickeln kann und die chronischen Erkrankungen, die zu ihr führen, sind bekanntlich der mannigfachsten Art und in Folge dessen gestaltet sich auch die balneotherapeutische Behandlungsweise zu einer sehr verschiedenen. Da die häufigsten Veranlassungen zu dieser Neurose unstreitig Unterleibs- wie Sexualleiden sind, so ist es begreiflich, dass Glaubersalzwässer, Kochsalzwässer und Eisenwässer sich des grössten Rufs gegen sie erfreuen. Die kalten Glaubersalzwässer von Marienbad, Elster-Salzquelle, die leichteren Bitterwässer sind daher die bei Hypochondrie am häufigsten verwertheten Quellen, besonders weil sie die Darmthätigkeit in vorzüglicher Weise anregen, die bei Hypochondern bekanntlich meist unregelmässig ist, aber auch weil sie den meist nebenbei vorhandenen venösen Stasen des Unterleibs am zweckmässigsten entgegen wirken. Auch bei Frauen, bei welchen das Klimacterium Veranlassung zur Hypochondrie bietet, leisten diese Wässer ganz erhebliche Dienste. Ausser diesen kalten Glaubersalzwässern kommen die Thermen von Karlsbad bei Hypochondrie vielfach in Frage. Es geschieht dies besonders dann, wenn Leberleiden oder Harnconcremente die Hypochon-

drie veranlassen, vorausgesetzt, dass keine Neigung zu Kopfcongestionen
besteht. Die Kochsalzwässer von Kissingen, Homburg, Kronthal,
Neuhaus, Soden eignen sich hingegen besonders für jugendliche Hy-
pochonder von scrophulösem Habitus und für torpide Individuen.

Tritt die Hypochondrie in der zögernden Reconvalescenz
von schweren Krankheiten auf, dann ist sie meist ein Folgezustand
der Anämie und allgemeiner Nervenschwäche. In diesem Falle sind
es die Eisenwässer von Pyrmont, Driburg, Schwalbach, Spa,
Steben, die salinischen Eisensäuerlinge von Elster, Franzensbad,
Rippoldsau u. a., welche die Hypochondrie zum Verschwinden bringen,
wenigstens in der Hauptsache es thun, sobald die Gesammtconstitution
wieder eine kräftigere geworden ist.

Auch die Hypochondrie, welche man nicht selten an jungen
Männern sieht, die starke sexuelle Excesse vielfach begingen,
und die sich beim Eintritt in die Ehe zu schwach fühlen, den ehelichen
Pflichten zu genügen, sowie die ebenso häufige Hypochondrie jugendlicher
Onanisten wird am besten und sichersten durch den Gebrauch der Eisenwässer und die hierdurch erfolgte Kräftigung des Gesammtorganismus
gehoben. Zur Nachcur eignen sich für solche Kranke sehr gut die Seebäder der Ost- und Nordsee, welche neben kräftiger Anregung des
Stoffwechsels auch die selten fehlende hochgradige Empfindlichkeit der
äusseren Haut gegen Witterungseinflüsse zu beseitigen pflegen.

Die Hypochondrie endlich, welche man an Individuen beobachtet,
die bei monotoner geistiger Beschäftigung das Gehirn und seine Denk-
thätigkeit übermässig anzustrengen gezwungen sind, oder die Erscheinungen der Spinalirritation zeigen, findet in den Gebirgsthermen von Ragaz-Pfäfers, Gastein, Schlangenbad, Tüffer u. a.
ihr Heil, wogegen die mit Arthritis belastete in den Thermen von
Teplitz, Wiesbaden, Warmbrunn eine erfolgreiche Cur zu erwarten
hat. Die mit Syphilodophobie verbundene, meist von Mercurialcachexie
ausgehende Form dieser Neurose wird am geeignetsten an den Schwefelthermen zu Aachen, Burtscheid, Baden in der Schweiz, Schinznach u. a. behandelt. Bei ihr erweisen sich auch Kaltwassercuren
nicht selten als ganz zweckmässig, insbesondere in den Fällen, die mit
Schlaflosigkeit und ausgesprochener Nervosität einhergehen.

III. Hysterie.

Es kann hier nicht der Ort sein, über das Wesen, die Entwickelung
und den Symptomencomplex der Hysterie eingehende Erörterungen an-
zustellen. Es sei in dieser Beziehung nur kurz bemerkt, dass man
gegenwärtig diese Neurose als den Ausdruck einer Molicularerkrankung
des Nervensystems betrachtet und die ihr zu Grunde liegende Ernährungsstörung in einer Hypoplasie des Nervensystems, des Blutkörpers und
theilweise auch des Sexualsystems sucht, bei der unter der Masse von
anomalen Erscheinungen die nervösen als ein geschlossener Symptomencomplex von charakteristischer Färbung sich der Wahrnehmung auf
drängen.

Diese kurze Auseinandersetzung erschien uns geboten, um Anhalts-
punkte für die balneotherapeutische Behandlung der Hysterie zu gewinnen. Aus ihr erklärt es sich, dass jedem einzuschlagenden Heilverfahren ein roborirender Charakter inne wohnen muss.
Kräftigung des Nervensystems durch reichliche Bewegung in frischer
Luft, die zugleich den Vortheil der Restauration des Blutkörpers bietet,
der vorsichtige Gebrauch von Eisenbäder und dem individuellen Falle
angepasste Kaltwasserbehandlung sind die in erster Linie einzuleitenden balneotherapeutischen Massnahmen, nachdem zuvor den ätiologischen Verhältnissen möglichst Rechnung getragen worden ist.

Im Weiteren richtet sich die balneotherapeutische Behandlung
Hysterischer nach den Symptomen und Complicationen. Ist die Hysterie
mit Anämie oder Chlorose complicirt, wie dies sehr häufig der Fall
ist, empfehlen sich die Eisenquellen von Schwalbach, Spa, Steben,
Pyrmont, Driburg, Imnau u. a., und wo grosse Neigung zu Ob-
structionen nebenbei besteht, die glaubersalzhaltigen Eisensäuerlinge von Elster, Franzensbad, Rohitzsch, Rippoldsau. Bei der
grossen Empfänglichkeit Hysterischer für alle äusseren Reize ist aber
eine gewisse Vorsicht im Gebrauche solcher, namentlich der an Kohlensäure reichen Quellen geboten und sowohl bei Trink- wie bei Badecuren
die leicht erregende Wirkung dieses Gases zu beachten, die unbeachtet
leicht ein Verfehlen des Curzweckes zur Folge haben kann. Bisweilen
erscheint es sogar zweckmässiger, von kohlensauren Eisenbädern ganz
abzusehen, wenn Verdünnung des Badewassers oder Zusatz von Kleie,
Milch oder schleimigen Substanzen die erregende Wirkung des Bades
nur ungenügend abschwächen. Dann bieten Moorbäder, die an den
meisten Curorten mit Eisenquellen sich vorfinden, wegen ihres beruhigenden Einflusses auf die Badenden ein treffliches Aushülfsmittel.

Dieselben Grundsätze gelten auch für die balneotherapeutische Behandlung derjenigen Formen der Hysterie, bei welchen die Ernährungs-
anomalie des Nervensystems in dem oben ausgesprochenen Sinne
als genetisches Moment allein anzusehen ist. In diese Kategorie
gehören locale und allgemeine Hyperästhesien und Spasmen, welche
ihrem Charakter nach als allzustarke Nervenreizungen mit prolongirten
lauwarmen, abgeschwächten Bädern, zweckmässigerweise aber mit
Moorbädern und schwachen Trinkcuren mit Eisenwässern behandelt werden müssen, während entgegengesetzterseits die ebenfalls hierher gehörenden Anästhesien und auf Erschöpfung der erregten Nerventhätigkeit basirenden Lähmungen (man vergleiche den Abschnitt
„Lähmungen") die reizende roborirende Wirkung der kühlen, kurzen,
kohlensäurereichen Bäder mit gleichzeitigem, wenn möglich ausgedehntem
innerlichen Gebrauche von Eisenwässern erheischen.

In neuerer Zeit hat man bei schweren Formen der Hysterie und
Hystero-Epilepsie auch die Electricität in Form electrischer Bäder
in die Behandlung mit hineingezogen, allein die erlangten Erfolge scheinen
nicht recht befriedigender Art bis jetzt gewesen zu sein (cfr. Eulenburg, Verhandlungen der balneolog. Section für Heilkunde in Berlin,
XI., S. 92 ff., 1885).

Zur Herabsetzung der allgemeinen nervösen Erregbarkeit finden gewöhnlich die sogenannten indifferenten Thermen ihre Anwendung, insbesondere bei der von den Genitalien ausgehenden, durch Reflexaction vermittelten Form der Hysterie, bei welcher sie in Gestalt von Voll- und Sitzbädern, Injectionen, Douchen und andere Hülfsmittel zu bekämpfen gesucht wird. Einen gewissen Ruf haben sich nach dieser Richtung hin die Thermen von Landeck, Schlangenbad, Liebenzell, Warmbrunn, Leuk, Badenweiler, in Frankreich die Thermen von Néris, Luxeuil, Dax, Bains, Ussat erworben.

Auch die Königs Wilhelm-Felsenquellen und der Kesselbrunnen zu Ems fanden in neuerer Zeit gegen die auf neurotischen Boden fussenden hysterischen Zustände durch Döring (König Wilhelm-Felsenquellen, Berlin, 1874) eine besondere Empfehlung.

Nicht selten beobachtet man neben andern Erscheinungen nervöser Erregtheit hartnäckige Schlaflosigkeit, die durch gewöhnliche Schlafmittel nicht wohl bekämpft werden kann. Bei solcher erweist sich nach Schüller (Monatsbl. für medic. Statistik, 1874, No. 4) eine leichte Kaltwasserbehandlung als sehr nützlich, die in feuchten Einwickelungen, nassen Abreibungen und Sitzbädern besteht.

Einen wichtigen Einfluss auf Hysterische üben bekanntlich auch die klimatischen Verhältnisse und der Besuch geeigneter Wintercurorte aus. Es ist aber bezüglich dieser letzteren zu bemerken, dass der erwartete günstige Einfluss nicht selten in das gerade Gegentheil umschlägt, wenn die Kranken dem Müssiggange gänzlich sich hingeben, wozu bei den eigenthümlichen, die Fremdenkolonien der klimatischen Wintercurorte beherrschenden socialen Verhältnisse mehr als zu viel Gelegenheit geboten ist.

Mit Recht weisst Thilenius (l. c.) auf die Wichtigkeit der Prophylaxe der Hysterie hin. Er bemerkt in dieser Beziehung, dass ausser den allgemein bekannten prophylactischen Massnahmen bei jungen Mädchen zur Zeit der Pubertät eine massvoll betriebene Abhärtung durch kühle Waschungen, kurze Tauchbäder in Wasser von nicht unter 16° und nicht über 22° R., beide am frühen Morgen genommen, ferner regelmässige, die Muskeln nicht allzusehr anstrengende Gymnastik, Seeluft, laue und kalte Seebäder, namentlich die am Mittelmeere, wie die zu Cannes oder Nizza, die geeignetesten Mittel seien, der Entwickelung dieser Krankheit vorzubeugen.

IV. Epilepsie.

In neuerer Zeit hat man die Epilepsie aus äusseren und innern Gründen von Curorten fern zu halten gesucht. Namentlich sind es Valentiner und Thilenius gewesen, welche ihre Stimme gegen balneotherapeutische Curen dieser Neurose erhoben und auch ein willkommenes Echo an allen Curorten gefunden haben. Nur epileptoide Formen, die als Hysteroepilepsien sich documentiren oder auch als unvollkommene Anfälle in Form von Schwindel auftreten, sieht man noch in Wildbädern. Baumann (Valentiner's Handbuch der Balneotherapie, 2. Aufl., S. 681) räth in solchen Fällen dringend, mit einem kühlen Wildbade den Versuch zu machen.

V. Chorea.

Von den verschiedenen Formen der Chorea, welche therapeutische Behandlung fordern, können lediglich die sogenannte Reflexchorea, aber auch diese nur in beschränkter Weise, und die auf constitutioneller Schwäche, nervöser Reizbarkeit, Anämie und rheumatischen Gelenkaffectionen beruhenden Erkrankungen dieser Art in Curorten Berücksichtigung finden.

Lässt sich auch nicht in Abrede stellen, dass viele Fälle von Chorea durch Spontanheilung ihre Beseitigung finden, so lehrt doch die tägliche Erfahrung, dass balneotherapeutische Massnahmen bei dieser Neurose sich recht oft nothwendig machen. Meist von wesentlichem Nutzen erweisen sich dabei laue Wildbäder und Moorbäder, welche sogar einen gewissen Ruf in der Therapie dieser Krankheit durch ihren auf den Kranken äussernden beruhigenden Einfluss erworben haben, während Kochsalzwässer, namentlich kohlensaure Soolthermen und Eisenquellen, sowie eine massvolle Hydrotherapie und reichlicher Genuss von Berg- und Waldluft und Gymnastik sich heilsam zeigen, wenn constitutionelle Schwäche als Krankheitsbasis anzusehen ist, Schwefelquellen hingegen, sobald rheumatische Erkrankungen als genetische Veranlassung gelten. Ob letztere wirklichen Nutzen deswegen bringen, muss freilich noch dahingestellt bleiben.

Für die Erfüllung der Indicatio morbi hat bekanntlich in neuerer Zeit Arsenik eine gewisse Bedeutung gewonnen, insbesondere seitdem man weiss, dass die Arsenpräparate zu den im Nervensystem, besonders im Gehirn und Rückenmark mit Vorliebe abgelagerten Substanzen gehören und in leichteren Fällen schon nach wenigen Wochen ein völliges Verschwinden der Krankheitssymptome, in schwereren und veralteten wenigstens Besserung bewirken. Diese günstigen, mit Fowlerscher Lösung erlangten Curresultate haben dahin geführt, dass man auch mit arsenhaltigen Quellen, von denen besonders die von Roncegno und Levico in Tirol zu nennen sind, Versuche angestellt hat. Diese Versuche haben in der That nicht ungünstige Resultate ergeben, denn während Pacher und Poda (Wiener med. Wochenschr., 1883, 11, 12, 13) die Wirkung des Wassers von Levico bei Neurosen aller Art rühmen, rühmt Hirt diese (Breslauer ärztl. Zeitschr., 1886, No. 3) in Bezug auf das Wasser von Roncegno, meint aber, dass die vom letzteren Curorte aus empfohlenen Dosen zu hoch seien, auf Grund eines bei einem Mädchen beobachteten Vergiftungsfalles.

Zur Nachcur der Chorea erweisen sich Seebäder sehr nützlich.

VI. Neuralgien.

Die Neuralgien, welche der Balneotherapie als specielle Erkrankungen zufallen, sind nur peripherische, bei welchen die Reizerscheinungen lediglich an dem betreffenden sensiblen Nerven sich abspielen.

Die hierbei besonders in Frage kommenden Arten beziehen in genetischer Hinsicht sich meist auf Anämie und Chlorose, auf Hysterie, auf Malaria und Rheuma; inwieweit palpable, den Verlauf des Nerven selbst treffende Schädlichkeiten eine Indication für derartige Behandlungsweise abzugeben vermögen, hängt lediglich von der Natur dieser und ihrem Verhältniss zur Wirkungstendenz der Curmittel ab.

Wenn Anämie und Chlorose den Erkrankungen des sensiblen Nervensystems unterliegen, findet gleiche Behandlungsweise, wie sie diese für sich selbst erfordern, statt, und sind es wiederum in erster Linie die gehaltreicheren Eisenquellen, wie die von Schwalbach, Pyrmont, Driburg, Spa u. a., welche in Gebrauch gezogen zu werden pflegen. Wegen des Reizes, den kohlensäurereiche Wasserbäder auf die Haut ausüben, hat man mehrfach an ihre Stelle Moorbäder, die fast an allen diesen eben genannten Curorten sich vorfinden, setzen zu müssen geglaubt. In einzelnen Fällen mag dies wohl auch zweckmässig sein, im Allgemeinen aber sicherlich nicht nothwendig, denn die Erfahrung hat sattsam gelehrt, dass kohlensäurereiche Bäder (Sotier, Bad Kissingen, 1881, S. 156) die Sensibilität der Hautnerven abstumpfen und dadurch die gesteigerte Reflexerregbarkeit herabmindern, so dass auch durch sie Neuralgien günstig beeinflusst werden können. Schon früher hatte man die schmerzbeschwichtigende Wirkung der Kohlensäure bei Krebsleiden constatirt (Wiener med. Wochenschr. 1857, 10), und auch Lehmann (Bäder- und Brunnenlehre, 1877, S. 98) konnte sehr oft einen Schmerznachlass, wenn auch nur vorübergehend, nach Einwirkung dieses Gases beobachten. Auch wenn Malaria der Neuralgie unterliegt, treten, weil Anämie fast nie fehlt, Eisenquellen in die Behandlung ein, und nur da, wo die Neuralgie mit Hysterie complicirt auftritt, kommen Wildbäder an die Reihe, während bei von Rheuma abhängigen Erkrankungen die Schwefelbäder immer noch gern und heisse Sandbäder vorgezogen werden.

Bei allen Neuralgien der eben besprochenen Arten haben arsenhaltige Wässer ein gewisses Bürgerrecht sich zu erwerben gewusst. Dies gilt namentlich von den Quellen von Levico, Val sinistra und Roncegno, welche einen gewissen Ruf als Heilmittel von Neuralgien in Deutschland und Oesterreich erlangt haben, und von den französischen Arsenwässer von Royat, Mont-Dore, Bourboule, Néris. Auch die Eugenquelle von Cudowa verdient hierbei erwähnt zu werden, da sie nach Jacob (Verhdl. d. Ges. f. Heilk. in Berlin, 1886, XI., S. 32) so viel arsenige Säure enthält, dass ein Liter Wasser derselben die üblichen 9 Tropfen der Fowler'schen Lösung ersetzen kann.

Nach den eben ausgesprochenen Principien sind alle in Curorten sich einfindenden Neuralgien zu behandeln, im Allgemeinen aber sind die daselbst erlangten Curresultate, worauf auch Fromm (Braun's Balneotherapie, 5. Aufl., 1887, S. 637) aufmerksam macht, keineswegs so günstige, wie sie häufig hingestellt werden, und in nicht wenigen Fällen bleibt sogar jeder Erfolg aus.

Die Neuralgien, welche vorzugsweise balneotherapeutischen Curen unterworfen werden, sind die Ischias, die Intercostalneuralgie, der Gesichtsschmerz, die Hemicranie und die Cardialgie.

a) Ischias.

Von allen Neuralgien begegnet man am häufigsten der Ischias in Badeorten, und da die ätiologischen Momente derselben sehr mannigfacher Art sind, auch wiederum in sehr verschiedenartigen, so dass von einer einheitlichen Behandlung derselben nicht wohl die Rede sein kann. In Bezug auf den Behandlungsmodus selbst lassen sich nur einige Hauptpunkte hervorheben. So bemerkt von Kissingen Sotier (Bad Kissingen 1881, S. 156), dass die Trinkcur daselbst von besonderer Wichtigkeit sei, und dass die Ischias dann zu den Krankheiten zähle, bei welchen Kissingens Quellen ein Heilmittel ersten Ranges sind, sobald als Ursache der Erkrankung äussere Erkältungen und namentlich Kothanhäufungen im Darme angesehen werden müssen. Dasselbe lässt sich in Bezug auf die Ischias auch von anderen kochsalzhaltigen Trinkquellen, welche mit Kohlensäure belastet sind, sagen, wie von den Quellen von Homburg vor der Höhe, Soden, Kronthal, Canstatt. Pyrmont, Salzhausen u. a.

An anderen Curorten steht die Badecur in erster Linie und diese haben unleugbar die Mehrheit für sich. In dieser Beziehung erfreuen sich einer besonderen Beliebtheit die Thermen mit hoher Temperatur, sowohl der Wildbäder. als auch der Schwefelthermen und schwach kochsalzhaltigen Thermen. Von allen diesen werden gute Curerfolge berichtet. Es gilt dies namentlich von Teplitz, von welchem Holler (Teplitz-Schönau, vorwiegend medicinisch abgehandelt von H., 1880) sagt, dass die Ischias durch den dasigen Curgebrauch so sicher und günstig beeinflusst werde, wie keine andere Neuralgie. und in der überwiegenden Mehrzahl geheilt, mindestens gebessert werde. Gleiche Resultate werden auch in Gastein, Wildbad und Ragaz beobachtet. Auch kühlere Wildbäder, wie Warmbrunn und Landeck, erweisen sich bei Ischias nicht selten recht nützlich, insbesondere wenn dieselbe mit Hysterie complicirt ist.

Eine hervorragende Stellung in der balneotherapeutischen Behandlung dieser Neuralgie nehmen auch die kochsalzhaltigen Thermalquellen von Wiesbaden, Baden-Baden, die Euganeischen Thermen, Bourbonne-les-bains, Balaruc in Frankreich ein. Ueber Wiesbaden liegen genaue Beobachtungen von Pfeiffer (Die Heilquellen des Taunus. Von Grossmann, 1887) vor. Derselbe äussert sich dahin. dass da, wo die gichtische Natur der Ischias bestimmt nachgewiesen werden kann, die Prognose eine entschieden günstige genannt werden müsse und meist Heilung erfolge, aber wo die Gicht bestimmt auszuschliessen ist, seinen und Heymann's Beobachtungen zufolge die Aussicht auf einen guten Curerfolg nicht sehr günstig sei, wenngleich hierbei anhaltende Bettruhe beobachtet werde. Von den Euganeischen Thermen, insbesondere von denen zu Abano, werden von Violini (Annal. univers. Vol. 257, Ott. Nov. 1881) ähnliche Erfolge berichtet, die aber mehr auf weniger inveterirte Fälle sich beziehen.

Den kochsalzhaltigen Thermen stehen die Schwefelthermen im Erfolge der Behandlung der Ischias nicht nach. Ihre eigentliche Domäne aber scheint die von Rheumatismus und Syphilis abhängige Form der-

selben zu sein, wie aus den Mittheilungen von Reumont (Die Thermen
von Aachen und Burtscheid von R., 5. Aufl., 1885) und Schuster
(Verhandl. d. Gesellschaft für Heilkunde in Berlin, baln. Section, VIII,
S. 71, 1883) hervorgeht, indem letzterer erklärt, dass, wo Syphilis,
Rheumatismus, Gicht als Ursache dieser Neuralgie angesehen werden
müssen, die in Aachen übliche Behandlungsweise namentlich in Verbindung mit Douchen und Massage sich als besonders nützlich erweise.

Auch Dampfbäder und in hartnäckigen Fällen Kaltwassercur,
sowie Seebäder haben ihre Empfehlung gefunden. Immer grössere Anerkennung hat sich der Gebrauch der Sandbäder, die mit einer Temperatur von 47 bis 50° C. zur Dauer einer Stunde genommen zu werden
pflegen, bei Behandlung der Ischias erworben. Flemming konnte jedes
Jahr in seiner Anstalt zu Blasewitz (Schmidt'sche Jahrb. f. ges. Medicin
1880, Bd. 185, Heft 3. — Berlin. klinische Wochenschr., XIV, 11, 1877)
rasche und bleibende Heilungen durch jene erzielen, namentlich wenn
die Ischias mit Unterleibsplethora, trägem, venösem Blutlauf und trägen
Functionen des Unterleibs überhaupt verbunden, jedenfalls durch Druck
angeschwollener Venenplexus auf den Nerven entstanden war. Solche
günstige Resultate erlangte auch Sturm in Köstritz durch heisse Sandbäder (Correspondenzbl. d. allgem. ärztl. Vereins in Thüringen, 1874,
No. 8).

b) Intercostalneuralgie.

Von der Intercostalneuralgie, der Cruralneuralgie und der
Cervico-Bronchialneuralgie, welche man bisweilen in Badeorten
vorfindet, gilt im Allgemeinen dasselbe, was bereits oben von der Ischias
gesagt worden ist.   .

c) Gesichtsschmerz.

Die Neuralgie des Trigeminus hat im Allgemeinen eine schlechte
Prognose, da es meist schwer ist, das eigentliche Grundleiden derselben
aufzufinden, von dessen Beseitigung das Curresultat abhängig ist. Diesem
zufolge kommen bald Eisenquellen, bald Soolbäder, bald Wildbäder, bald Seebäder, bald eine Kaltwassercur in Frage, aber
selten haben alle diese Curmethoden ein günstiges Resultat zu verzeichnen.

d) Hemicranie.

Nicht besser ergeht es der balneotherapeutischen Behandlung mit
der Hemicranie, der sogenannten Migräne. Auch sie gehört bekanntlich zu den hartnäckigsten Leiden, welche der Wirkung fast aller
therapeutischen Curen spottet. Am häufigsten werden laue Wildbäder
gegen dieselbe verordnet und deren beruhigende Wirkung gerühmt. Unter
diesen scheint Schlangenbad eines gewissen Rufs sich zu erfreuen,
und Bertrand erklärte geradezu, dass dessen Bäder in der echten
Migräne ohne Complication durch kein anderes Mittel erreicht werden
(Grossmann, Die Heilquellen des Taunus, 1887, S. 412). Die Erfahrung aber hat gelehrt, dass diese antineuralgische Wirkung der Wildbäder sehr überschätzt worden und meist nur eine vorübergehende ist.

Nur die arsenhaltigen Mineralwässer, deren wir bereits oben gedachten, scheinen einen nachhaltigeren günstigen Einfluss auf diese Neurose auszuüben, wenigstens lauten hierüber die Berichte aus Levico und Roncegno günstiger, als die aus anderen Curorten.

Dass die Kohlensäure beruhigend bei Neuralgien einwirken kann, ist bereits oben dargelegt worden. Bezüglich der an Kohlensäure reichen Quellen liegen verschiedene Beobachtungen vor, welche diese Wirkung bestätigen. Am meisten sind in dieser Hinsicht die Quellen von Cudowa bekannt. Von den dasigen kohlensauren Mineralwasserbädern berichtet Jacob (Bresl. ärztl. Zeitschr., 12, 1882), dass diejenige Form der Hemicranie, welche mit Verengerung der Arterien, Anämie und Kälte der Kopfhaut verbunden ist, durch sie die auffallendsten Veränderungen erfährt, indem die Anfälle nicht allein coupirt, sondern auch gänzlich beseitigt werden können. Aber auch die Hemicrania vasodilatatoria hat nach demselben Autor durch solche Bäder gute Curerfolge. Aehnliches berichtete auch über die Stahlquellen von Pyrmont Valentiner und über Driburg Brück.

Für die Fälle von Hemicranie, bei welchen Anämie als ätiologisches Moment anzusehen ist, gilt das, was bereits oben über Anämie und Chlorose gesagt wurde. Auch im Nordseebade findet die angiospastische Form nach Fromm (Braun's Balneotherapie, 5. Aufl., 2. Hälfte, 1887, S. 638) meist wesentliche Linderung.

e) Cardialgie.

Die Cardialgie, meist ausgehend von Chlorose, von Hysterie oder von Abdominalstasen, muss nach den Indicationen der Krankheiten, deren Theilerscheinung sie ist, balneotherapeutisch behandelt werden.

VII. Anästhesie und Parästhesie.

Die Empfindungslosigkeit oder abgeschwächte Empfindung, sowie die qualitativ veränderte Empfindung der Haut kann nur insoweit balneotherapeutisch behandelt werden, als sie abgesehen von der bestehenden Causalindication als Symptom noch einer besonderen Bekämpfung bedarf, wie solche Fälle nach abgelaufenen Infectionskrankheiten oder als Theilerscheinungen weit verbreiteter Neurosen oder als Residualerscheinung von Intoxicationen gar nicht selten beobachtet werden.

Als schätzenswerthe symptomatische Mittel gelten Hautreize der verschiedensten Art, zu welchen stark hautreizende Bäder, namentlich Sool- und Seebäder, heisse Thermalbäder, heisse Douchen, sowie verschiedene Proceduren der Hydrotherapie, wie kalte Abreibungen, kalte Uebergiessungen, Brausen und Douchen, vornehmlich die schottische Douche (abwechselnd mit Kälte und Wärme) in Verbindung mit Massage zu rechnen sind. Besonderer Beachtung scheint bei dem eben dargelegten balneotherapeutischen Verfahren die Vereinigung desselben mit Metallotherapie oder auch mit electrischen Bädern, wie sie in vielen Wasserheilanstalten eingeführt sind, zu verdienen, wenn nicht sonst andere Applicationsweisen der Electricität zweckmässiger erscheinen.

Inwieweit causale Behandlung sich nothwendig macht, muss stets der concrete Fall lehren, wobei das einzuschlagende Verfahren nach der Art des Grundleidens, welches zu bekämpfen ist, ermessen werden muss.

VIII. Tabes dorsualis.

Die Therapie dieser typischen Degeneration der Hinterstränge des Rückenmarks, welche bekanntlich bald mehr die Goll'schen, bald mehr die äussern Keilstränge, die Hinterhörner und Clarke'schen Säulen betrifft, hat ungeachtet der Fortschritte, welche in neuerer Zeit in der Behandlung der Rückenmarkskrankheiten entschieden gemacht worden sind, immer noch viel Unklares und Unsicheres, und sogar unter neurologischen Autoritäten, die selbst eingehende Forschungen über tabetische Erkrankungen gemacht haben, herrscht hierüber noch keine Uebereinstimmung.

Zur Gewinnung sicherer balneotherapeutischer Gesichtspunkte sind wir daher genöthigt, wenngleich unter Berücksichtigung der neueren physiologischen Forschungen, doch in erster Linie darauf zurückzugreifen, was ältere Erfahrung und sichere Beobachtung in dieser Hinsicht bis jetzt festgestellt haben.

Aus allen an den verschiedensten Curorten zur Bekämpfung dieser Coordinationsstörung eingeschlagenen Heilverfahren dürfte zunächst hervorgehen, dass es bei Behandlung Tabischer weniger auf die Wahl des Curorts selbst, als vielmehr auf die Methode ankommt, um einen gewissen Curerfolg zu sichern. Man wüsste es sich sonst kaum zu erklären, wie es möglich ist, dass die verschiedensten Curorte mit den verschiedensten Quellenwirkungen in der Tabesbehandlung wenigstens einzelne günstige Resultate zu verzeichnen haben.

Eine andere an allen Curorten gleichmässig gemachte Beobachtung ist die hohe Empfindlichkeit der Tabetiker für äussere Reizeinwirkungen. Es gilt daher überall als erstes Gebot Vorsicht im Curgebrauche und Vermeidung aller stärkeren Reizmittel. Dieselbe trifft vor Allem excessive Temperaturgrade, seien sie sehr hohe, seien sie sehr niedrige; nur mittlere dem Indifferenzpunkt nahe liegende erscheinen zweckmässig. Gödel (Verhandlungen der balneol. Section der Gesellschaft für Heilkunde in Berlin. 1885, XI, S. 22 u. ff.) und Heller (ibid., 1881, VI., S 48) geben an, dass für Tabetiker die geeignetste Temperatur 32,5° C. sei und diese nur bis etwa 27,5° C. vermindert werden dürfe.

In Uebereinstimmung mit der Temperatur ist auch die Dauer des Bades zu bringen. Sie soll nur eine sehr kurze sein und 10 bis 15 Minuten, nie länger betragen, wie denn auch die Zahl der zu nehmenden Bäder 20 bis 25 nicht zu überschreiten hat. Im Gegensatz hierzu steht die Empfehlung sogenannter permanenter (thermisch indifferenter) Bäder durch Riess (Berl. klin. Wochenschr., 1887, No. 29). Derselbe sah bei deren Anwendung zur Dauer mehrerer Stun-

den, sogar zur Dauer eines Tages und täglicher Wiederholung die Ataxie
zurückgehen, während sie vorher unter anderer Therapie oft viele Monate
hindurch sich wenig oder gar nicht geändert hatte.

Aus dem Gesagten resultirt zugleich, dass die eben empfohlene
Vorsicht im Curgebrauche auf jede stark reizende Bademethode,
wie stark reizende Bäder und Douchen auf die Wirbelsäule, wie man sie
in früherer Zeit mit Vorliebe machte, insbesondere wenn gewisse Erscheinungen auf einen stattfindenden Reizungszustand der sensiblen
Bahnen des Rückenmarks hindeuten, in gleicher Weise wie auf excessive
Temperaturgrade auszudehnen ist.

Die Zeitperiode, welche für die balneologische Behandlung
der Tabetiker die geeignetste ist und zu welcher noch etwas Erfolg
von einer Badecur erwartet werden kann, bleibt lediglich das Initialstadium der Krankheit, so lange es sich noch auf das Auftreten von
lancinirenden Schmerzen, das Fehlen der Patellarreflexe und reflectorische
Pupillenstarre beschränkt, wogegen im ausgebildeten atactischen Stadium
die Aussicht auf Erfolg immer unsicherer wird.   In diesen früheren
Stadien kann nach neueren Erfahrungen, die namentlich von Eulenburg, Jacob, Gödel, Schott und Anderen (Verhandl. der balneol.
Section der Gesellsch. f. Heilkunde in Berlin, 1885, XI., S. 50 u. ff.)
gemacht wurden, die Möglichkeit der symptomatischen Heilung der Tabes,
auch in frischen Fällen von Ataxie, nicht mehr bezweifelt werden, wenngleich eine anatomische Restitution dabei ausgeschlossen sein dürfte.

Die specielle Behandlung hat sich selbstverständlich der causalen Indication zuzuwenden. Bei der grossen Schwierigkeit aber, mit
welcher der ätiologische Zusammenhang der am meisten beschuldigten
ursächlichen Schädlichkeiten mit dem Grundleiden thatsächlich nachgewiesen werden kann, ist man leider selten in der Möglichkeit, dieser
Forderung zu genügen. Anders scheint dies in Bezug auf die Syphilis
zu sein, welche bekanntlich von Fournier und Erb als das wichtigste
und einflussreichste ätiologische Moment für Tabes betrachtet wird.
Lässt sich auch ein directer Zusammenhang zwischen diesen beiden Krankheiten nicht wohl erklären, ist vielmehr nach Strümpell (Lehrbuch der
spec. Pathol. und Therapie, II. Bd., 1. Thl., 1887, 4. Aufl., S. 201) die
Tabes nur als postsyphilitische Erkrankung zu beurtheilen, so hat man in
neuerer Zeit doch Versuche gemacht, mit der balneotherapeutischen Behandlung derselben eine antisyphilitische zu verbinden. Solche Versuche
wurden in mehreren Fällen, wo man eine luetische Basis der Tabes annehmen zu müssen glaubte, an Jodquellen, wie in Krankenheil,
vorzugsweise aber in Aachen und wohl auch an andern Schwefelthermen
gemacht, und Reumont berichtet in Bezug auf letztere (Syphilis und
Tabes dorsalis, nach eigenen Beobachtungen, Aachen 1881. — Derselbe
Autor, die Thermen von Aachen und Burtscheid, 5. Aufl., 1885, S. 244),
dass einzelne Tabetiker durch eine mit der Badecur verbundene specifische
Behandlung von ihrem Leiden befreit, andere wesentlich gebessert
wurden. Andere Beobachter, wie z. B. Heller in Teplitz scheinen mit
einer solchen Combination der Thermalcur weniger glücklich gewesen zu
sein (l. c., 1881, VI.) und halten dieselbe geradezu für unzweckmässig,
weil durch sie die Erscheinungen der Ataxie eher gefördert würden.

Ueber die weitere specielle Behandlungsart der Tabes an Curorten ist man in Bezug auf deren Zweckmässigkeit noch sehr verschiedener Ansicht, wie bereits oben angedeutet wurde. Es sei in dieser Hinsicht auf Leyden und Erb verwiesen. Ersterer empfiehlt für die ersten Stadien der Krankheit Wildbäder und von diesen besonders die Thermen von Teplitz, Schlangenbad, Wildbad, Baden-Baden, Ragaz, Gastein und erst dann, wenn bereits Anästhesie, Muskelschwäche und ein gewisser Torpor besteht, die Soolbäder oder kohlensäurehaltigen Soolthermen, speciell die von Rehme und Nauheim oder auch die kälteren Quellen von Kissingen, in zweiter Linie auch die kohlensäurehaltigen Eisen- und Moorbäder, wie die von Cudowa, Franzensbad, Elster, endlich Kaltwassercur, aber auch nur bei älteren Fällen. Erb dagegen spricht sich nicht besonders günstig über den Gebrauch der Wildbäder aus, räth erst dann zu demselben, wenn alle übrigen Methoden fehl geschlagen haben und will sie nur in Fällen mit vorwiegenden Reizerscheinungen, lancinirenden Schmerzen, grosser allgemeiner Erregtheit angewendet wissen, während er von den kohlensäurereichen Thermalbädern Rehme und Nauheim vorwiegend nur Günstiges aus seiner Erfahrung berichten kann und dieselben, wie auch vorsichtig geleitete Wassercuren in allen Stadien der Tabes für indicirt erachtet, aber über Moor- und Stahlbäder sich sehr reservirt äussert. Bemerkt muss hierbei werden, dass von anderer ebenfalls competenter Seite diese günstige Meinung über diese Wirkung der kohlensäurehaltigen Soolthermen bei Tabes nicht getheilt wird. Dieser Widerspruch geht namentlich von Beneke aus, welcher bekanntlich längere Zeit in Nauheim als practischer Arzt thätig gewesen ist.

Auf Grund dieser Empfehlungen von Leyden und Erb theilt sich seit neuerer Zeit in Deutschland die Praxis mit Vorliebe zwischen den kohlensäurehaltigen Soolbädern von Rehme und Nauheim und andererseits den Wildbädern, von denen wiederum Gastein und Wildbad besonders bevorzugt werden. Hierbei wird man aber immer festhalten müssen, dass, je weniger die Reizerscheinungen in den Vordergrund treten, um so eher die Thermalsoolbäder indicirt sind, je heftiger aber die lancinirenden Schmerzen sind und je grösser die allgemeine Hyperästhesie des Individuums ist, desto mehr die lauen Wildbäder und Moorbäder in die Behandlung ·eintreten müssen. Nach Leyden soll auch eine mässige Kaltwassercur gegen sehr acute und hochgradige Schmerzattaken sich sehr nützlich erweisen.

In ähnlicher Weise, wie die kohlensäurehaltigen Thermalsoolbäder haben auch die an Kohlensäure reichen Eisenbäder von Cudowa auf die Empfehlungen von Jacob und Scholz hin bei Tabes vielfache Anwendung gefunden. Auch von ihnen werden Heilungen selbst ausgebildeter Tabes berichtet (Balneol. Section d. Gesellsch. f. Heilkde. in Berlin, 1885, XI., S. 50 u. ff.). Was von Cudowa gilt, dürfte auch von anderen mit Kohlensäure stark belasteten Eisenbädern, wie von Franzensbad, Elster, Pyrmont, Driburg, Steben u. a. Gültigkeit haben.

Endlich ist noch zu bemerken, dass auch die Hydrotherapie, wenn sie nicht übertrieben wird, gar nicht selten bemerkenswerthe Besserungen der Tabes erreichen lässt, wohl aber nur bei einer vorsichtig geleiteten Cur, während bei unvorsichtigem Verfahren durch sie grosser Schaden angerichtet werden kann. Gewöhnlich besteht die Wasserbehandlung in Waschungen mit Wasser von mittleren Temperaturen, sowie in abgeschreckten Halbbädern von 22,5° bis 28.7° C. (= 18° bis 23° R.) ohne alle Friction. Diese Methode hat sich als das wirksamste und am meisten zu empfehlende Verfahren erwiesen, alle anderen hydrotherapeutischen Badeformen, die nur irgend einen grösseren Reiz ausüben, wie Abreibungen, sind nach Ansicht bewährter Hydriatiker streng zu meiden (Pinoff's Handbuch der Hydrotherapie. Leipzig, 1879. S. 360).

IX. . Die amyotrophische Lateralsclerose.

Diese bekanntlich zuerst von Charcot aufgestellte, als typische Degeneration beider Pyramidenbahnen und Atrophie der hinzugehörigen grossen Ganglienzellen in den grauen Vordersäulen sich charakterisirende und streng auf die motorische Sphäre begrenzte Erkrankung des Rückenmarks, des verlängerten Marks und theilweise auch des Gehirns schliesst sich insoweit an die Tabes an, als sie ebenfalls den Systemerkrankungen angehört und als degenerative Atrophie aufzufassen ist.
Die balneotherapeutische Behandlung ist dieselbe, wie die der Tabes, hat aber meist schlechtere Resultate zu verzeichnen, als bei dieser. Nur im Beginne der Krankheit, so lange die Muskelatrophie noch keine grösseren Fortschritte gemacht hat und die spastischen Erscheinungen noch mässige sind und Contracturen sich noch nicht ausgebildet haben, kann durch Badecuren, wenn die Electrotherapie sie unterstützt, das Fortschreiten der Krankheit gemässigt, vielleicht noch unterbrochen werden, aber eine gründliche Heilung der Krankheit bleibt auch unter solchen Verhältnissen noch sehr zweifelhaft. Wildbäder von mittlerer Temperatur und Moorbäder kommen hierbei meist zur Anwendung. Im Weiteren sehe man den Abschnitt „Lähmungen."

X. Circulationsstörungen im Gehirn und Rückenmark.

a) Die cerebrale und spinale Anämie.

Die chronische, nicht mehr anfallsweise auftretende Anämie des Gehirns wie des Rückenmarks ist nur ausnahmsweise Gegenstand besonderer balneotherapeutischer Behandlung, und wo die eine oder die andere in Curorten sich vorfindet, erscheint sie fast stets als Theilerscheinung allgemeiner Blutleere. Inwieweit beide unter den Capiteln der Anämie und Lähmung nicht schon Berücksichtigung gefunden haben, sei hier kurz bemerkt, dass die gegen sie einzuleitenden balneotherapeutischen Curen ebenso wie bei Anämie überhaupt im Gebrauche von Seebädern, von Eisenbädern, von Soolbädern und bei kräftiger Kost in dem reichlichen Genuss von Wald-, Berg- und Seeluft bestehen. Neigung zu Ohnmachten, beständige Schläfrigkeit, unmotivirte Uebelkeit und Brechneigung, auch wohl anhaltende Kopfschmerzen und bezüglich der spinalen Anämie hochgradige Ermüdung der unteren Extremitäten geben meist die nächste Veranlassung zu den eben genannten therapeutischen Eingriffen ab.

b) Die cerebrale und spinale Hyperämie.

Die Hyperämie des Gehirns und des Rückenmarks fordert, wenn sie andauernd geworden ist, selbstredend zunächst Massnahmen, welche eine nachhaltige Verminderung der allzugrossen Blutanhäufung bezwecken. Solche sind in erster Linie die Anwendung geeigneter hydropathischer Proceduren, wie von Lakenbädern und feuchtkalten Einwickelungen, und strenge Regulirung der Diät, welche auf Vermeidung aller erregenden Speisen und Getränke besondere Rücksicht zu nehmen hat. Als weitere wichtige Ableitungsmittel sind Bitterwässer anzusehen, welche eine kräftige Anregung der Fäcalevacuation bewirken, ohne dabei den Körper auffallend zu schwächen. Diese letztere Bedingung erfüllen sicherer die alkalisch-sulfatischen Wässer von Marienbad, die Elster-Salzquelle, die kälteren Quellen von Karlsbad, die kochsalzhaltigen Trinkquellen zu Kissingen, Homburg, die salzreicheren Quellen von Soden am Taunus, die erstere der Beringer Brunnen bei Suderode, das Friedrichshaller, Grosslüdener (hessisches) und Mergentheimer Bitterwasser, das Seidlitzer und einige ungarische Bitterwässer, wie Hunyadi-Janos- und Ragoczy-Quelle. Besonders wirksam erweisen sich diese Wässer, wenn Neigung zu Stuhlverstopfung und abdominaler Plethora in Form von Hämorrhoidalbeschwerden nebenbei besteht. Dasselbe gilt auch für jene Fälle, wo Hirntumoren Reizungserscheinungen in Gestalt localisirter Hirnhyperämie erzeugt haben. Auch kalte Fluss- und Seebäder erweisen sich bei allgemeiner Hirnhyperämie unter Umständen sehr nützlich.

Andere Behandlung macht sich bei der aus vasomotorischer Lähmung hervorgegangenen Hirnhyperämie, wie sie bei Chlorose und Hysterie öfters vorkommt, nothwendig. In solchen Fällen muss ein roborirendes Verfahren Platz greifen.

c) Hämorrhagien im Gehirn und Rückenmark.

Hämorrhagien des Gehirns und Rückenmarks nach Trombose und Embolie der Hirngefässe haben unter dem Capitel „Lähmung" Besprechung gefunden, und es sei in Bezug auf spinale Hämorrhagien nur noch bemerkt, dass die nach solchen zurückbleibenden paraplegischen Lähmungen weit energischere Eingriffe vertragen werden, als dies bei Hemiplegien der Fall ist.

XI. Chronische Leptomeningitis spinalis.

Die chronische Spinalmeningitis, als welche die Leptomeningitis gemeinhin bezeichnet wird, kommt bekanntlich meist als secundäre Erkrankung zur Beobachtung und lediglich als solche zur balneotherapeutischen Behandlung, welche dann in noch frischen Fällen meistens mit Erfolg begleitet ist. Wo die Diagnose hat sicher gestellt werden können, ist, wenn die Krankheit nicht veraltet ist, eine mässige hydropathische Cur am Platz, wobei die sogenannten Chapmann'schen Schläuche mit Vorliebe Anwendung finden. Nach Grödel (Deutsche Medicinalzeitung, 1885, No. 29) eignen sich für solche frischere Fälle auch mässig warme indifferente Thermen, wogegen für ältere höher temperirte und kohlensäurereiche Eisenbäder, vozugsweise die von Cudowa empfohlen werden. Auch Strümpell (Lehrbuch der spec. Pathologie u. Therapie, II. Band, 1. Thl., 1887, S. 151) empfiehlt Bäder von 32,5° C. (= 26° R.) bis 35° C. (= 28° R.) Temperatur und räth deren lang ausgedehnten Gebrauch in Form sogenannter permanenter Bäder an. Aehnlicher Ansicht ist auch Leyden, welcher mit den Wildbädern von Teplitz, Wildbad und Gastein die besten Erfolge erzielen konnte, während Erb und andere Neurologen die Thermal-Soolbäder von Rehme und Nauheim in frischeren, wie in mehr veralteten Fällen gleich wirksam erkannten. Grödel hat in Nauheim vielfach solche Erfolge beobachten können. (l. c.)

Ausgeprägte motorische Störungen machen die bei Lähmungen angegebenen therapeutischen Verfahren nothwendig.

Man sehe hierüber den Abschnitt „Lähmungen."

XII. Chronische Myelitis.

Ehe wir auf den Gegenstand unserer Besprechung näher eingehen, müssen wir die Bemerkung vorausschicken, dass wir die Myelitis als transversale, diffuse Erkrankung auffassen und von ihr diejenige Form trennen, welche ganz bestimmte Faserzüge betrifft und gegenwärtig als degenerative Atrophie des Rückenmarks bezeichnet zu werden pflegt. Es haben daher die Poliomyelitis anterior, die Tabes dorsualis, die amyotrophische Lateralsclerose ihre gesonderte Berücksichtigung gefunden.

Ungeachtet dieser dadurch gewonnenen Vereinfachung des Krankheitsbildes bleibt immerhin dasselbe noch so verschiedenartig und der Anspruch an die Therapie ein noch so auseinandergehender im einzelnen Krankheitsfalle, dass es bis jetzt zu einer mehr einheitlichen Behandlungsmethode der Myelitis noch nicht gekommen ist und ein mehr symptomatisches Verfahren sich geltend macht. Bei dem bis jetzt gänzlich vergeblichen Bemühen, die Krankheit zur Heilung zu bringen, hat die Therapie im Allgemeinen und ebenso die Balneotherapie die Aufgabe, der Weiterentwickelung des Krankheitsprocesses entgegen zu wirken, wenigstens die Beseitigung der hervorgerufenen Krankheitserscheinungen anzustreben. In dieser Beziehung besitzt diese letztere in den Bädern anerkanntermassen ein treffliches Heilmittel, wenn die Vorsicht nicht ganz ausser Acht bleibt, welches bei der Behandlung der chronischen Rückenmarkskrankheiten überhaupt nach dem jetzigen Stande der Therapie fast unumgänglich erscheint. Wie bei Tabes Temperatur und Dauer des Bades ganz besonders zu beachten sind, so ist auch bei der chronischen transversalen Myelitis diesen gleiche Aufmerksamkeit zuzuwenden. Als oberste Regel gilt den meisten Neurologen, die Bäder nie zu warm zu machen. Eine Temperatur von 30 bis 32° C. (= 24 bis 26° R.) wird meist als die geeignetste gefunden und soll nicht überschritten werden. Auch die Dauer des Bades ist auf 10 bis 15 Minuten zu beschränken und die Wiederholung desselben soll nicht öfter als 3 bis 4 Mal in der Woche erfolgen. Strümpell (Lehrb. d. spec. Pathologie u. Therapie, II. Theil, 4. Aufl., 1887, S. 191.)

Diesen therapeutischen Grundsätzen stellt sich die an Curorten gewonnene practische Erfahrung gegenüber. Dieser zufolge lassen sich bei den chronischen Myelitisformen Bäder unter 32,5° C. (= 26° R.) nicht anwenden und nur solche von 35 bis 33,75° C. (= 28 bis 27° R.) behagen der Mehrzahl dieser Kranken.

Auch über Dauer und Wiederholung des Bades stimmt die Praxis nicht überein, welche 15 bis 20 und mehr Minuten Dauer und tägliche Wiederholung zulässt. (Man vergleiche hierüber: Schuster, die Einwirkung warmer Bäder bei Erkrankungen des Rückenmarks in den Verhandl. d. balneol. Section der Gesellschaft f. Heilkunde in Berlin, XI., 1886, S. 21 u. ff.)

Weiter geht in dieser Beziehung noch Riess (Berl. klin. Wochenschrift, No. 29, 1887), welcher thermisch indifferente Bäder von 33 bis 35° C. sogar zur Dauer mehrerer Stunden bei Myelitis und ähnlichen Erkrankungen empfiehlt, besonders wenn Paraplegien der unteren Extremitäten, Lähmung der Blase und des Darmes etc. bestehen. Unter dem Gebrauche solcher permanenter Bäder sah er die locale Schmerzhaftigkeit der Wirbelsäule, excentrische Schmerzen der Extremitäten, Contracturen, Reflexzuckungen und ähnliche Symptome zurückgehen. Nachtheilige Einwirkungen konnte Riess nach denselben nie beobachten, und auch Bälz in Tokio (Berliner klinische Wochenschrift. No. 48, 1884) sah nie solche.

Diese Verschiedenheit der Ansichten begründet sich hauptsächlich wohl durch die Thatsache, dass bei frischen myelitischen Fällen die spastischen Erscheinungen durch wärmere Bäder entschieden gesteigert werden, bei chronischen, vielleicht Jahre lang bestandenen aber Besserung selbst bei gesteigerten Reflexen durch sie erzielt wird.

Immerhin aber hat sich die Praxis genöthigt gesehen, in gar vielen Fällen ein Verfahren einzuschlagen, welches zwischen den beiden genannten Methoden mitten inne steht und gewissermassen die Thermalmethode mit der hydropathischen verbindet. Dasselbe wird in einzelnen Wildbädern, wie es scheint vorzugsweise in Wildbad, befolgt, wo nach Angabe von Thilenius der erfahrene Renz Badetemperaturen zu verordnen pflegt, welche in der Hauptsache mit den in Wasserheilanstalten üblichen fast ganz zusammenfallen.

Noch besser als einfache Wasserbäder, an welche wohl die Wildbäder sich anschliessen lassen, meint Strümpell (l. c. S. 191), wirken zuweilen Bäder mit künstlichen Zusätzen, namentlich Salzbäder, in welche man Kohlensäure einleitet, besonders aber die natürlichen Wässer, wie die kohlensäurehaltigen Thermalsoolen zu Rehme und Nauheim oder auch die Moorbäder von Marienbad und

Elster. Diese Meinung wird durch die an Ort und Stelle gemachten Erfahrungen praktischer Aerzte vielfach bestätigt, und erst neuerdings weist Grödel auf die in Nauheim in dieser Beziehung von ihm gemachten Erfahrungen hin (l. c.), wie es Braun schon früher in Bezug auf Rehme gethan hatte. Die Indication für diese Bäder, namentlich für die Soolthermen von Rehme und Nauheim tritt besonders ein, je geringer die Reizerscheinungen sind, je weniger gesteigerte Reflexthätigkeit besteht. Im entgegengesetzten Falle sah schon Braun eine Gegenanzeige für diese Curorte, und erst in neuester Zeit bestätigt Rohden (Verhandl. d. balneol. Section d. Gesellsch. f. Heilk. in Berlin, 1885, XI, S. 31) die ungünstigen Erfahrungen, die man in dieser Beziehung in Oeynhausen-Rehme gemacht hat.

Den kohlensauren Soolthermen schliessen sich in therapeutischer Beziehung die an Kohlensäure reichen Eisenbäder unmittelbar an. Sie treten besonders dann in die Behandlung ein, wenn es weniger darauf ankommt, die thermischen Einflüsse, als vielmehr rasch stärkere Hautreize zur Propagation auf das höhere Nervensystem zur Geltung zu bringen. In dieser Beziehung haben die Bäder von Cudowa wegen ihres Reichthums an Kohlensäure einen gewissen Ruf erlangt, der sich vorzugsweise auf die Angaben von Scholz und Jacob stützt. Auch von anderen kohlensäurereichen Eisenbädern wird Gleiches berichtet. Es gilt dies namentlich von denen zu Pyrmont, Driburg, Franzensbad und Elster, bei welchen aber auch gleiche Vorsicht im Gebrauche geboten ist, wie an den kohlensauren Soolthermen, und auf welche auch der Rath von Scholz, die Cur mit verdünnten Bädern zu beginnen und erst, wenn diese gut vertragen werden, den Zusatz von gewöhnlichem Wasser zu verringern, seine volle Gültigkeit hat (Verhandl. d. balneol. Section d. Ges. f. Heilkunde, 1885, S. 32). Im Allgemeinen kann man diesem Recht geben, wenn er im Weiteren behauptet, dass Stahlbäder in allen den Fällen wohl thun, wo Stahl überhaupt bei Rückenmarkskrankheiten angezeigt ist, dass hingegen da, wo Stahl nicht angezeigt ist und es sich um irritative Zustände handelt, Stahlbäder nicht anzuwenden sind.

Fichtennadelbäder, Moor- und Schlammbäder, die ebenfalls bisweilen in die Behandlung hereingezogen werden, haben mehr symptomatische Bedeutung und dienen besonders als reizmildernde Mittel gegen die nicht selten auftretenden Neuralgien.

Andere Bedeutung hat die hydropathische Behandlung, welche dem hyperämischen Zustande der Medulla entgegen wirken soll. Für sie ist es von besonderer Wichtigkeit, dass alle eingreifenden Proceduren, wie Douchen, kalte Abreibungen, sehr kalte Bäder, streng vermieden und nur kurze, kühle Voll- und Halbbäder, kühle Abreibungen in Anwendung gebracht werden. Hiermit stimmt auch die Praxis überein, welche man in allen rationell geleiteten Wasserheilanstalten bei Behandlung der chronischen Myelitis und ihrer Abarten gegenwärtig zu befolgen pflegt. Häufig verbindet man die Hydrotherapie in denselben mit der Electrotherapie.

Dass bei chronischer Myelitis klimatische Verhältnisse nicht selten von besonderer Wichtigkeit sind und hiervon oft die engere Wahl eines Curortes abhängig gemacht werden muss, sowie dass Complicationen der Krankheit ebenfalls ihre Berücksichtigung finden müssen, braucht wohl nicht erst hervorgehoben zu werden. Auch die Aetiologie des Leidens ist für den Curerfolg nicht selten entscheidend, und causale Momente, die durch die Cur nicht beeinflusst werden können, müssen selbstredend eine schlechte Prognose bedingen, wie dies z. B. von der Compressionsmyelitis gilt.

XIII. Die multiple Sclerose des Gehirns und Rückenmarks.

Von einer Heilung der multiplen Herdsclerose durch balneotherapeutische Massnahmen kann ebensowenig die Rede sein, wie sie durch andere Curen als unerreichbar sich erwiesen hat. Wenn aber Thilenius (Handbuch der Balneotherapie, 9. Aufl., 2. Thl., S. 232) erklärt, dass eine rationell angewandte Balneotherapie der multiplen Sclerose gegenüber ihre Haupttriumphe feiere, so müssen wir bekennen, dass wir für eine solche Behauptung kein Verständniss haben. Im glücklichsten Falle kann wohl nur von einer Besserung, die aber mehr auf das Allgemeinbefinden, als auf die cerebro-spinale Herderkrankung Bezug hat, gesprochen werden.

Das bei der multiplen Herdsclerose einzuschlagende balneotherapeutische Verfahren ist dasselbe wie bei der chronischen Myelitis. Laue Wildbäder und mässig warme Moorbäder, kühle Abreibungen und der constante Strom machen in der Hauptsache die Medication aus. Bei stärkerer Entwickelung der spastischen Erscheinungen erscheinen etwas höhere Temperaturgrade, als sie die Myelitis fordert, und etwas längere Badedauer indicirt, wenn sonst das Intentionszittern dadurch nicht nachtheilig beeinflusst wird. In einzelnen Fällen mag wohl auch der innerliche Gebrauch von Jodquellen nicht unzweckmässig sein.

XIV. Hirnsyphilis.

Die luetischen Erkrankungen des Gehirns sind ebensowenig eigentlicher Gegenstand balneotherapeutischer Behandlung wie die Syphilis überhaupt. Sie theilen mit dieser gleiche Behandlungsweise und erfordern wie andere Syphilome eine antiluetische Behandlung mit Quecksilber oder Jodkalium, ehe die Anwendung von Schwefelwässern indicirt erscheint, überhaupt an eine balneotherapeutische Behandlung gedacht werden kann. Allgemeine motorische Schwächezustände, welche nach dem Verschwinden der luetischen Symptome zurückbleiben, sind es besonders, die eine solche fordern.

Im Anschluss an die Schwefelquellen, welche gewöhnlich den Reigen eröffnen, wie die von Aachen, Burtscheid, Aix in Savoyen, Baden in Niederösterreich und Schweiz, Nenndorf, Eilsen u. a. und an die arsenhaltigen Natronthermen von Bourboule, Royat und St. Nectaire, welche nach Nicolas (Journ. de Thérap., 1883, No. 1 u. 2) neben ihrer antiluetischen Wirkung noch einen allgemein belebenden, die motorischen Nerven anregenden Einfluss ausüben, sind es besonders die Wildbäder, wie die von Gastein, Wildbad, Ragaz und die kohlensäurereichen Thermalsoolen von Oeynhausen und Nauheim, welche hierbei in Frage kommen. Auch Seebäder, namentlich solche am Mittelmeer, und eine mässig geleitete hydrotherapeutische Cur sind hier meistens am Platz. Endlich ist solchen Kranken der längere Aufenthalt in den Schweizer Bergen und an der Riviera zu empfehlen. Der Curerfolg ist bei ihnen meist ein befriedigender.

XV. Die Syphilis des Rückenmarks.

Das von der Hirnsyphilis Gesagte hat in der Hauptsache seine Gültigkeit auch auf die spinale luetische Erkrankung. Für die Balneotherapie hat diese letztere besonders nur deswegen Interesse, weil sie häufig in causalen Connex mit verschiedenen Myelitiden gebracht wird. Dies gilt besonders von der Tabes, indess ist man über die Art ihrer Einwirkung bei diesen Erkrankungen des Rückenmarks noch sehr getheilter Meinung, und selbst Neurologen ersten Ranges, wie Leyden und Westphal, erklären sich gegen die Annahme eines solchen genetischen Zusammenhanges. Ungeachtet dessen wird man bei einiger Wahrscheinlichkeit einer solchen Aetiologie der Myelitiden gezwungen sein, Schwefelthermen und Jodquellen zu verordnen, um unter Mitanwendung des Quecksilbers die luetische Erkrankung des Rückenmarks zur Beseitigung zu bringen. Im Weiteren sehe man den Artikel „Tabes dorsualis."

XVI. Motorische Lähmungen.

Motorische Lähmungen, welche als Aufhebung oder auch nur hochgradige Abschwächung der motorischen Innervation auf der Willkür unterworfene Muskeln sich darstellen, sind bekanntlich häufig Gegenstand balneotherapeutischer Curen. Die durch sie erzielten Erfolge sind freilich sehr verschiedener Art und werden zum grossen Theil dadurch bestimmt, dass die Lähmung aus anatomisch nachweisbaren Ursachen oder aus functionellen Störungen hervorgegangen ist.

Für den ersteren Fall hängt bekanntlich die Prognose wesentlich von der physiologischen Bedeutung der Stelle ab, wo die Läsion das Nervensystem betroffen hat, sowie von dem Umstande, ob diese für balneotherapeutische Verfahren überhaupt zugänglich ist. Wenn man aber bedenkt, dass die materiellen Schädigungen, welche das Nervensystem treffen können, von der verschiedensten Art und Bedeutung sind, sowie dass alle Noxen, welche die motorischen Leitungsbahnen von den Centralwindungen des Grosshirns und dem Lobulus paracentralis, überhaupt von den motorischen Centren an, wo die Willensimpulse in Activität sich umsetzen, bis zu den Muskeln selbst hin treffen und die Leitung unterbrechen oder sie zerstören, aber auch Erkrankungen der motorischen Centren selbst und der Muskeln zu Lähmungen führen können, so ist leicht verständlich, dass die Prognose im Einzelfalle eine sehr verschiedene sein muss, und auch die Erfolge der Balneotherapie gar oft viel zu wünschen übrig lassen.

Die andere Hauptform der Paralyse, welche functionellen
Störungen des Nervensystems ohne nachweisbare anatomische Läsion
desselben entspringt, hat zwar im Allgemeinen für die Balneotherapie
eine bessere Prognose als die andere, diese aber hauptsächlich nur, weil
durch Ausscheidung mehrerer schweren Erkrankungen aus dieser Kategorie
in Folge der vervollkommneten neueren histologischen Untersuchungen,
die den Nachweis thatsächlich bestehender materieller Veränderungen in
den Nerven und Nervenscheiden lieferten, der Kreis der functionellen
Lähmungen sich verkleinert und mehr auf anscheinend leichtere Störungen sich beschränkt hat.

Beide paralytische Hauptformen haben das Gemeinsame, dass die
Träger derselben fast durchgehends Kranke sind, bei welchen der Balneotherapie weniger die Berücksichtigung der Grundkrankheit selbst, als
vielmehr die Beseitigung der von dieser zurückgelassenen Folgezustände
zufällt. Es erklärt sich damit, dass alle Badecuren, welche bei Behandlung von Lähmungen in Frage kommen können, viel Gleichartiges haben,
und selbst der Sitz der Läsion auf die allgemeine Indication keinen wesentlichen Einfluss ausübt.

Immerhin bedarf der Sitz der die Lähmung verursachenden Erkrankung gewisse Berücksichtigung, und die Praxis hat in Anbetracht dessen
cerebrale, spinale und periphere Lähmungen unterschieden, die man
gegenwärtig kürzer in centrale und periphere oder richtiger Leitungs-
paralysen zusammenzufassen pflegt.

Gehen wir nun zur Betrachtung der einzelnen Lähmungsformen über,
insoweit ihre Behandlung in das Gebiet der Balneotherapie hineinfällt.

a) Functionelle Lähmungen.

1. Lähmungen aus Blutarmuth.

Diese gemeinhin so bezeichnete Lähmungsart stellt bekanntlich nicht
eine wirkliche Aufhebung musculärer Innervation dar, sondern besteht
nur in einer Abschwächung derselben, welche äusserlich das Bild para-
lytischer Schwäche darbietet. Da sie Theilerscheinung hochgradiger Anämie
und oft auch von Chlorose ist, so liegt es nahe, dass ihr zunächst die
stark roborirende Behandlung mit Eisenwässern zufällt, welche am
besten und sichersten durch die mit hohem Kohlensäuregehalt belasteten
Stahlbäder, wie die von Pyrmont, Driburg, Spa, Schwalbach,
Elster, Franzensbad, Königswart u. a. unter Mitanwendung von
Trinkcuren zur Ausführung gebracht wird. Im Weiteren sind die bei
Anämie und Chlorose bereits angegebenen Massnahmen zu beachten.
Ebenso zeigen sich oft Seebäder und Seeluft, sowie stärkere kohlensäurereiche Thermalsoolbäder hierbei nützlich. Man beobachtet aber
auch nicht selten Fälle, wo alle reizenden Bademethoden als ganz
unzweckmässig sich erweisen. Dies geschieht hauptsächlich bei hochgradig nervösen Naturen. Dann sind es laue Wildbäder, ruhiger
Genuss der Gebirgs- und Alpenluft, sowie südliche Klimate,
welche bei geeignetem diätetischen Verhalten an Stelle der Eisenbäder zu
treten haben.

2. Lähmungen nach überstandenen schweren Krankheiten.

Es ist eine häufig zu machende Beobachtung, dass nach abgelaufenen schweren acuten Infectionskrankheiten, wie Diphtherie, Typhus, Grippe, Dysenterie, Scharlach und anderen, Lähmungen sich herausbilden, die man in Zusammenhang mit der vorausgegangenen Krankheit zu bringen gezwungen ist. Auch bei ihnen fehlt die Anämie keineswegs und man könnte versucht sein, diese Lähmungsform als eine anämische anzusehen, allein die Anämie pflegt hier nicht die hohen Grade zu erreichen, als dass man berechtigt wäre, sie als alleinige Ursache zu beschuldigen.

Aetiologie und Verlauf der Infectionskrankheit weisen vielmehr darauf hin, dass der Infectionsstoff Producte im Nervensystem abgesetzt hat, die Veranlassung zur Lähmung, resp. lähmungsartigen Schwäche abgeben. Dies ist von diphtherischen Lähmungen bekannt, bei welchen aller Wahrscheinlichkeit nach ins Blut eingewanderte Bacillen, namentlich eine in neuester Zeit erst aufgefundene Spaltpilzform, der Streptococcus pyogenes wesentlich mitwirkende causale Momente abgeben. Es liegt nun nahe, daran zu denken, dass auch andere nach acuten Infectionskrankheiten zurückbleibende Lähmungen gleiche Entstehungsursache haben mögen.

Aus den eben dargelegten Verhältnissen erklärt es sich, dass die Erfolge der Badecuren bei dieser Lähmungsform sehr abweichender Art sein müssen und von der etwaigen Möglichkeit, solche Krankheitsproducte zu entfernen, abhängig sind. Indess besteht das zur Zeit eingeschlagene balneotherapeutische Verfahren nicht in Erfüllung dieser causalen Indication, sondern fällt lediglich mit dem zusammen, was der anämische Boden der Krankheit zu seiner Beseitigung fordert. Auch bei infectiösen Lähmungen sind es Eisen-, See- und Soolbäder, namentlich die Thermalsoolbäder von Oeynhausen und Nauheim, oder wenn Reizungsmittel nicht gut vertragen werden, auch indifferente Thermen, wie die von Teplitz, Wildbad, Gastein, welche in Anwendung gezogen werden, sobald die Naturheilkraft des betreffenden Individuums ohne äussere Unterstützung zur Beseitigung der Lähmung nicht ausreicht.

Lähmungen, welche nach chronischen Infectionskrankheiten, wie nach Syphilis und Tuberculose zurückbleiben, theilen die Behandlung der Grundkrankheit und finden ihre Besprechung bei den betreffenden Abschnitten.

3. Hysterische Lähmungen.

Die hysterischen Lähmungen, welche als Willenslähmungen aufzufassen und somit centralen Ursprungs sind, fallen meist nur dann balneotherapeutischen Curen anheim, wenn sie, wie dies gewöhnlich geschieht, als Paraplegien auftreten, seltener wenn sie einzelne Muskeln der Extremitäten oder die zu den Stimmbändern führenden befallen haben.

Gegen alle Arten hysterischer Lähmung werden, wenn stärkere oder schwächere Reizerscheinungen im Nervensysteme die Lähmung begleiten, entweder gewöhnliche laue Süsswasserbäder oder zweckmässiger indifferente Gebirgsthermen mit mässiger Temperatur,

wie die von Schlangenbad, Ragaz, Tüffer, Römerbad, Johannisbad empfohlen und mit diesen Badecuren vielfach der constante Strom
angewendet, wie dies beispielsweise in Teplitz und Schlangenbad
geschieht. Auch Soolbäder und kohlensaure Thermalsoolbäder,
sowie kohlensäurereiche Eisenbäder erweisen sich, wenn die Individuen nicht allzu reizbare Naturen sind, unter Umständen sehr nützlich. Auf diese letzteren Bäder legt Valentiner (Therapeutische Bedeutung des Pyrmonter Stahlbades, dargestellt von V. Berlin 1868,
S. 97) hohes Gewicht, indem er die Pyrmonter Eisenbäder als treffliche Heilmittel sowohl bei rasch eintretenden und oft recidivirenden,
als auch bei lang andauernden und ununterbrochen fortbestehenden Erkrankungen dieser Art empfiehlt. Aehnliches Reizungsverfahren empfiehlt
auch Strümpell (Lehrbuch der spec. Pathologie u. Therapie. Krankheiten des Nervensystems. Leipzig 1887, S. 487), der neben der Fara-
disation der gelähmten Muskeln in kalten Abreibungen und
Bädern, namentlich Seebädern, treffliche Unterstützungsmittel der
Cur sieht. Dass methodisch eingeleitete Gehversuche und psychische
Behandlung, wie bei Hysterie, überhaupt bei allen solchen in Betracht
zu ziehenden Badecuren keineswegs verabsäumt werden dürfen, kann
wohl als selbstverständlich angesehen werden.

4 Schrecklähmungen.

Man beobachtet bisweilen nach heftigen psychischen Erregungen,
besonders Schreck, lähmungsartige Zustände, die vorzugsweise in den
unteren Extremitäten auftreten. Sie finden sich meist bei hochgradig
nervösen, hysterischen Personen vor und sind häufig Vorläufer von
hysterischen Lähmungen. Bisweilen sind sie wohl auch mit myelitischen
Veränderungen in den nervösen Centralorganen verbunden und nicht blos
functioneller Natur. Sie fordern electrische Behandlung, theils auch
theilen sie mit hysterischen Lähmungen, die balneotherapeutische Behandlung, die in der Regel zum Ziele führt.

5. Reflexlähmungen.

Nicht selten begegnet man in Curorten einer Lähmungsform, welche
nach den jetzigen Anschauungen, die man über Lähmungen hat, nicht
gerade als solche, sondern als Bewegungshemmung, als Unterdrückung
von Bewegungen anzusehen ist. Unter der Vorstellung, dass sensible
Reizungen in den motorischen Bahnen gewisser Organe eine Reflexhem-
mung hervorrufen können, hat man diesen Zustand bekanntlich als
Reflexlähmung bezeichnet.
Hat auch die neueste Zeit, wie Strümpell meint, die Richtigkeit
dieser ursprünglich Romberg'schen Anschauung sehr in Zweifel gezogen und die sogenannte Reflexlähmung nach dem Vorgange von
Leyden mit aufsteigender Neuritis in Verbindung gebracht, so finden
doch in Uebereinstimmung mit der alten Lehre jene sensiblen Reizungen,
welche man als Ausgangspunkte von Reflexparalysen ansah, noch heu-

tigen **Tages** vielfach in erster Linie therapeutische Berücksichtigung (cfr. Valentiner's Handbuch der allgemeinen u. speciellen Balneotherapie, II. Aufl., S. 702), und wird zu ihrer Beseitigung Zuflucht bald zu **Kalk-quellen**, bald zu **lauwarmen Wildbädern** und **Kochsalzbädern** in **Verbindung** mit **Molken-** und **lösenden Brunnencuren**, bald zu **Schwefel-, Stahl- und Seebädern** genommen, je nachdem die Natur des erkrankten Organs es zu fordern scheint. In gewissen Fällen mag eine solche Rücksichtnahme wohl auch geboten sein, geläuterte Erfahrungen der neueren Zeit aber haben gelehrt, dass auf solchem Wege nicht viel zu erreichen ist und gegenwärtig neigt man sich immer mehr der Ansicht zu, dass gewöhnliche laue Wasserbäder oder auch laue Wildbäder, wie Teplitz, Schlangenbad, oder auch Thermal-soolbäder, namentlich in Verbindung mit dem constanten Strom nützlicher bei Reflexlähmungen sich erweisen, als es die causale Behandlung vermochte. Diese Ansicht bestätigte auch Violini (Annali univers. Vol. 257. Ott. Nov. 1881) mit einer in den Euganeischen Thermen, namentlich in Abano gemachten Beobachtung, der zufolge er bei Reflexlähmungen, wenn diese nach einer peripheren Reizung erfolgten, vom Gebrauche der dasigen Thermalbäder rapide Erfolge erzielte.

6. Männliche Impotenz.

Von der männlichen Impotenz, die in Badeorten Heilung sucht, unterscheidet Valentiner (Therapeut. Bedeutung des Pyrmonter Stahlbades, 1868, S. 134. — Valentiner's Handbuch der Balneotherapie, II. Aufl., 1876, S. 695) drei Klassen. Die eine derselben hat ihren Grund in einem paretischen Zustand der der Erection des Penis vorstehenden Muskeln bei genügender Thätigkeit der Hoden. Sie eignet sich für möglichst kühle Stahlbäder, kalte Nordseebäder, kalte Uebergiessungen und Douchen auf den Rücken, sowie für gleichzeitige Anwendung des electrischen constanten Stroms. Einer anderen Klasse, zwar aus gleicher Ursache entstanden, aber mit völliger Unthätigkeit der Testikel complicirt, nützt keine Badecur mehr und selbst die mit herangezogene Electricität lässt diese noch fruchtlos. Die dritte Klasse von Impotenz besteht in einer mit allzu grosser Erregbarkeit der Genitalien verbundenen wirklichen Schwäche. Diese fordert den Gebrauch von lauen Wildbädern, Wassercur, See- und Eisenbädern mit Douchen. Von letzteren sah namentlich Frickhöffer wesentlichen Nutzen. Er empfiehlt deswegen gegen solche Impotenz die Bäder von Schwalbach (Deutsche medicin. Wochenschr. 1876, No. 11) und zwar für leichtere Formen derselben, die mit nur relativ häufigen Pollutionen und blos geschwächter Potenz bei im Allgemeinen ziemlich normalem Allgemeinbefinden, oder mit zeitweiser mangelnder Potenz und atonischer Schwäche und Abnahme der Muskel- und Nerventhätigkeit, sowie mit constanter Impotenz bei stark ausgebildeter Anämie und hypochondrischer Gemüthsstimmung ohne abdominale Stasen einhergehen. In allen diesen Fällen constatirte Frickhöffer beim Gebrauche kühler und kurzer Stahlbäder und mässiger Trinkcur gute Curerfolge.

b) Lähmungen aus anatomisch nachweisbaren Ursachen.

1. Periphere Lähmungen.

Dieselben kommen im Allgemeinen an Curorten weit seltener zur Behandlung, als dies in Bezug auf centrale der Fall ist. Sie sind dann fast stets Folgezustände eines Trauma oder von Rheuma oder Arthritis oder von einer Intoxication, durch welche die motorische Leitung unterbrochen und die Reflexerregbarkeit aufgehoben wird.

In allen diesen Fällen ist es für die Beurtheilung der Frage nach dem von einer Badecur zu erwartenden Erfolg von besonderer Wichtigkeit, sich vorher von dem Verhalten der gelähmten Muskeln gegenüber dem galvanischen und faradischen Strom zu überzeugen, dessen qualitative Abweichungen vom normalen Zuckungsgesetz sich bekanntlich eng an den Ablauf gewisser anatomischer Veränderungen in den gelähmten Nerven und Muskeln anschliessen. Man wird hierbei in der Annahme nicht fehl gehen, dass, wenn die galvanische Muskelerregbarkeit in der Weise gesunken ist, dass selbst mit starken Strömen nur noch eine geringe oder gar keine Anodenschliessungszuckung hervorgerufen werden kann, es gänzlich nutzlos sein wird, eine Badecur noch zu beginnen, wogegen die beginnende Wiederkehr faradischer Muskelerregbarkeit und der faradischen, wie galvanischen Erregbarkeit im Nerven günstige Erfolge einer solchen in Aussicht stellt. Diese Massregel wird manches finanzielle Opfer ersparen helfen.

Bei allen peripheren Lähmungen hat die Balneotherapie die Aufgabe, die gesunkene Energie des gelähmten Nerven zu heben. Sie sucht dies durch reizende Bäder verschiedener Art zu erreichen, mag deren Reizung eine thermale, chemische oder mechanische sein, und verbindet diese, wenn thunlich, mit einer passenden electrischen Behandlung und Massage. Die therapeutische Wirkung dieses Verfahrens lässt sich nach Jacob (Verhdlg. der medicinischen Section der schles. Gesellsch. für vaterl. Cultur. Sitzung vom 25. Febr. 1881. — Bresl. ärzt. Zeitschr. 1881, No. 6) ungezwungen aus der dadurch gesteigerten Reflexerregbarkeit des Rückenmarks und aus dem Zustandekommen gesteigerten Muskeltonus erklären. Die Curen an den verschiedensten Bädern haben somit viel Gemeinsames und leicht Ersetzbares, indess haben doch einzelne derselben bei gewissen Formen peripherer Lähmung einen besonderen therapeutischen Ruf erlangt und denselben sich bewahrt.

α) Rheumatische und gichtische Lähmungen. Es hat sich die Gewohnheit herausgebildet, Kranke mit rheumatischen und gichtischen Lähmungen oder refrigeratorischen besonders in die Wildbäder zu schicken, aus deren Mitte gern die Thermen von Teplitz, Wildbad, Gastein, Ragaz, Wiesbaden, Leuk, wenn sonst deren klimatische Verhältnisse es gestatten, herausgewählt werden, wo ihnen in der Vorstellung, dass es sich um Aufsaugung eines im Nerven oder seiner Scheide gesetzten Exsudats handelt, heisse Vollbäder zu 40 bis 45° C. und kürzerer oder längerer Dauer von einer Viertelstunde bis zu einer vollen Stunde und länger, wie dies in Leuk, Plombières, in verschiedenen italienischen Bädern und in den meisten ungarischen Thermen geschieht, verordnet werden, wobei warme Douchen, Electricität und Massage in die Behandlung meist mit hereingezogen werden. Auch die Thermalbäder von Rehme und Nauheim werden von solchen Kranken mit Erfolg sehr oft benutzt, und Lehmann berichtet (Brunnen- und Bäderlehre, 1877. S. 469) über mehrere am erstgenannten Curorte beobachteten Heilungen. Unter allen Thermalbädern aber erfreuen sich in Deutschland die Thermen von Wiesbaden, Teplitz und Baden-Baden einer besonderen Bevorzugung und gelten im Publicum für Paralytiker vielfach als letzter Zufluchtsort. (Man vergleiche: Schmelkes Teplitz gegen Lähmungen 1855, — sowie Seiche im Medic. Jahrbuch der Thermalquellen zu Teplitz-Schönau, 1855.)

In gleicher Weise finden gegen rheumatische und gichtische, wohl auf Neuritis basirende Lähmungen Anwendung: Dampfbäder, heisse Sandbäder, wie die von Köstritz, Berka a. d. Ilm, Lobenstein und Blasewitz bei Dresden, Moorbäder, wie die von Franzensbad, Elster, Marienbad, Teplitz, Muskau, die schwedischen Schlammbäder, wie die zu Marstrand, Medewi, Ronneby, Warberg, Wisby u. a., die norwegischen Schlammbäder zu Sandefjord und St. Olafsbad, die italienischen Schlammbäder, wie die zu Abano, Acqui, Battaglia u. a., und endlich auch kohlensaure Gasbäder und Gasdouchen, wie die zu Meinberg, Cudowa, Nauheim, Kissingen u. a.

β) Traumatische- und Intoxicationslähmungen. Nicht wesentlich abweichende Behandlung erleiden die traumatischen und die Intoxicationslähmungen, welche aus chronischer Neuritis hervorgegangen sind und von denen vorzugsweise Blei- und Quecksilberlähmungen in Frage kommen. Die Abweichung bezieht sich hauptsächlich auf die Temperatur des Bades. welche selten eine so hohe ist. Bezüglich der traumatischen Lähmungen sei besonders noch auf die nach schweren Geburten vielfach vorkommende Lähmung des Nerv. ischiadicus hingewiesen, welche im Allgemeinen eine gute Prognose giebt und bezüglich der Intoxicationslähmungen sei noch bemerkt, dass als besonders wirksam gegen sie die Thermen von Aachen und Burtscheid, Mehadia, Pystjan, Baden im Aargau, Schinznach, Aix in Savoyen empfohlen werden. Ob Jodbäder wie die von Krankenheil, Heilbronn (Adelheidsquelle), Zaizon, Sulzbrunn, Lipik, Saxon (Schweiz), Hall in Oberösterreich u. a. gleiche Wirkungen bei chronischer Bleilähmung besitzen, wie das Jodkalium beim innerlichen Gebrauche gegen Bleiintoxicationen im Allgemeinen ist noch nicht festgestellt. Bei grösserem Kräftevorrath empfiehlt Lehmann (l. c, S. 469) die Kaltwassercur besonders wegen ihrer erregenden, die Ausscheidung fördernden Wirkungsweise. Ob dieselbe die gehegten Erwartungen in der That rechtfertigt, muss bei der jetzigen Anschauung über das Wesen der Bleilähmung, nach welcher degenerative Atrophie der motorischen peripheren Nervenfasern wenigstens in den meisten Fällen als primäres Leiden angesehen wird, noch dahin gestellt bleiben.

γ) Neuritische Muskellähmungen. Auch für Lähmungen

in Folge von primärer multipler degenerativer Neuritis und von Erkrankung der Muskelsubstanz selbst, wie nach chronischer Myositis
gilt dasselbe eben dargelegte Verfahren, wobei man gewohnheitsgemäss,
wohl auch in der Vorstellung nothwendiger Resorption gesetzter Exsudate
heissen Bädern den Vorzug giebt. Auch hier sind es wiederum die
Thermen von Teplitz, Wiesbaden, Aachen, stark reizende Soolbäder und ganz besonders Moorbäder, welche nächst der Electricität
beziehentlich Galvanismus in Anwendung gezogen werden.

2. Centrale Lähmungen.

α) Hemiplegien. Die halbseitigen Lähmungen, welche fast ausnahmslos als cerebrale angesehen werden müssen, sind, soweit sie für
die Balneotherapie in Frage kommen, entweder durch apoplectische
Heerde im Bereiche oder in nächster Nähe der Pyramidenbahn oder auf
der harten Hirnhaut als Hämatom oder durch Gehirnembolie in Folge
von Verstopfung der Basilararterie entstanden. Alle weiteren zu Lähmungen führenden Gehirnerkrankungen liegen ausserhalb des Wirkungs-
kreises der Badecuren.

Die Balneotherapie hat es sonach mit dem Symptome einer Organ-
erkrankung zu thun, welche zu einer Zerreissung von Gefässwänden, sei
es in Folge fettiger Entartung derselben, sei es in Folge allzu starken
seitlichen Blutdrucks, oder zu collateralen Gefässstörungen oder auch zu
Compression der Hirnrinde geführt hat. Alle diese Momente bedürfen
bei der Behandlung der Hemiplegie sehr der Beachtung, und da sie die
Neigung zu einem Recidiv des apoplectischen Insults in sich schliessen,
machen sie grosse Vorsicht in Handhabung der therapeutischen Massnahmen nothwendig, welche in erster Linie auf Fernhaltung aller das
Gehirn betreffenden Reize hinausläuft. Demgemäss erscheint es geboten,
nicht bald nach erfolgter Apoplexie mit einer Badecur zu beginnen, sondern erst einige Zeit vorübergehen zu lassen, bis zu welcher man annehmen kann, dass es zu completer Narbenbildung oder Resorption, beziehentlich Einkapselung des Extravasates gekommen ist. Man kann Heller
(Teplitz-Schönau medic. abgehandelt von —, Teplitz, 1880, S. 149)
nur beistimmen, wenn derselbe den Zeitpunkt zu einer beginnenden
Badecur, bezw. in Teplitz erst nach 4 bis 5 Monaten nach Eintritt
des Anfalles gekommen sieht. Gleicher Ansicht sind schon Duchenne
und Rosenthal (Die Electrotherapie, Wien, 1865, S. 134) sowie Valentiner (Therap. Bedeutung des Pyrmonter Stahlbades, Berlin, 1868,
S. 118) vor Jahren gewesen.

Zwei andere wichtige Momente in der Balneotherapie der Hemiplegien
sind Temperatur und Dauer des Bades.

Bezüglich der ersteren ist man gegenwärtig ziemlich allgemein der
Ansicht, dass alle höheren Wärmegrade wegen ihres Reizes auf das
Gefässsystem unbedingt zu vermeiden sind. Leider ist in früherer
Zeit mit der Nichtbeachtung dieser Vorsichtsmassregel viel Schaden ge-
macht worden.

Ebenso darf keine allzulange Dauer und allzu häufige Wiederholung der Bäder stattfinden. Jedenfalls ist es zweckmässig, den

Kranken im Anfange der Cur nur etwa 15 Minuten im Bade verweilen und ihn dasselbe erst am zweiten oder dritten Tage wiederholen zu lassen. Nur ganz allmälig ist die Badedauer auszudehnen, wenn sonst eine Verlängerung derselben indicirt erscheint.

Wo während der Badecur Neigung zu Kopfcongestionen besteht, sind kalte Kopfbrausen zu appliciren und bei stärkerer Stuhlverstopfung leichtere Bitterwässer, wie das Friedrichshaller, Seidschützer u. a. zur Anwendung zu bringen. Regulirung der Defäcation ist hierbei bekanntlich ein wichtiges Erforderniss.

Wie bei Lähmungen im Allgemeinen, so auch bei Hemiplegien haben sich die indifferenten Thermen einen gewissen Ruf der Heilkräftigkeit zu erhalten gewusst. Man ist aber gegenwärtig, wie bereits bemerkt, von den heissen Quellen zurückgekommen und hat sich aus obigem Grunde fast ausschliesslich den von Natur lauwarmen akratischen Thermen zugewendet, von denen Johannisbad, Landek, Liebenzell, Badenweiler, Bertrich, Schlangenbad, Wildbad und die steyermärkischen Wildbäder Römer- und Franz Josephbad bei Tüffer, sowie das Tobelbad vorzugsweise zu nennen sind. Erst dann, wenn der Zustand der Circulationsorgane stärkere Reizung zulässig erscheinen lässt, kann ein Versuch mit den heisseren Thermalbädern zu Gastein, Pfäfers, Ragaz, Plombières, Teplitz, Aachen, Wiesbaden u. a. gemacht werden. Letztere werden besonders von Pfeiffer (Grossmann, die Heilquellen des Taunus, 1887, S. 53) mit der Bemerkung empfohlen, dass die Wiesbadener Badecur auch auf die in Folge des Nichtgebrauchs entstandene Steifigkeit und Ungelenkigkeit der Muskeln und Gelenke günstig einwirke, und ebenfalls die Reste von durch Kopfverletzungen und Commotionen bewirkten Blutaustretungen und Entzündungen in Wiesbaden ihre Stelle finden. Auch wohl die an Kohlensäure reichen Soolthermen, stärkere Sool-, Stahl- und Seebäder, sowie hydriatisches Verfahren können unter Umständen mit herangezogen werden, wenn die Anwendung starker reizender Bäder sich nothwendig macht.

Auch die nach Apoplexien nicht selten sich entwickelnden Contracturen geben für balneotherapeutische Curen ein schlechtes Prognosticum ab. Sie kommen bekanntlich erst bei dauernder Lähmung zu Stande und eine solche lässt wohl meistentheils partielle Zerstörung der Pyramidenbahn voraussetzen. Nur in dem Falle, dass Contracturen von selbst zurück zu gehen anfangen, mithin tiefergehende Läsionen auszuschliessen sind, können warme Bäder in Verbindung mit Electricität und Massage sich noch nützlich erweisen.

Liegt nur die Befürchtung zu einem apoplectischen Insult vor, besteht sonach nur der hierzu disponirende apoplectische Habitus, dann treten die gegen Hirnhyperämie in Gebrauch stehenden Mittel in die Behandlung, welche bei bestehenden abdominalen Stasen und Neigung zu Stuhlverstopfung im Trinken von Bitterwässern und in einer mässigen Kaltwasserbehandlung unter gleichzeitiger strenger Vermeidung aller das Gefässsystem treffenden Aufregungen und Einhalten einer zweckmässigen Diät vorzugsweise besteht.

Lähmungen in Folge von Thrombose und Embolie der Hirn-

gefässe unterliegen gleicher Behandlung und fordern gleiche Vorsicht,
wie die nach Apoplexien eingetretenen, insbesondere, da sie stets mit
schweren Herz- oder Gefässerkrankungen complicirt sind. Bitterwässer,
wie Friedrichshaller, Hunyadi-Janos, Seidschützer, Püllnaer
u. a. und abführende alkalisch-sulfatische Wässer, wie der Marienbader Kreuzbrunnen und die Salzquelle von Elster finden hierbei
geeignete Anwendung. Hemiplegien in Folge luetischer Arterien-
erkrankung fordern sofortige specifische Behandlung. Die Quellen von
Aachen, Schinznach, Baden in Niederösterreich, Baden im Aargau,
Mehadia, alle diese Schwefelthermen unter Mitanwendung von Jodkalium oder der Schmiercur, die Jodquellen von Krankenheil, Hall
in Oberösterreich, Lipik in Slavonien, die Adelheidsquelle haben
sich bei syphilitischen Paralysen einen gewissen Ruf gesichert.

β) Die paralytischen Bewegungsstörungen, welche aus Läsionen des verlängerten Marks und des Halsmarks der Medulla
spinalis, sowie der daselbst sich verzweigenden Gefässe hervorgehen und theils als progressive Bulbärparalyse, theils als spinale
progressive Muskelatrophie, theils als amyotrophische Lateralsclerose in die Erscheinung treten, haben schon wegen ihrer patho-
genetischen Verwandtschaft untereinander, bei welcher es sich nach
Strümpell lediglich um chronische Degenerationen von Abschnitten der
motorischen Hauptleitungsbahn in verschiedenen Bezirken handelt, gleiche
Behandlungsweise, welche wie bei Gehirnhemiplegien im vorsichtigen
Gebrauche lauer Thermalbäder, Oeynhausen, Nauheim, Soden
oder akratischer Thermen oder auch, wie Strümpell der Ansicht ist,
einer Kaltwassercur unter gleichzeitiger Anwendung der Electrotherapie besteht. Die Curerfolge sind fast durchgehends schlechte und
sehr selten gelingt es, dem Fortschreiten der Krankheit Einhalt zu thun.

γ) Die spastische Spinalparalyse, die chronische Poliomyelitis Erwachsener und Kinder, sowie die Landry'sche Paralyse
theilen im Allgemeinen das balneotherapeutische Verfahren mit den ebengenannten spinalen Bewegungsstörungen.

Die Therapie aber hat bei diesen Lähmungsformen, selbstverständlich
in nicht ganz veralteten Fällen, im Allgemeinen mehr Aussicht auf Erfolg, als bei jenen, wenngleich man diesen nicht überschätzen darf. Es
gilt dies besonders von der Poliomyelitis der Kinder, der sogenannten
Kinderlähmung, bei welcher Soolbäder, wie die von Kösen, Sulza,
Salzungen, Rothenfelde, Kreuznach, Reichenhall, Goczalkowitz, Colberg u. a., ferner die Kochsalzsäuerlinge, wie die warmen Quellen von Rehme, Nauheim, Soden, Werne, Mondorff oder
die kalten von Kissingen, Salzschlirf, Homburg, Neuhaus in
Baiern oft recht erspriessliche Dienste leisten. Auch Eisenbäder, wie
die von Pyrmont, Driburg, Schwalbach, Steben, Elster, Königswart u. a. erweisen sich namentlich bei ausgeprägter Anämie und schlechter
Ernährung nützlich, sowie man auch Erfolge beim Gebrauch mässig tem-
perirter Wildbäder oder auch von Kaltwassercuren gesehen hat.
Dass hierbei eine consequent fortgesetzte längere electrische, sowie eine
geeignete orthopädische Behandlung und Massagecuren nicht fehlen dürfen,
braucht wohl nicht erst hervorgehoben zu werden.

Auch bei spastischer Spinalparalyse und wenn Stillstand der Erscheinungen eingetreten ist, bei Landry'scher aufsteigender Spinalparalyse kommen nächst der electrischen Behandlung warme Bäder, insbesondere Thermalbäder von 32 bis 45° C. zur Anwendung, welche bei Verdacht auf Lues mit der Schmiercur und dem innerlichen Gebrauch von Jodquellen verbunden werden müssen.

d) Compressionslähmungen in Folge spondylitischer Processe scrofulöser oder syphilitischer Natur oder in Folge gichtischer Exsudate finden sich auch bisweilen in Badeorten ein, nachdem chirurgische resp. orthopädische oder auch specifische Behandlung der Badecur vorausgegangen war. Es sind meist Kochsalzthermen oder auch Moor- und Schlammbäder, sowie laue und warme Wildbäder, welche, wie es in Leuk geschieht, als prolongirte Bäder in Anwendung gebracht werden und zwar nicht selten mit leidlichem Erfolge. Eine ausserordentlich günstige Wirkung solcher permanenter, chemisch indifferenter Bäder beobachtete Riess (Berl. klin. Wochenschr., XXIV., 1887, 29) bei einem Fall von Compression des Rückenmarks in Folge von Spondylitis.

Paralysen nach Apoplexien in den Meningen des Rückenmarks oder in der Medulla selbst fordern gleiche Behandlungsweise an den Curorten, wohin sie dirigirt worden sind, wie die eben genannten Lähmungen.

ε) Häufiger als die eben genannten Lähmungsformen sieht man in Curorten motorische Lähmungserscheinungen, welche von chronischer Myelitis ausgehen oder nach überstandener spinaler Meningitis auftreten. Sind die bei myelitischen Lähmungen daselbst erzielten Erfolge auch nicht gerade sehr ermuthigend, so laufen sie doch in vielen Fällen auf Besserungen des Leidens und Verzögerungen des üblen Ausgangs hinaus, wogegen die andere Lähmungsform meist recht günstige Resultate zu erhoffen hat. Heisse Wildbäder, wie die wärmeren Quellen von Teplitz, Wildbad, Gastein, Wiesbaden, Aachen und andere heisse Theiothermen und vor allen die gasreichen Soolthermen zu Rehme und Nauheim (cf. Grödel, Verhandlungen der balneol. Section der Gesellsch. f. Heilk. in Berlin, 1885, XI., S. 22 f.), sowie sogenannte permanente indifferente Bäder zur Dauer mehrerer Stunden werden für die letztere, laue und kühle Bäder dieser Art, Moor- und Schlammbäder, vorsichtig geleitete Wassercuren für die erstere, die myelitische Lähmung, empfohlen. Im Weiteren sehe man die Abschnitte über chronische Myelitis und spinale Meningitis.

ζ) Rückenmarkserschütterungen. Die in Folge heftiger Erschütterungen des ganzen Körpers auftretende allgemeine motorische Schwäche, die Commotio spinalis, von Strümpell als traumatische Neurose bezeichnet, wird in chronischer Form bisweilen auch in Bädern beobachtet.

Lässt sich aus den Erscheinungen annehmen, dass die ihrem Wesen nach freilich noch unbekannten, sicherlich aber bestehenden Veränderungen im Rückenmark nicht gröberer Natur sind, so kann man erwarten, dass durch geeignete Badecuren auch schwere spinale Symptome noch bekämpft werden können, insbesondere wenn vorsichtige Galvanisation der Wirbelsäule und zweckmässiges diätetisches Verfahren mit ihnen verbunden

werden. Als solche gelten voizugsweise die mit kohlensäurehaltigen
Eisenbädern ausgeführten, von denen die zu Cudowa, Elster,
Schwalbach, Homburg, Rippoldsau einen besonderen Ruf sich
erworben haben.

Auch vorsichtig geleitete Kaltwassercuren, namentlich kalte Abreibungen werden von Strümpell empfohlen, während er von dem
Gebrauche der Thermalbäder im Allgemeinen abräth.

η) Lähmungen, welche man im Anschluss an Abdominaltyphen, sowohl an einzelnen Muskeln, wie am Serratus anticus oder
an ganzen Extremitäten als Folgezustand abgelaufener Neuritis in Begleitung von Ernährungsstörungen beobachtet, fordern den Gebrauch der
kohlensäurereichen Thermalsoolbäder von Rehme und Nauheim
oder auch kohlensäurereicher Eisenbäder, wie der von Pyrmont,
Driburg, Elster, Franzensbad, Cudowa, Spa, Steben, Alexandersbad u. a. Die daselbst erlangten Resultate sind meist höchst
befriedigende.

C. Krankheiten der Respirationsorgane.

I. Krankheiten des Kehlkopfs.

a) Chronische Laryngitis.

Der chronische Katarrh des Kehlkopfs, der meist in Verbindung mit chronischer Pharyngitis und Rhinitis sich der Beobachtung
darstellt und Hülfe in Curorten sucht, hat in diesen letzteren die
günstigere Prognose, wenn er nicht auf constitutionellen Erkrankungen
beruht und somit Lues und Tuberculose als causale Momente ausgeschlossen werden müssen. Es sind vorzugsweise einfache chronisch-
katarrhalische Zustände, bei welchen erhebliche anatomische Veränderungen der Schleimhaut fehlen, der Beruf den Kranken hauptsächlich
genöthigt hat, seine Stimmwerkzeuge allzusehr in Anspruch zu nehmen
und allgemein einwirkende Schädlichkeiten einen continuirlichen Reiz
auf die Schleimhaut ausüben, ohne das Allgemeinbefinden dabei zu
schädigen, welche für Curorte die dankbarsten Curobjecte abgeben.

Solche uncomplicirte chronische Katarrhe eignen sich besonders für alkalisch-muriatische Thermen, unter denen vor allen
Ems zu nennen ist, wo sie von Ibell (Grossmann, Die Heilquellen
des Taunus, Wiesbaden 1887, S. 267) beim Gebrauche einer vier- bis
sechswöchentlichen, mit Gurgelungen, Aufschlürfungen und Inhalationen
verbundenen Trinkcur oft vollständig verschwinden sah. Auch das
Neuenahrer Wasser findet Schmitz (Deutsche med. Wochenschr,
VI., 30, 31, 1880) bei solchen katarrhalischen Zuständen des Larynx
indicirt und erklärt, wenn bei Heiserkeit, Hüsteln und anderen Symptomen die laryngoskopische Untersuchung nur Schwellung, Auflockerung
und Wulstung der Schleimhaut entdecken lässt, günstige Curresultate von
Neuenahr zu erwarten seien, dass dies aber nicht der Fall sei, wo

neben der einfachen katarrhalischen Affection sich schon Verschwärungen der Schleimfollikel oder erhebliche katarrhalische Erosionen entwickelt haben. Ebenso bedenklich scheint man in dieser Beziehung in Ems zu sein, denn v. Iboll lässt zwar schwere chronische Katarrhe des Kehlkopfs, welche mit erheblicheren Veränderungen der Schleimhäute verbunden sind, wo theils bedeutende Secretionsanomalien bestehen, theils in Folge von Schwellungen und Infiltrationen des Gewebes erhebliche Functionsstörungen vorhanden sind, zur Cur zu, schliesst aber Erosions- resp. Geschwürsbildung dabei aus. (l. c.) Bei solchen schweren Katarrhen kommt man nach demselben Autor in Ems nur sehr selten zum Ziele, wenn sich die Cur ausschliesslich auf Trinken des Thermalwassers, Gurgeln und Inhalationen mit demselben beschränkt. Hier kann nach dessen Ansicht nur eine gleichzeitig stattfindende örtliche Behandlung in Verbindung mit der Thermalcur, häufig auch combinirt mit einer regelrechten hydrotherapeutischen Behandlung zum erwünschten Resultate führen.

Dem Emser und Neuenahrer Wasser stehen in therapeutischer Hinsicht nahe das Selterser Wasser und der Fachinger Brunnen, welche besonders als gewöhnliches Getränk von solchen Kranken gern benutzt werden, sowie der schlesische Obersalzbrunn, der Johannisbrunnen von Gleichenberg, die Säuerlinge von Szczawniza und Luhatschowitz, welche bei einfachen Larynxkatarrhen vortheilhafte Verwendung finden, wenn stärkere Reizung der Schleimhaut fehlt.

Auch die Sodener Brunnen finden bei einfachen chronischen Katarrhen des Kehlkopfes ihre Empfehlung, namentlich dann, wenn man eine etwas kräftigere Anregung der Schleimhaut beabsichtigt. Nach Thilenius (Handbuch der Balneotherapie, 9. Aufl., II. Abthl., S. 66) erreicht man diesen Zweck am besten durch die dasigen lauwarmen Quellen No. I und III, welche man nach Haupt (Grossmann, Die Heilquellen des Taunus, 1887, S. 135) sowohl zur Trinkcur, als auch zur localen Application in Form von Gargarismen und Inhalationen zu verwenden pflegt und mit den dasigen stärkeren Brunnen vertauscht, wenn nebenbei Blutstockungen im Unterleibe bestehen.

Auch der Maxbrunnen von Kissingen und die stoffärmeren Quellen von Homburg kommen in solchen Fällen mit zur Verwendung.

Besondere Beachtung verdienen jene chronisch-katarrhalischen Erkrankungen des Kehlkopfes, welche mit ausgesprochener Hyperämie der Schleimhaut einhergehen. Wenn bei einem Sänger oder Redner, sagt Cadier (Annal. du maladies de l'oreille, du larynx etc., X. 3, S. 162, Juillet 1884), die laryngoskopische Untersuchung neben einer lebhaften Congestion der hinteren Seite des Pharynx eine Verdickung mit rosenrother Färbung des freien Randes der Stimmbänder nachweist, und wenn eine allgemein und rapid auftretende Congestion des ganzen Larynx sich einstellt, sobald der Kranke einige Minuten lang singt oder erhobener Stimme liest, muss man ihn unverzüglich nach Mont-Dore schicken, welches eine Verminderung dieses Congestionszustandes im Larynx herbeiführen wird. Wenn aber der Kranke lymphatisch aussieht, sich Granulationen am freien Rande der Epiglottis und Erhabenheiten an den Aryknorpeln constatiren lassen und sich feststellen lässt, dass die Stimmbänder nicht gleichmässig mehr anschwellen und congestioniren, im Gegentheil ein narbiges Ansehen mit einer leichten opalisirenden Färbung darbieten, erscheint es nach demselben Autor vortheilhaft, seine Zuflucht zu den Schwefelwässern zu nehmen, wobei man aber zwischen den natronhaltigen Schwefelwässern von Cauterets, Luchon, Eaux bonnes, Saint-Honoré u. a. und den kalk- und jodhaltigen Wässern von Enghien, Pierrefonds, Allevard, Challes und Gazost wohl unterscheiden müsse.

Es könnte nun nach Cadier's Ausführungen den Anschein gewinnen, dass die von ihm aufgestellten Indicationen ihre Erfüllung lediglich in gewissen Pyrenäenbädern fänden. Dem ist aber nicht so. Auch Deutschland, Oesterreich und die Schweiz sind reich genug an Schwefelquellen und an arsenhaltigen Wässern, um die in Frage kommenden französischen ersetzen zu können, wenigstens insoweit, dass die Hauptbedingungen genügend erfüllt werden.

Wir erinnern daran, dass die von Cadier besonders hervorgehobene Gruppe der Schwefelnatriumwässer, welche vorzugsweise die berühmten Thermen von Luchon, Cauterets, Eaux-Bonnes, Amélieles-bains und einige andere noch umfasst, ihre Vertreter in Aachen, Burtscheid und Mehadia findet, deren Thermalwässer gleiche Wärmegrade und gleichen Gehalt an Schwefelnatrium wie jene besitzen. Auch die Gips und schwefelsaure Alkalien enthaltenden Wässer von Enghien, Pierrefonds, Allevard u. a. lassen sich recht gut durch die gleichfalls kalten Schwefelwässer des Gurnigalbades, Le Prese, Eilsen, Nenndorf, Alvenen und Langenbrücken ersetzen. Selbst die arsenhaltigen Wässer von Royat, Bourboule, Mont-Dore können, soweit die Arsenikwirkung in Frage kommt, durch die arsenhaltigen Wässer von Levico und Roncegno, sowie durch die Eugenquelle von Cudowa, soweit es um die alkalische Wirkung sich handelt, durch Ems und Neuenahr ersetzt werden.

Diesen durch äussere Reizeinwirkungen zu Stande gekommenen subacuten Erkrankungen der Kehlkopfschleimhaut schliessen sich jene hyperämischen Zustände derselben an, bei denen die Gefässe der Stimm- und Taschenbänderüberzüge erweitert und überfüllt sind, die Schleimhaut selbst geschwellt und gelockert ist und Zeichen abnormer Blutfülle im Unterleib, Hämorrhoiden, Leberhyperämie nebenbei bestehen. Die kochsalzhaltigen Quellen und die alkalischen Säuerlinge werden dann selten gut vertragen, und hier sind es besonders die Schwefelquellen, welche mit oder ohne Molkenzusatz an ihrem Platz sind. Stift empfiehlt gegen solche Katarrhe ganz besonders Weilbach (Grossmann, die Heilquellen des Taunus. 1887, S. 90), sah aber auch gleich günstige Wirkung bei den Katarrhen der Potatoren, welche mehr den Charakter der venösen Hyperämie haben und mit Leberhyperämie und Fettleber verbunden sind.

Gleich gute Dienste leisten die Schwefelquellen von Nenndorf, Tennstädt, Eilsen, Heustrich. Baden in der Schweiz und Langenbrücken, an welcher letzteren die Inhalation zur Specialität ausgebildet ist. Von diesem Curorte berichtet Ziegelmeyer (Badebericht über die Saison 1885 im Schwefelbad Langendrücken, Bruchsal, 1886,

S. 8 u. ff.), dass ausser den einfachen Kehlkopfkatarrhen auch sehr schwere idiopathische und symptomatische Hypertrophien der Kehlkopfschleimhaut und verschiedene Formen von Ulcerationen daselbst geheilt oder gebessert worden seien, wogegen Stift (l. c.) von Weilbach sagt, dass daselbst bei sehr veralteten, mit Degeneration der Schleimhaut und reichlicher purulenter Absonderung verbundenen Katarrhen der Erfolg ausgeblieben sei. Ungeachtet der in Langenbrücken gemachten günstigen Beobachtungen gelten im Allgemeinen für Schwefelwässer jene Katarrhe als contraindicirt, welche mit Geschwüren einhergehen oder der locale Ausdruck einer allgemeinen Dyscrasie sind. Dagegen wirken diese in geeigneten Fällen erleichternd auf Husten und Auswurf, machen die Respiration ruhiger und freier und bringen allmählich die congestiven Reizungserscheinungen im Kehlkopf zum Verschwinden· Mit der Trinkcur wird meist die Inhalation des dem Wasser entströmenden Gases und des zerstäubten Schwefelwassers verbunden.

In gleicher Weise finden bei Kehlkopfkatarrhen, die mit trägem Stuhle und ausgesprochener abdomineller Plethora verbunden durch chronische Congestionen nach dem Larynx genährt werden, die alkalisch-sulfatischen Wässer von Marienbad und Elster-Salzquelle und nach Liebig (Reichenhall und sein Klima, 1883, 5. Aufl., S. 152) die verschiedenen Curmittel von Reichenhall zweckmässige Verwendung. Aber auch in Fällen, wo der chronische Kehlkopfkatarrh mit allgemeiner Schwäche, mit einer gewissen Schlaffheit der Gewebe und mit einer mangelhaften Ernährung und Blutbildung sich combinirt, erweist sich nach Liebig (l. c.) Reichenhall mit seinen Soolbädern. Molken, Kräutersaft und Milch als sehr nutzbringend. Dasselbe lässt sich von Reinerz sagen, dessen laue Quelle in dieser Beziehung einen bedeutenden Ruf geniesst. Auch Teinach im Schwarzwalde mit seinem milden Klima eignet sich sehr für solche chronische mit Anämie verbundene Katarrhe.

Bei allen diesen Behandlungsmethoden, welche gar häufig noch eine locale Behandlung fordern, weicht der Kehlkopfkatarrh, der schon längere Zeit bestanden hatte, selten in kurzer Zeit und noch seltener nach einer einmaligen Trink- und Inhalationscur, sodass eine Wiederholung dieser sich meist nothwendig macht. Auch im günstigen Falle ist der längere Aufenthalt im Süden nach solchen Curen sehr zweckmässig und bei Verdacht auf Tuberculose geradezu geboten. Orte mit mässig feuchtem, gleichmässigem, warmen windfreiem Klima, wie Baden-Baden, Badenweiler, Gleichenberg, Ischl, Reichenhall, Soden, Wiesbaden, Görz, Gardone-Riviera, und im tieferen Süden Pau, Venedig, Pisa, Ajaccio, Madeira es besitzen, eignen sich zu diesem Zweck besonders, während südliche Höhencurorte und die trockneren, von Kalkstaub nicht freien Plätze der Riviera, wie die Strandgegend von Nizza und Mentone ausgeschlossen sein müssen. Für Laryngiten, bei welchen mit relativ geringer Ausscheidung entzündlicher Producte ein relativ hoher Reizzustand der erkrankten Theile verbunden ist, mithin für chronische Schwellungen der Kehlkopfschleimhaut, gleichviel ob es sich um einfach katarrhalische oder um phlegmonöse Zustände handelt, erweist sich nach de Jonge (Berl. klin. Wochenschr., 1887, No. 38) der Winteraufenthalt in Palermo ausserordentlich wohlthätig. Sehr bald wird in der feuchten warmen, meist staubfreien Luft der quälende Hustenreiz geringer und hierdurch auch das Uebel selbst thatsächlich gebessert resp. geheilt. Was von Palermo gilt, gilt auch, was klimatische Verhältnisse betrifft, von anderen sicialischen Städten, wie Taormina. Acireale, Syracus, Catania, aber in diesen sind Wohnungs- und Verpflegungsverhältnisse ungünstig und deswegen wird wenigstens bis jetzt Palermo vor ihnen den Vorzug behalten.

Die schwere chronische, mit Eiterbildung verbundene Laryngitis ist kein Gegenstand mehr für balneotherapeutische Behandlungsweise. Sie ist lediglich auf geeignete Localbehandlung angewiesen und nur der begleitende Katarrh lässt den Nebengebrauch von alkalisch-muriatischen oder schwachen Kochsalztrinkquellen, aus denen die freie Kohlensäure möglichst entfernt ist oder von Molkencuren wünschenswerth erscheinen.

b) Sensibilitäts- und Motilitätsstörungen des Larynx.

Die Sensibilitätsstörungen der Schleimhaut des Kehlkopfs, welche vom Nervus laryngeus superior ausgehend, theils als allzu grosse Reizbarkeit der Epiglottis und der oberen Kehlkopfhöhle, theils als Anästhesie dieser Organtheile sich charakterisiren, sind meist Theilerscheinungen der Hysterie oder Folgezustände überstandener Diphtherie und fordern als solche die bei diesen Krankheitszuständen einschlägige Behandlungsweise. Es bleibt aber auch nicht selten nach überstandener Grippe eine solche mit Heiserkeit und Husten verbundene Reizbarkeit der Kehlkopfschleimhaut zurück, oder es bildet sich bisweilen bei in der Entwickelung begriffenen jungen Mädchen, die nervös geworden sind, ein solcher Zustand heraus, der beim Mangel anatomischer Veränderungen gewöhnlich als reflectorischer angesehen wird. Im ersteren Falle empfehlen sich nach Reumont die Gasbäder und Gasdouchen von Aachen auf den leidenden Theil, es erweisen sich aber auch gleich nützlich hierbei die Schwefelquellen von Nenndorf, Eilsen und Langenbrücken in Form von Trink- und Inhalationscuren, im anderen Falle werden mit Vorliebe die Thermen von Ems und Soden, sowie die Chliaren von Schlangenbad und Landeck in Anwendung gezogen, denen aber, sobald eine Ermässigung des Reizungszustandes eingetreten ist, dem Rathe von Thilenius zufolge, der längere Aufenthalt im Gebirge zu folgen hat, wo dann noch leichte Eisensäuerlinge oder Molken verordnet werden können.

Die in Folge von Recurrenslähmung auftretenden Motilitätsstörungen des Larynx, welche als Stimmbandlähmungen in die Erscheinung treten, haben von einer balneotherapeutischen Cur nur dann etwas zu erwarten, wenn Compressionen auf den Nerven als ätiologisches Moment mit Sicherheit ausgeschlossen werden können und katarrhalische, diphtherische, rheumatische und andere ähnliche Entstehungsursachen vorliegen. Dann ist unter Umständen, meist nur unter Zuhilfenahme der Electricität eine Cur in Ems, Soden, Obersalzbrunn vorzunehmen. Wenn man bei einem Sänger in Folge mehrerer Laryngiten eine Parese der Stimmbänder mit geringerer Spannung und schwierigem Herausbringen hoher Töne ohne gleichzeitige Congestion bemerkt, wird es nach Cadier (l. c) gut sein, den Kranken an Schwefelwässer zu dirigiren, weil diese den Stimmapparat stimuliren und ihm mehr Kraft zur Contraction der Stimmbänder verleihen, seien sie schwefelnatrium- oder schwefelcalciumhaltige Wässer. Als solche Wässer ersterer Gattung gelten die Schwefelthermen zu Aachen und Mehadia, von Amélie, Luchon, Cauterets, Eaux-bonnes, die kalten Schwefelquellen von Heustrich, Höhenstädt in Bayern, Lostorf, Stachelberg, Schimbergbad, in Frankreich Labassère und Marlioz; von Schwefel- calciumwässern: Baden bei Wien, Warasdin-Teplitz in Ungarn, das Gurnigelbad in der Schweiz, Pierrefonds in Frankreich.

II. Krankheiten der Trachea und Bronchien.

a) Chronischer Bronchialkatarrh.

Die Behandlung des chronischen Bronchialkatarrhs, unter welcher Bezeichnung auch der Katarrh der Trachea vielfach mitverstanden wird, fällt in mancher Beziehung mit den therapeutischen Massnahmen zusammen, welche man gegen den Katarrh des Kehlkopfes trifft. Auch hier sind es wiederum die alkalischen Mineralquellen und die leichteren Kochsalzwässer, vor allen aber die alkalisch-muriatischen Quellen, welche zur therapeutischen Anwendung gelangen. Die Erfahrung hat gelehrt, dass der Gebrauch der Emser Wässer bei fast allen Formen des chronischen Bronchialkatarrhs von vorzüglichem Erfolge ist. Enger zusammengefasst werden ihre Indicationen von v. Ibell (Grossmann, die Heilquellen des Taunus, 1887, S. 269) dahin, dass bei reinen idiopathischen Katarrhen der gröberen und feineren Bronchien, welche nur einer Neigung zu Erkältungen das häufigere Befallenwerden der Schleimhäute verdanken, und jenen, welche complicirt sind mit Duodenal- katarrhen, mit chronisch-dyspeptischen Zuständen, bei welchen ein deutlicher Zusammenhang zwischen den Stauungserscheinungen in den verschiedenen Schleimhautgebieten sich bemerkbar macht, ein durchaus günstiger Erfolg mit absoluter Sicherheit sich vorhersagen lässt, einerlei, ob die Secretion eine mehr profuse ist, oder ob es sich vornehmlich um zähes, schwerlösliches und spärliches Secret handelt. Zunächst wird durch sie der Hustenreiz gemildert, indem der Schleim gelockert und leichter herausbefördert wird, und endlich die Schleimhaut zur normalen Function zurückgeführt.

In gleicher Weise wirken auch die Thermen von Royat in der Auvergne und Mont-Dore, sowie, wenn man von der höheren Temperatur der Quellen absieht, der offenbar auch ein Theil der guten Wirkung mit zufällt, das Selterserwasser, die Säuerlinge von Roisdorf, Gleichenberg, Luhatschowitz und Obersalzbrunn.

In dieser antikatarrhalischen Wirkung stehen gegen die alkalisch-muriatischen Säuerlinge die einfachen und alkalischen Säuerlinge wegen des Mangels an Kochsalz offenbar zurück, wenngleich nicht zu verkennen ist, dass sie bei den gewöhnlichen chronischen Bronchialkatarrhen als den Hustenreiz mildernde Mittel recht gute Dienste thun. Als solche reinere alkalische Säuerlinge sind hierher zu rechnen die von Bilin, Geilnau, Fachingen, Giesshübel, Krondorf, Problau, Radein, Birresborn, Teinach. Sie kommen häufig in Verbindung mit Molke oder warmer Milch bei subacuten Katarrhen zur Verwendung.

Den alkalisch-muriatischen Quellen stehen in therapeutischer Beziehung zunächst die leichteren kochsalzhaltigen Trinkquellen, von denen die durch mildes Klima besonders begünstigten Thermen von Soden in erster Linie zu nennen sind. Hier sind es besonders die auf scrofulöser Basis beruhenden, mit allgemeiner Schwäche und Reizbarkeit der Schleimhäute complicirten Katarrhe der Bronchien, bei welchen diese nach Haupt (Grossmann, Heilquellen des Taunus, 1887. S. 136) und Thilenius (Helfft's Handbuch der Balneotherapie, 9. Aufl., S. 305) ihre eigentliche Wirkung zu entfalten pflegen. Auch die Quellen von Kronthal, am Südabhange des Taunus, von Homburg vor der Höhe, besonders der dortige Louisen- und Ludwigsbrunnen, von Cannstadt, Niederbronn im Elsass, Mondorff im Grossherzogthum Luxemburg, Kissingen mit dem Maxbrunnen haben ähnliche Wirkung beim chronischen Bronchialkatarrh und gleiche Verwendung bei demselben.

Hat sich bei solchen Katarrhen eine gewisse Hautschwäche herausgebildet, wie dies wohl nach überstandenen acuten Hautkrankheiten, Keuchhusten und katarrhalischen Pneumonien Scrophulöser geschieht, dann macht sich der Gebrauch von Soolbädern, auch wohl von Seebädern und ein geeignetes hydriatisches Verfahren nebenbei nothwendig. Auch das Verweilen in den Räumen mit zerstäubter Soole bringt bei solchen Katarrhen, namentlich wenn sie mit Emphysem verbunden sind, Vortheil.

Für balneotherapeutische Zwecke ist es nicht unwichtig, die Beschaffenheit der Secrete der erkrankten Respirationsschleimhaut kennen zu lernen, der zu Folge man bekanntlich einen trockenen und feuchten Katarrh unterscheidet. Wir wollen in Bezug auf diese Formen nur kurz bemerken, dass eine jede von ihnen unter den Curorten und Quellen, welche im Allgemeinen gegen den chronischen Bronchialkatarrh in Anwendung gebracht werden eine besondere Auswahl erfordert. Man wird wohl thun, bei dem trockenen Katarrh seine Zuflucht zu den schwach kochsalzhaltigen lauen Quellen von Soden, die man gern mit Molke oder Milch vermischt, zu den gleichartigen von Nauheim oder zur Natron-Lithionquelle von Weilbach, auch wohl zu Mont-Dore, wenn sonst keine Bedenken anderer Art vorliegen und wenn diese Quellen nicht fördernd auf die Expectoration einwirken und die Beschwerden zu lindern vermögen, zu Lippspring, zum Inselbad bei Paderborn, zu Weissenburg in der Schweiz, wo auch zweckmässig eingerichtete Inhalationsräume wie in beiden erstgenannten Curorten bestehen, zu nehmen. Bestehen neben der spärlichen Expectoration, wie dies gar nicht selten geschieht, krampfhafte Hustenparoxysmen, hochgradige exspiratorische Dyspnoe, asthmatische Anfälle, sind, wenn Lippspringe, Inselbad und Weissenburg ungenügend erscheinen oder auch directe Stickstoffinhalationen im Stich lassen, Weilbach oder auch Milch- und Molkencuren in milden Alpencurorten, wie in Reichenhall, Aussee, Gleichenberg, Gries, Engelberg, Gais, Interlaken, oder auch in Orten der norddeutschen Ebene, wie in Rehburg u. a. ähnlichen Orten indicirt. Meran, Montreux, Clarens, Dürkheim, Gleisweiler verdienen gegen trockenen Katarrh empfohlen zu werden, nicht blos als klimatische Curorte, sondern auch der Traubencuren wegen, welche derartigen Kranken meist sehr wohl thun. Ganz besondere Empfehlung finden bei dem mit nervösen, asthmatischen Beschwerden einhergehenden Bronchialkatarrh die Natronthermon von Mont-Dore, bei denen der ihnen entströmende Dampf, wenn er eingeathmet wird, nach Emond (Bullet. générale de thér, S. 463, 1885) eine mächtige beruhigende Wirkung auf die Bronchien und gleichzeitig eine lösende auf die Schleimhaut der Respirationswege ausübt.

Das eben Gesagte gilt auch von der capillären Bronchitis, welche durch die Curschmann'schen Spirillen sich charakterisirt.

Gegen den feuchten Katarrh, den gewöhnlichen milden Bronchialkatarrh, der seinen Sitz besonders in der Trachea und in den grösseren und mittleren Bronchien hat, finden vorzugsweise die alkalischen und alkalisch muriatischen Quellen, von denen bereits mehrere genannt worden sind, ihre Indication. Nach Schmitz (Deutsche medic. Wochenschr., VI., 30, 31, 1880) erweisen sich bei ihm die Quellen von Neuenahr ganz besonders wirksam, aber auch die Quellen von Ems, Obersalzbrunn, Gleichenberg, Luhatschowitz, Amélieles-bains und St. Honoré in Frankreich leisten, wie bereits angedeutet, gleich gute Dienste.

Nicht selten tragen Blutstockungen im Gebiete der Pfortader und der unteren Hohlvene zur Entwickelung von Bronchialkatarrhen bei oder fördern wenigstens deren Fortbestehen. In solchen Fällen sind die Schwefelquellen von Weilbach, Nenndorf, Eilsen, Langenbrücken, Heustrich und andere sehr nützlich, indem sie den venösen Hyperämien der Unterleibsorgane und den daraus resultirenden Rückstauungen des venösen Blutes nach Herz und Lungen entgegen treten. In gleicher Weise wirken auch die Schwefelthermen von Aachen, Burtscheid, Schinznach, Baden in der Schweiz und die Schwefelthermen der Pyrenäen; diese werden den ersteren aber vorgezogen, wenn hochgradige Torpidität intensivere Eingriffe nothwendig macht. Nicht so eingreifende, aber ähnliche Wirkungen haben die Trinkcuren in Lippspringe (Brunn in Petersb. medic. Wochenschr., N. F. II. 13, 1885) und in Kissingen (Sotier, Bad Kissingen, Leipzig 1881, S. 160) sowie die Soolbäder von Reichenhall (Liebig, Reichenhall, sein Klima und seine Heilmittel, 5. Aufl., 1883, S. 153), deren Einfluss auf veränderte Strömung der Körpersäfte nach Liebig ein überraschender sei. Selbst bei Complication mit Emphysem seien die Reichenhaller Soolbäder von besonderer Wirkung. Auch Traubencuren sind bei dieser Form des Bronchialkatarrhs sehr nützlich, insbesondere wenn sie in einem mit mildem Klima versehenen Traubencurorte, wie zu Dürkheim a. H., Neustadt, Gleisweiler, Meran, Botzen, Gries, Arco, Montreux und anderen ähnlichen Curorten ausgeführt werden.

Sind solche an Blutstockungen im Unterleibe leidende, mit Bronchialkatarrhen behaftete Kranke fettleibig und leiden sie an hartnäckiger Obstruction, so sind die mehr abführenden Wässer von Marienbad, Elster-Salzquelle, Karlsbad und Tarasp indicirt und den Schwefelwässern unter allen Umständen vorzuziehen. Auch vor Traubencuren verdienen diese den Vorzug, wogegen die ersteren zu Nachcuren nach dem Gebrauche jener abführenden Wässer zweckmässig in Gebrauch gezogen werden können.

Der meist mit reichlicher Schleimsecretion verbundene Bronchialkatarrh der Greise ist besonders auf Ems, Soden, Reinerz, Salzbrunn, sowie auf alpine Curorte, wie Reichenhall, Kreuth, Heiden, Engelberg u. a. angewiesen.

Für schwache, blutarme, sehr heruntergekommene Individuen mit starker Schleimbildung, selbst mit Bronchiectasie, eignen sich die alkalischen oder alkalisch-salinischen Eisenquellen von Reinerz, Flinsberg, Liebwerda, Cudowa, Niederlangenau, Alt-Heyde, Reiboldsgrün, Elster, Franzensbad, der Klausnerbrunnen in Gleichenberg, Bartfeld, Korytnicza u. a. m.

Bestehen nebenbei Veränderungen an der Mitralklappe, welche Stauungshyperämie auf der Bronchialschleimhaut bedingen, sind die nicht kohlensäurereichen Kochsalzquellen von Soden meist mit Molke getrunken am Platz, indem durch sie die gesunkene Ernährung gleichzeitig gehoben wird.

Wichtig ist es für Kranke mit chronischen Bronchialkatarrhen, die kältere Jahreszeit im Süden zu verbringen. wenn sonst die Verhältnisse es gestatten, weil die kältere Luft der nördlichen Gegenden ihnen fast ausnahmslos Verschlimmerungen des Katarrhs bringt. Die Auswahl geeigneter Curorte ist eine grosse und wir bemerken nur, dass bei trockenem Husten und sparsamem Secret der Aufenthalt in Arco, Montreux, Venedig, Pau, Pisa, Ajaccio, Palermo, Madeira u. a., bei reichlicher Schleimbildung ein solcher in Gries, Meran, Botzen, Mentone, San Remo, Nizza u. a. sich empfiehlt. Macht sich für Herbst und Frühjahr ein Ortswechsel notbwendig, so ist es für solche Kranke zweckmässig. die milderen Klimate von Baden-Baden, Wiesbaden, Soden am Taunus, Badenweiler in Deutschland; Arco, Görz, Meran, Gries, Abbazia in Oesterreich; Beatenberg, Bex, Clarens, Montreux, Verneux, Vevey, Gersau, Lugano u. a. in der Schweiz aufzusuchen.

b) Bronchiales Asthma.

Bei dem Mangel an Uebereinstimmung, welcher über Wesen und Entstehungsweise des bronchialen Asthma gegenwärtig noch besteht, und der rein empirischen Behandlungsweise dieser Neurose, die man noch festhält. liegt es nahe, dass auch die Indicationen für die Balneotherapie noch keine scharf begrenzten sind und mehr von der practischen Erfahrung bestimmt werden.

Wenn man sich überzeugt hat, dass keine Nasenleiden, noch Leyden'schen Asthmakrystalle, noch Curschmann'sche Spirillen vorhanden, überhaupt sogenannte Asthmapunkte nicht aufzufinden sind, welche die asthmatischen Anfälle auslösen und sich besondere therapeutische Eingriffe nicht nothwendig machen, erscheint es, gestützt auf die vielfach gemachte Erfahrung, dass das Jodkalium das wirksamste und bewährteste Heilmittel beim nervösen Bronchialasthma ist, wohl gerechtfertigt, auch die Jodquellen in die Behandlung mit hereinzuziehen. Als solche geeignete Quellen würden die Jodtrinkquellen zu Tölz, die Adelheidsquelle, der Ferdinandsbrunnen zu Zaizon, die Römerquelle zu Sulzbrunn in Bayern, die Quelle von Saxon-les-bains in der Schweiz, Lippic in Ungarn, Hall in Oberösterreich, Wildegg in der Schweiz, Iwonicz in Galizien und einige andere noch angesehen werden müssen. Ob wirkliche Erfolge durch diese Quellen erzielt worden sind, steht noch nicht fest. Dagegen ist durch die Inhalationen der Quellongase in Lippspringe und Inselbad in Folge ihrer beruhigenden krampfstillenden Einwirkung entschiedener Nutzen bewirkt worden. Zweifelhafter scheinen die Erfolge in Ems, Schlangenbad, Landeck, in kohlensauren Soolbädern, Reichenhall und an Schwefelquellen zu sein, denn die daselbst sicher gestellten Erfolge dürften sich hauptsächlich auf jene Fälle beziehen, wo das bronchiale Asthma mehr als Begleiterscheinung der chronischen Bronchitis, denn als reine Neurose auftritt. Von der Weilbacher Schwefelquelle gilt wenigstens diese Annahme sicherlich, denn wenn Stifft (Grossmann, Die Heilquellen des Taunus, 1887, S. 92) auch den Heileffect derselben mit einem beruhigenden Einfluss auf eine abnorme Erregbarkeit des Vagus oder des verlängerten Marks zu erklären sucht, so bestreitet er doch ihren Nutzen bei der reinen Reflexneurose, stellt denselben wenigstens als sehr zweifelhaft hin. Einen entschieden beruhigenden Einfluss aber haben die Wässer von Mont-Dore auf den Respirationsapparat nach der Angabe von Emond (Bullet. géner. de thér. X. pag. 463, 1885), indem der eingeathmete Dampf derselben den Krampf der Bronchien fast ausnahmslos beseitigt. Aehnliche Beobachtungen hat schon früher Rabagliati (Brit. med. Journ. 1880, July 10., October 2.) publicirt. Welchen Antheil Luftveränderung, die beim bronchialen Asthma eine grosse Rolle spielt, hierbei hat, lässt sich nicht feststellen.

Dass ein durch die Krankheit heruntergekommener Körper nebenbei sehr der Pflege nach allen Richtungen hin, auch wohl roborirender Curen an Eisenquellen bedarf, braucht wohl kaum erst hervorgehoben zu werden.

III. Krankheiten der Lunge.

a) Die einfache chronische Pneumonie.

Es ist keine gar seltene Erscheinung, dass die Resolution der Pneumonie nach eingetretener Krisis sich bis zu ihrer Vollendung

ungleich länger hinzieht, als dies bei dem gewöhnlichen Verlauf derselben zu geschehen pflegt. Die Dämpfung des Brusttones und das
Bronchialathmen bleiben dann bestehen, während das bei der Resolution
eintretende Rasseln ausbleibt, immerhin aber die Bronchialschleimhaut im
katarrhalischen Schwellungszustande verharrt. Hierzu gesellen sich meist
dyspeptische Beschwerden und Magenkatarrh, und stellt sich das Allgemeinbefinden als erschwerte Reconvalescenz dar.

Gegen solche pneumonische Residualzustände erweisen sich
Bäder, wie Strümpell (Lehrb. d. spec. Path. und Therapie der inneren
Krankh., 4 Aufl., 1887, I. Band. S. 305) besonders hervorhebt, als wirk-
samstes und unübertroffenes Mittel, indem sie die Respiration bessern,
die Expectoration befördern, den ganzen Allgemeinzustand heben und er-
frischen. Thun dies schon einfache Wasserbäder, so tritt diese günstige
Einwirkung des Bades um so mehr hervor, wenn dessen erregender und
belebender Einfluss auf das peripherische Nervensystem durch einen
mässigen Kochsalz- und Kohlensäuregehalt noch unterstützt wird.
So wird es begreiflich, dass Lehmann (Bäder- und Brunnenlehre, 1877,
S. 496) in einer namhaften Anzahl von Fällen die nach Pneumonie
zurückbleibende Verdichtung der Lunge durch den Gebrauch der Thermalsoolbäder von Rehme zum Verschwinden bringen konnte. Gleich
günstige Wirkungen dieser Bäder beobachtete auch Rinteln (Allgem.
med. Centralztg., 1874, 28, 29, 30), wenngleich dieselben mehr auf die
Bronchialschleimhaut sich bezogen. Im Uebrigen ist Lehmann der Ansicht, dass alle nicht nur mild röthenden Bäder ähnliche Wirkung haben,
und solche Exsudatreste auch durch die Bäder in Ems, Soden, Nenndorf beseitigt werden. Aehnliche Beobachtungen machte von Liebig
(Reichenhall, sein Klima und seine Heilmittel, 5. Aufl. 1883, S. 121 u. ff.)
mit den Bädern von Reichenhall, deren gute Wirkungen er meist durch
die Anwendung von Molke, Kräutersäften und comprimirter Luft zu unterstützen suchte.

Günstiger gestaltet sich der Curerfolg, wenn sich an den Bädergebrauch noch der interne Gebrauch von Mineralwässern anschliesst.
Die Combination kommt vorzugsweise bei den Thermen von Ems und
Neuenahr in Betracht, sowie bei den von Soden, aber hauptsächlich
erst dann, wenn die entzündlichen Erscheinungen geschwunden sind. In
solchem Falle sah von Ibell (Grossmann, Die Heilquellen des Taunus,
1887, S. 276) von der Emser Trinkcur in Verbindung mit den übrigen Curmitteln die Exsudate rasch zur Resorption gelangen. Gleiche
Beobachtungen machte Schmitz (Deutsche med. Wochenschr., 1880, VI.,
30, 31) bei der Cur in Neuenahr, wenn weder Fieber noch Tuberkeln
vorhanden waren, und Haupt bemerkt in Bezug auf Soden, dass Residuen von chronisch gewordenen Pneumonien in der Statistik der dort zur
erfolgreichen Behandlung kommenden Krankheiten einen ziemlichen Procentsatz einnehmen (Grossmann, Die Heilquellen des Taunus, 1887, S. 137).

Wichtig sind bei chronischen Pneumonien die Thermen von Mont-
Dore und La Bourboule. Die ersteren erweisen sich nach Rabagliati
(Brit. med. Journ., 1880, July 10, Octbr. 2) auch dann noch nützlich,
wenn die Pneumonien mit Erweichung des Lungengewebes endigen, aber
der Process ein langsamer und umschriebener ist, nach Nicolas (Journ.

de thér., 1883, No. 1 u. 2) hingegen die Quellen von La Bourboule, wenn die Pneumonien katarrhalischer Natur oder Bronchopneumonien mit Rasselgeräuschen sind, wogegen ausgebreitete Läsionen, hartnäckiger Husten und Fieber Contraindicationen abgeben.

Bisweilen fehlt dem Organismus die Kraft, bei chronisch-pneumonischen Infiltrationen den Resolutions- und Resorptionsprocess einzuleiten und durchzuführen. In diesem Falle finden nach Scholz (Salzbrunn in Novello über die zum Verbande des schles. Bädertages gehörenden Bäder, Reinerz 1878, S. 102) die Quellen von Ober-Salzbrunn geeignete Verwendung und dann um so mehr, je mehr das Individuum zu den venösen, abdominal-plethorischen Constitutionen oder den torpid scrofulösen gehört. Auch die Lippspringer Chliare eignet sich nach von Brunn (Petersb. med. Wochenschr., 1885, N. F. II., 13) für gleiche Verhältnisse und stellt günstige Curresultate in Aussicht.

Auch Weilbach findet bei chronischer lobulärer Pneumonie nach Stifft (Grossmann, Die Heilquellen des Taunus, 1887, S. 90) eine sehr geeignete Stelle. Seiner Beobachtung zufolge war die Wirkung der Cur ausnahmslos eine günstige, wenn die Lösung der Infiltration unter reichlichem purulenten Auswurf erfolgte. Speciell eignet sich Weilbach, überhaupt kalte Schwefelquellen, für chronische Pneumonien, wenn bei nicht allzugrosser Schwäche die Zeichen einer trägen Unterleibscirculation, Hämorrhoiden, Leberanschwellung bestehen. Ist die Bronchialschleimhaut stark gereizt, die Expectoration eine sehr schwierige, und hat sich ein einfacher Magenkatarrh bei regelmässiger Darmfunction hinzugesellt, dann kommen die schwach erdigen Quellen, wie Lippspringe, Inselbad, Weissenburg in Betracht.

Von besonderer Wichtigkeit ist es, wie bei Pneumonien überhaupt, die nie fehlenden anämischen Erscheinungen zu berücksichtigen und die gesunkene Ernährung wieder zu heben. Diesen Zweck erfüllen nächst einer geeigneten Diät und zweckmässigem Verhalten am besten die kohlensauren Soolbäder, welche ausser ihrem resorbirenden Einfluss auf die Exsudate die Assimilation heben und das geschwächte Hautorgan wieder kräftigen, sowie die richtige Auswahl eines klimatischen Curortes mit möglichst äquablem Klima und genügendem Windschutz in geringer Erhebung über dem Meere, der nach erfolgter Kräftigung mit grossem Nutzen durch einen anderen mit Höhenklima ersetzt werden kann. Die Sommercurorte des Thüringer Waldes und des schlesischen Gebirges, des baierischen Hochlandes, die Curorte am Vierwaldstädter See und die des Berner Oberlandes bieten in dieser Beziehung eine reiche Auswahl und fast durchgehends die Möglichkeit eines entsprechenden Milchgenusses.

Wird das Höhenklima schon vertragen, sollen aber noch Schwefelquellen in Anwendung gezogen werden, empfehlen sich hierzu besonders Gurniglbad, Heustrich, Alveneu in der Schweiz und einzelne Pyrenäenbäder in Frankreich, unter welchen aber eine sehr bestimmte Auswahl zu treffen ist.

Die Frage, ob Inhalationen in Gestalt zerstäubter Mineralwässer oder comprimirter oder auch verdünnter Luft in Anwendung zu bringen sind, kann nur der concrete Fall beantworten. Die beste Inhalation ist, wie Thilenius (l. c. 82) sehr richtig bemerkt, die einer möglichst reinen, staubfreien, frischen Luft unter Mithülfe methodischer Lungengymnastik. Bezüglich der Ueberwinterung solcher Kranken im Süden empfiehlt sich der Aufenthalt im Hochgebirge, wie in Davos, Pontresina, Samaden, Klosters. Engelberg u. a. Orten; für schonungsbedürftige Individuen hat man nach Thilenius zwischen Pau, Pisa, Pegli, Nervi einerseits, Nizza, Cannes, Mentone, San Remo, Ajaccio, Corfu, Algier andererseits zu wählen. Auch der jüngste Wintercurort, Abbazia, könnte hierbei in Frage kommen.

b) Die Tuberculose der Lungen.

Seit der Entdeckung eines Bacillus als Krankheitsursache durch Koch haben sich die Ansichten über Tuberculose, beziehentlich Lungenschwindsucht in vieler Beziehung ganz geändert. Gegenwärtig bezeichnet man nur diejenigen Erkrankungen als tuberculös, welche durch die pathogene Wirkung einer specifischen Bacterienart resp. der Koch'schen Tuberkelbacillen hervorgerufen sind. Damit ist auch die Ansicht gefallen, dass andere Affectionen der Lunge in Tuberculose übergehen und dadurch in Lungenschwindsucht ausarten können. Dies gilt namentlich von veralteten Bronchialkatarrhen, von croupöser Pneumonie, von katarrhalischen Lungenentzündungen nach Masern und Keuchhusten, besonders aber von der chronisch-scrofulösen, der sogenannten käsigen Bronchopneumonie, welche bekanntlich von Virchow als eine besondere Form der Lungenschwindsucht aufgestellt wurde und welche noch Thilenius in der Helfft'schen Balneotherapie als solche abhandelt. Auch die alte Lehre, dass scrofulöse Kinder eine besondere Disposition zur Lungentuberculose besitzen, ist immer mehr der Ueberzeugung gewichen, dass fast ausnahmslos die sogenannten scrofulösen Erkrankungen der Schleimhäute, der Lymphdrüsen, der Knochen u. a., worauf Strümpell besonders aufmerksam macht, bereits Folgen bestehender Tuberculose sind. Ebenso wenig können noch ungenügende, verdorbene Luft, schwere Krankheiten, das Puerperium, Noth und Sorge als Ursache der Tuberculose angesehen werden, wie dies früher geschah. Alle diese ehedem wichtigen ätiologischen Momente haben zur Zeit nur soweit eine gewisse causale Bedeutung, als sie zur Blutverarmung der betroffenen Individuen wesentlich beitragen und Blutarmuth einen für die Entwickelung des Bacillus günstigen Boden abgiebt. Diese veränderte Anschauung pathologischer Vorgänge, welche die Tuberculose nicht mehr zu den allgemeinen Infectionskrankheiten zählt, sondern als eine örtliche Erkrankung betrachtet, welche erst durch Weitertragung des Infectionsstoffes auf andere Organe des Körpers die Gesammtconstitution in den Kreis der Erkrankungen hineinzieht, hat selbstverständlich auch auf die Balneotherapie nicht ohne Einfluss bleiben können. Bei der bisherigen Unmöglichkeit, dem Bacillus als Krankheitserreger mit Erfolg entgegenzutreten, ist man bemüht gewesen, ihm den Nährboden möglichst zu entziehen und ihn unter Verhältnisse zu bringen, welche seiner Entwickelung möglichst ungünstig sind. Die Erfahrung hat gelehrt, dass dies nur durch Hebung der Widerstandskraft des Individuums zu erreichen ist. Verbesserung und Kräftigung der Gesammtconstitution neben Schutz vor Einwanderungen von Tuberkelbacillen sind sonach nächst geeigneter prophylactischer Massnahmen gegenwärtig die Ziele, welche sowohl die Therapie im Allgemeinen, als die Balneotherapie im Speciellen zu erreichen suchen müssen.

In demselben Sinne ist auch die Prophylaxis der Lungentuberculose resp. der Lungenphthise aufzufassen. Der Balneotherapie liegt hierbei ebenso, wie der Therapie im Allgemeinen, vor allem die Sorge für ausgiebige ununterbrochene Zufuhr frischer reiner Luft ob, und der ausgedehnte Landaufenthalt bei guter, die Blutbildung unterstützender Kost, der reichliche Genuss von Milch und entsprechender Bewegung im Freien ist auch von ihr im Auge zu behalten. Diese besonders der Klimatotherapie zufallende Aufgabe wird aber am besten gelöst durch langen Aufenthalt in hochgelegenen klimatischen Curorten, wo Milch und Molken verabreicht werden, wie sie die Schweiz, Tirol, Thüringen in reicher Auswahl bieten. Auch der Aufenthalt an der See gewährt gleiche Vortheile, nebenbei aber noch den der möglichen Benutzung des Seewassers zu Abreibungen und zu lauen Salzbädern, welche schwächlichen, der Kräftigung bedürftigen Individuen wohl zu thun pflegen.

Besondere Beachtung aber hat die Prophylaxis bei phthisisch angelegten Individuen den Katarrhen der Respirationsschleimhaut zuzuwenden, insbesondere wenn diese in die Pubertätsperiode hineinfallen und nebenbei mit Magen- und Darmkatarrhen complicirt sind. Hier sind ausser den klimatischen und diätetischen Massregeln noch Brunnencuren geboten, namentlich an kochsalzhaltigen alkalischen Trinkquellen, wie zu Ems, Neuenahr, Gleichenberg, Luhatschowitz oder an den leichteren Kochsalzquellen zu Soden, Nauheim, Rehme, Reichenhall, Berchtesgaden, Salzungen u. a., wo nebenbei durch Bäder die Cur unterstützt werden kann. Alle weiteren Massnahmen der Prophylaxis fallen mehr der allgemeinen Therapie zu und liegen ausserhalb des Gebietes der Balneotherapie.

Die Therapie der Lungentuberculose hat noch keine grossen Erfolge zu verzeichnen. Zunächst sei in dieser Beziehung auf die Erfüllung der Causalindication hingewiesen. Die Inhalationen, wie man sie seit Jahren in Lippspringe, Weissenburg und vielen andern Curorten bei feststehender Tuberculose der Lungen in Anwendung gebracht hat, und auch die von Cantani speciell empfohlenen Einathmungen von Schwefelwasserstoff, die an verschiedenen Quellen versucht wurden, haben keine deletären Wirkungen auf den Tuberkelbacillus auszuüben vermocht. Gleich negative Resultate ergab die von Statz (Deutsche medic. Wochenschr., 1887, No. 32) auf der Fräntzel'schen Klinik in Berlin ausgeführte Nachprüfung des von Bergean in Lyon im Jahre 1886 angegebenen Verfahrens mittelst Injectionen eines Gasgemenges von Schwefelwasserstoff und Kohlensäure in den Mastdarm. Eine bacillentödtende Kraft des Schwefelwasserstoffes konnte er ebensowenig constatiren und die von französischen Aerzten erlangten glänzenden Resultate der Bergean'schen Methode nur auf einen günstigen Einfluss derselben auf allgemeine phthisische Krankheitserscheinungen zurückführen.

Anders scheint es mit dem Arsen zu sein. Sind auch im Allgemeinen die damit angestellten Versuche nicht gerade besonders günstig
ausgefallen, so meint doch Strümpell, dass in einzelnen Fällen eine
therapeutische Wirkung dieses Mittels hervorgetreten sei. Eine Bestätigung hierfür bringt Frey in einer Arbeit über den Arsengehalt der
Thermen von Baden-Baden (Deutsche medic. Wochenschr., XII., 19,
20, 1886), in welcher er darauf hinweist, dass durch den internen Gebrauch dieser Thermen die Tuberculose gut beeinflusst wird, wenn die
Affection localisirt ist und einen langsamen Verlauf hat, und dass Spitzenkatarrhe leicht heilen. Auch über Mont-Dore liegen gleiche Beobachtungen vom Marinearzt Senney (Journ. de thérap., No. 9 und 10,
1880) vor, welcher, wie auch die dort thätigen Aerzte, die dasigen
arsenhaltigen Quellen gegen Tuberculose als vorzüglich wirksam gefunden haben.

Ausserdem berichtet Nicolas von den arsenhaltigen Quellen von
La Bourboule (Journ. de therap., No. 1 u. 2, 1883), dass Phthise
für sie eine der ersten Indicationen sei. Dass die gerühmten Wirkungen der eben genannten Wässer von deren Arsengehalt wirklich
herzuleiten sind, wird gewissermassen durch ihren allgemeinen Wirkungscharakter und ihre vortheilhafte Verwendung bei allen den verschiedenen Krankheiten, gegen welche nur Arsen Anwendung findet,
bewiesen.

Wichtiger, als es die causale Therapie zur Zeit noch ist, ist
unbestritten die diätetische und symptomatische Therapie der
Phthise.

Die erstere hat nach Strümpell die Aufgabe, einerseits die Widerstandskraft des Körpers gegen die Krankheit zu erhöhen, andererseits
den Körper unter Bedingungen zu versetzen, welche erfahrungsgemäss
der weiteren Ausbreitung der Krankheit entgegenwirken können. Soweit
die Balneotherapie hierbei mitzuwirken hat, kommen jene zahlreichen,
in Curorten vielfach betriebenen Curmethoden in Betracht, welche
auf Steigerung der allgemeinen Ernährung hinauslaufen. Hier sind vorzugsweise Milch- und Kephir-, Kumys- und Molkencuren zu nennen,
sowie die diätetischen Vorschriften, welche namentlich in den Anstalten von Görbersdorf, Falkenstein, Reiboldsgrün u. a. für
Phthisiker aufgestellt sind. Die Uebernährung, wie sie in Frankreich zur Methode der Schwindsuchtbehandlung sich ausgebildet hat, und
sogenannte Cognac-, Wein- und Biercuren, letztere mit gehaltreichen baierischen und englischen Biersorten, gehören wenigstens indirekt
hierher.

Den Zweck, die Gesammternährung der Tuberculösen zu bessern,
erfüllen ausser der Diät im engeren Sinne bis zu einem gewissen Grad
auch Trinkcuren mit den alkalischen Eisensäuerlingen von
Cudowa, Reinerz, Krynica, Rippoldsau, Antogast, Bartfeld,
Elster-Moritzquelle u. a., oder auch mit erdigen Eisenquellen,
wie Schwalbach, Steben, Königswart u. a. Diese Wässer eignen
sich besonders für jene Fälle, wo man die Entwickelung der Tuberculose
fürchtet oder die Lungentuberculose still steht, aber keine besondere

Neigung zum Gefässerethismus und Congestionen nach Lungen und Herz bestehen.

Ausser der zweckentsprechenden Aufbesserung der Ernährung ist, wie bereits oben angedeutet wurde, dafür Sorge zu tragen, dass der Tuberculöse in eine reine staubfreie Luft versetzt wird, deren Temperatur, Feuchtigkeitsgrad und atmosphärischer Druck seinen individuellen Verhältnissen angepasst ist. Orte mit möglichst gleichmässigem Klima, Trockenheit der Luft, Windschutz und mit einer Höhenlage von 600 bis 700 m eignen sich für die Mehrzahl der Tuberculösen am besten. Indess ist bei der Auswahl des Klimas auch die grössere oder geringere Erregbarkeit des Kranken zu berücksichtigen. Für Phthisiker mit torpider Constitution und phlegmatischem Temperament sind erregende Klimate geeignet, welche durch Anregung des Stoffwechsels die Constitution verbessern und ausserdem die Ausgleichung localer Störungen des Respirationsapparates leichter herbeiführen. Für diese Kranken kommen besonders die hochgelegenen Sommerfrischen und klimatischen Curorte Deutschlands und der Schweiz in Betracht, so vorzugsweise Interlaken, Heiden, Seelisberg, Engelberg, Beatenberg, Churwalden, Samaden, Pontresina, Rigi, St. Moritz, Berchtesgaden, Reichenhall, Partenkirchen, Tegernsee; auch etwas tiefer gelegene, wie Reiboldsgrün in Sachsen, Görbersdorf, Alexandersbad, Zell am See und noch einige andere verdienen Beachtung. Auch für Ueberwinterung eignen sich mehrere solcher Höhencurorte, wie in erster Linie Davos in Graubünden, St. Moritz im Engadin, Görbersdorf in Schlesien, Reiboldsgrün, insbesondere wenn die betreffenden Individuen an Spitzenkatarrhen leiden, im ersten Stadium der Phthise stehen, und noch genügende Widerstandsfähigkeit besitzen.

Im Weiteren sehe man im balneographischen Theile Davos und andere Winterstationen.

Auch Seeluft kann unter Umständen recht nützlich sein. Namentlich gilt dies von Norderney, wo man auf Beneckes Rath geeignete Einrichtungen zum Winteraufenthalt getroffen hat.

Phthisiker hingegen mit reizbaren Nerven und Gefässsystem, Neigung zu Blutungen und Fieber, mit hereditär phthisischer Belastung fordern ein reizmilderndes Klima, welches mehr den Stoffwechsel herabsetzt und die Gefahr vor congestiven Zuständen mindert. Als für sie geeignete Curorte empfehlen sich zum Aufenthalt für den Sommer: Baden-Baden, Badenweiler, Triberg, Gleichenberg, Ischl, Reichenhall, Soden; für Herbst und Frühjahr: Abbazia, Arco, Meran, Gries, Lugano, Montreux, Clarens, Vevey, Pallanza, Wiesbaden, Gleisweiler, Rehburg; für den Winter die Curorte an der Riviera mit einigen Ausnahmen, Pau, Ajaccio, Palermo, Madeira, Cairo, Algier, Catania, sowie ebenfalls Abbazia.

Dass unter diesen Curorten, je nach dem Vorwiegen einzelner Symptome, besonders je nach stärkerer oder geringerer Schleimsecretion eine bestimmte Auswahl zu treffen ist, bedarf wohl nicht erst der Erwähnung.

Bei stationär gewordener fieberloser Phthisis ist es bisweilen zweckmässig, zwischen Höhenklima und dem Klima der Ebene oder Seeklima zu wechseln und nur für die Winterszeit geeignete südliche Klimate aufzusuchen.

In solchem Falle empfiehlt sich nach de Jonge (Berliner klinische Wochenschr., 1887, No. 38) der Winteraufenthalt in Palermo als besonders zweckmässig, dessen feuchtwarmes Klima solchen Kranken nützlicher ist, als die Höhen- und trockenen Klimate. Demselben Autor zufolge ist es für alle Formen ausgesprochener Phthisis indicirt, sowohl für erethische, wie für torpide Constitutionen und besonders noch für mehr trockene, mit Asthmaanfällen verbundene, die Phthise begleitende Bronchialkatarrhe.

Bei allen klimatischen Curen aber, welcher Art sie auch sind, darf man nie vergessen, dass sie keine Heilmittel für Phthise sind, sondern dass der Kranke durch sie nur in die möglichst günstigen Lebensverhältnisse gebracht werden soll, welche geeignet erscheinen Besserung und vielleicht Heilung krankhafter Zustände zu ermöglichen.

Der klimatischen Therapie schliesst sich unmittelbar die Anwendung der comprimirten atmosphärischen Luft und die Stickstoffinhalation gegen Phthise an. Die erstere hat ihren Hauptwerth bei beginnender Lungenphthise, wenn ein Spitzenkatarrh abgelaufen ist, eignet sich aber weniger für ausgebildete Tuberculose, wo es zu ausgedehnteren Verdichtungen des Lungengewebes gekommen und Neigung zu Blutspucken vorhanden ist. Sie ist zur Zeit unter anderen vorzugsweise in Reichenhall ausgebildet und findet daselbst vielfache Benutzung (v. Liebig, Reichenhall, sein Klima und seine Heilmittel, 1883, 5. Aufl., S. 100 u. ff. — Deutsche medic. Wochenschr., 1883, No. 22).

Die Stickstoffinhalationen empfahl zuerst Hörling im Inselbade bei Paderborn (Preuss. Vereinsztg. N. F. 1864, No. 16 u. 17) gegen chronisch entzündliche Erkrankungen, insbesondere gegen vorgeschrittene Phthise erethischer Individuen und berichtet über verschiedene günstige Curerfolge. Ihr Nutzen konnte aber von anderen Beobachtern nicht in dem Grade gefunden werden, und Neumann erklärt geradezu (Deutsche milit. ärztl. Ztschr. 1878, No. 3), von den Lippspringer Inhalationen keinen in die Augen springenden Nutzen gesehen zu haben. Aehnliches gilt wohl auch von den in Neu-Rakoczi bei Halle eingerichteten Stickstoffinhalationen, welche Steinbrück in einer besonderen Broschüre (Halle a. d. S. 1875) und in einem Aufsatze in der Deutschen Klinik (1872, No. 12, 13) gegen Lungentuberculose ersten und zweiten Stadiums empfohlen hatte. Die Benutzung beider Inhalationsanstalten ist nur eine sehr geringe noch, wie auch der therapeutische Werth solcher Inhalationen wohl nur ein imaginärer sein dürfte. Im Weiteren vergleiche man im allgem. Theile den Abschnitt Inhalationscuren.

Die einst so hoch gestellte Bedeutung der Mineralwässer in der Phthisistherapie, sowohl in Trink- wie in Badecuren, ist in neuerer Zeit sehr herabgesetzt worden; insbesondere seit man geschlossene Sanatorien für Phthisiker zu errichten begonnen hat. Noch mehr aber ist sie gesunken, nachdem Koch den Tuberkelbacillus entdeckte und ihn als Wesen der Tuberculose erkannte. Indess fordern die Begleiterscheinungen derselben und einzelne Krankheitssymptome, sowie die verschiedenartigen pathologisch-anatomischen Veränderungen, welche das Fortschreiten des tuberculösen Processes in den Geweben der Lunge zu Stande bringt, nicht selten therapeutische Eingriffe, welche am zweckmässigsten nur durch Mineralwassercuren auszuführen sind.

Als in der Phthisistherapie zunächst in Betracht kommende Mineralwässer sind etwa nachstehende zu nennen:

1. Die einfachen Kochsalzquellen. Unter allen Quellen dieser Kathegorie nehmen die Salzquellen von Soden den ersten Rang ein, nicht blos wegen der ausserordentlichen Verschiedenheit ihres Salzgehalts und ihrer Temperatur, sondern ebenso wegen des milden, gleichmässigen, windgeschützten Klimas, welches dem Curort angehört. Nach Haupt (Grossmann, Die Heilquellen des Taunus, 1887, S. 138) sind es in erster Linie die beginnenden Phthisen, bei welchen in Soden die besten Curresultate erzielt werden.

Leichte Spitzenkatarrhe auf anämischem Boden und sogenannte Peribronchitiden, welche hauptsächlich in der bindegewebigen Umgebung der Bronchien localisirt bleiben, bieten ein verhältnissmässig dankbares Feld der Therapie, wobei sich der dasige Warmbrunnen, Milchbrunnen und Soolbrunnen am besten bewährt haben, indem diese nicht blos die Katarrhe der Bronchien und des Kehlkopfs, sondern auch die des Magens und Darmcanals zum gleichzeitigen Verschwinden bringen. Wo es sich hingegen um Beseitigung habitueller Stuhlverstopfung und damit zusammenhängenden Hämorrhoidalzuständen handelt, ist nach Thilenius die dasige gasarme Quelle IV. durch eine andere Quelle nicht zu ersetzen. Dabei bilden in Soden die einfachen Kochsalzbezw. schwachen Soolbäder nach demselben Autor ein ungemein nützliches Unterstützungsmittel, denen man meist eine kurz dauernde kühle Regendouche nachfolgen lässt.

Andere hierher gehörende Quellen sind der Maxbrunnen in Kissingen, die leichteren Quellen von Homburg, Kronthal, Cannstatt, Baden-Baden, Wiesbaden Von diesem letzten Curorte bemerkt Pfeiffer (Grossmann, Die Heilquellen des Taunus, 1887, S. 19), dass die entschiedene Einwirkung, welche der Kochbrunnen auf alle Katarrhe der Respirationsschleimhaut ausübt, denselben auch bei der Lungenschwindsucht als ein vortreffliches Mittel erscheinen lasse, die begleitenden Katarrhe der Respirationsorgane zu mildern In Folge der Einwirkung dieses Brunnens auf den Husten und Verdauungsprocess sah er Schwindsüchtige in Wiesbaden rasch an Gewicht zunehmen.

2. Die alkalischen und alkalisch-muriatischen Quellen. Sie finden ihre Anwendung besonders gegen die begleitenden Katarrhe der Bronchien, des Larynx und Pharynx, sowie gegen verdächtige Spitzenkatarrhe. Hier stehen wiederum die Thermen von Ems und Neuenahr oben an und machen sehr bald und in ausgiebiger Weise ihren wohlthätigen Einfluss geltend. Es ist aber dabei ihre gefässaufregende Wirkung wohl zu beachten, und alle Zustände, wo Herzpalpitationen, Neigung zu Congestionen und Blutspucken bestehen, sind sowohl von einer Cur in Ems als von einer solchen in Neuenahr auszuschliessen. Diese Warnung erhebt sowohl v. Ibell (l. c. S. 275) als

auch Schmitz (Deutsche medic. Wochenschr. 1880, VI. 30, 31) und
rufen beide sie besonders jugendlichen gracilen Subjecten mit durch-
sichtiger Haut zu, die über trocknes Hüsteln, Kurzathmigkeit, Herzklopfen,
Mangel an Appetit und Abgeschlagenheit klagen, leicht erregt sind und
in zarter Jugend scrofulös waren. Bei solchen Erregungszuständen ist
die sedative Wirkung der Quellen von Mont-Dore sehr zu schätzen.
Sie beugen nach den Erfahrungen von Senney (Journ. de thér. No. 9
u. 10, 1880) Congestionen nach den Lungen vor oder bringen die Neigung
hierzu zum Verschwinden und mindern das eingetretene Fieber, indem
sie zugleich die Secretionen umändern. Auch von den Quellen von
La Bourboule wird Aehnliches berichtet.

Besonders aber sind die Quellen von Ems und Neuenahr in allen
Fällen der fortschreitenden activen Phthise contraindicirt, denn
diese ist stets mit activen Reizungszuständen der Schleimhäute und des
Lungengewebes, meist auch mit Fieber verbunden und stellt die Gefahr
der Lungenblutung nahe. Ist hingegen die Phthise stationär und
durch Abkapselung oder Verkalkung der Infiltrationen und Cavernen
zum temporären Stillstand gelangt, kann der Gebrauch von Trinkcuren an den oben genannten Curorten eben so nützlich sich erweisen,
wie bei Spitzenkatarrhen, wenn sonst keine Gefässaufregungen ihn
verbieten.

Gleiches gilt von den kalten alkalisch-muriatischen Quellen
und den alkalischen Säuerlingen, sowohl in Bezug auf die die Tuberculose begleitenden Katarrhe, als auch auf bestehende Infiltrationen, nur
ist noch hierbei darauf zu achten, dass die diesen Wässern angehörende
Kohlensäure nicht störend einwirkt und beim Trinken des Wassers
thunlichst entfernt wird. Hierher gehörende Quellen der ersteren Gruppe
sind: Luhatschowitz, Gleichenberg, Weilbachs Natron-Lithionquelle, Selters; der zweiten Gruppe: Bilin, Fachingen, Geilnau,
Preblau, Birresborn, Radein, Passugg, Fellathalquelle, Ober-
Salzbrunn, Giesshübel, Teinach. Freilich kommen bei diesen Quellen
die klimatischen Verhältnisse ebenso in Frage, und von diesen hängt es
ab, ob die Quelle zum Curgebrauche gewählt werden kann oder von
demselben ausgeschlossen werden muss.

3. Die alkalisch-erdigen Quellen. Sie werden in der Phthisistherapie vorzugsweise durch Lippspringe, das Inselbad bei Paderborn
und Weissenburg in der Schweiz repräsentirt. Ihre Indicationen für
den Einzelfall sind aber nicht ganz gleiche. Für Lippspringe und
das Inselbad eignen sich nach v. Brunn (Petersb. medic. Wochenschr.
N. F. II. 13. 1885) und nach Neumann (Deutsche militärärztl. Ztschr.
1878, Heft 3) besonders jene Phthisisform und phthisisch-bacillären
Katarrhe, welche mit venösen Unterleibsstockungen verbunden sind oder
mit Appetitmangel und Verschlechterung des Ernährungsmaterials sich
complicirt haben, ohne dass dabei eine reichliche Schleim- und Eiter-
secretion vorhanden ist, für Weissenburg hingegen fordert Gsell-Fels
(Die Bäder u. klimat. Curorte der Schweiz, 1880, S. 269) das Bestehen
stärkerer Schleimsecretionen und sieht in der mehr austrocknenden
Wirkung des Gipses, der bekanntlich der Hauptbestandtheil dieser Quelle
ist, deren wahren Heilwerth in der Phthise begründet. Hiernach lässt

sich sagen, dass trockne Katarrhe mehr für Lippspringe, feuchte, mit Blennorrhoe verbundene besser für Weissenburg passen. Auch wo Bäder besonders wünschenswerth sind, gebührt Lippspringe und dem Inselbade, die bekanntlich zweckmässig eingerichtete Badevorrichtungen besitzen, vor Weissenburg, wo dieselben fehlen, der Vorzug. Auch die Douchecinrichtungen sind in Lippspringe recht gute.

4. Die Schwefelquellen. Die früher beliebte Anwendung der Schwefelquellen gegen Katarrhe Tuberculöser hat in neuerer Zeit eine wesentliche Einschränkung erfahren, seitdem man Kräftigung der Gesammtconstitution als erstes Erforderniss einer rationellen Phthiseotherapie aufgestellt hat. Dies gilt besonders in Deutschland, während in Frankreich ihre Stellung in der Phthisisfrage in der Hauptsache eine unveränderte geblieben ist, und die Quellen von Luchon, Cauterets, Amélie, le Vernet, St. Honoré, Allevard, Enghien bei mit Tuberculose einhergehenden Bronchiten noch gleiche Anwendung finden. In Deutschland ist ihr Gebrauch besonders auf Phthise mit hämorrhoidaler Grundlage, wo die Kräfte noch gut sind und der Verlauf ein langsamer ist, Diarrhoen fehlen und Kehlkopf- und Rachenkatarrhe mit grosser Reizbarkeit der erschlafften Schleimhaut neben dem Lungenleiden zugegen sind, gegenwärtig beschränkt. Indess braucht man, wie auch Thilenius hervorhebt, in dieser Beziehung nicht gar zu ängstlich zu sein.

Die Indication für Schwefelwässer, beziehentlich für Weilbach, setzt Stift (l. c. S. 90) auf dasjenige Stadium der Phthise, in welchem die primäre Infiltration erfolgte und der entzündliche Process damit seinen zeitweiligen Abschluss gefunden hat; desgleichen, wenn Cavernen vorhanden sind, eine secundäre Infection der Lungen aber aus Gründen der Wahrscheinlichkeit nicht anzunehmen ist. Individuen, namentlich Hämorrhoidarier, die vor oder nach der Erkrankung an Lungencongestionen gelitten haben, öfters Blutspeien hatten, Frauen, die reichlich menstruirt und während der Periode zu Nasenbluten, Blutspeien geneigt sind, auch solche, welche während einer Schwangerschaft oder bald nach der Niederkunft erkrankten, haben in Weilbach und in ähnlichen Schwefelquellen einen besonders günstigen Erfolg der Cur zu erwarten. Entwickelt sich die Phthise auf dem Boden hereditärer Anlage, sind chlorotische Erscheinungen vorhergegangen oder die Begleiter derselben, sind Herzschwäche, erregbares Gefässsystem, rascher, kurzer Athem etc. vorhanden, so ist nach Stift die Wirkung Weilbachs unsicher, oft nachtheilig. Inhalationen mit zerstäubtem Schwefelwasser erweisen sich neben Trink- und Badecuren nicht selten sehr nützlich.

Ausser Weilbach finden die 'Schwefelquellen zu Langenbrücken, Nenndorf, Eilsen, Wipfeld, Stachelberg, Heustrichbad und noch einige andere unter den eben gedachten Verhältnissen gleiche erfolgreiche Anwendung. Phthisiker, die den Winter in Mittel-Aegypten zubringen, finden in Helouan eine zu Trink- und Badecuren gut eingerichtete Schwefeltherme.

5. Die Eisenquellen. Ueber dieselben ist das Hauptsächlichste bereits oben bei Besprechung geeigneter prophylactischer Massregeln gesagt worden. Jetzt sei nur kurz noch erwähnt, dass Eisenquellen bei

ausgebildeter Tuberculose unzweckmässig und kohlensaure Eisensäuerlinge bei derselben geradezu contraindicirt sind. Nur Eisenvitriolwässer erscheinen nach Thilenius bei sehr profusem Auswurf bis zu einem gewissen Grad für zulässig.

Die Wasserbehandlung hat in der Phthiseotherapie stets eine nicht unwichtige Rolle gespielt. Nicht blos als Reinigungsmittel für die Haut, welche von Phthisikern bekanntlich sehr vernachlässigt wird, hat sie hohe Bedeutung, sondern nach Lehmann (Bäder- und Brunnenlehre, 1877, S. 497) auch als Mittel, die Herzkraft zu steigern und dadurch Circulationsstörungen in den Lungen aufzuheben. Alle schwächenden Momente, welche durch Alteration des Kreislaufs und des Stoffwechsels zu phthisisartigen Erkrankungen der Luftwege führen können, sollen nach Winternitz (Zur Pathologie und Therapie der Lungenphthise, Leipzig u. Wien 1887) durch die tonisirenden Methoden der Hydrotherapie bekämpft werden. Die Erfolge, welche dieselbe in den ersten Stadien der Lungenphthise erlangt hat, sind zahlreich und nicht zu bezweifeln. Aus einer Casuistik, die Winternitz (l. c.) giebt, ist zu entnehmen, dass in 58 Fällen von florider Phthise mit hectischem Fieber bei 16, also in 27 pCt., ein länger dauernder Stillstand durch die Wasserbehandlung erzielt wurde. Die Proceduren, welche hierbei in Frage kommen, erstrecken sich hauptsächlich auf feuchte, kühle Abreibungen, lauwarme und warme Bäder, nasskalte Einwickelungen, allgemeine wie partielle, und die nasskalte Kreuzbinde nach Winternitz'scher Methode, haben aber ihre bestimmten Indicationen für den Einzelfall und fallen hauptsächlich der practischen Ausführung der Wasserheilanstalten zu.

Von besonderer Wichtigkeit für Phthisiker sind die Sanatorien, welche in für Tuberculose angeblich immunen Gegenden errichtet sind. Sie sind nicht, wie man wohl glauben könnte, abgeschlossene Anstalten, welche den Genuss der frischen Luft nur im beschränkten Masse zulassen, sondern haben vielmehr durchgehends denselben in ausgiebigster Weise, aber unter Schutz vor Wind und Staub zu ermöglichen gesucht, indem man den Kranken sogar des Nachts in einzelnen solchen Anstalten den Genuss der frischen Waldluft nicht entzieht.

Die weiteren Behandlungsmethoden beruhen, wie bereits oben angedeutet wurde, hauptsächlich auf genauer Regulirung der Diät und der Bewegung im Freien. Stoffreiche, nährende Kost in reichlichen, oft sich wiederholenden Mahlzeiten und reichlicher Genuss alkoholhaltiger Getränke, vorzugsweise von Cognac und Portwein, von Milch und Kefir, sowie anderer, die Fettbildung begünstigender Nahrungsmittel, grosse Ruhe, Vermeidung aller den Kranken etwa erschöpfender Anstrengungen sind die hauptsächlichsten Ordinationen, nach welchen die Behandlung von Phthisikern daselbst geleitet wird.

Die Erfolge, welche man dabei erzielt, sind unleugbar höhere, als sie bei freier ärztlicher Behandlung, die keine gleiche Ueberwachung der Kranken zulässt, erreicht werden können.

Von den am meisten bekannten Anstalten dieser Art sind zu nennen: die Brehmer'sche und Römpler'sche Anstalt in Görbersdorf, die Anstalten zu Falkenstein im Taunus, zu Reiboldsgrün im sächsischen Voigtlande, das Asyl Alpenheim bei Aussee, die Anstalten zu Wilhelmshöhe und Blankenburg im Harze.

c) Lungenemphysem.

Das Emphysem der Lunge kann selbstverständlich an und für sich nicht Gegenstand balneotherapeutischer Behandlung sein und bei derselben nur insoweit in Frage kommen, als der begleitende Bronchialkatarrh und die nicht selten sich einstellenden asthmatischen Anfälle derartige Eingriffe nothwendig machen.

Der Katarrh des Emphysems fordert gleiche Behandlungsweise, wie die einfache chronische Bronchitis, und was in therapeutischer Beziehung über diese gesagt worden ist, findet auch auf das Emphysem mit seiner katarrhalischen Complication Anwendung.

Die Thermen von Ems und Neuenahr, vorzugsweise die ersteren, erweisen sich bei solchen Katarrhen gleich nützlich, namentlich wenn die Schleimsecretion keine sehr profuse ist und die feineren und feinsten Bronchien mehr oder weniger verstopft sind. Sie befördern dann den Auswurf, erleichtern die Dyspnoe und beseitigen indirect die asthmatischen Anfälle. In gleicher Weise wirken auch die Quellen von Salzbrunn und die alkalische Schwefelquelle von Weilbach, indess verdienen die ersteren den Vorzug, wenn eine gewisse Schlaffheit der Gewebe besteht (Scholz, Novelle über die zum schlesischen Bädertag gehörenden Bäder, Reinerz 1878, S. 102), wogegen die letztere zweckmässiger gewählt wird, wenn die Blutcirculation innerhalb der Lungen erschwert, Stauungen im Venensysteme, Dilatation des rechten Ventrikels vorhanden sind (Stifft, l. c. S. 89). Bei nebenbei bestehenden Magenkatarrhen und ausgesprochenen Circulationsstörungen im Unterleibe verdienen die Kochsalzquellen von Soden, Kissingen und Homburg, auch wohl Reichenhall und dann noch die alkalisch-sulfatischen Quellen von Karlsbad, Marienbad, Elster-Salzquelle in erster Linie neben dem Oberbrunnen von Salzbrunn genannt zu werden.

Die Quellen von Amélie und Eaux-bonnes, die in Frankreich als antikatarrhalische Heilquellen sehr beliebt sind, eignen sich besonders für torpide Naturen und sogenannte Lymphatiker. Nach Delmas (Arch. de méd. et de pharm. milit., VIII., 17, 1886) sollen die ersteren, nach Pidoux (Journ. de thérap., I., 7, 8, pag. 241, 1874) Eauxbonnes bei gleichzeitig bestehenden Anfällen vorzügliche Dienste leisten. Auch die Schwefelthermen von Aachen werden bei gleichen Zuständen von Reumont (Die Thermen von Aachen und Burtscheid, 5. Aufl., 1885, S. 221) empfohlen, namentlich wenn Unterleibsstörungen noch zugegen sind.

Haben sich zum Emphysem impetiginöse Affectionen und gichtische Anfälle hinzugesellt, können auch die kalten Schwefelquellen von Nenndorf, Eilsen, Langenbrücken, Boll neben Weilbach noch genannt werden, wogegen bei stärkerer Reizung der Bronchialschleimhaut Inhalationen der Quellengase aus der Ottilienquelle des Inselbades empfohlen worden sind.

Wichtig für Emphysematiker ist ausser der Anwendung der com-
primirten oder verdünnten Luft, wie dies in Reichenhall und
Meran geschieht, reine milde Gebirgsluft und südliches Klima.
Die verschiedenen Curorte am Genfer See und am Gestade des
Mittelmeeres, Cairo, Madeira, Palermo, Pau u. a. passen für
Emphysematiker zum Winteraufenthalt sehr gut.

IV. Krankheiten der Pleura.

a) Das pleuritische Exsudat.

Pleuritische Exsudate kommen in Curorten ziemlich häufig zur
Behandlung. Theils handelt es sich bei derselben, die gesetzten Exsudatmassen zur vollständigeren Resorption zu bringen, theils den allgemeinen
Kräftezustand zu heben, welcher durch den stattgefundenen Eiweissverlust
sehr herabgesetzt zu sein pflegt.

Bei den meisten pleuritischen Exsudaten, welche der Balneotherapie
zufallen, ist der Vorgang der Schrumpfung der erkrankten Brust-
hälfte eingetreten und sind die serösen oder serofibrinösen Ergüsse
bereits bis zur beginnenden Schwartenbildung resorbirt. Insoweit dies
aber nur in beschränkter Weise erst geschehen ist, werden die Quellen
von Ems und Soden durch die diaphoretische und diuretische Wirkung
des Brunnens und der Bäder und die resorptionsbefördernde der Douche
sich nützlich erweisen. Eines besonderen Rufes erfreuen sich in dieser
Beziehung die letzteren Quellen, welche entweder rein oder mit Molken
vermischt nach Versicherung von Thilenius (Helfft-Thilenius'sche
Balneotherapie, 9. Aufl., II. Abthlg., S 140) das Exsudat oft überraschend schnell zur Resorption bringen helfen. Einen nicht unwesent-
lichen Antheil an dieser günstigen Wirkung haben sicherlich die dasigen
Soolbäder und die günstigen klimatischen Verhältnisse, deren Soden sich
erfreut.

Zeigt Percussion und Auscultation einen stärkeren Rückgang
des Exsudats an und handelt es sich besonders darum, das comprimirte Lungengewebe zu besserer Entfaltung wieder zu bringen
und den flachen Brustkorb zu heben, muss eine gewisse Lungengymnastik mit dem Gebrauch der Emser und Sodener Thermen
sich verbinden, die theils in der Anwendung pneumatotherapeutischer
Apparate, theils der Oertel'schen Steigcuren bestehen. Man wird
aber wohl thun, wenn sonst keine Gegenanzeige vorliegt, statt dieser
letzteren Massnahmen die comprimirte Luft in Anwendung zu bringen,
wie sie in den pneumatischen Kammern geboten wird. v. Liebig
beobachtete an so behandelten Kranken die besten Curerfolge (Deutsche
medic. Wochenschr., 1883, No. 22). Auch in Meran, Rehburg und
an anderen Orten machte man gleiche Erfahrungen.

Wesentlich aber wird die Wirkung der comprimirten Luft unterstützt,
wenn man sie mit Soolbädern in Verbindung bringt. Von dieser Combination sah besonders von Liebig (Reichenhall, sein Klima und seine
Curmittel, 5. Aufl., S. 112, 192) die besten Dienste. Auch von Rehme,

Nauheim, Aussee, Ischl und andern Curorten findet diese Beobachtung ihre Bestätigung.

Macht sich der Bronchialkatarrh besonders lästig und fordert er speciellere Berücksichtigung, hat dabei die allgemeine Ernährung keine grosse Beeinträchtigung erfahren, werden die alkalisch-muriatischen Säuerlinge von Selters, Geilnau, Fachingen, Apollinaris-brunnen, besonders aber von Obersalzbrunn, Gleichenberg, Lu-hatschowitz neben Ems und Neuenahr zweckmässig in die Behandlung eintreten, insbesondere wenn mit der Trinkcur eine Badecur sich verbindet.

Lässt der weitere Verlauf der Erkrankung die tuberculöse Natur des Leidens erkennen, was nach Strümpell (Lehrb. d. spec. Pathol. u. Therapie der inneren Krankheiten, 1. Band, 4. Aufl., 1887, S. 395) bei dem grössten Theile der klinisch scheinbar primär auftreten-den gewöhnlichen pleuritischen Exsudate der Fall sein soll, wird es zweckmässig sein, möglichste Kräftigung des Allgemeinzustandes eintreten zu lassen und solche Kranke in ein alpines Klima mit mög-lichst gleichmässigen Temperaturverhältnissen zu versetzen, unter dessen Einflüssen allein pleuritische Exsudate gar nicht selten rasch zur Resorption gelangen. Der gleichzeitige Gebrauch einer Milch-, Molken-, Kefir- oder Kumyscur dürfte ein treffliches Unterstützungsmittel einer solchen Luftcur abgeben. Wie günstig eine solche wirkt, hat Höfler in Tölz (Balneolog. Studien aus dem Bade Krankenheil-Tölz, 1886, S. 61) freilich unter Mitgebrauch des Krankenheiler Wassers erst vor Kurzem wieder dargethan. Auch Lippspringe hat bei solchen Exsudaten recht gute Curresultate zu verzeichnen, wo die Bäder, Inhalationen und die guten klimatischen Verhältnisse, sowie die Trinkcur von wesentlichem therapeutischen Belang sind.

Auch gewisse hydriatische Proceduren, wie Abreibungen, Brust-umschläge für die Dauer der Nacht, nach Art der Priessnitz'schen, erweisen sich bei Kranken mit schlaffer Constitution, aber guter Reactions-kraft oft recht nützlich.

D. Krankheiten des Circulationsapparates.

I. Chronische Erkrankungen des Herzens.

Die chronischen Erkrankungen des Herzens sind lange Zeit von jeder balneotherapeutischen Behandlung ausgeschlossen gewesen. Erst die neuere Zeit hat eine Aenderung dieser Ansicht gebracht, nach-dem Benecke constatirt hatte (Zur Therapie des Gelenkrheumatismus und der mit ihm verbundenen Herzkrankheiten, Berlin, 1872), dass laue, selbst bis 33,75 ° C. warme Nauheimer Soolbäder regelmässig Beruhigung der Herzthätigkeit bewirkten und er auffallende Förderung der Compen-sation von Circulationsstörungen sowie wesentliche Besserung des Allge-meinbefindens solcher Kranken nach dem Gebrauche dieser Bäder auf

Grund neu gewonnener Erfahrungen constatiren konnte (Berlin. klinische Wochenschr., XII., 9, 1875).

Die Herzkrankheiten, welche gegenwärtig der Balneotherapie zufallen, sind in der Hauptsache nachstehende.

a) Hypertrophie und Dilatation des Herzens.

Es ist wohl als selbstverständlich zu betrachten, dass Herzhypertrophien und Herzdilatationen, die Folgezustände vermehrter Arbeit des Herzens, in der balneotherapeutischen Behandlung keine Radicalcur erwarten können. Dieselbe ist in der Hauptsache eine symptomatische und hat die Stauungshyperämien in den Lungen und Unterleibsorganen durch geeignete Trink- und Badecuren auf das möglichst geringe Mass zurückzuführen, aber auch weiterer Krankheitsentwickelung vorzubeugen, wenn dieselbe sich zu allgemeiner Plethora gesellt und wenn Erethismus des Nervensystems besonders der Herznerven oder auch chronisches Lungenemphysem als Grund allzu gesteigerter Herzthätigkeit und Hypertrophie anzunehmen sind. Im ersteren Falle finden die kalten alkalisch-salinischen Wässer von Marienbad resp. Kreuzbrunnen und Ferdinandsbrunnen, die Elster-Salzquelle, die Luciusund Emeritaquelle von Tarasp, der Tempelbrunnen von Rohitzsch, die Salzquelle von Franzensbad und die Kochsalzsäuerlinge von Kissingen, Homburg, Neuhaus, sowie die leichteren Bitterwässer von Friedrichshall, Grossenlüder (hessisches Bitterwasser), Mergentheim, Püllna, Saidschütz, Ofen u. a. ihre Anzeige. Sie wirken anregend auf die Secretionen und peristaltischen Bewegungen des Darmcanals und somit indirect beschleunigend auf die Blutcirculationen im Unterleib und die Arbeit des rechten Herzens vermindernd. Kisch betont hierbei mit Recht, dass nur die kalten Quellen dieser Gruppen anwendbar seien, dass auch bei diesen die Kohlensäure vor dem Trinken des Wassers, soweit es sich um kohlensäurereiche Quellen handelt, möglichst entfernt werden müsse, dass aber ähnlich wirkende Thermen, wie die von Karlsbad, Ems, Wiesbaden zur Cur nicht herangezogen werden dürfen. Eine zweckmässige Unterstützung solcher Trink- und Badecuren ist in vielen Fällen die Oertel'sche Terraincur, welche in den meisten Curorten, wo derartige Herzkranke zur Behandlung kommen, Eingang gefunden hat.

Hat man Grund zu der Annahme, dass abnorme nervöse Erregungen des Herzens durch Anregung vermehrter Thätigkeit desselben zu Hypertrophien geführt haben, sind zwar gleiche balneotherapeutische Eingriffe, wie die eben genannten angezeigt, es ist aber grössere Vorsicht bei Trink- und Badecuren zu beachten und dabei Alles zu vermeiden, was Schwächung des Körpers zur Folge haben kann. Besteht hierbei eine erworbene oder angeborene Schwäche des Herzmuskels, oder hat sich das sogenannte weakened heart bereits herausgebildet, müssen an Kohlensäure reiche Eisenbäder zur Anwendung kommen. Unter diesen haben die Bäder von Cudowa einen gewissen Ruf erlangt. Scholz berichtet (Verhandl. d. baln. Section d. Ges. f. Heilk. in Berlin, VIII, 1883, S. 15 u. ff.) über mehrere durch sie erlangte Heilungen, und Jacob bestätigt solche günstige Resultate durch seine eigene vielfältige Erfahrung (Ibid. IX., 1884, S. 3 u. ff.), wobei er Schonung der Herzkraft mit unmittelbarer Erhöhung der Energie der Muskelaction als den Grundzug des kohlensauren Bades bezeichnet. Auch über die Kochsalzsäuerlinge von Nauheim liegen gleich günstige Beobachtungen vor. Ausser Benecke rühmen die dasigen Bäder, namentlich die Sprudelstrombäder und Sprudelbäder, auch A. und Th. Schott (Berl. klin. Wochenschr., No. 19, 20, 1884 u. Verhdlg. d. baln. Sect. d. Ges. f. Heilk. in Berlin, IX., S. 16 u. ff., 1884) und Grödel (Ibid. XI., 1886), letzterer namentlich in Verbindung mit Oertel-schen Terraincuren als Stärkungsmittel des geschwächten Herzens, wenn mässige Grade von Herzinsufficienz in Folge verschiedener Primär-erkrankungen dieses Organs sich entwickelt haben, wogegen bei allen höheren Graden von Herzschwäche sie durch gasfrei gemachte Soolbäder ersetzt werden müssen.

Gleich günstige Wirkungen will man in Cudowa und Nauheim auch beobachtet haben, wenn es bereits zu Dilatationen des Herzens gekommen ist, und Scholz berichtet sogar von in Cudowa beobachteten Heilungen derselben (l. c. S. 17).

b) Klappenfehler am Herzen.

Bei den meisten Klappenfehlern des Herzens, welche zur balneo-therapeutischen Behandlung gelangen, hat man es mit einem abgelaufenen endocarditischen Process zu thun, bei welchem an den Klappen die zurück-bleibenden organischen Veränderungen bereits zur vollständigen Ausbil-dung gelangt sind. Die Aufgabe, welche die Balneotherapie hierbei zu lösen hat, fällt in der Hauptsache mit dem zusammen, was über Herz-hypertrophie und Herzdilatation gesagt wurde. Auch hier sind es beson-ders Circulationsstörungen, welche als Stauungshyperämien sich darstellen und als solche ihre Behandlung fordern, wogegen bei vollständig compensirten Herzfehlern vorzugsweise durch Eisen-wässer der Ernährungszustand zu bessern gesucht werden muss.

Bei Insufficienz der Mitralklappe empfiehlt Thilenius, ge-stützt auf eigene und Traube's Erfahrungen (Helfft-Thilenius, Balneo-therapie, 9. Aufl., S. 142), sofern nicht erhebliche Stenose des linken venösen Ostiums besteht, den Gebrauch der gasarmen Quelle No. 4 von Soden a. T., namentlich in Verbindung mit Molken. Sie erregt näm-lich das Gefässsystem nicht und lässt die Wirkung des Kochsalzes auf die Bronchialschleimhaut, auf Vermehrung der Darmausscheidung und die Unterleibscirculation zum vollen Ausdruck gelangen. Gleiche Beob-achtungen hat auch Haupt (Grossmann, die Heilquellen des Taunus, 1887, S. 142) gemacht. Er empfiehlt zu gleichen Zwecken die Sodoner Quellen, bringt ihre Anwendung aber nicht ungern mit der Oertel'schen Cur in Verbindung. Haupt und Thilenius legen beide hohes Gewicht auf die einfachen Soolbäder und kohlensauren Thermalsool-bäder, besonders wenn sie zu ziemlich tiefer Temperatur genommen und die Kranken vor Einathmen der Kohlensäure geschützt werden.

Mit Soden concurriren die Thermalsoolbäder von Nauheim,

Rehme, Kissingen, Werne und lassen gleich gute Curresultate erwarten, wenn die Klappenfehler noch nicht veraltet und dem Schrumpfungs-
process verfallen sind. Diese zuerst von Benecke (l. c.) ausgesprochene
Meinung von der Resorbirbarkeit solcher endocarditischer Neubildung an
den Herzklappen nach acutem Gelenkrheumatismus ist vielfach in Zweifel
gezogen worden, aber in neuester Zeit durch Schott in Nauheim (Verhdlg.
d. baln. Section d. Ges. f. Heilk. in Berlin, XII., 1887, S. 111) bestätigt,
der beim Gebrauche kohlensäurereicher Thermalsoolbäder frische Klappen-
exsudate schwinden sah. Auch verschiedene französische Aerzte haben
gleiche Beobachtungen gemacht.

Auch einzelne Fälle von Insufficienz und Stenose der Aortenklappen gehören hierher und finden in den alkalisch-salinischen
Quellen von Franzensbad, Elster, Charlottenbrunn, Cudowa,
Reinerz, Füred durch Anregung der Darmthätigkeit und der Diurese
geeignete Mittel, den arteriellen Blutdruck herabzusetzen und die Herzkraft zu verringern, indess fordert die Insufficienz grosse Vorsicht im
Gebrauche dieser Wässer, wenn bereits consecutive excentrische Hypertrophie besteht.

Bei relativ kräftigen Individuen lässt sich die Depletion der
Unterleibsorgane durch etwas kräftigere Anregung der Darmthätigkeit
und Diurese noch sicherer durch die etwas stärker eingreifenden Quellen
von Marienbad, Elster-Salzquelle und gelinde Bitterwässer erreichen.

Andererseits tritt nicht selten der Fall ein, dass an Herzfehlern
leidende Kranke wegen hochgradiger Anämie und Neurasthenie
einer kräftigenden Unterstützung bedürfen, wenn das Herzleiden
günstig beeinflusst werden soll. Dann erweisen sich kohlensaure
Eisenbäder als sehr nützlich, und Scholz bezeichnet sie (Verhdlg. d.
baln. Section d. Gesellsch. f. Heilk. in Berlin, VIII., 1883, S. 36)
geradezu als souveräne Heilmittel, während Schott (Ibid. XII., 1887,
S. 111) sie wie die kohlensäurereichen Thermalsoolbäder als
Tonica ersten Ranges für den geschwächten Herzmuskel erklärt. Nach
Scholz sind die ersteren, wohl auch die letzteren, bei Herzfehlern
aber nur dann indicirt, wenn der Fall in seiner Totalität für ein Stahlbad vollkommen passt, sowie wenn Compensationsstörungen bestehen,
welche durch reizbare oder wirkliche Schwäche der Herznervensysteme,
selbst durch mässigen fettigen Zerfall oder Schwund des Herzmuskel-
fleisches entstanden sind, oder wenn noch in der Bildung begriffene,
aber wegen Blutleere und mangelhafter Ernährung noch nicht vollendete
Compensationshypertrophien vorhanden sind. Auch cyanotische und
hydropische, vom Herzen ausgehende Erscheinungen bei alten oder
marastischen Personen reihen sich an diese Indication an.

Unter solchen Verhältnissen, welche aber bestimmt festzuhalten sind,
wenn das Resultat nicht gefährdet werden soll, wird unter den zur Anwendung geeigneten Stahlwässern den Quellen von Cudowa und
Nauheim meist der Vorzug gegeben, indess stehen andere Kohlensäure haltige Quellen, wie Elster, Franzensbad, Rippoldsau,
Schwalbach, Spa u. a. gegen diese nicht zurück.

Dass ein Klimawechsel bei Kranken mit Herzfehlern bisweilen

sich nützlich erweist, lässt sich nicht wohl in Abrede stellen. In einem solchen Falle ist es, wenn Neigung zu Bronchialkatarrhen und zu Rheumatismen vorherrscht, zweckmässig, solche Kranken den Winter an der Riviera di Ponente verleben zu lassen.

c) Das Fettherz.

Das Fettherz, welches bekanntlich keinen einheitlichen klinischen Begriff umfasst, hat für die Balneotherapie eigentlich nur Bedeutung, wenn es sich als Fettablagerung am Herzen documentirt, indem der fettige Detritus am Herzmuskel stets Krankheitszuständen angehört, welche nicht Gegenstand der Balneotherapie sein können.

Da die Fettablagerung am Herzen fast ausschliesslich eine Theilerscheinung allgemeiner Fettbildung ist, so hat das Fettherz auch die Indicationen, welche zur Bekämpfung dieser letzteren aufgestellt sind. Ist der Körper noch kräftig und haben sich keine Zeichen von Herzschwäche eingestellt, werden bei zweckentsprechender Diät und genügender körperlicher Bewegung im Freien die Quellen von Marienbad, Elster-Salzquelle, Tarasp gute Dienste leisten und zur Beseitigung der dyspnoeischen Beschwerden und anderer Störungen im kleinen Kreislauf beitragen.

Macht sich aber Herzschwäche in mehr auffallender Weise bemerkbar, dann ist ein roborirendes Verfahren einzuleiten und die Stahlquellen von Franzensbad, Elster und andere alkalisch-sulfatische Eisenquellen sind angezeigt. Molkencuren sind unter solchen Verhältnissen oft auch recht nützlich, wie auch ein belebendes Klima es nicht selten ist. Ausgedehnter Genuss frischer reiner Luft unterstützt die eben genannten Curen nicht unwesentlich, insbesondere, wenn sich mit ihr eine den individuellen Verhältnissen des Kranken entsprechende Bewegung im Freien verbindet.

d) Das nervöse Herzklopfen.

Bei nervösem Herzklopfen hat über die einzuschlagende Therapie vor Allem die Gesammtconstitution des betr. Individuums zu entscheiden, da es bei anämischen, wie bei plethorischen, nervösen und nicht nervösen Personen beobachtet wird. Im Allgemeinen lässt sich festhalten, dass das Herzklopfen, bei welchem die objective Untersuchung des Organs anatomische Veränderungen nicht nachweisen kann. einer roborirenden Behandlung zu unterwerfen ist, wenn es anämische Personen, chlorotische Mädchen, Frauen, die an Menstruationsstörungen leiden oder hysterisch sind, Männer, die durch Anämie oder unmässigen Geschlechtsgenuss in ihrem Nervensystem geschwächt wurden, befällt. Dann sind in balneotherapeutischer Beziehung die Eisenwässer von Elster, Franzensbad, Königswart, Schwalbach, Steben, Rippoldsau, Spa, Lobenstein u. a. und die Eisenmoorbäder von Franzensbad, Elster, Steben u. a. in Verbindung mit Eisenwasserbädern indicirt. Von diesen letzteren stehen die von Cudowa und Nauheim in besonders

gutem Ruf, und haben die ersteren auf die Empfehlung von Scholz
(l. c. S. 36) bei directer und reflectorischer Neurasthenie des Herzens,
als Herzklopfen, Herzzittern, Herzschmerzen etc., bei den höheren Graden
nervöser Herzschwäche oder wirklichen Paresen des Herzens reflectorischer
oder chronisch-toxischer Natur, namentlich durch Nicotin nach Missbrauch von Tabak und Digitalin durch Missbrauch von Digitalis entstanden, vielfache Anwendung gefunden. Auch von den Quellen von
Nauheim gilt dasselbe, welche Schott als Tonica ersten Ranges für
den geschwächten Herzmuskel erklärt.

Leiden hingegen plethorische, fettleibige Personen an nervösem Herzklopfen, mit Blutstockungen im Unterleibe oder hartnäckiger
Obstruction Behaftete, Hypochondristen, Arthritiker oder auch Frauen
in klimacterischen Jahren, so sind die alkalisch-sulfatischen Quellen
von Marienbad, Elster-Salzquelle, die Franzensbader Salzquelle und die Kochsalzsäuerlinge von Kissingen, Homburg,
Neuhaus, Mondorff, Niederbronn, Cannstatt u. a. in Anwendung
zu bringen, wogegen bei jungen, in der Pubertät stehenden, erethischen,
sensiblen Individuen mit scrofulösem Habitus durch alkalisch-
muriatische Säuerlinge und milde Kochsalzwässer, wie Ems,
Royat, Luhatschowitz, Gleichenberg, Szczawnica, Soden, Kronthal, Cannstadt u. a., sowie durch laue Wildbäder, wie Schlangenbad, Wildbad, Johannisbad, Landeck u. a. diese Herzneurose bekämpft werden muss.

Auch die Hydrotherapie erzielt bei nervösem Herzklopfen recht gute
Erfolge, wenn ein mildes Verfahren eingeschlagen wird. Nach Winternitz empfehlen sich kalte Abreibungen und feuchte Einpackungen, um
die Frequenz der Herzschläge herabzusetzen.

c) Die Angina pectoris (Stenocardie).

Gegen diese Neurose ist vielfach Kaltwasserbehandlung
empfohlen worden, wenn sie mehr als reine Neurose anzusehen war und
nicht von organischen Herzkrankheiten abgeleitet werden musste. Nach
Strümpell soll durch Kaltwassercuren mehrfach Besserung eingetreten
sein, hervorragende Erfolge aber sind durch dieselben jedenfalls nicht
erzielt worden. Auch Eisenwässer wurden bei anämischem Boden der
Krankheit und Wildbäder bei vorwiegender allgemeiner nervöser Reizbarkeit des Individuums, oder wo übermässiges Tabakrauchen oder Tabak-
kauen als ätiologische Momente beschuldigt wurden, in Anwendung
gezogen, aber wohl meist mit ausbleibendem Erfolg.

II. Chronische Erkrankungen des Gefässsystems.

Auf die verschiedenen Erkrankungen des Gefässsystems,
welche in Curorten zur Beobachtung gelangen, kann die Balneotherapie
nicht direct beeinflussend wirken. Ihre eigentliche Thätigkeit liegt viel-

mehr in der Behandlung der eingetretenen Folgezustände und in der Milderung und Besserung der oft recht belästigenden Symptome.

In diesem Sinne ist die balneotherapeutische Behandlung nachstehender Gefässerkrankungen aufzufassen.

a) Arteriosclerose. (Deformirende chronische Endarteritiis. Atherom der Gefässe.)

Die Indicationen für die Therapie der Arteriosclerose sind nach Fränkel (Zeitschr. f. klin. Med., 1882, Bd. IV, Heft 1—2) und Thilenius (Helfft-Thilenius'sche Balneotherapie, 9. Aufl., S. 178) Verminderung der über die Norm gesteigerten Widerstände im arteriellen Gefässsysteme und Verkleinerung der durch sie bedingten Zunahme der Herzarbeit.

Ein wichtiges Hülfsmittel in dieser Richtung gewährt nach der Ansicht dieser Autoren die Herbeiführung regelmässiger Darmentleerungen durch Mineralwässer, welche erfahrungsgemäss zugleich die Circulation in den Unterleibsorganen zu reguliren und zu bethätigen im Stande sind, die Bitterwässer und noch mehr die kalten alkalisch-sulfatischen Quellen von Marienbad, Elster-Salzquelle, Franzensbad-Salzquelle oder auch die kälteren resp. abgekühlten Thermen von Karlsbad. Alle diese Quellen erfüllen die Indication der Entlastung des Gefässsystems und indirect der Herabsetzung allzugesteigerter Herzthätigkeit.

Sobald die Gesammternährung gelitten hat und der consecutive Bronchialkatarrh mehr hervorgetreten ist, empfiehlt Thilenius (l. c.) die abführenden Kochsalztrinkquellen von Kissingen und Homburg nach genügender Entgasung, die gasarme Quelle No. 4 von Soden und den abgekühlten Wiesbadener Kochbrunnen und Molkencuren, wenn diese sonst vertragen werden, während er vor dem Gebrauch von Bädern warnt. Dagegen erweisen sich nach ihm milde hydropathische Proceduren, Abreibungen, Sitzbäder und andere mehr in vielen Fällen als sehr nützlich.

b) Phlebectasien.

Phlebectasien an den Unterschenkeln und am Mastdarm, wo sie als Hämorrhoiden auftreten, kommen in Curorten nur nebenbei zur Behandlung. Für sie eignen sich die darmentlastenden Kochsalztrinkquellen von Homburg, Kissingen, Nauheim, Werne, Soden, sowie die alkalisch-sulfatischen Quellen von Karlsbad, Marienbad, Elster-Salzquelle, Tarasp zu Trink-, aber auch zu Badecuren. Die hierdurch erzielten Curerfolge sind meist sehr geringfügige.

E. Krankheiten des Nahrungscanals und seiner Adnexa.

I. Der chronische Rachenkatarrh.

Der einfache chronische Rachenkatarrh, mag er als Nachfolge verschiedener vorausgegangener acuter Katarrhe, oder als das Product andauernder, auf den Rachen einwirkender Schädlichkeiten sich darstellen, kommt meist erst dann zur Behandlung an Curorten, wenn die übliche locale Behandlung erfolglos blieb und die grösseren Beschwerden, welche der Rachenkatarrh zu machen anfängt, störend auf die Berufsthätigkeit des Individuums und auf nicht gern aufgegebene Gewohnheiten einwirken, und damit es geboten erscheint, zu intensiveren therapeutischen Eingriffen überzugehen.

Dass unter solchen Umständen der Effect der Balneotherapie nicht immer befriedigt, kann bei einem Leiden, welches von vornherein die Geduld und Ausdauer des Arztes und des Kranken sehr in Anspruch nimmt, nicht befremden. Hierzu kommt, dass in jedem Falle die Behandlung des Rachenkatarrhs auf die fast ausnahmslos bestehenden Complicationen Rücksicht zu nehmen hat, welche in sehr verschiedenartiger Weise sich darstellen und meist erschwerend auf das Zustandekommen eines günstigen Curresultats einwirken.

Bei einfachen chronisch-katarrhalischen Zuständen der Pharynxschleimhaut, wo erhebliche anatomische Veränderungen derselben noch nicht eingetreten sind, erweist sich der Gebrauch der Thermen von Ems und Neuenahr, sowie der leichteren Kochsalzquellen von Soden a. T. als sehr zweckmässig und lässt nach von Ibell (Grossmann, Heilquellen des Taunus, 1887, S. 267) eine 3—6 wöchentliche Emser Trinkcur, verbunden mit Gurgelungen und Inhalationen des Thermalwassers, und nach Haupt (ibid. S. 135) eine gleiche Cur in Soden die vollständige Heilung der Pharyngitis erwarten. Aber auch in schwereren, mehr vorgeschrittenen derartigen Erkrankungen hat man häufig noch recht günstige Resultate daselbst beobachtet. In Frankreich kommen in leichteren uncomplicirten Fällen die Thermen von Mont-Dore, Royat, Cauterets und Eaux-bonnes zur Anwendung, welche nach Cadier (Annal. des mal. de l'oreille, du larynx etc., X., 3, p. 162, Jouillet 1884) die besten Dienste thun, aber auch bei umfänglicheren Granulationen auf der hinteren Pharynxwand sich bewähren sollen.

Von den Schwefelquellen, welche gegen chronische Pharyngitis benutzt werden, hat die Schwefelquelle von Weilbach einen ganz besonderen Ruf als Heilmittel gegen dieselbe erlangt. Stifft (Heilquellen des Taunus, von Grossmann, 1887, S. 91) hält sie besonders bei Pharyngitis sicca granulosa indicirt, wo nach seiner Meinung in Folge eines anomalen Erregungszustandes des Plexus pharyngeus eine ungenügende Ernährung der Rachenschleimhaut und der Schleimdrüsen eingetreten ist, andererseits Wucherungen von Epithelialzellen bestehen oder auch hinter dem Gaumenbogen stärkere hyperplastische Erhebungen des submucösen Bindegewebes sich herausgebildet haben. Die Wirkung Weilbachs bei diesem, den Kranken durch das beständige Gefühl von Reiz und Trockenheit belästigenden Leiden ist eine hervorragend sichere, und nach wenigen Tagen schon sollen nach Stifft diese Gefühle sich mildern und die blasse Mucosa geröther erscheinen, aber auch eine mässige Schleimabsonderung sich einstellen.

Gleich günstige Wirkungen auf den Rachenkatarrh konnten Rehmann (Badeärztl. Mittheilungen, 1880, No. 6) und besonders Ziegelmeyer (Badbericht über die Saison 1885 und 1886 im Schwefelbad Langenbrücken, Bruchsal 1886 und 1887) beim Gebrauche der Inhalationen in Langenbrücken beobachten, und letzterer stellt sie bei folliculärer Pharyngitis, namentlich bei der daraus resultirenden Pharynxneuralgie gleichsam als Specificum hin.

Auch von anderen Schwefelbädern, wo Inhalationsvorrichtungen vorhanden, liegen in Bezug auf einfache und folliculäre Pharyngitis mit hochgradigem Reizgefühle auf der Schleimhaut ebenfalls günstige Beobachtungen vor. Solche Curorte sind: Nenndorf, Eilsen, Wipfeld, Meinberg, besonders Heustrich, Gurnigl-Bad, Leuk im Berner Oberland, Marlioz in Savoyen, Allevard, Enghien, Pierrefonds, Schinznach u. a.

Eine hervorragende Stellung in der Pharyngeotherapie nehmen ausser Soden, auf welches oben schon hingewiesen wurde, die Kochsalzsäuerlinge ein, insbesondere wenn die Pharyngitis mit Magen- und Darmkatarrhen, Coprostasen combinirt ist und eine stärkere Schleimsecretion im Schlunde stattfindet. In solchen Fällen empfehlen sich als besonders wirksam Kissingen (Sotier, Bad Kissingen, 1881, S. 149), Homburg (Deetz, in Grossmann's Heilquellen des Taunus, 1887, S. 199), Nauheim u. a. Aber auch Kochsalzthermen, wie Wiesbaden, erweisen sich nach Pfeiffer (Grossmann's Heilquellen des Taunus, 1887, S. 19) hierbei als sehr nützlich.

Neben den Kochsalzsäuerlingen sind bei Störungen der Verdauung, dyspeptischen Beschwerden, bei Magen- und Darmkatarrhen die alkalisch-muriatischen Säuerlinge von Ober-Salzbrunn, Gleichenberg, Luhatschowitz u. a. am Platz, wogegen bei vorwiegender Obstruction der Marienbader Kreuzbrunnen, Elster-Salzquelle, Tarasper Emeritaquelle, vielleicht auch die kühleren Wässer von Karlsbad den Vorzug verdienen dürften.

Bei Complication der Pharyngitis mit abdominaler Plethora und Hämorrhoidalcongestionen werden ausser den letztgenannten Quellen besonders Schwefelwässer intern empfohlen, so Weilbach, Nenndorf, Baden bei Wien, Schinznach, Baden in der Schweiz, Aix in Savoyen; sobald sich aber allgemeine Körperschwäche hinzugesellt, pflegt man den hochgelegenen alpinen Schwefelquellen von Gurnigl-Bad, Leuk, Heustrich den Vorzug zu geben.

Die Pharyngitis scrofulöser Kinder mit Schwellung der Tonsillen und Uvula fordert den Gebrauch der Soolbäder, überhaupt die bei Scrofulose übliche Behandlungsweise. Haben aber solche Kranke

das Pubertätsalter überschritten und zeigt die Pharyngitis, wie dies meist
der Fall ist, sich als ein sehr hartnäckiges Leiden, dann müssen die
Jodtrinkquellen von Krankenheil, die Adelheidsquelle, Hall
in Oberösterreich, der Ferdinandsbrunnen von Zaizon, Iwonicz in
Galizien, Lippic in Ungarn, Wildegg in der Schweiz u. a. neben der
Soolbadecur mit herangezogen werden, wobei die locale Anwendung zerstäubter Kochsalzlösung oder verdünnter Soole nicht verabsäumt werden
darf, wenn sonst etwaige zu grosse Empfindlichkeit der Rachenschleimhaut
solche nicht verbietet.   Auch die Einathmung der Luft an Gradirwerken, wie man solche noch in Reichenhall, an den meisten
thüringischen Soolbadeorten wie in Salzungen, Kösen, Sulza u. a.,
ferner in Elmen, Dürkheim, Nauheim, Münster am Stein und in
Oeynhausen in Form eines grossartigen Dunstbadehauses findet, die
Einathmung der warmen aus den Sudpfannen der Salinen ent-
wickelten Dünste und der Gebrauch von Sooldampfbädern, resp. die
Einathmung von mit Salztheilen geschwängertem Wasserdampf gelten als
wirksame Unterstützungsmittel der Soolbadecur.

Complication der Pharyngitis mit Anämie und Chlorose macht
den Gebrauch eisenhaltiger Kochsalzquellen, wie der Wilhelmsquelle
zu Kronthal, einzelner Quellen von Soden am Taunus, des Stahl-
und Louisenbrunnens in Homburg, des Schönbornsprudels in
Kissingen u. a. wünschenswerth, wenn reinere Eisenwässer wegen
Störungen in der Verdauung nicht passend erscheinen.

Das über Pharyngitis Gesagte gilt auch von der katarrhalischen
Erkrankung des Cavum pharyngonasale.   Sie hat in neuerer Zeit
von ärztlicher Seite mehr Beachtung gefunden, seit man einen gewissen
genetischen Zusammenhang derselben mit asthmatischen Anfällen nachgewiesen hat.   Die wichtigste derselben ist die Ozäna, welche sowohl
als scrofulöse, wie als luetische Form in Krankenheil nach Höflers
Angabe (Balneolog. Studien aus dem Bade Krankenheil-Tölz, 1886) sehr
oft balneotherapeutisches Object ist.   Die daselbst erlangten Curresultate
sollen sehr befriedigender Natur sein.

II. Der chronische Magenkatarrh und die habituelle Dyspepsie.

Es ist wohl kaum in Abrede zu stellen, dass die Erfolge, welche
die Therapie bei Magenkrankheiten im Allgemeinen und speciell beim
chronischen Magenkatarrh erzielt, nicht gerade sehr hervorragende genannt
werden können.   Der Grund hierzu dürfte hauptsächlich in dem mangelhaften Einblick zu suchen sein, den man bis jetzt in den physiologischen,
noch mehr in den gestörten Verdauungsapparat hatte und zum grossen
Theil noch hat, obschon man seit Einführung der Magensonde mehr
Rücksicht auf die Beschaffenheit des Mageninhalts zu nehmen pflegt und
dieser das therapeutische Handeln mehr oder weniger anpasst.

Andererseits ist aber auch nicht zu leugnen, dass die Arbeiten von
Leube, Ewald, Riegel, Reichmann, Jaworski u. A. über die
Vorgänge der normalen und gestörten Verdauung den Arzt über das rein
empirische Handeln hinaus und zu einer mehr zweckbewussten Therapie

geführt haben. Der Einfluss dieser Forschungsergebnisse hat sich ebenso und vielleicht in erhöhtem Masse bei der Ordination balneotherapeutischer Curen fühlbar gemacht. Die verminderte Secretion des Magensaftes oder Vermehrung der Saftsecretion, die Verminderung der Salzsäure oder eine bestehende Hyperacidität, die grössere oder geringere Verdauungskraft des Magensaftes und daraus resultirende abnorme Gährungen und Zersetzungen in den unverdaut gebliebenen Speisetheilen sind neben der Beschaffenheit der Schleimproduction und den motorischen Störungen, die der Magen beim chronischen Magenkatarrh erfährt, sowie neben der gestörten Resorption im Magen selbst, für die balneotherapeutische Ordination bestimmend geworden und geben für die Auswahl des zu wählenden Curorts und der Heilquellen meist den Ausschlag.

Die Balneotherapie des chronischen Magenkatarrhs ist eine verschiedene, je nach Aetiologie und Symptomatologie. Stellt er sich als secundäres Leiden heraus, z. B. als Stauungskatarrh bei einem chronischen Herz-, Lungen- und Leberleiden, so wird es ebenso gut Aufgabe der Balneotherapie sein, den Einfluss, den das Grundleiden auf den Magen ausübt, möglichst zu paralysiren. Die Balneotherapie des primären Magenkatarrhs hat dagegen in gleicher Weise, wie die Therapie der Magenkrankheiten im Allgemeinen die Cur mit einer genauen Regelung der Diät zu eröffnen, ohne welche auf keinen Curerfolg zu rechnen ist, wird sich aber im Weiteren nach der Art und Beschaffenheit der Saftproduction richten müssen. Die symptomatische Behandlung wird vorzugsweise die übermässige oder mangelhafte Säurebildung, die Atonie der Magenmuskulatur, die Erweiterung des Magens, Verengerung des Pylorus, allzu grosse oder zu geringe Reizbarkeit der Magennerven zu berücksichtigen haben.

Bei dem chronischen primären, wie secundären Magenkatarrh, aus welchen Ursachen immer er entstanden sein mag, hat man bis noch vor kurzer Zeit angenommen, dass eine mangelhafte Secretion von Salzsäure bestehe und demgemäss alkalische Mineralquellen, welche den schon an und für sich geringen Säurevorrath im Magen durch Neutralisation verringern würden, von der Therapie des Magenkatarrhs mehr auszuschliessen angefangen. Indess haben in den letzten Jahren die Untersuchungen von Ewald, Richter u. A. den Beweis erbracht, dass mangelhafte Saftabscheidung keineswegs als ein so häufiges Vorkommniss anzusehen ist, als man früher zu glauben geneigt war. Vielmehr haben neuere verbesserte Untersuchungsmethoden das überraschende Ergebniss zu Tage gefördert, dass übermässige Säureproduction bei Magenkatarrhen und sogenannten Dyspepsien eines der häufigsten und vulgärsten Vorkommnisse ist. Mit dieser Erkenntniss hat sich die Balneotherapie des Magenkatarrhs auch wiederum mehr den alkalisch-sulfatischen und alkalisch-muriatischen Quellen zugewendet. Der Zweck zu ihrer Verordnung ist zunächst die Neutralisation der überschüssigen Säure, und demgemäss sind auch die reineren, aber gehaltreicheren Quellen von Vichy und Neuenahr heranzuziehen.

Diesen Zweck aber hat man, und selbst von Seiten von Fachmännern, durch natürliche Mineralwässer nicht, mindestens nur höchst unvollständig

erreichen zu können geglaubt, und die einfache Darreichung von kohlensaurem Natron in angemessener Gabe ihnen vorgezogen (Deutsche medic.
Wochenschr., 1887, No. 26), allein Jaworski (Deutsches Archiv f. klin.
Medic. XXXVII. p. 1 u., 325. — Centralbl. f. medic. Wissensch. No. 3,
1886) hat auf experimentellem Wege zur Evidenz nachgewiesen, dass
eine einmalige Gabe von 250 ccm Karlsbader Wassers den sauren
Mageninhalt neutralisirt und das Verdauungsferment zerstört.
Nach dieser Feststellung der die Magensäure neutralisirenden Eigenschaft
der Karlsbader Wässer ist wohl eine gleiche auch von den ziemlich
gleiche Mengen an kohlensaurem Natron enthaltenden Säuerlingen von
Fachingen, Geilnau, Bilin, Giesshübel, Gleichenberg u. a.,
sowie von den Thermen zu Neuenahr zu erwarten.

Bei diesem Vortheile der Neutralisation überschüssiger Säure, den
alle die eben genannten Wässer gewähren, bewirken sie andererseits durch
den Reiz, den das im Magen zersetzte kohlensaure Natron auf die Magen-
saftabsonderung ausübt, dass es zu keiner vollständigen Neutralisation
des sauren Magensaftes kommt, wenigstens eine solche nicht lange
bestehen kann, wie Jaworski (l. c.) vom Karlsbader Wasser nachgewiesen hat. Sie tragen sonach wesentlich zur Förderung der Verdauung,
zumal stickstoffhaltiger Nahrungssubstanzen, bei.

Ein Theil des unzersetzt gebliebenen Bicarbonats scheint in Anbetracht
seiner nicht sehr erheblichen Diffusionsfähigkeit den Anfangstheil des
Darmcanals noch zu erreichen und dort den pancreatischen Saft in seiner
verdauenden Action zu unterstützen, während ein anderer Theil auf die
im Magen beim chronischen Katarrh sich anhäufenden Schleimmassen
vermöge seiner das Mucin lösenden Eigenschaft verflüssigend wirkt und
so den störenden Einfluss jener leicht der Gährung verfallenden Massen
durch Bindung der Gährungsproducte hemmt, aber auch indirect zur
Entfernung der zähen Schleimmassen beiträgt.

In allen Fällen mit mässiger Schleimbildung reichen die reineren,
mehr einfachen alkalischen Wässer aus, die sich ansammelnden Secrete
der katarrhalisch erkrankten Schleimhaut zu entfernen, besteht aber
neben starker Säurebildung eine starke Secretion eines zähen die
Schleimhaut bedeckenden Schleimes und Neigung zum Erbrechen, sind
die alkalisch-muriatischen Säuerlinge und die Thermen von
Ems und Royat, sowie Weilbach indicirt.

In allen diesen Wässern wird die eben dargelegte Wirkungsweise
des kohlensauren Natrons durch das Kochsalz wesentlich unterstützt,
welches nicht allein die Verdauung genossener eiweissartiger Nahrungssubstanzen beschleunigt, sondern auch durch Anregung der Muskelthätigkeit der Magen- und Darmwandungen die Weiterbewegung der
angesammelten verdünnten Schleimmassen begünstigt.

Diesen Effect sieht man besonders beim Gebrauche der Emser
Thermen, denen allen diese Wirkungsweise gemeinschaftlich ist, wenigstens ohne wesentlichen Unterschied der einzelnen Quellen eintreten.
Indess scheinen die Emser Aerzte doch einen gewissen Unterschied unter
denselben zu machen, insbesondere zwischen der Victoriaquelle und
dem Kesselbrunnen. Nach Döring (Die König-Wilhelm-Felsen-
quellen zu Bad Ems, 1874, S. 37) ist die erstere in den Fällen von

Dyspepsie angezeigt, wenn die Muskelthätigkeit der Magenwände vermindert ist und die Ingesta in Folge dessen nicht hinlänglich mit Magensaft gemischt werden, wohingegen bei Complication des Magenkatarrhs mit Reizungszuständen, Schmerz und Diarrhöen der Kesselbrunnen am Platze ist. Sehr günstige Wirkungen sah Stifft (Grossmann, die Heilquellen des Taunus, 1887, S. 92) ebenfalls bei Magenkatarrhen mit vermehrter Schleimabsonderung und häufigem schleimigen Erbrechen von Potatoren nach dem Gebrauch der Weilbacher Schwefelquelle, welche die Neigung zum Erbrechen und das Schleimerbrechen selbst bald beseitigte. Die alkalisch-muriatischen Säuerlinge hingegen, wie die von Selters, Geilnau, Fachingen, Luhatschowitz, Gleichenberg, Obersalzbrunn u. a. eignen sich besonders für jene Fälle, wo die Anregung der Magenperistaltik durch die Kohlensäure zweckmässig erscheint und niedrigere Temperaturen vom Magen vertragen werden.

Hat man Ursache zu der Annahme, dass in Folge der langen Dauer des Katarrhs organische Veränderungen der Schleimhaut eingetreten sind, lässt allzustarke Schleimabsonderung die Ausscheidung und Wirkung des secernirten Magensaftes nicht zu, erstreckt sich der Katarrh auch auf das Duodenum, ist der Katarrh nebenbei secundärer Natur und als Folgezustand gestörter Blutcirculation, von Stauungshyperämie bei chronischer Leberhyperämie aufzufassen und bestehen nebenbei habituelle Stuhlverstopfung oder Hämorrhoiden, ohne dass die Ernährung allzusehr gelitten und die Erscheinungen der Anämie allzusehr in dem Vordergrund stehen, dann treten die alkalisch-sulfatischen Quellen vor Allem in die Behandlung ein. Es sind vorzugsweise die Thermen von Karlsbad, namentlich der dasige Schlossbrunnen nach Fleckles, der Kreuzbrunnen von Marienbad, die Salzquelle von Elster und die Salzquelle von Franzensbad, welche in erster Linie hierbei in Frage kommen. Auch die Luciusquelle von Tarasp wird sich unter Umständen nützlich erweisen, insbesondere wenn starke Eingriffe geboten erscheinen. Gemeinschaftlich haben alle diese Quellen die Eigenschaft wegen ihres Gehaltes an kohlensaurem und schwefelsaurem Natron die Verdauung der stärkemehlhaltigen Nahrungsmittel und die Resorption der Verdauungsproducte wesentlich zu verzögern. Demgemäss vermindern sie die Verwerthung der eingeführten Nahrungsmittel und bedingen hierdurch, wie Pfeiffer betont, dass die Ernährung gegen die eingeführte Nahrung zurückbleibt.

Die alkalisch-sulfatischen Wässer sind daher hauptsächlich bei solchen Personen zu verwenden, welche durch überschüssige Ernährung ihrem Körper und insbesondere ihrem Magen geschadet haben und bei welchen die Anbildung neuer Körpersubstanz verhindert werden soll, welche überhaupt kräftig, vollsaftig und wohlgenährt sind. Derartige Kranke, bei welchen abdominale Plethora ausgebildet ist, weist Fleckles (Der Schlossbrunnen in seiner Wirksamkeit gegen chronische Katarrhe verschiedener Organe, Prag 1862, S. 15), sowie Kisch (Die rationellen Indicationen für den Marienbader Kreuz- und Ferdinandsbrunnen, 1868, S. 13) Marienbad besonders zu, während jene Fälle, wo man reizmildernd und neutralisirend vorgehen will, nach ersterem Autor mehr für Karlsbads Thermen sich eignen sollen. Chronische Magenkatarrhe bei zart organisirten nervösen Personen mit Atonie des betheiligten Organs, wo Schwächung vermieden werden muss, passen nach Fleckles (l. c.) mehr für die Salzquelle von Franzensbad. Zwischen dieser und dem Marienbader Kreuzbrunnen steht therapeutisch die Salzquelle von Elster, wogegen die Luciusquelle von Tarasp nur für kräftige, vollsaftige Individuen passt und Zustände erheischt, wo eine rasche und vollständige Entleerung des Intestinaltractus wegen eingetretener Gährung seines Inhalts nothwendig macht (Pernisch, der Curort Tarasp-Schuls, seine Heilmittel und Indicationen, 1887, S. 70).

Den alkalisch-muriatischen und den alkalisch-sulfatischen Wässern schliessen sich in Bezug auf ihre Bedeutung in der Therapie des chronischen Magenkatarrhs die Kochsalztrinkquellen unmittelbar an. Für ihre Indication im concreten Falle ist besonders ihre Temperatur und die Höhe des Salzgehaltes bestimmend, für ihre allgemeinere Indication jener Zustand, der die Anwendung des Kochsalzes überhaupt erheischt. Für unsere Zwecke kommen hauptsächlich diejenigen therapeutischen Eigenschaften des Kochsalzes in Frage, welche wir bereits oben bei Darlegung der Wirkungsweise der alkalisch-muriatischen Quellen in Erwähnung gebracht haben und welche auf Beschleunigung und Regelung der Verdauungsacte, Verhütung von Gährungszuständen, Weiterschaffung der löslicher gewordenen Schleimmassen sich beziehen.

Die bisher allgemein angenommene Eigenschaft des Kochsalzes, dass es bei rein localer Einwirkung auf den Magen dessen Saftsecretion steigere, hat in neuester Zeit nach Reichmann (Archiv f. experimentelle Pathologie u. Therapie, XXIV, 1 u. 2, S. 78, 1887) als nicht zutreffend sich erwiesen. Dagegen geht aber aus Cahn's Untersuchungen hervor (Die Magenverdauung im Chlorhunger in Schmidt's Jahrb. für gesammte Medicin, Bd. 213, S. 9), dass das Chlornatrium nach der Resorption in's Blut einen sehr wichtigen positiven Einfluss auf die Secretion des Magensaftes ausübt. Hiernach dürften sich Kochsalztrinkquellen auch für jene Fälle vom chronischen Magenkatarrh besonders eignen, welche mit verminderter Saftsecretion des Magens einhergehen.

Bei dem starken Reiz, welchen das Kochsalz auf den Magen auszuüben pflegt, macht sich die Anwendung der Kochsalztrinkquellen besonders da erforderlich, wo nach lange bestehender Dyspepsie eine förmliche Atonie der Magenschleimhaut einzutreten droht und wo nach Speiseaufnahme im Magen regelmässig Zersetzungsvorgänge eintreten, die constant die Verdauungssäfte alteriren.

Diesen Zweck erfüllen in erster Linie der Rakoczy von Kissingen, der nach Sotier (Bad Kissingen, 1881, S. 150) hierbei Vorzügliches leistet, die Elisabethquelle von Homburg, besonders wenn nebenbei Coprostasen bestehen (Deetz, Homburg in Grossmanns Heilquellen des Taunus, 1887, S. 200), die Trinkquellen von Nauheim, Oeynhausen, Salzschlirf u. a., sowie die Quellen von Soden, letztere nach Haupt (l. c. S. 140) besonders da, wo Congestivzustände in der Nachbarschaft oder eine allgemeine Erregbarkeit in den Bahnen des

Gefässsystems ein leicht purgirendes, aber nicht aufregendes Mittel gegen Darmstockungen verlangen. Wo aber grosse Reizbarkeit des Magens oder ein subacuter Katarrh den Gebrauch der Kochsalzquellen im Allgemeinen nicht mehr indicirt erscheinen lässt, kann nach Pfeiffer (l. c. S. 20) der Kochbrunnen von Wiesbaden immer noch in Anwendung gebracht werden. Diesem Autor zufolge wird das Kochbrunnenwasser wegen seiner absoluten Reizlosigkeit auch von dem empfindlichsten Magen vertragen und giebt bei keiner Form des Magenkatarrhs eine Contraindication ab, ist sogar auch da nicht auszuschliessen, wo der Magenkatarrh mit anderen Erkrankungen des Magens, wie Geschwür, Krebs oder anderer Organe combinirt ist.

Für die Wahl der Kochsalzquellen ist nicht selten die Complication des Magenkatarrhs mit Scrofulose, mit schlaffer venöser Constitution, mit Katarrhen der Respirationsschleimhaut, mit Herz- und Lungenerkrankungen entscheidend. Sicherlich sind in den meisten Fällen dieser Art, wie auch Thilenius (l. c. S. 151) hervorhebt, die Kochsalzquellen eher am Platz, als die alkalisch-sulfatischen.

Auch die kohlensauren Kalk und Magnesia als vorherrschende Bestandtheile führenden Wässer von Wildungen und Lippspringe, sowie auch die gypshaltigen Quellen von Vittel, Bigorre, Contrexéville, Pisa, Bath, Bristol, die Hersterquelle von Driburg wurden gegen chronischen Magenkatarrh mit starker Schleimbildung mehrfach empfohlen. Die ersteren hält Stöcker (Bad Wildungen und seine Mineralquellen) besonders bei vorwaltender Säurebildung und Atonie der Magenschleimhaut, Rohden hingegen (Lippspringe, Kurze Darlegung meiner Grundsätze und Erfahrungen, 1871) bei Katarrhen Phthisischer und bei gleichzeitigen Katarrhen des Zwölffingerdarms Lippspringe für indicirt, während Macpherson (Bath, Contrexéville and the lime sulphated waters, 1886) die eben genannten gypshaltigen Wässer bei mit Gicht, Erkrankungen der uropoetischen Organe und Diabetes complicirten Magenleiden angewendet wissen will.

Mögen die erdigen Wässer sich auch oft als Heilmittel beim chronischen Magenkatarrh bewiesen haben, so können wir doch nicht umhin, bei ihrer Schwerverdaulichkeit im Allgemeinen dem Rathe von Thilenius (l. c. S. 151) uns anzuschliessen, lieber erst mit den alkalisch-muriatischen Quellen den Versuch zu machen, ehe man seine Zuflucht zu erdigen Wässern nimmt.

Nicht selten stellt sich bei chronischen Magenkatarrhen, wenn sie längere Zeit bestanden und eine consecutive Anämie herbeigeführt haben, die Nothwendigkeit heraus, ein mehr tonisirendes Verfahren eintreten zu lassen. Wir haben die hierbei zu ergreifenden Massnahmen bereits unter dem Capitel „Anämie" besprochen und verweisen auf das daselbst Gesagte. Bemerkt sei hier nur noch, dass wo die Digestion so herabgesetzt ist, die Ernährung und das Nervensystem so geschwächt sind, dass die Kranken überhaupt den Gebrauch eines Mineralwassers nicht vertragen, die Wärmeproduction des Individuums eine sehr geringe ist, es nicht gerathen erscheint, solchen schwächlichen, leicht erschöpften

Kranken den Aufenthalt am Strand der Nord- oder Ostsee oder auf
hohen Bergen, was nicht selten zu ihrem Nachtheil geschieht, zu
empfehlen. Für solche Magenkranke passt vielmehr der Aufenthalt
an der westlichen Riviera und zwar nach Reimer besonders in San
Remo, ferner in Interlaken, Reichenhall, Gries, Meran, Arco
oder in Nizza, Cannes, auf der Insel Wight je nach der Jahreszeit,
in welcher der Kranke einen klimatischen Curort aufzusuchen hat.

In Fällen, wo es geboten erscheint, energisch auf die Innervation
des Magens und überhaupt der Baucheingeweide, auf die Blutvertheilung, auf die Secretionen und die organische Wärme einzuwirken, leistet nach Winternitz (Hydrotherapie im Ziemssen'schen Handbuche der allgemeinen Therapie, 1881, S. 232) die feuchte Leibbinde
oder auch der kühle Stammumschlag recht erspriessliche Dienste.
Auch Holm in Christiania (Norsk. Mag. f. Lägeridensk, 3 R, XV.,
12, Fors., S. 224, 1885) empfiehlt unter solchen Verhältnissen beim
Magenkatarrh den Neptunsgürtel lebhaft.

Wenn beim chronischen Magenkatarrh Trinkcuren aus leicht begreiflichen Gründen in die erste Linie gestellt werden müssen und von diesen
der eigentliche therapeutische Erfolg zu erwarten ist, so soll damit die
Wichtigkeit der Badecuren in der Behandlung desselben keineswegs zurückgestellt werden. Die bedeutende Hautfläche, welche dem
Einflusse des Bades ausgesetzt wird, ist ein trefflicher Ableitungsort für
die bestehende Hyperämie des Magens und seiner Adnexa, aber wegen
der in ihr sich verbreitenden zahlreichen Nerven auch ganz geeignet,
jede auf sie einwirkende und von ihr aufgenommene Beruhigung des
peripherischen Nervensystems auf weitere Gebiete desselben fortzupflanzen.
Somit können Bäder auf verschiedene Weise die Thätigkeit des Magens
und seine Secretionen beeinflussen.

Als wichtigstes Unterstützungsmittel der Trinkcur müssen besonders
kohlensaure Kochsalzthermen, Wildbäder, Natronbäder, insbesondere an alkalischen Säuerlingen reiche, und Soolbäder angesehen werden.

Die Indicationen für einzelne Bädergruppen ergeben sich
leicht aus der chemischen Zusammensetzung der Quellen selbst. Als
allgemeines Ziel muss die Beseitigung der meist erhöhten Reiz-
empfänglichkeit der allgemeinen Hautbedeckung angesehen
werden, welche leicht zu Erkältungen führt, die ihrerseits wiederum den
Magen leicht in Mitleidenschaft ziehen.

Ueber die Diät, welche Kranke mit chronischem Magenkatarrh beim
Gebrauch von Brunnencuren einzuschlagen genöthigt sind, haben sich die
Ansichten gegenwärtig ganz geändert. Zunächst sei in dieser Beziehung
bemerkt, dass man von der ziemlich allgemein festgehaltenen Schablone,
nach welcher Vegetabilien ganz oder nahezu ganz, gröbere Brodsorten,
Amylaceen und Fette zu vermeiden sind und nur leichtes, zartes, weiches
Fleisch genossen werden soll, gänzlich zurückgekommen ist und die Diät
dem chemischen Verhalten der Digestion anpasst. Man nimmt daher
keinen Anstand mehr, wo verminderte Saftproduction im Magen besteht,
alle stärkemehlhaltigen Nahrungsmittel zuzulassen, welche überdies bekanntlich bei Säuremangel in kurzer Zeit der Maltosenbildung anheim-

fallen, und diese nur bei Secretionssteigerung (Dyspepsia acida und hypersecretoria) möglichst einzuschränken, da durch solche ein relativ zu langes Verweilen der Amylaceen im Magen bedingt ist. Dagegen kann man den Fleisch- und Fischgenuss in weit ausgiebigerem Masse zulassen, als es bisher der Fall war. Es ist keineswegs nothwendig, dass man die Kranken auf Geflügel, Kalb- und Wildfleisch beschränkt, man kann ihnen ebenso ohne Schaden den Genuss von Rindfleisch, Hammelfleisch und fettarme Fischsorten gestatten. Den Weingenuss mag man in die Ruhepausen des Magens, in die Zeit zwischen Frühstück und Mittagbrod, verlegen, während man den Biergenuss am Zweckmässigsten ganz verbietet, weil demselben leicht Gährung des Mageninhalts nachfolgt.

Was von der balneotherapeutischen Behandlung des Magenkatarrhs gesagt wurde, findet auch auf die sogenannte habituelle Dyspepsie und die Dyspepsia acida im Allgemeinen Anwendung, welche wohl mehr als gewisse Entwickelungsstufen des chronischen Magenkatarrhs und Symptome desselben, denn als idiopathische Erkrankungen angesehen werden müssen.

III. Neurosen des Magens.

a) Nervöse Dyspepsie.

Die nervöse Dyspepsie oder nach Ewald Neurasthenia dyspeptica, jene Störung der Verdauungsacte, bei welcher jede anatomische Veränderung der Magenwandung fehlt und lediglich das Nervensystem als Basis der Dyspepsie anzunehmen ist, dürfte nur sehr selten Gegenstand besonderer balneotherapeutischer Behandlung sein, wenn nicht Irrungen in der Diagnose hierzu geführt haben. Als Theilerscheinung allgemeiner Neurasthenie und nervöser Hyperästhesie, von Hysterie, Hypochondrie, cerebraler Erkrankungen oder auch als Reflexneurose, namentlich von der Gebärmutter aus, hat sie an den betreffenden Stellen ihre Würdigung auch in therapeutischer Beziehung gefunden. Es erübrigt nur noch zu bemerken, dass zur vollständigen Beseitigung der nervösen Dyspepsie auch die Gesammtconstitution des Kranken volle Berücksichtigung fordert und Stärkung derselben durch hydropathische Proceduren, durch Seebäder, Gebirgsluft anzubahnen ist. Wo Erscheinungen von Anämie in den Vordergrund treten, können auch wohl Stahlbäder, überhaupt Eisencuren vorsichtig in Anwendung gebracht werden. Frickhöffer empfiehlt hierzu besonders Schwalbach (Grossmann, Heilquellen des Taunus, 1887, S. 378) zum innerlichen und äusserlichen Gebrauch, es dürfte aber zweckmässiger sein, anstatt der erdigen alkalisch-sulfatische Eisenwässer zu wählen, welche die meist nebenbei bestehende Stuhlverstopfung ohne Beschwerde für den Kranken zu heben geeignet sind, wie dies von den Eisenquellen von Elster und Franzensbad besonders gilt. Die Obstruction aber durch Karlsbad, Marienbad, Kissingen, Bitterwässer und abführende Mittel bekämpfen zu wollen, wie bisweilen geschieht, würde für die Kranken nur nachtheilbringend sein, worauf bereits Ewald auf dem III. Congress für innere Medicin bei Besprechung der nervösen Dyspepsie aufmerksam gemacht hat.

Einen gewissen Ruf in der Bekämpfung der in Rede stehenden Form von Dyspepsie hat sich Schlangenbad verschafft. Auch die Thermen von Wiesbaden, Wildbad, von Mont-Dore, Royat, Bourboule, Baden-Baden gelten in dieser Beziehung als sehr heilkräftig.

b) Gastrodynie.

Die Gastrodynie des Magens erfordert, wenn Läsionen der Magenschleimhaut mit Sicherheit ausgeschlossen werden können, die gleiche Behandlung wie die nervöse Dyspepsie. Da aber die meisten Cardialgien sich als Ulcus ventriculi zu entpuppen pflegen, so wird man ganz besonders sein Augenmerk auf ein etwaiges Ulcus zu richten und demgemäss die Therapie einzuleiten haben. Im Weiteren sehe man den Abschnitt „Neuralgien."

IV. Das runde Magengeschwür (peptisches Magengeschwür) und die Erosionen der Magenschleimhaut.

Die Balneotherapie des runden Magengeschwürs und der Erosionen der Magenschleimhaut läuft vorzugsweise auf Abstumpfung, bezw. Neutralisation des stets abnorm hohen Säuregrades des Mageninhalts hinaus, in Folge dessen, namentlich bei ersterem, die Verdauungsfähigkeit dieses äusserst intensiv, der Verdauungsmechanismus dagegen bedeutend herabgesetzt ist, wie aus den Versuchen von Korczynski und Jaworski (Deutsche medic. Wochenschr., 1887, No. 47—49) mit Sicherheit hervorgeht. Da aber auch in ätiologischer Beziehung die Hypersecretion des sauren Magensaftes nach denselben Autoren, sowie nach Riegel und Ewald (Ibid. No. 52) für das Zustandekommen des Magengeschwürs, abgesehen von anderen causalen Momenten von durchschlagendem Einfluss ist, so erklärt es sich auch, dass eine solche Säureabstumpfung und mit ihr der Einfluss einer alkalischen Behandlung am meisten zur Heilung des Geschwürs beitragen wird.

Diese Indication erfüllen vor allen die alkalischen Thermen, welche die Peristaltik des Magens und Darmcanals mässig anregen und die Fortbewegung des Mageninhalts befördern. Hier sind es die Quellen von Ems, Neuenahr und besonders von Karlsbad, welchen vor allen alkalischen Wässern hierbei der Vorzug gegeben wird, während die Thermen von Vichy und die Quellen von Vals in Frankreich gleicher Bevorzugung sich erfreuen. Bei an diesen Quellen mit Vorsicht geleiteten Trinkcuren sieht man sehr bald nicht blos Linderung der vorhandenen subjectiven Beschwerden, sondern auch Besserung des Allgemeinbefindens und Hebung der Ernährung eintreten. Besonders macht sich diese letztere Wirkung der Trinkcur in Ems bemerkbar, sowie beim Gebrauche der Vichyer Hospitalquelle, wogegen nach der Cur von

Karlsbad, wie es scheint, häufiger der Nachgebrauch geeigneter Eisenwässer nothwendig erscheint.

Bei Blutbrechen ist man in Deutschland gewohnt, den Gebrauch der Thermen auszusetzen, bis man der Nichtwiederkehr desselben für die nächste Zeit sicher ist, und wendet nach Winternitz kühle Stammumschläge an, in Frankreich scheint man in dieser Beziehung anders zu denken, denn Cornillon (Gaz. de Paris, 1884, No. 21) empfiehlt eine Trinkcur mit Vichyer Wasser sogar zur Stillung des Erbrechens selbst.

Wo Obstipation des Stuhls besondere Berücksichtigung nothwendig macht, steht der Gebrauch des Karlsbader Mühl- und Schlossbrunnens wiederum oben an. Auch die Quellen von Marienbad (Kreuzbrunnen) und Elster-Salzquelle, auch wohl Franzensbader Salzquelle finden unter solchen Verhältnissen auch vielfache Anwendung, sie stehen aber hinsichtlich des Curerfolgs hinter Karlsbad sehr zurück.

Die nach Magenblutungen eintretende Anämie ist bereits unter Anämie besprochen worden.

Schliesslich sei noch bemerkt, dass auch bei allen balneotherapeutischen Curen, die gegen ein Magenulcus unternommen werden, ebenso wie bei jeder andern Cur die geeigneten diätetischen Massnahmen mit gleicher Strenge durchgeführt werden müssen, wenn der Erfolg jener gesichert sein soll.

V. Der chronische Darmkatarrh und die habituelle Obstipation.

Die balneotherapeutische Behandlung des chronischen Darmkatarrhs ist eine verschiedene, je nachdem er als Stuhlverstopfung oder als Diarrhoe auftritt. Der erstere Fall ist bekanntlich bei Erwachsenen der vorherrschende und unstreitig am meisten in den Curorten vertretene.

Wo es sich um eine einfache Retention der Fäcalmassen handelt, welche entweder durch sitzende Lebensweise oder durch leichtere Verengerungen des Darmrohrs herbeigeführt ist, pflegt man zur Beseitigung dieses quälenden Zustandes meist seine Zuflucht zu Bitterwässern zu nehmen. Als solche sind vor Allen beliebt das Friedrichshaller, das Mergentheimer, das Püllnaer, das Seidschützer Bitterwasser und in neuerer Zeit die verschiedenen Ofener, von denen wiederum die Hunyadi-Janos-, die Rakoczy-, die Elisabeth-Quelle meist gewählt werden. Alle diese Wässer, vielleicht mit Ausnahme der beiden ersteren, eignen sich aber in der Mehrzahl der Fälle nicht für lang ausgedehnte Curen, da sie in ihrer Eigenschaft als stärkere Abführmittel den Körper schwächen und nur von robusten, vollsaftigen Constitutionen auf die Dauer gut vertragen werden. Nur wo man eine rasche und sichere Depletion des Darmrohrs erzielen will, verdienen sie vor anderen ähnlich wirkenden Wässern den Vorzug.

Zu eigentlichen Brunnencuren eignen sich besser als diese die alkalisch-salinischen Mineralwässer, welche keine so ausgesprochene drastische Wirkung auf den Darmcanal ausüben und neben reichlichem Gehalt an Natronsulfat noch einen bedeutenden Gehalt an

kohlensauren Salzen, bezw. Natron- oder Kalkbicarbonaten aufzuweisen
haben. Als solche hierbei in Frage kommende Mineralwässer, welche
diesen Anforderungen in genügender Weise gerecht werden können, gelten
vor Allen die Quellen von Karlsbad, Marienbad, Elster-Salzquelle und Tarasp. Sie befördern in sicherer Weise die Darmentleerung,
ohne den Körper zu schwächen und damit die Beseitigung der enormen
Gasmengen, welche als Zersetzungsproducte des wie ein Ferment auf den
Darminhalt einwirkenden Schleims sich zu bilden pflegen. Besonders
aber eignen sie sich für jene Fälle, wo der Darmkatarrh Begleiter
von Circulationsstörungen in der Leber und in weiterem Gebiete
der unteren grossen Hohlvene oder von abnormer Fettansamm-
lung im Mesenterium ist und nebenbei psychische Verstimmung
sich ausgebildet hat. Bei allen diesen Zuständen erweisen sie sich als
treffliche Heilmittel und führen nach vollendeter Cur von 4 bis 6 Wochen
meist gänzliche Beseitigung des Darmkatarrhs mit seinen Nebenerscheinungen herbei. Gleich wie beim chronischen Magenkatarrh wirken
sie mittelst ihres Gehalts an kohlensaurem Natron und Chlornatrium
lösend auf die zähe Schleimdecke, welche der Darmschleimhaut aufliegt,
wenigstens in den oberen, dem Magen zunächst gelegenen Darmparthien
ein und tragen zu deren Entfernung und besserer Function der Darmschleimhaut bei, indem sie der Bildung neuer Schleimmassen entgegen-
treten.

Handelt es sich mehr darum, die gestörte peristaltische
Bewegung durch Anregung der Darmmusculatur in zweckentsprechender Weise eintreten zu lassen, ohne drastisch auf das Darmrohr einzuwirken, und Dyspepsien begleitende Stuhlverstopfung zu
heben, wo die Secretion des Magensaftes zugleich sehr herabgesetzt ist,
pflegen die stärkeren Kochsalzsäuerlinge zu Kissingen und
Homburg recht gute Dienste zu thun und die Defäcation bald zu ordnen,
indem deren reichlicher Gehalt an Kochsalz und an Kohlensäure reizend
auf die Schleimhaut und Muscularis des Darmcanals einwirkt. Auch
eine Cur in Reichenhall eignet sich nach v. Liebig (Reichenhall, sein
Klima und seine Curmittel, 1883, S. 177, 178) für diese Form des
Darmkatarrhs, wobei Soolbäder, der innerliche Gebrauch von Soole und
von Kräutersälten zur Anwendung gelangen. v. Liebig beobachtete
mehrfach sehr gute Curerfolge durch eine solche. Hat aber die Ernährung
schon sehr gelitten, sind die Kranken sehr abgemagert, dann erscheint
es zweckmässiger, die leichteren Quellen von Soden und Canstatt oder
auch von Homburg, welche nicht so stark abführen und nicht erschöpfend
wirken, vor den eben genannten vorzuziehen.

Auch in den Quellen von Ems findet nach v. Ibell (Grossmann,
Die Heilquellen des Taunus, 1887, S. 264) der chronische Darmkatarrh
unter solchen Verhältnissen ein geeignetes Heilobject. Ist er hervorgerufen durch die übermässige Säuerung des in den Darm gelangenden
Speisebreies, so wird die neutralisirende Wirkung der Quellen in erster
Linie zur Geltung kommen; liegt dem unregelmässigen, meist angehaltenen
Stuhlgang Atonie der Darmmuskulatur zu Grunde, so tritt nach v. Ibell
die die Peristaltik gelind anregende Wirkung des Wassers in ihre Rechte
und wird ihre günstigen Wirkungen entfalten gleichzeitig auf die Her-

stellung normalerer Verdauungsverhältnisse und geregelter Blutcirculation in den Darmcapillaren.

Bei sehr sensiblen Personen und wo die Gallenbereitung nicht normal von Statten geht, wo die Schleimhäute im Allgemeinen sich in einem krankhaften Zustande befinden, hält Thilenius eine Molkencur oder auch eine Traubencur für mehr indicirt, als irgend eine Trinkcur mit Mineralwässern. Im Weiteren sehe man im allgemeinen Theile die Abschnitte Molken- und Traubencuren. Dass bei Dickdarmkatarrhen dieser Art eine geeignete Diät eintreten und namentlich der reichliche Genuss von Nahrungsmitteln, die viel Fäcalmasse bilden, streng gemieden werden, vielmehr eine leicht verdauliche gut nährende Kost Platz greifen muss, bedarf wohl kaum der Erinnerung.

Der mit Durchfall einhergehende chronische Darmkatarrh fordert vorzugsweise den Gebrauch der Karlsbader Thermen, namentlich des Sprudels, welcher sich in kleinen Gaben bei demselben als ausserordentlich wirksam erweist. Auch andere Natronthermen, wie die von Ems und Neuenahr, auch wohl von Vichy, finden hierbei vielfache erfolgreiche Anwendung, in Bezug aber auf die Sicherheit des Erfolgs stehen sie gegen den Sprudel von Karlsbad zurück. Noch mehr gilt dies von den ebenfalls gegen diese Form des Darmkatarrhs bei bestehender Atonie der Schleimhaut empfohlenen, an kohlensaurem Eisenoxydul und Kohlensäure reichen, aber kalten Quellen von Marienbad (Ferdinandsbrunnen), Kissingen (Rakoczy) und Homburg (Elisabethbrunnen), wenngleich ihre gute Wirkung nicht geleugnet werden soll, sobald sie unter den nöthigen Cautelen Anwendung finden. Bessere Resultate aber scheint man mit reineren, von alkalischen Salzverbindungen freien Eisensäuerlingen zu erzielen, wo matutine Durchfälle sich einstellen, die weder von Diätfehlern, noch von Erkältungsmomenten in evidenter Weise beeinflusst werden, bei denen im ganzen Abdomen materielle Veränderungen nicht zu constatiren sind, die aber schliesslich einen anämischen Zustand herbeiführen. Hier empfiehlt Frickhöffer (Grossmann, Heilquellen des Taunus, 1887, S. 379) die Eisenquellen von Schwalbach als besonders wirksam, namentlich den dasigen Weinbrunnen, wenn er warm und nicht nüchtern getrunken wird. Auch die Quellen von Steben, Lobenstein, Spa dürften gleiche Wirkungen äussern.

Wichtiger als kohlensaure Eisenwässer sind bei chronischen Durchfällen unleugbar die schwefelsauren Eisenwässer, innerlich gebraucht. Sie wurden vor einigen Jahren namentlich von Knauthe, damals noch in Meran, auf Grund eigener vielfacher Prüfungen und Erfahrungen gegen solche lebhaft empfohlen (Archiv. f. Heilkunde. XVI. 2, 1875), ganz besonders gegen hartnäckige Durchfälle kleinerer Kinder, bei welchen derselbe selbst bei dem ausgesprochensten Marasmus ohne jede nachweisbare pathologische Veränderung irgend eines Organs vollständige Heilung beobachten konnte. Aehnliche günstige Berichte, wie sie Knautho von den Tirolern Vitriolwässern giebt, liegen auch von andern Eisenwässern dieser Gattung vor, namentlich von Ronneby, dessen günstige Wirkungen von Hellmann (Ronneby. Dess Helsokällor och Bad m. Stockholm, 1860) und O. Neyber (Om Ronneby helsokällor, 1869. — Meddelanden am Ronneby helsobrunns och Bad-Anstalt, Carlskrona i

Mars 1874.), besonders gerühmt werden. Bei allen diesen Wässern kommt nicht blos ihre adstringirende, sondern offenbar auch ihre desinficirende Wirkung in Betracht. Inwieweit die consecutive Anämie hierbei in Frage kommt, ist bereits oben unter dem Kapitel Anämieen erörtert worden.

Eine gewisse Bedeutung in der Balneotherapie der chronischen Durchfälle beanspruchen auch die Kochsalzwässer. Von denselben kommen besonders in Frage die Thermen von Wiesbaden, welche nach Pfeiffer (l. c., S. 23) bei nach Dysenterien zurückbleibenden Darmkatarrhen Empfehlung finden, und die Kochsäuerlinge von Kissingen (Sotier, Kissingen 1881, S. 151), Homburg, Nauheim, Oeynhausen, welche bei stercoralen Diarrhöen sich nützlich erweisen.

Wichtig sind noch in der Behandlung dieser Katarrhform warme Bäder, insbesondere Soolbäder und Seebäder, letztere von gewärmtem Seewasser, sowie gewisse hydropathische Proceduren, welche die Schweisssecretion bezwecken, und auch Dampfbäder. Durch Anregung der Hautthätigkeit findet bei dem Antagonismus, der zwischen Hautfunction und Darmthätigkeit besteht, verringerte Secretion auf der Darmfläche statt.

Die habituelle Obstipation, welche fast ausschliesslich auf einer Herabsetzung der normalen peristaltischen Darmbewegungen beruht, ist bekanntlich ein häufiges Symptom bei verschiedenen Krankheiten und fordert zu ihrer Beseitigung in erster Linie die vollste Berücksichtigung der ätiologischen Momente. Die balneotherapeutische Behandlung derselben muss demnach eine verschiedene sein. Ist die habituelle Obstipation Theilerscheinung allgemeiner Schwäche des Körpers, dann wird nur eine roborirende Behandlung am Platze sein und nur aus den Resultaten dieser kann sie Nutzen ziehen. Es sind daher an Kohlensäure reiche Eisenwässer, wie die Quellen von Schwalbach, Spa, Steben, St. Moritz heranzuziehen, sowohl in Form von Trink- als Badecur; zweckmässiger aber, als diese erdigen Eisenwässer dürften alkalisch sulfatische, wie die Stahlquellen von Elster, Franzensbad, Rippoldsau, Petersthal, Rohitzsch u. a. sein, weil sie nebenbei in nicht schwächender Weise die Defäcation anregen.

Diesen fällt aber die Wahl besonders zu, wie auch den muriatischen Eisenwässern von Kissingen und Homburg, wenn die Obstipation nach katarrhalischen Erkrankungen der Darmschleimhaut zurückgeblieben ist oder auch in Folge von Atrophie der Muscularis sich herausgebildet hat.

Ebenso beobachtet man die andauernde Neigung zur Stuhlverstopfung bei verschiedenen Erkrankungen des Gehirns und Rückenmarks, bei Hysterie und Neurasthenie, bei verschiedenen Psychosen, wie Hypochondrie und anderen ähnlichen Zuständen mehr, wo eine mangelhafte Innervation des Darms als causales Moment zu bezeichnen ist. In solchen Fällen erweisen sich, wenn sonst anwendbar, Soolbäder und kohlensaure Soolbäder, wie die von Nauheim, Oeynhausen, Werne als besonders nützlich, und Liebig (l. c.) berichtet mehrere durch erstere herbeigeführte Heilungen.

Schliesslich sei noch bemerkt, dass auch bei Brunnencuren Kranken,

die an habitueller Obstipationleiden, eine mechanisch mehr reizende
Kost anzuempfehlen ist und ihnen der reichliche Genuss von Butter und
Obst entgegen den Grundsätzen der üblichen Brunnendiät gestattet werden muss. Ebenso sind sie von stärker eingreifenden Abführ-
mitteln, zu welchen anscheinend ein Bedürfniss vorliegt, fern zu
halten, und nur im Nothfalle dürfen ihnen einige Weingläser Bitterwasser zu nehmen gestattet sein. Als treffliches Ersatzmittel für sie kann
in vielen Fällen eine lang fortgesetzte Bauchmassage dienen, welche
auf mechanischem Wege für Weiterschaffung der Fäcalmassen nach dem
Mastdarm zu sorgen bestrebt ist.

In einzelnen Curorten hat man neben der Allgemeinbehandlung, besonders aber in Wasserheilanstalten neben kalten Abreibungen,
Neptunsgürteln und Stammumschlägen auch die electrische Behandlung der Bauchmusculatur versucht und sollen leidliche Resultate durch
sie erzielt worden sein. Dass längerer Aufenthalt in höheren Gebirgen, wie in tiroler
und schweizer Gebirgen, in Waldgegenden, wie in Thüringen und im
Harze oder im schlesischen Gebirge, im bayerischen Hochlande oder
Salzkammergute auf solche Kranke bei genügender Bewegung in freier
Luft nützlich einwirkt, ist, als allgemein bekannt, kaum nöthig noch
erwähnt zu werden. Auch der Aufenthalt an der See erweist sich
als sehr nützlich, namentlich wenn nebenbei Seebäder genommen werden
können.

F. Chronische Erkrankungen der grossen Drüsen des Unterleibs.

I. Chronische Erkrankungen der Leber und Gallenblase.

a) Leberhyperämie.

Man ist gewohnt, bei Leberhyperämie zwei Hauptformen zu
unterscheiden. Die eine derselben, welche man früher als Theilerscheinung der sogenannten Abdominalplethora betrachtete und die man
gewöhnlich als Ausartung normaler physiologischer Vorgänge hinstellte,
wird als active Hyperämie bez. Congestivhyperämie, die andere,
welche als localer Ausdruck einer allgemeinen Circulationsstörung aufgefasst werden muss, als venöse Stauungshyperämie bez. Stauungsleber bezeichnet.

Im Allgemeinen ist eine solche Unterscheidung für die Praxis wohl
geboten, für balneotherapeutische Zwecke aber hat sie unleugbar die
Bedeutung nicht, die sie sonst haben mag, wenn nicht die Aetiologie
des Leidens eine besonders hervorragende Berücksichtigung fordert.
Möglichst nachhaltige Ableitung des Blutes vom kranken Organe ist in
beiden Fällen die Aufgabe, die der Balneotherapie zufällt.

Wenn die Hyperämie der Leber bei kräftigen vollsaftigen,

einem üppigen epikuräischen Leben ergebenen und fette pi-
kante Speisen und alkoholhaltige Getränke vorzugsweise geniessen-
den Personen auftritt, man sie sonach mit allzu reichlicher Zufuhr von Nahrungsmaterial und zu starker Reizung der Magenschleimhaut in Verbindung bringen muss, macht sich stets eine
kräftige, nachhaltige Ableitung des angehäuften Blutes nothwendig.
Diesen Zweck erreicht man am besten durch die Kochsalzsäuerlinge
von Kissingen, Homburg und Soden, aber auch durch den Kreuzbrunnen von Marienbad und, wenn Verstopfung nebenbei besteht, die
durch diese Quellen nicht weichen will. durch die Lucius- und Emeritaquelle zu Tarasp, sobald aber stärkerer Blutandrang nach Kopf
und Brust sich hinzugesellen, durch Bitterwässer, unter denen die
Ofener wegen ihrer stärkeren und sicheren Wirkung meist gewählt
werden. Letztere dürfen freilich nicht allzu lang getrunken werden, da
sie sonst leicht Ueberreizung und Atonie im Darmcanale erzeugen würden.
    Handelt es sich aber um weniger intensive Einwirkungen und be-
stehen nebenbei Magen- und Darmkatarrhe, sind mehr die leichteren Bitterwässer, welche Kochsalz enthalten, wie die von
Friedrichshall, Mergentheim, Grossenluder (hessisches Bitterwasser), Kissingen angezeigt, oder es kann auch die Salzquelle von
Elster, welche keine stürmisch abführende Wirkung hat, eintreten.
    Wo venöse Stauungshyperämie der Leber mit Affectionen
der Respirationsorgane sich complicirt, empfiehlt Stifft die Weilbacher Schwefelquelle und Haupt die leichteren Quellen von
Soden, während von Ibell Circulationsstörungen in der Leber, die im
Zusammenhang mit idiopathischen Darmkatarrhen stehen, mit dem Nachlass des Darmkatarrhs und der Obstruction des Stuhls beim Gebrauche
des Emser Wassers bald schwinden sah.
    Besonders aber rühmt Stifft die Weilbacher Schwefelquelle
(Heilq. d. Taunus, S. 93), wenn die Leberhyperämie als Folgezustand abnormer Blutfülle im Pfortadergebiete ausgesprochene
Hämorrhoidalbeschwerden, Neigung zu Congestionen nach Kopf und Brust
und Reizungen der Magen- und Darmschleimhaut in ihrer Begleitung hat.
    Tritt die Leberhyperämie bei geschwächten anämischen Per-
sonen auf, deren Nervensystem gelitten hat, oder ist dieselbe mit
Uterinleiden combinirt, die ein roborirendes Verfahren erheischen,
leisten die alkalisch-salinischen Eisenquellen von Elster,
Franzensbad, Rohitzsch, Rippoldsau, Petersthal u. a. gute
Dienste, während bei vorwiegend gesunkener Energie des Nervensystems
die Eisenquellen von St. Moritz, die Wyh- und Bonifaciusquelle
zu Tarasp-Schuls, die Eisenquelle von Gonten im Canton Appenzell besonders wegen des anregenden Alpenklimas den Vorzug verdienen
dürften. In solchen Fällen, die roborirende Curen erheischen, bieten die
hochgelegenen Wildbäder von Gastein, Ragaz, Pfäfers, Wildbad treffliche Unterstützungsmittel. Auch Soolbäder in höher gelegenen Gegenden, wie die von Reichenhall, Ischl, Aussee, Rheinfelden wirken, wie v. Liebig und andere Beobachter bestätigen, durch
Anregung der peripheren Circulation vortheilhaft auf die Circulationsstörungen in der Leber ein.

Hat sich bei hochgradig anämischen Personen in Folge von Klappenfehlern am Herzen Leberhyperämie ausgebildet, erscheinen besonders in Bezug auf das Herzleiden die kohlensäurereichen Soolquellen von Nauheim und Oeynhausen, sowie die Eisensäuerlinge von Cudowa in Bezug auf dieses und die bestehende Anämie indicirt, wenngleich die Stauungsleber durch sie nur wenig berührt werden dürfte.

Einfache Anschoppungen der Leber, wie sie hauptsächlich durch sitzende Lebensweise hervorgebracht werden, namentlich bei Schulkindern, finden nach Pfeiffer (die Heilquellen des Taunus von Grossmann, S. 24) in dem Wiesbadener Kochbrunnen ein treffliches Heilmittel. Der dreimal täglich wiederholte Genuss von 100 bis 250 ccm desselben bringt bei geeigneter Diät und regelmässiger Körperbewegung die Krankheit in etwa 10 bis 14 Tagen vollkommen zum Schwunde.

Bei guter Verdauung leistet auch eine mässig durchgeführte Traubencur an den Ufern des Genfer Sees, wie zu Vevey, Montreux, Aigl oft recht gute Dienste.

Ist die Körperconstitution eine kräftige und eine Herabsetzung der Körpertemperatur unter Entlastung des Unterleibs von zu starkem Blutdruck wünschenswerth, wird ein geeignetes hydropathisches Verfahren besonders nutzbringend sein. Winternitz empfiehlt hierzu (Handbuch der allgem. Therapie von Ziemssen, II. Bd., Hydrotherapie, 1881, S. 130, 232, 230, 210), kurze kalte Halbbäder, kalte Leibbinden (echauffirende Compressen) und das kurze kalte Sitzbad, letzteres besonders als ein trefflich ableitendes Mittel.

b) Fettleber.

Die abnorm starke Fettinfiltration der Leberzellen, die gemeinhin als Fettleber bezeichnet wird, ist nur dann Gegenstand balneotherapeutischer Behandlung, wenn sie der Folgezustand allzu grosser Fettzufuhr ist und als Theilerscheinung allgemeiner Fettsucht sich documentirt. Ausgeschlossen von derselben ist selbstverständlich jene Form dieser Erkrankung, welche bei cachectischen Personen und Phthisikern beobachtet wird.

Bei dem ätiologischen Zusammenhange allgemeiner Fettsucht mit der Fettleber müssen in der Hauptsache auch bei dieser letzteren die gleichen therapeutischen Principien massgebend sein, welche man bei ersterer aufgestellt hat. Zur Vermeidung von Wiederholungen verweisen wir daher auf das über dieselbe in balneotherapeutischer Beziehung Gesagte. Es sei nur noch bemerkt, dass die Quellen von Karlsbad in der Therapie der Fettleber eines sehr hohen Rufes sich erfreuen, insbesondere weil sie sich den verschiedenen Formen des sie fast stets begleitenden Darmkatarrhs anpassen lassen und andererseits die dasige Cur als den constitutionellen Verhältnissen des Kranken entsprechend leicht eingerichtet werden kann. Sie eignen sich aber nach Fleckles (Deutsche Klinik, 10, 1875) nur für die Fälle, wo keine Anämie, Chlorose oder Fettherz zur Fettleber sich gesellt haben; wo dies der Fall ist, wirken sie geradezu sehr nachtheilig. Karlsbad zunächst steht in dieser Beziehung Marienbad mit seinem Kreuz- und Ferdinandsbrunnen, Elster mit seiner Salzquelle und Tarasp mit seiner Lucius- und Bonifaciusquelle. Auch Franzensbad mit seiner Salzquelle darf nicht ganz übergangen werden. In allen diesen Wässern liegt neben der ableitenden Wirkung auf den Darmcanal und die Fettbildung reducirenden auch noch die Eisenwirkung, welche die Anämie in genügender Weise berücksichtigen lässt, wenigstens durch die in diesen Curorten nebenbei noch vorhandenen Eisenquellen.

Auch die alkalischen Thermen von Ems und Neuenahr, noch mehr aber die alkalischen Schwefelquellen von Weilbach finden ihre Anwendung gegen Fettleber. Ihre engeren Indicationen fallen mit denen für Leberhyperämie aufgestellten zusammen.

Dasselbe gilt auch von den Kochsalzsäuerlingen von Kissingen, Homburg, Soden, Nauheim und Canstatt, welche unter gleichen Verhältnissen, wie bei Leberhyperämie, indicirt sind.

Treten bei an Fettleber leidenden Personen die Erscheinungen der Anämie mehr in den Vordergrund, als dies gewöhnlich der Fall ist, dann treten die alkalisch-sulfatischen Eisenquellen von Elster, Franzensbad, Marienbad, Rohitsch u. a. in ihr Recht ein, indess können diese in vielen Fällen auch durch die reineren Eisenwässer von Pyrmont, Driburg, Steben, Cudowa, St. Moritz, Elöpatak, Borszék, Bartfeld u. a. ersetzt werden.

Fettleber, welche nach Barthelemy (Vierteljahrschr. f. Dermat. u. Syphil., 1884, XI., 3 u. 4 S. 387) öfters bei hereditärer Syphilis beobachtet wird, fordert den Gebrauch von Jodquellen, insbesondere der von Krankenheil und der Adelheidsquelle, Zaizon, Lippik, Saxon-les-bains, Hall in Oberösterreich, Iwonicz, Wildegg u. a.

c) Lebercirrhose und Amyloidleber (Speckleber).

Mag man die Lebercirrhose als eine diffuse, in dem interstitiellen Bindegewebe der Leber sich entwickelnde Entzündung, welche eine secundäre Atrophie des eigentlichen Lebergewebes zur Folge hat, ansehen oder nach der Ansicht von Strümpell (Lehrb. d. spec. Pathol. u. Therapie, 1. Bd., 4. Aufl., 1887, S. 744) den Ausgangspunkt der Krankheit in einer primären Schädigung und einem dadurch bedingten theilweisen Untergange der Leberzellen selbst suchen, an welchen eine secundäre Wucherung und schliessliche Schrumpfung des Bindegewebes sich erst anschliesst, in beiden Annahmen bietet die balneotherapeutische Behandlung derselben keine Aussicht auf einen nennenswerthen Erfolg. Gewöhnlich wird zur Begründung der Indication einer solchen die Bedingung hingestellt, dass die Krankheit nur im ersten Stadium bestehen dürfe, in welchem sie unter den Erscheinungen der Hyperämie des Organs sich documentirt und mit Magen- und Darmkatarrh combinirt erscheint. Man lässt aber bei Stellung einer solchen Heilanzeige gänzlich unbeachtet, dass bei der Lebercirrhose, die in ihren Anfängen bekanntlich meist keine besonders für den Kranken bemerkbaren Störungen verursacht, der eigentliche Zeitpunkt ihres Beginnens kaum festzustellen ist, und dass, wenn thatsächlich sie bekundende Symptome sich eingestellt haben, man kaum mehr in Zweifel sein kann, dass es bereits zu einem grösseren Zerfall von Leberzellen und zur nicht mehr rückgängig zu machenden Bildung von Bindegewebe gekommen ist, sowie dass der begleitende Magen- und Darmkatarrh kaum eine andere Deutung zulässt, als die Annahme bereits eingetretener, stark ausgesprochener, durch Bindegewebswucherungen hervorgerufener Circulationshemmungen in der Leber.

Es ergiebt sich hieraus, dass die balneotherapeutische Behandlung der Lebercirrhose nicht auf diese selbst, sondern nur auf Nebenerscheinungen gerichtet sein kann, welche sie in ihrer Begleitung zu haben pflegt. Diese aber beziehen sich fast ausschliesslich auf Magen- und Darmkatarrh. So erklärt sich auch Pfeiffer's Empfehlung des Wiesbadener Kochbrunnens (Grossmann, Heilquellen des Taunus, S. 24) und die von Soden durch Haupt (l. c. S. 141) gegen dieses Leiden, indem man von dem Gedanken ausging, durch Besserung des Katarrhs einen verminderten Blutdruck in dem Wurzelgebiete der Pfortader anzustreben.

Nicht gering ist bei solchen Trinkcuren auch der Umstand zu veranschlagen, dass die Kranken ungleich leichter einer geeigneten Diät und Enthaltung des Genusses alkoholhaltiger Getränke sich unterziehen, als dies zu Hause zu geschehen pflegt. Diesem Vortheile mögen manche Curorte den Ruf verdanken, den sie bei Bekämpfung der Lebercirrhose erlangt haben.

Auch die Amyloidleber findet man bisweilen, namentlich in älteren Badeschriften, als Curobject für einzelne Curorte aufgestellt. Allein ein solches kann sie unter allen Umständen nie sein, da ihre Behandlungsweise lediglich von der Natur des Grundleidens, welches fast ausschliesslich jede balneotherapeutische Behandlung ausschliesst, abhängig gemacht werden muss. Nur die syphilitische Form der Amyloidleber dürfte den Gebrauch von Jodquellen zulässig erscheinen lassen, wenngleich ohne Aussicht auf besonderen Curerfolg.

d) Chronischer Katarrh der Gallenwege.

Der Katarrh der Gallenwege tritt bekanntlich meist in Begleitung eines Duodenalkatarrhs auf und muss dann als eine Fortpflanzung desselben auf den Ductus choledochus angesehen werden. Da die Pars intestinalis durch Schwellung der Schleimhaut und Verlegung des Ausführungsganges durch zähen Schleim den Austritt der Galle ins Duodenum verhindert, kommt es bekanntlich zum Icterus und der Katarrh der Gallenwege tritt als Icterus catarrhalis in die Erscheinung. Es fällt daher dessen balneotherapeutische Behandlung ganz mit der des Gastro-Duodenalkatarrhs zusammen.

Bei der Bedeutung, welche Karlsbad in der Therapie dieses letzteren und der Lebererkrankungen behauptet, kann es nicht befremden, dass es auch beim Katarrh der Gallenwege die erste Stelle einnimmt, und dass jedes Jahr sich daselbst eine grosse Anzahl an Gelbsucht leidender Personen einstellt, die meist ein vollständig befriedigendes Curresultat erzielen.

Aber auch der Kreuzbrunnen von Marienbad, die Salzquelle von Elster, der Rakoczy von Kissingen, die Lucius- und Emeritaquelle von Tarasp und auch wohl Traubencuren dürfen hierbei nicht übergangen werden und empfehlen sich besonders da, wo Complication des Leidens, das Alter oder eine nervös-reizbare Constitution des Kranken zu speciellen Rücksichtnahmen und Cautelen ermahnen oder gar den Gebrauch von Karlsbad verbieten.

Einen unbestreitbar günstigen Einfluss übt die Emser Trinkcur nach dem Zeugniss von Ibell (l. c. S. 265) auf die icterischen Zustände aus, welche durch die im Zusammenhange mit dem Duodenalkatarrh zu Stande kommenden Schleimhautschwellungen der Gallenausführungsgänge entstehen. Neben der diese Schwellung verringernden Wirkung kommt noch der leichtere Abfluss der durch die Trinkcur reichlicher und wässriger ausgeschiedenen Galle in Betracht.

Auch von Soden berichtet Haupt (l. c. S. 141), dass Gallenblasenkatarrhe mit dem besten Erfolg daselbst behandelt werden und auch Residuen von Gallenblasenentzündungen unter dem Einflusse von Soolbädern in bemerkenswerther Weise zum Schwinden gebracht wurden. Besteht nebenbei Obstruction, so hat man in Soden die Möglichkeit, durch die Auswahl der stärkeren salz- und kohlensäurereichen Quellen 4, 6, 7 dieselbe sehr bald zur Beseitigung zu bringen.

e) Gallenconcremente und eingedickte Galle.

Die ausserordentliche Differenz in den Ansichten über die Wirkungsweise der alkalischen Mineralwässer auf die Secretion der Galle, die namentlich durch die zu diametral entgegengesetzten Resultaten führenden Experimente von Nasse und Röhrig einerseits und Rutherford, Vignal und Dodds andererseits hervorgerufen worden war, hatte es bis jetzt unmöglich gemacht, die durch die Empirie längst festgestellte Indication derselben wissenschaftlich zu begründen und zu präcisiren. Dies ist gegenwärtig durch die verdienstvolle Arbeit von Lewaschew (Deutsches Archiv f. kl. Medic. von Ziemssen und Zenker, 35. Bd., Heft 1 u. 2, 1884, S. 93 u. ff.) möglich geworden. Aus seinen vielfachen und gründlichen Versuchen geht mit Sicherheit hervor, dass das kohlensaure, wie das schwefelsaure Natron, mithin die Hauptbestandtheile der alkalischen Wässer und diese selbst die Secretion der Galle wesentlich steigern und diese durch das hierbei secernirte Wasser stark verdünnen, dagegen die festen Gallenbestandtheile für die Dauer sehr wenig beeinflussen. Aus diesen von Lewaschew gewonnenen Thatsachen ergiebt sich für den Gebrauch alkalischer Wässer zu therapeutischen Zwecken, dass sie da indicirt erscheinen, wo eine verstärkte Ausscheidung und möglichst bedeutende Verdünnung der Galle wünschenswerth erscheint, und dass sie damit eine wichtige Heilanzeige erfüllen, welche die Behandlung der Cholelithiasis stellt. Es geht aber auch aus ihnen hervor, dass sie auf die Bestandtheile der Galle keinen Einfluss, am wenigsten auf den Hauptbestandtheil der Gallensteine, das Cholesterin auszuüben vermögen. Ein anderes Ergebniss

liess schon von vornherein das Verhalten dieses letzteren gegen Alkalien
kaum erwarten.

Unter allen alkalischen Wässern, welche bei Behandlung der
Cholelithiasis in Frage kommen, stehen die Thermen von Karlsbad
obenan. Sie haben sich in derselben einen solchen Ruf erworben, dass
sie für' viele Kranke, die an Gallensteinen leiden, als specifische Heilmittel gelten. Jedenfalls erleichtern sie wesentlich den Durchgang der
Concremente durch den Ductus choledochus; sowohl durch den vermehrten Secretionsstrom der dünneren Galle, als auch durch kräftigere Anregung der der Gallenblase sich mittheilenden Peristaltik des Darms.

Karlsbad zunächst stehen in therapeutischer Hinsicht die Thermen
von Ems, Neuenahr und Vichy, sowie die an Natroncarbonat und
Natronsulfat reichen Quellen von Marienbad, Elster-Salzquelle,
Tarasp und andere dieser Gattung. Erfahrungsgemäss aber ist ihre
Wirkung gegen Gallensteine eine geringere, wenngleich sie unter Umstän-
den für die Karlsbader Thermen eintreten müssen.

Auch stärkere Kochsalzquellen sollen den Abgang von Gallen-
concrementen sehr .erleichtern. Sotier rühmt eine solche Eigenschaft
dem Rakoczy von Kissingen (l. c., S. 154), Haupt den Sodener
Quellen (l. c., S. 141) nach.

Dass nach vollendeten Brunnencuren auf die Diät eine besondere
Aufmerksamkeit noch zu richten ist, bedarf wohl kaum der Bemerkung.

II. Chronische Milzerkrankungen.

a) Hypertrophien der Milz.

Von allen chronischen Milzerkrankungen, welche zur balneotherapeutischen Behandlung gelangen, sind die durch Malaria hervorgerufenen
Hypertrophien unleugbar die häufigsten und dankbareren Curobjecte.
Sowohl für diese, als auch aus Stauungen bei Krankheiten der Leber
und aus Hindernissen im Pfortadergebiete hervorgegangenen Hyperä-
mien dieses Organs eignen sich besonders die alkalisch-sulfatischen
Wässer, von denen wiederum der Kreuz- und Ferdinandsbrunnen
von Marienbad, die Salzquelle zu Elster, die Emerita- und
Luciusquelle zu Tarasp, sowie die Salz- und Wiesenquelle von
Franzensbad als besonders wirksam hervorgehoben werden.

Ist ein gewisser Grad von Blutarmuth vorhanden, wie dies meistens der Fall ist, sind mehr die alkalischen Eisenwässer von Elster,
Franzensbad, Rippoldsau, Rohitsch u. a. indicirt, welche aber auch
durch die muriatisch-eisenhaltigen Kochsalzsäuerlinge von Kissingen, Homburg, Soden u. a. in der Mehrzahl der Fälle ersetzt
werden können.

Macht vorausgegangene Malaria den Aufenthalt im Hochgebirge
wünschenswerth, würde St. Moritz oder die Wyhquelle von Tarasp
zu wählen sein.

Zu einer Nachcur nach alkalisch-sulfatischen Quellen empfehlen
sich, wenn nicht Gebirgsluft nothwendig erscheint, die Eisenquellen zu

Schwalbach, Steben, Spa, Pyrmont, Driburg, Cudowa, Elster, Königswart, Borczék, Elöpatak u. a. Finden sich bei Scrofulösen und Rhachitischen Milztumoren vor, werden meist Soolbäder, wie Salzungen, Sulza, Kreuznach, Münster am Stein, Aussee, Ischl, Reichenhall u. a. gewählt.

Als besonders empfehlenswerth bei Milzanschwellungen stellt Pfeifer (Grossmann, Heilquellen des Taunus, 1887, S. 25) die Wiesbadener Kochsalzthermen hin. Ihm zufolge ist der dortige Kochbrunnen angezeigt, sowohl bei den die Lebercirrhose begleitenden Milzvergrösserungen als bei den mehr selbstständigen Anschwellungen dieses Organs, wie sie bei veralteter Malaria und bei Leukämie zu Stande kommen.

Gleich vortheilhaft sollen sich auch die arsenhaltigen Kochsalzthermen und Natronquellen, wie die von Baden-Baden, Mont-Dore, Royat, Bourboule, St. Nectaire, die Eugenquelle von Cudowa bei Milztumoren erweisen. Auch Eisenmoorbäder werden hierbei sehr gerühmt.

Tritt Milzanschwellung bei hereditärer Syphilis auf, so empfiehlt sich nach Höfler (Balneol. Studien aus dem Bade Krankenheil-Tölz, München 1886, S. 38) der Gebrauch der Krankenheiler Jodquelle. Auch die Quellen von Hall in Oberösterreich und jodhaltige Soolquellen sind wohl als gleichwerthig zu nennen.

Die mit Mercurialcachexie verbundenen Milztumoren fordern, gleich wie die Amyloidmilz, die Behandlung des Grundleidens.

Wichtig für an Miztumoren nach Intermittens Leidenden ist der längere Aufenthalt im Hochgebirge, wie in der Schweiz, Tirol, im baierischen Hochlande, und möglichst späte Rückkehr ins Flachland.

G. Unterleibsplethora (Hämorrhoiden).

Die gemeinhin als Unterleibsplethora bezeichnete Erkrankung, welche sich durch verlangsamte Circulation des venösen Blutes im Gebiete der unteren Hohlvene und der Pfortader vorzugsweise documentirt, ist bereits mehrfach als Theilerscheinung verschiedener Erkrankungen der Unterleibsorgane in den Kreis der Besprechung gezogen worden, bei welchen sie als Stauungshyperämie aufgetreten war. Es erübrigt noch, jene Abdominalstasen vorzuführen, welche eine Folge allgemeiner Blutfülle, besonders Vermehrung des Eiweisses im Blute ist, oder in anhaltender und wiederholter Blutüberfüllung des Unterleibes durch reichliche üppige Nahrung und reizende Getränke begründet ist oder in mechanischer Weise durch habituelle Stuhlverstopfung, Ansammlung von Fäcalmassen hervorgerufen wird.

In allen diesen Fällen, zu denen sehr oft noch eine sitzende Lebensweise störend hinzutritt, ist der methodische Gebrauch der Bitterwässer und, wo es sich, wie dies meist der Fall ist, um ausgedehntere Curen handelt, in denen diese die Verdauungsorgane allzu sehr angreifen würden, die Anwendung der alkalisch-sulfatischen Wässer von Marienbad, Elster-Salzquelle, Tarasp oder auch der stärkeren Kochsalzsäuerlinge von Kissingen, Homburg, Soden und der Thermen von Wiesbaden resp. des Kochbrunnens u. a. geboten. Sie regen die peristaltische Bewegung des Darmrohrs lebhaft an und erhöhen auf diese Weise die Triebkraft des Pfortaderbluts, indem sie zugleich das Wurzelgebiet der Pfortader in den Darmwandungen durch Entfernung der belastenden Fäcalmassen vom Drucke befreien, andererseits aber auch durch die gesteigerte Secretion und grössere Transsudation, welche den Seitendruck des Blutes herabsetzen, die Circulation erleichtern.

Nicht blos in den grossen Drüsen des Unterleibes und im ganzen Nahrungscanal, sondern auch in den Hämorrhoidalvenen, überhaupt in den Venen der Beckenorgane macht sich diese freiere Circulation geltend und beinflusst auf diese Weise deren in den meist schon in krankhafter Weise erweiterten Hämorrhoidalvenen angesammelte Blutmasse zu regerer Fortbewegung. Auf diese Weise werden manche Beschwerden gehoben, die unter der Bezeichnung der Hämorrhoiden einhergehen.

Auch die Schwefelquellen finden noch, wenn auch nicht mehr mit der Vorliebe wie früher, gegen venöse Stasen im Unterleib und Hämorrhoiden ihre Anwendung. Die Blutfülle in den Verzweigungen der Pfortader, wenn sie nicht aus mechanischen Hindernissen der Blutbewegung entstanden ist, sowie die daraus resultirenden Mastdarm- und Blasenblutungen, ebenso die profuse Menstruation vollblütiger Frauen werden durch sie meist beseitigt, mindestens sehr günstig beeinflusst. Immer aber hängt der Erfolg der Cur davon ab, dass die Verdauungsorgane intact sind, der plethorische Zustand aus Uebernährung hervorgegangen ist und man eine numerische Verminderung der Blutzellen nicht besonders zu fürchten hat. Auch wo vermehrte Gallensecretion wünschenswerth und zweckdienlich erscheint, finden die Schwefelquellen, namentlich nach Stifft die Weilbacher, ihre specielle Anwendung und sogar den Vorzug vor salinischen Wässern. Dasselbe gilt auch für jene Fälle der abdominalen Plethora, die mit chronischen Katarrhen der Bronchialschleimhaut oder mit Erkrankungen der Haut complicirt sind.

Wichtig für die Behandlung von Hämorrhoidariern ist, worauf besonders Braun in seinem Lehrbuche der Balneotherapie aufmerksam gemacht hat, zu unterscheiden, ob dieselben fettleibig oder mager sind. Den ersteren weist derselbe Karlsbad, Marienbad, Kissingen und Homburg zu, den letzteren die Thermen von Ems und alkalisch-muriatische Wässer. Auch die Thermen von Wiesbaden wären nach Pfeiffer am rechten Platz.

In hydriatischer Beziehung finden nach Winternitz kalte Abreibungen geeignete Anwendung. Sie dienen als treffliches Ableitungsmittel nach der Haut. Auch kalte Sitzbäder und kühle, kurz dauernde Vollbäder sind demselben Autor zufolge indicirt.

H. Chronische Erkrankungen der weiblichen Sexualorgane.

I. Chronische Metritis. (Chronischer Uterusinfarct.)

Die chronische Metritis oder der chronische Uterusinfarct ist ein in Badeorten so häufiges Vorkommniss, dass es wenige derselben giebt, welche sich nicht der besten Erfolge in Behandlung dieser Krankheit der Gebärmutter rühmten. Es liegt damit die Annahme nahe, dass bei diesem Leiden sehr verschiedene balneotherapeutische Massnahmen zu einem befriedigenden Curresultat führen können und die eingehende Berücksichtigung der constitutionellen Verhältnisse des einzelnen Individuums besonders geboten ist.

Wie für die Therapie im Allgemeinen der Zeitabschnitt der Krankheit, in welchem die entzündlichen Reizungserscheinungen und Hyperämie mit Schwellung des Organs in den Vordergrund der Symptome noch treten, der günstigste zu sein pflegt, so ist er es für die balneotherapeutische Behandlung in fast noch höherem Grade, denn die Aussicht auf einen guten Curerfolg schmälert sich immer mehr, je weiter der Krankheitsprocess in der Neubildung von Bindegewebe, bezw. im Stadium der sogenannten Induration, vorgeschritten ist.

In diesem ersten Stadium der Krankheit, in dem der Infiltration, fällt der balneotherapeutischen Behandlung zunächst die Aufgabe zu, der Hyperämie des Organes möglichst entgegen zu wirken, dabei aber auch die nebenbei bestehenden collateralen Stromveränderungen in dem benachbarten Venennetze, die nicht selten bis zur Pfortader hinaufreichen, und die nie fehlenden reflectorischen Störungen im Nervensysteme zu regeln, sowie das Allgemeinbefinden wieder zu heben und die Blutarmuth, die meist hinzutritt, zu beseitigen.

Die Erfüllung dieser Indicationen erfordert selbstredend verschiedenartige balneotherapeutische Massnahmen, unter denen Badecuren unleugbar die wichtigsten sind, wenngleich sie das erkrankte Organ nicht direct treffen.

So lange der Infarct mehr die Erscheinungen der Hyperämie, als die der interstitiellen Hypertrophie an sich trägt, und die Consistenz des Uterusgewebes vom Normalen noch nicht abweicht, die Ausschwitzung in das Parenchym mithin nur noch eine sehr mässige ist, wird eine gelind ableitende Cur auf den Darmcanal gewiss nutzbringend sein, die zugleich die venösen Stauungen in den Nachbarorganen zum Ausgleich bringt. Hierzu empfehlen sich besonders die Glaubersalzquellen von Karlsbad, Marienbad, Elster-Salzquelle und, sobald eine stärkere Ableitung auf den Darmcanal nothwendig erscheint, die Quellen von Tarasp, sowie auch die Kochsalzsäuerlinge von Kissingen, Homburg, Soden, Nauheim u. a., insbesondere wenn Stuhlverstopfung besteht.

Von grossem balneotherapeutischen Werthe sind in diesem Stadium der chronischen Metritis die Bäder, die ein treffliches Ableitungsmittel nach der Haut hin abgeben. Dies gilt besonders von den Thermalbädern zu Wiesbaden, welche meist mit dem innerlichen Gebrauche des Kochbrunnens combinirt werden, von den Soolensprudelbädern von Kissingen, welche durch ihren Reichthum an Kohlensäure besonders reizend auf die Haut einwirken, und von den Thermalsoolbädern zu Nauheim und Oeynhausen, welchen gleiche Eigenschaften wie den vom Kissinger Soolensprudel zukommen. Sprudel- und Moorbäder (von 33,75 bis 35° C. = 27 bis 28° R.) und die gleichzeitige locale Anwendung von Moorkataplasmen auf das Hypogastrium empfiehlt Fleckles in Karlsbad (Beiträge zur Pathogenese und Balneotherapie chronischer Frauenkrankheiten, 2. Aufl., S. 10) als von bedeutender Wirkung, wenn Druck, Schwere, Völle im Beckenorgane, ein Herabdrängen in der Schossgegend mit gleichzeitig bestehenden Schmerzen im Hypogastrium sowohl, als in der Vaginalgegend prononcirter sich kundgeben, Schmerzen, die sich bei jeder Bewegung bei den Functionen der trägen Gedärme und der Harnblase äussern, besonders aber zur Zeit und während der stets unregelmässigen Periode sich steigern. Diese von Fleckles empfohlene Karlsbader Badecur wird von ihm noch durch den Nebengebrauch der dortigen minder warmen und weniger erregenden Thermalquellen, dem Markt-, Theresien- und Mühlbrunnen unterstützt, indem er durch diese die Stuhlverhaltung zu reguliren, eine mässige Diurese anzuregen und die oben bezeichneten venösen Stauungen in den abdominalen, wie in den Beckenorganen zu beheben sucht.

Gleiche Indicationen und gleiche Erklärungsweise finden auch die Trink- und Badecuren in Marienbad, Elster und Tarasp, wie auch in Franzensbad.

Auch die Hydrotherapie hat in der Behandlung der chronischen Metritis günstige Erfolge zu verzeichnen. Nach Winternitz (Ziemssen's Handbuch der allgemeinen Therapie, II. Bd., 3. Thl., S. 212) sind es besonders temperirte Sitzbäder von 18 bis 25° C., welche wegen ihrer allmäligen und dauernden Temperaturherabsetzung mit Vermeidung jeder bedeutenderen Reaction hierbei besonders mit Erfolg zur Anwendung gebracht werden.

Ist jedoch die Krankheit in ein schon etwas mehr vorgeschritteneres Stadium getreten und die Hypertrophie des Organs bedeutender geworden, macht sich mithin ein intensiverer Eingriff auf den Stoffwechsel nothwendig, als ihn die Kohlensäure und die Temperatur des Bades allein gewährt, dann ist es geboten, eine ausgedehntere Soolbadecur anzuordnen, insbesondere, wenn das Individuum einen scrofulösen Habitus darbietet und die Menstruationsthätigkeit darniederliegt. Günstige Berichte über die Wirkung der Soolbäder in solchen Fällen kommen aus allen Soolbadeorten, wo eine starke Soole zur Verwendung gelangt. Am meisten Ruf haben in dieser Beziehung die jod- und bromhaltigen Kochsalz- oder Chlorcalciumwässer erlangt, wenngleich es nicht erwiesen ist, dass ihre Wirkung auf die Infiltrate in das Gewebe der Gebärmutter durch ihren Jod- oder

Bromgehalt gesteigert wird. Von ihnen stehen in erster Linie die Soolquellen von Kreuznach und Münster am Stein, deren Mutterlauge auch entfernt vom Curort vielfache Verwendung gegen solche Sexualleiden findet. Engelmann (Kreuznach, seine Heilquellen und deren Anwendung, 6. Aufl., 1878, S. 54) äussert über dieselben sich dahin, dass in allen Formen dieser Erkrankung Kreuznach seine guten Wirkungen äussere, am raschesten und vollkommensten zwar, wenn die Entzündung noch nicht lange Zeit bestanden hat und das Exsudat nicht massenhaft ist, aber auch in ganz veralteten Fällen, wo das Uebel bereits lange bestand und aller Behandlung getrotzt hatte, durch die Kreuznacher Bäder wenigstens ein theilweises Zurückgehen der Symptome erreicht werde, wenn sonst die nöthige Anzahl derselben, welche nach Engelmann selbst bei geringer Vergrösserung der Gebärmutter und mässigen Exsudaten nicht unter 30 sein darf, genommen werden und die Zeit ihrer Anwendung eine genügend ausgedehnte ist. Mit der Badecur wird meistens der innerliche Gebrauch der Elisabethquelle, welche nur selten die Verdauung stört, und eine passende Localbehandlung, die in dem Auflegen von den ganzen Leib bedeckenden, mit Mutterlauge befeuchteten Compressen besteht, in Kreuznach verbunden. Auch Eingiessungen von Salzwasser von der Temperatur des Körpers in den Mastdarm und Sitzbäder kommen daselbst vielfach in Anwendung, und wird deren günstige Einwirkung von Engelmann besonders hervorgehoben.

Auch von anderen jod- und bromhaltigen Soolen werden gleiche Resultate in der Behandlung der chronischen Metritis gemeldet. Wir nennen nur Dürkheim, Goczalkowitz, Baasen, Castrocaro, Ciechocinek, Salzdetfurth, Wittekind, Bex, Arnstadt, Reichenhall.

Auch die reineren Jod- und Bromquellen sind gleich wie die jod- und bromhaltigen Soolen innerlich und äusserlich gegen den chronischen Gebärmutterinfarct in Anwendung gezogen worden, wie die Jodquellen von Hall, Zaizon, Lippik, Wildegg, die Adelheidsquelle, Iwonicz, Luhatschowitz, Kreuth und Krankenheil, allein ihr therapeutischer Werth in Bezug auf Gebärmutterleiden dieser Art wird von vielen Seiten in Zweifel gezogen, und so ist es gekommen, dass die Soolquellen dieser Gattung noch den Vorzug behalten haben.

Stellt sich die chronische Metritis als Theilerscheinung einer mechanischen Hyperämie in Krankheiten anderer Organe, wie der Leber, des Herzens und der Lungen, oder als Residualkrankheit einer acuten Metritis dar, kann man Soolbäder nur mit grosser Vorsicht anwenden, da die Erfahrung lehrt, dass schon Soolbäder von kaum nennenswerthem Procentgehalt an Kochsalz bei solchen Kranken ungemein leicht starke Erregungen hervorrufen, welche zu bedenklichen Congestivzuständen nach dem Herzen und den Lungen führen können. Nur sehr verdünnte Soolbäder von möglichst indifferenter Natur und kurzer Dauer mit mehrtägigen Zwischenpausen sind nach dem Urtheile der an Soolbädern practicirenden Aerzte am Platz, während Scheidenirrigationen mit stärkerer Soole mehrmals täglich, anzuregen ohne Schaden vorgenommen werden können.

Vorsicht im Gebrauche von Soolbädern ist auch dann zu empfehlen, wenn die chronische Metritis, resp. der Uterusinfarct als Folgezustand vorausgegangener wiederholter Aborten anzusehen ist oder im klimacterischen Alter auftritt. Im ersteren Falle kann ein dergestalt vergrösserter Uterus mit anhaltender Blutüberfüllung für lange Zeit die Neigung behalten, bisweilen acute oder wenigstens subacute Exacerbationen zu machen, und dann würden Soolbäder von stärkerer Concentration eine solche Eventualität sicherlich sehr begünstigen; im zweiten Falle hat man eine Combination mit Carcinom oder anderen Neubildungen zu fürchten, bei welchen Soolbäder contraindicirt wären.

Bei längerem Bestehen der Metritis aber, wo die hypertrophirte Gebärmutter auf Druck nur wenig, spontan aber gar nicht empfindlich ist, wo das Gefühl ihrer Schwere nur lästig empfunden wird, kann man nach dem Rathe von Weissenberg (Verh. der baln. Section d. Vereins f. Heilk. in Berlin, XI., 1886), zumal es sich dann meist um pastöse, ohnedies an nervösen Unterleibsstauungen leidende Frauen handelt, unbesorgt neben dem innerlichen Gebrauche starker Glaubersalzquellen von starken Soolbädern den energischsten Gebrauch machen, die man noch durch Zusatz von Mutterlauge verstärken und deren Wirkung man durch Mitanwendung heisser Irrigationen, Salzcompressen und inneren Douchen steigern darf. Auch warme Seebäder, namentlich solche der Nordsee leisten nach Fromm (Oesterr. Badezeitung, No. 16 u. 17, 1878) unter solchen Umständen gute Dienste.

Ebenso erklärt Schmitz (Erfahrungen über Neuenahr, 1868, S. 25) die Quellen von Neuenahr da indicirt, wo das Individuum und der Zustand des Uterus ein ausgeprägt torpider und die Menstruation spärlich und selten ist. Wurde hierbei auch keine totale Heilung erreicht, so doch ganz erhebliche Besserung. In gleicher Weise werden auch die Indicationen für die Emser Thermalquellen von den dortigen Aerzten aufgefasst.

Kommt die Metritis bei reizbaren nervösen Individuen vor, bei welchen die Reizungserscheinungen im Nervensystem in den Vordergrund des Krankheitsbildes treten, und besteht dabei grosse Empfindlichkeit der Gebärmutter, wendet man sich am zweckmässigsten lauen Wildbädern zu, von denen namentlich Schlangenbad, Johannisbad, Liebenzell, Badenweiler, Landek, Tobelbad, Römerbad in Unter-Steiermark, Tüffer, Warmbrunn in Schlesien und andere zu nennen sind. Durch diese wird das Nervensystem zu einer normaleren Function nebenbei zurückgeführt und der meist schon anämische Organismus am besten zum Gebrauche der Stahlquellen vorbereitet.

Ihnen nahe stehen in dieser Beziehung die alkalisch-muriatischen Thermen von Ems und Royat und die Kochsalzthermen von Baden-Baden und Wiesbaden, welche gewissermassen als Mittelglieder zwischen Wildbädern und Soolbädern gelten können und hauptsächlich da indicirt sind, wo man den Uebergang zu letzteren zu machen beabsichtigt. Gleiche Stellung weist Thilenius den Bädern aus Schwefelquellen zu.

Zum Nachgebrauch nach solchen Curen, besonders aber, wenn

in Folge der die Metritis begleitenden Verdauungsstörungen die Blutbildung sich vermindert hat und die allgemeine Ernährung gesunken ist oder wo man Ursache hat, Chlorose als ätiologisches
Moment der Metritis anzusehen, oder in Folge von Anämie eine
mangelhafte Involution der Gebärmutter post partum eingetreten
ist, erscheint der Gebrauch von Eisenquellen indicirt, von denen meist
Franzensbad, Elster, Rippoldsau, Petersthal, Cudowa vor anderen der Vorzug gegeben wird, weil diese der selten fehlenden Stuhlverstopfung in genügender Weise entgegen zu treten vermögen.   .
        Wo man zweifelhaft ist, ob man Sool- oder Stahlbäder zu
wählen hat, wird man am zweckmässigsten Pyrmont, Homburg oder
Soden wählen, namentlich das erstere, wo neben besonders kräftigen
Stahlbädern auch sehr kräftige Soolbäder sich vorfinden.
        Bei besonders ausgesprochener Anämie und grosser Schlaff-
heit der Sexualorgane sind die stärkeren Eisenquellen von Schwalbach, Spaa, Steben, Elöpatak und Eisenmoorbäder angezeigt,
und wo es wünschenswerth ist, mit einer Stahlcur den Genuss der
Alpenluft zu verbinden, wäre die Auswahl zwischen St. Moritz und
Tarasp zu treffen.   Unter Umständen könnten auch, wenn die Luft
niederer Gebirge genügt, die Quellen von Flinsberg, Cudowa, Charlottenbrunn, Reinerz, Elster u. a. eintreten.
        Unter Umständen können auch kalte Seebäder und Seeluft mit
herangezogen werden. Weissenberg in Colberg (l. c.) versichert, durch
sie recht günstige Curerfolge erzielt zu haben.   Freilich sind diese nur
dann zu erwarten, wenn die entzündlichen Erscheinungen ganz zu-
rückgetreten und nur die der Atonie im Allgemeinen zurückgeblieben
sind. Scrofulöse Subjecte mit torpider Constitution oder solche
anämische, die in ihrer Jugend scrofulös waren und ein pastö-
ses Aeussere an sich tragen, eignen sich besonders für Seebäder,
wie sie auch anerkannter Massen für Soolbäder stärkerer Concentration
passen, wogegen erethisch Scrofulöse von solchen Bädern meist ausgeschlossen werden müssen.

II. Chronischer Uterin- und Vaginalkatarrh.

        Die chronische Endometritis, deren hervorragendstes Symptom
die Hypersecretion der Schleimhaut in geringerem oder stärkerem Masse
bekanntlich ist, kommt sowohl als idiopathisches, wie als secundäres
Leiden in balneotherapeutischer Hinsicht in Betracht.   Es handelt sich
dabei entweder um eine symptomatische Behandlung der Metritis
im Allgemeinen, deren Theilerscheinung sie ist, oder um die Beseitigung der Begleiterscheinungen und Folgezustände, welche
die Hypersecretion der Schleimhaut nach sich zu ziehen pflegt.
Insoweit die Endometritis aus einer chronischen Entzündung oder hochgradigen Hyperämie des Parenchyms der Gebärmutter hervorgeht, ist sie gleicher balneotherapeutischer Behandlung zu unterwerfen, wie die Metritis selbst, und hat ihre Therapie
bei Besprechung dieser letzteren die nöthige Erwähnung gefunden. An-

ders gestaltet sich das balneotherapeutische Verfahren, wenn jenes Stadium des Leidens in Betracht kommt, in welchem acute Reizungszustände subinflammatorischer Art nicht mehr vorhanden sind und zu der Hypersecretion der Schleimhaut als dem am meisten hervorstechenden Symptome der Erkrankung ein gewisser Schwächezustand der Gesammtconstitution, eine gewisse Schlaffheit des erkrankten Organs und Störungen in der Blutbeschaffenheit, Anämie, Bleichsucht sich als gleichzeitige Folgezustände hinzugesellen. Dann muss ein roborirendes Verfahren eintreten.

Mit diesem Krankheitsbilde aber ist zugleich die Indication für eisenhaltige Kochsalzbäder gegeben, welche den Vortheil der Combination einer Soolbadecur mit dem innerlichen Gebrauche eines Eisenwassers bieten und damit die volle Berücksichtigung des Uterin- und Vaginalkatarrhs, sowie der Anämie und Ernährungsstörungen zulassen. Als diesen Anforderungen genügende Quellen wären die von Kissingen, Homburg, Soden und besonders Pyrmont zu nennen, welches letztere bekanntlich Sool- und Eisenbad ist.

Eine Abänderung erleidet aber diese Indication, je nachdem sich die Nothwendigkeit herausstellt, mehr die Hypersecretion der Genitalschleimhaut oder das gestörte Allgemeinbefinden zu berücksichtigen.

Wenn es sich hauptsächlich darum handelt, eine etwa noch bestehende katarrhalische Reizung zu beseitigen und auf diese Weise beschränkend auf die Secretion einzuwirken, werden die kochsalzhaltigen Thermen von Wiesbaden, Baden-Baden, Canstatt mit Berg und die alkalischen Thermen von Ems und Neuenahr am Platze sein, insbesondere wenn eine örtliche Anwendung derselben auf das kranke Organ in Form von Injectionen und Douchen mit dem Gebrauche allgemeiner Bäder verbunden wird. Findet jedoch ein atonischer Zustand der Schleimhaut statt, welcher die Hypersecretion derselben bedingt, machen sich an Stelle der kochsalzhaltigen Thermalquellen stoffreichere Soolbäder nothwendig und man zieht dann die Soolen von Ischl, Reichenhall, Aussee, Kösen, Sulza, Salzungen, Wittekind, Elmen, Arnstatt u. a. diesen vor. Auch die schwefelsauren und insbesondere die alaunhaltigen Eisenwässer sind hierbei von Wichtigkeit. Sie üben in hohem Grade eine adstringirende und zugleich desinficirende Wirkung auf die sexuale Schleimhaut aus, deren verstärkte Secretion bekanntlich vielfach von Mikroorganismen lebhaft angeregt und unterhalten wird, und bieten nebenbei den Vortheil, eine Trinkcur mit ihnen verbinden zu können, deren günstiger Einfluss nach Knauthe's Versicherung (Archiv d. Heilkunde, XVI., 2., 1875, S. 122.) sich sehr bald auf die Blutbildung und Hebung des Allgemeinbefindens, sowie auf bessere Ernährung der Genitalschleimhaut geltend macht. Als therapeutisch wichtig sind von ihnen zu nennen die reinen schwefelsauren Eisenwässer von Mitterbad, des Ultenthales und von Völlan, Alexisbad, die alaunhaltigen schwefelsauren Eisenoxydulwässer von Ratzes, Muskau, Lausigk, Levico, Ronneby, Parad und zum Theil auch die Vitriolquelle von Roncegno, welche neben Eisensulfat Alaun und Arsen noch enthält. Freilich ist der Gehalt dieser Quellen an wirksamen Mengen von schwefelsaurem Eisenoxydul und Alaun ein sehr verschiedener, und dementsprechend gestaltet sich auch ihr therapeutischer Werth bei den Katarrhen der weiblichen Sexualorgane.

Hat sich aber im chronischen Stadium der Krankheit nach längerer Dauer und bei intensivem Auftreten derselben ein solcher Grad von Anämie entwickelt, dass therapeutisches Eingreifen geboten ist, dann treten die stärkeren, mit Kohlensäure stark belasteten Eisenquellen, wie die von Schwalbach, Spa, Steben, Pyrmont, Driburg, Königswart, Elster, Bocklet, Cudowa, St. Moritz u. a. in ihr Recht ein und sind um so mehr indicirt, je torpider und schlaffer die Constitution des betreffenden Individuums ist und je mehr plethorische und nervöse Erregungszustände fehlen. Es darf aber auch, wie Frickhöffer in Bezug auf Schwalbach hervorhebt (l. c., S. 360), die Sensibilität der Schleimhaut weder zu sehr erhöht, noch auch die Erschlaffung zu hochgradig sein, wenn kohlensaure Eisenwässer vortheilhafte Anwendung finden sollen. Es kommen hierbei aber nicht blos in Frage die Anämie als Ursache allgemeiner schlechter Ernährung und von dieser abhängigen Krankheitszustände, sondern auch Gewebserkrankungen des Blutes, wie Chlorose und andere ähnliche Bluterkrankungen, welche nicht selten Veranlassung zum Entstehen von Schleimflüssen aus den Genitalien geben und den Gebrauch von Eisenwässern fordern, wenn die Hypersecretion der erkrankten Schleimhaut Beseitigung finden soll.

Sehr oft findet man mit dem chronischen Uterinkatarrh dyspeptische Beschwerden und Defäcationsstörungen verbunden. Auch in solchen Fällen werden an Kohlensäure reiche Eisenwässer, namentlich alkalisch-muriatische und alkalisch-sulfatische sich sehr nützlich erweisen. Aber auch die alkalisch-muriatischen Thermen von Ems sind nach von Ibell hier indicirt, besonders aber, wenn die Katarrhe der weiblichen Sexualorgano im ätiologischen Zusammenhang mit Stauungen in der Gastro-Intestinalschleimhaut und im Pfortadersysteme stehen. Von ihnen empfiehlt Döring (König-Wilhelms-Felsenquellen zu Bad Ems, 1874, S. 38) hierzu vor allen die Victoria-Quelle.

Stellt die mikroskopische Untersuchung des Vaginalsecrets die Anwesenheit von Spaltpilzen fest und muss dieselbe in Verbindung mit der Hypersecretion der Schleimhaut gebracht werden, sind theils Eisenvitriolwässer, wie bereits oben angedeutet wurde, theils Schwefelquellen in Anwendung zu bringen. Beiden kommt eine antimykotische Wirkung zu, insbesondere den letzteren, wie Amsler (Schweiz. Correspondzbl., 1884, No. 10) wenigstens in Bezug auf Schinznach dargethan hat.

Treten bei Frauen des klimacterischen Alters Schleimflüsse aus den Genitalien auf, ist in balneotherapeutischer Beziehung stets eine gewisse Vorsicht nöthig, wenn nicht deren vicariirender Charakter für die weggebliebene Menstruation sich feststellen lässt. Der Verdacht auf nebenbei bestehende Neubildungen, insbesondere von Carcinom, welche durch Badecuren entschieden gefördert werden würden, darf nicht so leicht schwinden. Jedenfalls thut man wohl, bei solchen Befürchtungen sich auf den Gebrauch von Wildbädern oder den ihnen nahestehenden kochsalzhaltigen Thermen zu beschränken und auf eingreifende Curen ganz zu verzichten.

Gar häufig findet man bei Frauen, die rasch hintereinander geboren haben oder mehrfach von Aborten befallen wurden, dass eine mangelhafte Contraction des Gebärorgans und chronische Hyperämie desselben zurückbleiben, ohne dass es zu einer wirklichen Metritis gekommen ist. Solche Frauen leiden stets an Schleimabgängen aus der Gebärmutterhöhle und nebenbei meist an Hämorrhoidalbeschwerden, sowie an Stuhlverstopfung. Für solche Kranke eignen sich besonders die Kochsäuerlinge von Kissingen, Homburg, Nauheim und Soden, sowie auch die alkalisch-sulfatischen Quellen, insbesondere wenn Fettleibigkeit besteht und das Wasser nicht in stark abführenden Dosen getrunken wird. Neben den allgemeinen Bädern sind hierbei aber aufsteigende Douchen besonders wichtig, um auf die Contraction des Organs möglichst einzuwirken.

Nicht minder häufig findet man den Uterin- und Vaginalkatarrh bei jungen Frauen, die in ihrer Kindheit scrofulös waren und noch bisweilen Drüsenanschwellungen bekommen, oder jungen scrofulösen, in die Pubertät eingetretenen Mädchen, ob sie der Bleichsucht verfallen sind oder nicht. Solche Kranke passen nur für Soolbäder und besonders für solche, an welchen eine Trinkcur mit Kochsalzwasser installirt ist. Auch Jodquellen werden für sie empfohlen, ob mit Recht, lassen wir dahingestellt. Nur für Gebärmutterkatarrhe, die aus mit hereditärer Syphilis combinirter Scrofulose hervorgegangen sind, möchten wir deren Gebrauch gelten lassen. Dagegen dürften See- und Moorbäder gute Unterstützungsmittel für eine Soolbadecur sein oder auch zum Gebrauch einer Nachcur nach einer solchen sich besonders eignen.

III. Chronische Oophoritis.

Die balneotherapeutische Behandlung der chronischen Eierstocksentzündung fällt im Wesentlichen mit derjenigen der chronischen Metritis zusammen. Nur für die grössere Betheiligung des Nervensystems bei den Ovarialerkrankungen, die unter dem Bilde der Hysterie meistentheils auftritt, macht, wie auch die ausgesprochene Schmerzhaftigkeit des Leidens selbst gewisse Abweichungen von dieser letzteren nothwendig.

Auch hier sind es wiederum Badecuren, welche zunächst in Anwendung gebracht werden, während Trinkcuren der Lage der Krankheit nach nur eine untergeordnete Rolle spielen. Laue Wildbäder, wie die von Schlangenbad, Landek, Liebenzell erweisen sich nützlich, indem sie theils beruhigend auf das Nervensystem, theils ableitend nach der Haut hin wirken.

Diesen schliessen sich die Soolthermen von Nauheim, Oeynhausen an. Die ersteren namentlich empfiehlt Th. Schott (Verhdlg.

der balneol. Section der Gesellsch. f. Heilkde. in Berlin, IX., S. 16 u. ff.,
1884), wenn das Leiden mit Klappenfehlern am Herzen oder mit Nieren-
atrophie complicirt ist und Compensationsstörungen bestehen, aber auch
dann, wenn es sich um starke Resorptionswirkungen bereits handelt.

Hat sich eine höhere Reizbarkeit des Nervensystems herausgebildet, treten krampfhafte Zufälle hinzu, haben sich Neuralgien in verschiedenen Nervenbezirken eingestellt, dann sind zwar auch die Wildbäder und Kochsalzthermen noch indicirt, sie genügen aber nur für
leichtere Fälle; alle höheren Grade einer solchen Betheiligung des Nervensystems fordern den ausgedehnten Gebrauch von Moorbädern und die
Anwendung von Moorcataplasmen.

Gleiche Indication finden diese auch, wo es zur Exsudatbildung auf dem Visceralblatt des Peritoneums gekommen ist, falls
keine Fieberexacerbationen mehr bestehen. Neben der beruhigenden
Wirkung, die sie ausüben, tragen sie auch wesentlich zur Resorption der
gesetzten Exsudatmassen bei.

Herkömmlich ist es geworden, chronische Eierstocksentzündungen
zur Cur nach Kreuznach zu dirigiren, namentlich wenn Exsudatmassen
im Gewebe des Ovarium sich bereits eingestellt haben. Der Curerfolg
ist daselbst meist ein befriedigender, wenn die Cur genügend ausgedehnt
und nicht frühzeitig abgebrochen worden war. Die dasige Behandlung
besteht nach Engelmann (Kreuznach, seine Heilquellen und deren Anwendung, 6. Aufl., 1878, S. 65) in der innerlichen Anwendung der
Elisabethquelle, in mit Mutterlauge verstärkten Bädern und in lauwarmen
Umschlägen mit Mutterlauge auf das Abdomen in die Gegend des kranken
Eierstockes.

Auch Jodquellen, besonders die von Krankenheil sind gegen
Oophoritis vielfach empfohlen worden, scheinen aber hierbei nicht viel
zu nützen.

Dass bei allen Oophoritiden streng darauf zu sehen ist, dass keine
Stuhlverstopfung besteht, die Kranken kein Corsett tragen, keine
Treppen steigen und keine Fusstouren machen dürfen und die Menstruation
gut abwarten müssen, braucht wohl nicht erst erinnert zu werden.

IV. Beckenexsudate (Perimetritis, Parametritis, Perioophoritis, Pelveoperitonitis).

Die verschiedenen Entzündungen, welche zur Exsudatbildung im weiblichen Becken führen, betreffen bekanntlich vorzugsweise die Perimetritis, die Parametritis, die Perioophoritis und
Pelveoperitonitis. Diese Entzündungen selbst, auch wenn sie einen
chronischen Charakter angenommen haben, sind höchst selten Gegenstand
besonderer balneotherapeutischer Behandlung und wenn dieser Fall thatsächlich eintritt, werden sie denselben balneotherapeutischen Massnahmen
unterzogen, welche wir bei Besprechung der chronischen Metritis aufgestellt haben.

Ein häufig vorkommendes Curobject in Bädern sind dagegen die
von ihnen gesetzten Exsudate, welche mit der Collectivbezeichnung
der Beckenexsudate zur Behandlung gelangen.

Die einzuschlagende Curmethode ist immer eine gleichartige, da es sich bei allen diesen Exsudaten um Resorption des Entzündungsproductes handelt. Nur die constitutionellen Verhältnisse des Individuums fordern bisweilen Modificationen im Verfahren, welches durch Einleitung einer congestiven Hyperämie und Steigerung des Stoffwechsels durch herbeigeführten Zerfall der eiweissartigen Producte die Erweichung und endliche Resorption der Exsudatmassen zu erreichen sucht.

Solche die Resorption in vorzüglicher Weise einleitende und unterstützende Mittel bieten Eisenmoorbäder, Moorcataplasmen und mit Mutterlauge getränkte warme Compressen sowie Soolbäder, namentlich aber kohlensaure Soolthermen, von denen die Nauheimer von Schott (Berl. klin. Wochenschr., 1884, No. 19 u. 20, und 6. öffentl. Verh. der balneol. Section der Gesellsch. für Heilkunde, 1884) als besonders wirksam hervorgehoben werden. Gleich Rühmendes wird auch von den Moorbädern zu Franzensbad, Marienbad und Elster berichtet, welche als Resorptionsmittel den Soolthermen nicht nachstehen. Auch jod- und bromhaltige Soolen finden gleich häufige Anwendung, von denen wiederum die von Kreuznach meist vorgezogen werden mehr aus Gewohnheit, denn im Glauben an grössere Wirksamkeit. Sie dienen hierbei zu allgemeinen und zu Sitzbädern. Uterusdouchen aber sind nach dem Urtheile aller Gynäkologen zu meiden.

Ebenso werden reinere Jodquellen, die auch zu Trinkcuren sich eignen, vielfach empfohlen. Namentlich rühmt man die resorptionsfördernde Eigenschaft an den Quellen von Krankenheil, an der Adelheidsquelle und Hall in Oberösterreich, welche in Deutschland bekanntlich zu den gangbarsten Wässern dieser Gattung gehören. Ihre Wirksamkeit ist aber von verschiedener Seite angezweifelt worden und neuerdings hat dies erst Mayerhofer gethan, welcher die jod- und bromhaltigen Wässer nach dieser Richtung hin für völlig nutzlos erklärt. Höfler hat indess den Gegenbeweis für diese Ansicht erbracht (Deutsche med. Wochenschr., 1881, No. 11), indem er nachwies, dass thatsächlich der Stoffwechsel der Albuminate durch das Krankenheiler Wasser gesteigert wird und durch Beobachtungen an Kranken selbst die resorbirende Kraft dieser Wässer bestätigt gefunden (Balneolog. Studien aus dem Bade Krankenheil-Tölz, München 1886, S. 58).

Seltener kommen die Thermen von Ems und Neuenahr hierbei in Frage, wenngleich nach v. Ibell (l. c. S. 278) durch sie recht befriedigende Resultate sich erzielen lassen.

In allen Fällen aber, wo Stauungshyperämien eine chronische Reizung des Peritoneums und damit eine gewisse Neigung desselben zu neuer Exsudatbildung unterhalten, reichen Bäder allein nicht aus. Man ist dann genöthigt, seine Zuflucht zu kräftigen eisenhaltigen Glaubersalzquellen oder zu stärkeren Kochsalzsäuerlingen zu nehmen, welche eine mässig abführende Wirkung äussern. Von ersteren sind besonders der Marienbader Kreuzbrunnen und die Salzquelle von Elster, von letzteren der Rakoczy von Kissingen und die Elisabethquelle von Homburg zu nennen.

V. Neubildungen im Uterus und in den Ovarien.

Die Neubildungen in den weiblichen Sexualorganen, welche Gegenstand balneotherapeutischer Curen sind, beschränken sich heutigen Tages fast gänzlich auf Myome und Fibromyome, nachdem die Erfahrung sattsam gelehrt hat, dass Badecuren auf andere Gebilde dieser Gattung keinen wesentlichen Einfluss auszuüben vermögen. Aber auch über die Rückbildungsfähigkeit dieser Neubildungen auf balneotherapeutischem Wege ist man noch sehr getheilter Ansicht. Man glaubte wohl in dem hinfälligen Charakter, welcher den Zellen aller dieser Gebilde mehr oder weniger eigen ist und diese endlich dem fettigen Detritus verfallen lässt, einen Fingerzeig zu ihrer Heilung gefunden zu haben, indem man diesen letzteren Vorgang in den Gewebszellen derselben zu fördern suchte. Allein die Erfahrung hat sehr bald auch die Fruchtlosigkeit dieser Bestrebungen erwiesen, und seitdem sieht man in der Volumensabnahme solcher Neubildungen, welche man nach gewissen Badecuren, besonders nach dem Gebrauche von Soolbädern constatiren kann, nur eine Verminderung der sie umgebenden und mit ihnen zu einer Geschwulst umgestalteten Exsudatmassen, welche durch den Reiz der Entzündung, den alle Neubildungen auf ihre Nachbarschaft ausüben, entstanden waren. Ohne diesen Einfluss der Bäder auf die nähere Umgebung derselben zu negiren, hält man doch von anderer Seite die Meinung fest, dass durch diese ein gewisser Einfluss auf die Neubildung selbst ausgeübt werde. Man ist der Ansicht, dass durch eine energische Badecur, welche dem Säftestrom eine andere Richtung zu geben geeignet ist, auch die Möglichkeit geboten wird, das weitere Wachsthum der Myome und Fibroide zu verhindern.

Diese Ansicht wird vorzugsweise in den Soolbädern und von diesen in erster Linie in Kreuznach vertreten, von wo aus sie auch in andern Curorten ihre Anhänger gefunden hat. Es gilt dies namentlich von Krankenheil, dessen Erfolge bei Uterusfibroiden Höfler (Balneolog. Studien aus dem Bade Krankenheil-Tölz von, München 1886, S. 55, 56) in der Beseitigung von Circulationsstörungen sowohl, als auch in verbesserter Abfuhr von überschüssigem Ernährungsmaterial durch die entlasteten Lymphgefässe suchen zu müssen glaubt.

Welcher Ansicht man nun auch über die Wirkungsweise der Badecuren bei Uterusfibroiden sein mag, man wird immer zugeben müssen, dass ein gewisser Einfluss derselben, namentlich solcher mit starker Soole, auf diese Neubildungen sich nicht in Abrede stellen lässt, und mag nun die Neubildung selbst oder ihre Umgebung von demselben betroffen werden, das kranke Individuum aus Badecuren Nutzen schöpft.

Unter solchen Verhältnissen hat sich auch der Ruf noch erhalten, den starke Soolbäder, namentlich jod- und bromhaltige, sowie Jodbäder überhaupt bis jetzt in der Therapie der Neubildungen genossen haben, er ist wenigstens nicht geschmälert worden, und so wandern Kranke mit Uterusfibroiden nach wie vor nach Kreuznach, Dürkheim, Wittekind, Elmen, Reichenhall, Ischl, nach Krankenheil, Hall,

Iwonicz u. a. solche Curorte, um sich von ihren Beschwerden befreien zu lassen. Stehen auch Badecuren in der Behandlung der Fibroide oben an, so werden sich doch bisweilen, namentlich wo die Erscheinungen der Beckenhyperämie stark ausgesprochen sind und nebenbei Stuhlvorstopfung besteht, ableitende Wässer, wie der Kissinger Rakoczy, die Homburger Elisabethquelle, der Marienbader Kreuzbrunnen, die Salzquelle von Elster, die Emerita- und Luciusquelle von Tarasp nothwendig machen und ein treffliches Unterstützungsmittel für die Badecur abgeben.

Ist es in Folge starker Reizung des Peritoneums durch die Fibroide zu Exsudaten im Beckenraume gekommen und treten nach starken Uterinalblutungen hochgradigere Zustände von Anämie hinzu, sind die Eisenmoorbäder von Franzensbad, Marienbad und Elster indicirt und mit einer Trinkcur an Eisenquellen eventuell zu verbinden, während der Gebrauch von Soolbädern am besten unterbleibt. Auch der innerliche Gebrauch von Jodwässern ist nach Kisch nicht zu empfehlen, weil dadurch ohne wesentlichen Effect auf den Tumor nur der Kräftezustand der Kranken noch mehr herabgesetzt wird.

Die Behandlung der Fibrome lässt sich in der Hauptsache auch auf Ovarialcysten übertragen. Es sind auch bei diesen besonders accessorische Störungen, welche auf mechanischem Wege im Bereiche des venösen Stromgebietes der Beckenorgane und des unteren Abschnittes des Darmrohres zu Stande gekommen, der balneotherapeutischen Behandlung zufallen, während das Grundleiden selbst, beziehentlich die Ovarialcyste durch eine solche kaum berührt werden dürfte. Indess giebt der von Breisky gegebene Nachweis eines ätiologischen Zusammenhanges dieser Neubildung mit chronisch entzündlichen Zuständen und Hyperämie des Eierstocks, welcher im späteren Stadium das Wachsthum der Neubildung fördert, einen gewissen Grund zu der Hoffnung, dass mit Verminderung der zuströmenden Blutmasse auch das weitere Wachsthum der Cyste ähnlich hintangehalten werden kann, wie man dies bei Fibromen beobachtet hat. Von diesem Gesichtspunkte aus würden auch bei Ovarialcysten gelind ableitende Trinkquellen, wie die von Kissingen, Homburg, Marienbad und Elster, und Badecuren sich rechtfertigen lassen, freilich nur mit palliativem Erfolg.

Zur Hebung des Allgemeinbefindens und zur Verbesserung der Ernährung, welche in der Regel ziemlich beeinträchtigt erscheint, sind salinische oder muriatische Eisensäuerlinge, welche die meist stark gestörte Defäcation wieder zur Ordnung zu bringen vermögen, vor andern Eisenwässern angezeigt, besonders wenn nebenbei ein gewisser Grad von Fettleibigkeit besteht.

VI. Menstruationsanomalien.

Die Menstruationsanomalien, welche für Bäder geeignete Curobjecte bilden, sind zum grossen Theil der locale Ausdruck allgemeiner Erkrankungen und bedürfen zu ihrer Beseitigung zunächst der vollen Berücksichtigung der Grundkrankheit. Ist diese gehoben, so fällt in der Mehrzahl der Fälle auch die menstruale Störung

ohne weitere Eingriffe weg. Indess tritt öfters auch die Nothwendigkeit
ein, vorzugsweise wenn die sie veranlassende Momente sich nicht beseitigen lassen oder deren Beseitigung lange Zeit in Anspruch nimmt,
dass die menstruale Anomalie durch besondere balneotherapeutische
Massnahmen in Angriff genommen werden muss.

Die Anomalien selbst, welche in Bädern zur Behandlung gelangen,
zerfallen in Amenorrhoe oder wenigstens allzu spärliche Menstruation,
in Menorrhagie und in Dysmenorrhoe.

a) Amenorrhoe.

Die Amenorrhoe, sowie die allzu spärliche Menstruation
hat häufig ihren Grund in allgemeiner Anämie oder in Chlorose, bisweilen auch in mangelhafter sexualer Entwickelung, welche es bei sonstiger Gesundheit, wenigstens bei keiner prononcirten Erkrankung der
Gesammtconstitution, nicht zur nothwendigen activen Hyperämie des
Eierstocks kommen lässt. In allen diesen Fällen sind besonders
Eisenbäder indicirt, und die bezügliche Behandlung der Amenorrhoe hat unter den Kapiteln der „Anämie und Chlorose" bereits ihre
Besprechung gefunden. Neben den Eisenbädern selbst kommen Moorbäder aus Eisenmoorerde und Soolbäder in Betracht, welche treffliche Unterstützungsmittel einer Cur mit Eisenwasser abgeben. Aber
auch ohne eine solche gelangen sie häufig zur Anwendung und können
als ein, wenn auch nicht unter allen Umständen die Menstruation be-
förderndes Mittel angesehen werden. Noch mehr aber als einfache
Soolbäder regen die mit Kohlensäure belasteten Soolen die
Menstruation an. Schon vor längerer Zeit hat Bencke auf diese Eigenschaft der Nauheimer Soolbäder aufmerksam gemacht, und in neuerer
Zeit wurden seine bezüglichen Beobachtungen durch die Gebrüder
Schott und Grödel vielfach bestätigt. Auch über die Soolthermen
von Oeynhausen und über die Kissinger und Homburger Quellen
liegen gleiche Berichte vor, namentlich hat Sotier (Bad Kissingen,
1881, S. 165) darauf aufmerksam gemacht, dass bei verspäteter oder
vicariirender Menstruation in Kissingen glänzende Heilerfolge erzielt
werden.

Auch Seebäder werden unter den eben genannten Verhältnissen
sich nützlich erweisen, insofern der allgemeine Krankheitszustand keine
Contraindication für sie abgiebt. Besonders sind es scrofulöse, in der
Entwickelung zurückgebliebene anämische Mädchen mit schlaffer Constitution, welche für sie sich eignen. Am zweckmässigsten wählt man
Nordseebäder wegen ihres kräftigen Wellenschlages und höheren Salzgehalts oder auch Seebäder am Mittelmeere. Helgoland, Norderney, Borkum, Ostende, Scheveningen, Blankenberge, Castella-
mare, Viareggio, Livorno u. a. sind für solche Kranke passende
Seebadeplätze.

Auch die Thermen von Ems werden bei Amenorrhoe vielfach mit
herangezogen. Es passt aber nach dem Urtheile der dortigen Aerzte nur
jene Form für diese Quellen, welche mit nervösem Erethismus und
Chlorose verbunden ist. von Ibell hingegen ist der Ansicht (l. c.

S. 279), dass in den meisten Fällen dieser Störung die Anwendung der stärkeren Eisenwässer vorzuziehen ist und bei höheren Graden der Chlorose die Emser Thermen sich als ungenügend erweisen.

Beabsichtigt man zur Wiederherstellung der Menstruation eine Beschleunigung der Circulation in der Pfortader und ihren Wurzeln hervorzurufen und secundär den Organen der Beckenhöhle und der Geschlechtstheile Blut im vermehrten Masse zuzuführen, wie auf torpide Zustände des Uterus und der Ovarien basirende Amenorrhoeformen es fordern, werden nach Winternitz kurze kalte Sitzbäder diesen Zweck sicher und bald erreichen lassen.

Noch ist zu bemerken, dass für die Behandlung des Ausbleibens der Menstruation bei Bleichsüchtigen und Anämischen auch der erhöhte Luftdruck dient. von Liebig (Reichenhall, sein Klima und seine Heilmittel, 1883, S. 145) hat denselben mit Erfolg angewendet, und Sandahl berichtet aus Stockholm, wo diese Behandlungsweise schon länger als in Deutschland im Gebrauche ist, dass von 32 von ihm mit erhöhtem Luftdruck behandelten Fällen 28 einen guten Erfolg aufzuweisen hatten.

Tritt die Amenorrhoe bei an Fettsucht leidenden Personen auf und ist sie mit dieser in genetischen Zusammenhang zu bringen, so muss ein Verfahren eingeleitet werden, wie es die Bekämpfung dieser Ernährungsstörung erheischt. In solchem Falle sind die alkalisch-sulfatischen Quellen, wie die von Karlsbad, Marienbad, Elster-Salzquelle, Tarasp oder die Kochsalzsäuerlinge von Kissingen, Homburg, Soden u. a. die besten Emenagoga. Auch zweckmässig geleitete Oertel'sche Terraincuren sind solchen Kranken zu empfehlen, und wenn die Anämie mehr in den Vordergrund der Erscheinung zu treten beginnt, werden auch leichtere Eisenwässer, wie die von Franzensbad, Cudova, Reinerz und längerer Aufenthalt im Hochgebirge sich für sie nützlich erweisen.

b) Menorrhagie.

Die Menorrhagie oder die Menstruatio nimia kommt unter allen Menstruationsanomalien am häufigsten in Curorten vor. Bei der grossen Mannigfaltigkeit der sie veranlassenden Momente ist vor Allem eine genaue Feststellung der Ursachen, aber auch des Verhaltens des Allgemeinbefindens zur Verlustgrösse an Blut und Andauer der Blutung selbst nothwendig, wenn der Curerfolg nur einigermassen gesichert sein soll. Erst unter Zugrundelegung einer solchen lassen sich die balneotherapeutischen Massnahmen aufstellen, deren Ergreifung die durch die Menorrhagie gesetzten Störungen des Allgemeinbefindens nothwendig machen. Diese letzteren laufen, insoweit sie für die Balneotherapie in Frage kommen, auf Schwächezustände hinaus, welche theils als Anämie, allgemeine Muskel- und Körperschwäche, theils als erhöhte Nervosität und hysterische Erscheinungen, theils als Verdauungsstörungen, theils als Disposition zu Blutungen im Wochenbette und zu Abortus sich abspielen.

Gegen diese Schwächezustände sowohl wie gegen etwa vorhandene Erschlaffung und Auflockerung des Uterusgewebes finden die reineren Eisenwässer, wie Schwalbach, Spa, Steben, Lobenstein u. a., sowie die alkalisch-sulfatischen Eisenwässer von Elster, Franzensbad, Rohitsch, Rippoldsau u. a. vortheilhafte Anwendung, insbesondere wenn man die Einwirkung der freien Kohlensäure genügend überwacht. In gleicher Weise leisten auch Eisenvitriolwässer, wie Alexisbad im Harz, Muskau in der Lausitz, Mitterbad in Tirol, Ronneby und Modum in Schweden, sowie das Herrmannsbad bei Lausigk in Sachsen gute Dienste. Sie haben den Vortheil voraus, wegen Mangels an Kohlensäure auf das Gefässsystem nicht erregend zu wirken. Besteht nebenbei Obstruction, so ist es zweckmässiger, an Stelle der reineren Eisenwässer die eisenhaltigen Glaubersalzwässer von Marienbad und Elster, bezw. Elster-Salzquelle, Tarasp zu wählen oder auch den eisenhaltigen Kochsalzsäuerlingen von Kissingen, Homburg, Soden u. a. wegen ihrer mildabführenden Wirkung sich zuzuwenden.

Dasselbe lässt sich auch von jenen erschöpfenden Menorrhagien sagen, welche im klimacterischen Alter nicht selten auftreten. Bei diesen, wie bei allen anderen mit passiven Hyperämien in den verschiedenen Organen des Unterleibs verbundenen Menstruationsanomalien dieser Art trägt Anregung der Darmsecretion zur Entlastung der Unterleibsgefässe von zu starkem Blutdrucke wesentlich bei, die dann ihrerseits eine raschere Circulation und geringere Anhäufung des venösen Blutes in den Gefässen des Uterus und seiner Adnexa und Abnahme der Blutung zur Folge haben muss. Wiederum sind es die eben genannten Glaubersalz- und Kochsalzsäuerlinge, welche hierbei ihre treffliche Wirkung bewähren. Nach vollendeter Cur ist solchen Frauen des klimacterischen Alters der Aufenthalt in einer Gebirgsgegend mit sedativ roborirendem Klima oder an der Riviera anzurathen. Bäder, welche man in Verbindung mit der Trinkcur in den bezeichneten Curorten nehmen lässt, sind, worauf auch Kisch bereits aufmerksam gemacht hat, ein wichtiges diätetisches und therapeutisches Mittel für Frauen zur Zeit der Menopause, indem sie die Function der Haut bethätigen und zugleich eine beruhigende, die allgemeine krankhafte Reizbarkeit herabsetzende Wirkung auf das Nervensystem ausüben. Ihre Mitanwendung ist daher besonders geboten, wenn das Nervensystem in ausgesprochener Weise am Krankheitsbilde sich betheiligt. Dann sind es aber nur die kühleren Wildbäder, wie Landeck, Schlangenbad, Johannisbad, Tüffer, Liebenzell u. a., welche eine den Kranken zusagende Wirkung besitzen, weil alle höher temperirten sofort Aufregung im Gefässsysteme erzeugen würden. Kohlensaure Eisenbäder thun dasselbe und sind daher zu vermeiden. Dagegen sind Moorbäder, welche den Indifferenzpunkt des Individuums nicht überschreiten und von mässiger Consistenz sind, wohl zu empfehlen und bewähren sich als vortheilhafter, wenn Neuralgien nebenbei bestehen oder ein Gichtanfall sich hinzugesellt hat.

Wenn Stauungshyperämien Veranlassung zur Menorrhagie abgeben, wenn Hämorrhoiden sich ausgebildet haben, Leber- oder Milzanschwellungen nebenbei bestehen, Lageveränderungen der Gebärmutter oder Knickungen derselben stattfinden, sind eben-

falls, wie bei Abdominalhyperämien des klimacterischen Alters, alkalisch-sulfatische Wässer, leichtere Bitterwässer, und wenn Erscheinungen der Anämie fehlen, auch kalte Schwefelwässer von
Nutzen, während bei gleichzeitiger Affection der Lungenspitzen nach
Haupt's Rath die Quellen von Soden mit dem dasigen milden Klima
den Vorzug verdienen.

Dass bei allen Curmethoden, welcher Art sie auch sein mögen,
alle Aufregung zu vermeiden ist, Voll- und locale Bäder nie
zu hoher Temperatur oder zu langer Dauer genommen werden
dürfen, dass man bei Trink- wie Badecuren die Kohlensäure möglichst zu entfernen hat, und bei Injectionen in die Vagina keinen
allzu starken Druck auf die Vaginalportion der Gebärmutter
ausübe, der eine Reaction im Gefässsysteme herbeiführen kann, ist
wohl als selbstverständlich anzusehen und bedarf daher kaum erst besonders betont zu werden.

c) Metrorrhagie.

Was über Menorrhagie gesagt wurde, lässt sich in der Hauptsache
auch auf die Metrorrhagie übertragen. Nur fordern bei dieser die
ätiologischen Momente eine strengere Rücksichtsnahme, als bei der
ersteren. Meist sind es Erkrankungen des Organs selbst von schwererer
Art, die beseitigt sein müssen, wenn eine günstige Rückwirkung auf die
Blutung eintreten soll, und in Rücksicht hierauf sind diese als Grundleiden mehr zu behandeln, als dieses von ihnen ausgehende secundäre
Leiden, die Metrorrhagie.

d) Dysmenorrhoe.

Die Dysmenorrhoe kann nur sehr bedingungsweise Gegenstand balneotherapeutischer Behandlung werden. Alle Fälle,
denen mechanische Hindernisse im Austritt der menstruellen Ausscheidungen und Secretionen unterliegen, und diese bilden unleugbar die
überwiegende Mehrzahl, sind selbstverständlich von Badecuren in der
Hauptsache auszuschliessen und können nur insoweit in Frage kommen,
als die sie meist begleitenden entzündlichen Processe im Uterus, Ovarium
und Peritoneum eine derartige Rücksichtnahme erheischen. Als für die
Balneotherapie geeignete Formen der Dysmenorrhoe unterscheidet man gewöhnlich die nervöse, die congestive und häutige.

1. Die nervöse Dysmenorrhoe.

Als charakteristisch für diese Form wird jener Zustand bezeichnet,
wo der Grund zu den uterinalen Krämpfen in einer abnorm gesteigerten Erregbarkeit der Uterinnerven, ohne dass ausgesprochene
palpable Veränderungen in den Geweben des Uterus sich nachweisen
lassen, zu suchen ist oder die Dysmenorrhoe als Theilerscheinung
allgemein erhöhter Reflexerregbarkeit des gesammten Nervensystems angesehen werden muss. Hier sind es der Natur des Leidens
nach die lauen und wärmeren Wildbäder von Schlangenbad,

Landeck, Wildbad, Ragaz, Pfäfers, Gastein, Johannesbad, Teplitz, sowie die Schwefelthermen von Aachen und Burtscheid, Baden bei Wien, Baden im Aargau, Schinznach, Pystian, die Euganeischen Thermen, oder auch die Kochsalzthermen von Baden-Baden, Wiesbaden, Nauheim, Oeynhausen, Soden, welche ihre Anwendung finden. Besonders wirksam hierbei erweisen sich aber consistente Moorbäder von höherer Temperatur, wie die Moorbäder von Franzensbad, Elster, Marienbad, Teplitz, Muskau, Steben u. a., besonders bei der sogenannten Dysmenorrhoea intermenstrualis und der membranacea, insoweit der ersteren leichtere Anfälle von Pelveoperitonitis unterliegen.

Eines gewissen Rufes erfreut sich Ems bei nervöser Dysmenorrhoe, besonders wenn sie bei schwächlichen gracilen Constitutionen auftritt und im Gefolge von Hysterie sich entwickelt hat. In Frankreich haben sich dagegen die Thermen von Neris nach de Ranse (Gaz. de Paris, 9—10, 1877) als treffliches Heilmittel der nervösen Dysmenorrhoe erwiesen.

2. Congestive Dysmenorrhoe.

Auch bei congestiver Dysmenorrhoe, welche sich durch eine ebenfalls ohne begleitende anatomische Alteration entstehende, sehr starke Hyperämie der Sexualorgane auszeichnet, sah v. Ibell (l. c. S. 279) von einer Badecur in Ems recht gute Wirkungen.

In den durch Chlorose und Anämie hervorgerufenen Fällen ist die Therapie des Causalleidens selbstverständlich die rationellste Hülfe, und die stoffreicheren Eisenquellen, welche neben der Badecur auch eine Trinkcur gestatten, wie die Quellen von Schwalbach, Spa, Steben, Lobenstein, Brückenau, Bocklet, Elster, Königswart u. a. sind dann an ihrem Platze. Bezüglich anderer geeigneter Formen der congestiven Dysmenorrhoe hebt Frickhöffer, welcher über die Wirkung Schwalbachs bei Dysmenorrhoen berichtet (Grossmann, Die Heilquellen des Taunus, 1887, S. 367), nur als empirische Thatsache hervor, dass dieses Leiden durch Schwalbachs Curmittel entschieden Heilung erfahre, ohne dass er sich Aufschluss geben kann, auf welche Weise dies geschieht. Am wahrscheinlichsten erscheint es ihm, dass hierbei eine die Sensibilität der Unterleibsorgane herabsetzende Wirkung des kohlensauren Eisenwassers stattfindet. Recht warme und lange Bäder bis zum Eintritt der Periode haben sich in Schwalbach sehr wirksam erwiesen.

In gleicher Weise empfiehlt Winternitz (Hydrotherapie im Ziemssen's Handbuche der allgemeinen Therapie, 1881, S. 215) bei der Menstrualkolik Sitzbäder von 32 bis 38° C. zur Dauer von 1—2 Stunden und noch länger als sehr wirksam und den Eintritt der Blutung erleichternd und lässt dieselben sogar während der Katamenialepoche, besonders bei zu geringem Blutflusse fortsetzen. Auch erregende und abkühlende Stammumschläge leisten nach demselben Autor (l. c. S. 230) gute Dienste.

Congestive Dysmenorrhoe erfordert ausser dem Gebrauch lauer Akratothermen noch gelind abführende Wässer. Leichte Bitterwässer, wie das Friedrichshaller, Mergentheimer, Püllnaer, Saidschützer, Sedlitzer u. a., besonders aber alkalisch-sulfatische Quellen, wie Karlsbad, Marienbad, Elster-Salzquelle, Franzensbader Salzquelle u. a. und gelind abführende Kochsalztrinkquellen, wie die von Kissingen, Homburg, Soden, Nauheim, Rehme kommen hierbei vorzugsweise in Frage.

Als eine Abart der congestiven Dysmenorrhoe muss die intermenstruale Dysmenorrhoe betrachtet werden, welche meist auf leichtere Anfälle von Pelveoperitonitis zurückzuführen ist. Sie fordert gleiche Behandlungsweise wie die oben besprochene congestive Form. Moorbäder und Moorcataplasmen spielen hierbei eine wichtige Rolle.

3. Membranöse Dysmenorrhoe.

Bei membranöser Dysmenorrhoe ist mit Badecuren nicht viel auszurichten. Gegen die Schmerzhaftigkeit empfehlen sich wie bei jeder anderen Form der Dysmenorrhoe warme Bäder, bezw. Akratothermen und Moorbäder.

VII. Neigung zu Abortus.

Die Neigung zu Abortus hängt von so verschiedenartigen sexualen und constitutionellen Erkrankungen ab, und tritt dieser häufig unter Umständen auf, wo thatsächliche Veranlassungen zu solchen sich gar nicht ermitteln lassen, dass es unmöglich ist, bestimmte allgemein gültige balneotherapeutische Grundsätze zu seiner Verhütung aufzustellen. Es können daher nur einzelne Eventualitäten hervorgehoben werden, für welche Bade- und Trinkcuren sich eignen.

Ein wichtiges causales Moment für den habituellen Abort sind bekanntlich Anämie und Chlorose, welche diesem gegenüber als circulus vitiosus aufzutreten pflegen. Wenn man bedenkt, welchen mächtigen Einfluss anämische und chlorotische Krankheitszustände auf die Ernährung der gesammten Constitution und ebenso auch auf das Nervensystem ausüben, so lässt sich wohl begreifen, dass an solchen allgemeinen Störungen auch die Ernährung der Frucht und des Fruchthalters Antheil nimmt und damit eine Neigung zum Abortus sich entwickeln kann, welche in der nebenbei stets gesteigerten reflectorischen Thätigkeit des Nervensystems eine neue Stütze findet. Ueberhaupt wo mangelhafte Ernährung der Muskulatur der Gebärmutter und ihrer Adnexa, wie sie nach schweren Wochenbetten oder parenchymatösen Entzündungen öfters sich herausbildet, eingetreten ist, liegt stets eine Neigung zur Unterbrechung der Schwangerschaft vor.

In allen diesen Fällen sind Eisenbäder indicirt, und haben dieselben durch Beseitigung der causalen Verhältnisse als Antiabortiva einen gewissen Ruf sich begründet.

Erscheint die Neigung zur Frühgeburt als Begleiterscheinung der chronischen Metritis, wie dies nicht selten geschieht, muss diese letztere Gegenstand der Behandlung sein, ebenso wie es die Endometritis ist, wenn diese in causalem Connex mit der Neigung zur Frühgeburt steht.

Auch Syphilis giebt nicht selten Veranlassung zum Absterben der
Frucht und in Folge dessen zum Abortus. Für solche Fälle kann nur
eine antiluetische Cur nützen. Zu einer solchen empfiehlt sich vor
Allem aus mehrfachen Gründen Krankenheil, von dessen Wirksamkeit
in dieser Beziehung mehrfache Beweise vorliegen. Auch andere Jodquellen dürften unter Umständen gleich gute Dienste thun.

Wo Scrofulose als mitwirkende Ursache angesehen werden
muss zur Begünstigung des Aborts, wird man sich an Soolbäder zu
wenden haben und, wenn Anämie nebenbei einhergeht, wohlthun, eisenhaltigen Kochsalzbädern, die neben der Badecur auch eine Trinkcur
zulassen, den Vorzug zu geben.

VIII. Weibliche Sterilität.

Auch bei der balneotherapeutischen Behandlung der Sterilität der
Frauen ist ein nur einigermassen einheitliches Verfahren ebenso wenig
ausführbar, wie bei der ihr nahestehenden Neigung zum Abortus, da die
Ursachen zu solcher bekanntlich der allerverschiedensten Art sind und
zum grössten Theile nicht in das Gebiet der Balneotherapie einschlagen.

Es sei nur kurz erwähnt, dass die Sterilität, welche von allgemeinen oder örtlichen Störungen und Schwächezuständen ausgeht, ebenfalls der stärkeren Eisenbäder namentlich gasreicher bedarf,
die theils als Bäder, theils als Trinkcuren Anwendung finden. Es sind sonach Schwalbach, Spa, Steben, Elster, Franzensbad, Cudowa u. a.,
die hierzu gern gewählt werden. Aber auch die Kohlensäure allein
lässt nicht selten durch den Reiz, den sie auf die Vaginalschleimhaut
und Vaginalportion der Gebärmutter ausübt, den Zweck unter obigen
Verhältnissen erreichen, und man findet dann Frauen nach einer solchen
Cur in Elster, Franzensbad, Marienbad, Meinberg, Cudowa bald
gravid werden.

Ausser anämischen Personen findet man fettleibige Frauen recht
oft steril. Diese haben meist eine üppige luxuriöse Lebensweise geführt,
sich wenig Bewegung gemacht und in Folge dessen bei sonstiger Anlage
zur Fettbildung massenhafte Ablagerung von Fett auf Uterus und Ovarien,
wodurch im letzteren Falle die Loslösung des Eichens unmöglich gemacht
wird, überhaupt auf den Boden der Beckenhöhle acquirirt. Solche Kranke,
die meist etwas anämisch nebenbei sind, eignen sich für den Marienbader Kreuzbrunnen, die Salzquelle von Elster, für die Luciusquelle zu Tarasp, sowie auch für Kissingen, Homburg und andere
Kochsalzsäuerlinge mit Eisengehalt. Die Fettbildung schwindet meist
beim Gebrauche dieser Wässer und die Conception erfolgt dann ohne
besondere Schwierigkeit.

Von Alters her geniesst Ems einen hohen Ruf gegen die
Sterilität der Frauen. Nach v. Ibell ist es besonders jene Form
derselben, wobei die chronischen Katarrhe der Vagina, des Cervix
und des gesammten Uterus in Betracht kommen, welche sowohl durch
chemische Einwirkung, als durch mechanischen Einfluss ein Hinderniss
für die Conception abgeben. Durch aufsteigende Douchen mittelst des

Mineralwassers wird die saure, den männlichen Samenfilamenten feind-
selige Beschaffenheit des Vaginalschleims durch Neutralisirung der
Säure beseitigt und ebenso der Schleimpfropf entfernt, welcher durch
Verschluss des Cervicalhalses dem Sperma virile den Eintritt ins Cavum
des Uterus versperrte. Aber auch allgemeine Bäder und der innerliche
Gebrauch der Thermen haben ihren wesentlichen Antheil an der Cur.
Von den ähnlich wirkenden Thermen von Néris berichtet de Ranse
(l. c.), dass sie ebenfalls gegen Sterilität nur mittelbar wirken. Bei
organischen Veränderungen des Genitalapparates aber gewähren sie diesem
Autor zu Folge stets ein treffliches Heilmittel, die entzündlichen oder
die begleitenden neuropathischen Symptome abzuschwächen und den
chirurgischen Eingriff zu erleichtern.

J. Chronische Erkrankungen der männlichen Geschlechtsorgane.

I. Chronische Hodenentzündung.

Die chronische Hodenentzündung kommt hauptsächlich dann
erst in balneotherapeutische Behandlung, wenn es bereits zu starker
Schwellung und Härte des Organs gekommen ist. Gewöhnlich sind dann
Traumen, Gonorrhoe oder Syphilis vorangegangen, welche selbst zwar beseitigt, aber dauernde Anschwellung und Verdichtung des Hodens zurück-
gelassen haben. Bei dem Einfluss, den die chronische Orchitis auf die
Psyche nicht selten in Form von Melancholie und psychischer Nieder-
geschlagenheit ausübt, gewinnt sie, abgesehen von etwaigem Nachtheil
für die Zeugungsfähigkeit des Individuums, eine höhere Bedeutung und
rechtfertigt damit auch die gegen sie empfohlenen balneotherapeutischen
Eingriffe als Nothwendigkeit.

Diese beziehen sich hauptsächlich auf den innerlichen und äusserlichen Gebrauch von Jodquellen, letzterer in Form allgemeiner
Bäder und mit Jodwasser getränkter Compressen. Als besonders wirksam werden in dieser Beziehung gerühmt die Adelheidsquelle zu
Heilbrunn und die Tassiloquelle zu Hall in Oberösterreich, die
Jodquelle zu Wildegg, Zaizon, Lippik, Iwonicz und Luhatschowitz. Von Hall berichtet Schuber (Der Curort Hall in Oberösterreich, Wien, 1873, S. 68) einen sehr eclatanten Fall gelungener
Heilung.

Auch stärkere Soolen werden vielfach herangezogen, und hier ist
es wiederum Kreuznach, welches namentlich gegen chronische Orchiten
nach vorausgegangener Syphilis, ähnlich wie Hall als Jodbad, bevorzugte
Anwendung findet.

In Fällen letzterer Art finden auch Schwefelbäder und Schwefelschlammbäder, wie zu Nenndorf, Eilsen, Meinberg ihre Benutzung.

Bei besonderer Betheiligung des Nervensystems und vorwaltender Reizbarkeit desselben werden Wildbäder, Schwefelbäder und auch wohl Moorbäder am Platze sein und am besten zur Beruhigung des Nervensystems mitwirken, namentlich wenn durch Gebrauch von Jodwässern das Localleiden genügende Berücksichtigung bereits gefunden hat.

II. Pollutionen, Spermatorrhöe.

Die Indicationen, welche die Balneotherapie bei allen krankhaften Zuständen, deren Hauptsymptom der krankhafte Verlust des Sperma ist, zn erfüllen die Aufgabe hat, gipfeln in Verbesserung der Gesammtconstitution, in Kräftigung des Nervensystems und in der Wiederaufrichtung der deprimirten Psyche.

Diese von Thilenius und von anderer Seite aufgestellten Anforderungen an die Therapie müssen, da es sich lediglich um Bekämpfung einer funktionellen Schwäche handelt, ihre Angriffspunkte in dem allgemeinen Zustande des Nervensystems und in der Beschaffenheit des Blutes als Ernährungsmaterial für den gesammten Körper suchen. Die Balneotherapie wird daher die besten Erfolge zu verzeichnen haben, wenn in Folge der krankhaften Samenverluste Anämie und Schwäche des Nervensystems in ausgesprochener Weise sich herausgebildet haben oder letztere in causalem Connex zu ersteren stehen.

Hier finden ihre vortheilhafte Anwendung die reineren Eisenwässer von Pyrmont, Driburg, Schwalbach, Spa, Meinberg, Steben, Bocklet, Imnau, Brückenau, Königswart, St. Moritz, Tarasp-Schuls (Wyhquelle, Bonifaciusquelle, Brückensäuerling) u. a. und wo Neigung zu Stuhlverstopfung besteht, die Quellen von Elster, Franzensbad, Rohitsch, Rippoldsau, Bartfeld u. a.

Selten aber ist es zweckmässig, die Cur sofort mit starken Eisenwässern zu beginnen. Meist besteht neben der allgemeinen Schwäche ein gewisser Grad nervöser Reizbarkeit, welcher Eisenwässer mit höherem Gehalte an Kohlensäure nicht immer gut vertragen lässt. Dann ist es zweckmässig, ein mässiges hydrotherapeutisches Verfahren einzuleiten, wenn sonst die nöthige Reaction von Seiten des kranken Organismus erwartet werden kann. Kalte Waschungen des Rückens und namentlich der Kreuzgegend, anfangs mit etwas abgeschreckten, später ganz kaltem Wasser am Morgen vorgenommen und einige Stunden vor dem Schlafengehen wiederholt, pflegen bei Pollutionen reizbarer Onanisten meist recht wohl zu thun und erfrischend auf das Nervensystem einzuwirken. Kalte Bäder von Süsswasser und Ostseebäder üben ebenfalls einen günstigen Einfluss auf das geschwächte reizbare Nervensystem aus.

Wo man die Absicht hat, zugleich ableitend bei Congestivzuständen zu den Organen der Beckenhöhle einzuwirken, empfehlen sich nach Winternitz (Hydrotherapie im Ziemssen'schen Handbuche der allgemeinen Therapie, II. Bd., 3. Thl., S. 204, 233) Armbinden um die Oberarme, aus einem handtuchartigen, $1\frac{1}{2}$ Mal um die Oberarme reichenden, gut trocken bedeckten Umschlage bestehend, und

Hinterhauptsbäder, wobei das Hinterhaupt in ein beckenartiges mit Wasser gefülltes Gefäss getaucht wird, das für den Nacken des in horizontaler Lage liegenden Kranken einen Ausschnitt zeigt.

Um den Tonus bestimmter Muskelgruppen, die der Ejaculation des Sperma vorstehen, namentlich des Bulbo- und Ischiocavernosus, der Fasern, die vom Blasengrunde auf die Samenbläschen sich erstrecken, des Sphincters der Blase und der zahlreichen contractilen Fasern, die in und um die Schleimhaut herum eingebettet sind, in zweckentsprechender Weise zu erhöhen, wendet Winternitz (l. c., S. 237) die von ihm angegebene Kühlsonde an, welche in einem Katheter à double courant ohne Fenster besteht. Er versichert, dass er in den meisten Fällen von abnormen häufigen nächtlichen Samenentleerungen unter der Einwirkung dieses Instruments die Pollutionen seltener habe eintreten sehen. Die Temperatur des zu verwendenden Wassers soll 14 bis 12° C. etwa betragen und die Dauer der Application sich auf 8, höchstens 12 Minuten beschränken.

Bisweilen aber ist die Widerstandsfähigkeit des kranken Organismus gegen Kälte dergestalt gesunken, dass man von allem hydrotherapeutischen Verfahren absehen muss. In solchem Falle ist es geboten, die Hyperästhesie der Gesammtconstitution durch laue Wildbäder, wie durch Schlangenbad, Landeck, Wolkenstein in Sachsen zu mildern oder, wenn höhere Badetemperaturen vertragen werden und Gebirgsluft wohlthuend einwirkt, die Thermen von Gastein, Wildbad, Johannisbad in Böhmen, Tüffer und Tobelbad in Steiermark in Anwendung zu bringen.

Ist es auf diese Weise gelungen, die Reizbarkeit des Kranken, die namentlich bei Onanisten zu hohem Grade sich ausbildet, herabzusetzen und die Widerstandskraft des Individuums zu heben, werden die Eisenmoorbäder von Elster, Franzensbad, Marienbad, Steben, Muskau und anderer Curorte einen geschickten Uebergang theils zu kohlensäurereichen Stahlbädern, theils zu kohlensauren Soolthermen und stoffreichen Soolbädern machen. Verbesserung der Gesammtconstitution und Kräftigung des Nervensystems werden durch diese Bäder am sichersten und dauernd erreicht, so dass sie neben kräftigenden Nordseebädern gewissermassen den Schlussstein der Behandlung bilden.

In neuerer Zeit sind noch electrische Bäder, namentlich auf Eulenburg's Empfehlung hin, gegen die in Rede stehende Functionsschwäche in Anwendung gelangt. Sie passen aber nur für die Fälle, wo jede stärkere Reizbarkeit des Nervensystems fehlt, und sind auch dann mit Vorsicht anzuwenden, da sie leicht Ueberreizung in den Hoden und Samensträngen herbeiführen können. Bei richtiger Indication sollen sie sich sehr nützlich erweisen.

Eine häufige Begleiterscheinung der Spermatorrhoe ist bekanntlich die männliche Impotenz, welche meist erst die Veranlassung zur balneotherapeutischen Behandlung der ersteren abgiebt. Sie ist sehr oft nur eine eingebildete und dann meist mit Hypochondrie combinirt, welche man bekanntlich häufig bei an Pollutionen leidenden Onanisten antrifft. Sie unterliegt derselben Behandlung, wie die Spermatorrhoe und Hypochondrie und wird dann mit diesen zugleich zum Verschwinden gebracht,

wenn durch Hebung der Gesammtconstitution die psychischen Alterationen
wieder gehoben sind.

Die Impotenz, welche auf einer thatsächlichen ernsten
Functionschwäche beruht, ist unter dem Kapitel der Lähmungen resp.
functioneller Schwäche bereits abgehandelt worden, und wir verweisen
auf das daselbst Gesagte.

Um beruhigend auf die Psyche einzuwirken und solchen Kranken
Vertrauen zu sich selbst wieder zu verschaffen, ist es zweckmässig, sie
nach beendeter Cur in ein Seebad oder ins Hochgebirge zu schicken.
Der Aufenthalt am Strand oder in den Alpen pflegt meist sehr wohlthätig auf sie einzuwirken, insbesondere, wenn nebenbei ihr Muth durch
geeignete Zusprache gehoben wird.

K. Chronische Erkrankungen des Harnapparates.

I. Chronische Nephritis (Morbus Brightii).

Es ist eine feststehende Thatsache, dass der Therapie für eine
directe Beeinflussung der erkrankten Nieren fast gar keine Mittel zu
Gebote stehen. Es ist daher selbstredend auch die Balneotherapie unter
gleichzeitiger Durchführung gewisser diätetischer Massnahmen lediglich
auf die Erfüllung symptomatischer Indicationen angewiesen, welche vor
Allem Hebung der gesunkenen Kräfte und Anämie, Beseitigung
des Hydrops und Berücksichtigung der Herzhypertrophie resp.
des linken Ventrikels zum Ziele hat.

Dieser schon von Thilenius (Helfft's Balneotherapie, II. Abthl.,
S. 180) gestellten Aufgabe, der wir hier folgen, genügen, insoweit
Hebung der Ernährung in Frage kommt, im Allgemeinen weniger
Brunnen- und Badecuren, als gewisse diätetische Massnahmen, welche
geeignet sind, dem täglichen Eiweissverlust, der als Hauptursache der
Entkräftung und Blutarmuth anzusehen ist, einen gewissen Ersatz zu
bieten. Das zweckmässigste und wirksamste Mittel hierfür ist und bleibt
nach wie vor eine lang fortgesetzte Milchcur, wie sie bekanntlich zuerst
von Niemeyer empfohlen wurde. Die Kranken verlieren bald das Gefühl von Mattigkeit, bekommen ein besseres Aussehen und werden
leistungsfähiger, wobei zugleich die hydropischen Erscheinungen sich zu
beschränken pflegen. Ist es überhaupt möglich, auf dem Wege besserer
Blutbildung die Ernährung der Glomeruliwandungen und ihres Epithels
zu heben, dann wäre wohl auch in der Milchdiät ein zweckmässiges
Mittel gefunden, der Eiweissausscheidung direct entgegen zu wirken, indem die Durchlässigkeit der atrophisch gewordenen Glomeruli beseitigt
wird. Ob ein solcher Vorgang thatsächlich eintritt, muss freilich noch
dahingestellt sein, jedenfalls ist eine richtige Ernährung nicht hoch genug
zu veranschlagen, die selbstverständlich über die Grenzen der einfachen
Milchnahrung noch hinausgeht.

Raschere Resultate erzielt man aber durch solche Milchcuren, wenn man sie bei reichlichem Genuss reiner frischer Wald- und Bergluft durchführen lassen kann, wie dies in manchen Gegenden von Tirol und der Schweiz, von Thüringen oder im Harze thunlich ist, wo man die Kranken vor jeder Erkältung genügend schützen kann.

Ungeachtet der hohen Wichtigkeit, welche diätetische Massnahmen in der Behandlung der chronischen Nephritis jederzeit behalten werden, können auch wohl Eisenwässer als zweckmässige Roborantien unter Umständen in die Behandlung mit hereingezogen werden, wie dies oft schon geschehen ist. Eine solche Empfehlung wiederholte neuerdings in Bezug auf Schwalbach Frickhöffer (Grossmann, Heilquellen des Taunus, 1887, S. 373), welcher dessen Curmittel bei Nephritis für indicirt erklärt, wenn bereits durch die in dem Parenchym abgelagerten Exsudate und deren Druckwirkung auf die Zwischensubstanz ein gewisser Zustand der Atrophie nach dem Schwinden der Entzündungserscheinungen in den Nieren gefolgt und durch lang dauernden Eiweissverlust ein Rückgang in der Ernährung und in Folge dessen ein mehr oder weniger hoher Grad von Anämie eingetreten ist. Im anderen Falle, fügt er hinzu, dürfen jedoch auch die Krankheitsprocesse noch nicht soweit fortgeschritten sein, dass der Kräftezustand bedeutend reducirt und hydropische Erscheinungen aufgetreten sind oder sich bereits anderweitige Complicationen z. B. Herzleiden u. s. w. eingestellt haben.

Mit dieser Einschränkung der Indicationen für Eisenwässer, die bei der reizenden Eigenschaft der Kohlensäure auf die Nieren beim innerlichen Gebrauch und auf die Haut beim Bade eine noch grössere wird, kann deren Anwendung bei chronischer Nephritis nur eine sehr beschränkte sein und der Zweck derselben, die Blutmischung zu verbessern, bezw. die Bildung neuer Blutzellen zu erstreben und die Diurese anzuregen, nur in sehr unvollkommener Weise erreicht werden.

Die Indicationen, welche Frickhöffer für Schwalbachs Quellen aufgestellt hat, haben auch für andere Eisensäuerlinge ihre Gültigkeit.

Nicht selten gesellen sich zur chronischen Nephritis Verdauungsstörungen, namentlich Appetitlosigkeit und Obstruction, die um so mehr Beachtung verdienen, als sie die Ernährungsacte herabsetzen. Für solche Fälle sind alkalisch-muriatische Säuerlinge, alkalisch-salinische und Kochsalzwässer mit geringem Kochsalzgehalt angezeigt. Nothwendig hat man hierbei sein Augenmerk auf die Wirkung der Kohlensäure zu richten, die bei grösserem oder länger fortgesetztem Wassergenuss und in Folge dessen grösserer Zufuhr dieses Gases leicht allzustarke Nierenreizung herbeiführen kann. Wohl wird man daher stets thun, nur kleine Dosen auf einmal zu gestatten und die allzu reichliche Kohlensäure vor dem Wassergenuss etwas abdampfen zu lassen. Gewöhnlich wird beim Gebrauch dieser Säuerlinge und Kochsalzwässer auch die Stuhlverstopfung gehoben. Geschieht dies aber nicht, so empfehlen sich leichte Bitterwässer, wie das Friedrichshaller oder das sogenannte Hessische oder auch Sedlitzer. Sie schädigen den Magen nicht, regen in mässiger Weise die Stuhlentleerung an, ohne den Körper zu schwächen und bieten somit auch ein gutes Ableitungsmittel für die hyperämischen Nieren dar.

Besteht neben der Nephritis Fettsucht, so hat man die Quellen

von Karlsbad und Marienbad empfohlen. Eine solche Empfehlung aber
darf nur mit Vorsicht aufgenommen werden. Es ist bekannt, dass solche
Entfettungscuren in Karlsbad und in Marienbad leicht grössere anämische
Zustände bewirken, und daraus kann für solche Kranke nie ein Nutzen
erwachsen.

Von ganz besonderer Bedeutung in der Therapie der chronischen
Nephritis ist bekanntlich eine starke Anregung der Hautthätigkeit,
die sich durch heisse Bäder von 38 bis 43° leicht erreichen und beim
gleichzeitigen Genusse warmer Getränke zu einer starken Diaphorese
steigern lässt. Der Nutzen, der durch eine solche erreicht wird, ist ein
mehrfacher. Denn einmal sind warme Bäder ein treffliches Ableitungsmittel für die Hyperämie und Entzündung der Nieren selbst, andererseits
wird die durch sie erzeugte starke Schweissbildung ein treffliches Mittel
für Ausscheidung der sonst durch den Urin den Körper verlassenden
Auswurflinge, welche, wie Fleischer auf experimentellem Wege dargethan hat (Verhandlungen des 6. Congresses f. innere Medicin, 1887,
S. 317 u. ff.), wahrscheinlich durch Anregung von Gefässkrämpfen in
verschiedenen Organen, besonders aber im Gehirn und im verlängerten
Mark hochgradige Anämie und urämische Erscheinungen herbeizuführen
vermögen, wenn ihnen kein Austritt aus dem Körper eröffnet wird. Aber
auch auf die Aufsaugungsthätigkeit der Gefässe übt eine solche starke
Schweisssecretion einen mächtigen Einfluss aus. Da das Blut seine Zusammensetzung möglichst intact erhält, müssen nach solchem Wasserverlust die Gewebe und die intercellulare Flüssigkeit einen Theil ihres
Wassergehalts an die Blutgefässe abgeben, und somit werden auch die
hydropischen Erscheinungen allmälig zum Verschwinden gebracht, die
einen grossen Theil der Beschwerden des Kranken auszumachen pflegen.
Aber nicht blos der Wasserverlust, auch der Eiweissverlust des Blutes
wird durch solche Schweisse indirect wieder gedeckt, wenigstens bis zu
einem geringen Grade. Denn mit dem Verlust an Salzen, namentlich
Chloralkalien, der durch die Schweisse bewirkt wird, muss das Blut nach
den Untersuchungen von C. Schmidt durch Diffusion eine grössere Menge
von Eiweiss aus den Gewebsflüssigkeiten aufnehmen und zwar dergestalt,
dass bei dem Verlust von 1 Theil Salzen 9 Theile Eiweiss Aufnahme
auf dem Wege der Diffusion in den Körper finden.

Solche warme Bäder, deren Wirkung auf die Schweissbildung man
gewöhnlich durch nachfolgende Einpackung in nasse heisse Tücher und
langes Verweilen im Bett noch zu steigern sucht, sind nicht, wie dies
häufig geschieht, auf 15 bis 20 Minuten, der gewöhnlichen Dauer eines
Bades, zu beschränken, sondern sollen als sogenannte permanente
Bäder zur Dauer von mehreren Stunden, wenn sonst ausführbar, genommen werden, wie man dies in früherer Zeit that und heutigen Tags
in Leuk, in verschiedenen italienischen Bädern und in einzelnen
Pyrenäenbädern noch thut und zwar ohne allen Schaden für den
Kranken. Ueberhaupt werden solche Bäder im Allgemeinen besser vertragen, wie man gewöhnlich glaubt, und lassen einen ganz anderen Nutzen
erwarten als Bäder der üblichen Dauer.

Was von heissen Wasserbädern gesagt wurde, gilt selbstverständlich auch von Dampfbädern und heissen Sandbädern, von welchen

man gleich günstige Curerfolge berichtet. Noch ist zu bemerken, dass nicht alle Badeorte mit hoher Temperatur ihrer Quellen für ein solches diaphoretisches Verfahren sich eignen. Es ist unseres Erachtens noch nothwendig, dass der Kranke die Möglichkeit hat, im Hause seiner Wohnung zu baden, um jeder etwaigen Erkältung aus dem Wege gehen zu können. Als so geeignete Curorte wären vor Allen Wiesbaden, Baden-Baden, Aachen, Burtscheid und zum Theil auch Teplitz in Böhmen zu nennen, wo man in den Badehäusern selbst wohnen kann.

Leider ist es nicht überall thunlich, solche wirksamen Schwitzcuren zur Ausführung zu bringen. Einmal verbietet sie ein schlechter Stand der Kräfte, der solche Wasserverluste nicht gut erträgt, ein andermal fortgeschrittene Hydropsie in der Bauch- oder Brusthöhle. Vorzugsweise aber macht das Verhalten des Herzens besondere Vorsicht solchen Bädern gegenüber nothwendig, und dies ist um so mehr zu beachten, als neuere Beobachtungen, wie Strümpell in seinem Lehrbuche der spec. Pathologie und Therapie besonders hervorhebt, zu der Ueberzeugung geführt haben, dass Hypertrophie des linken Ventrikels bei chronischer Nephritis nie fehlt, wenn dieselbe schon lange Zeit bestanden hat.

Aus dem Gesagten dürfte hervorgehen, dass heisse Bäder nur im Anfange der Krankheit anwendbar sind, so lange es noch nicht zur Herzhypertrophie gekommen ist und man in Folge dessen den Eintritt starker Hirnhyperämien nicht so leicht zu fürchten hat.

Noch tritt öfters an den Arzt das Bedürfniss heran, die Diurese anzuregen, und einem durch zu lange Zurückhaltung der Harnbestandtheile und deren Resorption zu befürchtenden Eintritt urämischer Erscheinungen vorzubeugen. In solchen Fällen, die meist auf einer leichten Verstopfung der Harncanälchen, sei es durch Schwellung der Schleimhaut, sei es durch Anhäufung zertrümmerter Epithelzellen beruhen, lassen alkalische oder alkalisch-muriatische Säuerlinge, wenn sonst der Reizungszustand in den Nieren ein in der Hauptsache schon abgelaufener ist, diesen Zweck nicht selten ziemlich leicht erreichen. Als besonders wirksam hierbei wird das an kohlensaurem Natron reiche Fachinger Wasser von Grossmann empfohlen. Auch Schmitz beobachtete beim Gebrauche einer Bade- und Trinkcur in Neuenahr (Erfahrungen über Bad Neuenahr, S. 23) in mehreren Fällen vom chronischen Morbus Brightii eine ganz bedeutende Vermehrung der Diurese und sah hierbei eine erhebliche Verminderung der hydropischen und urämischen Erscheinungen eintreten.

Nächst dem sind ihres Natrongehalts wegen als gelinde Diuretika auch die Thermen von Vichy und Karlsbad empfohlen worden. Ihr Gebrauch aber entspricht nicht den gehegten Erwartungen. Von Vichy, selbst, von der dasigen Cölestinerquelle, die gegen Störungen im Harnapparate eines gewissen Rufes sich erfreut, sagt Durand-Fardel (Bullet. de thérap., CVI., 97. Févr. 15., 1884), dass dessen Quellen bei allen Reizungszuständen der Harnorgane contraindicirt seien, und Fleckles (Deutsche med. Wochenschr. 19, 1876) erklärt, dass er bei chronischer Nierenentzündung von der Karlsbader Cur sehr selten günstige Resultate erzielt habe und bei höheren Graden derselben jeder derartige therapeutische Versuch zweckwidrig sei.

II. Chronische Cystitis und Pyelitis.

Die chronische Cystitis ist im Allgemeinen nicht so häufig Gegenstand balneotherapeutischer Behandlung mehr, wie dies in früherer Zeit der Fall war. Für leichtere Fälle genügt meist eine diuretische und zur Beseitigung lästiger Nebensymptome eine gewöhnliche medicamentöse Behandlung, während schwerere Fälle fast durchgehends einer Localtherapie unterworfen werden. Es bleibt sonach nur ein kleiner Theil für die balneotherapeutische Behandlung noch übrig, welche gewöhnlich ebenfalls eine sehr einfache ist.

Mag nun der Entzündungserreger von aussen her durch Einwanderung von Bakterien auf die Blasenschleimhaut eingewirkt und den Katarrh erzeugt haben, oder ist er durch mechanische Reizung dieser in Folge vorhandener Concremente entstanden, es wird immer die Aufgabe des Arztes sein, dafür Sorge zu tragen, dass durch guten ungehinderten Abfluss des etwa zurückgehaltenen Harns jede Reizung der Schleimhaut vermieden werde, der Harn möglichst verdünnt abfliesse und zur alkalischen Gährung desselben durch in die Blase gelangte Bakterien es nicht komme. Dies ist zunächst auch die Aufgabe, welche die Balneotherapie zu lösen hat, der selbstverständlich auch die durch Erkältung bisweilen eintretende Cystitis, wenn sie in die chronische Form übergegangen ist, zufällt. Blasenkatarrhe, welche aus lang bestandener Incontinenz des Urins, aus Blasenlähmung, aus Stricturen der Harnröhre, aus Vergrösserung der Prostata hervorgegangen, oder bei schweren Rückenmarksleiden sich ausbilden, haben aus leicht begreiflichen Gründen von einer balneotherapeutischen Behandlung nichts zu erwarten.

Zur Verdünnung und leichteren Ausscheidung des Harns aus der Blase reicht oft schon der reichliche Genuss von warmem Wasser, von sogenannten indifferenten Thermen, wie Schlangenbad, Tüffer, Wildbad, welches letztere mehrfache besondere Empfehlung gegen Blasenkatarrhe gefunden hat, aus, indess werden alkalische Säuerlinge, wie der Apollinarissäuerling, Bilin, Birresborn, Geilnau, Giesshübel-Puchstein, Krondorf, Fachingen, namentlich letzterer Säuerling den Vorzug verdienen, weil diese durch ihren hohen Gehalt an Kohlensäure die Harnausscheidung weit mehr fördern, wie gewöhnliches Wasser.

Besteht nebenbei noch grosse Reizbarkeit der Blase und erhebliche Dysurie, empfiehlt Pfeiffer (Grossmann, Heilquellen des Taunus, 1887, S. 55) die Wiesbadener Thermalbäder als sehr wirksam, denen er als Unterstützungsmittel der Cur eine Trinkcur mit Kochbrunnen oder Fachinger Wasser und Ausspülungen der Blase mittels Kochbrunnens beigiebt. Auch die Thermen von Ems leisten nach v. Iboll (l. c. S. 277) und die Thermen von Neuenahr nach Münzel (Deutsche med. Wochenschr., No. 25, 26, 1878) bei Blasenkatarrhen dieser Art sehr gute Dienste, und Münzel berichtet (l. c.) von der Heilung eines geradezu verzweifelten Falles durch diese letzteren. Beide, namentlich v. Ibell, heben hierbei die reizmildernde, schleimlösende Eigenschaft dieser Wässer hervor.

Gleiche Empfehlung hat auch das Kocheler Mineralwasser (Marien- und Pfisterquelle) durch Fischer (Baier. ärztl. Intelligenzbl., 1877, No. 16) bei Katarrhen der Schleimhaut der Blase und des Nierenbeckens, wo noch ein geringer Grad von Hyperämie und Reizung der Mucosa vorhanden oder das betreffende Individuum sehr irritabel und leicht erregbar ist, gefunden.

Kranke, welche an chronischer, idiopathischer oder symptomatischer Cystitis leiden, namentlich mit Reizungszuständen der Blase, waren in Vichy von jeher stark vertreten, sollen aber nach Cornillon (Gaz. de Paris, 21, 1884) heutigen Tags andere Curorte mehr aufzusuchen. Sie scheinen sich überhaupt für Vichy nur sehr bedingungsweise zu eignen, denn Durand-Fardel (Bullet. de thérap., CVI., 97, Fevrier 15, 1884) der in Vichy badeärztliche Praxis ausübt, erklärt geradezu, dass die bei Krankheiten der Harnorgane fast ausschliesslich in Anwendung gezogene Côlestinerquelle bei katarrhalischen Affectionen der Blase und des Nierenbeckens ausserordentlich leicht Dysurie und Nierenkoliken, sogar Nierenblutungen erzeuge und, wenn Vichy bei diesen Krankheitszuständen überhaupt in Gebrauch käme, nur die mild wirkende Hospitalquelle benutzt werden dürfe.

Handelt es sich gleichzeitig um harnsaure Diathese, ist das Individuum nebenbei gichtkrank und hat sich Harngries gebildet, der die Blasenschleimhaut reizt, sind wiederum die Thermen von Ems (l. c.) und die von Neuenahr indicirt. v. Ibell (l. c.) und Schmitz (Erfahrungen über Bad Neuenahr, S. 25) heben ihre vortrefflichen Wirkungen hierbei ganz besonders hervor. Auch die Quellen von Fachingen, Assmannshausen, Weilbach, Baden-Baden, Karlsbad finden hierbei vortheilhafte Anwendung. Namentlich gilt dies von Karlsbad, dessen Sprudel- und Schlossbrunnen Fleckles (Der Schlossbrunnen in seiner Wirksamkeit gegen chronische Katarrhe verschiedener Organe, 1862, S. 19) als ein souveränes Mittel zur Heilung des chronischen Blasenkatarrhs bezeichnet.

Diese Empfehlung des Karlsbader Schlossbrunnens dehnt Fleckles (l. c., S. 20) auch auf jene Fälle von chronischem Blasenkatarrh aus, welche mit einfacher, mittelgradiger Vergrösserung der Prostata verbunden sind, wogegen er solche mit einem hochgradigen hypertrophischen Prostataleiden, mit Tendenz zur Verschwärung complicirte, für den Gebrauch von Karlsbad als völlig contraindicirt erklärt. Er wendet ausser der Trinkcur, die hierbei in erster Linie steht, noch Halb- und Ganzbäder an und lässt dazu Giesshübler Sauerbrunnen trinken.

Treten solche durch Harnconcremente hervorgerufene Blasenkatarrhe bei vollsaftigen, an eine üppige Lebensweise gewöhnten Personen auf, haben sich hierzu Circulationsstörungen im Unterleibe, Blasenhämorrhoiden und derartige Zustände hinzugesellt, beansprucht Marienbad (Kisch, die rationellen Indicationen für den Marienbader Kreuz- und Ferdinandsbrunnen, S. 32) mit seinem Kreuz- und Ferdinandsbrunnen, die in der dortigen Rudolfs- und Waldquelle eine kräftige Unterstützung finden, zunächst Berücksichtigung.

Gleiches leisten aber auch die Quellen von Karlsbad, Elster-Salz-quelle, die Tarasper Quellen und zum Theil wenigstens die Salz-quelle und Wiesenquelle von Franzensbad, wenn Stauungen im Pfort-adersysteme, Leberhyperämie, habituelle Verstopfung und derartige abdominale Störungen neben dem Blasen- und Nierenbeckenkatarrh ein-hergehen.

Bei gleichen Verhältnissen haben auch Schwefelquellen, wie die von Nenndorf, Eilsen, Wipfeld, Langenbrücken, Langensalza, Alveneu, Weilbach u. a. gegen Blasenkatarrhe Anwendung gefunden. Letztere Quelle wird besonders von Stifft (Grossmann, Taunusquellen, S. 92) als sehr wirksam gerühmt, wenn es zu Blasenblutungen auf hämorrhoidalem Boden gekommen ist.

Eine ganz besondere Bedeutung bei Blasenkatarrhen haben sich die alkalisch-erdigen Säuerlinge von Wildungen erworben, die bis zum Jahre 1832, seit Hufeland den Heilquell von Wildungen als herr-liches Geschenk Gottes pries, zurückgreifen. Von diesen Quellen kommen vorzugsweise die Helenenquelle und die Georg-Victorquelle zur Verwendung, die letztere besonders, wenn zugleich eine Anregung des Stuhls beabsichtigt wird, die erstere nach Stöcker (Bad Wildungen und seine Mineralquellen, 1866, S. 55), wenn das acute Stadium noch nicht abgelaufen ist und starke Reizungszustände der Blase bestehen, indess haben die Erfahrungen anderer Aerzte dargethan, dass auch die Helenen-quelle für solche Verhältnisse meist allzu reizend wirkt.

Diese gerühmte Wirkung der Wildunger Wässer beim Blasenkatarrh basirt nach den Untersuchungen von Zuelzer (Verhandlg. des Congresses f. innere Medicin, 1887, S. 420 u. ff.) darauf, dass der Schleim der Blase mit dem reichlichen Kalkgehalte jener eine organische Verbindung ein-geht, welche im Wasser leicht löslich ist, mithin leicht aus dem Körper ausgeschieden werden kann.

In gleicher Weise erklärt sich auch die Wirkungsweise der gegen Blasenkatarrhe einst sehr gerühmten Gipswässer von Contrexéville, Vittel, Bigorre, Pisa, Bath und Bristol, welche Macpherson (Bath, Contrexéville and the lime sulphated waters with their use in medicine, 1886, pag. 11 u. ff.) als nach dieser Richtung hin hervorragende Glieder dieser Gruppe bezeichnet.

Die eben besprochene Behandlung des Blasenkatarrhs mit alkalischen Wässern eignet sich aber nicht, wenn der Harn eine alkalische oder wenigstens neutrale Reaction erkennen lässt und es sonach zur Ammoniakbildung in denselben gekommen ist. Fleck-les erklärt unter solchen Verhältnissen das Karlsbader Wasser für geradezu Nachtheil bringend, und Durand-Fardel äussert sich in ähnlicher Weise über die Quellen von Vichy. Wenn aber trotzdem Münzel (Deutsche medic. Wochenschr., No. 25 u. 26, 1878) berichtet, dass in Neuenahr ein sehr lang dauernder Blasenkatarrh mit ammonia-kalischer Gährung des Harns und Eiterbildung in der Blase vollständig geheilt worden sei, so erklärt sich dies nur daraus, dass der Kranke ausserordentliche Mengen Thermalwässer trinken musste und durch An-regung einer starken Diurese eine Ausspülung der Blasenschleimhaut bewirkte. Immer aber muss feststehen, dass alkalische Wässer im Allgemeinen unter solchen Verhältnissen zu vermeiden, bei jeder alkalischen oder neutralen Reaction des Harns Blasenausspülungen vorzunehmen und die Gährungserreger aus der Blase direkt zu entfernen sind. Sollen Trinkcuren vorgenommen werden, dann würden sich für solche nur Gipswässer eignen, von denen die Quellen von Contrexéville, Vittel und Bristol, sowie von Bath in dieser Beziehung in gutem Rufe stehen. Auch durch andere gipshaltige Wässer, wie Weissenburg, Leuk, Pisa, Lippspringe lassen sich wohl gleiche Resultate wie durch jene erreichen, nur ist ihre Anwendung nach dieser Richtung weniger üblich.

Macht sich bei Blasenkatarrhen eine besondere Rücksicht auf die Muscularis der Blase und allgemeine Anämie nothwendig, handelt es sich dabei mehr um eine Nachcur nach dem Gebrauche alkalischer Wässer, welcher die Hypersecretion der Schleimhaut nicht auf normales Verhältniss zurückzuführen vermochte, sind Eisenwässer, kohlensaure, wie schwefelsaure nicht wohl zu umgehen, und es treten dann die Quellen von Schwalbach, Spa, Steben, Reinerz, Elster, Königswart, oder auch die Eisensulfatwässer von Alexisbad, Muskau, Mitterbad, Parad, Levico, Ronneby in die Behandlung ein.

In allen Fällen aber, welche in Curorten zur Behandlung gelangen, sollte nie eine locale Behandlung der Blasenschleimhaut mittelst Warmwasserausspülungen verabsäumt werden. Anstatt des gewöhnlichen Wassers wählt man zweckmässiger ein Thermalwasser, welches alkalische Salzverbindungen enthält. Als ein solches wären die Quellen von Ems und Neuenahr zu bezeichnen, indess eignen sich zu solchem Verfahren auch die angewärmten alkalischen Säuerlinge von Fachingen, Geilnau, Bilin, Kochel, Deutsch-Kreuz und andere, wenn ihr überschüssiger Gehalt an Kohlensäure entfernt ist.

Der chronische Katarrh des Nierenbeckens und der Harnleiter, wenn er diagnostisch überhaupt sicher gestellt sein sollte, fordert gleiche Behandlung mittelst Trink- und Badecuren, wie der chronische Blasenkatarrh im Allgemeinen, mag er durch Weiterschreiten dieses über die Grenzen der Blase hinaus oder durch Reizung von Concrementen entstanden sein. Anregung der Hautthätigkeit durch warme Bäder und reichlicher Genuss warmen Wassers sind auch hier die Mittel, welche man anzuwenden pflegt.

Bei allen Curen, welche gegen Cystitis und Pyelitis zur Anwendung gebracht werden, ist eine reizlose Kost ein nothwendiges Erforderniss. Stark gesalzene Speisen, Gewürze, saure Weine sind zu meiden und nur eine blande Diät kann gestattet werden.

Bei der grossen Neigung zu Erkältungen, welche Kranke mit Nieren- und Blasenleiden besitzen, ist es zweckmässig, sie für die Winters- und späte Herbstzeit an die Riviera di Ponente, nach Cannes, San Remo, Mentone, Ajaccio, Malaga, Cairo, oder auch nach Rom, Pau, Pisa, Neapel, Palermo u. a. Orte, wo ein warmes Winterklima ist, zu dirigiren.

III. Nephrolithiasis.

Die Concrementbildungen im Nierenbecken und in der Blase, welche theils als Nierensand, theils als Nierengries, theils als Nierensteine je nach der Grösse ihrer Entwickelung bezeichnet werden, bestehen aus Niederschlägen von Harnbestandtheilen, von denen überschüssige Harnsäure und Oxalsäure, auch wohl Phosphate im Harne am häufigsten Veranlassung zur Bildung solcher geben. Je nach ihrer elementaren Zusammensetzung fordern sie zwar verschiedenartige therapeutische Behandlung, indess, da die meisten dieser Gebilde überschüssiger Harnsäure ihre Entstehung verdanken und auch die Oxalatsteine aus saurem Harne abgeschieden werden, Phosphatconcremente im Allgemeinen selten vorkommen, beziehen sich fast alle Curmethoden, welche gegen Nephrolithiasis in Anwendung gebracht werden, auf Neutralisirung des übersauren Harns und möglichster Ausführung der überschüssigen Harnsäure aus dem Körper. sowie auf Vorbeugung der Bildung neuer grösserer Mengen von derselben.

a) Harnsäuresteine.

So oft nun auch überschüssige Harnsäure im Harne die Bildung von Concrementen veranlassen mag, so haben andererseits neuere Untersuchungen, die namentlich von Pfeiffer (Verhandlungen des 5. Congr. f. innere Medicin, Wiesbaden, 1886, S. 444 u. ff.) ausgeführt wurden, dargethan, dass zum Zustandekommen derselben ein Ueberschuss von Harnsäure nicht unbedingt erforderlich ist und solche auch im normalen Harne ohne Vermehrung dieser Säure und ohne Sedimentbildung erfolgt, sobald ein Schleimflöckchen, ein Gerinsel von Eiweiss oder Blut, welches längere Zeit in den Harnwegen verweilt und mit Urin imbibirt ist, der Ablagerungsort eines Harnsäurecrystalles wurde, welcher durch Anziehung neuer Harnsäure zum Harnsteine heranzuwachsen vermag.

In allen Fällen, wo der Harn stark sauer reagirt, macht sich der ausgedehnte innerliche Gebrauch alkalischer Wässer nothwendig, mögen sie Natronsäuerlinge oder Natronthermen oder Kalkcarbonate enthaltende sein. Hierbei hat aber die Erfahrung gelehrt, dass man überall da, wo es sich um eine rasche Einwirkung, bezichentlich um schnelles Auflösen eines Harnsäureüberschusses handelt, zu den stärkeren alkalischen Natronthermen greifen muss, hingegen, wo eine länger andauernde Cur beabsichtigt ist, die Harnsäureüberschüsse unschädlich zu machen, und man mehr die Bekämpfung der uratischen Diathese im Auge hat, es geboten ist, die leichteren Quellen zu wählen, namentlich solche, welche durch einen gewissen Reichthum an Kohlensäure befähigt werden, die Diurese stärker anzuregen. Die alkalischen Quellen, welche am meisten zur Neutralisation der Harnsäure und Lösung derselben Verwendung finden, sind namentlich die alkalischen Säuerlinge von Fachingen, Bilin, Giesshübel, Geilnau, Apollinarisbrunnen, Borszék, Salzbrunn, die Thermen von Karls-

bad, Ems, Neuenahr, Vichy, Mont-Dore, Royat, ferner die
lithionhaltigen Quellen von Assmannshausen, Szinye-Lipócz
(Salvatorquelle), Weilbach. Unter allen diesen alkalischen Wässern
stehen die Thermen von Karlsbad und Vichy oben an, namentlich
sind es aber die letzteren, welche als Hauptrepräsentanten der alkalinischen
Therapie der Harnconcremente gelten und besonders ihre Empfehlung finden, wo grössere Gaben von Natroncarbonat nothwendig erscheinen. Den
meisten Ruf geniesst von den Vichyer Wässern zwar die Cölestiner Quelle,
allein Durand-Fardel (Bullet. de thérap., CVI., 97, 1884), dem ein
sicheres Urtheil nicht abzusprechen ist, zieht dieser die Grande-Grille vor,
unter Umständen sogar die Hospitalquelle, weil die Cölestinerquelle leicht
stärkere Reizungszustände im Harnapparate herbeiführe. Auch die Quelle
von Vals in Frankreich und die Ulrikusquelle von Passug in der
Schweiz, wohl auch der Fachingerbrunnen dürften gleiche Wirkungen
wie die Wässer von Vichy besitzen.

Beim Gebrauch alkalischer Wässer gegen harnsaure Concremente ist man vielfach von der Ansicht ausgegangen, dass der
Kranke so viel und so lange solche trinken müsse, wenngleich unter
Berücksichtigung der individuellen Verhältnisse, bis der Harn eine alkalische Beschaffenheit annimmt. Ein solches Verfahren ist unzweckmässig
und zu verwerfen, denn sobald der Harn alkalisch zu reagiren anfängt,
werden in ihm die nur bei saurer Reaction in Lösung verharrenden
Phosphatverbindungen, vorzugsweise das secundäre Calciumphosphat, aus-
gefällt und zu Harnsedimenten anderer Gattung umgebildet. Um diesem
Uebelstande möglichst vorzubeugen, giebt Pfeiffer (l. c.) den Rath,
Quellen, welche sehr reich an Natroncarbonat sind, nicht täglich trinken
zu lassen, vielmehr nach 2 bis 3 Trinktagen einen oder zwei Ruhetage
einzuschieben. Die harnsäurelösende Kraft des Urins wird durch eine
solche Pause keineswegs beeinträchtigt. Im Uebrigen ist die Hervor-
bringung der alkalischen Reaction auch keineswegs nothwendig, um eine
bessere Lösung der Harnsäure zu erzielen, wie von Ibell (l. c. 281)
und auch Posner auf experimentellem Wege gefunden haben, da die
neugebildeten harnsauren Salze sämmtlich viel leichter löslich im Harn
sind, als die Harnsäure selbst.

Als ein besonders wichtiges Lösungsmittel für Harnsäure hat stets
das kohlensaure Lithium gegolten, und alle Mineralwässer, welche
nur einigermassen bemerkenswerthe Mengen von Lithiumsalzen enthalten, haben, wie wir bereits im allgemeinen Theile dargethan, gegen
Nephrolithiasis Empfehlung gefunden. Namentlich gilt dies von der
Assmannshausener Chliare und der Kronenquelle in Salzbrunnen.
Die Wirkung dieser Wässer, überhaupt des kohlensauren Lithiums selbst
auf Lösung der Harnsäure im Harne der Blase wird aber in Folge von
in neuester Zeit vorgenommenen Untersuchungen sehr in Zweifel gezogen,
denn es hat sich hierbei herausgestellt, dass überall da, wo man kohlensaures Lithium verabreicht hatte, es im Harne nicht als harnsaures
Lithium, wie man wähnte, sondern als schwerlösliches Chlorlithium wieder
erschien. Auch kochsalzhaltige Wässer, wie die Thermen von Wiesbaden und Baden-Baden, letztere wohl besonders wegen ihres Ge-

haltes an Chlorlithium sind gegen harnsaure Nierensteine vielfach
empfohlen worden. Eine solche Empfehlung finden die ersteren durch
Pfeiffer (Grossmann, Die Heilquellen des Taunus, 1887, S. 55).
Diesem Forscher zufolge vermindert der gleichzeitige Gebrauch der
Trink- und Badecur in Wiesbaden entweder die Harnsäureaus-
scheidung oder er bringt doch wenigstens eine Bindung der vorher im
freien Zustande vorhandenen Harnsäure zu Wege, wodurch sich die vorhandenen Steine verkleinern und meist ziemlich schmerzlos abgehen, aber
auch die weitere Bildung von Steinen verhindert wird.

Um nun die Einwirkung gewisser, die Harnsäure lösender
Arzneimittel auf den Urin und sein Verhalten gegen Harnsäure
festzustellen, hat Pfeiffer (Verhdlg. des 5. Congresses f. innere
Medicin, 1886) mit Wiesbadener Kochbrunnen, mit Karlsbader
Mühlbrunnen, mit Struve'schen Lithiumwasser und mit Fachinger Sauerbrunnen Versuche gemacht und dabei gefunden, dass alle
diese Wässer, ganz besonders aber der Karlsbader Mühlbrunnen,
am wenigsten, hingegen das Lithiumwasser beim innerlichen Gebrauche lösend auf Harnsäure einwirken, die drei ersteren aber
nur solange, als deren Wasser getrunken wurde, dann aber eine nicht
unwesentliche Vermehrung der Harnsäure veranlassten. Anders war dies
beim Gebrauche des Fachinger Wassers. Dasselbe erhielt auch
längere Zeit, nachdem man mit dem Trinken desselben aufgehört hatte,
den Harn alkalisch und löste harnsaure Steine sehr rasch auf.
Pfeiffer empfiehlt daher das Fachinger Wasser als das wirksamste
Mittel gegen Steinkrankheiten, welches sich ohne allen Schaden viele
Monate und Jahre lang ununterbrochen gebrauchen lasse. Diese Versuche von Pfeiffer wurden in neuester Zeit von Fricklinger (Ueber
die Harnsäure-lösende Eigenschaft des Fachinger Wassers. Inaugural-
Dissertation, München 1887), sowie von Posner und Goldenberg
(Zeitschr. f. klin. Medicin, 13. Band, 6. Heft, 1888, S. 580 u. ff. —
Deutsche medicin. Wochenschr., 1888, No. 3) wieder aufgenommen
und einer Prüfung unterworfen. Dieselben konnten zwar in der Hauptsache die Pfeiffer'schen Angaben in Bezug auf reine Harnsäure für
den Gebrauch alkalischer Wässer, als auch, mit Ausnahme von Frick-
hinger, für Nachwirkungen des Fachinger Wassers im Wesentlichen
bestätigen, gelangten aber zu dem Schluss, dass Harnsteine sich wesentlich anders verhalten, als pulverisirte Harnsäure, welche Pfeiffer
bei seinen Experimenten lediglich zur Anwendung brachte, und wenn auch
eine gewisse Gewichtsabnahme des Steines stattfand, doch eine Structur-
veränderung desselben sich nicht nachweisen liess und seine Härte unverändert und gleich blieb. Aus Posner's und Goldenberg's Versuchen
geht mit Sicherheit hervor, dass bei irgendwie grösseren Blasensteinen
man von der Einwirkung von noch so hochgegriffenen Dosen von Alkalien nichts zu erwarten hat, während harnsaurer Kies allerdings noch
als solcher Behandlung zugängig angesehen werden muss.

Eine nicht unwichtige Stellung in der Therapie der Harnsäuresteine
nehmen auch die erdig-alkalischen Wässer ein, unter denen die
Quellen von Wildungen vorzugsweise zu nennen sind. Ihre Wirkung
richtet sich aber nach Stöcker (Bad Wildungen und seine Mineral-

quellen) weniger gegen die Blasensteine selbst, als vielmehr auf Beseitigung, mindestens Beschränkung der die Steine begleitenden Beschwerden, wie häufigen Urindrang, Blasenkrampf, heftige Schmerzen, Blutharnen, Harnträufeln, zeitweise Harnverhaltung. Eine Trinkcur in Wildungen kann sonach diesem Autor zufolge nur für eine den Erfolg der Steinoperation sichernde Vorbereitungscur gelten und wird sich ebenso zu einer Nachcur nach vorgenommener Lithotripsie eignen, wenn durch die Einwirkung der Fragmente auf die Blasenschleimhaut ein Katarrh hervorgerufen und die Reizbarkeit der Blase und der Harnröhre stark erhöht ist.

Handelt es sich neben Förderung des Abgangs der Concremente zugleich um Verhütung der Neubildung solcher, sind ausgesprochene Abdominalstasen vorhanden, giebt sich die harnsaure Diathese auch als Arthritis kund und erweisen sich unzweckmässige Diät und üppige Lebensweise als Causalmomente, werden alkalisch-sulfatische Quellen, wie die von Karlsbad, Marienbad, Elster-Salzquelle, Franzensbader Salz- und Wiesenquelle und die Lucius- und Emeritaquelle von Tarasp sich nützlich erweisen. Durch den grossen Gehalt an schwefelsaurem Natron neben den kohlensauren Alkalien können sie besser auf das Grundleiden, Stockungen in den Venen des Unterleibs und Ueberschuss an bildenden Stoffen, wirken, während sie durch ihren Reichthum an Kohlensäure eine die Fortschwemmung der Sedimente fördernde Harnfluth einleiten. Für solche Fälle hat man auch die Quelle von Ems und Neuenahr in Vorschlag gebracht, allein deren Wirkung ist hierbei ungenügend, und Schmitz weist selbst (Erfahrungen über Neuenahr. S. 24.) solche Kranke stärker lösenden und abführenden Mineralwässern zu.

b) Oxalatsteine.

Die Oxalatsteine fordern im Allgemeinen gleiche Therapie, wie die Harnsäuresteine. Auch gegen diese finden alkalische Wässer, namentlich Lithiumwässer hauptsächlich Anwendung. aber auch gipshaltige Wässer, wie die von Contrexéville, Vittel, Bristol, Bath werden als gegen Oxalatbildungen sehr wirksam bezeichnet, namentlich geschieht dies von dem englischen Arzte Macpherson.

c) Phosphatsteine.

Eine wesentlich andere Behandlung macht sich aber bei jenen Concrementen nothwendig, welche durch Sedimentirung von basisch phosphorsaurem Kalk oder phosphorsaurer Ammoniak-Magnesia entstehen und die ebenfalls bisweilen zu Steinen, den sogenannten Phosphatsteinen, sich ausbilden. Da hierbei der Harn stets alkalisch reagirt, meist in Folge von Harnstoffzersetzung, ist jede alkalische Therapie natürlicher Weise unzweckmässig. Hier treten vorzugsweise Gipswässer in die Behandlung ein, unter denen in erster Linie die Quellen von Contrexéville zu nennen sind, welche als Steinlösende Wässer eines ausserordentlichen Rufs sich erfreuen. Wenn der Harn längere Zeit alkalisch oder neutral reagirte, erhält er sehr bald beim Gebrauche dieses Wassers seine normale saure Reaction wieder und verliert damit die Eigenschaft, Phosphate zur Ausfällung zu bringen. Es regt nach dem Berichte von Cruise (Lancet 1885, I., 25, pag. 1121) und dem von Ecklin in Basel (Schweiz. Corresp.-Bl. No. 2, 1881) die Diurese stark an, löst den Blasenschleim und die Phosphate und lockert auf diese Weise das innere Gefüge der Steine, welche allmälig zerfallen und in Form kleiner Concremente den Körper verlassen. Dabei wirkt es nach Cruise tonisirend auf die Blasenschleimhaut und auf den ganzen Körper. Alle diese Eigenschaften der Quellen von Contrexéville bestätigt Macpherson (Bath, Contrexéville and the lime sulfated waters etc. London 1886, pag. 11 u. ff.) auf Grund eigener Erfahrungen und fand sie auch an den Quellen von Vittel, Bristol und Bath wieder, von denen die letzteren mit den Quellen von Contrexéville in engster chemischer Verwandtschaft stehen.

Da die Phosphatsteine selten ganz aus phosphorsaurem Kalk bestehen, sondern häufig als Kern ein harnsaures Concrement besitzen und in ihrer Structur Schichten von Phosphaten und Uraten öfters mit einander abwechseln, mithin die Diathese zur Steinbildung sich von Zeit zu Zeit verändern muss, wird man bei ihrer balneotherapeutischen Behandlung bisweilen den Harn prüfen und beim Umschlagen der alkalischen zur sauren Reaction seine Zuflucht zu alkalischen Wässern nehmen müssen, worauf Stöcker bereits vor zwanzig Jahren aufmerksam machte. Bei solchem Wechsel in der Beschaffenheit des Harns ist dann die Georg-Victorquelle von Wildungen ganz an ihrem Platz. Sie enthält nicht so viel Alkalien, dass sie den Urin alkalisch machen könnte, sie scheint vielmehr nach Stöcker den alkalischen und neutralen Urin allmälig zu säuern, so dass die Möglichkeit einer Lösung von feinen alkalischen Niederschlägen damit gegeben ist (Stöcker, Bad-Wildungen und seine Mineralquellen. Erlangen 1866, S. 46.).

d) Cystin- und Xanthinsteine.

Die Cystin- und Xanthinsteine übergehen wir, da sie kaum Gegenstand balneotherapeutischer Behandlung, schon ihres seltenen Vorkommens wegen, je geworden sind und im vorkommenden Falle ihre Behandlungsweise ganz mit der für Harnsäuresteine angegebenen zusammenfallen würde.

Noch ist darauf hinzuweisen, dass warme Bäder auch in der Therapie der Nephrolithiasis eine wichtige Stellung einnehmen, indem sie zur Beruhigung der Schmerzen beim beginnenden Durchgange der Steine durch die Uretheren und bei starker Reizung der Blasenschleimhaut durch diese wesentlich beitragen. Die indifferenten Thermen, vorzugsweise aber Moorbäder, erweisen sich zu diesem Zweck als sehr nützlich. Auch Moorkataplasmen auf die Lumbalgegend genügen in vielen Fällen.

IV. Chronische Erkrankungen der Harnröhre und Prostata.

a) Chronischer Katarrh der Harnröhre.

Der chronische Katarrh der Harnröhre wird bisweilen unter den Krankheiten aufgezählt, gegen welche Brunnen- und Badecuren in Anwendung gebracht werden. Es geschieht dies besonders dann, wenn ein Blasenkatarrh sich an eine Gonorrhoe unmittelbar angeschlossen hatte und die balneotherapeutische Behandlung dieses zugleich zur Mitbehandlung dieser letzteren Veranlassung gegeben hatte. Die Therapie beider Katarrhe fällt natürlich ganz zusammen und schliesst sich auch meist gemeinsam ab.

Als gesonderte Erkrankung wird von Stöcker (Bad Wildungen und seine Mineralquellen, S. 63) der chronische Harnröhrenkatarrh, der sogen. Nachtripper, als Curobject für Wildungen aufgeführt. Er empfiehlt gegen denselben besonders den innerlichen Gebrauch der Helenenquelle, weil dieser die Schleimbildung beschränkt und allmälig aufhebt, und weil durch die dadurch bewirkte vermehrte Diurese abgestossene Epithelien und vorhandene Schleimmassen rasch und leicht weggeschwemmt werden.

Ziemlich häufig findet man die chronische Gonorrhoe an Eisenquellen. Gewöhnlich sind es durch häufige Excesse in Venere heruntergekommene Personen, bei denen nach wiederholten Ansteckungen zwar die acuten Erscheinungen der Entzündung geschwunden sind, jedoch ein geringer schleimiger fadenziehender Ausfluss besonders des Morgens nach dem Uriniren oder der Stuhlentleerung sich bemerkbar macht und Störungen im Allgemeinbefinden, deprimirte Gemüthsstimmung, Neigung zur Melancholie, Hypochondrie und Erscheinungen ausgesprochener Anämie hinzugekommen sind. Bei derartigen Zuständen sah Frickhöffer vom Gebrauche der Schwalbacher Cur sowohl in Bezug auf die allgemeinen im Blute und Nervensystem sich abspielenden Erscheinungen, als auch auf das Localleiden sehr gute Erfolge. Aehnliche sind wohl auch an andern Curorten beobachtet worden, wo Eisen und Kohlensäure in hervorragender Weise in den Quellen vertreten sind.

Hat sich grosse Reizbarkeit der Schleimhaut noch erhalten, sind Wildbäder, innerlich und äusserlich gebraucht und Schwefelbäder angezeigt. Auch die alkalischen Thermen von Ems, Neuenahr, Mont-Dore, Royat u. a. können gleichfalls erfolgreiche Anwendung finden und auch Moorbäder, wenn sie nicht allzu reizend auf die Haut einwirken, sich nützlich erweisen.

b) Chronische Prostatitis.

Die chronische Entzündung der Prostata fordert, wenn sie in Badeorten zur Behandlung kommt, gleiche balneotherapeutische Massnahmen, wie die chronische Entzündung der Harnröhren- und Blasenschleimhaut, insbesondere wenn es zur Prostatorrhöe gekommen ist. Alkalische Säuerlinge und alkalische Thermen werden auch hier empfohlen.

Therapeutisch wichtiger sind nach Winternitz Sitzbäder mit mittleren Wassertemperaturen von 16 bis 25° C., durch welche lang andauernde Temperaturherabsetzung in der Tiefe des gebadeten Körpertheiles sich erzielen lässt. Bei Prostatorrhoe, die mit zu geringem Tonus der betreffenden Theile einhergeht, sah derselbe Autor von solchen Sitzbädern besonders gute Wirkungen.

Gegen Prostatahypertrophie sind Soolbäder, namentlich solche mit Jod und Bromverbindungen, oder auch jodhaltige Quellen überhaupt vielfach empfohlen worden. Günstige bezügliche Berichte liegen namentlich von Kreuznach und Krankenheil vor, allein eben so viele, welche das Ausbleiben jeden Curerfolgs verzeichnen. Schon als vorwiegend senile Krankheit lässt sie im Allgemeinen gute Curresultate nicht erwarten.

Wichtig ist bei diesem Leiden, für genügende, regelmässige Stuhlentleerung zu sorgen, und kleine Mengen von Bitterwässern, namentlich Friedrichshaller und Mergentheimer, werden solchen Kranken immer wohl thun.

L. Chronische Erkrankungen des Bewegungsapparates.

I. Der chronische Gelenkrheumatismus.

Die chronische multiple Arthritis (chronischer Gelenkrheumatismus) gehört bekanntlich zu den in Badeorten am häufigsten vorkommenden Krankheiten, und wenn man die für einen Curort aufgestellten Indicationen mustert, kann man mit ziemlicher Sicherheit schon im Voraus annehmen, dass chronischer Gelenkrheumatismus unter denselben nicht fehlt. Es lässt sich aus dieser Thatsache wohl der Schluss ziehen, dass sehr verschiedene Curmethoden denselben günstig beeinflussen können, dass aber auch sehr verschiedene Krankheitszustände, welche als schmerzhafte Affectionen der Gelenke eine gewisse äussere Aehnlichkeit mit Rheumatismus haben, unter der Firma der multiplen Arthritis passiren. Eine solche diagnostische Unklarheit kann auch nicht wohl Wunder nehmen, so lange uns ein tieferer Einblick in das eigentliche Wesen und in die Aetiologie solcher chronischer Gelenkaffectionen zur Zeit noch fehlt, so lange die Stellung der Aerzte zu der Frage der Aetiologie des Gelenkrheumatismus noch eine sehr verschiedene ist, überhaupt so lange man in Zweifel bleibt, ob derselbe als Infectionskrankheit oder als besonders entwickelte Erkältungskrankheit anzusehen ist. Mag auch die Mehrzahl der Aerzte gegenwärtig der Infectionstheorie huldigen, so lässt sich andererseits doch nicht verkennen, dass manche Anhänger derselben sich schwer ganz von der Vorstellung frei machen können, dass die Erkältung wenigstens einen grossen Antheil an der Erzeugung der Krankheit habe. Dass die Krankheitserreger aber nicht in Temperaturschwankungen zu suchen sind, hat unter Anderen auch Edlefsen (Verhdlg. d. 4. Congr. f. innere Medizin, 1885, S. 323 u. ff.)

dargethan, nach dessen Ansicht es am wahrscheinlichsten ist, dass die Beschaffenheit des Bodens auf die Entstehung dieser Krankheit von besonderem Einflusse ist und relative Trockenheit desselben die Entwickelung der Polyarthritis rheumatica am meisten befördert.

Ungeachtet diese Ansichten von der infectiösen Natur des Gelenkrheumatismus in neuerer Zeit immer mehr Boden gewonnen und allgemeinere Verbreitung gefunden haben, so haben sie doch die balneotherapeutische Behandlungsweise des chronischen Gelenkrheumatismus wenig verändert. Auch gegenwärtig steht zwar noch die Methode der Schwitzcuren oben an, aber die Motive zu denselben sind andere geworden, denn gegenwärtig sucht man in der Anregung eines starken Schweisses keine Krankheitsproducte mehr zu entfernen, welche angeblich vorausgegangene Erkältungen gesetzt haben, sondern beabsichtigt durch solche nur, die auf der Synovialkapsel des Gelenks und in das periarticuläre Bindegewebe durch die infectiösen Krankheitserreger gesetzten Exsudatmassen zur Resorption zu bringen und ableitend auf die chronisch-entzündliche Knorpelerkrankung einzuwirken, dieselbe dadurch, wenn nicht zur vollständigen Beseitigung, doch zu einem gewissen Stillstand zu führen. Indess lässt sich der Grad des anzuwendenden thermischen Reizes, die Methode seiner Application, ferner die Frage, ob derselbe etwa durch den chemischen Reiz eines Mineralwassers und gegebenen Falls durch den mechanischen Reiz der Massage und Electricität zu verstärken sei, worauf auch Thilenius in der Helfft'schen Balneotherapie hingewiesen hat, nur nach der Reizbarkeit und Reactionskraft im Organismus im Allgemeinen und der Haut im Besonderen beantworten. Für empfindliche Personen sind demselben Autor zufolge zunächst die hoch temperirten Wildbäder, wo es die Anwendung sehr hoher Wärmegrade in länger dauerndem Bade gilt, wie dies in Leuk und Plombières geschieht, die Moor- und Schlammbäder oder die warmen Sandbäder indicirt, wie wir im allgemeinen Theile bereits auseinandergesetzt haben.

Eine besonders günstige Wirkung beim chronischen Gelenkrheumatismus und der sogenannten deformirenden Gelenkgicht äussern unleugbar die heissen Schwefelthermen, von denen wiederum besonderen Rufes als Heilmittel sich erfreuen die Thermen von Aachen und Burtscheid, von Aix in Savoyen, Baden in der Schweiz, verschiedene Schwefelthermen in den Pyrenäen und die berühmten Herkulesbäder von Mehadia, sowie einige andere Schwefelthermen, deren wir im allgemeinen Theile bereits gedacht haben. Indess bemerkt Reumont zu ihrer Anwendung (Die Thermen von Aachen und Burtscheid, 5. Aufl., 1885, S. 197), dass von einer Thermalcur in Aachen nur im Beginn der Krankheit, wo es nicht zur partiellen Verwachsung einzelner Theile der Synovia und zur Usur der Gelenkknorpel gekommen ist, Günstiges zu erwarten ist, hingegen in vorgeschrittenen Fällen die Badecur nur bessernd und schmerzstillend wirke, namentlich in Verbindung mit Electricität und Orthopädie. Dasselbe wird auch bei der Cur an anderen Schwefelthermen vorausgesetzt und hierbei besonders betont, dass jede entzündliche Reizung geschwunden sei. Namentlich gilt dies von Aix in Savoyen, wo starke Douchen und Massage den wichtigeren Theil der Badecur ausmachen.

Diesen kochsalzhaltigen Schwefelthermen reihen sich naturgemäss die milden Kochsalzthermen von Baden-Baden und Wiesbaden an. Beide haben beim chronischen Gelenkrheumatismus und der Arthritis deformans sich vielfach als ausserordentlich nutzbringend erwiesen. Nach Pfeiffer (Grossmann, Heilquellen des Taunus, 1887, S. 50 u. ff.) sind es zunächst die Reste von Ausschwitzungen und die Schmerzhaftigkeit bei Bewegungen, welche nach überstandenen acuten Anfällen des Gelenkrheumatismus zurückbleiben, welche in Wiesbaden zuerst schwinden. Auch bei diesen Patienten, wenn sie unmittelbar nach überstandenem Anfall dahin kommen, wird die Beweglichkeit und die Anschwellung der Theile oft überraschend schnell hergestellt, so dass vorher völlig wegunfertige Patienten wieder gehen können. Aber die Cur ist mit Erlangung der Gehfähigkeit nicht beendet, sondern hat 5 bis 6 Wochen zu dauern, um den hypothetischen schädlichen Stoff, welcher dem Rheumatismus zu Grunde liegt, unschädlich zu machen und ihm den Boden zu entziehen. Dieselbe Dauer muss nach Pfeiffer eine als Präservativmittel gegen neue Anfälle gebrauchte Badecur haben.

Viel häufiger noch als die frischen Reste des acuten Gelenkrheumatismus kommen in Wiesbaden und Baden-Baden, nach demselben Autor (l. c.) und Heiligenthal (Die Thermen von Baden-Baden. Ihre Anwendung und Erfolge, bearbeitet von —. Baden-Baden 1877, S. 16 u. ff.), dessen chronisch gewordene Ueberbleibsel und der von Anfang an chronisch auftretende Rheumatismus zur Behandlung. Diese Form desselben, als auch die unter der Bezeichnung der deformirenden Gelenkgicht gekannte, bedürfen einer sehr ausgedehnten Badecur, welche täglich durch ein oder sogar zweimalige Massage der erkrankten Körpertheile unterstützt werden muss. In Wiesbaden nimmt man auch noch gern den constanten Strom mit zur Hülfe, welcher theils auf den Sympathicus und das Rückenmark, theils örtlich auf die kranken Theile einzuwirken hat.

Als wichtig wird von Pfeiffer (l. c. pag. 51) und Heiligenthal (l. c. S. 21) der gleichzeitige interne Gebrauch des Thermalwassers hingestellt. Der Zweck ist, die Ausscheidungen anzuregen und damit den Erfolg der Cur möglichst dauernd zu machen.

Wo stärkere Hautreize erforderlich sind, als sie die Kochsalzthermen von Wiesbaden und Baden-Baden zu bieten vermögen, treten die kohlensauren Soolthermen von Oeynhausen, Nauheim, Kissingen, Soden, Werne an ihre Stelle, welche nebenbei den Vortheil gewähren, der fast nie fehlenden Hautschwäche besser entgegen zu wirken.

Die alkalischen Thermen von Ems, Neuenahr, Vichy u. a. fanden namentlich in früherer Zeit gegen Gelenkrheumatismus in Form sehr heisser Bäder vielfache Anwendung. Heutigen Tages legt man ihnen nach von Ibell (Grossmann, Heilquellen des Taunus, 1887, S. 282) nur den Werth warmer Bäder im Allgemeinen bei und leitet namentlich in Ems die bei Polyarthritis erhaltenen günstigen Curresultate lediglich von der Wirkung des thermischen Reizes ab, welcher in Douchen und Massagen eine kräftige Unterstützung daselbst findet.

Eine sehr wichtige Rolle in der Therapie der chronischen Polyarthritis fällt unleugbar den Moorbädern zu, deren chemischer Reiz durch ihren Gehalt an Eisensulfat, Ameisensäure und anderen organischen Säuren neben dem thermischen besonders in Frage kommt. Ihre Wirkungen sind meist vorzügliche, und selbst bei der Arthritis deformans thun sie, wie ich mich in Elster unendlich oft zu überzeugen Gelegenheit habe, bessere Dienste, als Thermalbäder, indem sie dieser traurigen Form des Rheumatismus in ihrem Fortschreiten bald eine Grenze stecken und weit besser die quälenden Schmerzen beseitigen, wie diese letzteren es vermögen. Im allgemeinen Theile haben wir uns ausführlich über ihre Wirkungs- und Anwendungsweise verbreitet.

Den Moorbädern schliessen sich eng die Seeschlammbäder an, welche bekanntlich an der schwedischen und russischen Ostseeküste eine beliebte Badeform bilden. Durch die mit ihrem Gebrauche verbundene ausgedehnte Massage erlangen sie als Heilmittel von rheumatischen Gelenkexsudaten eine besondere Bedeutung. Ueber ihre Gebrauchsweise haben wir im allgemeinen Theile ausführlicher berichtet.

In ihrer Wirkung zurück gegen diese stehen die Schwefelschlammbäder, welche namentlich in den Euganeischen Thermen unter örtlicher Mitanwendung des Schlammes gegen Polyarthritis Verwendung finden und von Violini (Annali univers., Vol. 257, Ott. e Nov. 1881) als sehr wirksames Mittel gegen dieselbe gerühmt werden. In Deutschland sind sie in Meinberg, Nenndorf, Eilsen eingeführt und werden als gute Resolventien bei rheumatischen Exsudaten in die Gelenke vielfach benutzt.

Bei sehr hartnäckiger, veralteter Polyarthritis, namentlich wenn sich die Anregung einer starken Diaphorese und eine eingreifende Localbehandlung nothwendig macht, sind heisse Sandbäder ganz am Platz, wie wir sie im allgemeinen Theile geschildert haben. Sie leisten hier Vorzügliches und wirken besonders günstig gegen starke Schwellung der Synovialhäute.

Von Alters her werden auch Dampfbäder, russische und irischrömische gegen chronischen Gelenkrheumatismus in Anwendung gezogen. In neuerer Zeit ist auf Empfehlung von Turchetti und später anderer Aerzte die Grotte von Monsummano noch hinzugekommen, welche als natürliches Dampfbad gelten muss und in Oberitalien, namentlich seit der bekannte Kossuth daselbst von seinem Gelenkrheumatismus befreit worden war, eines hohen therapeutischen Rufes sich erfreut, ohne dass sie mehr, als jedes andere Schwitzbad leistet.

Ausser der externen Behandlung des chronischen Gelenkrheumatismus, welche wir eben auseinander gesetzt haben, hat man in vielen Fällen auch Trinkcuren installirt. Man hat hierzu, theils, wie wir bereits oben gesehen haben, die milden Kochsalzthermen von Wiesbaden und Baden-Baden, theils alkalische Quellen, wie die Thermen von Ems, Neuenahr, Vichy oder die kalten Säuerlinge von Fachingen, Geilnau, Bilin, Giesshübel und andere gewählt, diese letzteren hauptsächlich wohl in Anerkennung der Theorie von Senator, dass Stoffwechselstörung mit abnormer Milchsäureproduction in Muskeln und Gelenken dem Rheumatismus parallel gehe. Da sich zur Polyarthritis sehr häufig Magen- und Darmkatarrhe und Unterleibsstasen mit ihren Folgezuständen hinzugesellen, treten die Glaubersalzquellen von Karlsbad, Marienbad, Elster, Franzensbad oder kohlensaure Kochsalztrinkquellen, wie die von Kissingen, Homburg, Soden u. a. in die Behandlung ein, auf deren besonderen Nutzen Sotier in seiner Monographie über Kissingen hinweist. Wo aber Blutfülle im Pfortadergebiete und Hämorrhoiden als störende Momente hinzutreten, erscheinen die Schwefelquellen von Weilbach, Heustrich, Stachelberg, Alveneu, die Thermen von Aachen und Burtscheid, Baden bei Wien u. a. an ihrem Platz.

Gegen hochgradige Anämie, die nach Gelenkrheumatismus sich nicht selten herausbildet, werden Eisenbäder, die in milder Gegend liegen, wie die von Schwalbach und Spa sich nützlich erweisen, während bei den oft hinzutretenden Katarrhen der Luftwege die Quellen von Ems, Neuenahr, Soden, Obersalzbrunn u. a. ihre geeignete Anwendung finden.

Bei der Hartnäckigkeit aller chronisch-rheumatischen Erkrankungen tritt, worauf auch Thilenius hinweist, die Nothwendigkeit der Wiederholung einer Cur ein, sowie sich auch der Winteraufenthalt in einem warmen trockenen südlichen Klima als höchst zweckmässig erweist, um Recidiven möglichst vorzubeugen.

Als Folgekrankheiten nach überstandenem Gelenkrheumatismus beobachtet man nicht selten Gelenksteifigkeiten und Auflagerung von Exsudaten auf die Herzklappen in Folge hinzugetretener Endocarditis. Gegen die ersteren werden Moor- und Schlammbäder sowohl in allgemeiner, als ganz besonders in der localen Form von Umschlägen auf die steif gebliebenen Gelenke, oder auch Sandbäder in gleicher Art und Weise angewendet. Meist nützen aber diese Bäder nicht viel. Mehr als durch sie lässt sich durch Massage und zweckmässige passive Bewegungen erreichen. Gegen Herzerkrankungen dieser Art wurden in neuerer Zeit die kohlensauren Soolthermen von Nauheim und die Eisensäuerlinge von Cudowa lebhaft empfohlen. Wir verweisen zur Vermeidung von Wiederholungen auf das im betreffenden Abschnitte über Herzkrankheiten Gesagte.

II. Chronische Myositis (chronischer Muskelrheumatismus).

In den Muskeln kommen, sagt Strümpell in seinem mehrfach schon citirten Lehrbuche der speciellen Pathologie und Therapie der inneren Krankheiten, primär entstandene acute Affectionen vor, welche allem Anscheine nach entzündlicher Natur sind, nicht selten aus Anlass einer einwirkenden „rheumatischen Schädlichkeit", einer Erkältung und dergleichen auftreten und deshalb nach Analogie mit dem acuten Gelenkrheumatismus als „acuter Muskelrheumatismus" oder als Myositis rheumatica bezeichnet werden. Die Analogie mit dem acuten Gelenkrheumatismus darf aber, wie Strümpell besonders betont, nicht zu weit getrieben werden, weil beide Processe sich nur selten combiniren und nur Schmerz und Bewegungshemmung die einzigen Symptome sind, welche diese beiden Erkrankungsformen gemeinschaftlich mit einander haben.

Was vom acuten Muskelrheumatismus, resp. von der rheumatischen Myositis gilt, lässt sich wohl auch in der Hauptsache auf den chronischen Muskelrheumatismus übertragen, wenngleich die Affectionen, welche mit diesem Namen bezeichnet werden, ihrem Wesen nach noch wenig gekannt sind. Da aber, was dieser Autor besonders hervorhebt, die Analogie dieses letzteren mit dem chronischen Gelenkrheumatismus gar nicht durchzuführen ist, so darf man mit Recht daran zweifeln, ob alle als chronischer Muskelrheumatismus bezeichneten Fälle diesen Namen thatsächlich verdienen. Diese Zweifel jedoch lösen sich, wenn man bedenkt, dass höchst verschiedenartige Muskelschmerzen und Neuralgien, deren Entstehungsart sich nicht sofort erklären lässt, in der Praxis gemeinhin als Muskelrheumatismen bezeichnet werden. Schon Felix Niemeyer sagt in seinem Lehrbuche der speciellen Pathologie und Therapie, dass Erkältung die Rumpelkammer sei, in die alles hineingeworfen werde; noch heutigen Tags lässt sich dies vom chronischen Muskelrheumatismus behaupten, der alle möglichen Myalgien auf sich nehmen muss.

Diese Auseinandersetzung schien uns geboten, der Krankheitsform, welche gemeinhin als Muskelrheumatismus bezeichnet zu werden pflegt, eine schärfere, ihrem Wesen nach mehr entsprechendere Begrenzung zu geben, ohne welche eine nur einigermassen sichere balneotherapeutische Behandlung kaum denkbar sein dürfte.

Die chronische Myositis, mit welcher wir es hier zu thun haben, verdankt ihre Entstehung einer Erkältung oder einer Ueberreizung des Muskels oder einem Trauma. Von den anderen Formen der Myositis sehen wir als nicht hierher gehörig ab.

Die wichtigere und in den Badeorten am meisten vertretene Myositisform ist unleugbar die aus Erkältung hervorgegangene. Ist auch der eigentliche Causalnexus zwischen der Erkältung und den darauf folgenden Krankheitserscheinungen noch nicht vollständig klar gelegt, so lässt sich doch nicht in Abrede stellen, dass ein durch plötzlich eintretenden Temperaturwechsel erzielter erheblicher Wärmeverlust einen Reiz auf peripherische sensible Nervenzweige ausübt, durch welchen unter Vermittelung des Centralnervensystems und des vasomotorischen Centrums eine Reihe von Erscheinungen in bestimmten peripherischen Gefässdistricten ausgelöst werden kann, welche man gemeinhin als Erkältungssymptome bezeichnen muss und, sobald sie eine bestimmte Muskelgruppe betreffen, als Myositis rheumatica sich charakterisiren.

Weniger Gegenstand der Balneotherapie ist die Myositis, wenn als Ursache derselben Ueberreizung der Muskeln durch übermässig angestrengte Function angesehen und übermässige Anhäufung von Ermüdungsstoffen, die als Entzündungserreger wirken, angenommen werden muss.

Mehr findet man die traumatische Myositis in Bädern vertreten, besonders wenn Parese in den betreffenden Muskelgruppen sich ausgebildet hat.

Bei allen diesen Formen chronischer Myositis mit Exsudat-
und Schwielenbildung, secundärer partieller Muskelatrophie und Parese
hat die Balneotherapie die Aufgabe, die Circulation zu beschleunigen
und Ernährungsstörungen thunlichst auszugleichen, das Exsudat oder
gebildete Infiltrat zur Resorption zu bringen, eingetretene Muskelatrophie
möglichst zu heben und die normale Function der betroffenen Muskeln
wieder herzustellen. Von Alters her hat man bei Lösung dieser Aufgabe den thermischen Reiz als das wichtigste und sicherste Heilmittel
aller chronisch-rheumatischen Affectionen betrachtet und seine Anwendung
demgemäss auch auf die Myositis rheumatica und auf die übrigen Myositis-
formen übertragen, welche Gegenstand der Balneotherapie sind.

Warme Bäder finden daher hierbei ihre volle Anwendung und
werden, um mit mehr Sicherheit eingetretener Atrophie und Parese entgegenwirken zu können, sehr häufig in ihrer Wirkung durch Faradi-
sation und Massage unterstützt. Es ist aber nicht gleichgültig, welche
Therme man hierzu wählt. Lage und Klima des Curorts sind bei
der Auswahl desselben wohl zu beachten, indem Orte, die den Winden
sehr ausgesetzt sind, wo greller Wechsel der Temperatur und Feuchtigkeit vorherrscht, wegen ihrer ungünstigen klimatischen Verhältnisse, die
leicht zu acuten Verschärfungen des Leidens führen, von solchen Kranken
gemieden werden müssen.

An allen Thermen, wo die oben gestellten Indicationen erfüllt
werden und die Aussenverhältnisse sonst günstig sind, finden sich Kranke
mit rheumatischer Myositis ein und finden meist Befriedigung. Es kann
daher nicht Wunder nehmen, wenn Wildbäder und Schwefelthermen,
Kochsalzthermen, warme Soolbäder, kohlensaure Soolthermen, erdige Thermen, Fichtennadelbäder, Moor- und Schlammbäder, Sandbäder, römisch-irische und russische Dampfbäder,
hydrotherapeutische Verfahren sich rühmen, günstige Curerfolge
erzielt zu haben, und, sobald die constitutionellen Verhältnisse des Individuums genügende Berücksichtigung finden, auch thatsächlich indicirt sind.

Neben diesen allgemeinen Bädern erweisen sich als sehr nützlich
die Localbäder und die örtliche Anwendung von Moorkataplasmen oder von Mineralschlamm, wie dieselbe in den Euganeischen
Thermen, namentlich in Abano, in Gebrauch ist, sowie auch von in
Soole oder Mutterlauge getauchte Compressen, welche in vielen
Soolbadeorten, wie in Kreuznach, ein sehr geschätztes Curmittel ausmachen.

In neuerer Zeit haben auch hydroelectrische Bäder bei mul-
tiplem Muskelrheumatismus, beginnender Muskelatrophie und Parese Anwendung gefunden, bezüglich welcher wir auf den allgemeinen Theil unter
„hydroelectrische Bäder" verweisen.

Ist nach einer consequent durchgeführten Thermalcur grosse
Empfindlichkeit der Haut gegen Witterungsverhältnisse und
ausgesprochene Hautschwäche zurückgeblieben, die Muskelerkran-
kung aber in der Hauptsache beseitigt, wird es zweckmässig sein, die
Kranken zur Kräftigung ihrer Haut und der meist herabgesetzten Thätigkeit der Nerven in ein Seebad zu schicken, welches nebenbei günstige

klimatische Verhältnisse darbietet, oder sie zu veranlassen, in einer Wasserheilanstalt geeignete hydrotherapeutische Proceduren vorzunehmen.

Dass bei allen den eben genannten Curen die nöthige Rücksicht auf eine passende, nicht zu warme, aber doch schützende Bekleidung und warme trockne Wohnung zu nehmen ist, bedarf wohl kaum erst der Erinnerung.

III. Chronische Erkrankungen des Periost, der Knochen und der Weichtheile des Bewegungsapparates.

Bei allen diesen Erkrankungen nehmen Bäder in dem gegen sie herangezogenen Heilapparate eine ausserordentlich wichtige Stelle ein. Bei der Auswahl derselben für den concreten Fall müssen freilich zunächst die constitutionellen Verhältnisse des Kranken Berücksichtigung finden, allein, da auch hier der thermische Reiz das eigentlich wirksame Princip der Bäder darstellt, ist in dieser Beziehung der Kreis kein enggezogener, und Kranke dieser Art findet man in Folge dessen in Wildbädern, Schwefelthermen, Soolthermen, sowie an Curorten, wo Moorbäder verabreicht werden.

Bei Knochenentzündungen und allzu starker Callusbildung nach Schussfracturen haben sich die Thermen von Teplitz und einige andere akratische Thermen, ganz besonders aber Schwefelthermen, wie die zu Aachen und die Euganeischen Thermen und Moorbäder einen besonderen Ruf erworben, vorzugsweise, wenn die ersteren in Form sogenannter permanenter Bäder zur Dauer mehrerer Stunden, wie wir im allgemeinen Theile bereits auseinandergesetzt haben, genommen werden. Die Euganeischen Thermen werden in dieser Beziehung besonders von Violini, Bizio und Foscarini (Annali universali Vol. 257, Ott. e Novbr. 1881.) gerühmt, und ersterer berichtet, bei Knochenerkrankungen, mögen sie vom Periost oder vom Knochengewebe selbst ausgehen, die zu Caries führen, bei traumatischen Affectionen des locomotorischen Apparates, bei partiellen Ankylosen und frischer Callusbildung durch Anwendung von verlängerten Bädern und Auflegen des Schlamms die schönsten Erfolge gesehen zu haben.

Die Thermen von Aachen und Burtscheid sind von alten Zeiten her bis auf die Gegenwart in der Behandlung der in Rede stehenden Krankheitszustände berühmt (Reumont, Die Thermen von Aachen und Burtscheid, 5. Aufl., 1885, S. 213) und stehen in dieser Beziehung den Bädern von Barèges, dem sogenannten „Eau d'arquebusade" und Amélie-les-bains, welche letztere namentlich von Delmas (Arch. de méd. et de pharmac. milit. VIII, 17, 1886) in neuester Zeit wieder lebhaft gegen Knochenerkrankungen empfohlen wurden, keineswegs nach. Auch die Thermen von Wiesbaden und Baden-Baden erfreuen sich nach Pfeiffer (Grossmann, Heilquellen des Taunus, 1887, S. 52.) in allen durch traumatische Einwirkungen hervorgerufenen krankhaften Zuständen der Knochen und Weichtheile des Bewegungsapparates eines hohen Rufs, besonders in Beziehung auf die Aufsaugung der Reste von

Blutaustretungen, Ausschwitzungen. sowie zur Hebung der zurückgeblie-
benen Steifigkeiten, zur Kräftigung der erschlafften Muskeln und zur
Geschmeidigmachung der Narben. „Es ist erstaunlich, sagt derselbe
Autor, mit welcher Schnelligkeit sich hier in Wiesbaden oft derartige
Folgezustände zurückbilden, selbst wenn sie jahrelang bestanden hatten."

Aehnlich wirken die Moorbäder auf Resorption von traumatischen
Exsudaten, die nach abgelaufener Entzündung zurückgeblieben sind, sowie
von solchen Zuständen, die Zerrungen, Verrenkungen und Knochenbrüchen
nachfolgen, welche die Brauchbarkeit des betreffenden Gliedes auf lange
Zeit hinaus beeinträchtigen. Eine besondere Bedeutung haben sie aber
bei Folgezuständen von Schusswunden, wenn diese sich im Stadium der Vernarbung befinden, letztere aber langsam von Statten
geht, oder wenn nach Schussfracturen bedeutende Knochenschmerzen zurückbleiben, worauf namentlich Fischer in seiner Kriegschirurgie und
Pirogoff aufmerksam machen. Besondere Beachtung verdient hierbei
die locale Anwendung von Moor und Schlamm, namentlich wenn
dieselbe lange Zeit ohne Unterbrechung fortgesetzt wird.

Sobald es zu Caries und Necrose gekommen ist, und die Ge-
schwürstelle sehr empfindlich ist, passen nicht mehr Moorbäder, wenigstens keine eisensulfathaltigen. Dann erweisen sich Wildbäder und
kohlensaure Soolthermen, sowie Schwefelschlammbäder als besonders nützlich.

M. Chronische Erkrankungen der Haut.

Es ist eine nicht abzuleugnende Thatsache, dass die Stellung, welche
die Balneotherapie einst in der Behandlung chronischer Hautkrankheiten
behauptete, durch die Hebra'sche Schule wesentlich verrückt worden
ist. Spricht dieselbe den Bädern ihre Berechtigung auch nicht ab,
so ist es nach ihr doch in erster Linie nur das Wasser in seiner
Eigenschaft als die Epidermisschuppen lösendes und die Haut reinigendes
Mittel, in zweiter erst der ihm innewohnende thermische und unter
Umständen vielleicht noch der chemische Reiz der in ihm enthaltenen
Salzlösungen, welchen man einen gewissen Antheil an der Therapie noch
zugesteht.

Von noch geringerer Bedeutung erscheinen gegenwärtig in der Behandlung der Hautkrankheiten die Trinkcuren. Seitdem man den
constitutionellen Charakter derselben gegen den localen ganz zurückgestellt
hat, fiel damit begreiflicher Weise zugleich die wichtigste Stütze für ihre
therapeutische Anwendung weg, wenngleich nicht in Abrede gestellt
werden kann, dass gewisse Umstände die Combination einer Badecur
mit einer Trinkcur wünschenswerth machen können. Kommen Trinkcuren bei Hautkrankheiten gegenwärtig noch in Betracht, so dienen sie
nur zu dem Zweck, auf das Grundleiden einzuwirken, welches zu secundären Erkrankungen auf der Haut geführt hat und sie noch unterhält.
Dem steht freilich entgegen, dass die krankhaften Processe in der Haut,

auch wenn sie aus localen Ursachen entstanden sind, durch Störung
der functionellen Thätigkeit dieser nicht ohne Rückwirkung auf den Organismus bleiben können, namentlich wenn sie lange bestehen. Es
dürfte daher von diesem Gesichtspunkte aus der interne Gebrauch eines
Mineralwassers in vielen Fällen sich rechtfertigen lassen.

Die Hautkrankheiten, welche gegenwärtig mehr oder weniger noch
balneotherapeutisch behandelt werden, gipfeln in chronischen Exanthemen, chronischen Hautgeschwüren und Hautschwäche.

I. Chronische Exantheme.

a) Chronisches Eczem und Impetigo.

Das chronische Eczem, die häufigste, oft aber auch die hartnäckigste aller chronischen Hautkrankheiten, stellt sich in den Bädern
zwar in seinen verschiedenen Arten und Entwickelungsstufen, meist aber
mit Borken- und Schuppenbildung zur Behandlung und fordert in Bezug
auf dieselbe verschiedene Modificationen.

Da das Leiden als eine chronische Hautentzündung mit starker
Reizung angesehen werden muss, so liegt es nahe, dass zuvörderst eine
mitigirende Behandlungsweise Platz greifen muss. Es kommen daher in
erster Linie die Wildbäder mit indifferenter Temperatur in Betracht,
welchen die Aufgabe zufällt, den Hautreiz zu mildern und die Rückbildung der Krankheitsproducte in der Haut thunlichst zu unterstützen.

Zu gleichem Zweck werden auch Schwefelthermen gegen Eczem
empfohlen. Auch diese Bäder wirken bei Einhaltung des thermischen
Indifferenzpunktes offenbar beruhigend auf die sensiblen Hautnerven,
keineswegs reizend, wie man der Hebra'schen Ansicht folgend früher vielfach glaubte. Lebert und die Dermatologen Devergie und Bazin
wenden sie auch bei Eczemen, welche mit Gicht, abdominaler Plethora,
Scrofeln und anderen constitutionellen Leiden in Verbindung stehen,
an und rühmen von ihnen, dass sie Recidive am besten verhindern.
Von Schwefelbädern, welche einen gewissen Ruf in der Behandlung
der Eczeme erlangt haben, sind unter andern vorzugsweise die Thermen von Aachen und Abano zu nennen. Die durch die ersteren
erzielten Erfolge, zu welchen eine in Aachen übliche Localbehandlung
mittelst übermangansauren Kalis und Chrysophansäure wohl nicht unwesentlich beigetragen haben mag, werden namentlich von Beissel
(Balneologische Studien mit Bezug auf die Aachener und Burtscheider
Thermalquellen. 2. Aufl., 1888, S. 76) und Schuhmacher (Deutsche
med. Wochenschr., VII. 15., 1882) gerühmt, wobei lange Dauer des
Bades und häufige Wiederholung desselben als besonders nothwendig
hingestellt und das Eczema papulosum, pustulosum, rubrum und das als
Endstadium der verschiedenen Arten des Eczems auftretende Eczema
squamosum als die geeignetsten Formen für die Aachener Thermalcur
bezeichnet werden.

Die vortrefflichen Wirkungen der letzteren hingegen, der Bäder
von Abano, bei Eczem und anderen chronischen Hautkrankheiten werden

besonders von Violini, Bizio und Foscarini (l. c.) hervorgehoben, wo
bei ihre die Epidermis maceirende und gewisse kritische Hautausschläge
hervorrufende Eigenschaft obenangestellt wird.

Auf dieser macerirenden Eigenschaft des Wassers beruht offenbar
auch die gute Wirkung, welche den Kalkthermen von Leuk, Bath,
Bristol, Lucca, Pisa u. a. gegen Eczeme zugeschrieben wird, denn in
allen diesen Badeorten besteht die Methode des stundenlangen Verweilens
im Badewasser.

Auch Soolbäder sind vielfach gegen chronische Eczeme empfohlen
worden. Sie passen aber nur dann, wenn alle entzündliche Reizung verschwunden, es zur starken Verdichtung der Haut gekommen, das Leiden
überhaupt sehr hartnäckig und scrofulösem Boden entsprungen ist.
Aber auch in solchem Falle darf Vorsicht im Badegebrauch, namentlich
in Bezug auf Concentration des Salzgehaltes, nicht ausser· Augen gesetzt
werden.

Gerühmt werden in Bezug auf diesen die Bäder von Cannstatt,
welche wegen ihrer milden Einwirkung auch für die Kinderpraxis sich
besonders eignen, sowie Nenndorf und Eilsen, weil sie neben mitigirenden Schwefelwässern auch Soolbäder besitzen.

Schliesslich sei noch bemerkt, dass Eczemkranke, worauf auch
Thilenius (l. c.) aufmerksam macht, eine schwächende Behandlung im
Allgemeinen nicht vertragen und mehr einer roborirenden bedürfen, be-
sonders in Rücksicht auf diätetisches Verhalten.

Wenn Trinkcuren sich nothwendig machen, sind je nach Umständen
alkalisch-muriatische und Kochsalzwässer oder auch alkalisch-
sulfatische Quellen und leichtere Bitterwässer zu wählen.

Bei der pustulösen Flechte, der Impetigo, leistet nach Reumont
(l. c., S. 207) die Thermalcur an Schwefelbädern Ausgezeichnetes.

b) Psoriasis.

Gegen Psoriasis, die hartnäckigste und zu Recidiven geneigteste
aller Schuppenflechten, leisten Mineralbäder für sich allein angewandt
wenig und nur in leichteren Fällen, bei noch nicht langem Bestehen der
Hautkrankheit und bei öfterem Wiederholen der Cur lässt sich zuweilen
Erfolg erzielen.

Besondere Empfehlung finden auch bei Psoriasis die Schwefelthermen und Soolbäder. Von den ersteren rühmen Schuhmacher
(Deutsche medic. Wochenschr., VII., 15, 1882) und Beissel (Balneolog.
Studien in Bezug auf die Aachener und Burtscheider Thermalquellen,
2. Aufl., 1888) die Thermen von Aachen, während Reumont (l. c.,
S. 208) nicht in das Lob für dieselben einstimmen zu können erklärt.
Zu bemerken ist hierbei freilich, dass alle diese drei Autoren Wiederholung der Cur mehrere Jahre hintereinander und eine ausserordentlich
eingreifende locale Behandlung mittels, Thermalwasser und Chrysophansäure fordern und innerlich gleichzeitig Arsen verabreichen.

Bei Behandlung der Psoriasis mit Soolbädern findet gleiches
Verfahren statt, wie bei den Schwefelthermen, sowohl in Bezug auf allgemeine Bäder, als auch auf örtliche Anwendung von Soole und Mutter-

lauge. Die Bäder müssen auch hier stark und sehr andauernd genommen werden, bis zu einer Stunde und darüber, wenn sie Erfolg haben sollen, und ebenso muss die Dauer der Cur eine sehr lange sein. Auch bei Soolbadecuren wird an vielen Curorten innerlich Arsen verordnet, wie dies nach Engelmann in Kreuznach zu geschehen pflegt.

Eines besonderen Rufs als Heilmittel für Psoriasis erfreuen sich in Frankreich jene alkalischen Thermen, die durch einen hohen Gehalt an Arsenverbindungen sich auszeichnen, wie dies von La Bourboule, St. Nectaire, Mont-Dore und einigen anderen noch gilt, während in Deutschland und Oesterreich die Arsenquellen von Roncegno und Levico in gleichem Ansehen stehen. Alle diese Quellen finden innerliche und äusserliche Benutzung bald mit, bald ohne Nutzen.

c) Prurigo und Pruritus.

Bei diesem hartnäckigen juckenden Knötchenausschlag, der namentlich häufig ältere Personen befällt, sieht man von der Thermalbehandlung mit Schwefelbädern meist nur Erleichterung und Besserung, sehr selten Heilung, weil, wie Beissel (l. c.) sehr richtig bemerkt, hierzu die Badecur so lange fortgesetzt werden müsse, dass der Patient nur selten im Stande sei, derselben so viel Zeit zu opfern. Bessere Aussicht auf Erfolg stellt Schuhmacher (l. c.), welcher bei der Aachener Cur Jucken und Knötchen unter deren Einfluss schwinden sah, und auch Batemann konnte beim Gebrauche von Schwefelbädern, namentlich Schwefeldampfbädern gleich günstige Erfolge constatiren.

Auch gegen Prurigo werden die Thermen von La Bourboule wegen ihres Arsengehaltes lebhaft empfohlen (Journ. de thérap., IX., pag. 841, 889, Nov., Déc. 1882), und Nicolas wendet sie zu diesem Behuf innerlich und äusserlich an.

Trinkcuren müssen bei Prurigo die Badecuren öfters unterstützen, wobei je nach den constitutionellen Verhältnissen des Kranken Schwefelquellen, alkalisch-sulfatische Quellen, Kochsalzwässer, auch wohl alkalisch-sulfatische Eisensäuerlinge in Frage kommen können.

Bei grosser Reizbarkeit der Haut muss die allzu grosse Empfindlichkeit derselben durch laue Wildbäder oder Kleienbäder möglichst abgestumpft werden, ehe man zum Gebrauche anderer Bäder übergehen kann.

Gegen Pruritus, namentlich den Pruritus pudendorum und der Vagina, hat man Schwefelbäder ebenfalls vielfach empfohlen, wie die von Aachen, Nenndorf und Eilsen. und will durch solche gute Erfolge erzielt haben. Häufiger aber bleibt der Erfolg aus, namentlich gilt dies von dem Pruritus senum.

d) Acne.

Bei der Behandlung der Acne kann jede Badecur, welcher Art sie auch sei, nur ein Unterstützungsmittel der localen Behandlung abgeben.

Douche und Dampfbäder sind hier gleich wirksam wie Vollbäder und mit Rücksicht auf den Sitz des Uebels zu wählen.

Schwefelbäder werden gegen Acne rosacea, wie auch Acne mentagra in Anwendung gebracht und von Beissel, Schuhmacher und Reumont (l. c.) als wirksam gerühmt, wobei freilich Abreibungen der Haut und Auflegen weisser Präcipitatsalbe nicht fehlen darf.

Auch Jodquellen und die Quellen von Kreuznach, sowohl innerlich als in Form von Bädern gebraucht, sollen sich sehr nützlich erweisen, namentlich bei Mentagra, wie aus den Mittheilungen von Engelmann (Kreuznach, seine Heilquellen und deren Anwendung. 6. Aufl., 1878, S. 50) hervorgeht. Auch die Quellen von Ems wurden namentlich in früherer Zeit bei Behandlung der verschiedenen Acneformen mit herangezogen. Gegenwärtig legt man ihnen keine besondere Bedeutung in dieser Beziehung mehr bei, und von Ibell (Grossmann, Heilquellen des Taunus. 1887, S. 282) sieht in den Emser Bädern nur ein Mittel, macerirend auf die Haut einzuwirken. Bei nebenbei bestehenden Magen- und Darmkatarrhen, abdominaler Plethora, Hämorrhoiden, Erkrankungen der weiblichen Sexualorgane macht sich nicht selten der Nebengebrauch von Trinkcuren in Karlsbad, Marienbad, Elster, Kissingen, Homburg und anderen ähnlichen Quellen, sowie von Soolbädern nothwendig.

e) Urticaria.

Die chronische Urticaria steht bekanntlich häufig im genetischen Zusammenhange mit Störungen in den Digestionsorganen und in den weiblichen Sexualorganen und fordert zu ihrer Beseitigung zunächst volle Berücksichtigung solcher causalen Leiden. Es sind daher auch alkalisch-sulfatische oder alkalisch-muriatische Quellen, welche mit ihrem internen Gebrauch die Cur gegen die Urticaria meist eröffnen, während die Fortsetzung derselben den Schwefelbädern und den Wildbädern zufällt. Dass hierbei die Diät den Verhältnissen entsprechend geregelt sein muss, ist eine allgemein bekannte Sache.

f) Chronisches Erysipel und Furunculose.

Auch bei diesen Krankheiten der Haut erscheint eine besondere Rücksichtnahme auf die Functionen des Unterleibes geboten, wobei jede schwächende Einwirkung nach dem allgemeinen Urtheile der Dermatologen zu vermeiden ist. Kochsalzquellen innerlich gebraucht kommen in Folge dessen vielfach zuerst zur Anwendung, wobei wiederum Wild- und Schwefelbäder die äusserliche Cur ausmachen. Auch Soolbäder in Verbindung mit Kochsalztrinkquellen kommen hierbei, namentlich wenn Scrofulose nebenbei besteht und die Darmfunction nicht geregelt ist. in Betracht, und Niebergall bestätigt deren günstige Einwirkungen (Valentiner's Handb. d. allgem. u. speciellen Balneotherapie, 2. Aufl., S. 739).

Nächst den Soolbädern werden beim chronischen Erysipel, wie bei Furunculose Schwefelbäder vielfach in Gebrauch gezogen, und Grandidier beobachtete in Nenndorf nach dem Berichte von Valentiner (ibid.) oft Heilung dieser beiden Hauterkrankungen. In gleicher Weise werden auch als besonders wirksam gegen die eben gedachten Leiden gerühmt die Thermen von Aachen und Burtscheid, das Herkulesbad, Baden und Schinznach im Aargau, Pystjan und Trenczin in Ungarn, Uriage in Frankreich und andere mehr.

g) Pemphigus, Lupus, Ichthyosis.

Diese schweren Hauterkrankungen kommen auch bisweilen in Bädern vor, finden sich an ihnen gewöhnlich aber dann erst ein, wenn alle anderen. Heilmittel gar keinen Erfolg erwarten lassen. Gewöhnlich erlangen sie einen solchen dort ebenso wenig wie anderorts, und wenn Beissel (l. c.) über einen Fall von Ichthyosis berichtet, der durch die Aachener Schwefelbäder nahezu bis zur Heilung gebracht wurde und Schuhmacher (l. c.) durch solche in 2 Fällen von echter Lepra wesentliche Besserung erzielte, so sind solche Resultate so seltene Vorkommnisse, dass sie nur als ganz vereinzelt dastehen. Ob Schuhmacher's Empfehlung der Aachener Thermalcur gegen Lupus auf scrofulöser Grundlage sich rechtfertigt, mag dahin gestellt sein Jedenfalls ist es zweckmässiger, solche Kranke in besondere Heilanstalten für Hautkranke, als sie in Badeorte zu schicken.

II. Chronische Hautgeschwüre.

Als eine wichtige Gruppe der Hauterkrankungen, die meist secundären Ursprungs ist und aus veralteten eczematösen Ausschlagsformen sich herausbildet, sind die mit partiellen Störungen der Circulation und der Ernährung der betroffenen Hautparthie verbundenen geschwürigen Vorgänge zu bezeichnen, welche man bei älteren schlechtgenährten, früher mit Hämorrhoidalbeschwerden belasteten Personen und Frauen in den klimacterischen Jahren, welche vielfache Geburten überstanden hatten, nicht selten antrifft. Diese Geschwüre, in deren Umgebung die Haut meist stark geröthet ist und die oberflächlich gelegenen Venen stark gefüllt sind, kommen fast ausschliesslich an den Unterschenkeln vor und zeichnen sich durch eine grosse Empfindlichkeit des Geschwürgrundes aus.

Dieser hohe Reizzustand lässt nur eine sehr mitigirende locale Behandlung zu. Ausser den gewöhnlichen Wassercompressen, welche meist die Hauscur ausmachen, sind es laue Wildbäder oder Schwefelthermen, welche als Reiz mildernde Wässer hierbei in Frage kommen. Von den ersteren werden vorzugsweise die Chliaren von Schlangenbad, Johannisbad, Landeck, Tobelbad u. a. gerühmt, von den letzteren besonders Aachen und Nenndorf, Eilsen, Meinberg, Pystjan u. a., bei welchen neben der localen Anwendung des Wassers eine Trinkcur installirt werden kann, mit Vorliebe gewählt.

Wegen der gleichzeitig bestehenden Circulationsstörungen im Unterleibe macht sich meist auch der interne Gebrauch gelind abführender Kochsalzquellen, wie der von Kissingen, Homburg, Soden, oder von alkalisch-salinischen Wässern, namentlich solcher, welche nebenbei Eisen enthalten, wie der von Marienbad, Elster, Franzensbad u. a. nothwendig. Dass durch eine solche Trinkcur der Körper nicht geschwächt werden darf, vielmehr durch eine roborirende Diät unterstützt werden muss. kann wohl als selbstverständlich gelten.

III. Hautschwäche.

Für den Zustand, den man gemeinhin als Hautschwäche bezeichnet und besonders bei Individuen beobachtet, welche, der frischen Luft ganz entwöhnt, sich bei der geringsten Veranlassung schon erkälten und dadurch leicht Magen- und Darmkatarrhen verfallen, eignen sich ganz besonders Seebäder, die Seeluft und gewisse Proceduren der Kaltwassercur, die namentlich in Waschungen der Haut mit allmälig stattfindender Temperaturerniedrigung des Wassers und Douchen bestehen. Das Seebad ist aber nach Fromm da vorzuziehen, wo es auf eine rasche kräftige Ernährung des ganzen Körpers ankommt und tiefere Temperaturen schon gut vertragen werden.

Bei schwerer Reconvalescenz oder wo in Folge von Hauttorpor die Secretion der Hautdrüsen eine sehr geringe ist und die Epidermis spröde wird, wo ein atrophischer Zustand der Haut sich eingestellt hat, ist es zweckmässiger, die Soolbäder, besonders die Thermalsoolbäder in Anwendung zu bringen, weil sie den Blutreichthum in der Haut steigern und diese dadurch widerstandsfähiger gegen äussere störende Einflüsse machen.

N. Chronische Krankheiten der Sinnesorgane.

Die chronischen Krankheiten der Sinnesorgane nehmen in der Balneotherapie im Allgemeinen eine untergeordnete Stellung ein und kommen meist dann erst in Curorten zur Behandlung, wenn Complicationen Seitens anderer Organe oder constitutionelle Ursachen eine besondere Rücksichtnahme fordern.

In Folge dessen hat ein Theil derselben an passender Stelle seine Besprechung bereits gefunden und es bleibt nur noch übrig, einige Nachträge über die hier einschlagenden Krankheiten der Augen, der Ohren und der Nase zu geben.

I. Chronische Krankheiten der Augen.

Zu den Augenkrankheiten, welche am häufigsten in Badeorten angetroffen werden, gehören unstreitig die chronischen katarrhalischen Schleimhauterkrankungen des Augenlids und des Bulbus, welche sowohl als einfach chronische Entzündungen, als auch als Trachom,

Blepharitis marginalis und chronische Blepharadenitis in die Erscheinung zu treten pflegen. Diese Conjunctiviten stehen meist mit allgemeiner Scrofulose im Zusammenhange, und so erklärt es sich, dass sie in überwiegender Mehrzahl in Soolbädern gefunden werden, wo man sie derselben Behandlung unterwirft, die gegen Scrofulose überhaupt eingeleitet wird. Auch bei ihnen, wie bei Scrofulose überhaupt, macht sich zu ihrer Beseitigung eine allgemeine Verbesserung der Ernährungsverhältnisse und bei der Hartnäckigkeit, mit der sie balneotherapeutischen Eingriffen meist widerstehen, eine energische Allgemeinbehandlung mittelst starker Sool- und Mutterlaugenbäder bei geeigneter Localbehandlung nothwendig. Den relativ besten Erfolg hat nach Lehmann (Bäder- und Brunnenlehre. 1877, S. 427) die Blepharitis glandulosa und die Conjunctivitis, während die Blepharitis phlyctaenodes und der Augenlidkrampf der scrofulosen Kinder von Soolbädern nur selten einen vorübergehenden Heileffect erfahren. Auch Sooldunstbäder hat man in diesen Krankheitszuständen in Gebrauch gezogen, aber, wie kaum anders zu erwarten ist, mit nur ganz vorübergehendem Erfolg. In gleicher Weise will man auch von Soolbädern, die ebenfalls gegen scrofulöse Augenentzündungen vielfach empfohlen wurden, wenig Nutzen gesehen haben, wie S. 138 bereits bemerkt wurde. Dagegen scheinen die an Schwefelthermen, namentlich kochsalzhaltigen, und mit hydrotherapeutischer Behandlung erlangten Resultate wiederum günstiger zu sein. Stets aber werden in der Behandlung dieser Augenkrankheiten, wie oben schon bemerkt, die Soolbäder obenangestellt und andern Bädern, wenn einigermassen thunlich, vorgezogen. Zu solchen Soolbadecuren empfehlen sich vorzugsweise Kreuznach, Hall in Oberösterreich, Lippik, die Adelheidsquelle, Iwonicz, Zaizon, überhaupt Kochsalzquellen, von denen man herkömmlicher Weise die mit einem bemerkenswerthen Gehalt an Jod- und Bromverbindungen, besonders wenn sie auch zu Trinkcuren sich eignen, gern vorzieht.

Einfache chronische Conjunctivitis, welche nicht scrofulösem Boden entspringt, fordert keine so eingreifende Behandlungsweise, wenngleich auch sie unter Umständen nicht immer leicht zu beseitigen ist. Sie ist im Allgemeinen selten Gegenstand balneotherapeutischer Eingriffe, und wo solche stattfinden, haben sie meist nur nebensächliche Bedeutung. Sie beschränken sich meist auf Augendouchen mit dem Wasser lauwarmer Wildbäder, dem Emser Kesselbrunnen und den Kochsalzthermen von Wiesbaden, Baden-Baden und Soden, oder auf Umschläge mit solchen Wässern oder auf locale Bäder, welche man derart nimmt, dass der Kranke ein mit Wasser gefülltes Gläschen an das Auge andrückt und dasselbe in der Flüssigkeit öffnet.

Bei alten Leuten beobachtet man nicht selten auf der Conjunctiva eine starke Schleimsecretion, wobei die Schleimhaut geröthet und geschwollen ist und den Charakter der Atonie angenommen hat. Für solche Fälle eignen sich ebenfalls die Thermen von Ems, aber auch die Schwefelthermen von Aachen und Burtscheid, die kalten Schwefelquellen von Langenbrücken und Nenndorf und leichte Kohlensäuerlinge zum äusserlichen Gebrauch.

Eine gewisse Bedeutung in der Behandlung von Augenkrankheiten haben durch H. Pagenstecher (Pfeiffer, Balneolog. Studien über Wiesbaden unter Mitwirkung von Fachmännern. Wiesbaden, 1882.) die Thermen von Wiesbaden erhalten. Diesem zu Folge erscheint die dasige Badecur indicirt bei rheumatischen und gichtischen Erkrankungen des Auges, insbesondere bei chronischer Iritis und Iridochorioideitis, welche durch grosse Hartnäckigkeit und Neigung zu Recidiven gekennzeichnet sind, wobei es gleichgültig ist, ob hintere Synechien vorhanden sind oder nicht. Ebenso günstige Curerfolge wurden von Pagenstecher bei chronischer recidivirender Episkleritis und bei einzelnen Formen von rheumatischen Augenmuskellähmungen beobachtet. Dagegen sind die Wiesbadener Bäder contraindicirt bei allen Erkrankungen des Auges, die mit Hämorrhagien der Retina und Chorioidea verbunden sind oder dazu Veranlassung geben, einschliesslich der glaukomatösen Processe, ferner bei fast allen entzündlichen Processen der Conjunctiva und der Cornea. In vielen Fällen aber, wo die Badecur contraindicirt ist, tritt die Trinkcur in ihr volles Recht ein. Zunächst ist sie indicirt bei allen Augenkrankheiten, die auf Congestivzuständen der innern und äussern Augenhäute beruhen oder mit denselben einhergehen, bei Exsudationen nach langwierigen entzündlichen Augenkrankheiten, welche der Resorption hartnäckig widerstehen und für ein stark ableitendes Curverfahren aus sonstigen Gründen sich nicht eignen, bei Glaskörpertrübungen, bei Sklero-Chorioideitis postica, Chorioidealaffectionen in der Gegend der Macula lutea bei häufig recidivirender Kerato-Conjunctivitis, wobei überall die Trinkcur den individuellen Verhältnissen des Kranken anzupassen ist.

In allen diesen mit localer Hyperämie verbundenen Erkrankungen des Auges, wo eine ableitende Behandlung sich nothwendig macht, sind ebenfalls die alkalisch-sulfatischen Wässer angezeigt, und von ihnen sind es der Kreuzbrunnen von Marienbad, die Salzquelle von Elster, die Salzquelle von Franzensbad, die Bonifaciusquelle von Tarasp, welche den andern Wässern dieser Classe vorgezogen werden, namentlich wenn es sich darum handelt, neben stärkerer Einwirkung auf den Darmkanal Stasen im Pfortadersysteme und im Gebiete der untern Hohlvene entgegenzutreten.

Auch die Kochsalzwässer von Kissingen, Homburg und Soden leisten in ihrer Eigenschaft als abführende Wässer gleich gute Dienste und finden bei den obengenannten Augenkrankheiten gleich häufige Anwendung, namentlich bei Hyperästhesie der Retina, welche von Ueberreizungen der Cerebral- und Nervenfunctionen oder von Congestionen nach dem Gehirn ausgeht, und Schwächung des Organismus sich verbietet.

Gegen Hyperästhesien der Ciliarnerven, wenn sie mit allgemeinen nervösen Störungen verbunden sind, eignen sich nach Thilenius besonders der Aufenthalt in reiner Gebirgsluft, der Gebrauch der Kaltwassercur oder der Seebäder, aber auch schon der einfachen Fluss- und Binnenseebäder, während, wenn dieselben nach arthritischen, scrofulösen und rheumatischen Ophthalmien sich entwickelt haben, Gasdouchen von Kohlensäure oder Schwefelwasserstoff sich nützlich erweisen sollen.

Sobald aber Schwächung des Nervensystems, sei sie durch sexuelle Excesse, sei sie durch Blutarmuth oder andere ähnliche Schädigungen herbeigeführt, Veranlassung zu functionellen Störungen des Auges ist, sind Eisenwässer und Eisensäuerlinge, welche geeignet sind, die bestehende Blutarmuth zu beseitigen, indicirt.

Gegen Iritis und diffuse Keratitis erweist sich, sobald der luetische Ursprung derselben constatirt ist, der Gebrauch von Krankenheil (Höfler, balneologische Studien. München 1886, S. 30 u. ff.) als sehr nützlich, selbstverständlich unter Mitanwendung der Schmiercur.

II. Chronische Erkrankungen des Gehörorgans.

Die chronischen Erkrankungen des Gehörorgans werden dann hauptsächlich erst Curobject für die Balneotherapie, wenn sie Theilerscheinung einer constitutionellen Erkrankung sind. Auch bei ihnen spielt, wie bei Augenkrankheiten, in dieser Beziehung die Scrofulose eine sehr wichtige Rolle, und Katarrhe des äussern Gehörorgans und Furunkulose desselben, Katarrhe des Pharynx und der Paukenhöhle und Katarrhe der Eustachischen Röhre sind nicht selten locale Ausdrücke dieser Constitutionskrankheit. In allen solchen Fällen, wo Scrofulose vorliegt oder nur vermuthet wird, kommen Soolbäder in Anwendung und erweisen sich als Heilmittel für diese zugleich als Heilmittel solcher Erkrankungen des Gehörorgans. Auch selbst, wo der Katarrh der Paukenhöhle zur eiterigen Schleimhautaffection sich bereits ausgebildet hat, bringen Moorbäder meist noch Hülfe, namentlich wenn bei starker Schleim- und Eiterbildung noch Injectionen von lauwarmem Soolwasser in die Tuba gemacht werden. Auch Inhalationen im Sooldunstbade, wie in Oeynhausen, sind nicht zurückzuweisende Unterstützungsmittel für die allgemeine Cur, insbesondere, wenn von der Schleimhaut des Pharynx aus eine Uebertragung der katarrhalischen Entzündung auf die Eustachische Röhre stattgefunden hat.

Wo man einen gewissen Torpor der Auskleidung des äusseren und inneren Gehörgangs als Ursache der Schwerhörigkeit annehmen zu müssen glaubte, hat man auch Douchen mit kohlensaurem Gase empfohlen, welche in früherer Zeit in Homburg vielfache Anwendung fanden. Gegenwärtig hat man sie unseres Wissens als ungenügend wieder verlassen.

Dagegen bringt man Gasdouchen von Schwefelwasserstoff bei katarrhalischen Entzündungen des äusseren Ohres und bei chronischem Tuben- und Mittelohrkatarrh, namentlich wenn Erkältungen als Krankheitsursache beschuldigt werden, vielfach zur Anwendung, wie aus dem Badeberichte über Langenbrücken von Ziegelmayer aus dem Jahre 1886 hervorgeht und zwar, wie es scheint, nicht ohne Nutzen. Auch in Nenndorf und Eilsen konnte man diesen letzteren bestätigen.

Bei Frauen in den klimacterischen Jahren und Individuen, welche an venösen Stasen des Unterleibs, an habitueller Stuhlverstopfung und Abdominalplethora leiden, beobachtet man nicht selten Gehörsstörungen, welche in Klingen und Brausen vor den Ohren und damit verbundener Schwerhörigkeit bestehen und von einem chronischen Katarrh der Paukenhöhle, auch wohl von Veränderungen an der Steigbügelplatte ausgehen, namentlich aber mit Circulationsstörungen im Ohre sich verbinden. In allen diesen Fällen sind die alkalisch-sulfatischen Quellen von Marienbad, Elster-Salzquelle und Tarasp, sowie die Kochsalzsäuerlinge von Kissingen und Homburg angezeigt und erweisen sich als sehr hülfreich, wenn das Leiden des Gehörorgans nicht allzusehr schon veraltet ist.

Gehen solche subjective Gehörstäuschungen von allgemeiner nervöser Reizbarkeit oder von Anämie und Chlorose aus, dann sind entweder Wildbäder oder auch Eisenbäder zu gebrauchen.

Noch ist zu bemerken, dass Kaltwassercuren und kalte Abreibungen, kalte See- und Flussbäder bei allen Krankheiten des Gehörorgans contraindicirt sind. Das Eindringen von kaltem Wasser in den äusseren Gehörgang muss stets sorgfältig vermieden werden.

III. Chronische Krankheiten der Nasenhöhle.

Der chronische Nasenkatarrh unter der vulgären Bezeichnung des Stockschnupfens findet sich bekanntlich häufig bei scrofulösen Kindern vor und fordert zu seiner Beseitigung dann die energische Behandlung der Scrofulose selbst, die auch hier in der Anwendung von Sool- und Seebädern und von jodhaltigen Quellen besteht. Der Curerfolg ist bei genügender Ausdauer meist ein zufriedenstellender. Auch bei Anwendung von Schwefelwasserstoffinhalationen sah man bei chronischem, namentlich hypertrophischem Nasenkatarrh und Blennorrhoe der Nase nicht selten befriedigende Curerfolge, wenigstens berichtet Ziegelmayer (l. c.), dass er in Langenbrücken bei 46 derartigen Krankheitsfällen 32 Heilungen und 14 Besserungen erzielte. Anders ist der Erfolg, wenn es bei langem Bestehen und hochgradiger Erkrankung zur scrofulösen Ozäna gekommen ist, wo Knorpel und Knochen bereits ulcerativ afficirt sind und Eiter und Blut dem Nasenschleim sich beimischen. Bei so vorgeschrittenen Erkrankungen hat man Thermalsoolbäder und Mutterlaugenbäder, alkalische Bäder, Schwefelbäder, Seebäder, Kaltwassercuren vielfach empfohlen, allein die Hoffnungen, welche sich an solche Curen knüpften, haben sich mit nur höchst seltenen Ausnahmen nicht erfüllt. Nur von Krankenheil aus wird von Höfler (Balneol. Studien, 1886, S. 1 u. ff.) berichtet, dass bei Rhinitis chronica atrophicans und Caries oder Necrose der Nasenknochen und geschwürigen Processen in den Nasenknorpeln, wenn sie von tertiärer Lues ausgingen, durch die Krankenheiler Cur mehrfach Heilung und ausgesprochene Besserung des Leidens erreicht werden konnte.

B. Balneographie.

—

Die wichtigsten Curorte und Wasserheilanstalten in Bezug auf ihre Curmittel und therapeutischen Eigenthümlichkeiten.

Die balneographische Darlegung, welche wir in nachstehendem Abschnitte zu geben beabsichtigen, soll keine eingehende Erörterung aller localen Verhältnisse sein, welche ein Curort bietet, sondern wird in Bezug auf solche, wie bereits oben bemerkt wurde, nur insoweit Angaben machen, als sie auf die therapeutischen Eigenthümlichkeiten des betreffenden Curorts von Einfluss sind.

Der Tendenz des Buches entsprechend liegt es besonders in unserer Absicht, hier nur die einzelnen oft sehr verschiedenen Curmittel, die ein Curort bietet, zusammenzustellen, ihren therapeutischen Werth zu prüfen und diejenigen empirischen Indicationen für dieselben zu gewinnen, welche sich aus den an Ort und Stelle gemachten Erfahrungen bewährter Aerzte abstrahiren lassen und die sich als das Facit aus den Beobachtungsergebnissen der Quellen- und Klimawirkungen, sowie des Einflusses der gebotenen Heilagentien auf die verschiedenartigen Gesammtconstitutionen der Curgebrauchenden, überhaupt von Seiten der sogenannten Nebenverhältnisse auf diese letzteren sich ergeben.

Eine solche Aufgabe zu erfüllen ist freilich mit sehr grossen Schwierigkeiten verbunden, und wenn wir uns bei der Zusammenfassung dieser Heilanzeigen auch nicht auf die Angaben einzelner Beobachter beschränkten und unter denselben eine sichtende Auswahl getroffen haben, so lassen sich doch bei der Verschiedenheit, mit welcher nicht selten gleiche Beobachtungen aufgefasst und beurtheilt werden, Irrungen nicht immer vermeiden, und der practische Arzt dürfte bisweilen wohl in die Lage kommen, seine eigene Erfahrung kritisch mit eintreten zu lassen. Wir wollen geben, was dem Einzelnen zu geben möglich ist, damit der Leser eine thunlichst sichere und unbefangene Beurtheilung der vorhandenen Curmittel eines Curortes erlange und die gewonnenen empirischen Indicationen zum Vortheil seiner Kranken thatsächlich anzuwenden und mit dem im klinischen Abschnitte Gesagten zu vergleichen und zu combiniren vermag.

Bei der Bedeutung, welche einzelne Nebenverhältnisse eines Curorts für den practischen Arzt haben, sind in Verfolg der oben Seite 124 ausgesprochenen Ansicht über dieselbe auch diese möglichst berücksichtigt und, soweit sie sicher zu stellen, überhaupt zu ermitteln waren, wenn auch in zweiter Linie, aufgeführt worden.

Der Arzt wird daher immerhin in der Lage sein, von dem betreffenden Curorte sich ein richtiges, nicht durch Schönfärberei entstelltes Bild zu machen, soweit ärztliches Handeln die Kenntniss eines solchen fordert.

Wir gehen nun zur Betrachtung der einzelnen Curorte und ihrer Curmittel über.

Aachen (Aix-la-Chapelle)

in Preussen, Rheinprovinz, Curort mit heissen Schwefelwässern, nahe der belgisch-holländischen Grenze.

Die Curmittel. 1. Die Thermalquellen. Sie gehören sämmtlich zur Klasse der alkalisch-muriatischen Schwefelwässer und sind hinsichtlich ihrer Mischung einander sehr ähnlich; nur durch den höhern oder mindern Schwefelgehalt unterscheiden sie sich von einander. Sie sind ausgezeichnet durch ihre hohe Temperatur, welche in der Kaiserquelle bis zu 55°, in der Quirinusquelle bis zu 49,7°, in der Rosenquelle bis zu 47°, in der Corneliusquelle bis zu 45,4° C. sich erhebt; durch ihren hohen Gehalt an Kochsalz, der im Liter Wasser zwischen 2,6 und 2,8 g schwankt, sowie an kohlensaurem Natron, der meist 0.64 g (= 0,95 g Bicarbonat) beträgt, und an Schwefelnatrium, von welchem nach Liebig in der Kaiserquelle 0,0095 g, nach v. Monheim 0,0136 g in obiger Wassermenge sich vorfinden.

Die Aachener Thermen dienen vorzugsweise zu Badecuren, nur die Kaiserquelle wird getrunken. Ihre Wirksamkeit als Bad beruht nach Schuster (Memorabilien von Dr. Betz, XXV., 4., 1880) auf ihrer natürlichen Wärme, die durch Zulassen von abgekühltem Thermalwasser bis auf 22,5° C. vermindert werden kann, und auf dem Gehalt an Gasen. Je nach den Temperaturgraden wirken sie erregend oder beruhigend, erregend bei 36° C. und darüber, beruhigend bei 35 bis 31° C. Kalte und warme Douchen, Dampfbäder, Inhalationen, Massage und Trinkcuren unterstützen die Badecur.

Indicationen. Die Behandlung der Syphilis ist in Aachen eine Specialität geworden, wie wohl an keinem andern Curorte, und alljährlich finden namentlich die schweren Formen dieser Krankheit unter Mitanwendung der Schmiercur in sehr vielen Fällen ihre Heilung. Aber Aachen leistet nach Schuster und Reumont Vorzügliches auch bei chronischen Rheumatismen, bei Ischias, bei vom Gehirn oder Rückenmark ausgehenden Lähmungen, wenn sonst das Nervengewebe noch nicht zu Grunde gegangen ist, bei Psoriasis, Anschwellungen der Prostata und selbst bei perimetritischen Exsudaten ist die Cur daselbst von sehr vortheilhafter Wirkung. Auf die hohe Bedeutung, welche die Aachener Thermalcur bei chronischer Gicht einnimmt, haben Beissel und G. Mayer (Berl. klin. Wochenschr., 1884, No. 13) hingewiesen. Die durch sie erzielten Resultate sollen die in Karlsbad und Wiesbaden erreichten bei Weitem übertreffen. Die Cur selbst besteht im ausgedehnten Gebrauche der Thermaldouchen auf den ganzen Körper des Kranken und im reichlichen Genusse des dasigen Thermalwassers, dem bisweilen kohlensaures Lithium zugesetzt wird. Warme Bäder von 35 bis 36° C. dienen zur Unterstützung der Cur.

Die Trinkcur findet ausserdem noch vielfache Anwendung bei Katarrhen der Nase, des Rachens, der Luftwege, des Dickdarms, bei Leberschwellungen, chronischen Metallvergiftungen und anderen ähnlichen Krankheiten mehr.

2. Inhalationen. Das Inhaliren des zerstäubten Thermalwassers und seiner Gase geschieht im Inhalationssaale des Kaiserbades und wird vorzugsweise bei chronischen Katarrhen des Kehl- und Schlundkopfes, sowie der Bronchien angewendet.

3. Die Eisenquellen. Sie haben ziemlich viel Eisen, aber wenig Kohlensäure und geringen Salzgehalt.

4. Das Klima. Das Klima von Aachen ist ein angenehmes, mildes. Die mittlere Jahrestemperatur beträgt 10,26° C., die mittlere Wintertemperatur + 3,44 bis 3,77° C., die mittlere Temperatur des Frühlings 7,5 bis 8,8°, des Sommers 16,41 bis 16,89°, des Herbstes 10,1 bis 10,5° C. Vorherrschende Winde sind West- und Südwestwinde. Katarrhe der Luftwege finden durch dasselbe nicht unwesentliche Erleichterung.

Locale Verhältnisse. Aerzte: Dr. Alexander (Augenarzt). Dr. Angerhaussen, Dr. d'Asse, Dr. Bardenheuer, Dr. Baum, Dr. Beissel, Dr. Biermanns, Dr. Blumberg, Dr. Brandis, Dr Bruckner, Dr. Capellmann (Irrenarzt), Dr. Chantraine, Dr. Chorus, Dr. Classen, Dr. Compes, Dr. Dressen, Dr. v. Erkelens, Dr. Franck (Irrenarzt), Dr. Goldstein, Dr. Gosebruch, Dr. Greve, Dr. Hanstein, Dr. Heinen, Dr. Houbé, Dr. Isaak, Dr. Bernh. Jungbluth, Dr. Herm. Jungbluth, Generalarzt Dr. Kälber, Dr. Kaufmann, Dr. Klinkenberg, Dr. Kloth, Dr. Knops, Dr. Körfer, Dr. Kremer, Dr. Kribben (Physikus), Dr. Lang. Dr. J. Lauffs (Spitalarzt), Dr. L. Lauffs (Stabsarzt a, D.), Dr. Lersch (Badeinspector für Aachen und Burtscheid), Dr. Luxembourg, Dr. Mayer, Geh. San.-R. Dr. Müller, Dr. Nöthlichs, Dr. Oidtmann, Quintin, Dr. Rademacker, Dr. Riedel (Wundarzt), Dr. Schervier, Geh. San.-R. Schmidthuisen (Irrenarzt). Dr. Schmitz, Dr. Scholl, Dr. Ferd. Schultze. Dr. C. Schumacher, Dr. Schuster, Dr. Schweitzer. Dr. Sommer, Dr. Sträter (Spitalarzt), Dr. Thissen, Dr. Thomas, Dr. Thier (Augenarzt). Dr. Trost, Reg. Med.-R., Dr. van de Loo, Dr. Völkers, Dr. Vossen, Dr. Wallé, Dr. Weidenbach, Dr. Weber. Dr. Weiland.

Badehäuser: Aachen besitzt zur Zeit 8 Badehäuser, welche sämmtlich mit allen jetzt in Gebrauch kommenden Badeutensilien in bester Weise ausgestattet sind. Auch für Wintercuren sind Einrichtungen getroffen; den Douchebädern, den Dampfbädern, Schwitzstuben ist besondere Aufmerksamkeit geschenkt worden.

Bahnstation: Aachen ist Station der Eisenbahnlinien Koln-Herbesthal-Verviers und Düsseldorf-Aachen-Verviers.

Curfrequenz: Die durchschnittliche Frequenz an eigentlichen Curgästen schwankt in den letzten Jahren zwischen 7000 bis 8000 Personen.

Curort: Aachen, hinsichtlich seiner Lage und Bauart einer der schonsten und interessantesten Städte mit einer Einwohnerzahl von etwa 92 000 Köpfen, hat alle Vorzüge und Nachtheile einer grossen Stadt, vorzügliche Hotels meist mit Bädern, und bietet bei guter Verpflegung auch gutes Unterkommen für Kranke. Schöner Curgarten, schöne Promenaden, schöne Umgebung.

Curzeit: Das ganze Jahr hindurch.

Seehöhe: 173 m.

Wintercuren: In den letzten Jahrzehnten hat man die Badehäuser, namentlich das Kaiserbad, zur Vornahme von Wintercuren eingerichtet und zur Erwärmung der Corridore und Treppen das Thermalwasser benutzt. Im Weiteren sehe man Reumont

„Ueber Wintercuren an Schwefelthermen" in Kisch's Jahrbuch der Balneologie 1875, II. und in der Real-Encyklopädie der gesammten Heilkunde von Eulenburg. 1884.

Neuere Literatur: Boissel, Dr. J., Balneologische Studien mit Bezug auf die Aachener und Burtscheider Thermalquellen. 3. Aufl., Aachen 1888. — Reumont. Geh. San.-Rath Dr. Alex., Die Thermen von Aachen und Burtscheid. Nach Vorkommen, Wirkung und Anwendungsart. 5. Aufl, Aachen 1885. — Lersch, Dr. B. M., Neuester Führer von Aachen, Burtscheid und Umgebung. Aachen 1885. — Vossen. Dr. O., Die heissen Schwefelthermen Aachens in Petersb. med. Wochenschr., 1883. No. 13.

Aalbeek

auf der Insel Rügen, einfacher Ostseebadeort am Schmachter See bei Binz, 1½ Meilen östlich von Bergen gelegen.

Locale Verhältnisse. Badestrand soll der beste auf der ganzen Insel sein. Leben: Sehr billig.

Wohnungen: Einfach, primitiv, in gewöhnlichen Fischerhäusern.

Abano

in Italien, Provinz Venetien, ein am Fusse der Euganeischen Hügel im Gebiete Padua gelegener Curort mit heissen Quellen (Aquae Patavinae der alten Römer).

Die Curmittel. 1. Die Thermen von Abano, zur Gruppe der Euganeen gehörig, zeichnen sich vor den übrigen Thermen dieser Gattung durch einen mässigen Gehalt an Schwefelwasserstoff aus. Sie sind gipshaltige Kochsalzquellen, welche im Liter Wasser 3,46 g Kochsalz, 0,20 g Chlormagnesium, 0,27 g Kalisulfat, 0,95 g Gips, 0,28 g kohlensauren Kalk auf 5,34 g feste Bestandtheile enthalten und haben eine sehr hohe Temperatur, die in den einzelnen Quellen von 37,5 ° bis 83,7 ° C. schwankt, gehören sonach zu den heissesten Quellen.

2. Der Badeschlamm. Er ist der natürliche Absatz der Thermalquellen und besteht nach einer Analyse von Bizio vorzugsweise aus Kalkmagnesia- und Eisenverbindungen, sowie Thonerde. Er gilt in Abano als ein ausserordentlich wichtiges Curmittel und findet namentlich in Form von Umschlägen ausgedehnte Anwendung.

3. Inhalationen. Die den Quellen entsteigenden Dämpfe werden zu Inhalationen benutzt. Besondere Vorrichtungen hierzu sind nicht vorhanden.

Indicationen. Die Thermen von Abano finden vorzugsweise in Form von Bädern ihre Anwendung gegen Hautkrankheiten, welche aus Erkrankung des Lymphgefässsystems hervorgehen, Knochenkrankheiten, traumatische Affectionen des locomotorischen Apparates, peripherische Paralysen, Neuralgieen verschiedener Art und rheumatische Erkrankungen der Gelenke.

Locale Verhältnisse. Badeanstalten: Abano besitzt neun Badeanstalten mit guten Einrichtungen.

Bahnstation: Abano ist Station der Eisenbahnlinie Venedig-Bologna, Strecke Bologna-Padua.

Klima: Mild. milder als in Padua. Den Winter vertritt ein laues trockenes Frühlingswetter.

Curfrequenz: Etwas über 2000 Curgäste.
Seehöhe: 31 m.

Abbazia

in Istrien, ein erst im Jahre 1883 gegründeter und ausserordentlich rasch in Aufnahme gekommener klimatischer Curort am pittoresken Gestade des Istrischen Golfs am Quarnero gelegen. Das sogenannte Nizza der Adria.

Die Curmittel. 1. Klima. Da der Ort nach Nord und Ost durch den 1394 m hohen Monte Maggiore vor kalten Winden geschützt ist und nur nach Süden gegen die Adria hin offen liegt, erhält auch er nur warme Luftströmungen, welche exotische Vegetation hier gedeihen lassen und den Ort zu einem für Brustkranke und Nervenleidende geeigneten Winteraufenthalt befähigen. Die engeren klimatischen Verhältnisse von Abbazia sind noch nicht festgestellt.

2. Seebäder. Die hiesigen Seebäder, zu welchen in neuester Zeit ebenfalls Einrichtungen getroffen wurden, sind sehr kräftige und werden in Bezug auf Wellenschlag und Salzgehalt sehr gerühmt. Sie haben gleiche Indicationen, wie die Mittelmeerbäder im Allgemeinen.

3. Unterstützende Curmittel sind noch warme Seebäder mit guten Badeeinrichtungen, Wasserbäder gewöhnlicher Art, Inhalationen, Massage, Oertelsche Terraincuren.

Locale Verhältnisse. Aerzte: DDr. Fonda, Pacher, Szemeré, Schwarz, Prof. Glax.

Badeanstalten: Sie sind mit allen von der Neuzeit geforderten Utensilien und mit hoher Eleganz ausgerüstet. Preise noch mässig, fest.

Bahnstation: Matuglie an der österr. Südbahn von Fiume, etwa 1 Stunde von A. entfernt.

Curfrequenz: Sie ist schon auf mehrere Tausend Personen pro Jahr angewachsen und setzt sich ausser der hier stark vertretenen hohen österr. Aristokratie aus Oesterreichern, Norddeutschen, Engländern, Amerikanern, Schweden und Russen zusammen.

Curort: Bei der raschen Zunahme des Besuchs hat sich das ursprünglich kleine Dorf zu einem höchst eleganten vornehmen Curort umgewandelt, der vortreffliche Hotels, sehr gute Privathäuser zur Unterkunft, schöne Parkanlagen und Promenaden und einen sehr schönen Strand besitzt. Viele schöne Ausflüge. Leben nicht mehr so billig wie früher; zur Zeit Wiener Preise. Trinkwasser gut.

Neuere Literatur: Radics, P. v., Abbazia. Wien 1885. — Wiener med. Presse, 1884, No. 17. — Wiener med. Wochenschr., 1885, No. 3. — Virchow, Ueber Abbazia in Berl. klin. Wochenschr., 1887, XXIV, 66, S. 868.

Abendberg

in der Schweiz, Canton Bern, früher Kretinenanstalt des Dr. Guggenbühl, gegenwärtig Luftcur- und Molkencuranstalt. Der Abendberg ist weltbekannt wegen der wunderbar schönen Aussicht, welche man von seiner Höhe aus geniesst.

Achselmannstein

in Baiern, siehe Reichenhall.

Acireale

in Sicilien, Provinz Catania, ein klimatischer Curort an der Südostküste der Insel und am Jonischen Meere, am südlichen Abhange des Aetna, mit verschiedenen, schon im Alterthum bekannten Schwefelquellen. Der Ort gilt als Succursale von Palermo.

Die Curmittel. 1. Das Klima. Es ist ein mässig feuchtes warmes Küstenklima, welches gegen chronische Katarrhe der Luftwege, als Prophylakticum gegen Phthiso bei hereditärer Disposition und erethischer Constitution, Emphysem, Asthma seine therapeutische Bedeutung findet. Im Weiteren Indicationen wie in Palermo.

2. Die Mineralquellen. Etwa 4 km vom Badehause entfernt entspringen mehrere kalte Schwefelquellen, welche in dasselbe geleitet sind und nach Russo bei chronischen Hautkrankheiten, Syphilis, chronischem Rheumatismus, Scrofulose indicirt sind.

3. Traubencuren und hydrotherapeutische Curen. Auch zu solchen ist Gelegenheit geboten.

Locale Verhältnisse. Aerzte: Dr. Grassi Russo, vorzugsweise gesucht, Dr. Antonio Musumeci, Dr. Joris (Hotelarzt) und einige andere.

Badehaus: Es ist ein stattliches Gebäude, hat 70 elegant eingerichtete, mit Marmorwannen ausgerüstete Badestuben.

Bahnstation: Acireale ist Station der von Catania nach Messina führenden Eisenbahn.

Beköstigung: Im Allgemeinen nicht gut.

Curfrequenz: Jährlich etwa 500 Personen.

Curort: Acireale ist eine ansehnliche Stadt von 38 000 Einwohnern in schöner und geschützter Lage. Wohnungen mangelhaft, selbst billigen Anforderungen nicht recht genügend. Verpflegung keineswegs befriedigend.

Curzeit: Für klimatische Curen von Anfang November bis Ende März, für die Thermalcur vom 1. Mai bis 30. September, für die Traubencur vom September bis October.

Seehöhe: 160 m.

Wohnungen für Curgäste: Gute nur in den Hotels, Privatwohnungen wenige und nicht gut eingerichtet.

Neuere Literatur: Russo, Dr. J. Grassi, Thermes de Santa Venera. Guide du —. Lyon 1878, Riotor.

Acqui

im Königreiche Italien, Provinz Alessandria. Curort mit mehreren heissen Schwefelquellen, die schon zu Plinius Zeiten benutzt wurden.

Die Curmittel. 1. Die Thermalquellen. Acqui besitzt acht warme Quellen, welche zum grössten Theil eine geringe Menge Schwefelwasserstoff, aber ziemlich viel Kochsalz enthalten, von welchem Bunsen in der Caldoquelle 1,759 g, Ferrario in der Bollenquelle 1,55 g im Liter Wasser nachgewiesen hat. Sie gelten nach Schivardi (Gazetta medica di Lombardia, 1874, XXXIV) als Hauptrepräsentanten der kochsalzhaltigen Schwefelwässer Italiens. Von diesen acht Quellen werden aber besonders nur drei benutzt. Die Temperatur dieser

Quellen schwankt zwischen 51 und 48° C. Die laue Quelle, der sogenannte Ravanesco, wird an Ort und Stelle getrunken.

2. Der Schlamm. Besonders wichtig für Acqui sind die Schlammbäder. Dieser Schlamm ist eine ausserordentlich feine Thonerde, welche mit den Bestandtheilen des Schwefelwassers vollständig imprägnirt ist. Die Temperatur, zu welcher man die Schlammbäder anwendet, beträgt meist 42—46°, sehr selten 50° C.

3. Die Dampfbäder. Sie haben in Acqui keine besondere Bedeutung.

Indicationen: Therapeutische Anwendung finden Quellen und Schlamm nach Schivardi vorzugsweise gegen Gelenkaffectionen, besonders arthritischer und rheumatischer Natur, so zwar, dass die Hälfte aller daselbst Hülfe Suchenden zu solchen Kranken gehört, nach Violini (Annali universali di medicina ed chirurgia da Corradi 1881. Vol. 27. Novembre) aber auch gegen chronische Arthritis, Arthritis deformans, Coxalgieen, Luxationen und verschiedene Hautkrankheiten mit gleich gutem Erfolge.

Locale Verhältnisse. Arzt: Dr. Plinio Schivardi.

Badeanstalten: In Acqui giebt es drei Badeanstalten, das Stabilimento civile, die Anstalt für die Armen und eine solche für das Militär.

Bahnstation: Acqui ist Station der Eisenbahnlinie Alessandria-Savona.

Klima: Feucht, veränderlich.

Curfrequenz: Beträchtlich, jährlich mehrere tausend Curgäste.

Seehöhe: 140 m.

Neuere Literatur: Schivardi in: Gazetta medica di Lombardia. 1871, No. 11, 14. 15. 17 und 21. — Schivardi, Guida di Bagni d'Acqui per il Dr. Cav. Plinio. Milano 1873, Giov. Girocchi

Adelheidsquelle

in Oberbaiern, siehe Heilbrunn.

Adelholzen

in Baiern, Oberbaiern, Wildbad mit drei kalten Quellen in den Vorbergen der Norischen Alpen, seit Jahrhunderten als Badeort bekannt, jetzt nur von den Bewohnern der Umgegend besucht.

Ahlbeck

in Preussen, Provinz Pommern, ein kleines, auf der Insel Usedom etwa eine Viertelstunde von Heringsdorf entfernt gelegenes Ostseebad, welches in neuerer Zeit einen raschen Aufschwung genommen hat.

Locale Verhältnisse. Arzt: Dr. Windmüller.

Neuere Literatur: Wegener, Dr. A, Die Seebäder der Inseln Usedom und Wollin. Prakt. Handbuch für Reisende. 3. Aufl., Berlin 1882. Goldschmidt.

Ahrweiler

in Preussen, Rheinprovinz, ein bei Remagen gelegenes Dorf mit dem Apollinarisbrunnen, einem starken, erdigen Säuerling, welcher als Luxusgetränk dient und zu medicinischen Zwecken gegen dyspeptische

Beschwerden, Bronchialkatarrhe und derartige Krankheitszustände vielfach benutzt wird.

Die Quelle ist sehr reich an Kohlensäure und von angenehmem Geschmack. Sie wird stark versendet.

Aibling

im Königreich Baiern, Regierungsbezirk Oberbaiern, Curort
mit Moor- und Soolbädern, zugleich auch klimatischer Curort.
Er hat nur locale Bedeutung.

Aigle

in der Schweiz, Canton Waadt, ein vielbesuchter Traubenkurort
und gleichzeitig klimatischer Curort, in fruchtbarer Gegend.

Die Curmittel: 1. Die Trauben. Die Trauben, welche hier zu
Curzwecken Verwendung finden, gehören den Chasselas (Gutedel) an.
Sie sind von vorzüglichem Geschmack und saftreich.

2. Die klimatischen Verhältnisse. Das Gebirge schützt gegen
kalte Luftströmungen und gewährt nur der Mittagssonne vollen Zutritt.
Die Luft, welche in Folge dessen oft drückend sein würde, wird durch
von Nord nach Süd streichenden Luftströmungen immer in sanfter Bewegung erhalten. Die Temperatur des Kessels, in welchem Aigle liegt,
ist zu jeder Jahreszeit höher, als diejenige der benachbarten Ortschaften.
Aigle ist eine vortreffliche Herbst- und Frühjahrsstation.

Weitere Curmittel sind: Hydro- und electrotherapeutische
Anstalt (im Grand Hotel des Bains); Specialdouchen, Salz- und
Soolbäder und eine vorzüglich eingerichtete Kaltwasser-Heilanstalt.

Locale Verhältnisse. Aerzte: DDr. Bezencenet, Mandrin, Maienfisch, Verrey
(Arzt an der Wasserheilanstalt), Chausson.

Bahnstation: Aigle ist Stationsort der Eisenbahnlinie Villeneuve-St. Maurice.

Curzeit: Vom 1. Mai bis 31. October. Auch Winterzeit.

Seehöhe: Der Station 419 m, vom Grand Hotel des Bains 539 m.

Wohnungen für Curgäste: In hinreichender Anzahl, gut und preiswürdig;
meist nur in Hotels.

Aix-les-Bains (Aix-en-Savoie)

in Frankreich, Departement Haute-Savoie, viel besuchter Curort
mit warmen Schwefelquellen, welche als aquae Gratianae oder Do-
mitianae, auch als aquae Allobrogum schon zur Zeit der alten Römer
bekannt waren.

Die Curmittel: 1. Die Schwefelthermen. Von den verschiedenen hier entspringenden Thermalquellen, welche sämmtlich zu den
akratischen Schwefelthermen gehören, werden vorzugsweise nur
zwei, die Schwefel- und die Alaunquelle, mit einer Temperatur von 43
bis 44,5° C. zu Curzwecken benutzt. Beide Quellen haben wenig feste
Bestandtheile, welche vorzugsweise aus kohlensaurem Kalk und Magnesia,
Gips, schwefelsaurer Magnesia und schwefelsaurem Natron bestehen, enthalten aber viel freien mit Kohlensäure und Stickstoff gemengten Schwefelwasserstoff.

2. Die Douche, eine Hauptspecialität der dortigen Cur, findet in der mannigfachsten Form und Weise ihre Anwendung, besonders aber unter Anwendung der Massage und starken Frottierens der kranken Körpertheile. Nach einer solchen Application der Douche wird meist im sogenannten „Bouillion" noch ein warmes Bad verordnet.

3. Die Bäder werden meist sehr warm und von langer Dauer genommen.

Indicationen sind die verschiedenen Formen des chronischen Gelenkrheumatismus und die durch solche bedingten Bewegungsstörungen, Lähmungen, Folgen von Verletzungen nach Wunden, Knochenbrüchen, Contusionen. Auch gegen syphilitische Leiden und chronische Hautausschläge werden die Quellen von Aix vielfach benutzt, besonders bei Syphilis mit Hydrargyrose.

4. Inhalationen. Zu Inhalationscuren dient meist das Wasser der Schwefelquelle von Marlioz, welches als ein leicht erregendes Mittel besondere Anwendung bei arthritischen Anginen findet. Sie ist ein kaltes Schwefelnatriumwasser.

Locale Verhältnisse. Aerzte: DDr. Blanc, Bardel, Bertier, Brachet, Chabout, Cessens, Davat, Despine, Duparc, Follier Vater und Sohn, Guillaud, Macet, Petit, Puistienne, Quive, Roët, Verrat, Vidal, Medicin inspecteur, und Vidal Sohn und andere noch.

Badeanstalten: Das neue grosse Etablissement thermal ist eine der am besten und vollständigsten eingerichteten Anstalten, welche auch für Wintercuren eingerichtet ist. Ausserdem sind noch die alten Berthollet-Dampfbäder und ein Armenbad, sowie Piscinen für Hautkranke, Inhalationen und alle möglichen Arten von Douchen in Gebrauch.

Bahnstation: Aix ist Station der Eisenbahnlinie Culoz-Turin.

Klima: Mild und gesund, etwas feucht, die Witterung beständig. Nordostwinde vorherrschend.

Curfrequenz: Etwas über 5000 Curgäste; Besucher 20000 Personen.

Curzeit: Das ganze Jahr hindurch.

Seehöhe: 258 m.

Wohnungen für Curgäste: Zahlreiche und gute in Hotels und in Privathäusern.

Neuere Literatur: Brachet, Traitement des blessés aux eaux d'Aix-les-Bains. Paris 1872, Chaix et Comp. — Davat in Gazette des hôpitaux. 1872, No. 26. — Hamberg, N. P., Ueber Aix-les-Bains und andere Curorte in Savoyen, in Hygiea. XLIV., 8, S. 442.

Ajaccio

auf der Insel Corsica, ein in neuerer Zeit vielfach aufgesuchter klimatischer Wintercurort, welcher neben der Annehmlichkeit eines milden und wenig wechselnden Himmelstriches den Vorzug besitzt, weder Staub noch Moskitos zu haben, und zu den bedeutsamsten am Mittelmeere gehört.

Die Curmittel. 1. Klima. Gedeckt von Nordwesten, Norden und Osten durch Reihen von Bergen und Alpen, ist Ajaccio nach Südwest und Süden offen und lässt die von da her wehende Seebrise eintreten. Nur von Osten dringen durch das Bett des Gravone kühle

Luftströmungen zeitweise in das Gebiet der Stadt und kühlen Mittags-
und Nachthitze ab.

Die Schwankungen in der Tagestemperatur sind nach Biermann's
genauen und ausführlichen Beobachtungen (.Die Insel Corsica mit besonderer Berücksichtigung von Ajaccio als klimatischer Curort") niemals
bedeutende; sie betrugen 5 bis 6° C. als höchste im November und
December und waren am geringsten im Februar und März. Auffallend
mild sind die Abende und selbst im Februar sinkt das Thermometer
nicht unter 10° C. Die Mittage sind mässiger warm, als man erwarten
sollte, und die Zeit, welche Curgäste im Freien zubringen können, ist
eine beträchtlich längere, als die der meisten übrigen Curorte, Cairo
und Madeira etwa ausgenommen. Die mittlere Jahrestemperatur beträgt
17.55° C., die des Winters $+ 14.13°$ C. Der Luftdruck wechselt zwischen
743 und 766 m. Die relative Feuchtigkeit der Atmosphäre beträgt durchschnittlich 80 pCt. Die Zahl der Regentage ist gering, die der vollkommen
heiteren und halbheiteren Tage beträchtlich. Nebel sehr selten. Vorherrschende Winde sind Nordwest, West und Südwind. Ajaccio steht
hinsichtlich seines Klimas zwischen den Curorten der Riviera und der
Insel Madeira.

Indicationen. Als Curort empfiehlt Sigmund Ajaccio wegen
seines gleichmässig wärmeren, feuchten und milden Klimas ohne Staub
Brust- und Herzleidenden, welche Ruhe brauchen, ferner Scrofulösen, die
starke Spaziergänge und überhaupt viel Bewegung im Freien sich machen
sollen, der Erholung nach schweren Arbeiten, der Stille nach angreifen-
den Erlebnissen Bedürftigen. Nach Biermann's Erfahrung berechtigt
der Klimacharakter von Ajaccio zur Aufnahme jeder Form reizbarer
Katarrhe, Emphyseme und chronisch-pneumonischer Processe, welche
Neigung zu hämoptoeischen Anfällen besitzen. Nervenkranken dürfte die
weite und beschwerliche Reise nicht anzurathen sein, ebensowenig mit
Rheumatismus, Gicht und Katarrhen mit profuser Secretion behafteten
Kranken.

Locale Verhältnisse. Aerzte: DDr. Bigot, Cauro, Colonna, Delalance, Santy,
Giustiniani, Peri, Tavera, Versini, Ceccaldi, sämmtlich einheimische Aerzte. Im
Winter 1880/81 waren dort Dr. Wagner aus Albisbrunn bei Zürich, Dr. Schiffmann
aus Bad Schimberg bei Luzern, sowie Dr. Zavori-Sandor.

Beköstigung: Die Kost wird gelobt.

Curort: Ajaccio, Hauptstadt der Insel mit 18000 Einwohnern, liegt zwei
Grade südlicher als die Riviera am nördlichen Ende des Golfs von A. unter 41° 55'
nördlicher Breite. Die Strassen sind eng und schmutzig. Auf dem Boulevard des
Cours grandval stehen die besten Hotels und Privatwohnungen. Umgebung: ausgedehnte Waldungen und hohe Berge. Mortalitätsziffer günstig. Hotel Germania und
Continental, Hotel de France, Hotel Bellevue, Schweizerhof sind zu empfehlen,
andere nicht. Verpflegung und Pensionen meist gut.

Curzeit: Die Saison beginnt im Anfange des October und dauert bis Ende
April; in der zweiten Hälfte des September und der ersten des October ist es hier
noch sehr warm.

Wohnungen: Im Allgemeinen sind die Privatwohnungen theuer und sagen
hinsichtlich ihrer Einrichtungen Nordländern weniger zu, sind aber jetzt in hinreichender Anzahl vorhanden. Man wähle stets Südzimmer.

Literatur: Biermann, Die Insel Corsica, mit besonderer Berücksichtigung von Ajaccio als klimatischer Curort. Hamburg 1868. — Valentiner in Berliner klin. Wochenschrift, 1880, XVII, No. 23, 24 und 26. — Wagner im Correspondenzblatt für Schweizer Aerzte, 1880, No. 24. — Leipziger Zeitung, 1887, No. 233, Beilage.

Alassio

in Italien, Provinz Genua, eine beliebte Winterstation zwischen Ventimiglia und Genua gelegen, von Nervenkranken besucht und von hohen Bergen umgrenzt, die aber nicht vollen Windschutz gewähren. Schöner Strand und schöne Seebäder.

Locale Verhältnisse. Arzt: Dr. Rieth.

Neue Literatur: Schneer, Alassio und seine Umgebung. Wiesbaden 1886.

Albisbrunn

in der Schweiz, Canton Zürich, eine im Jahre 1839 gegründete und gut eingerichtete Wasserheilanstalt, welche das älteste Etablissement dieser Art in der Schweiz ist. Geschützte Lage, mildes Klima, Schutz vor Nord- und Ostwinden. Seehöhe 645 m. Verpflegung gut.

Locale Verhältnisse. Arzt: DDr. v. Rovetz, Paraviccini.

Alexandersbad

in Baiern, Kreis Oberfranken. Curort zunächst dem Dorfe Sichersreuth an der südöstlichen Abdachung des Fichtelgebirges, mit einer Wasserheilanstalt. Auch Sommerfrische. Gegend waldreich, romantisch.

Die Curmittel. 1. Die Mineralquelle. Sie ist ein kalter, $9,4^{\circ}$ C. warmer, erdig-alkalischer Eisensäuerling, mit reichem Gehalte an Kohlensäure, welcher im Liter Wasser 0,602 g feste Bestandtheile, darunter 0,058 g Eisenbicarbonat, 0,048 g Natronbicarbonat, 0,257 g Kalk- und 0,154 g Magnesiabicarbonat, sowie 1213 ccm freie Kohlensäure, nach einer von Dr. Lietzenmayer im Jahre 1882 gemachten Analyse, enthält und zum innerlichen Gebrauch und zum Baden bei allen Krankheitszuständen, wo Eisen indicirt ist, dient.

2. Wasserheilanstalt. Gut eingerichtete Anstalt mit electrischen Bädern, Massagebehandlung, Behandlung mit constantem und inducirtem Strome und Inhalationen, sowie Molkencuren.

Ausserdem findet noch der Gebrauch von Moorbädern, Kiefernadelbädern, Dampfbädern und Terraincuren statt.

Locale Verhältnisse. Arzt: Hofrath Emil Cordes.

Bahnstation: Markt-Redwitz, Endstation der Holenbrunn-Wunsiedler Bahn.

Curanstalt: Sie ist zweckmässig eingerichtet. Wasserheilanstalt und Mineralbad sind gegenwärtig mit einander verbunden. Herrlicher Park.

Curzeit: Für die Mineralbadecur vom 15. Mai bis 1. October, für die Kaltwassercur das ganze Jahr.

Klima: Das Klima halbmild mit frischer Wald- und Bergluft.

Seehöhe: 570 m.

Neue Literatur: Alexandersbad im Fichtelgebirge, im Bair. ärztl. Intelligenzbl., 1881, XXVIII., 20.

Alexandrien

in Egypten, grosse Handelsstadt mit 240 000 Einwohnern und stattlichen, theilweise prächtigen Gebäuden, als klimatischer Curort vielfach empfohlen. Lage 31° 37' n. Br.

Die Curmittel: 1. Das Klima. Obwohl die Temperatur der Luft nach Schnepps Beobachtungen (Reimer, Klimatische Wintercurorte. 3. Aufl.) um 2,5° C. höher, als in Cairo, und wegen der Nähe des Meeres gleichmässiger ist, zu hohe Wärmegrade aber durch die Seebrise gemässigt werden, machen doch Lage der Stadt im Deltalande des Nils, stagnirende Wässer, Wind und Regen das Klima von Alexandrien für kranke Europäer nicht geeignet. Die herrschenden Winde, Südwest und West, sind meist von starken Regengüssen begleitet. besonders im December und Januar, in den übrigen Monaten regnet es zwar nicht so häufig, dafür aber ist die Luft ausserordentlich feucht, und Wechselfieberepidemien treten, nun fast regelmässig, namentlich im Herbst bis Ende November und im Frühjahre auf, zu welchen sich in der Winterszeit Katarrhe und Entzünduugen der Athmungsorgane, in der wärmeren Jahreszeit Ruhr und hartnäckige Diarrhöen hinzugesellen. Nur im Hochsommer, wo es in Oberegypten zu warm wird, bietet Alexandrien mit seinen Villen einen angenehmen temporären Aufenthalt.

2. Seebäder. Die Nähe des Meeres giebt gute Gelegenheit zu Seebädern.

Locale Verhältnisse. Aerzte. Deutsche: DDr. Varenhorst, Kulp.

Bahnstation: Alexandrien ist Endstation der Eisenbahnlinie Cairo-Alexandrien.

Reiseverbindungen mit Europa durch die österr. Lloyddampferlinie von Triest aus; auch Dampferverbindung mit Brindisi.

Neue Literatur: Reimer, Klimatische Wintercurorte. 1881, S. 545.

Alexisbad

im Herzogthum Anhalt, Kreis Ballenstedt. Curort am südlichen Abhange des Unterharzes im anmuthigen Selkathale, 10 km von der Stadt Ballenstedt und 3 km nordwestlich von Harzgerode, mit starken Eisenquellen, welche innerlich wie äusserlich Benutzung finden.

Die Curmittel. 1. Die Eisenquellen. Von den drei Eisenquellen, welche Alexisbad besitzt, dient die eine zum Trinken, die beiden andern zum Baden. Diese letzteren (Alexisbrunnen und Freundschafts- oder Schönheitsbrunnen) enthalten kohlensaures, die Trinkquelle (Selkebrunnen) schwefelsaures Eisenoxydul und Eisenchlorid, ausserdem noch nebenbei schwefelsaures Natron, Gips und wenig Kohlensäure. Die Alexisquelle mit mittlerem Eisengehalt wird behufs Benutzung zu Trinkcuren mit Kohlensäure imprägnirt.

Indicationen. Die der Eisenquellen im Allgemeinen.

Das Klima. Die Luft ist angenehm frisch, stärkend, vorherrschend feucht.

Ausserdem: Soolbäder, Molken, Massage, Electrotherapie, Fichtennadelbäder, Schwefel-, Kräuter- und Wellenbäder.

Locale Verhältnisse. Arzt: Dr. Meissner, zugleich Badedirector.

Badehaus: Seine Einrichtungen sind bequem, elegant und zweckmässig.

Bahnstation: Ballenstedt an der Bahnlinie Frose-Ballenstedt.

Curzeit: Vom 1. Juni bis 15. September.

Seehöhe: 423 m.

Wohnungen für Curgäste: Zur Aufnahme derselben dienen das Logierhaus, Badehaus, Gasthof zur goldnen Rose und ein Privathaus.

Neue Literatur: Kothe, Dr., Alexisbad im Harz. Berlin 1883, Hirschwald.

Algier

in Nordalgerien, klimatischer Curort an der nordafrikanischen Küste, welcher wechselnd mehr oder minder häufigen Zuspruch auch von nordischen Gästen gefunden hat. In neuester Zeit hat sich der Besuch etwas vermindert.

Die Curmittel. 1. Klima. Die meteorologischen Angaben über Algier zeigen keineswegs eine Uebereinstimmung, wie sie wünschenswerth wäre. So hat es sich herausgestellt, dass während der Monate October bis April das tiefste Temperaturminimum wesentlich noch unter das bisher angenommene und das Mittel aller Monatsminima auf 15° C. fällt, für welches bisher 17,5° C. galten, während das Mittel aller Monatsmaxima sich bis zu 21.9° C. erhebt. Die Schwankungen an einem Tage, von Tagen zu Tagen und von Monaten zu Monaten sind sehr bedeutende und treten oft sehr plötzlich ein. Die Sonnenhitze ist sehr gross und die Temperatur des Schattens contrastirt oft mit 20° C. und mehr gegen dieselbe. Das Barometer zeigt nach Gigot-Suard und Pietra-Santa häufige und bedeutende Schwankungen, während Mitchel behauptet, dass solche gar nicht beobachtet würden. Auch über die Feuchtigkeit der Luft ist man verschiedener Ansicht, indem von einzelnen Beobachtern dieselbe für trocken und stärkend, von anderen für feucht und erschlaffend erklärt wird. Die Regentage sind nicht so häufig, wie man früher glaubte. Nebel selten und Schnee noch viel seltener. Die herrschenden Winde sind: Westnordwest, gemildert durch das Meer, und Westwind besonders im Winter, während im Sommer ganz besonders Südwind (Scirocco) mit seiner trocknen Schwüle und Staub und Nord- und Nordostwinde wehen.

Man pflegt das Klima von Algier als in der Mitte zwischen den Klimaten von Cairo und Madeira stehend zu bezeichnen; aber die Gleichmässigkeit beider fehlt ihm.

Indicationen. Chronische Katarrhe älterer Personen, torpide Scrofulose, Chlorose, anämische Zustände der Kinderwelt sollen nach Sigmund sich besonders für Algier eignen. Reizbare und vollblütige Kranke, Asthmatische, mit Neurosen Behaftete, zu Diarrhöen, Wechselfiebern und Rheumatismen Geneigte, mögen Algier entschieden meiden. Tuberculöse, welche nicht ganz nach ihrem Behagen leben können, gehen in Algerien rasch zu Grunde.

Locale Verhältnisse. Aerzte. Deutsche: DDr. Bruch, Gros, Spielmann, Landowski; **französische:** Feuillet, Bertherand, Trollard; **englischer:** Thompson.

Beköstigung soll in neuerer Zeit in den Hotels sich verschlechtert haben und Klage über dieselbe sich sehr wiederholen.

Curzeit: Die geeignetste Zeit zum Aufenthalt in Algier ist von Anfang November bis Ende April. Im October regnet es noch häufig und Ende April herrscht schon grosse Hitze.

Reiseverbindungen: Die Verbindung mit Europa ist beinahe eine tägliche. Die beste Reiseroute ist über Marseille, von wo wöchentlich mehrere Male ein Dampfboot nach Algier abfährt. Fahrt 35 Stunden. Fahrgeld 60—80 Frcs. Die besten Dampfer hat die Compagnie générale transatlantique.

Wohnungen: Privatwohnungen sind zahlreich vorhanden.

Neue Literatur: Landowski, Dr. E., Contribution à l'Etude du climat algérien Paris 1879. — Landowski, Dr. E., L'Algérie en point de vue climatotherapeutique dans les affections consomptives. Paris 1878. — Thomson, W., Algier als Curort. Lancet, 1880, I, 16. April, S. 622. — Lapotnikow, Ueber das Klima von Algier und seine Wirkungen auf Lungenaffectionen. Bullet. de Thérap., 1881, I., Oct. 15. — Reimer, Klimatische Wintercurorte. 1881, S. 505 u. ff.

Allevard

in Frankreich, Departement Isère, eine bei der gleichnamigen Stadt im Bredathale gelegene, etwa 40 km von Grenoble entfernte Badeanstalt mit einer lauen Schwefelquelle.

Die Curmittel. 1. Die Schwefelquelle. Sie ist ein salinischmuriatisches Schwefelwasser mit 20.2° C. Temperatur, welches nach einer Analyse von Dupasquien im Liter Wasser 2,24 g Fixa, darunter 0,503 g Kochsalz, 0,305 g Kalkcarbonat, 0,010 g Chlormagnesium, 0,523 g Magnesiasulfat, 0,298 g Kalksulfat und geringere Mengen Natronsulfat, sowie 24,75 ccm Schwefelwasserstoff, 97,00 ccm Kohlensäure und 41,00 ccm Stickstoff enthält.

Indicationen. 1. Das klare, stark nach Schwefelwasserstoff riechende Wasser dient zu Trink- und Badecuren bei chronischen Katarrhen der Luftwege, wobei vielfach Inhalationen der Quellengase zur Anwendung kommen, bei Rheumatismen, Flechten, Wunden, Hämorrhoidalbeschwerden und chronischen Blasenkatarrhen.

2. Molkenbäder. Sie sind eine Specialität für Allevard.

Locale Verhältnisse. Badeetablissement ist gut eingerichtet.

Bahnstation: Goncelin an der Eisenbahnlinie Lyon-Marseille.

Seehöhe: 470 m.

Wohnungen für Curgäste: Im Badeetablissement.

Neue Literatur: Laure, Dr. J., Eau sulfureuse d'Allevard, son emploi dans les maladies de l'appareil respiratoire, de la peau etc. — Stations hivernales, influences maritimes, climats 3. Edition, Paris 1868, Masson et fils. — Kastus, Dr., Diction. du baigneur par Badoche. Paris 1883, pag. 13—18.

Alm am Eck

in Baiern, siehe Kainzenbad.

Alt-Haide

in Preussen, Provinz Schlesien, ein kleiner, zwischen Reinerz und Glatz gelegener Curort mit mehreren Eisensäuerlingen, der seit etwa

50 Jahren bekannt, erst in neuerer Zeit mehr, meist von Inländern, besucht wird. Waldreiche Gebirgsgegend.

Die Curmittel. 1. Die Mineralquellen. Von den fünf hier zu Tage tretenden kalten Quellen finden medicinische Benutzung die alte Trinkquelle am Badehause, welche vorzugsweise zum innerlichen Gebrauch dient, und die hauptsächlich nur zu Bädern verwendete Georgenquelle. Beide sind erdig-alkalische Eisenwässer mit mittlerem Eisen- und Kohlensäuregehalt (0,040 g bis 0,037 g Eisenbicarbonat im Liter Wasser) und finden bei Blutarmuth, Bleichsucht, Menstruationsanomalien und ähnlichen Krankheitszuständen, wo Eisen indicirt ist, erfolgreiche Anwendung.

Weitere Curmittel sind: Molken, Milch, Moorerde.

Locale Verhältnisse. Arzt: Dr. G. Hoffmann.

Badeanstalt: Sie hat einfache, aber saubere Einrichtungen.

Bahnstation: Glatz.

Klima: Gleichmässig. mild, feucht, stärkend und belebend.

Seehöhe: 400 m.

Neue Literatur: Scholz, Novelle über die zum Verbande des schlesischen Bädertages gehörenden Bäder. Reinerz 1878, S. 7.

Alveneu

in der Schweiz, Canton Graubünden, eine im Albulathale gelegene 5 Stunden von Chur entfernte Curanstalt mit einer Schwefelquelle, welche durch die in den letzten Jahren ausgeführten Neuerungen sich zu einem der comfortabelsten und besteingerichteten Etablissements der Schweiz gestaltet hat.

Die Curmittel. 1. Die Schwefelquelle. Sie ist ein erdig-, besonders gipshaltiges Wasser mit Schwefelwasserstoffgehalt und 8,1° C. Wärme, welches in Form von Bädern und Trinkcuren gegen chronischen Gelenk- und Muskelrheumatismus, rheumatische Neuralgieen, Gicht, chronischen Magen- und Dickdarmkatarrh, Katarrhe der Respirationsorgane und ähnliche Krankheiten Anwendung findet.

2. Die Quelle von St. Peter bei Tiefenkasten, ein erdig-salinisches Eisenwasser mit mittlerem Kohlensäuregehalt, und die Donatusquelle von Solis, ein jodhaltig salinisch-muriatischer Eisensäuerling mit mittlerem Eisen- und Kohlensäuregehalt u. a. m. sind nebenbei im Gebrauch.

Locale Verhältnisse. Arzt: Dr. Victor Weber.

Badeanstalt: Einrichtungen gut. Die Doucheeinrichtungen, sowie die Cabinette für Dampfbäder und Inhalationen sind beachtenswerth.

Bahnstation: Die nächste Eisenbahnstation ist Chur.

Klima: Mildes Alpenklima. Uebergangsstation vom Tiefland nach Davos und umgekehrt.

Seehöhe: 930 m.

Wohnungen für Curgäste: Nur im Curhause.

Neue Literatur: Killias, Bericht über die rhätischen Curorte und Mineralquellen. Chur 1883. — Weber, Dr. V., Das Schwefelbad zu Alveneu im Canton Graubünden, nebst den benachbarten Mineralquellen von Tiefenkasten und Solis. Medicinisch und topographisch dargestellt. 2. Aufl., Chur 1879. — Planta-Reichenau, Dr. A., Chemische Untersuchung der Heilquellen von Alveneu, Tiefenkasten und Solis. 1866.

Amélie-les-Bains

in Südfrankreich, Departement der Ostpyrenäen, berühmter Curort mit Schwefelthermen im sogen. Roussilon, südlich von Perpignan und ¹/₂ Meile von dem in der Nähe der spanischen Grenze befindlichen Bergstädtchen Arles (weswegen die Quellen auch früher Arles-les-Bains hiessen), in einem engen Felsenthale gelegen.

Die Curmittel. 1. Quellen. Von den 18 Quellen, welche hier zutagetreten und sämmtlich zur Gruppe der Schwefelnatriumwässer gehören, besitzen sieben einen Wärmegrad, welcher zwischen 44 und 61° C. liegt, und einen Schwefelnatriumgehalt von 0,008 bis 0,021 g im Liter Wasser.

An festen Bestandtheilen ist das Wasser ziemlich arm, da dieselben auf das Liter Wasser nur 0,2 bis 0,3 g betragen.

Indicationen. Die Quellen, schon den alten Römern bekannt, werden therapeutisch benutzt seit länger als einem Jahrtausend mit grossem Nutzen bei chronischem Rheumatismus, hartnäckigen Hautkrankheiten, bei der Folgeübeln schwerer Verwundungen und anderen ähnlichen Krankheiten. Auch bei chronischen Brustkatarrhen, namentlich chronischer Bronchitis mit profuser Schleimsecretion, hier unter Mitanwendung der Inhalationen der Dämpfe und der Pulverisation des Wassers, ferner bei Blutanschoppungen in den Unterleibsorganen und scrofulösen Geschwülsten finden sie vielfache Anwendung.

2. Klima. Es ist milde, trocken und macht Amélie für die Monate October und November zu einer beliebten Uebergangstation für Wintercuren.

Kranke mit geschwächten und erregten Nerven, solche mit chronischen Affectionen suchen das Klima von Amélie gern auf.

Locale Verhältnisse. Aerzte: DDr. Genieys (Inspector), Forné, Pujade.

Badeanstalten: Amélie-les-Bains besitzt zwei grosse Badeanstalten mit vortrefflichen Badeeinrichtungen in dem Etablissement Pujade und in dem Etablissement der römischen Bäder, früher auch Etablissement Hermabessière und Noguères genannt. Ausserdem besteht hier ein grosses Militärhospital, das besteingerichtete in Frankreich, mit grossen Piscinen und Einzelbädern.

Bahnstation: Die nächste Bahnstation ist Perpignan an der französischen Südbahn, von wo aus man in 4 Stunden Amélie erreicht.

Curzeit: Vom 1. Mai bis Ende October, in dem Etablissement Pujade das ganze Jahr hindurch.

Reiseverbindungen: Man reist am besten auf der Eisenbahn über Lyon, Marseille. Cette bis Perpignan und verlässt hier die Bahn.

Seehöhe: 276 m.

Andermatt

in der Schweiz, Canton Uri, eine am Fusse des Gotthards im Urserenthale gelegene, in neuerer Zeit sehr in Aufnahme gekommene Winterstation für Brust- und Lungenkranke mit dem Curhause und Hotel

Bellevue, welches, vorzüglich eingerichtet, zur Aufnahme von Kranken
dient. Lage von A. ist sehr geschützt, die klimatischen Verhältnisse
sind sehr günstig. Bahnstation: Göschenen an der Gotthardsbahn.

Locale Verhältnisse. Aerzte: Dr. Voigtli und Dr. Neukomm in Heustrich.

Neue Literatur: Neukomm, Dr. M., Andermatt als Wintercurort. Zürich 1887.

St. Andreasberg

in Preussen, Provinz Hannover, ein in der Landdrostei Hildesheim
im Oberharze gelegener klimatischer Höhencurort mit einer Curanstalt für Brustkranke inmitten grosser Fichtenwälder, der in
neuerer Zeit in Aufnahme gekommen ist.

Locale Verhältnisse. Aerzte: Dr. Jacubasch, Arzt und Besitzer der Curanstalt,
Dr. Ladendorf.

Bahnstation: Der Ort ist Endstation der Eisenbahnlinie Scherzfeld-Andreasberg.

Seehöhe: 550 m.

Wohnungen für Curgäste: In Privathäusern, in der Anstalt und Gasthöfen in hinreichender Anzahl vorhanden.

Neue Literatur: Ladendorf, A., Zur Klimatologie und Klimatotherapie von
St. Andreasberg. Berl. klin. Wochenschr., 1881, XVIII., No. 21, 22 und 23.

Antogast

im Grossherzogthum Baden, Kreis Offenburg, eine zu den Kniebis-
oder Renchbädern zählende, im Schwarzwalde gelegene Curanstalt, das
älteste der Renchbäder.

Die Curmittel. Antogast besitzt drei erdig-alkalische Eisensäuerlinge. Die gehaltreichste nicht blos an Eisen, sondern auch an
Kohlensäure, die Antoniusquelle, enthält nach einer von Bunsen in
neuerer Zeit ausgeführten Analyse im Liter Wasser auf 3,005 g feste
Bestandtheile 0,0393 g Eisenbicarbonat, 0,699 g Natronbicarbonat, 0,539 g
Magnesiabicarbonat, 0,736 g Natronsulfat, sowie in obiger Wassermenge
1037,1 ccm freier Kohlensäure. Die Temperatur der Quellen ist
+ 8,75° C., ihr Geschmack angenehm, prickelnd, etwas herb.

Indicationen. Die Antogaster Quellen geniessen wegen ihrer
gelind auflösenden und stärkenden, die Verdauung verbessernden und
das Nervensystem belebenden Eigenschaft einen grossen Ruf gegen Blutarmuth, Bleichsucht, Schwächezustände und andere ähnliche Krankheitszustände.

Weitere Curmittel sind: Fichtennadelbäder, Salzbäder,
Douchen, Milch- und Molken.

Locale Verhältnisse. Arzt: Dr. Grossmann in Oppenau.

Badeanstalt: Einfach, mit zweckmässigen Einrichtungen.

Bahnstation: Oppenau an der Badischen Staatsbahn.

Seehöhe: 505 m.

Apenrade

in Nordschleswig, Ostseebad und Stadt mit 6500 Einwohnern, mit
schöner waldiger Umgebung an der Apenrader Föhrde gelegen, von

Hügeln umkränzt. Der Besuch des Seebades ist nicht unbedeutend.
Unterkommen und Verpflegung gut. Preise civil.

Appenzell

in der Schweiz, Canton Appenzell, einer der ältesten Molkencurorte der Schweiz, zugleich Höhencurort.

Locale Verhältnisse. Seehöhe: 780 m.

Wohnungen für Curgäste: In den Gasthöfen und in Privathäusern in hinreichender Anzahl und zu mässigen Preisen.

Arbon

in der Schweiz, Canton Thurgau, Seebadeort am Bodensee, zugleich
eine beliebte Sommerfrische und Schwefelbad, nicht blos von
Schweizern, sondern auch von Süddeutschen vielfach aufgesucht.

Arcachon

in Frankreich, Departement Gironde, ein stark besuchter klimatischer Curort und zugleich Seebad ersten Ranges am Ozean im Golfe
von Gascogne.

Die Curmittel. 1. Klima. Die Luft ist eine frische, sehr
reine und milde Seeluft, welche mit wirklich wahrnehmbaren Aus-
dünstungen von Nadelgehölz gemengt ist. Starke Luftströmungen
und kalte Winde fehlen in Arcachon. Das Thermometer sinkt
angeblich selbst im December, Januar und Februar nur selten unter
Null. Die Feuchtigkeit der Luft ist namhaft.

Indicationen. Chronische Lungentuberculose und chronische
Bronchialaffectionen finden hier für sie günstige klimatische Verhältnisse.
Auch für Familien mit scrofulös-anämischen Kindern ist der Aufenthalt
in Arcachon ein sehr günstiger.

2. Seebäder. Arcachon gehört wegen seiner Vorzüge, die es bietet,
zu den Seebadeorten ersten Ranges. Schutz vor Stürmen, weicher,
sandiger Strand, hoher Salzgehalt der See und milder Wellenschlag und
mildes Klima, welches das Baden bis in den Spätherbst zulässt, werden
Arcachon als Seebad besonders nachgerühmt und machen die dasigen
Seebäder besonders für Kinder und zarte, anämische Personen geeignet.

Locale Verhältnisse. Bahnstation: Arcachon ist Station der Eisenbahnlinie
Bordeaux-Marcenz.

Curort: Der Ort, eine Stadt mit 2000 Einwohnern, liegt überaus malerisch
inmitten eines ausgedehnten Kiefernstrandwaldes an einem mehrere Meilen im Umfang haltenden Strandsee und ist vor rauhen Winden durch den hohen Dünenwald
vollkommen geschützt. Die Häuser sind durchgehends neu und trocken. Verpflegung
sehr gut. Gute Hotels. Die Zahl der Fremden beläuft sich jährlich auf etwa
240 000 Personen.

Curzeit: Das ganze Jahr hindurch, namentlich aber im Frühjahr und Herbst.

Neue Literatur: Labesque, Fernand: Arcachon, Ville d'été, ville d'hiver. Topo-
graphie et climatologie medicales. Paris 1886.

Arco

in Südtirol, im Kreise Trient, ein im schönen Sarcathale, 7—8 km
nördlich vom Gardasee gelegener, im raschen Aufblühen begriffener
klimatischer Wintercurort, in herrlicher Gegend mit italienischem
Naturcharakter.

Die Curmittel. 1. Das Klima. Arco besitzt ein vortreffliches,
mildes, windstilles Klima und hat bei starker Besonnung und geringer
Bewölkung einen im Verhältniss zu seiner geographischen Lage hohen
Wärmestand. Der mittlere Feuchtigkeitsgrad der Luft für die Saison
ist 72,4 pCt., der Luftdruck im Jahresmittel 754,2 mm. Bei dem vollkommenen Windschutz des Ortes nach Osten und Westen giebt es in
Arco nur Südwind. Der Winter ist meist windstill und regenarm.

Brustkranken ist ein längerer Aufenthalt in Arco nicht anzurathen.
Dagegen finden mehr blutarme, nervöse Personen, Reconvalescenten
nach schweren Krankheiten, namentlich schweren rheumatischen Erkrankungen, daselbst Befriedigung und Heilung.

2. Weitere Curmittel sind: Inhalationen von zerstäubten
Salzlösungen aus Kohlensäure, Chlornatrium und Seesalz, comprimirte
Luft, Wasserbehandlung, Molken, Trauben, Terraincuren.

Locale Verhältnisse. Aerzte: DDr. von Althammer, Carmellini, Leutner,
Mezzena, Bresciani, von Kottowitz (im Sommer in Ischl), Kuntze (im Sommer in
Marienbad), Schider (im Sommer in Gastein), Vambianchi (im Sommer in Commano).

Bahnstationen: Mori und Trient, beide an der Tiroler Südbahn.

Curhaus: Das in den letzten Jahren erbaute Curhaus, welches der Sammel-
punkt der Fremden ist, besitzt sehr elegante und zweckmässige Einrichtungen.

Curort: Das Städtchen Arco mit 2000 Einwohnern hat gut gebaute, trockene
Häuser und lehnt sich in einem Bogen (arco) nach Süden hin an den Fuss des
120 m hohen Schlossberges an, während vor ihm das herrliche Thal nach Riva sich
ausbreitet.

Curzeit: Vom Anfang September bis Ende April.

Seehöhe: 93 m.

Neue Literatur: Kottowitz, Dr. von, Der klimatische Wintercurort Arco in Südtirol. Wien 1883. — Ramdohr, Dr., Arco und die Riviera als Winterstationen für
Lungenkranke. Leipzig 1886, Bredow. — Kuntze, M., Der klimatische Curort Arco
in Südtirol. Reichenberg und Arco 1887.

Arendsee

in Preussen, Provinz Sachsen, Wasserheilanstalt in der Alt-
mark am Arendsee gelegen, welche eines guten Rufes sich erfreut.

Locale Verhältnisse. Arzt: Dr. Trull.

Arensburg

in Russland, Insel Oesel, Ostseebad an der Westküste der Insel,
vorzugsweise wegen seiner Schlammbäder vielfach aufgesucht. Der
dasige schwefel- und salzhaltige Seeschlamm wird gegen chronische
Ausschläge, Neuralgieen, Schleimflüsse etc. vielfach benutzt, sowohl in
Form von allgemeinen Bädern als auch von Umschlägen.

Neue Literatur: Holzmayer, Oberlehrer, Das Bad Arensburg auf der Insel Oesel. Ein Rathgeber für Curgäste. Arensburg (Riga, Kymmel) 1880. — Mierzejewski, W. O., Der Einfluss der Arensburger Moorbäder auf die Körpermetamorphose. St. Petersb. med. Wochenschr., 1885, No. 17 und 18.

Arnstadt

im Fürstenthum Schwarzburg-Sondershausen, ein an den Ausläufern des Thüringer Waldes in waldreicher Gegend gelegenes thüringisches Soolbad, welches zugleich klimatischer Curort ist.

Die Curmittel. 1. Soolquelle. Die dasige Soole ist eine sehr kräftige, $26^1{}_2$ procentige und reich an Jod- und Bromverbindungen. Sie dient zum Baden und zu Umschlägen.

2. Ausserdem Mutterlauge und Mutterlaugensalz, eine alkalisch-salinische Soolquelle (Riedquelle) als Trinkquelle, die Salzquelle zu Plaue bei Arnstadt, das Arnshaller Jodbitterwasser, Stahlbäder, Molken, Arnshaller Salzquelle, Kiefernadelbäder, Dampfbäder.

3. Das Klima. Das hiesige Klima ist für Blutarme, geschwächte Personen, Reconvalescenten, Nervenkranke und für angehende Phthisiker geeignet.

Indicationen. Mit besonderem Erfolg werden nach Niebergall in Arnstadt behandelt: die torpiden Formen der Scrofulose, Rhachitis, Knochenleiden, chronische hartnäckige Hautausschläge, Exsudate im Beckenraum, chronische Metritis, Gicht, Rheumatismus.

Locale Verhältnisse. Aerzte: DDr. Ahrendts, Deahna, Franz, Niebergall, Osswald.

Badeanstalten: Arnstadt besitzt zwei grössere Badeanstalten in der Curanstalt des Dr. Niebergall und in der Osswald'schen Anstalt.

Bahnstation: Arnstadt ist Station der Neudietendorf-Arnstädter Zweigbahn.

Seehöhe: 275 m.

Neue Literatur: Niebergall, Dr., Soolbad Arnstadt im Jahre 1877. Balneologische und therapeutische Bemerkungen. Arnstadt 1887.

Arosa

in der Schweiz, Canton Graubünden, ein in der Entwickelung begriffener klimatischer Curort, der mit Davos in Bezug auf klimatische Verhältnisse, nicht aber in socialer Beziehung concurrirt. Die Seehöhe beträgt 1740 bis 1840 Meter.

Indicationen: Phthisische Constitution bei vorwiegendem guten Kräftezustand. Das Leben ist in A. noch sehr billig.

Neue Literatur: Reimer, M., Arosa. Deutsch. med. Wochenschr., 1886, No. 17.

Artern

in Preussen, Provinz Sachsen, ein Soolbad, welches aber nur locale Bedeutung hat.

Assmannshausen

in Preussen, Provinz Hessen-Nassau, eine bei dem gleichnamigen Dorfe in einem der schönsten Punkte des Rheinthales gelegene Curanstalt mit einer Thermalquelle, welche in raschem Aufschwung begriffen ist.

Die Curmittel. 1. Die Thermalquelle. Sie ist ein alkalisches Wasser, welches nach einer, von Fresenius im Jahre 1876 ausgeführten Analyse im Liter 1,063 g feste Bestandtheile besitzt, unter welchen 0,028 g Lithionbicarbonat der wichtigste ist. Dem Lithiongehalte schliessen sich 0,138 g Natronbicarbonat, 0,176 g Kalkbicarbonat und 0,571 g Chlornatrium, sowie 0,186 g freier Kohlensäure als bei der Wirkung der Quelle noch in Frage kommende Bestandtheile an, während die übrigen Bestandtheile keine besondere Bedeutung haben.

Indicationen: Das Assmannshausener Thermalwasser hat man wegen seines ziemlich hohen Lithiongehaltes bei verhältnissmässig geringem Gehalte an anderen festen Bestandtheilen besonders gegen Krankheiten mit harnsaurer Diathese, Ablagerung von Harnsäure in die Gelenke, also gegen Gicht, Neigung zu Harngries empfohlen und rühmt dessen gute Wirkungen bei den eben genannten Krankheiten. Grössere Harnconcremente sollen nach Sturm beim internen Gebrauche der Thermo an Volumen abnehmen und in Folge dessen leichter abgehen. Auch bei Pyelitis, Entzündung des Harnleiters, und der Blase durch den mechanischen Reiz der Concremente erzeugt, tritt bald Besserung und Heilung ein. Auch bei rheumatischen Gelenk-Nerven-Muskelentzündungen, bei Folgezuständen nach Gelenkverstauchungen und bei chronischer Periostitis und Sehnenscheidenentzündung sah man nach Mahr und Sturm durch Trink- und Badecuren, verbunden mit Massage und Electrotherapie, in A. sehr gute Erfolge.

2. Weitere Curmittel sind: Massage, Electricität, Douchen, Inhalationen, Gymnastik, Blasen- und Magenausspülungen.

Locale Verhältnisse. Arzt: Dr. Sturm, zugleich Leiter der Curanstalt.

Bahnstation: Assmannshausen ist Station an der Nassauischen (rechtsrheinischen) Eisenbahn.

Curanstalt: Sie besteht aus dem eigentlichen Curhause mit Conversationsräumen, Wohnungen für Curgäste und dem Badehause.

Seehöhe: 80 m.

Neue Literatur: Mahr, Dr., Bad Assmannshausen a. Rh. am Fusse des Niederwalds. Lithiumreiche, alkalische Thermalquelle. 1884. — Mahr, Dr., Die Lithionquelle zu Bad Assmannshausen am Rhein mit besonderer Berücksichtigung der daselbst zur Behandlung kommenden Krankheiten. Wiesbaden 1883. — Mahr, Dr., Bad Assmannshausen gegen Gicht. 1880. — Sturm, Bad Assmannshausen am Rhein in Grossmann's Heilquellen des Taunus. Wiesbaden 1887.

Augustusbad

im Königreich Sachsen, Kreishauptmannschaft Dresden, eine ziemlich besuchte Curanstalt mit kräftigen Eisenquellen, unweit der Residenzstadt Dresden und in nächster Nähe des Städtchens Radeberg gelegen, weswegen sie bisweilen auch Radeberger Bad genannt wird.

Die Curmittel. Die Mineralquellen. Es entspringen hier sechs ziemlich reine Eisenquellen, welche ausser dem Eisengehalte, der in den einzelnen Quellen von 0.026 bis 0.031 g Bicarbonat im Liter Wasser schwankt, nur sehr geringe Mengen kohlensaurer Erden- und salinische

Bestandtheile, sowie nicht erhebliche Mengen freier Kohlensäure enthalten und eine Temperatur von 8 bis 8,5 ° C. besitzen. Sie dienen zu Trink- und Badecuren, wo allgemeine Schwächezustände, Bleichsucht, Katarrhe der weiblichen Geschlechtsorgane und ähnliche Krankheitszustände den Gebrauch des Eisens erfordern.

Weitere Curmittel sind: electrische Bäder, Wasserheilanstalt, Moorbäder; Milch und Molken.

Locale Verhältnisse. Arzt: Dr. Mayer.

Bahnstation: Radeberg, an der Sächsisch-schlesischen Eisenbahn.

Curanstalt. Sie besteht aus vier Badehäusern mit vierzig Badestuben, darunter ein Moorbadehaus, ein Curhaus und ein Hotel.

Seehöhe: 220 m.

Wohnungen für Curgäste: In 13 grossen Logierhäusern.

Neue Literatur: Das Augustusbad bei Radeberg. Eine kurze Beschreibung der Entstehung, Umgebungen, Wirkungen und jetzigen Einrichtungen dieses Mineralbades und Curorts zum Gebrauche für Curgäste und Besucher. Dresden 1880, Axt.

Aussee

in Oesterreich, Steiermark, ein in der Bezirkshauptmannschaft Gröbming, in einem freundlichen Thalkessel der Norischen Alpen gelegener, seiner geschützten alpinen Lage und seines günstigen Sommerklimas wegen sehr gesuchter klimatischer Curort mit einer sehr kräftigen Soole, welche vielfache medicinische Benutzung findet.

Die Curmittel. 1. Das Klima. Es ist sehr mild und angenehm. Die mittlere Sommertemperatur 15,28 ° C., die Temperaturschwankungen während der einzelnen Tage sind mässige; vorherrschende Winde: Süd- und West-, meist aber herrscht Windstille. Die Luft ist im Allgemeinen feucht mit 77 bis 81 pCt. relativer Feuchtigkeit, der Ozongehalt ziemlich hoch. Mittlerer Luftdruck 311,68 m.

Indicationen: Der Aufenthalt in Aussee erweist sich sehr nutzbringend bei Erkrankungen der Luftwege namentlich phthisischer Kranken, bei Kehlkopf- und Bronchialkatarrhen. In Erkenntniss dieses Werthes des dasigen Klimas hat Dr. Schreiber bei Aussee ein Sanatorium für Brustkranke gegründet.

2. Die Soole. Sie ist eine der kräftigsten, an festen Bestandtheilen reichsten Soolen Oesterreichs und Deutschlands mit 24,87 pCt. festen Bestandtheilen, darunter 23,36 pCt. Kochsalz, 0,154 pCt. Chlormagnesium, 0,044 pCt. Chlorcalcium, 0,969 pCt. schwefelsaures Natron, 0,059 pCt. schwefelsaure Magnesia, 0,204 pCt. Gips, 0,005 pCt. Brommagnesium, 0,040 pCt. kohlensaures Eisenoxydul und einige andere Nebenbestandtheile.

Indicationen für die Soole. Die Soole, welche zu Bade und stark verdünnt auch zu Trinkcuren dient, findet ihre Anwendung überall da, wo Soole indicirt ist.

3. Die Mutterlauge. Sie zeigt einen grossen Reichthum an löslichen Salzen und an Brommagnesium und liefert, im Verhältniss von 30 g mit ½ l Wasser vermischt, ein dem Friedrichshaller analoges Bitterwasser, als welches sie gegen hartnäckige Stuhlverstopfung Benutzung findet.

4. Molken. Sie sind Kuh- und Schafmolken und dienen als Mittel gegen erethische Tuberculose mit Neigung zum Blutspeien.

Weitere Curmittel sind: **Sooldampfbäder, Inhalationen, Kaltwassercuren, Kräutersäfte und Fichtennadelbäder.**

Locale Verhältnisse. Aerzte: DDr. Favarger, Sittmoser. Schreiber, Veth, Pohl. Kachoness.

Badeanstalten: Mehrere mit guten Einrichtungen.

Bahnstation: Aussee ist Station der Salzkammergutbahn, Strecke Salzthal-Aussee.

Curfrequenz: Im Jahre 1887 bis 25. September: 6362.

Seehöhe: 657 m.

Neue Literatur: Pohl, Dr. Ed., Aussee in Steiermark. Eine historisch-physikalisch-chemische Skizze. 2. Aufl., Wien 1871, Braumüller. — Schreiber, Dr. Jos., Aussee, Soolbad in Steiermark, als klimatischer Curort und das dortige Sanatorium nebst Fremdenführer. Wien 1870, Braumüller.

Axalp

in der Schweiz, Canton Bern, ein neuer Höhencurort oberhalb des Giessbaches am Brienzer See, welcher im Jahre 1879 seine Eröffnung ankündigte.

Locale Verhältnisse. Seehöhe: 1570 m.

Neue Literatur: Correspondenzblatt für Schweizer Aerzte. 1879, No. 11. Beilage.

Axenstein

in der Schweiz, Canton Schwyz, eine wohleingerichtete, viel besuchte Hotelpension, welche zur Vornahme klimatischer Curen und zum Gebrauch von Milch- und Molkencuren dient.

Locale Verhältnisse. Arzt: Dr. Schönbächter von Schwyz.

Seehöhe: 750 m.

Baasen (Felsö-Bajom)

in Siebenbürgen, Curort mit mehreren jod- und bromhaltigen Soolquellen, welche fast nur zum Baden dienen.

Die Curmittel. 1. Die Soolquellen. Die Ferdinandsquelle enthält nach einer Analyse von Folberth im Liter Wasser auf 41,0 g feste Bestandtheile: 37,1 g Kochsalz, 1,6 g Chlormagnesium, 1,5 g Chlorkalium, 0,011 g Bromnatrium, 0.039 g Jodnatrium, sowie 55 ccm Kohlensäure, wogegen derselbe Analytiker in der Felsenquelle auf 44,9 g feste Bestandtheile: 40,2 g Kochsalz, 1,8 g Chlormagnesium, 2,0 g Chlorkalium, 0,013 g Bromnatrium, aber nur 0,029 g Jodnatrium, sowie 253 ccm Kohlensäure nachwies. Die Merkelquelle dagegen hat zwar nur 14,8 g feste Bestandtheile auf obige Wassermenge, 9,1 g Kochsalz, 3,3 g Chlormagnesium, aber 0,048 g Jodnatrium und 314 ccm Kohlensäure nach einer Analyse von Stenner.

Die Temperatur der Ferdinandsquelle ist 12,05°, die der Felsenquelle 15,0°, die der Merkelquelle 15,1° C. Die übrigen Quellen sind stoffärmer, als die eben genannten, haben aber gleiche chemische Zu-

sammensetzung und Wärmegrade wie diese. Das Wasser hat die Eigenthümlichkeit, grosse Mengen Kohlenwasserstoffgas zu entwickeln.

Die Baasener Soolquellen übertreffen an Jod- und Bromgehalt die
meisten derartigen Quellen, während die Merkelquelle bei ihrem ungleich
geringeren Kochsalzgehalt und höheren Jodgehalt, als die übrigen Baasener Quellen, sich sehr der Adelheidsquelle in Heilbronn nähert und
von dieser sich nur dadurch unterscheidet, dass diese letztere bei
gleichem Jod- und Bromgehalt noch etwas weniger Kochsalz enthält,
als sie.

Indicationen. Die Baasener Quellen können alle an stark jodhaltige Kochsalzquellen gemachten Ansprüche erfüllen und haben sich
als solche auch bei Scrofulose, veralteter, namentlich mit Merkurial-
cachexie verbundener Syphilis, bei hartnäckigen chronischen, insbesondere
auf scrofulösem Boden ruhenden Hautausschlägen, sowie bei chronischen
exsudativen Gelenkrheumatismus und Gicht vielfach bewährt.

2. Trauben. Im Herbste bestehen Einrichtungen zu Traubencuren.

Locale Verhältnisse. Aerzte: DDr. Fabini, Folberth, Binder und andere
Mediascher Aerzte.

Badeanstalt: Das Badehaus, gut eingerichtet, wurde restaurirt.

Bahnstation: Mediasch an der Czegled-Predealer Eisenbahn.

Wohnungen für Curgäste: Gute und hinreichende Unterkunft gewähren
die vielen Neubauten.

Bad Elster

im Königreich Sachsen, Regierungsbezirk Zwickau (Voigtland),
ein in neuerer Zeit rasch in Aufnahme gekommener Curort, mit einer
grossen Anzahl Eisensäuerlingen und einer Glaubersalzquelle, in reizender Gebirgsgegend gelegen.

Die Curmittel. 1. Die Eisensäuerlinge. Die Zahl der hier
zu Tage getretenen Eisensäuerlinge beträgt zwölf, von denen die Ma-
rien- und Moritzquelle, beide zu Trinkcuren benutzt, die Königs-,
Alberts- und Johannsquelle, zu Badecuren dienend, die wichtigsten
sind. Ihre Temperatur ist 9,4° bis 10° C., ihr Geschmack angenehm
säuerlich und erquickend gelinde herb. Die Gasentwickelung tritt
am stärksten in der Marien- und Moritzquelle auf, in welchen beiden
Quellen, namentlich in ersterer, hierdurch das Wasser in steter Koch-
bewegung sich befindet. Alle Quellen gehören zu den alkalisch-salinischen Eisenwässern mit grossem Reichthum an Kohlensäure und
kommen in vielfacher Beziehung mit den Quellen von Franzensbad überein, von denen sie sich aber durch grösseren Reichthum an Eisen unterscheiden.

Die gehaltreichste von ihnen ist die Marienquelle, welche im
Liter Wasser 6,13 g feste Bestandtheile, unter denen 0,063 g doppelt
kohlensaures Eisenoxydul, 0,727 g Natronbicarbonat, 0,447 g Bicarbonate
von Kalk und Magnesia, 2,947 g Natronsulfat und 1,872 g Chlornatrium
sich befinden, sowie 1371,5 ccm freier Kohlensäure. An Stoffreichthum
stehen dieser Quelle zunächst die Königs- und Albertsquelle mit
4,99 resp. 5,51 g Fixa im Liter Wasser, während die Moritzquelle

deren nur 2,28 g auf obige Wassermenge, aber mit 0,086 g doppelt kohlensaurem Eisenoxydul besitzt. Die übrigen Bestandtheile dieser Quellen stehen zu den festen Bestandtheilen in demselben Verhältniss wie in der Marienquelle.

Indicationen. Die Wirkungsweise dieser Eisensäuerlinge, welche vorzugsweise durch die Wirkungen des Eisens und der Kohlensäure vorgezeichnet, durch ihren Gehalt an alkalischen Salzverbindungen nur etwas modificirt wird, besteht in Verbesserung der Ernährung, Steigerung der Blutbereitung und Anregung des Nervensystems mit allen daraus sich ergebenden Consequenzen. Dementsprechend sind es besonders Zustände von Blutarmuth, wie Erschöpfungsanämien, Anämien nach Magenkatarrhen, Bleichsucht, chronische Nervenkrankheiten, welche auf Anämie basiren, wie krankhafte Reizbarkeit des Nervensystems und Krankheiten der weiblichen Geschlechtsorgane, wie Menstruationsmangel, allzureichliche Menses, Gebärmutterkatarrh, Sterilität etc., welche die hauptsächlichsten Curobjecte für diese Quellen abgeben, insbesondere, wenn sie mit Blutstockungen im Unterleibe leichteren Grades und Verdauungsstörungen sich verbinden.

Eine wesentliche Unterstützung in ihrer belebenden, anregenden Wirkung finden sie in den in neuester Zeit eingerichteten Kohlensäure-Sprudelbädern, welche durch Einleitung von Kohlensäure in die gewöhnlichen Mineralwasserbäder hergestellt werden und die Kohlensäurewirkung derselben besonders lebhaft hervortreten lassen.

2. Die Glaubersalzquelle. Diese Quelle, welche den Namen Salzquelle führt, zeichnet sich vor allen Quellen von Elster durch ihren Reichthum an alkalischen Salzverbindungen aus, indem sie auf 8,32 g feste Bestandtheile im Liter Wasser 5,262 g schwefelsaures Natron, 1,685 g doppeltkohlensaures Natron und 0,827 g Chlornatrium enthält, und da sie in obiger Wassermenge noch 0,062 g doppeltkohlensaures Eisenoxydul und 986,8 kcm freie Kohlensäure besitzt, nimmt sie in chemischer und therapeutischer Hinsicht die Stelle zwischen dem Kreuz- und Ferdinandsbrunnen von Marienbad ein, welche auch Pollach in seinem „Compendium der Balneotherapie" (Wien 1880) ihr angewiesen hat.

Indicationen. Es muss demnach als primäre Wirkung für die Salzquelle von Elster Regulirung der Functionen der Verdauungsorgane und Beseitigung der verlangsamten Blutcirculation im Bereiche der Pfortader und der unteren Hohlvene bezeichnet werden. Es gehören daher vor ihr Forum Blutstockungen im Unterleibe, die gemeinhin als Abdominalplethora zusammengefasst werden, chronischer Magen- und Dickdarmkatarrh, habituelle Stuhlverstopfung und derartige Krankheitszustände, wo man gewohnt ist, Marienbad oder Kissingen zu verordnen, wobei im Auge zu behalten ist, dass die Salzquelle von Elster keine drastische, sondern mild und sicher abführende Wirkung besitzt, ohne die Verdauungsorgane im geringsten zu belästigen.

Häufig findet man Elster mit Franzensbad in Böhmen indentificirt; dies ist aber nicht richtig. Ein sehr wesentlicher Unterschied zwischen den Quellen beider Curorte liegt, worauf auch Pollach (l. c.

S. 85) aufmerksam macht in dem grösseren, sehr bedeutenden und wirksamen Eisengehalte der Quellen von Elster, und dementsprechend in der
in ihnen mehr hervortretenden tonisirenden Eisenwirkung. Von Marienbad in Böhmen gilt dasselbe. Derselbe etwas höhere Eisengehalt in der
Salzquelle von Elster ist auch die Hauptdifferenz zwischen dieser Quelle
und dem Marienbader Kreuzbrunnen, welche in ersterer als eine gelind
adstringirende, die purgative Wirkung dieser letztern beschränkende sich
bemerkbar macht.

3. Die Moorerde. Die im Quellengebiete im Elster gewonnene
und zu Curzwecken benutzte Moorerde ist salinischer Eisenmoor mit
beträchtlichen Mengen schwefelsaurer Alkalien, Eisenvitriol, Eisenoxyd,
Schwefeleisen etc. neben organischen Säuren und vegetabilischen Resten
und findet in Form von Bädern namentlich bei Neuralgien, peripherischen, besonders rheumatischen Lähmungen, chronischen Rheumatismus,
allgemeiner nervöser Reizbarkeit, Exsudatresten im Beckenraume und
anderen ähnlichen Zuständen ihre therapeutische Verwendung.

4. Molken. Sie sind süsse Ziegenmolken und werden theils pur,
theils mit Salzquelle vermischt zur Anwendung gebracht.

5. Das Elstersalz. Aus dem Abdampfungsrückstande des Wassers
der Salzquelle gewonnenen, stellt es ein weisses, laugenhaft schmeckendes, in Wasser leicht lösliches Pulver dar, welches als mildes Abführungsmittel benutzt wird.

6. Das Klima. Bei dem Abschluss des Thals, in welchem Elster
liegt, nach Nord und Ost durch einen hohen Gebirgsrücken und dessen
Oeffnung nach Süd und Südwest ist sein Klima milder, als es in verschiedenen benachbarten, in gleicher Höhe liegenden Ortschaften sich
zeigt, und erweist sich für blutarme Subjecte mit reizbarer Constitution,
bei erschwerter Reconvalescenz nach überstandenen schweren Krankheiten, bei Verdauungsstörungen, chronischen Bronchialkatarrhen sehr
wohlthätig. Vorherrschende Winde: Südwest, Süd- und Westwinde, Luft
staubfrei, sehr ozonreich, mässig feucht. Mittlere Sommerwärme:
14,6° C.

Locale Verhältnisse. Aerzte: Geb. Hofrath Dr. Flechsig, kgl. Brunnenarzt;
Badeärzte: Hofrath Dr. Cramer, Dr. Peters, Sanitätsrath Dr. Pässler, Dr. Hahn
(Berlin), Dr. Helmkampff, Dr. Bechler.

Badeanstalt: Die Badeanstalt, Eigenthum des Staats, umfasst sechs um-
fängliche Badehäuser, von denen drei zu Mineralbädern und drei zu Moorbädern
eingerichtet sind. Sie enthalten alle zu Curzwecken dienenden Badeutensilien und
gelten als Musteranstalten.

Bahnstation: Elster ist Station der zum sächsischen westlichen Staatseisen-
bahnnetze gehörenden Eisenbahnlinie Reichenbach-Eger.

Curfrequenz: Im Jahre 1887: 5683 Curgäste.

Curort: Bad Elster liegt unweit der sächsisch-böhmischen und sächsisch-
bayerischen Landesgrenze, in anmuthiger, höchst romantischer Gebirgsgegend mit
reichen Waldungen und hat etwa 125, meist villenartig in neuerer Zeit erst gebaute
und in Gärten liegende Häuser.

Seehöhe: 473 m.

Wohnungen für Curgäste: Ausser etwa 200 Zimmern der Hotels, noch
in etwa 100 Privathäusern 1300 Zimmer. Ueberall comfortable Einrichtungen.

Neuere Literatur: Flechsig, Geh. Hofrath Dr. R., Bad Elster. Darstellung alles Wissenswerthen für Aerzte und Laien, auf Anordnung des Ministeriums des Innern bearbeitet. 3. Aufl., Leipzig 1884, J. J. Weber. — Hahn, Bad Elster, seine Heilmittel, Heilanzeigen und Curdiät. Berlin 1879, Münchhoff. — Flechsig, Die Salzquelle von Elster und der Kreuzbrunnen von Marienbad. Eine balneotherapeutische Parallele. Berl. klin. Wochenschr., 1887, No. 24. — Flechsig, Der Curort Elster und seine Heilquellen Petersb. med. Wochenschr., 1887, No. 14. — Flechsig, Der Curgast in Elster. Leipzig 1887, Weber. — Helmkampff, Dr., Die therapeutische Stellung der Gebirgscurorte mit kohlensauren Stahlquellen und Moorbädern, unter besonderer Berücksichtigung von Bad Elster. Allgem. med. Centralzeitung, 1887, LVI., No. 40, 41.

Baden

im Grossherzogthum Baden, Amtsbezirk Baden, gemeinhin Baden-Baden genannt, die alte civitas Aurelia aquensis der Römer, Kreisstadt am nordöstlichen Fusse des Schwarzwaldes, im Oosthale gelegen, mit einer grossen Anzahl warmer Quellen. Das grösste und besuchteste Luxusbad, welches Deutschland aufzuweisen hat.

Die Curmittel. 1. Die Thermalquellen. Die bekanntesten Quellen Badens, welche medicinische Benutzung finden, sind der Ursprung oder die Hauptquelle mit 62,7 ° C., die Brüh- und Judenquelle mit 62,3 ° C., die Fettquelle mit 63,9 ° C., die Murquelle mit 56 ° C. und die Büttquelle mit 44,4 ° C. Temperatur. Die Gesammtzahl der in Baden zu Tage tretenden Thermalquellen übersteigt zwanzig und liefert in 24 Stunden etwa 1 Million Liter Wasser.

Die Badener Thermalquellen sind sämmtlich schwache alkalische Kochsalzwässer, welche im Liter Wasser durchschnittlich 2,2 g Kochsalz auf etwa 3 g feste Bestandtheile enthalten, und weichen in chemischer Beziehung wenig von einander ab. Im Jahre 1881 hat Professor Bunsen in Heidelberg (Aerztliche Mittheilungen aus Baden, herausgegeben von R. Volz. 1881, No. 9.) die Hauptstollenquelle (das aus der Brühquelle, Höllenquelle, Juden- und Ungemachquelle zusammengeleitete Mineralwasser) einer neuen chemischen Untersuchung unterworfen, nach welcher diese Quelle auf 2,775 g fester Bestandtheile, 2,015 g Chlornatrium, 0,053 g Chlorlithium und 0,0007 g dreibasisch arseniksauren Kalk oder 0.264 mg Arsen enthält, eine Menge, welche nach Bunsen's Ansicht bei einer Trinkcur die Arsenwirkung noch hervortreten lässt. Diesem Arsengehalt haben die dasigen Aerzte einen wesentlichen Antheil an den therapeutischen Wirkungen des Mineralwassers beigemessen und seinen Einfluss auf Scrofulose, Chlorose, Anämie, Leukämie und ähnliche Krankheiten nach dem Vorbilde französischer Aerzte auf denselben zurückgeführt. Auch der relativ hohe Gehalt an Chlorlithium, welchen man nach einer von Bunsen gemachten Zusammenstellung anderer lithionhaltiger Wässer in keiner einzigen Quelle wieder findet, soll nach demselben Autor die therapeutische Wirksamkeit der Badener Thermen nicht unwesentlich mit begründen.

Die Art der Benutzung der Badener Thermen ist, wie in Wiesbaden, meist die Bäderform und die dieser nahestehenden Gebrauchsweisen. Ihr innerlicher Gebrauch, der nur auf die Hauptquelle, den Ursprung, beschränkt ist, spielt eine untergeordnete Rolle und kommt nur bei Katarrhen der Respirations- und Digestionswege, bei erethischer Scrofulose und einigen anderen Krankheitszuständen zur Anwendung.

Indicationen. Aus einer Statistik, welche Heiligenthal in seiner Monographie „Die Thermen von Baden-Baden und ihre Erfolge etc., Baden-Baden 1877" giebt, geht hervor, dass Krankheiten der Bewegungsorgane und des Nervensystems in Baden in überwiegender Mehrheit vertreten sind. Die ersteren betrafen bis über die Hälfte Gelenkrheumatismen. Von Krankheiten des Nervensystems sind es besonders motorische Störungen, welche numerisch überwiegen. Wesentlich zurück treten in der Häufigkeit des Vorkommens in Baden Krankheiten der Verdauungsorgane, Frauenkrankheiten. Hautkrankheiten und allgemeine Ernährungsstörungen.

2. Klima. Von dichtem Wald und üppiger Vegetation umgeben, ist das Klima ziemlich feucht und mild. Der relative Feuchtigkeitsgrad liegt zwischen 80,6 (Monat Juli) und 92,0 pCt. (Monat December). Die mittlere Jahrestemperatur ist $+ 8,95^{\circ}$ C., die des Frühlings $+ 8,59^{\circ}$, die des Sommers $+ 17,16^{\circ}$, die des Herbstes $+ 9,26^{\circ}$ und die des Winters $+ 0,80^{\circ}$ C., wobei die täglichen Temperaturschwankungen nur mässige sind. Nach einer von Heiligenthal gemachten Zusammenstellung kommt das Winterklima von Baden mit den Klimaten von Vevey, Meran und Venedig nahe überein.

Indicationen. Krankheiten der Athmungsorgane, unter denen chronischer Bronchialkatarrh, Lungentuberculose, pleuritische Exsudate, chronische Heiserkeit in erster Linie stehen, finden durch das Klima von Baden nicht selten Erfolge und wesentliche Besserungen. Nebenbei wirkt es beruhigend auf das Nervensystem, regt die Hautfunctionen an und setzt Herz- und Athembewegungen herab.

3. Weitere Curmittel sind: Dampfbäder, Badeschlamm, zwei schwache Eisenquellen, frisch gemolkene Kuh- und Ziegenmilch, Molken, Kräutersäfte, Trauben, verschiedene fremde Mineralwässer und eine im Jahre 1881 erbaute, für zwei Kammern eingerichtete pneumatische Anstalt, sowie eine Augenheilanstalt, Wasserheilanstalt und heilgymnastische Anstalt.

Locale Verhältnisse. Aerzte: DDr. Apfel, Baumgärtner (Spitalarzt), Berton, v. Corval, Donner, Fauler, A. Fischer, M. Fischer, Frey, Heiligenthal (herzogl. Badearzt am Friedrichsbade), v. Hoffmann, Jörger, Keller, Knecht, Lange, Neidert, Oeffinger, Oster, Schindler, Schliep (stellvertretender Leibarzt der Deutschen Kaiserin), Em. Schmidt, Schneider, Schwarz, Stiege, Vocker, Walter, Weller.

Badeanstalten: Baden besitzt deren verschiedene, allen voran steht die grossherzogliche, das Friedrichsbad. Es ist ein grosses monumentales Gebäude, welches nicht allein alle Anforderungen, welche die Balneotherapie der Jetztzeit stellt, sondern auch die des Comforts in ausgezeichneter Weise erfüllt.

Andere Badeanstalten sind noch im Badischen Hof, Zähringer Hof, Petersburger Hof, Hirsch, Baldreit, Darmstädter Hof, Hotel Friedrichsbad-Stahlbad. Auf dem Wege nach Lichtenthal befindet sich das Stephanienbad zum Gebrauche der Eisenbäder.

Badeleben: Es ist das der grossen fashionablen Welt mit allen Vergnügungen und Unterhaltungen, welche dieselbe fordert.

Bahnstation: Baden ist Endstation einer von Oos abgehenden Zweigbahn der Hauptlinie Heidelberg-Basel.

Conversationshaus: Umgeben von schönen Anlagen und Alleen mit grossen und prachtvollen Räumlichkeiten, luxuriös ausgestatteten Concert-, Ball-, Spiel-, Restaurations- und Lesesälen ausgerüstet, ist es der Centralpunkt des Badelebens und steht das ganze Jahr zur Benutzung offen.

Curfrequenz: Sie betrug im Jahre 1887 54876 Personen.

Curhospital: Das städtische Krankenhaus nimmt arme Kranke unentgeltlich auf.

Curort: Baden ist eine Stadt mit 12800 Einwohnern, welche von üppigen Tannenwaldungen umgeben ist. Begrenzt mit einem Kranze reicher Landhäuser breitet sie sich amphitheatralisch am Schlossberge und seinen Gehängen, sowie in dem lachenden, fruchtbaren Thale der Oos aus, inmitten der herrlichsten Vegetation, welche die ganze Umgegend zum Garten Deutschlands gestaltet.

Curzeit: Die Sommersaison beginnt am 1. Mai und endet mit 31. October.

Seehöhe: 206 m.

Trinkanstalt: In der grossherzoglichen Trinkhalle werden Badensches Mineralwasser, gegen 40 Sorten fremde Mineralwässer, Kuh- und Ziegenmilch, sowie Molken verabreicht.

Wohnungen für Curgäste: Theils in Hotels, theils in Privathäusern in grosser Auswahl und zu den verschiedensten Preisen.

Wintercuren: Trink- und Badecuren werden in Baden auch während des Winters gebraucht. Im grossherzoglichen Badehause und in allen Privatbadeanstalten sind hierzu die nöthigen Einrichtungen getroffen.

Neuere Literatur: Heiligenthal, Dr., Die Thermen zu Baden-Baden. Ihre Anwendung und Erfolge. Baden-Baden 1877. — Heiligenthal, Dr. F., Die heissen Quellen zu Baden-Baden und deren Verwendung zu Trink- und Badecuren nebst Anhang über Milch- und Molkencuren. Baden-Baden 1879. — Bunsen, Untersuchung der Badener Thermalquellen. Aerztl. Mittheil. aus Baden, 1882, XXXVI, I. — Das Friedrichsbad in Baden-Baden. Beschreibung des Baues und Anleitung zum Gebrauche der Bäder und der Trinkcur nebst Badeordnung. Baden-Baden 1878, Marx. — Frey, A., Briefe aus Baden-Baden. Baden 1887. — Baden-Baden und seine Curmittel. Baden-Baden 1886. (Von einem Vereine prakt. Aerzte verfasst.) — Frey, Ueber den Arsengehalt der Thermen von Baden-Baden. Deutsch. med. Wochenschr., 1886, XII., No. 19, 20.

Baden

in Oesterreich, Niederösterreich, gemeinhin Baden bei Wien genannt, Stadt und alter berühmter Badeort mit einer grossen Anzahl warmer Quellen, welche schon den alten Römern als Thermae ceticae bekannt waren, am östlichen Abhange der Cetischen Alpen, inmitten von Weinlandschaften gelegen. Beliebte Sommerfrische der Wiener.

Die Curmittel. 1. Die Thermalquellen. Die siebzehn hier zu Tage tretenden Thermalquellen zählen zu den salinisch-muriatischen Gipsquellen mit Schwefelwasserstoffgehalt, weichen in chemischer Beziehung wenig von einander ab und unterscheiden sich hauptsächlich nur durch ihre Temperatur, welche in den einzelnen Quellen von 25° bis 36° C. schwankt. Ihr Wasser besitzt einen starken Geruch und Geschmack nach Schwefelwasserstoff. Das Wasser dient fast nur zu Badezwecken, wird selten innerlich gebraucht und dann nur mit Milch, Molke oder anderem Mineralwasser vermischt. Die namhafteste unter diesen Quellen ist die Römer- oder Ursprungsquelle, welche auch zu Trinkcuren dient. Sie enthält im Liter Wasser 2,17 g feste Bestandtheile, welche vorzugsweise aus 0,73 g Gips, 0,34 g kohlensauren Erden, 0,3 g schwefelsauren Natron, 0,255 g Chlornatrium, 0,231 g Chlormagnesium, 0,046 g Schwefelmagnesium bestehen.

Indicationen. Therapeutische Anwendung finden die Badener Thermen vorzugsweise bei chronischem Gelenk- und Muskelrheumatismus, Gicht, chronischer Gelenkentzündung und Knochenaffectionen, verschiedenen chronischen Hautausschlägen, besonders pruriginösen, Scrofulose, Neuralgieen und anderen ähnlichen Krankheitszuständen, während die Trinkcur gegen Bronchial- und Magenkatarrhe, sowie verschiedene Nierenaffectionen sich nutzbringend erweist.

2. Badeschlamm. Er dient vorzugsweise als Umschlag bei verschiedenen örtlichen Leiden, aber auch zu Bädern.

3. Weitere Curmittel sind: Eine Wasserheilanstalt, Electro- und Inhalationstherapie, Schafmolken, Kuhmolken, Trauben, Terraincuren.

Locale Verhältnisse. Aerzte: DDr. Barth, Blumenfeld, Burger, Czuberka, Deutsch, Heinz, Hoffmann, Jellinek, Klein, Kosak, Kübel, v. Mülleitner, Peiker, Podzahradsky, Raab, Schleifer, Jos. Schwarz, Carl Schwarz, Seng, Silberer, Singer, Taub, Tausig, Weiss.

Badeanstalten: In Baden giebt es deren dreizehn mit ebensoviel Vollbädern und sechszehn Separatbädern. Fast alle Badehäuser haben ihre eigenen Quellen und führen nach diesen ihre Namen. Weitere Anstalten sind das Wannen-, Douche- und Dampfbad im Parke, die Wasserheilanstalt, die sogenannte Mineralschwimmschule und ein kaltes Vollbad im Dobblhoffschen Parke.

Bahnstation: Baden ist Station der Südbahn (Linie Wien-Triest).

Klima: Die Luft ist kräftigend, schon Gebirgsluft, zeigt aber rasche Temperaturwechsel und sagt dessenungeachtet Asthmatikern und mit chronischem Bronchialkatarrh Behafteten sehr zu.

Curfrequenz: Der durchschnittliche Besuch an Curgästen, welche eine volle Cur gebrauchen, beläuft sich im Sommer auf etwa 4000 Personen, der der Sommerfrischler auf 5000 bis 6000 Personen.

Curzeit: Das ganze Jahr hindurch; Sommersaison vom 1. Mai bis 15. October.

Seehöhe: 216 m.

Wintercuren: Hierzu dient das Herzogsbad und das neurestaurirte Antonsbad. Beginn der Wintercur am 15. October.

Neuere Literatur: Bersch, Prof., Der Curort Baden in Niederösterreich. Seine Heilquellen und Umgebung. Ein Führer für Fremde und Einheimische. 5. Aufl. Baden 1880, Otto. — Hoffmann, Jos., Der Curort Baden bei Wien. Die Heilwirkungen der Schwefelthermen Badens. Wien 1882, Braumüller, und Wiener med. Presse, 1882, XXIII., No. 25. — Schwarz, Dr. Jos., Die Heilquellen Badens. Wien 1886, Braumüller.

Baden

in der Schweiz, Canton Aargau, Thermalcurort mit einer grossen Anzahl Schwefelquellen, unweit Zürich gelegen, der älteste Badeort der Schweiz, im Mittelalter das grösste Luxusbad, dessen Quellen schon den alten Römern bekannt waren und von diesen zu Heilzwecken vielfach benutzt wurden.

Die Curmittel. 1. Die Thermalquellen. Die hiesigen Schwefelthermen entspringen an beiden Ufern der Limmat. Man bezeichnet
sie als Bäder und unterscheidet als „grosse Bäder" oder „Grossbaden" diejenigen vierzehn Quellen, welche etwa 100 Fuss, tiefer als
die Stadt liegend am linken Limmatufer zutagetreten, wogegen man die
sieben im Dorfe Ennetbaden befindlichen und auf dem andern Ufer hervorbrechenden „Kleine Bäder" oder „Ennetbaden" nennt. Sämmtliche hiesigen Thermalquellen, welche in Bezug auf Gehalt an festen
und gasigen Bestandtheilen wenig von einander abweichen, gehören zu
den muriatisch-salinischen Schwefelwässern und enthalten im
Liter Wasser 4,091 g feste Bestandtheile, unter denen 1,843 g schwefelsaures Natron, 1,346 g Chlorcalcium, 0,320 g Chlornatrium, und 0,354 g
doppeltkohlensaure Magnesia sich befinden. Das aus ihnen sich entwickelnde Gas besteht aus 67,150 Volumenprocent Stickstoff, 32,766
Volumenprocent Kohlensäure und 0,084 Volumenprocente Schwefelwasserstoff. Sie stehen sonach in chemischer Beziehung zwischen den Thermen
von Aachen und Mehadia. Ihre Durchschnittstemperatur ist 48° C.

Indicationen. Therapeutische Anwendung finden die Badener
Schwefelthermen vorzugsweise in Form von Bädern und Douchen, seltener
innerlich gegen gichtische und rheumatische Entzündungsproducte, sobald
die Entzündung abgelaufen ist, gegen Lähmungen auf derselben Grund-
lage, metallische Intoxicationen, Hämorrhoiden, chronische Katarrhe der
Luftwege, Neuralgieen, verschiedene Hautkrankheiten und andere ähnliche
Krankheitszustände mehr. Als Prüfstein auf verborgene constitutionelle
Syphilis haben sich die dasigen Bäder einen gewissen Ruf erworben.

2. Dampfbäder finden sich in allen Badegasthöfen vor.

3. Weitere Curmittel sind: Inhalationen, Soolbäder, Meer-
salz, Fichtennadelbäder, Ziegenmolken, Terraincuren.

Locale Verhältnisse. Aerzte: DDr. Alois Minnich, Albin Minnich, Keller.
Nieriker (Bezirksarzt), v. Schmidt, Schnebli, Barth. Wagner, Borsinger, Zehnder.

Badeanstalten: Die Grossen Bäder (Grossbaden) bestehen aus zehn umfang-
reichen, palastähnlichen Gasthöfen, unter denen besonders der Staadhof, der Hinterhof, das Schiff, der Limmat- und Schweizerhof zu nennen sind. In neuester Zeit
hat der Hinterhof durch eine Actiengesellschaft einen grossartigen Umbau erfahren
und besitzt gegenwärtig unter der Benennung „Neue Curanstalt Baden" muster-
giltige Einrichtungen.

Bahnstation: Baden ist Station der Basel-Züricher Eisenbahnlinie.

Klima: Mild und angenehm. Der Aufenthalt in demselben eignet sich besonders
für schwächliche, der Erholung bedürftige Kranke.

Curfrequenz: Die Zahl der Badegäste betrug im Jahre 1887 8482, im
Jahre 1884 bis Ende September 10231 Personen.

Seehöhe: 383 m.

Trinkanstalt: Zum Trinken dienen zwei Quellen, von denen eine mit einer
Wandelbahn versehen ist. Gewöhnlich trinkt man täglich $\frac{1}{2}$ bis 2 Gläser Schwefelwasser à $\frac{1}{3}$ Liter Inhalt.

Wintercuren: Zu solchen ist in der Neuen Curanstalt Baden Gelegenheit
gegeben.

Neuere Literatur: Neue Curanstalt Baden. Leipzig. Illustr. Zeitg., 1876. —
Reumont, Ueber Wintercuren in Schwefelthermen. Kisch's Jahrb. f. Balneologie, II,

1875. — Münnich, Joh. Al., Baden in der Schweiz und seine warmen Heilquellen.
2. Aufl., Baden 1871. — Wagner, Dr., Neuere Untersuchungen in Bezug auf die
Thermen von Baden und deren Quellenproducte. Schweiz. ärztl. Corresp.-Bl., 1883.
No. 14. — Wagner, Dr., Baden als Terraincurort. Baden 1886.

Badenweiler

im Grossherzogthum Baden, Kreis Lörrach, ein am Fusse des
Blauen im Schwarzwalde, nahe der Schweizer Grenze im oberen Breisgau
gelegener, in neuerer Zeit sehr beliebt gewordener klimatischer Sommercurort für Brustkranke, welcher den Vortheil des Nebengebrauchs von
Wildbädern bietet.

Die Curmittel. 1. Das Klima. Vor Nord- und Ostwinden geschützt, ist das hiesige Klima ein sehr angenehmes, mildes. Es ist durch
Vereinigung des Wald- und Gebirgsklimas ein subalpines mit
sedativem Charakter und hat den Vorzug, dass jeglicher Localwind
fehlt, Schutz vor rauhen, wie vor erschlaffenden Winden geboten ist, die
Luft einen mässigen Feuchtigkeitsgrad, volle Reinheit, sowie Staubfreiheit
und eine grosse Gleichmässigkeit der Temperatur in den verschiedenen
Tageszeiten besitzt.

Die mittleren Lufttemperaturen betragen in Badenweiler im Mai
13,48° C., Juni 16,18°, Juli 18,55°, August 17,68°, September 14,64° C.
Die der ganzen Saison 16,10° C. Durch die terrassenförmige Lage des
Orts und der benachbarten Ortschaften unterscheidet man die Curstationen
Oberweiler mit 342 m Seehöhe, Badenweiler mit 422 m, Hausbaden mit
524 m, Blauen mit 1167 m derselben.

Indicationen. Beginnende Tuberculose und chronische Bronchial-
und Kehlkopfkatarrhe, chronische Lungenentzündungen, Verdichtungen
im Lungengewebe, leichtere Grade von Emphysem und Bronchialasthma,
Pleuritiden mit protrahierter Resorption finden in Badenweiler einen sehr
geeigneten Aufenthaltsort für die Sommer- und Herbstzeit, namentlich
wenn die Kranken nervöse, reizbare Individuen sind und erst allmälig
an Höhenklimate sich gewöhnen müssen.

2. Die Thermalquellen. Die hiesigen 9 Thermalquellen, welche
vorzugsweise zum Baden benutzt werden, gehören zu den sogenannten
indifferenten Wässern und haben eine Temperatur von 26,4° C. Sie
wirken mild anregend, mehr aber beruhigend und finden gegen Ueberreizung der Nerven, Neurasthenicen, Neuralgieen, Uebermüdung durch
geistige Anstrengung, Schlaflosigkeit, Neigung zu Katarrhen, chronischen
Rheumatismus, Neigung zu subacuter Gebärmutterentzündung, überhaupt
da, wo indifferente laue Bäder indicirt sind, ihre therapeutische Anwendung.

3. Weitere Curmittel sind: Douchen, Ziegenmolken, Kuh-
und Ziegenmilch, Kräutersäfte, Trauben, Kefir.

Locale Verhältnisse. Aerzte: DDr. Thomas, Kollmann, Ott, Wolfrom,
Prof. Weil.

Badeanstalten: Das im Jahre 1875 neu erbaute Badegebäude ist nach dem
Vorbilde der alten Römerbäder erbaut.

Bahnstation: Müllheim an der Müllheim-Mühlhausener Linie, einer Zweigbahn der Hauptlinie Basel-Heidelberg-Mannheim.

Curfrequenz: Im Jahre 1886 bis Ende September 4700 Personen.

Curzeit: Vom 1. Mai bis 1. October.

Sanatorium für Brustkranke: Dr. Kollmann.

Seehöhe: 422 m.

Neuere Literatur: Thomas, Dr. H. J., Badenweiler und seine Heilmittel. Müllheim 1875, Schmidt.

Bagnères de Bigorre

in Frankreich, Departement Hautes-Pyrénées, auch bains d'Adour genannt, am linken Ufer des Adour, ist einer der beliebtesten Badeorte der Pyrenäen, der durch die Vereinigung der ausgesuchtesten Vergnügungen des Stadtlebens mit der Anmuth eines reizenden Landaufenthaltes den Namen „la ville de campagne" erhalten hat. Der Curort ist das Modebad und der Sammelplatz der vornehmen Pariser Welt, hat auch Wintersaison.

Die Curmittel. 1. Die Mineralquellen. Es entspringen hier einige vierzig erdig-salinische Eisenquellen, deren Temperatur von 20 bis 65° C. schwankt. Der Eisen- und Salzgehalt der verschiedenen Quellen ist nicht übereinstimmend, es fehlt das Eisen in einigen sogar gänzlich, wie in der Fontaine nouvelle, in den Bains de la Peyrie, de Santé, du petit-Prieur, während es in der Fontaine la Reine zu 0,080 g, in dem Dauphin zu 0,144 g, im Roc de Cannes zu 0.104 g kohlensauren Eisenoxyduls vertreten ist, und der Salzgehalt schwankt zwischen 3,107 bis 1,040 g fester Bestandtheile. Ausser dem Eisen sind die vorwiegenden Salzverbindungen Gips, schwefelsaure Magnesia und kohlensaurer Kalk, in zweiter Linie treten Chlormagnesium, Chlornatrium und schwefelsaures Natron mit tieferen Ziffern auf. Bei dieser Verschiedenheit der Quellen hinsichtlich Gehalts und Temperatur ist es dem Arzte möglich, je nach der Individualität des Kranken, von der einen oder anderen Quelle Gebrauch zu machen und denselben von der schwächeren zur stärkeren, der kühleren zur heisseren übergehen zu lassen.

Indicationen. Therapeutische Anwendung finden die Quellen innerlich und äusserlich in Form von Bädern und Douchen bei Chlorose und Anämie, bei Melancholie, bei durch Kummer und Wachen geschwächten Personen, bei Leuten, die eine sitzende Lebensweise zu führen gezwungen sind und in Folge dessen an Abdominalplethora, Blutstopfungen in den Unterleibsorganen, Leberhyperämie und Obstruction leiden.

2. Das Labassère-Wasser, dessen Quelle etwa 12 km von der Stadt entfernt entspringt, wird zu Bädern und zu Trinkcuren sehr stark benutzt. Es ist eins der schwefelhaltigsten der Pyrenäen und findet namentlich gegen katarrhalische Leiden der Respirationswege ausgedehnte Anwendung.

Locale Verhältnisse. Aerzte: Gegenwärtig 20.

Badeanstalten: Das Etablissement der Stadt (thermes Marie Thérèse) und noch 16 Privatetablissements mit besonderen Thermen.

Badeleben: Das Badeleben ist das einer grossen Stadt, welche Vergnügungen und Zerstreuungen aller Art bietet.

Bahnstation: Bagnères de Bigorre ist Station der von Toulouse über Tarbes nach Bayonne führenden Eisenbahn.

Klima: Ist mild und constanter als in Luchon, aber die Luft ist weniger bewegt und die Hitze grösser; die mittlere Sommertemperatur beträgt 18,4° C. Da die Winter sehr mild sind, so finden sich auch zahlreiche Wintergäste ein.

Curfrequenz: 18 bis 20000 Curgäste, von denen mehr als 6000 zugleich Unterkommen finden können.

Curzeit: Von Mitte Juni bis Mitte October, bisweilen noch länger.

Reiseverbindungen: Die von Tarbes nach Bigorre führende Eisenbahn vermittelt die Verbindung mit Bordeaux und Toulouse und von hier aus mit dem nördlichen und südlichen Frankreich.

Seehöhe: 560 m.

Neuere Literatur: Gardé, Gaz. de Paris. 1868, No. 26 u. 27. — De la Gardé. Etudes sur les eaux salines-arsenicales de Bigorre. Paris 1875. — Guides von Lemonnier, Dambrun, Sotras, Cazalas, de la Gardé.

Bagnères de Luchon

in **Frankreich, Departement Obergaronne, Stadt und berühmter Badeort** im breiten Pyrenäenthale Luchon, unweit der spanischen Grenze gelegen.

Die Curmittel. 1. Die Thermalquellen. Sämmtliche 49 Thermalquellen von Luchon gehören zu den **Schwefelthermen**, deren Hauptbestandtheil **Schwefelnatrium** ist und deren Temperatur von 16° an bis 66° C. schwankt. Der Gehalt der Quellen an Schwefelnatrium, der mit Zunahme der Temperatur in den einzelnen Quellen steigt und mit deren Abnahme fällt, schwankt von 0,005 bis zu 0.069 g. Ausserdem enthalten die Quellen von Luchon noch Kochsalz, Schwefeleisen, Schwefelmangan, schwefelsaures Kali, schwefelsaures Natron, schwefelsauren Kalk und Kieselsäure, aber alle diese Bestandtheile nur in untergeordneten Mengen. Schwefelwasserstoff ist nur in Spuren in ihnen vorhanden.

Die Quellen von Luchon sind unter allen Pyrenäenbädern am meisten der Zersetzung durch die Luft ausgesetzt, welche durch Weisswerden des Wassers sich anzeigt.

Das Thermalwasser dient zu Trinkcuren, zum Baden in Wannenbädern und in Schwimmbassins, zu Douchen, Dampfbädern und zum Inhaliren.

Indicationen. Für Luchon gelten nach Lambron die Heilanzeigen für **Schwefelthermen** überhaupt, an welchen technisch vollendete Einrichtungen sich vorfinden. Ihre Anwendung eignet sich für jene Fälle, wo durch mächtige Anregung der Hautthätigkeit krankhafte Stoffe aus dem Körper zu entfernen und Exsudate zur Aufsaugung zu bringen sind, und bezieht sich sonach auf die Behandlung rheumatischer Krankheitsformen, von Exanthemen, Scrofulose, Mercurialcachexie und latenter Syphilis, letztere unter Mitanwendung der Schmiercur u. a. m.

2. **Eisenquellen.** Es giebt deren mehrere in der Umgebung von Luchon, welche im Etablissement thermal Verwendung finden.

3. **Natronquelle.** Eine dem Vichyer Wasser ähnliche Natronquelle findet sich im Eingange zum Lysthale.

Klima. Es hat raschen und häufigen Temperaturwechsel, am

Mittag südliche Hitze, Morgens und Abends kühle Luft. Die mittlere Temperatur beträgt 17° C., der mittlere Barometerstand 710 m, vorherrschende Winde sind West- und Südwestwinde. Die Luftfeuchtigkeit ist mässig. Das Klima von Luchon, welches auch auf schwache Personen günstig wirkt, eignet sich nicht zum Winteraufenthalt, sondern nur zur Uebergangsstation für September und October.

Locale Verhältnisse. Aerzte: In Luchon sind zwölf Aerzte thätig, unter denen die beschäftigsten sind: DDr. Estradère, Lambron (ärztlicher Inspector), Barrié, Dulac, Garrigou, Gowrand, Pégot, Regimbeau, Valdés. Weniger beschäftigt sollen DDr. Azémar, Fontan und Marcet sein.

Badeanstalt: Das Badeetablissement hat mustergültige Einrichtungen, besonders für Douche und Inhalationen.

Badeleben: Dasselbe ist in grossartiger Weise hier entwickelt.

Curfrequenz: Die Zahl der Fremden, die im Juli und August hier zusammenströmen, beläuft sich auf ca. 19000, ist aber im Steigen begriffen.

Curort: Bagnères de Luchon steht durch den Reiz seiner Lage, sowie durch seine grossartigen Badeetablissements an der Spitze aller Pyrenäenbäder und gehört zu den glanzvollsten Curorten Frankreichs.

Reiseverbindungen: Man erreicht Luchon entweder durch die Eisenbahnlinie Toulouse-Bayonne, oder von Bordeaux ab über Morceux, Tarbes, Montréjeau. Von letzterem Orte (36 km) nach Bagnères de Luchon, wohin täglich sechs Züge abgehen, in $^3/_4$ bis $1^1/_4$ Stunde.

Seehöhe: 628 m.

Neuere Literatur: Lambron und Lézat, Bagnères de Luchon. Paris 1864, 2 Bde. — Garrigou, Gaz. hebdom., 1868, 49. — Lombard, Les stations médic. des Pyrénées et des Alpes comparés entre elles. Genève 1864.

Barèges

in Frankreich, im Departement Hautes-Pyrénées, ein im wilden Bastanthale gelegenes, von schroff abfallenden, theilweise mit ewigem Schnee bedeckten Hochgebirgen eingezwängtes Pyrenäenbad, dessen Schwefelthermen zu den berühmtesten Thermalquellen Frankreichs zählen.

Die Curmittel. 1. Die Schwefelthermen. Es entspringen hier neun Thermalquellen von 31,1° bis 46° C. Temperatur, welche zu den stärksten Schwefelwässern Frankreichs gehören. Sie haben im Allgemeinen wenig feste Bestandtheile, unter denen aber Schwefelnatrium am meisten vertreten ist. Ausserdem finden sich in ihnen noch Chlornatrium, kohlensaures und schwefelsaures Natron, sowie Stickstoff und Schwefelwasserstoff. Mit Zunahme der Temperatur in den einzelnen Quellen steigt auch ihr Gehalt an Schwefelnatrium, der in der heissesten Quelle (46° C.), dem Tambour, auf das Liter Wasser 0,040 g erreicht und in den beiden kältesten Quellen „la Chapelle" und „Bazun" mit 31° C. auf 0,020 g herabsinkt.

Indicationen. Die Thermen von Barèges finden erfolgreiche Anwendung gegen chronische Gelenksaffectionen, besonders chronischen Gelenkrheumatismus, Fisteln, atonische Geschwüre, torpide Scrofeln, partielle Lähmungen, Mercurialvergiftungen, veraltete Syphilis u. a. m. Den grössten Ruf aber haben sie sich in der Behandlung alter Blessuren erworben, bei welchen sie namentlich die Ausstossung fremder Körper und Knochensequester fördern. Die grosse Douche und die Piszinenbäder, welche beide von der Tambourquelle versorgt werden, sind in Barèges die wichtigsten Anwendungsmittel des Thermalwassers. Getrunken wird nur die Tambourquelle.

Locale Verhältnisse. Aerzte: Le Bret, Inspector; Balancie, Adjunct; Martine, Militärarzt; Vergés, Paget, Campas. Theil, Armieux, Betons, Grimmaud.

Badeanstalten: Barèges hat drei grosse Badeanstalten und in der Nähe das Badeetablissement Barzun.

Bahnstation: Pierrefitte, Endstation der Linie Lourdes-Pierrefitte, von wo aus Diligence über Luz nach Barèges fährt.

Klima: Ist sehr veränderlich und springt auch im Sommer von grosser Hitze oft zu empfindlicher Kälte um; daher es nothwendig ist, warme Kleider mitzunehmen.

Curfrequenz: Barèges ist stark besucht, besonders von Militärs.

Curzeit: Vom Anfang Juni bis Ende September. Die Curgäste erscheinen aber meist erst Ende Juni und bleiben meist nur bis Mitte September.

Seehöhe: 1232 m.

Neuere Literatur: Armieux. Etudes médicales sur Barèges. 2. Edit., Paris 1880.

Bartfeld

in Ungarn, im Sarozer Komitate, Curort mit kräftigen Eisenquellen, am Fusse des Kamenahola (Steinberg), eines Ausläufers der Karpathen gelegen.

Die Curmittel. 1. Mineralquellen. Die acht Mineralquellen, welche hier zu Tage treten, gehören sämmtlich den jodhaltigen alkalisch-salinischen Eisensäuerlingen an und werden zu Trinkund Badecuren benutzt.

Das Wasser dieser Quellen ist geruchlos, perlend, von angenehm säuerlichem herbprickelndem Geschmack, setzt bei längerem Stehen rothen Ocker ab und hat eine Temperatur, die in den einzelnen Quellen von $9,5^0$ bis $10,5^0$ C. schwankt.

Indicationen. Dieses Mineralwasser findet seiner chemischen Zusammensetzung entsprechend, wobei sein hoher Gehalt an kohlensaurem Natron (2,010 bis 3,044 g Natroncarbonat), an Eisen (0,036 bis 0,084 g Eisenbicarbonat im Liter Wasser) und Kohlensäure (1343 bis 1776 ccm in gleicher Wassermenge) und nebenbei noch an Kochsalz und nicht unbeträchtlichen Mengen von Jodnatrium (0,001 bis 0,002 g) vorzugsweise in Anschlag zu bringen ist, in jenen Krankheitszuständen, die auf Blutarmuth, Bleichsucht, Erkrankungen des Lymphgefässsystems, Scrofeln und derartigen Krankheiten beruhen.

2. Weitere Curmittel sind: Fichtennadelbäder, Molken und eine Wasserheilanstalt.

Locale Verhältnisse. Bahnstation: Eperies an der Eisenbahnlinie Abos-Orló.

Curort: Der Curort Bartfeld ist der besteingerichtete des Landes.

Wasserversandt: Der Kélersche Brunnen wird jährlich zu einer halben Million Flaschen versandt.

Bath

in England, Grafschaft Somerset, berühmter Badeort mit mehreren heissen Quellen (die Aquae solis oder calidae der alten Römer), am Avon in einem reizenden von Hügeln eingeschlossenen Thale gelegen.

Die Curmittel. 1. Die Thermen. Es giebt nach Macpherson (Our baths and wells. London 1871) in Bath vier warme, in chemischer Beziehung nicht von einander verschiedene, gipshaltige Quellen, deren Temperatur von 104 bis 120° F. (40 bis 48,9° C.) schwankt und welche theils zu Badecuren, theils auch zu Trinkcuren Verwendung finden. Ihr Wasser enthält im Liter auf 1,96 g feste Bestandtheile 1,28 g Gips, 0,35 g Kochsalz, 0,30 g Chlormagnesium und ausserdem noch geringere Mengen von schwefelsaurer Magnesia, schwefelsaurem Kali, kohlensaurem Eisenoxydul und freie Kohlensäure, sowie etwas Stickstoff. In kleinen Quantitäten getrunken, äussert es nach Tunstall (Bath-Waters, their uses and effects. London 1868) und Macpherson eine hervorragende Wirkung auf die Nieren und erweist sich sehr nützlich bei Blasenreizung, Blasensteinen, gichtischen Schmerzen, während es in Form von Bädern bei gesunkener Energie des Nervensystems, bei Neuralgieen, bei Gicht und Rheumatismus schon von Alters her sich als treffliches Heilmittel bewährt hat.

Locale Verhältnisse. Aerzte: DDr. Fowler, Cole u. a.

Badehäuser: Die vier Badehäuser sind mit ausgesuchtem Comfort eingerichtet und enthalten Bassins- und Einzelbäder, sowie Douchen und Dampfcabinette.

Bahnstation: Bath ist Station der Eisenbahnlinie London Bristol vom Great Western Railway.

Klima: Das Klima von Bath ist ein sehr günstiges.

Curfrequenz: Der Besuch von Bath hat sich im Anfange dieses Jahrhunderts sehr vermindert, gegenwärtig aber wiederum die hohe Ziffer von 25 000—30 000 Personen erreicht.

Neuere Literatur: Macpherson. Our baths and wells. London and New-York 1871. — Tunstall, Bath-Waters, their uses and effects. 5. Edit., London 1879. — Macpherson, Dr. John, Bath. Contrexéville and the lime sulphated waters. London 1886. — Lowe, P. Pagan, The Bath waters and arsenious acid. Lancet 1887, I., 25, pag. 1262, May. — Tilt, Bath and Aix-les-bains. British med. Journ., 1886, No. 1334, pag. 159.

Battaglia

in Oberitalien, Venetien, Schloss und Dorf mit einer wohleingerichteten Curanstalt und mehreren Thermalquellen, in der fruchtbaren venetianischen Ebene gelegen und 9 Miglien von Padua entfernt.

Die Curmittel. 1. Die Thermen. Die vier zur Gruppe der Euganeischen Thermen zählenden Mineralquellen gehören zu den gipshaltigen Kochsalzwässern. Sie haben bei ganz gleicher chemischer Beschaffenheit im Liter Wasser 2,377 g feste Bestandtheile, darunter 1,561 g Kochsalz, 0,379 g Gips, 0,132 g Kalisulfat, 0,103 g Chlormagnesium und 0,117 g Kalkcarbonat. Ihre Temperatur liegt zwischen 58,5° bis 71,2° C.

Indicationen. Diese Quellen werden in Verbindung mit dem Badeschlamm fast nur zu Bädern gegen Gicht und chronischen Gelenkrheumatismus, Paralysen, Schwächezustände nach Verwundungen etc. mit grossem Erfolg angewendet.

2. Das Dampfbad ist eine Nachahmung der berühmten Grotte von Monsummano.

Locale Verhältnisse. Badeanstalt hat vorzügliche Bade- und Cureinrichtungen.

Neuere Literatur: Mauthner und Prof. Klob, Die Euganeischen Thermen zu Battaglia. 2. Aufl., Leipzig 1882, Otto Wigand — Klob, Dr. Jul., Die Kochsalzthermen zu Battaglia in den Euganeen. Zürich 1883.

Beatenberg

in der Schweiz, Canton Bern, klimatischer Curort, zu den geschätztesten der Schweiz gehörend und von verschiedenen Nationen, namentlich Deutschen, Schweizern und Engländern, stark besucht.

Die Curmittel. 1. Das Klima ist nach Gsell-Fels (Die Curorte der Schweiz) ein für die Höhenlage mildes, mit verhältnissmässig geringer Temperaturschwankung und geringer Fluctuation der relativen Feuchtigkeit. Es bietet eine anregende Gebirgsluft ohne Extreme und zeigt in der Gleichartigkeit des Feuchtigkeitsgehalts eine gewisse Annäherung an die mediterranen Curorte. Der Ort ist vom Nordwind vollständig abgeschlossen; vorherrschende Winde sind Süd- und Südwestwinde.

Indicationen. Wegen seines beruhigenden, besänftigenden Einflusses bei kräftiger Gebirgsluft findet das Klima von Beatenberg erfolgreiche Anwendung gegen chronische Katarrhe der Luftröhren- und Bronchialschleimhaut, als Resorptionsmittel bei pleuritischen Exsudaten, gegen Lungenschwindsucht in der Pubertätsperiode, wo die Athmungsexcursionen noch wesentlich verbessert werden können und Anämie besteht, sowie Reizungen zurückgebliebener Entzündungsreste zu bekämpfen sind, ferner bei Remission eingetretener Entzündungen, wenn der Kreislauf noch sehr vorsichtig durch allmälige grössere Energie in der Blutbereitung und Steigerung der Herzfunction belebt werden soll.

2. Weitere Curmittel sind: Warme Bäder, warme und kalte Douchen, kalte Abreibungen, Kuh- und Ziegenmilch, Inhalationsapparate, methodisches Bergsteigen.

Locale Verhältnisse. Arzt: Dr. Albin Müller. der zugleich Besitzer des Curhauses ist.

Bahnstation: Interlaken, von wo aus täglich Postverbindung.

Curhaus: Das Curhaus ist ein ansehnliches, unter ärztlicher Leitung stehendes Gebäude mit guten Ventilations- und Heizvorrichtungen.

Curzeit: Vom 1. Mai bis Ende October. indess ist das Curhaus auch für den Winter eingerichtet.

Seehöhe: 1150 m.

Wohnungen für Curgäste: Gut eingerichtete Wohnungen in den Hotels und Pensionen.

Neuere Literatur: Müller, Alb., St. Beatenberg über dem Thunersee. als Höhencurort für die Uebergangsjahreszeiten. Berl. klin. Wochenschr., 1879, VI., No. 27. — Müller, Das Curhaus St. Beatenberg. Schweizer Correspondenzblatt. 1882. XII., No. 18, Beilage.

Beckenried

in der Schweiz, Canton Unterwalden, Luftcurort am Vierwaldstättersee. von Deutschen und Engländern sehr besucht.

Die Curmittel. 1. Das Klima von Beckenried ist nach Gsell-Fels ein sehr gemässigtes. Das Maximum der Sonnenwärme übersteigt sehr selten 30° C. Luft mässig bewegt. Nordwinden und zum Theil auch Nordwestwinden ist der Zutritt verhindert, auch starken Strömungen des Westwindes. dagegen hat ihn der Ostwind.

Indicationen. Geeignet ist das Klima von Beckenried für Reconvalescenten, für Vor- und Nachcuren, reizbare Chlorotische und beginnende Phthise.

2. Weitere Curmittel sind: Milch, Molken, Seebäder.

Locale Verhältnisse. Arzt: Dr. Odermatt.

Seehöhe: 437 m.

Neuere Literatur: Gsell-Fels, Die Bäder und klimatischen Curorte der Schweiz. Zürich 1880, S. 324.

Berchtesgaden

im Königreich Baiern, Regierungsbezirk Oberbayern, Soolbad und klimatischer Curort, mehr aber Sommerfrische für Münchener, im bairischen Hochgebirge gelegen, von Touristen ausserordentlich viel besucht, mit einer starken Soole, die zum Baden Verwendung findet, Fichtennadelbädern, Molken und Kräutersäften.

Locale Verhältnisse. Aerzte: DDr. Hacker und Sartorius.

Seehöhe: 576 m.

Berka an der Ilm

im Grossherzogthum Weimar, ein freundliches thüringisches Städtchen im lieblichen Ilmthale und klimatischer Curort mit einer sehr reinen, milden Luft, einer schwachen Eisenquelle und guten Badeeinrichtungen. Seehöhe: 268 Meter.

Neuere Literatur: Ebert, Sanitätsrath Dr., Bad Berka a. d. Ilm, klimatischer Curort, Stahlbad, Kiefernadelbad, Sandbad, Moorbad, Führer für Berkas Curgäste. Weimar 1877.

Berneck

im Königreiche Baiern, Regierungsbezirk Oberfranken, ein in neuerer Zeit sehr beliebt gewordener Molkencurort im Fichtelgebirge, welchen seine günstigen klimatischen Verhältnisse zu einem klimatischen Curort erhoben haben.

Die Curmittel. 1. Molken. Das Hauptmittel, welches Berneck besitzt, ist Ziegenmolke, welche von vortrefflicher Beschaffenheit ist.

2. Das Klima. Bei der günstigen, vor kalten Winden geschützten Lage des Ortes ist es mild, die Luft eine reine, frische Bergluft, welche namentlich Personen, die sich überarbeitet und geistig zu sehr angestrengt haben, nervösen Frauen, die einer belebenden, anregenden Luft bedürfen, und Reconvalescenten nach schweren Krankheiten wohlthut.

Locale Verhältnisse. Arzt: Dr. Sack.

Curort: Berneck ist ein kleines Gebirgsstädtchen, welches rings in einem von hohen Bergen eingeschlossenen, nur nach Süden offenen, reizenden, engen Thale 15 km nordöstlich von Baireuth liegt. Die Häuser sind trocken, aber einfach eingerichtet.

Seehöhe: 350 m.

Neuere Literatur: Förtsch, Berneck, Molkencurort und seine Badeanstalten. Reichenbach 1874.

Bertrich

in Preussen, Rheinprovinz, ein ländlicher Curort zwischen den Städten Trier und Coblenz am östlichen Fusse des Eifelgebirges gelegen, mit zwei Thermalquellen von 31 und 32,5° C., welche in chemischer Beziehung ausserordentlich den Thermen von Karlsbad ähneln, aber viel stoffärmer sind und daher auch mehr zu den Wildbädern gerechnet werden. Sie finden gleiche Anwendung wie diese letzteren. Das im Jahre 1882 neu erbaute Badehaus hat sehr gute Einrichtungen. Arzt: Dr. Cueppers in Kochem.

Neuere Literatur: Cueppers, D., Bad Bertrich und seine Heilquellen. Wien 1884.

Beuron

im Fürstenthum Hohenzollern-Sigmaringen, Molkencurort, welcher, bei einer den Alpen nächststehenden Vegetation, einige Wochen früher als die schweizerischen besucht werden kann. Seehöhe 600 m.

Bex

in der Schweiz, Canton Waadt, Soolbad mit der ältesten Saline der Schweiz und nebenbei ein gesuchter klimatischer Traubencurort.

Die Curmittel. 1. Die Soole. Die Soole ist eine 17procentige und enthält im Liter 155 g Kochsalz und 0,014 g Jod- und Brommagnesium. Sie wird nicht nur zum Baden, sondern auch mit Wasser verdünnt zum Trinken benutzt, besonders aber ist die verdünnte, mit Kohlensäure versetzte Mutterlauge hier im Gebrauch.

2. Ausser den Bädern bestehen hier Douchen jeder Art, Inhalationsvorrichtungen mit kohlensaurem Gas, Zerstäubungsapparate, Fichtennadelbäder, irisch-römische Bäder und eine Wasserheilanstalt.

3. Das Klima. Es ist mild. Die Jahrestemperatur beträgt im Mittel 9,9° C., die mittlere Temperatur des Winters 2,7° C., die des Sommers 17,3° C. Bex ist für Herbst und Frühling Uebergangsstation.

Indicationen. Die therapeutische Bedeutung von Bex beruht auf dem Zusammenwirken des Klimas mit den Kochsalzbädern. Es sind daher besonders scrofulöse Kranke mit Katarrhen der Luftwege oder reizbarer Schwäche, denen zugleich ein mildes Klima nöthig ist, ebenso Frauen mit chronischer Gebärmutterentzündung, welche eine gewisse Atonie des Parenchyms dieses Organs besitzen, Lymphatiker mit chronischen Rheumatismen und allzugrosser Empfindlichkeit der Haut gegen Witterungseinflüsse, welche Bex zum Curgebrauch aufsuchen.

Auch für Lungenleiden hat Bex eine gewisse Bedeutung, namentlich wirkt das dasige Klima sehr günstig auf das Asthma, sowohl auf das nervöse, als das mit Emphysem complicirte. Wo häufig Katarrhe auftreten, der Durchmesser und die Gestalt der Brust Verdacht auf Tuberculose erweckt, kann der Aufenthalt in Bex von Nutzen sein.

4. Die Traubencuren finden hier hauptsächlich gegen chronische Constipation, Fettleibigkeit und Plethora, sowie bei Digestionskrankheiten erfolgreiche Anwendung.

Locale Verhältnisse. Aerzte: DDr. Cossy, Exchaquet, Arzt am Grand Hotel, Decker, Arzt am Grand Hotel des Bains, Biaudet, am Hotel Pension de Crachet, Bernard, Duley.

Bahnstation: Bex ist Station der Simplonbahn.

Curzeit: Das ganze Jahr, da Bex auch als Wintercurort benutzt wird; die beste Zeit aber ist der Herbst zum Curgebrauch. Die Traubencuren beginnen am 15. September.

Seehöhe: 435 m.

Neuere Literatur: Liebig, v. Deutsch. med. Wochenschrift, 1887, No. 50, 51.

Biarritz

in Frankreich, Departement der Niederpyrenäen, berühmtes und zugleich schönstes Seebad Frankreichs am atlantischen Ocean, in einer Bucht der Bai von Biscaya malerisch gelegen.

Die Curmittel. 1. Die Seebäder. Biarritz theilt die Vortheile aller am Ocean gelegenen Seebadeorte. Der Wellenschlag ist hier ein ausserordentlich starker, der Salzgehalt ist ein sehr hoher. Die Temperatur des Meeres variirt im Herbst von 16 bis 22° C.

Das Klima. Es ist sehr gemässigt und gutes Wetter vorwiegend.

Locale Verhältnisse. Aerzte: DDr. Adémar, Affre, Girdlestone, Augey, Le Roy, Wellby.

Badeanstalten: Badeetablissements sind drei vorhanden.

Badeleben: Das Badeleben ist in seiner Grossartigkeit hier entwickelt.

Badezeit: Die Saison dauert vom 1. Juli bis 15. October.

Bahnstation: Biarritz ist Station der Eisenbahnlinie Bordeaux-Dax-Bayonne-Irun.

Curfrequenz steigt über 10000 Fremde, unter denen auch jetzt noch die vornehme Pariser und spanische Welt am meisten vertreten ist.

Neuere Literatur: Gsell-Fels, Südfrankreich. Meyer's Reisebibliothek, 1883. — de Lavigne, Biarritz et autour de Biarritz. Paris 1882.

Bilin

in Böhmen, im Saatzer Kreise, eine unweit Teplitz gelegene Curanstalt, deren Heilquellen durch Wasserversandt vorher schon lange
medicinische Benutzung gefunden hatten.

Die Curmittel. 1. Die Mineralquellen. Von den vier hier
entspringenden Quellen sind die Josefs- und Carolinenquelle die
kräftigsten und werden am meisten benutzt. Die erstere, als Sauerbrunnen allgemein bekannt, mit einer Temperatur von 12,3 ° C., enthält
nach einer von Prof. Huppert im Jahre 1875 ausgeführten Analyse im
Liter Wasser 3,363 g kohlensaures Natron, 0,719 g schwefelsaures Natron, 0,381 g Chlornatrium, 0,582 g kohlensauren Kalk und Magnesia,
0,001 g kohlensaures Eisenoxydul auf 5,339 g feste Bestandtheile, sowie
1,673 g halbgebundene und 1,409 g freie Kohlensäure. Sie ist sonach
einer der reinsten und stärksten Natronsäuerlinge, dessen Wirksamkeit durch den Gehalt an kohlensauren Kalk und Glaubersalz,
namentlich aber durch grossen Reichthum an Kohlensäure erhöht wird.
Die übrigen Quellen weichen in ihrer Zusammensetzung von der Josefs-
quelle nur sehr wenig ab.

Der Biliner Brunnen dient vorzugsweise zu Trinkcuren, wird seit
neuerer Zeit aber auch zum Baden verwendet.

Indicationen. Chronische Magen- und Darmkatarrhe, Störungen
der Gallensecretion, Fettleber, Blasenkatarrh, Brightsche Nierenentartung,
Concrementbildungen im Harn, chronische Bronchialkatarrhe, Scrofulose,
Gicht, Diabetes, paralytische Erkrankungen in Folge rheumatischer
Affectionen, Menstruationsanomalie u. a. m., bilden die hauptsächlich-
sten Curobjecte für Bilin.

2. Kaltwasser. Im Curhause befindet sich eine vollständig eingerichtete Wasserheilanstalt.

3. Pastillen und Molken. Sie werden meist mit Sauerbrunnen
vermischt getrunken.

Locale Verhältnisse. Arzt: Dr. med. Ritter von Reuss, Brunnenarzt.

Badehaus: Gut eingerichtet, in neuester Zeit erst erbaut.

Bahnstation: Für die Prag-Duxer und Pilsen-Priesener Eisenbahn ist ge-
meinschaftlicher Stationsplatz Bilin-Sauerbrunn.

Seehöhe: 200 m.

Wasserversandt: Er beträgt jährlich etwa zwei Millionen Flaschen, der der
Pastillen etwa 200000 Dosen. Der Biliner Brunnen ist auch als Luxusgetränk sehr
beliebt.

Neuere Literatur: Der Curort Bilin. Biliner Sauerbrunnen. In kurz gedrängter
Darstellung. Bilin 1879, Industriedirection. — Reuss, W. v., Bericht über die drei
ersten Jahre der Curanstalt. 1881. — Reuss, v., Die Biliner Sauerbrunnenbäder.
Wien. med. Presse, 1882, XXIII., 20.

Binz

im Königreich Preussen, Provinz Pommern, Ostseebad auf der
Insel Rügen unweit des Schmachter Sees; das älteste Seebad der Insel.
Strand feinsandig, allmälig sich abflachend.

Blankenberghe

in Belgien, Provinz Westflandern, Nordseebad, 15 km nordöstlich von Ostende, mit welchem es concurrirt. Es wird viel von Deutschen besucht.

Die Curmittel. 1. Seebäder, kalte. Blankenberghe gehört zu jenen Seebädern der Nordsee, wo man die volle Kraft des Seebades, wie sie vom Bade selbst, von dem Strandleben und von der Seeluft entfaltet werden kann, zur Geltung kommen lassen kann. Das Wasser der See hat hier seinen vollen Salzgehalt, da es durch keine zuströmenden Flüsse verdünnt wird, und der Wellenschlag ist ein voller, sehr starker. Der Strand ist angenehm und mit feinem Sande bedeckt, flacht sich allmälig ab.

2. Warme Seebäder. Gute Einrichtungen sind hierzu vorhanden.

3. Seeluft. Die Seeluft ist nur bei Süd-, Südwest- und Südostwinden mit Landluft gemengt.

Locale Verhältnisse. Aerzte: DDr. Verhaeghe, van Mullem, Cosyn, Letten, Notebaert.

Badeleben. Die frühere grosse Einfachheit ist jetzt, seitdem dieser Badeort mit Ostende in Concurrenz getreten ist, völlig verschwunden.

Badezeit: Vom 15. Juni bis Ende September.

Bahnstation: Blankenberghe ist Endstation der von Brügge dahin führenden Eisenbahn.

Curfrequenz: Jährlich etwa 20000 Fremde.

Blankenburg

im Fürstenthum Schwarzburg-Rudolstadt, ein am Eingange in das romantische Schwarzathal gelegener klimatischer Curort mit mildem erfrischendem Klima, welches für anämische, nervöse Kranke sich sehr nutzbringend erweisst, Fichtennadelbädern und einer Wasserheilanstalt, sowie einer Curanstalt für Nervenleidende von D. Schwabe.

Neuere Literatur: Blankenburg in Thüringen. Klimatischer Curort. Fichtennadelbad. Führer durch seine Umgegend. Rudolstadt 1879. Herausgegeben vom Verschönerungsverein.

Blasewitz

im Königreich Sachsen, Regierungsbezirk Dresden, Dorf in der Nähe von Dresden mit der Sandbadeanstalt des Dr. Flemming.

Die Indicationen sind im allgemeinen Theile „unter Sandbäder" besprochen.

Neuere Literatur: Flemming, Dr., Heilanstalt des Dr. Flemming in Blasewitz-Dresden. Anwendung der Sandbäder. Verlag des Verfassers. 1879.

St. Blasien

im Grossherzogthum Baden, ein im Albthale, in waldreicher Gegend des Schwarzwaldes gelegener, in neuerer Zeit sehr beliebt gewordener Höhencurort, ehemals eine berühmte Benedektiner-Abtei.

Die Curmittel. 1. Das Klima. Es ist ein angenehmes, erfrischendes Bergklima, welches durch die den Ort umgebenden Waldungen vor stärkeren Stürmen geschützt wird, ist tonisirend und eignet sich
für mit Anämie, Chlorose oder Nervenschwäche verbundenen Ernährungsstörungen, Scrofulose, Hautschwäche, pleuritische Exsudate, Lungenspitzenkatarrh, chronischen Lungenkrankheiten und anderen ähnlichen
Krankheiten mehr.

2. Weitere Curmittel sind: Kaltwassercur, Milch, Bäder,
Douchen, Electrotherapie, Massage.

Locale Verhältnisse. Aerzte: Dr. P. Haufe, Director der Anstalt, Dr. Kugler,
Bezirksarzt.

Badehaus: vorzüglich eingerichtet, erst im Jahre 1887 eröffnet.

Bahnstationen: Waldshut an der Badischen Staatseisenbahn; Linie Mann-
heim-Basel; Albbruck an der Linie Basel-Constanz.

Seehöhe: 882 m.

Neuere Literatur: Buisson, St. Blasien in topographischer und geschichtlicher
Beziehung sowie als Luftcurort 1883. — Haufe, D., St. Blasiens Klima und seine
Heilkräfte. Freiburg 1883.

Bocklet

im Königreich Baiern, Kreis Unterfranken, Curort mit einer
Eisenquelle, 9 km nördlich von Kissingen gelegen.

Die Curmittel. 1. Die Mineralquellen. Bocklet besitzt eine
kalte Eisenquelle, welche reich an Eisen (0,076 g Eisenbicarbonat im Liter
Wasser) und Kohlensäure (1313 kcm in derselben Wassermenge) ist, aber
nach Heckenlauer's neuester Untersuchung etwas weniger Eisen enthalten soll und namentlich als Stärkungsmittel nach dem Gebrauche von
Kissingen häufig in Anwendung gezogen wird.

2. Ausserdem eine schwache kalte Schwefelquelle und Moorbäder.

Locale Verhältnisse. Arzt: Dr. Werner in Aschbach.

Badehaus: Es ist ein sehr schönes neues Gebäude mit Stahldouche, Wellen-
und Moorbädern.

Seehöhe: 210 m.

Wohnungen: Im Curhause (gut eingerichtet) und in einzelnen Privathäusern.

Neuere Literatur: Scherpf, Dr. L., Das Stahlbad Bocklet und seine Heilmittel.
Dargestellt für Curgäste und Aerzte. Würzburg 1880, Stahel.

Boltenhagen

in Mecklenburg-Schwerin, Ostseebad, zwischen Wismar und Travemünde gelegen, seit dem Jahre 1845 Seebad, dessen Besuch in neuerer
Zeit sich gehoben hat.

Boppard

im Königreich Preussen, Rheinprovinz, Stadt am linken Rhein-
ufer mit zwei Wasserheilanstalten, Marienberg und Mühlbad,
welche einen sehr guten Ruf haben. Aerzte: Dr. Höstermann, Arzt
an der Wasserheilanstalt Marienberg; Dr. Borges, Arzt an der Wasserheilanstalt Mühlbad.

Borbye

im Königreich Preussen, Provinz Schleswig-Holstein, Ostseebad in nächster Nähe von Eckernförde, mit einfachen Badeeinrichtungen
und mit mässigem Wellenschlag.

Bordighera

in Oberitalien, Provinz Porto Maurizio, klimatischer Curort
am Golfe von Genua, an der Riviera di Ponente gelegen.

Die Curmittel. 1. Das Klima. Das Klima von Bordighera zeichnet
sich durch seine Wärme, aber auch durch seine köstliche reine durchsichtige Luft aus.

Indicationen. Der Aufenthalt in Bordighera wird von den dortigen Aerzten solchen Kranken empfohlen, welche an chronischen Kehl-
kopf- und Bronchialkatarrhen leiden, wenn starke Secretion sich mit
denselben verbindet, auch Lungenleidenden, wenn sie nicht Neigung zu
Fieber und Blutungen haben, mit pleuritischen Exsudaten behafteten
Rheumatikern und Diabetikern erweist es sich günstig, wogegen es für
nervöse sehr reizbare Personen sich nicht eignet, desto besser aber für
erschlaffte und besonders Reconvalescenten wegen seiner ländlichen Stille
und geschützten Lage. Chronische Phthise mit Fieber und im vorge-
rückten Stadium ist auszuschliessen.

2. Ausserdem **pneumatische Apparate** und eine **Schwefelquelle.**

Locale Verhältnisse. Arzt: Dr. Christeller, Deutschschweizer.

Curzeit: Von Mitte October bis Mitte Mai.

Neuere Literatur: Peters, Klimatische Wintercurorte Centraleuropas. 1880, S. 6.
— **Christeller,** Correspondenzbl. f. Schweizer Aerzte, 1877, No 20. — **Hamilton,**
F., Le climat de Bordighera. Bordighera 1880.

Borkum

im Königreich Preussen, Provinz Hannover, Nordseebad auf
der Insel gleichen Namens, welches in den letzten Jahren einen raschen
Aufschwung genommen hat. Da Borkum unter allen ostfriesischen
Inseln am westlichsten und am entferntesten vom Lande liegt, ist auch
der Wellenschlag hier ein sehr starker. Ebenso ist der Salzgehalt des
Meeres, wie der mitten in der Nordsee, also etwa 3 Procent. Die Luft
ist bei der Lage der Insel ausserordentlich rein und erfrischend und
wird von der Landluft kaum mehr beeinflusst. Die Insel hat Bäume
und Graswuchs und in Folge dessen Milchwirthschaft.

Indicationen. Sie sind die für Nordseebäder im Allgemeinen.
Chronische Nervenkrankheiten, Neurasthenie, Scrofeln, Bronchialkatarrhe,
Hautschwäche, Blutarmuth sind am meisten in Borkum vertreten.

Locale Verhältnisse. Aerzte: DDr. Schmidt, Peters, Spandke.

Bahnstation: Leer und Emden, beide an der Emden-Dortmunder Eisenbahnlinie, von da aus mit Dampfschiff nach Borkum.

Curfrequenz: Im Jahre 1887 waren 5004 Badegäste in Borkum anwesend.

Curzeit: Vom 15. Juni bis 30. September.

Neuere Literatur: Berenberg, C., Die Nordseeinseln der deutschen Küste nebst ihren Seebadeanstalten. 3. Aufl., Norden 1876, S. 1. — Derselbe, Die Nordsee-insel Borkum nebst ärztlichen Rathschlägen und Winken. 8. Aufl., Emden 1885. Haynel. — Führer f. d. Nordseebad Borkum. 1884.

Bormio

in Italien, Oberveltlin, Thermalbad, im Thale der Adda, unterhalb des Stilfer Jochs.

Die Curmittel. 1. Die Thermalquellen. Es entspringen hier acht Thermen, welche vorzugsweise zum Baden dienen. Sie haben eine Temperatur von 33 bis 40 ° C., gehören zu den im Allgemeinen stoff-ärmeren Gipsthermen und stehen hinsichtlich ihrer therapeutischen Stellung zwischen den gehaltreicheren Gipsthermen von Leuk und den stoffärmeren von Pfäfers.

2. Die Schlammbäder. Sie werden aus dem Schlamme in der Martinsgrotte durch Vermischung mit feinem Sande und geschlemmtem Thon hergestellt.

Indicationen. Die Quellen werden vorzugsweise gegen Hautkrank-heiten, chronischen Gelenkrheumatismus und Gicht, namentlich unter Mitanwendung des Schlammes und von Douchen, mit grossem Nutzen gebraucht.

3. Weitere Curmittel sind: Molkencuren, Traubencuren, Inhalationen, Heilgymnastik, Stahlbrunnen von Santa Caterina.

Locale Verhältnisse. Arzt: Dr. Gio Reali.

Badeanstalten: Man hat in Bormio zwei Etablissements, welche getrennt von einander bestehen. Sie sind das alte Bad (bagno veccho) oder Martinsbad und das neue Bad (stabilimento sanitario dei bagni nuovi). Letzteres hat sehr gute zweck-mässige Einrichtungen.

Reiseverbindungen: Man erreicht Bormio von Norden her über Innsbruck per Eisenbahn über den Brenner nach Botzen, von da im Eilwagen über das Stilfser-Joch in 24 Stunden; vom Bodensee über den Adlerberg nach Landeck etc. in 23 bis 26 Stunden.

Seehöhe des alten Bades 1449 m, des neuen Bades 1224 m.

Neuere Literatur: Killias, D., Die rhätischen Curorte und Mineralquellen 1883. — Keller, Bormio und seine Bäder. Wien. med. Wochenschr., 1887, XXXVII., S. 38.

Borszék

in Siebenbürgen, Comitat Chik, Curort in den Karpathen, mit einer Anzahl sehr kräftiger Säuerlinge mit vorwiegendem Gehalte an Kalk- und Natroncarbonat und Eisen, welche bei Anämien und Nervenleiden Anwendung finden. Das Wasser des Prinzipalbrunnens wird jährlich zu 3 Millionen, das des Kossuthbrunnens zu 1 Million Flaschen versendet.

Neuere Literatur: Cheh, Dr., Borszék vom therapeutischen und nationalökono-mischen Gesichtspunkte. Pest 1873.

Botzen

in Oesterreich, Tirol, klimatischer Curort am Fusse des Brenner, Trauben- und Terraincurort.

Nach dem Urtheile von Sigmund ("Südliche klimatische Curorte", 3. Aufl., 1875, S. 89) eignet sich Botzen keineswegs zu einem klimatischen Curort.

Neuere Literatur: Sigmund. Dr., Ritter von Ilanor, Südliche klimatische Curorte. Wien 1875.

Boulogne-sur-Mer

in Nordfrankreich, Departement Pas de Calais, ein elegantes, aber auch theures Seebad, ohne vor anderen Bädern der Art besondere Vorzüge zu gewähren.

Bourbonne-les-bains

in Frankreich, Departement Haute-Marne, ein sehr beliebter Badeort in den Vogesen mit zwölf erbohrten Kochsalzquellen. deren Temperatur von 50 bis 65° C. schwankt. Sie haben im Liter Wasser einen durchschnittlichen Kochsalzgehalt von 5,8 auf 7,6 g feste Bestandtheile und werden vorzugsweise den Thermen von Wiesbaden gegenübergestellt. Sie sollen wie diese sich besonders gegen gichtisch-rheumatische Leiden, Neuralgien, Scrofeln und Knochenleiden als sehr wirksam erweisen.

Neuere Literatur: Passabose, Rec. de mém. de médecine etc. milit. XXIX., 1873.

Bourboule

in Frankreich, Departement Puy-de-Dome, ein etwa von 15000 Curgästen jährlich besuchter Curort der Auvergne mit sieben Thermalquellen.

Die Curmittel. Die Thermen, deren Temperatur zwischen 19° und 61° C. und deren Gehalt an festen Bestandtheilen zwischen 0,94 bis 6,5 g im Liter Wasser schwankt, haben als Hauptbestandtheile kohlensaures Natron (1,177 g) und Chlornatrium (3,168), zeichnen sich aber durch beträchtlichen Gehalt an Arsen aus.

Indicationen. Die therapeutischen Wirkungen dieser Quellen sind durch ihren Arsengehalt bedingt. Nach Nicolas sind es besonders die schweren Formen der Scrofulose und die mit ihr in Verbindung stehende Phthise und chronische Pneumonien, bei welchen die Läsionen sich langsam entwickeln und scharf abgrenzen. sowie Bronchopneumonien, welche in Bourboule die besten Curerfolge zu erwarten haben.

Neuere Literatur: Boyd, Einige Bemerkungen über die Mineralquellen der Auvergne. The Lancet, 1887, No. 3347, pag. 804. — Noir, Progr. med., 1871, No. 18, 19 und 20. — Rabagliati, British medical Journ., 1880. October 2. — Nicolas, Ad., Ueber die Anwendungsweise des Wassers von la Bourboule. Journ. de thérap., 1882. IX., 22, 23, Nov.-Dec., pag. 841, 889. 1883, No. 1 u. 2.

Bournemouth

in England, Grafschaft Hants, ein in raschem Aufblühen begriffener klimatischer Curort an der Südküste dieses Landes, einige Meilen vom Hafenorte Poole entfernt, von hohen Dünen geschützt, dessen Klima nach Weber ("Allgemeine Klimatotherapie", 1880, S. 94) bei Spitzenkatarrhen, bei Schwindsucht im zweiten Stadium, bei pleuritischen Exsudaten, bei chronischem Katarrh der Luftwege und Ueberresten von croupöser Pneumonie meist Besserung, oft auch Heilung bewirken lässt. Bemerkenswerth ist das hiesige Schwindsuchtshospital.

Brighton

in England, Grafschaft Sussex, Seebad im Canal la Manche, eines der glänzendsten und besuchtesten Bäder Englands. Der Wellenschlag ist hier ein sehr mächtiger, der Salzgehalt der See 3,5 pCt. Die Temperatur des Seewassers während der Bademonate schwankt in der Regel zwischen 15 bis 18° C. Curfrequenz etwa 80000 Besucher jährlich.

Neuere Literatur: Macpherson, Dr. John, Our baths and wells. London 1871.

Brückenau

im Königreich Baiern, Regierungsbezirk Unterfranken, eine etwa halbe Stunde vom Städtchen gleichen Namens entfernte Curanstalt mit mehreren Säuerlingen.

Die Curmittel. 1. Die Säuerlinge. Es treten hier drei Mineralquellen zu Tage, von denen die eine, die Stahlquelle, als eisenhaltiger Säuerling, die beiden anderen, die Wernarzer und Sinnberger Quelle, als alkalische Säuerlinge bezeichnet werden müssen. Alle diese Quellen sind im Allgemeinen stoffarm (0,427 g feste Bestandtheile im Liter Wasser), aber reich an Kohlensäure, von welcher die Stahlquelle bei 0,011 g Eisencarbonat 1198 ccm im Liter Wasser enthält. Ihre Temperatur ist 9,8° C.

Indicationen. Sie dienen zu Trink- und Badecuren gegen allgemeine Nerven- und Muskelschwäche, Hysterie und andere, namentlich vom weiblichen Sexualapparate ausgehende nervöse Störungen und die die Anämie begleitenden Menstruationsanomalien.

2. Weitere Curmittel sind: Moorbäder, Molken, eine pneumatische Anstalt.

Locale Verhältnisse. Arzt: Dr. Wehner, Badearzt.

Badeanstalt: Sie ist Eigenthum des königl. Bair. Staatsfiscus und mit allem Comfort ausgestattet.

Bahnstation: Jossa an der Elm-Gemündener Bahn.

Curhäuser: Ausser der eigentlichen zu Curzwecken dienenden Badeanstalt besitzt Brückenau noch zehn königliche Curhäuser mit vorzüglichen Einrichtungen. in welchen die Curgäste Wohnung finden.

Neuere Literatur: Wehner, A., Bad Brückenau und seine Curmittel. Würzburg 1879, Stahel. — Wehner. Bad Brückenau bei Erkrankungen der Harnorgane. Bair. ärztl. Intelligenzbl., 1885, XXXII, 14.

Büsum

in Preussen, Provinz Schleswig-Holstein, ein kleines Nordseebad im Kreise Nord-Dithmarschen auf einer Landzunge, welches seit neuester Zeit mehr in Aufnahme kommt. Badegrund Rasen. Kann nur

bei Fluth gebadet werden. Verpflegung und Wohnung gut. Trinkwasser
schlecht. Arzt: Dr. Honemann.

Bürgenstook

in der Schweiz, Canton Unterwalden, einer der beliebtesten Luftcurorte am Vierwaldstättersee, der sich durch seine wundervolle Lage
und den reizenden Blick auf den See sowie die ihn umgebenden
majestätischen Gebirge auszeichnet.

Die Curmittel. Das Klima. Es trägt den voralpinen Charakter.
Die Luft ist rein, erfrischend, dabei mild, mit Seeluft gemischt. Die
mittlere Temperatur der vier Sommermonate beträgt nach Gsell-Fels
22° C. und ist relativ geringen Schwankungen unterworfen. Im Juli
und August sind oft die Nächte so mild und windstill, dass selbst
empfindliche Kranke im Freien sich aufhalten können. Die Insolation
ist langdauernd und intensiv. Nebel selten.

Indicationen. Der Aufenthalt auf dem Bürgenstock eignet sich be-
sonders für Personen schwächlicher Constitution, chronisch-katarrhalische
Leiden der Lungen, und erweist sich günstig auch Chlorotischen und an
Verdauungsstörungen Leidenden.

Seehöhe: 870 m über dem Meere, 433 m über dem Vierwaldstättersee.

Burtscheid

in Preussen, Rheinprovinz, ein im Regierungsbezirk Aachen
gelegener Curort mit einer grossen Anzahl Thermalquellen.

Die Curmittel. Die fünfundzwanzig hier entspringenden Thermalquellen, von denen jedoch nur neun eigentlichen medicinischen Zwecken
dienen, gehören theils zu den geschwefelten, grösstentheils aber zu den
ungeschwefelten Kochsalzthermen und kommen in ihrer chemischen
Mischung den Aachener Thermen ausserordentlich nahe mit Ausnahme
ihres Gehalts an Schwefelwasserstoff, der in allen Burtscheider Thermen
ein geringer ist. Der überwiegende Bestandtheil ist Kochsalz (2,678
bis 2,723 g) und zum annähernd dritten Theile seiner Gewichtsmenge
sind es Glaubersalz und kohlensaures Natron, welche die Thermalwirkung ausser dem Kochsalze noch beeinflussen können. Ihre Temperatur variirt von 27° bis zu 74,5° C. (Mühlenbadquelle), der höchsten,
welche man unter den Thermen von Mitteleuropa findet. Sie dienen
zum innerlichen, wie zum äusserlichen Gebrauch.

Indicationen. Die Wirksamkeit der Burtscheider Thermen ist,
wie bei den Aachener Thermen, vorzugsweise gegen veraltete chronische
Rheumatismen, rheumatische Neuralgieen und Lähmungen, chronische
Hautausschläge, chronische, reizlos verlaufende Erkrankungen der Schleimhäute gerichtet. Die therapeutische Stellung Burtscheids ist sonach
zwischen Wiesbaden und Aachen.

Locale Verhältnisse. Aerzte: DDr. Braus. Hommelsheim, Laaf, Lang, Lüth,
Schröder, zur Helle.

Badehäuser: Burtscheid besitzt zur Zeit zwölf sehr gut eingerichtete Badehäuser, welche gleichzeitig Gasthäuser, sämmtlich zur Aufnahme kranker Curgäste eingerichtet sind und ihre eigenen Thermalquellen haben.

Bahnstation: Aachen an der Rheinischen. Bergisch-märkischen und der grossen Belgischen Centralbahn.

Seehöhe: Bei den Bädern 165—169 m.

Wintercuren: Wie in Aachen sind auch in Burtscheid einzelne Badehotels, vor allen das Rosenbad, zu Wintercuren eingerichtet.

Neuere Literatur: Reumont, Dr. A., Die Thermen von Aachen und Burtscheid. 5. Aufl., Aachen 1885.

Buziás

in Ungarn im Banate, das ehemalige Centrum putei der alten Römer. einer der bedeutendsten Curorte dieses Landes, mit einer grossen Anzahl vorzüglicher Eisenquellen, welche ausgedehnte medicinische Benutzung finden.

Die Curmittel. Die Eisenquellen. Sie gehören sämmtlich zur Klasse der muriatischen Eisensäuerlinge und zeichnen sich durch den hohen Gehalt von 0,157 resp. 0,117 g Eisenbicarbonat im Liter Wasser aus, wodurch sie alle ungarischen und siebenbürgischen Mineralquellen mit Ausnahme von Elöpatak, ja selbst alle europäischen Stahlquellen an Eisengehalt übertreffen. Sie sind aber auch sehr reich an kohlensauren Salzen und ganz besonders an freier Kohlensäure und stehen auch hierin den wirksamsten Quellen dieser Art keineswegs nach.

Indicationen. Sie finden dieselben überall da, wo Eisen indicirt ist.

Locale Verhältnisse. Badeanstalten: Es bestehen hier vier gut eingerichtete Badeanstalten.

Bahnstation: Temesvar und Lugos.

Neuere Literatur: Der Curort Buziás in Ungarn. Budapest 1883. Verlag der Brunnen- und Badeverpachtungscommission.

Cairo

in Aegypten, Mittelägypten, Landeshauptstadt, zugleich vielfach aufgesuchter klimatischer Curort für Brustkranke, der Centralpunkt des modernen orientalischen Lebens am rechten Nilufer.

Die Curmittel. Das Klima. Das Klima von Cairo bezeichnet Sigmund („Südliche klimatische Curorte." Wien 1875) als ein mässig trockenes und warmes mit grossen täglichen Temperaturschwankungen. Dabei ist der Himmel selten bewölkt und selbst während des Winters nur vorübergehend, und die Luft zeigt eine ausserordentliche Reinheit. Die Morgen und Abende sind kühl, indess selbst in der kältesten Zeit ist die gewöhnliche Morgentemperatur immer noch 6,25 bis 7,5°C., während zur Mittagszeit das Thermometer meist bis zu 16,25 und 18,75°C. steigt. Die Feuchtigkeitsgrade der Luft betragen im Durchschnitt 70,3 bis 71 pCt., vom Februar an fallen sie und sinken im April sogar bis 49,2 pCt. herab.

Indicationen. Das Klima von Cairo empfiehlt man gegen chronische Rheumatismen, Gicht und am häufigsten Kranken mit Brust- und Herzleiden, welche eine gleichmässige Temperatur, trockene Luft und viel Sonnenlicht bedürfen.

Locale Verhältnisse. Aerzte: DDr. Valentiner (im Sommer in Salzbrunn)., Ambron (Italiener). v. Buschmann (Oesterreicher), Brugsch (Augenarzt), Bull (Däne), Commanos (Grieche), Dacorogna, Bey, Grant Bey (Engländer). Hess (Schweizer), Sachs, Mantey (Deutscher), Pissas (Grieche), Rabitsch (Oesterreicher). Salem Pascha, Leibarzt des Khedive, Salomon (Deutscher), Tachau (Augenarzt), Wildt (Deutscher). Binet de Stutz (franz. Schweizer), Fouquet (Franzose), Machon (Franzose). Die meisten Aerzte sprechen deutsch, französisch, englisch.

Curfrequenz: Excl. Passanten etwa 2—3000 Personen, die ihrer Gesundheit wegen den Winter hier verleben.

Curzeit: Vom October bis Ende März. Die Monate November und December sind die schönsten.

Reiseverbindungen: Mit Deutschland und dem ganzen Norden durch Triest und Venedig in fünf Tagen, mittelst der bequem eingerichteten Lloyddampfer, durch Brindisi mit dem Dampfer in drei Tagen bis Alexandrien. Von hier mit Bahn bis Cairo.

Seehöhe: Nach Sigmund (l. c.) 17—19 m.

Neuere Literatur: Valentiner. Sanitätsrath Dr., Zur Kenntniss und Würdigung der südlichen Wintercurorte. II. Cairo mit dem Nil. Berl. klin. Wochenschr., 1880, XVII., No. 37. — Peters, Klimatische Wintercurorte Egyptens. Leipzig 1882, O. Wigand, S. 14 u. ff.

Calais

in Nordfrankreich, Departement Pas de Calais, besuchter Seebadeort in der Picardie, an der schmalsten Stelle des Canals (pas de Calais) und an dem hier mündenden Canal St. Omar gelegen, mit starkem Fremdenverkehr.

Cannes

in Südfrankreich, Departement der Seealpen, einer der berühmtesten und besuchtesten klimatischen Curorte der Riviera di Ponente am nordöstlichen Ende des Golfs von Napoule.

Die Curmittel. Das Klima. Das Estérelgebirge schützt Cannes vollkommen gegen Nord-, West- und Nordwestwinde und namentlich vor dem stürmischen Mistral. Ganz offen liegt die Stadt von Südwest über Süd nach Ostsüdost. In Ost und Nordost verlaufen aber nur niedrige Berg- und Hügelreihen, wodurch die daher kommenden Winde sich zuweilen unangenehm fühlbar machen. In einer Entfernung von 12 km erheben sich im Norden die Alpen. Die Vegetation ist eine durchaus südliche. Die mittlere Temperatur beträgt im Durchschnitt für den Monat September 20,6°, November 11,6°, December 10,5°, Januar 8,9°, Februar 9,9°, März 11,3°, die mittlere relative Feuchtigkeit während der kälteren Jahreszeit 64.5 pCt., die Zahl der sonnigen Tage in diesem Zeitraume 150. Mittlerer Barometerstand 760 mm.

Indicationen. Das Klima von Cannes, welches erregender ist, als das von Mentone, eignet sich für chronische Katarrhe der Respirationswege mit starker Schleimabsonderung, für die Anfangsstadien der Phthise, pleuritische Exsudate, manche scrofulöse und rheumatische Leiden, die eines lebhafteren Stoffwechsels bedürfen, Chlorose und allge-

.meine Schwächezustände ohne erethische Nervosität, weniger aber für wirklich ausgebildete Schwindsucht.

Locale Verhältnisse. Aerzte: deutsche: DDr. Hofrath Grossmann (im Sommer in Schlangenbad), Veraguth (im Sommer in St. Moritz); englische: DDr. Battersby, Bright, Charles Frank, Menzies, Stephens (Homöopath); französische: DDr. Baron, Bernard, Boncard, Buttura, Cazalis, Clark (Homöopath), Fouqué, Fournier, Gazagnaire, Gimpert, Gonzu (Homöopath), Lange, Malandéna, de Mercy, Poizot, Raynaud, Revel, Roustan, Seraillier, Sève, de Valcourt, Wollaston.

Curfrequenz: Jährlich 15000—18000 Personen, excl. Passanten, darunter viele Engländer, Franzosen und Russen, in neuerer Zeit aber auch ziemlich viele Deutsche und Schweizer.

Curort: Cannes ist eine schöne, gut gepflasterte Stadt mit vielen schönen Villen, Gärten und Spaziergängen. Auf der östlichen Seite der Bucht liegen die meisten Privatwohnungen für Fremde und Hotels. Phthisiker suchen sich am zweckmässigsten eine weiter vom Meere abgelegene Wohnung in der Richtung nach dem wunderschönen Le Canel aus.

Curzeit: Zum klimatischen Aufenthalt von Anfang October bis Ende Mai, für Seebädergebrauch von Ende April bis Ende October.

Reiseverbindungen: Mit Deutschland durch die Eisenbahnlinien von Frankfurt a. M., Basel, Genf, Lyon, Marseille oder von München über den Brenner, Verona, Genua. Von Marseille aus erreicht man mit der Eisenbahn Cannes in sechs Stunden, von Nizza in einer Stunde. Dampfboote nach Marseille.

Neuere Literatur: De Valcourt et Petit, Victor, Cannes, son climat et ses promenades. 3. Edition. Paris et Cannes 1878. — Cursalon, 1884, No. 25.

Canstatt

(Kannstatt) mit Berg im Königreich Württemberg, Neckarkreis, ein beliebter Bade- und Luftcurort mit einer grossen Anzahl warmer Mineralquellen, welche schon den alten Römern bekannt waren.

Die Curmittel. 1. Das Klima. Canstatt hat eines der begünstigsten Klimate von Deutschland, welches mit den Klimaten von Baden-Baden und von Wiesbaden auf gleicher Linie steht und durch grosse Gleichmässigkeit der Temperaturverhältnisse, durch eine angenehme, wohlthuende und reine Luft sich auszeichnet.

Indicationen. Das Klima von Canstatt erweist sich ausserordentlich nutzbringend bei katarrhalischen Erkrankungen der Luftwege, überhaupt bei allen Krankheitszuständen, welche eine warme, dabei gemässigte gleichmässige Temperatur der Luft fordern.

2. Die Thermalquellen. Die Zahl der in Canstatt und Berg entspringenden Thermen ist eine sehr beträchtliche. Sie sind erdigmuriatische Säuerlinge mit einem durchschnittlichen Kochsalzgehalt von 2 g im Liter Wasser und enthalten nebenbei kohlensauren Kalk, Sulfate von Kalk, Magnesia und Natron, geringe Mengen Eisen, aber ziemlich viel freie Kohlensäure. Ihre Temperatur schwankt zwischen 15,7° und 21° C., die wärmeren und zugleich stoffreicheren Quellen sind die von Berg.

Indicationen. In Form von Trink- und Badecuren finden die Canstatt-Berger Mineralquellen ihre specielle Heilanzeige bei katarrhalischen Affectionen der Respirations- und Verdauungsorgane, leichteren Formen von Blutstockungen im Unterleibe und verschiedenen chronischen Hautkrankheiten, besonders scrofulöser Individuen, deren Behandlung in Canstatt eine Specialität geworden zu sein scheint.

Locale Verhältnisse. Badeanstalten: Ausser den Badeeinrichtungen in den Hotels bestehen 5 besondere Badeanstalten in Canstatt und Berg.

Bahnstation: Canstatt ist Station der Eisenbahnlinie Stuttgart-Friedrichshafen.

Curort: Canstatt, von Gärten, Weinbergen, Obstplantagen, Parkanlagen rings umgeben, ist eine Stadt mit 16200 Einwohnern und nur ³/₄ Stunden von Stuttgart entfernt.

Seehöhe: 225 m.

Neuere Literatur: Veiel, Hofr. Dr. v., Der Curort Canstatt und seine Mineralquellen. Canstatt 1875. — Loh, Dr. Alex., Bad Canstatt und Dr. Loh's Naturheilanstalt, nebst statist. Berichten über Krankenbehandlung und Curerfolge der Jahre 1869—1877. Wien 1877, Braumüller.

Catania

in Sicilien, Provinz Catania, klimatischer Wintercurort, am Fusse des Aetna und am jonischen Meere, welcher neben einem milden Klima auch die Annehmlichkeiten der Grossstadt bietet.

Indicationen. Chronischer, besonders trockener Katarrh der Respirationswege, namentlich bei Emphysematikern, beginnende Phthise und Disposition zu solcher mit erethischer Constitution, Emphysem, Nervosität sind die hauptsächlichsten Indicationen für das Klima von Catania.

Locale Verhältnisse. Aerzte: Prof. Veraguth, Prof. Orsini, Tomaselli, Prof. Clementi.

Verpflegung: lässt sehr zu wünschen übrig.

Wohnungsverhältnisse: im Allgemeinen schlecht.

Neuere Literatur: Joris, Dr., Catania als klimatischer Wintercurort. Wien 1873. — Veraguth, Dr. C., Catania als klimatischer Wintercurort Eine klimatologische Skizze. Stuttgart 1878, Enke.

Cauterets

in Frankreich, Departement Hautes-Pyrénées, berühmter und einer der höchst gelegenen Curorte der Pyrenäen.

Die Curmittel. 1. Die Thermalquellen. Sämmtliche hier zu Tage tretenden Thermen, deren Zahl 22 beträgt, gehören zu den Schwefelnatriumthermen und besitzen eine Temperatur, die zwischen 16° und 55° C. variirt. Sie sind stoffarm und haben als vorwiegendsten Bestandtheil Schwefelnatrium, dem geringe Mengen Kochsalz, kieselsaures Natron und kieselsaurer Kalk, sowie organische Materie sich anschliessen.

Indicationen. Die Heilwirkung der Schwefelquellen von Cauterets tritt am meisten hervor bei chronischen katarrhalischen Affectionen der Schleimhäute, chronischer Laryngitis und Bronchitis (Raillière), granulöser Pharyngitis, Dyspepsie (Mauhourat und Oeufs), Scrofeln, Flechten (Raillière und Bois); bei grossem Erethismus findet vorzugsweise die Source de la Raillière ihre Anwendung.

Locale Verhältnisse. Aerzte: Bouyer (médecin inspecteur) Guinier. Gizot-Suard, de Larbes. Moinet, Daudirac u. A.

Badeanstalten: Es bestehen hier deren neun, von denen die umfänglichsten und am besten eingerichteten das Grand-Etablissement und das Etablissement Raillière sind.

Bahnstation: Pierrefitte an der Eisenbahnlinie Lourdes-Argelès-Pierrefitte, von hier mit Wagen nach Cauterets. Entfernung 9 km.

Curfrequenz: Durchschnittlich 15000 Personen.

Seehöhe: 992 m.

Neuere Literatur: Senac-Lagrange, Application de la méd. therm. sulfur. de Cauterets dans quelques modes et états congestifs. généraux et locaux Bullet de thérap., 1887, CXIII., pag. 62, Juillet 30. — Bouyer. Dr., Du role de l'eau de Mauhourat dans la cure de Cauterets. Bullet. génér. de thérap., 1883, Livr., p. 205.

Charlottenbrunn

in Preussen, Provinz Schlesien, klimatischer Gebirgscurort im Hochwalde der Sudeten mit 4 schwach eisenhaltigen Mineralquellen, die zu Trink- und Badecuren dienen, und einer Molkencuranstalt.

Aerzte: DDr. Bujanowski, Neisser, Wiedemann.

Neuere Literatur: Beinert, Charlottenbrunn als Trink- und Badeanstalt. Charlottenbrunn 1859. — Engels, Der klimatische Curort Charlottenbrunn. Wüstegiersdorf 1877.

Chaumont

in der Schweiz, Canton Neuchâtel, ein in neuerer Zeit sehr beliebt gewordener Luftcurort im westlichen Theile des Jura, mit erregendem, tonisirendem Klima, welches Nervenleidenden, namentlich Hypochondristen, sehr wohlthut.

Locale Verhältnisse. Bahnstation: Neuchâtel.

Seehöhe: 1228 m.

Churwalden

in der Schweiz, Canton Graubünden, ein klimatischer Höhencurort, der in den letzten Jahren sehr beliebt geworden ist und sich eines starken Besuchs erfreut. Der Ort gilt als Uebergangsstation von und nach den Engadin und Davos.

Das Klima von Churwalden erweist sich nutzbringend bei anämischen zarten Constitutionen und Reconvalescenten, bei Bronchialkatarrhen, besonders Spitzenkatarrhen und beginnender Phthise.

Locale Verhältnisse. Arzt: Dr. Denz.

Reiseverbindungen: Eisenbahn bis Chur. Von da täglich dreimal Postverbindungen nach Churwalden.

Seehöhe: 1217 m.

Neuere Literatur: Denz, Dr., Bericht über die rätischen Bäder und Curorte im Jahre 1877 und 1878. Chur 1878 und 1879. — Derselbe, Hotel und Pension Krone Churwalden. Churwalden 1880. — Der Luftcurort Churwalden. Chur 1883.

Colberg

in Preussen, Provinz Pommern, See- und Soolbadeort an der Ostsee, im Regierungsbezirk Cöslin, am Ausflusse der Persante in die Ostsee gelegen.

Die Curmittel. 1. Kalte Seebäder. Die See hat hier einen fast ununterbrochen guten Wellenschlag. Meeresgrund feinkörniger, steinfreier Sand.

2. Warme Seebäder. Einrichtungen zum Gebrauche solcher sind vorhanden.

3. Soolquellen. Der Kochsalzgehalt der hiesigen fünf Soolquellen variirt von 3,8—5,1 pCt., und die neuerbohrte Wilhelmsquelle hat 2,1 pCt. Ausser dem Kochsalze enthalten die Soolquellen Bromsalze und Eisenchlorid.

Die Salinenquelle und die Münderfeldquelle hat man, mit Kohlensäure imprägnirt, dem Kissinger Ragoczy ähnlich zu machen gesucht und so zu Trinkcuren verwendet.

Indicationen. Die Krankheiten, welche hier Hülfe suchen und finden, gehören meist Frauen und Kindern an, die eine Sool- und Seebadecur mit einander verbinden wollen.

Locale Verhältnisse. Aerzte: DDr. Behrend (Badearzt), Bodenstein, Hänisch, Herrmann, Kayser. Nötzel (Badearzt), Pedell. Rohde, Schmolling, Starke, Trantow, Widebant, Weissenburg (Badearzt).

Badeanstalten: Die Soolbadeanstalten. Colberg hat drei Soolbadeanstalten. welche sämmtlich in Privatbesitz sind. Einrichtungen durchgehends gut. Die Seebadeanstalten sind Eigenthum der Stadt und haben zweckmässige Einrichtungen.

Bahnstation: Colberg ist Station der von Belgard nach Colberg führenden Zweigbahn und der Altdamm-Colberger Secundärbahn der Hinterpommerschen Eisenbahnlinie.

Curfrequenz: Im Jahre 1882 bis 19. Septb. laut Curliste 6735 Personen.

Neuere Literatur: Janke. Dr. ph., Bad Colberg. Sicherer Führer durch das Sool-, Moor- und Seebad Colberg Knochbloch 1884. — Fresenius, Chemische Analyse der Wilhelmsquelle im neuen Soolbade zu Colberg Wiesbaden 1882, Kreidel.

Contrexéville

in Frankreich, Departement der Vogesen, ein in raschem Aufblühen begriffener Curort mit 3 kalten Mineralquellen, in einem welligen Hügellande der Vogesen.

Die Curmittel. 1. Die Mineralquellen. Ihr Wasser hat eine Temperatur von 10^0 C. und im Liter 3 g feste Bestandtheile, welche zum Theil aus Gips und kohlensauren Erden, sowie aus weit geringeren Mengen Natronbicarbonat und Sulfaten von Natron und Magnesia bestehen. Der Kohlensäuregehalt ist ein geringer.

Indicationen. Die Quellen, vorzugsweise aber die Source du Pavillon, haben sich einen hohen und wohlbegründeten Ruf gegen Gicht und Harnconcremente erworben und concurriren in dieser Beziehung stark mit Vichy.

Im Allgemeinen scheint sich als Resultat der vergleichenden Untersuchung zu ergeben, dass Vichy sich mehr für die chronischen Störungen
des Digestionsapparates, die Vorläufer der Gicht und Lithiasis, Contrexéville dagegen für die ausgebildeten Erkrankungen besonders eignet,
ohne dabei die dispositionellen Störungen auszuschliessen.

Locale Verhältnisse. Badeetablissement: Es ist Eigenthum des Staats und
besteht aus einem schön und zweckmässig eingerichteten Badehause mit Wohnungen
für Curgäste, sowie aus einem grossartigen Hotel.

Bahnstation: Nancy an der Eisenbahnlinie Mirecourt-Nancy.

Seehöhe: 293 m.

Neuere Literatur: Ecklin, Dr. in Basel, Contrexéville. Schweiz. Correspondenzbl.
1881, Nr. 2. — Macpherson, Dr., Bath, Contrexéville and the limed sulphates
waters. London 1886. — Cruise, F. R., Contrexéville u. Royat-les-bains. Lanc.
1885, I., 25. 26. June. — Dubl. Journ. 1885, LXXX., p. 97, 260.

Corfu

in Griechenland, auf der jonischen Insel Corfu, klimatischer
Wintercurort und Hauptstadt der Insel auf einer in das Meer vielfach
eingebuchteten felsigen Landzunge gelegen, in paradiesischer Gegend.

Die Curmittel. Das Klima. Corfu hat ein warmes Winterklima.
Höchst selten sinkt im Januar das Thermometer auf Null, leider aber
wechseln die Thermometerstände sehr rasch, und auch das Barometer
zeigt oft bedeutende Schwankungen. Die Feuchtigkeit der Luft ist ziemlich hoch und nähert sich der von Ajaccio und Neapel.

Indicationen. Diese nicht gerade ganz günstigen klimatischen Verhältnisse schmälern den Werth von Corfu als Winterstation sehr, namentlich für an Rheumatismen und Katarrhen leidende Kranke, und nur
angehende Phthisiker, welche gegen solche Einflüsse der Witterung nicht
sehr empfindlich sind, und Nervenleidende, namentlich Melancholiker,
finden hier ihre Befriedigung, welche letztere durch die unerschöpflichen
Naturreize, welche die Insel bietet, am meisten angezogen werden dürften.

Neuere Literatur: Reimer, H., Corfu. Neue Reich 1880, S. 845. — Häckel,
E., Corfu. Deutsche Rundschau, 1877, S. 478.

Crampas

auf der Insel Rügen, Ostseebad auf der Halbinsel Jasmund, nahe
bei dem Seebade Sassnitz, ein in neuerer Zeit in Aufnahme gekommener Badeort mit einfachen, aber guten Badeeinrichtungen. Arzt:
Dr. Fiekel.

Cranz (Kranzkuhren)

im Königreich Preussen, Provinz Ostpreussen, Ostseebad im
Regierungsbezirk Königsberg, am Anfange der Kurischen Nehrung
gelegen.

Cranz ist das am meisten nach Osten gelegene deutsche Seebad der
Ostsee. Es hat das Meerwasser etwa 0,7 pCt. Kochsalz; der Wellenschlag ist gut; Strand sandig. Arzt: Dr. Schubert.

Neuere Literatur: Thomas, Dr., Der Seebadeort Cranz. Königsberg 1870.

Cudowa

im Königreich Preussen, Provinz Schlesien, Curort in der Herrschaft Glatz, nahe der böhmischen Grenze, mit kohlensäurereichen Eisenquellen.

Die Curmittel. 1. Die Mineralquellen. Die hiesigen drei Mineralquellen sind eisenhaltige, alkalisch-salinische Säuerlinge, von denen die Eugenquelle auf 3,1 g feste Bestandtheile 1,225 g Natronbicarbonat, 0,706 g Natronsulfat und 0,035 g Eisenbicarbonat und 1200 ccm freie Kohlensäure enthält. Sie zeichnet sich durch einen bemerkenswerthen Gehalt von Arsen aus. In neuester Zeit hat man den Arsengehalt dieser Quelle besonders betont und von demselben ihre Hauptwirkung abgeleitet. Temperatur 11,2° C.

2. Weitere Curmittel sind: **Eisenvitriolhaltige Moorerde, Gasbäder, russische Dampfbäder, Electrotherapie, Massage.**

Indicationen. Die in Cudowa am meisten vertretenen Krankheiten sind: allgemeine Körperschwäche, Neurasthenie, Hysterie, besonders Hysteroepilepsie, periphere und centrale Lähmungen, dyspeptische Beschwerden, chronischer Bronchialkatarrh u. a. m. Sehr hoher Erethismus des Nervensystems, namentlich des Gehirns, und grosse Neigung zu Congestionen nach Kopf und Herz sind Gegenanzeigen für den Gebrauch der dasigen Quellen.

Locale Verhältnisse. Aerzte: Dr. Scholz, Geh. Sanitätsr., Dr. Jacob.

Badehäuser: Cudowa besitzt drei Badehäuser, von denen zwei zu Mineralbädern und eins zu Moorbädern dienen.

Bahnstation: Nachod an der Breslau-Prager Eisenbahnlinie, Starkotsch an der Deutschbrod-Pardubitz-Liebauer Linie.

Seehöhe: 400 m.

Neuere Literatur: Bad Cudowa, klimatischer Gebirgscurort mit kohlensäurereichen Stahlquellen etc Glatz 1879. — Scholz, Geh Sanitätsr., Klinische Studien über die Wirkungen kohlensäurereicher Stahlbäder bei chronischen Herzkrankheiten nach elfjähr. Erfahrung in Cudowa. Berlin 1882, Hirschwald. — Derselbe, Novelle über die zum Verbande des Schles. Badertags gehörenden Bäder. Reinerz 1878. — Martreb, T. L., Bad Cudowa. Einzige Arsenquelle Deutschlands. Zürich 1886. — Bad Cudowa in Wechse's die Bäder Schlesiens in ihrem therap. Werth und in ihren Indicationen. Breslau 1885.

Cuxhaven

im Gebiete der freien und Hansastadt Hamburg, Nordseebad (zugleich Hafenort für Hamburg), auf einer Landspitze gelegen, welche sich 18 bis 20 km westlich von der Elbmündung nach Norden in die Nordsee erstreckt, mit einem guten, in neuerer Zeit umgebauten Badeetablissement. Das Elbwasser wiegt hier noch in einer Weise vor, dass die dasigen Seebäder mit anderen Nordseebädern nicht wohl verglichen werden können. Wellenschlag gering.

Aerzte: DDr. Bulle, Schmidt, Amtsphysikus G. Schmidt.

Dangast

im Grossherzogthum Oldenburg, ein bei Varel im Jadebusen, gegenüber Wilhelmshaven, auf einer Halbinsel gelegenes Nordseebad, mit
sehr schwachem Wellenschlag, trübem Wasser und schmutzigem Schlick-
boden als Badegrund. Als Seebad nicht zu empfehlen. Park ist vorhanden. Arzt: Dr. Ohling.

Neuere Literatur: Rohlfs, Das Nordseebad Dangast im Jadebusen. Varel 1880.

Davos

in der Schweiz, Canton Graubünden, ein in neuerer Zeit sehr in
Aufnahme gekommener klimatischer Curort für Phthisiker.

Die Curmittel. 1. Das Klima. Die Temperaturschwankungen
dieser vorherrschend windstillen, trocken kalten, sonnig durchwärmten,
dünnen Luft sind im Sommer bedeutender, als im Winter, doch ist der
Wechsel auch im Sommer selten ein plötzlicher.

Die mittlere Jahrestemperatur der Luft ist 2,73° C., das Mittel für
die gesammte Wintersaison (October bis April) — 1,11° C. Durch Einwirkung der Sonnenstrahlen können Kranke selbst bei tiefer Wintertemperatur ohne Schaden im Freien sitzen. Der mittlere Barometerstand
beträgt im Jahre 630,26 mm. Das Jahresmittel der relativen Feuchtigkeit
beträgt 75,2, das der Bewölkung 4,7, heitere Tage 112, trübe 84,
Schneetage 43. Im weiteren sehe man Gsell-Fels: „Die Bäder
und klimatischen Curorte der Schweiz", dem diese Notizen entnommen sind.

Die Sommersaison ist die mässig warme eines Alpenthals mit grosser
Gleichmässigkeit der Lufttemperatur.

Indicationen. Curobjecte für Davos sind: die constitutionelle Anlage zur Schwindsucht, die in der Kindheit durch Scrofulose und Lymph-
drüsenvereiterung hervorgerufen wird, der phthisische Habitus mit seinen
Folgen, beginnende Phthise, welche nach initialer Hämoptoe noch keine
nachweisbaren Lungenveränderungen darbietet und wobei leichtes abendliches
Fieber und Nachtschweisse bestehen, chronischer Lungenspitzenkatarrh,
chronische pneumonische Processe in den unteren Lungenlappen, einfache
chronische nicht ulcerative Kehlkopfkatarrhe, pleuritische Exsudate, allgemeine Schwächezustände, wogegen entkräftete Kranke mit hectischem
Fieber, chronischem Emphysem und Herzkrankheiten, Zuckerharnruhr,
Morbus Brightii, Larynx- und Darmtuberculose, sowie hochgradig nervöse Individuen für den dortigen Aufenthalt sich nicht eignen.

2. Als Unterstützungsmittel der Luftcur dienen eine Wasserheilanstalt, Milch und Molken, von letzteren wird aber wenig Gebrauch
gemacht.

Locale Verhältnisse. Aerzte in Davos-Platz: DDr. Spengler, Boner, Faber,
Lucius Spengler, Ruedi, Berli. Peters, Unger, ten Cate-Hödemeker (Electrothera-
peutiker), in Davos-Dörfli: Dr. Volland.

Curort: Er zerfällt in zwei Abtheilungen: Davos-Platz und Davos-Dörfli.
Ersterer liegt ½ Stunde südwärts in einer kleinen, im Osten und Westen von einer
hohen Bergkette umgebenen und den ganzen Tag den Sonnenstrahlen ausgesetzten

Bucht und stellt den eigentlichen Curort mit seinen neuerbauten Villen und Hotel-Pensionen dar.

Curzeit: Die eigentliche Wintersaison ist vom 15. October bis Anfangs März, die eigentliche Sommersaison vom 15. Juni bis 15. September.

Reiseverbindungen: Die Reise nach Davos macht man von Nordwesten aus über Heidelberg, Bruchsal, von dort über Basel, Zürich nach Landquart, oder von Offenburg mittels Schwarzwaldbahn über Constanz, Rorschach, Landquart oder Chur. Von Nordosten aus über Leipzig, Hof, Augsburg, Lindau, Rorschach, Landquart oder Chur. Von diesen Stationen ausser Postwagen auch Privatwagen.

Seehöhe: 1557 m.

Wohnungen für Kranke: Sie sind durchgehends gut und mit allen nöthigen und wünschenswerthen Einrichtungen versehen.

Neuere Literatur: Spengler, Dr., Davos, klimatischer Curort. Bericht über die räthischen Bäder und Curorte. Chur 1879. — Volland, Dr. C., Höhenklimatischer Curort Davos-Dörfli, ebenda. — Riemer, Dr. B., Ueber den Wintercurort Davos und seine Indicationen für Aerzte und Laien. Leipzig 1879, O. Wigand. — Peters, O., Ueber Indicationen und Contraindic. f. Davos. Edinb. med. Journ., 1881, XXVI., Nr. 312, June. — Williams, C. Theod., Ueber das Winterklima in Davos-Platz. Brit med. Journ. 1880, Juli 10. — Holsboer, Curanstalt zu Davos-Platz. Jahresbericht, Davos 1876. — Müller, J., Davos als Sommer- und Wintercurort. Davos 1882. — Baader, A., Nochmals Davos. Deutsch. med. Wochenschr. 1887, XIII., 24.

Dieppe

in Nordfrankreich, Departement Niederseine, Nordseebad an der Küste der Normandie, viel von der feinen Pariser Welt besucht, mit vortrefflichen Badeeinrichtungen, sehr kräftigem Wellenschlag und ausgezeichnetem Badegrund.

Dietenmühle

im Königreich Preussen, Provinz Hessen-Nassau, eine in nächster Nähe von Wiesbaden gelegene Wasserheilanstalt, welche eines sehr guten Rufes sich erfreut.

Unterstützende Curmittel sind: Römisch-irische Bäder, Dampfbäder, Kiefernadelbäder, Bäder in comprimirter Luft, künstliche Mineralbäder, Electrotherapie, Massage, vegetabilische Curen.

Arzt: Dr. Gerges.

Neuere Literatur: Gerges, Dr., Prospect der Cur- und Wasserheilanstalt Dietenmühle bei Wiesbaden. Circularschreiben, 1887.

Dievenow

in Preussen, Provinz Pommern, Ostseebad bei Cammin.

Die Curmittel. Seebäder. Der Wellenschlag ist hier ein weit lebhafterer als an den nahegelegenen Seebädern Misdroy, Heringsdorf und Colberg, und es wird deswegen auch die reizende, kräftigende Eigenschaft der Dievenower Bäder besonders hervorgehoben, sowie ihre Annäherung an die Nordseebäder nach dieser Richtung betont. Speciell eignet sich Dievenow für scrofulöse Kinder. Gebadet wird in Klein-,

Ost- und Berg-Dievenow. Am letztgenannten Orte ist das Haupt-
bad, welches die ausreichendsten Badeeinrichtungen besitzt.
2. Soolbäder. Im nahen Cammin in dem neuerbauten Soolbade-
hause. in welchem auch Moor- und Dampfbäder verabreicht werden.

Neuere Literatur: Wegener, Handbuch für Badereisende. 3. Aufl., S. 55, Berlin
1882, Goldschmidt.

Dissentis

in der Schweiz, Canton Graubünden, eine seit dem Jahre 1877 in
grossartigem Stile angelegte und vorzüglich eingerichtete Curanstalt
„Dissentiser Hof" mit mildem Alpenklima und einem eisenhaltigen
vorwiegend kohlensaure Magnesia enthaltenden Säuerling, welcher gegen
Verdauungsstörungen empfohlen wird. Seehöhe 1150 Meter.
Arzt und Besitzer: Dr. Condrau.

Neuere Literatur: Condrau, Curanstalt Dissentiser Hof. Dissentis 1878. —
Hanimann, Prof. Dr., Der Eisensäuerling von Dissentis. Zürich 1878.

Dobbelbad

in Oesterreich, Kronland Steiermark, auch Dobelbad, Tobelbad
genannt, eine etwa eine Fahrstunde südwestlich von Graz entfernte Curanstalt mit zwei indifferenten Thermen von 25 bis 28,7 ° C.,
welche bei Nervenleiden verschiedener Art Anwendung finden. Seehöhe: 330 Meter.
Arzt: Dr. A. Blumauer, Dr. E. Blumauer.

Neuere Literatur: Kottowitz, Dr. v., Der landschaftliche Curort Tobelbad und
seine Heilquellen. Wien, Braumüller 1870.

Doberan

im Grossherzogthum Mecklenburg-Schwerin, das älteste Ostseebad, welches den Namen „Heiligen Damm" führt. Es gehört zu
den vornehmsten Bädern der Ostsee, da es zugleich beliebter Sommer-
aufenthaltsort der grossherzoglichen Familie und der mecklenburgischen
hohen Aristokratie ist.
Die Curmittel. 1. Seebäder. Die Temperatur des Wassers beträgt durchschnittlich im Juli 18,6 °, im August 19,6 °, im September
16,2 ° C. Der Wellenschlag ist ziemlich kräftig; der Salzgehalt der See
nach einer älteren Analyse von Link im Liter Wasser 16,9 g, darunter
16,2 g Chloride von Natrium und Magnesium. Der Meeresgrund ist
feinsandig.
2. Weitere Curmittel sind: eine schwache Schwefelquelle,
eine Eisenquelle, eine Kochsalzquelle, Molken, Fichtennadelbäder, ein pneumatisches Kabinet, schwedische Heilgymnastik, Kefir.
Arzt: Dr. Lange.

Neuere Literatur: Kortüm, M. R., Ueber Frühlingscuren im Seebad, spec. im
Ostseebad Heiligen Damm. Rostock, Stiller 1875. — Heiligendamm, das Ostseebad bei Doberan in Mecklenburg. Berlin 1887.

Driburg

im Königreich Preussen, Provinz Westfalen, Curort im Teutoburger Walde, mit kräftigen Eisenquellen, welche einen hohen Ruf geniessen.

Die Curmittel. 1. Die Eisenquellen. Sie sind sämmtlich erdigsalinische Eisenquellen mit einem grösseren oder geringeren Gehalte an Eisen und Kohlensäure. Die Trink- oder Hauptquelle hat eine Temperatur von 10,9 ° C. und im Liter Wasser 0,074 g doppeltkohlensaures Eisenoxydul, 1,448 g doppeltkohlensauren Kalk, 0,361 g schwefelsaures Natron, 0,535 g schwefelsaure Magnesia, 1,040 g Gips, sowie 1234 ccm Kohlensäure. Sie dient vorzugsweise zu Trinkcuren. Die Wiesenquelle und die Louisenquelle, mit geringerem Eisen- und Kohlensäuregehalt, dienen zum Baden. Die Hersterquelle, der Wildunger Georg-Victorquelle ähnlich, ist ein Säuerling mit geringem Eisengehalte. Die Kaiserstahlquelle und Wilhelmsquelle sind der Hauptquelle ähnlich, aber viel schwächer. Diese beiden letzten Quellen gehören zum Kaiser Wilhelm-Bad.

2. Schwefelmoor. Die Saatzer Schwefelquelle, ¼ Meile südöstlich von Driburg, wird zur Darstellung von Schwefelschlammbädern verwendet, indem durch dieselbe die sie umgebenden Moorlager mit Gips, Bittersalz und Glaubersalz imprägnirt werden. Der Schlamm ähnelt dem von Nenndorf und Eilsen.

Indicationen. Die Driburger Eisenquellen werden vorzugsweise gegen Blutarmuth und Pubertätschlorose, constitutionelle Schwäche Erwachsener und Kinder, Hysterie, verschiedene Affectionen peripherer Nerven, Lähmungen und ähnliche Krankheitszustände mehr empfohlen. Gegen gichtische Leiden dienen die wenig erhitzend wirkenden Schwefelschlammbäder.

3. Weitere Curmittel sind: Kuhmolken, Kumyss, Electrotherapie, Massage.

Locale Verhältnisse. Aerzte: DDr. Hüller, Riefenstahl und Venn.

Badeanstalten: Es bestehen hier zwei Badehäuser mit guten Einrichtungen.

Bahnstation: Driburg ist Station der Westfälischen Eisenbahn, Strecke Altenbecken-Holzminden.

Wohnungen für Curgäste: In den vorhandenen sechs Logirhäusern.

Neuere Literatur: Hüller, Dr., Bad Driburg in seinen Wirkungen. 2. Aufl., Berlin 1873, Enslin. — Derselbe, Die Indicationen Driburgs nebst einem Berichte über die von 1872 bis 1881 behandelten Krankheitsfälle. Paderborn 1882, Schöningh. — Riefenstahl, Dr., Bad Driburg. 3. Aufl., Paderborn.

Dürkheim a. d. Hardt

im Königreich Baiern, Regierungsbezirk Rheinpfalz, Soolbad, klimatischer Luftcurort und Traubencurort, namentlich in letzterer Beziehung sehr geschätzt, mit 0,75 bis 2 procentigen Kochsalzquellen, welche zum Trinken und Baden dienen, bromreicher Mutterlauge, Gradierwerkluft und Molken, sowie mit vortrefflichen Trauben und einem schönen, milden Klima.

Die Indicationen für D. sind die für Soolbäder und Traubencuren allgemein gültigen.

Aerzte: DDr. Hilgard, J. Kaufmann, Veit Kaufmann, Löb, Löchner.

Eaux-bonnes

in Frankreich, Departement Basses-Pyrénées, auch kurzweg Bonnes genannt, ein in neuer Zeit sehr in Aufnahme gekommener Curort mit sechs stoffarmen schwefelnatriumhaltigen Schwefelthermen, deren Temperatur zwischen 20 und 30 ° C. liegt.

Die Indicationen für Eaux-bonnes beziehen sich fast ausschliesslich auf Erkrankungen der Luftwege, welche als Kehlkopfleiden, Bronchialkatarrhe und Lungenphthise sich darstellen. Für Eaux-bonnes eignet sich nach Pidoux vorzugsweise jenes Asthma, welches mit Katarrhen verbunden ist und vom Emphysem ausgeht, namentlich dann, wenn dasselbe mit Paralyse der capillaren Bronchien und der Lungenlappen einhergeht, während trocknes nervöses Asthma, wo jede paralytische Erscheinung fehlt, völlig contraindicirt ist. Auch Kranken mit reichlichem Katarrh und Dyspnoe, aber ohne asthmatische Anfälle, thut Eaux-bonnes die trefflichsten Dienste.

Bei Phthise der Lunge zweiten Grades mit dem Charakter der Torpidität sah Leudet (L'union médic. 1866. 49, 51, 52.), auch wenn schwere Symptome sich eingestellt hatten, durch den Gebrauch der dasigen Wässer die allgemeinen Symptome sich bessern und die Kräfte sich heben, wenn Anämie bestanden hatte, eine Beobachtung, die auch Andere, namentlich Gubler und Cadier bestätigen. Auch bei voluminösen Granulationen auf der Schleimhaut des Schlundkopfes sah man vom Gebrauche dieser Wässer sehr gute Dienste. Die Badecur steht in Eaux-bonnes mehr im Hintergrund.

Locale Verhältnisse. Aerzte: DDr. Pidoux, Cazaux, Mannes, Cazenave de la Roche, Leudet, Valery-Meunier u. A.

Bahnstation: Pau an der Pyrenäenbahn.

Curfrequenz: etwa 8000 Personen, viel hohe Aristokratie.

Seehöhe: 790 m.

Neuere Literatur: Pidoux, Journ. de thérap. 1874. Nr. 1, 7, 8, S. 241. — Derselbe. L'Union 1872, 49 u. 51. — Bouis, Ueber Mineralwässer, — Eaux-bonnes. Bullet. de l'Académ. 1880, p. IX. 31, p. 801, 802, 803, 804, Aout 3.

Eichwald

in Böhmen, Leitmeritzer Kreis, klimatischer Curort mit zwei Wasserheilanstalten. Aerzte: DDr. Purtscher, Brecher, Molin. Bahnstation: Teplitz.

Neuere Literatur: Statistischer Bericht über die Wasserheilanstalt Eichwald. Prag. med. Wochenschr. 1881, VI., 12.

Ellsen

im Fürstenthum Lippe-Schaumburg, Badeort mit Schwefelquellen.

Die Curmittel. 1. Schwefelquellen. Die Zahl der hier zutagetretenden Schwefelquellen beläuft sich auf zehn, indess werden von ihnen nur 4 zu medicinischen Zwecken benutzt.

Die Julianenquelle, die stoffreichste unter diesen Quellen, hat im Liter Wasser 2,62 g feste Bestandtheile, darunter 1,7 g Gips, sowie 43 ccm Schwefelwasserstoff. Das Wasser, welches zum Trinken und Baden benutzt wird, zeigt einen starken Geruch nach faulen Eiern, hat einen etwas bitterlichen Schwefelgeschmack, eine Temperatur von 12 bis 15° C. und scheidet, der Luft ausgesetzt, einen weissen Niederschlag ab.

2. Der Mineralschlamm. Er ist ein Gemenge von fester Moorerde mit den festen und flüchtigen Bestandtheilen der Schwefelquellen und wird zu Badezwecken noch mit dem Schwefelwasser besonders imprägnirt.

Indicationen. Therapeutische Anwendung finden die Curmittel von Eilsen vorzugsweise bei Gicht und Rheuma, verschiedenen Hautausschlägen, Abdominalplethora, chronischen Katarrhen, Knochenerkrankungen auf scrofulösem Boden und Mercurialkrankheit.

Locale Verhältnisse. Aerzte: DDr. v. Bodemeyer, Brunnenarzt, Bensen, Weiss.

Badeanstalt: Das Badehaus hat gute Einrichtungen.

Bahnstation: Bückeburg an der hannöverschen Staatseisenbahn, von wo aus man in etwa einer Stunde per Post nach Eilsen gelangt.

Curfrequenz: Im Jahre 1887 1898 Personen.

Neuere Literatur: Lindinger, Eilsen und seine Heilquellen. Bückeburg 1859.

Edenkoben

im Königreich Baiern, Regierungsbezirk Rheinpfalz, ein viel besuchter, herrlich gelegener Traubencurort mit einer Wasserheilanstalt.

Elgersburg

im Herzogthum Sachsen-Coburg-Gotha, die älteste Wasserheilanstalt Thüringens, dicht bei Ilmenau, welche einen vorzüglichen Ruf geniesst. Arzt: Dr. Barwinski.

Neuere Literatur: Mark, Dr., Kaltwasserheilanstalt Bad Elgersburg. Wiesbaden 1876. — Barwinski, Dr., Elgersburg und seine nächste Umgebung. 4. Aufl. Gotha 1885. — Derselbe, Wasserheilanstalt und Bad Elgersburg mit seiner nächsten und weiteren Umgebung. Festschrift für die Jubelfeier des 50jähr. Bestehens der Wasserheilanstalt. Gotha 1887.

Elmen

in Preussen, Provinz Sachsen, auch Altensalza genannt, das älteste deutsche Soolbad, bei Grosssalza unweit Magdeburg gelegen, mit ergiebigen Soolquellen. Die hier zu Bädern verwendete Soole, sogenannte Spiegelsoole, hat 5,3 pCt. feste Bestandtheile, darunter 4,9 pCt. Kochsalz.

Ausserdem: Mutterlaugenbäder, Sooldunstbäder, eine Sooltrinkquelle, Gradirluft, Molken.

Aerzte: Dr. Kirchheim, Dr. Böhm.

Neuere Literatur: Das Königl. Soolbad Elmen bei Gross-Salze. Eine balneologisch-statistische Skizze zum Gebrauch für Curgäste. Amtliche Ausgabe 1882. Schönebeck, Senff. — Böhm, D., Berl. klin. Wochenschr., 1887. No. 24.

Elöpatak

in Siebenbürgen, Comitat Háromszék, auch Arapatak unrichtigerweise genannt, der besuchteste Curort Siebenbürgens, 2½ Meilen von Kronstadt entfernt.

Die Curmittel. Die Mineralquellen. Es entspringen hier fünf gasreiche alkalisch-erdige Eisensäuerlinge von 9 bis 11° C. Der Eisengehalt in den Trinkquellen soll nach Schnell und Stenner im Liter Wasser 0,200 bis 0,294 g kohlensaures Eisenoxydul auf 3,644 resp. 3,400 g Fixa, und deren Gehalt an Natroncarbonat 1,285 bis 1,922 g, sowie an Kalkcarbonat 1,176 bis 1,383 g betragen.

Indicationen. Die dasigen Quellen haben sich sehr wirksam gegen Scrofulose, Chlorose, besonders aber gegen Blutstockungen in der Pfortader, Abdominalplethora, chronischen Dickdarmkatarrh innerlich und äusserlich erwiesen.

Ausserdem eine Wasserheilanstalt.

Neuere Literatur: Wien. med. Wochenschr., 1884, 26.

Elster

in Sachsen, siehe Bad Elster.

Ems

in Preussen, Provinz Hessen-Nassau, einer der hervorragendsten Curorte Deutschlands mit einer grossen Anzahl von Thermalquellen, 1½ Meilen östlich von Coblenz gelegen.

Die Curmittel. 1. Die Thermalquellen. Sie sind die ältesten, berühmtesten und besuchtesten Natronthermen von Deutschland und der Zahl nach zwanzig, von denen aber nur neun medicinische Benutzung finden und das Kränchen, der Kesselbrunnen, Fürstenbrunnen, die Victoriaquelle die am meisten benutzten sind. Ihre Temperatur liegt zwischen 27,9 bis 50,4° C. Ihr Gehalt an festen Bestandtheilen schwankt im Liter Wasser von 3,5 bis 4,4 g und der an doppeltkohlensaurem Natron, welches alle anderen Bestandtheile quantitativ wesentlich überwiegt, von 1,97 bis 2,17 g. Ihm quantitativ zunächst erscheint das Chlornatrium mit 0.98 bis 1,03 g. Alle anderen Salze treten quantitativ sehr zurück. Ausser den festen Bestandtheilen kommt noch der Gehalt dieser Quellen an Kohlensäure in Frage, welcher zwischen 418,5 und 673,2 ccm in ihnen schwankt.

Indicationen. Angezeigt sind nach Grossmann und von Ibell, Döring und andern Aerzten die Thermen von Ems bei Katarrhen der Digestionswege, namentlich mit abnormer Säurebildung complicirten, und der Respirationsorgane, bei käsig pneumonischem und bronchitischem, sowie auch pleuritischem Exsudat nach abgelaufenem entzündlichem Process, bei einfachen Vaginal- und Cervicalkatarrhen und anderen ähnlichen Krankheitszuständen.

2. Weitere Curmittel sind: Inhalationen, comprimirte und verdünnte Luft, Molken, Pastillen, Wasserbehandlung.

Locale Verhältnisse. Aerzte: DDr. Döring sen., Döring jr., Flothmann, Geisse, Goldbaum, Goltz, Heep, v. Ibell, de Jonge, Kastan, Orth (erster Brunnenarzt), Panthel, Reuter, Vogler, Wenckenbach, Wuth.

Badeanstalten: Dieselben befinden sich theils in den Königl. Curgebäuden, theils in Privathäusern und sind der Zahl nach 9 mit 182 Badestuben und vorzüglichen Badeeinrichtungen.

Bahnstation: Ems ist Station der Lahnbahn.

Klima: Die klimatischen Verhältnisse von Ems sind weniger mild, als die des Rheingaues, die Morgen und Abende kühl, im Hochsommer drückende Hitze und, sobald die Sonne hinter den hohen Thalwänden verschwindet, plötzlich erhebliche Temperatursenkung. Im Herbst häufig Nebel; hohe Schwankungen in der Tageswärme und ziemlich viel Feuchtigkeit der Luft. Vor den rauhen Nord- und Ostwinden ist der Ort geschützt, nur Süd- und Westwinde treten ins Thal ein.

Curfrequenz: Im Jahre 1884 17896 Personen.

Seehöhe: 85 m.

Neuere Literatur: Döring, Dr. Alb., Die Indicationen und Contraindicationen für den Curgebrauch in Bad Ems. Ems 1886, 2. Aufl., Kirchberger. — Orth, Geh. S.-R. Dr., Ems und seine Heilquellen, deren Wirkungsweise und Anwendung in Krankheiten. 4. Aufl., Ems 1879, ebenda. — von Ibell, D., Grossmann's Heilquellen des Taunus. Wiesbaden 1857.

Engelberg

in der Schweiz, Canton Unterwalden, klimatischer Curort an der Aaar in einem breiten Alpenthale, das von hohen Bergen umschlossen ist.

Die Curmittel. 1. Das Klima ist alpin und wirkt anregend, kräftigend auf Reconvalescenten, Anämische, Kranke mit pleuritischen Exsudaten, auf solche mit chronischen Katarrhen der Luftwege und den Anfängen der Phthise, wo die roborirende Behandlung angezeigt ist.

2. Ausserdem: Ziegenmolke, kalte und warme Wasserbäder, Salz-, Soda- und Molkenbäder, letztere kommen aber sehr selten zur Anwendung.

Locale Verhältnisse. Aerzte: Dr. Müller, Dr. Catani.

Bahnstation: Luzern, von da mit Dampfboot nach Stansstad in einer Stunde und von Stansstad mit Postwagen über Stans und Grafenort in $3\frac{1}{2}$ Stunden nach Engelberg.

Seehöhe: 1019 m.

Neuere Literatur: Allgemeine Notizen über schweiz. Luftcurorte und deren Verhältniss zur Tuberculose und Schwindsucht mit spec. Berücksichtigung von Engelberg von Sanitätsr. Ch. Deutsch. Zeitschr. f. prakt. Med., 1874.

Ernsdorf

in Oesterreich-Schlesien, eine vielbesuchte Wasser- und Molkenheilanstalt in den schlesischen Karpathen mit verschiedenen therapeutischen Hülfsmitteln. Curanstalt gut eingerichtet. Arzt: Dr. von Smolénski.

Neuere Literatur: K a u f m a n n , Dr. Mich , Der Curort Ernsdorf in Oesterreich-Schlesien. Wien 1877, Braumüller.

Fachingen

in Preussen, Regierungsbezirk Wiesbaden, ein seit langer Zeit
in den Handel gekommener, jährlich zu 300 000 Flaschen und Krügen
versendeter, gehaltreicher, sehr wohlschmeckender Natronsäuerling, welcher
in neuester Zeit namentlich gegen harnsaure Diathese und Harnconcremente vielfach benutzt wird und in dieser Beziehung eines hohen Rufes
als Heilmittel sich erfreut.

Neuere Literatur: F r i c k h i n g e r, C., Ueber die harnsäurelösende Eigenschaft des Fachinger Wassers. Inaugur.-Dissert. München 1887.

Falkenstein

im Königreich Preussen, Provinz Hessen-Nassau, eine am Taunus
liegende Heilanstalt für Lungenkranke und Blutarme, welche
durch reichlichen Genuss einer reinen, frischen Gebirgs- und Waldluft in
Verbindung mit entsprechender Ernährung und sonstigem geeigneten Verhalten die Heilung der Phthise und der Blutarmuth anstrebt. Die Curanstalt ist ausgezeichnet eingerichtet und bietet alles, was dem Kranken
frommt. Station: Kronberg, Endstation der Linie Kronberg-Frankfurt.
Arzt: Dr. Dettweiler.

Neuere Literatur: D e t t w e i l e r , Die Behandlung der Lungenschwindsucht in geschlossenen Heilanstalten mit besonderer Beziehung auf Falkenstein a. T. Berlin
1880, Reimer. — D e t t w e i l e r, Dr., berichtet über 72 völlig geheilte Fälle von Lungenschwindsucht. Frankfurt 1886, Alt.

Fideris

in der Schweiz, Canton Graubünden, Badeanstalt in einem Seiten-
thale des Prätigau.
Curmittel. Mineralquellen. Es entspringen hier drei Säuer-
linge von 7,5° C. Temperatur, von denen der eine nur zum Trinken,
die übrigen zum Baden benutzt werden. Nach einer Analyse von Planta-
Reichenau und Weber enthält die Trinkquelle im Liter Wasser 0,74 g
Natronbicarbonat, 0,97 g Kalk- und 0,15 g Magnesiabicarbonat, 0,01 g
Eisenbicarbonat und 1,98 g feste Bestandtheile, sowie 753 ccm freier
Kohlensäure. Die Indicationen dieser Quellen sind die der Natron-
säuerlinge im Allgemeinen. Am meisten sind hier Anämien, Chlorose,
Lungenspitzenkatarrhe und Magenkatarrhe, sowie beginnende Lungen-
phthise vertreten.

Neuere Literatur: V e r a g u t h, Dr. C., Fideris, Prätigau. Bericht über die rätischen
Bäder und Curorte. Chur 1879. — D e r s e l b e, Der alkalisch-erdige Säuerling von
Fideris. Eine balneologische Skizze für Aerzte, nebst einem Anhang für Curgäste.
Zürich 1881, Schmidt.

Flinsberg

in Preussen, Provinz Schlesien, ein im Kreise Löwenberg, im Isergebirge gelegener, wohlbekannter Gebirgscurort.

Die Curmittel. Die 6 Mineralquellen, welche theils zu Trink-curen, theils zu Bädern verwendet werden, haben eine Temperatur von 9,5 ° C., gehören sämmtlich den an Kohlensäure reichen, aber an festen Bestandtheilen ärmeren alkalischen Eisenwässern an und finden gegen Anämie und davon abhängende Nervenleiden ihre Anwendung.

Locale Verhältnisse. Aerzte: Dr. W. Adam in Friedeberg a. O., Dr. Kirsch. Seehöhe: 528 m.

Neuere Literatur: Scholz, Dr., Flinsberg. Novelle über die zu dem Verbande des schlesischen Bädertages gehörenden Bäder. Reinerz 1878. — Adam, Dr. W., Bad Flinsberg im schlesischen Isergebirge. Kurzer Bericht über den Curort nebst statist. Notizen. Flinsberg 1879. — Derselbe, Bericht über den Besuch des Bades Flinsberg im Jahre 1886. Bresl. ärztl. Ztschr. 1887, IX., 4. — Webse, Dr., Die Bäder Schlesiens in ihrem therap. Werth und in ihren Indicationen. Breslau 1885. — Adam, Der Curort Flinsberg im schlesischen Isergebirge, seine Lage und sein Klima. Selbst-verlag des Verfassers. 1880. — Polock, Prof., Die chemische Analyse des Ober-brunnens zu Flinsberg. Breslau 1883.

Frankenhausen

in Thüringen, Fürstenthum Schwarzburg-Rudolstadt, Curort am südlichen Abhange des Kyffhäuser mit einer kräftigen kalten Sool-quelle, welche gegen Scrofulose, Rheumatismus etc. als Bad oder, zur Hälfte mit Selterswasser vermischt, zu 100 bis 150 g die Dosis zu Trinkcuren dient. Aerzte: DDr. Gräf, Maniske, Pflug.

Neuere Literatur: Gräf, S.-R. Dr., Soolbad Frankenhausen in Thüringen. Franken-hausen 1879. — Hegewald, Dr., Der Curort Frankenhausen, seine Lage, seine Heil-kraft, seine Zukunft. Mit Illustrationen. Frankenhausen 1876, Werneburg. — Lahneck, M., Soolbad Frankenhansen in Thüringen. Frankenhausen 1876, Werneburg.

Franzensbad

in Oesterreich, Kronland Böhmen, wichtiger Curort, 3½ km von der Stadt Eger, mit starken Säuerlingen, die einen europäischen Ruf geniessen, in flacher Gegend gelegen, zwischen Böhmerwald, Erz- und Fichtelgebirge.

Die Curmittel. 1. Die Mineralquellen. Sie sind sehr zahl-reich. Die wichtigsten unter ihnen sind die Franzensquelle, die älteste, welche den Ruf von Franzensbad begründete, früher als Egersäuerling bekannt, die Salzquelle, die Wiesenquelle, die Louisenquelle (Badequelle), der kalte Sprudel und die Neuquelle.

Die Hauptbestandtheile dieser Quellen sind neben grossen Mengen freier Kohlensäure, welche in ihnen zwischen 840 bis 1276 ccm im Liter Wasser schwankt, kohlensaure Salze, vorzugsweise doppeltkohlensaures Natron mit 0,687 bis 1,165 g, schwefelsaures Natron mit 2,06 bis 3,366 g und Kochsalz mit 0,77 bis 1,168 g. Der Eisengehalt ist unter ihnen ein sehr verschiedener; er schwankt von 0,002 bis 0,047 g doppelt-kohlensaures Eisenoxydul, erreicht sonach in keiner Quelle jene Höhe, welche die gehaltreicheren Eisenquellen besitzen, vielleicht mit Ausnahme der zur Cartellierischen Anstalt gehörenden Quellen, in welchen der Eisengehalt am meisten hervortritt.

Indicationen. Alle Quellen von Franzensbad finden erfolgreiche

Anwendung bei Circulationsstörungen im Unterleib, Magen- und Darmkatarrhen, Menstruationsstörungen, verschiedenen Nervenleiden und
anderen Krankheitszuständen mehr, sind aber dann für dieselben besonders angezeigt, wenn ein gewisser Grad von Blutarmuth oder mangelhafte Innervation nebenbei besteht. Bei Katarrhen der Luftwege, des
Magens und solchen katarrhalischen Zuständen, wo Eisen nicht leicht
vertragen wird, dient die fast eisenfreie Salzquelle als geschätztes
Mittel.

2. Die Moorerde, welche zu Bädern und Umschlägen verwendet
wird, zeichnet sich durch Reichthum an Eisenvitriol und Natronsalzen
aus und hat sich durch ihre heilkräftigen Wirkungen bei Schwächezuständen, rheumatisch-gichtischen Leiden, paralytischen Erkrankungen,
habituellen Schweissen und anderen derartigen Leiden einen gewissen Ruf
erworben. Gerühmt wird noch ihre antimycotische Wirkung.

3. Moorlauge. Sie wird durch Eindicken einer aus den Salzen
der Moorerde gewonnenen Salzlauge gewonnen und dient als reizender
Zusatz zu Wasserbädern.

4. Die Gasbäder und Inhalationen von Kohlensäure, welche
früher vielfach benutzt wurden, sind gegenwärtig wenig mehr in Gebrauch.

Locale Verhältnisse. Aerzte: DDr. Sommer, Strassnow, Fellner, Buberl,
G. Diessl. Margulies, Klein, Schweiger, v. Przezdzincki, Joh. Cartellieri, Müller,
Reinl, Hofmann, Steinbach, Steinschneider, G. Loimann, Dembicki. Egger, Kittel,
Profanter.

Badeanstalten: Ihre Zahl beträgt fünf. Alle Badehäuser, vorzugsweise
das Kaiserbadehaus, sind mit Eleganz ausgeführt, durchgehends zweckmässig eingerichtet und mit Wasser- wie mit Moorbädern versehen.

Badeleben: Das einer grössern Stadt, Luxus sehr vorherrschend.

Curfrequenz: Im Jahre 1887 7352. im Jahre 1881 7978 Personen.

Reiseverbindungen: Durch die Eisenbahnlinie Eger-Reichenbach der Königl.
Sächs. Westl. Staatsbahnen mit dem Norden Deutschlands, durch die Linie Eger-
Oberkotzau-Hof mit Baiern, durch die Buschtehrader Bahn mit dem Innern von
Böhmen, bezw. Prag, durch die Franz Josefsbahn mit Wien.

Seehöhe: 432 m.

Wohnungen für Curgäste: In Hotels und Privathäusern, letztere am meisten
gesucht und sehr zahlreich.

Neuere Literatur: Buberl, Dr. A., Die Stahlquelle in Franzensbad. Medicinische
Centralzeitung. 1879, XLVIII., 48 — Fellner, Dr. Leop., Franzensbad und seine
Heilmittel in den Krankheiten des Weibes. Wien 1871, Braumüller. — Kalley,
Dr. A., Die neuen Mineralquellen und das neue Badehaus in Franzensbad. Wien
1880, Rosner. — Boschan, Dr. Fr., Die salinischen Eisenmoorbäder zu Franzensbad.
Wien 1850. — Cartellieri, Dr. P., Das Klima und die Heilmittel von Franzensbad
in Böhmen. Franzensbad 1866. — Cartellieri's Badeanstalt in Franzensbad. Allgem. balneol. Zeitung. 1868, II. Jahrgang, 5. Heft. — Loimann, Gust., Franzensbad
in Böhmen und seine Heilmittel. 2. Aufl., Wien 1887. — Steinl, C., Zur Theorie
der Heilwirkung des Franzensbader Moors. Prag. med. Wochenschr. 1885, X., 10, 11.
Wien. med. Presse. 1885 XXVI., 12.

Freiersbach

im Grossherzogthum Baden, Badeanstalt im Schwarzwalde, zur Gruppe der Kniebis- oder Renchthalbäder gehörend, mit vier kalten Eisensäuerlingen, die durch hohen Eisengehalt von 0,036 bis 0,101 g Eisenbicarbonat auf 5,1 bis 6,3 g feste Bestandtheile im Liter Wasser und grossen Reichthum an Kohlensäure sich auszeichnen und bei Anämieen, verschiedenen Nervenleiden etc. sich sehr wirksam erweisen. In neuester Zeit sind noch 3 neue Quellen aufgefunden worden, welche gleiche chemische Beschaffenheit besitzen und gleiche therapeutische Verwendung finden, wie die bisher benutzten.

Locale Verhältnisse. Arzt: Dr. Jägerschmidt in Petersthal.

Badeeinrichtungen und Wohnungen gut.

Bahnstation: Oppenau an der Renchbahn.

Seehöhe: 384 m.

Neuere Literatur: Buss, Hofr. v., Das Bad Freiersbach im Renchthale auf dem Badischen Schwarzwald. 2. Aufl., Freiburg i. Br. 1869. — Wittner, Dr. J. G., Das Bad Freiersbach im Renchthale und seine Heilquellen. Freiburg 1854. — Ueber die Rench- und Kniebisbäder. Aerztl. Mittheil. aus Baden. 1879, Nr. 7 u. 8.

Freienwalde a. O.

im Königreich Preussen, Provinz Brandenburg, eine etwa zwanzig Minuten von der gleichnamigen Stadt entfernte Curanstalt, in der sogenannten „märkischen Schweiz", nebenbei eine sehr beliebte Sommerfrische der Berliner, mit fünf schwachen, erdigen, an Kohlensäure armen Eisenquellen, welche zum Trinken und Baden gegen Blutarmuth und Nervenschwäche Verwendung finden. Es bestehen zwei Badeanstalten, der Gesundbrunnen und das Alexandrinenbad.

Neuere Literatur: Zuirek, Die Mineralquellen des Alexandrinenbad zu Freienwalde. Deutsch. Klinik. 1873, Nr. 23.

Friedrichshall

im Herzogthum Sachsen-Meiningen, eine frühere Saline bei dem Dorfe Lindenau, fünf Stunden von Hildburghausen und vier Stunden von Coburg entfernt, gewinnt ein Bitterwasser, welches unter dem Namen „natürliches Friedrichshaller Bitterwasser" in den Handel gebracht wird und zu den gesuchtesten Wässern dieser Art gehört. Es zeichnet sich durch seinen hohen Gehalt an Chlorverbindungen aus, von welchen es nach Liebreichs neuester Analyse im Liter Wasser 24,6 g Chlornatrium und 12,1 g Chlormagnesium auf 18,2 g Natronsulfat und 61,4 g feste Bestandtheile enthält, und unterscheidet sich dadurch wesentlich von anderen Bitterwässern. Nach Moring's Untersuchungen regt es in kleinen Dosen den Appetit an und ruft breiartige Darmausleerungen hervor, in grösseren Dosen erzeugt es Durchfälle. Seine Anwendung ergiebt sich aus seiner Wirkung auf den Darmcanal. Cureinrichtungen fehlen. Wasserversandt jährlich zu einer Million Krüge.

Neuere Literatur: Mering, Dr. v., Ueber den Einfluss des Friedrichshaller Bitterwassers auf den Stoffwechsel. Berl. klin. Wochenschr. 1880, Nr. 11. — Börner, Deutsch. med. Wochenschr. 1882, VII., Nr. 22, 23. — Pye, W., Clinal report of the effects of smal continous doses of natural mineral saline water (Friedrichshall) in the rickets glandular swelling and other disorders of childhood. Medic. times 1885, No. 1883. pag. 392 u. ff.

Friedrichroda

im Herzogthum Sachsen-Coburg-Gotha, ein beliebter Sommercurort im nordwestlichen Theile des Thüringer Waldes, $\frac{1}{4}$ Stunde vom Schlosse Reinhardsbrunn gelegen, der nicht bloss auf Mitteldeutschland, sondern auch auf weiter entfernte Kreise seine Anziehungskraft äussert.

Die Curmittel. 1. Klima. Die Luft ist eine schöne reine Berg- und Waldluft. Dabei ist das Klima ziemlich gleichmässig. Die mittleren täglichen Schwankungen der Lufttemperatur überschreiten während der Monate Juni bis September 5° C. nicht, viel Windstille, relative Feuchtigkeit der Luft während der Sommermonate 73—76 pCt.

2. Weitere Curmittel sind: eine Wasserheilanstalt, Fichtennadelbäder, Soolbäder, Stahl- und Schwefelbäder, Molken, Kräutersäfte.

Indicationen für Friedrichroda geben ausser den Krankheitszuständen, die nur Sommerfrische fordern, Scrofeln, Schwindsucht im Beginn und rheumatisch-katarrhalische Affectionen, mässiges Emphysem, pleuritisches Exsudat.

Locale Verhältnisse. Aerzte: DDr. Arnsdorff, Med.-R. Keil, Kothe, Weidner, Wernick.

Bahnstation: Friedrichsroda ist Endstation der Zweigbahn Fröttstedt-Friedrichsroda.

Curfrequenz: Im Jahre 1881 5231 und im Jahre 1887 bis 20. September 7023 Personen.

Curzeit: Von Mitte Mai bis Ende September, Hauptzeit von Mitte Juni bis Mitte August.

Seehöhe: 410 m.

Neuere Literatur: Friedrichroda, in Thüringens Bade- und Curorte von Pfeiffer. Wien 1872, S. 136, Braumüller. — Schwerdt, H., Friedrichroda. Gotha 1865. 2. Aufl. — Roth, Rich., Friedrichroda und seine Umgebung, ein Führer und Gedenkbuch für Curgäste und Touristen. 6. Aufl., Gotha 1887.

Frohnleiten

in Oesterreich, Steiermark, Wasserheilanstalt nach Priessnitzschem System im Murthale bei Graz in schöner, waldreicher Gegend.

Locale Verhältnisse. Arzt: Dr. Seeliger.

Curzeit: Das ganze Jahr hindurch.

Seehöhe: 450 m.

Bahnstation: Frohnleiten ist Station der Oesterr. Südbahn.

Funchal

auf der Insel Madeira, siehe Madeira.

Füred

in Ungarn, Szalader Komitat, Balaton-Füred, d. h. Füred am Plattensee, ungarisch gemeinhin Savanyuviz-Füred-mellet genannt, einer der vornehmsten ungarischen Curorte mit mehreren Mineralquellen und Seebädern, in sehr schöner Gegend.

Die Curmittel. 1. Die Mineralquellen. Es sind deren drei, von welchen die bedeutendste, die Franz-Josefsquelle, zum Trinken dient, die beiden anderen zum Baden. Alle diese Quellen enthalten vorherrschend schwefelsaures Natron, kohlensaures Natron, kohlensaure Erden, kohlensaures Eisenoxydul, sämmtlich in mässiger Menge, viel freie Kohlensäure (1283 ccm) und werden gegen leichtere abdominale Stasen, Magen- und Dickdarmkatarrhe, chronische Bronchiten rein oder mit Molken vermischt angewendet, besonders dann, wenn ein gewisser Grad von Anämie zu diesen Krankheitszuständen hinzutritt.

2. Plattenseebäder. Das Wasser des Plattensees ist meist 4° bis 6° C. kälter, als die atmosphärische Luft, und sehr kalkhaltig.

3. Der Plattenseeschlamm wird ebenfalls zu Bädern verwendet.

4. Schafmolken als Beihülfsmittel des Mineralwassers.

Locale Verhältnisse. Aerzte: DDr. Mangold, Huray, Engel, Gemahl.

Badeanstalten: Es bestehen zwei Badehäuser, welche neben den Badelocalitäten auch Wohnungen für Curgebrauchende enthalten und gut eingerichtet sind.

Bahnstation: Szantow an der Eisenbahnlinie Pragerhof-Neu Szöny-Budapest und Sio-Fok an derselben Eisenbahnlinie, am Plattensee gelegen, Veszprém an der Linie Stuhlweissenburg-Graz.

Seehöhe: 140 bis 150 m.

Neuere Literatur: Orzowensky, Dr. Charles, Hungarian watering place Füred on lake Balaton and its mineralwaters. Budapest 1880 (1875). Tetty u. Comp. — Mangold, Dr. Heinrich, Der Curort Füred am Plattensee in historischer, physikalischer, chemischer, medicinischer, ökonomischer und socialer Beziehung. Für Aerzte und Curbedürftige skizzirt. 4. Aufl., Wien 1885, Braumüller. — Derselbe, Skizzen über die Heilpotenzen in Füred. Budapest 1884.

Fürstenhof

in Oesterreich, Steiermark, besuchte Wasserheilanstalt an der Verbindung des Mürzthales mit dem Thörlthale in einem weiten Thalkessel gelegen.

Aerzte: Dr. Czerwinski, Dr. Kupferschmidt.

Gais

in der Schweiz, Canton Appenzell (Ausserrhoden), der älteste und einst berühmteste Molkencurort, gegenwärtig auch Luftcurort mit erfrischendem kräftigendem, doch nicht rauhem Klima. Der Ort liegt nur dem vorherrschenden Südwestwinde und Südwinde offen. Witterung sehr veränderlich.

Indicationen. Chronische Bronchiten und beginnende Infiltration in die Lungenspitzen, chronische Magen- und Darmkatarrhe Anämischer, Erschöpfung nach angestrengter geistiger Arbeit mit Schlaflosigkeit, psychische Depression sind die hier am meisten vertretenen und mit Erfolg behandelten Krankheitszustände.

Locale Verhältnisse. Bahnstation: Altstätten an der Eisenbahnlinie Rorschach-Chur, von da mit Postwagen in zwei Stunden hinan nach Gais.

Curzeit: Vom Anfang Juni bis Anfang October.

Seehöhe: 934 m.

Gardone-Riviera

in Oberitalien, Provinz Brescia, ein in neuerer Zeit erst entstandener und sehr beliebt gewordener, in der Bai von Saló am Fusse des Monte San Bartolomeo und am Gardasee gelegener klimatischer Curort in sehr geschützter Lage.

Das Hotel Gardone-Riviera ist ganz auf deutschem Fusse eingerichtet und ist einer der besten Orte, wo Erholungsbedürftige Herbst und Frühjahr verbringen können. Nach Königer zeichnet sich das dasige Klima durch höhere Winterwärme, als sie irgend ein Ort nördlich der Riviera von Genua an zu bieten vermag, durch Gleichmässigkeit der Temperatur, mittlere Luftfeuchtigkeit, völlig staubfreie Luft und ausserordentlichen Windschutz aus. Hierzu kommen schöne schattige Spaziergänge in die herrliche Umgegend und bei noch billigen Preisen sehr gutes Unterkommen und gute Verpflegung.

Aerzte: Dr. Rohden (im Sommer in Oeynhausen), Dr. Duse, Dr. Königer (im Sommer in Lippspringe).

Neuere Literatur: Rohden, Dr. L., Gardone-Riviera. Deutsch. med. Wochenschr. 1885, 41. — Königer, Dr., Der klimatische Curort Gardone-Riviera am Gardasee. Deutsch. Medicinal-Ztg. 1886, Nr. 75.

Gastein

in Oesterreich, Herzogthum Salzburg, Wildbad, in den Norischen Alpen gelegen, 98 km von Salzburg entfernt, mit einer beträchtlichen Anzahl Thermalquellen.

Die Curmittel. 1. Die Thermalquellen. Das Gasteiner Mineralwasser, welches vorzugsweise zum Baden, ausnahmsweise auch zu Trinkcuren benutzt wird, nimmt seinen Ursprung aus achtzehn Quellen, von denen jedoch nur neun gefasst und benutzt sind. Letztere variiren in ihrer Temperatur von 49,6° bis 25,8° C. und gehören sämmtlich zu den stoffarmen, sogenannten indifferenten Thermen. Ihr Wasser ist geruch- und geschmacklos. Man sehe S. 6.

In Hofgastein, wohin das Wasser von Wildbad Gastein geleitet ist, hat dasselbe noch eine Temperatur von 41° bis 37° C.

Indicationen. Seit Jahrhunderten finden die Bäder von Gastein, denen eine besonders belebende Wirkung zugeschrieben wird, gegen Krankheiten des Nervensystems peripherischen, wie centralen Ursprungs, besonders tabetische Erkrankungen, senilen Marasmus und Neuralgien ihre hauptsächlichste Empfehlung. Im Uebrigen gelten für sie die allgemeinen Indicationen hochgelegener Akratothermen.

2. Weitere Curmittel sind ausser den gemeinschaftlichen und Einzelbädern, Localbäder, Douchen, Dampfbäder, Kuh- und Ziegenmolken, nach Appenzeller Art bereitet, Kräutersäfte.

Locale Verhältnisse. Aerzte: DDr. Bunzel, v. Härdtl, Gager, Spinner, Pröll, Schider in Wildbad Gastein; Wieck, Weinberger in Hofgastein.

Badeanstalten: Im Kaiserl. Badeschloss, in den Hotels und in einzelnen Privathäusern.

Bahnstation: Lend an der Gisela-Bahn (Linie Salzburg-Wörgl), 34 km. entfernt; täglich Postverbindung.

Curfrequenz: Im Jahre 1887 6706 Personen nach dem Cursalon.

Klima ist ein vollständig alpines, aber in Folge der geschützten Lage des Orts verhältnissmässig mild. Schnee fällt bisweilen noch mitten im Sommer.

Seehöhe: Wildbad Gastein 960 m, Hofgastein 783 m über dem Adriatischen Meere.

Neuere Literatur: Bunzel, Dr. E., Bad Gastein. 4. Aufl., Wien 1885, Braumüller. — Pröll, Dr. Gust., Das Bad Gastein. Unentbehrlicher Rathgeber für Kranke, welche das Bad Gastein besuchen, sowie für Aerzte, welche Patienten dahin schicken wollen. 3. Aufl., Wien 1881, ebenda. — Waltenhofen, A. v., Ueber die Thermen von Gastein. Wien 1885. — Hönigsberg, Dr. v., Gastein, für Curgäste und Reisende. 3. Aufl. von Dr. Ed. Schider. Salzburg 1878, Mayr. — Schider, E., Gastein für Curgäste und Touristen. 5. Aufl., Salzburg 1884.

Geilnau

in Preussen, Provinz Hessen-Nassau, Dorf an der Lahn, mit einem alkalischen Natronsäuerling, der jährlich zu 200000 Flaschen und Krügen versendet wird. Er ist sehr reich an Kohlensäure, 1357,3 ccm derselben im Liter Wasser, und hat in derselben Wassermenge 1,02 g Natronbicarbonat, aber wenig Kochsalz. Seine Anwendung ist die der alkalischen Säuerlinge im Allgemeinen. Cureinrichtungen fehlen.

Neuere Literatur: Grossmann, Heilquellen des Taunus. Wiesbaden 1887.

Geisenheim

im Königreich Preussen, Provinz Hessen-Nassau, Trauben-curort, ³⁄₄ Meilen östlich von Rüdesheim am Rhein.

Geltschberg

in Böhmen, Leitmeritzer Kreis, eine zur Stadt Lewin gehörige, im böhmischen Mittelgebirge gelegene Wasserheilanstalt.

Gersau

in der Schweiz, Canton Schwyz, klimatische Station am Süd-fuss des Rigi und am Vierwaldstätter See, von steilen Bergwänden eingeschlossen, eine der belebtesten Touristenstationen.

Die Curmittel. 1. Klima. Dasselbe ist mild und doch leicht anregend, gleichmässig, mit geringen Temperaturschwankungen. Die Luft ziemlich feucht. Schutz gegen kalte Luftströmungen und Windstille. Die Insolation ist bedeutend. Frühling und Herbst sind die schönsten Jahreszeiten in Gersau und für Kranke die beste Zeit der Erholung.

Indicationen. Es sind die des subalpinen Klimas.

2. Ausserdem: Inhalationen, pneumatische Apparate und andere medicinische Hülfsmittel.

Locale Verhältnisse. Arzt: Dr. Freuter.
Seehöhe: 460 m.

Neuere Literatur: Müller, Joh. und Fassbind, Dr., Klimatischer Curort Gersau am Vierwaldstätter See. Circularschreiben ohne Jahreszahl. — Müller, Die klimatischen Curorte Gersau und Rigi-Scheideck. Einsiedeln 1867.

Giebichenstein

im Königreich Preussen, Provinz Sachsen (siehe Wittekind).

Giesshübel

in Böhmen, Kreis Eger, auch Giesshübl-Puchstein genannt, im Egerthale, 10 km von Karlsbad entfernt, ist ein im Entstehen begriffener Curort mit vier starken, sehr reinen alkalischen Säuerlingen, von denen der König-Ottobrunnen mit 1,19 g Natronbicarbonat, 0,55 g kohlensauren Erden und 1205 ccm freier Kohlensäure im Liter Wasser der bedeutendste ist und welcher jährlich zu 3¼ Millionen Flaschen versendet wird. In neuerer Zeit ist hier ein Badehaus errichtet worden.

Neuere Literatur: Löschner, Dr., Giesshübel-Puchstein. 1883. II. Aufl.

Gleichenberg

in Oesterreich, Steiermark, ein von waldigen Höhen umgebener, nur nach Süden frei gelegener Curort mit mehreren alkalischen Säuerlingen, welcher zugleich klimatische Bedeutung hat.

Die Curmittel. 1. Die Mineralquellen. Der Curort hat fünf kalte alkalisch-muriatische Säuerlinge, unter welchen die Constantinsquelle mit 6,87 g festen Bestandtheilen, 3,58 g doppeltkohlensaurem Natron, 1,58 g Chlornatrium und 1149,7 ccm freier Kohlensäure auf ein Liter Wasser, sowie mit 16,2 bis 17,5° C. Temperatur, die stoffreichste ist. Ihr sehr nahe steht die Emmaquelle mit 15° C. Wärme, aber etwas weniger festen und gasigen Bestandtheilen, während die drei anderen Quellen, die Römer-, Karls- und Werléquelle, durchgehends noch stoffärmer sind.

2. Ausserdem kommen noch der 1½ Stunden von Gleichenberg entfernt gelegene Johannisbrunnen, ein alkalisch-muriatischer Eisensäuerling, welcher besonders als angenehmes Erfrischungsgetränk benutzt wird, und die eine halbe Stunde entfernte Klausenquelle, ein starker, sehr reiner Eisensäuerling, vielfach zur Benutzung.

3. Klima. Mild und beständig, frei von raschem Temperaturwechsel, mit einer reinen, mässig feuchten Luft, welche Kranken mit reizbaren Luftwegen und Neigung zu Entzündung der Schleimhäute sehr wohl thut.

4. Sonstige Curmittel sind noch: Inhalationen zerstäubter Quellsoole, Inhalationen von Fichtennadeldampf, Fichtennadelbäder, Wassercuren, Milch und Molke, Pastillen, kohlensaure Bäder, Stahlbäder, Süsswasserbäder.

Indicationen. Unter Würdigung der günstigen klimatischen Verhältnisse, welche Gleichenberg Brustkranken darbietet, sind es auch besonders Erkrankungen der Luftwege, welche daselbst Hülfe suchen und finden. Nach Clar nehmen Infiltrationen der Lungenspitzen unter ihnen numerisch den ersten Platz ein und haben sogar bei schon beginnendem Zerfall des Infiltrates noch günstige Aussichten, während beim chronischen Bronchialkatarrh die Sputa dünnflüssiger werden und quantitativ abne' men. Bei starker Neigung zu Blutspeien ist von dem Gebrauche Glei nbergs besser abzusehen. Katarrhe der feinsten Bronchien mit Rel tion des Lungengewebes, substantives Lungenemphysem und pleuritische Exsudate sind in Gleichenberg ebenfalls vielfach, wenngleich weniger häufig als die erstgenannten Krankheitszustände, vertreten. Sehr gute Resultate werden noch erreicht beim chronischen, auf Atonie der Magenwandung beruhenden Katarrh des Magens, sowie bei Krankheiten des uropoetischen Systems.

Locale Verhältnisse. Aerzte: DDr. Clar, Höffinger, Hönigsberg, Kuntze, Kaufer, Brühl, Bulikowsky, Rauch, Szigeti, Závori, Kentzler, Ziffer, Weiss.

Badeanstalt: Zum Badegebrauch dienen zwei Badehäuser und ein Inhalationssaal.

Bahnstation: Feldbach an der Ungarischen Westbahn, Linie Graz-Stuhlweissenburg; Purkla an der Südbahn.

Seehöhe: 284 m.

Neuere Literatur: Haus von Hausen, Rath Dr. Jos., Gleichenberg in Steiermark, sein Klima und seine Quellen. Balneologische Skizze zur Anleitung für Curgäste. 3. Aufl., Wien 1882, Braumüller. — Clar, Dr. Conr., Boden, Wasser und Luft von Gleichenberg in Steiermark. Eine balneologische Skizze. Mit 2 Karten. Graz 1881, Leuschner u. Lubinsky. — Kentzler, Jos., Gleichenberg, topogr. Skizzen des Curorts und physiol. therap. Werth der Curmittel. Budapest 1885. — Höffinger, Dr. C., Vademecum f. Besucher des Curorts Gleichenberg. 1885, 5. Aufl.

Gleisweiler

in Baiern, Rheinpfalz, eine in geschützter Gebirgsschlucht gelegene Wasserheilanstalt mit Molken-, Kumyss- und Traubencuren, sowie mit verschiedenen anderen medicinischen Hülfsmitteln.

Neuere Literatur: Schneider, Bad Gleisweiler als Heilanstalt für Brustkranke. Vereinsbl. d. Pfälzer Aerzte. 1887, III., Aug., S. 168.

Glücksburg

in Preussen, Provinz Schleswig-Holstein, ein kleines Ostseebad am Flensburger Meerbusen, von mächtigen Buchen- und Eichenwaldungen umgeben, mit mässigem Wellenschlag.

Neuere Literatur: Windemuth, Ostseebad Glücksburg. Deutsch. med. Wochenschrift. 1882, VIII., 18.

Gmunden

in Oesterreich, Oberösterreich, klimatischer Curort, an dem herrlichen, rings von Bergen umschlossenen Traunsee gelegen, 3 Meilen nordöstlich von Ischl.

Die Curmittel. 1. Klima. Die Luft ist mild und feuchtwarm. Lufttemperatur durch hohe Gleichmässigkeit und den geringen Ausschlag der Sommertemperatur ausgezeichnet.

2. Andere Curmittel sind: Soolbäder, pneumatische Kammer mit verdichteter Luft, Inhalationen von Sool- und Latschdämpfen, Wasserheilanstalt, Molken-, Dampf- und Fichtennadelbäder, kalte Bäder im Traunsee, Kräutersäfte, Erdbeercuren.

Locale Verhältnisse. Arzt: Dr. Wolfsgruber, Badearzt.
Seehöhe: 420 m.

Neuere Literatur: Feuerstein, Dr. C. F., Der Curort Gmunden und seine Umgebung mit Rücksicht auf dessen Klima, Badeanstalten und Curmittel. 5. Aufl. Gmunden 1879. — Wolfsgruber, Hans, Die Curmittel von Gmunden. Gmunden 1885.

Goczalkowitz

im Königreich Preussen, Provinz Oberschlesien, Curort mit Soolquelle, nahe der österreichischen Grenze.

Die Curmittel. 1. Die Soolquelle. Die hier erbohrte Soole ist reich an festen Bestandtheilen, namentlich an Kochsalz und Chlorcalcium, und enthält nicht unerhebliche Mengen von Jod- und Brommagnesium, sowie von Eisencarbonat 0,05 pCt., wodurch sie eine von der gewöhnlichen Soolwirkung etwas abweichende therapeutische Richtung bekommt. Ihre Temperatur ist 16,2° C.

2. Andere Curmittel sind noch: Concentrirte Soole, Badesalz, Soolseife, Milch und Molken, Inhalationen.

Die Indicationen für Goczalkowitz sind speciell gichtische Knochen- und Gelenkaffectionen, besonders bei decrepiten, blutarmen, durch langes Siechthum heruntergekommenen Naturen, bei welchen sein Wasser ganz vorzügliche Erfolge erzielen soll.

Neuere Literatur: Scholz, Dr., Goczalkowitz. Novelle über die zum schlesischen Bädertag gehör. Bäder. Reinerz 1878.

Godesberg

in Preussen, Rheinprovinz, Pfarrdorf am Rhein, eine Meile südlich von Bonn, mit einer Wasserheilanstalt und einer schwachen alkalisch-salinischen Eisenquelle.

Neuere Literatur: Brockhaus, Die Godesberger Stahlquelle. Deutsch. med. Wochenschr. 1882, VIII., 19.

Gonten

in der Schweiz, Canton Appenzell, Molkencuranstalt mit mehreren erdigen Eisenquellen und erregendem Klima, welche beide gegen Anämie Anwendung finden.

Görbersdorf

in Preussen, Provinz Schlesien, drei im Kreise Waldenburg nahe der böhmischen Grenze gelegene Heilanstalten für Lungenkranke, von denen namentlich die Brehmersche eines hohen, weitverbreiteten Rufs sich erfreut.

Die Curmittel sind: Die Höhenlage des Orts von 569—600 m, das Klima (mässig kühl und mässig feucht mit ozonreicher Luft, vollkommener Windschutz), das Trinkwasser, die Terrainverhältnisse für Lungengymnastik, Waldluft und Waldschatten, kaltes Wasser in modificirter Anwendung, Kuh- und Ziegenmilch, Ungarwein und Cognac, geregelte Lebensweise, stetige ärztliche Ueberwachung.

Locale Verhältnisse. Bahnstation: Friedland an der Verbindungsbahn der Breslau-Schweidnitz-Freiburger Eisenbahn, 5 km entfernt.

Curanstalten: Die hiesigen Curanstalten sind die Brehmer'sche mit Dr. Brehmer, die Römpler'sche mit Dr. Römpler und die Gräflich Pückler-sche mit Dr. Weber, von denen die erstere die grösste ist. Durchgehends vorzügliche Einrichtungen und grosse, gut ventilirte Räume.

Curzeit: In den 3 Anstalten das ganze Jahr hindurch.

Promenaden: Schöne breite Wege mit sanfter Steigung in den Tannenwäldern und vielen Ruheplätzen an diesen Anstalten, besonders an den beiden ersteren.

Neuere Literatur: Die Brehmer'sche Heilanstalt für Lungenkranke in Görbersdorf, ein Circularschreiben. 1882. — Dr. Rümpler's vormals v. Rössing'sche Heilanstalt zu Görbersdorf in Schlesien. Ohne Jahreszahl. Ein Circularschreiben. — Palleske, A.. Der Curort Görbersdorf in Schlesien, eine Heilanstalt für Lungenkranke. Als Handbuch und Führer zum Gebrauch für Curgäste bestimmt. Berlin 1872, Enslin. — Jasinski, W.. Görbersdorf und seine Heilanstalten. Petersb. med. Wochenschr. 1887, N. F. IV., 16.

Gräfenberg

in Oesterreich-Schlesien, die erste von Vincenz Priessnitz selbst gegründete Wasserheilanstalt, mit vorzüglich reinem, 5 bis 10 ° C. warmem Quellwasser. Die Anstalt zerfällt gegenwärtig in die Hackersche Anstalt (Annahof) und in die Schindler'sche.

Locale Verhältnisse. Curzeit: Das ganze Jahr hindurch.

Klima: rauh.

Seehöhe: 645 m.

Neuere Literatur: Priessnitz, Vincentz, Gräfenberg-Freienwaldau. Wassercurort, Wasserheilanstalt. Gräfenberg u. Prag 1880. — Kutschera, J. U., Gräfenberg. Beschreibung der Heilanstalt und ihrer Umgebung. Wien 1873.

Gries

in Oesterreich, Tirol, ein klimatischer Curort in der nächsten Nähe von Botzen, welcher im Herbste von Kranken zu Traubencuren vielfach aufgesucht wird, mit vollkommenem Schutz vor kalten Nord- und Ostwinden, nur den Süd- und Südsüdostwinden ausgesetzt. Die Luft ist ziemlich trocken. Viel Windstille. Das Klima soll nach Höffinger das wärmste auf deutschem Boden sein, in welchem sogar der Lorbeer gedeihe.

Indicationen. Pleuritische Exsudate, chronische Katarrhe der Luftwege mit starker Schleimbildung, chronische Rheumatismen sind hier am meisten vertreten.

Locale Verhältnisse. Aerzte: DDr. Mayrhofer, Marchesani, Gstrein, Höffinger, Sauter.

Curzeit: Von Mitte September bis Ende Mai.

Neuere Literatur: Navrátil, Dr., Gries bei Botzen als klimatischer Curort. Wien 1885, 2. Aufl., Braumüller. — Höffinger, C., Gries-Botzen in Deutschtirol als klin. Terraincurort und Touristenstation. Innsbruck 1887.

Griessbach (Griesbach)

im **Grossherzogthum Baden**, ein zur Gruppe der Kniebis- oder Renchthalbäder gehörender **Curort** mit **mehreren starken Eisensäuerlingen**, von denen die Antoniusquelle die kräftigste ist und auf 3,1 g feste Bestandtheile 0,078 g doppeltkohlensaures Eisenoxydul, 0,78 g schwefelsaures Natron und 1,60 g doppeltkohlensaure Kalkerde, sowie 1266 ccm freier Kohlensäure im Liter Wasser besitzt. Ausserdem **Harzwasserbäder**.

Neuere Literatur: Haberer, Dr., Aerztl. Mitth. aus Baden. 1879, No. 7 u. 8. — Derselbe ibid. 1875, No. 29. Ebendaselbst 1885, No. 15 u. 16.

Gurnigelbad

in der **Schweiz, Canton Bern**, eine unweit der Stadt Bern gelegene **Curanstalt** mit mehreren Schwefelquellen, welche zu Trink- und Badecuren benutzt werden. Sie sind kalte Gipswässer, von denen das Schwarzbrünnliwasser im Liter Wasser 18,1 ccm Schwefelwasserstoff enthält.

Indicationen. Als Curobjecte gelten für Gurnigelbad Obstruction, Leberanschwellung, Hämorrhoiden, chronische Bronchitis und andere Krankheitszustände mehr.

Locale Verhältnisse. Arzt: Dr. Ed. Verdat in Bern.

Bahnstation: Ultingen an der Eisenbahnlinie Thun-Bern-Olten.

Seehöhe: 1153 m.

Neuere Literatur: Verdat, Dr. Ed. in Bern. Gurnigel. Einrichtungen, Klima, Mineralquellen, Heilresultate. Notizen f. prakt. Aerzte. Bern 1876. — Hauser, Guringelbad bei Bern. Biel 1879. — Verdat, Eaux minérales sulfureuses de Gournigel. Etablissement, clima, statistique, clinique. Bern 1879, Dalp.

Hall

in **Oesterreich, Oberösterreich**, ein wegen seiner Jodquellen geschätzter und namentlich von Frauen und Kindern vielfach aufgesuchter **Curort** am Nordfusse der Norischen Alpen, eine Meile östlich von der altberühmten Benedictinerabtei Kremsmünster und zwei Meilen südlich von Linz gelegen.

Die Curmittel. 1. Die Jodquellen. Es sind vier durch hohen Jod- und Bromgehalt ausgezeichnete Kochsalzquellen, von denen drei erst im Jahre 1869 aufgefunden wurden. Die wichtigste unter ihnen ist die ergiebige, seit 1100 Jahren benützte **Tassiloquelle**, ehemals als Haller Kropfwasser bekannt, welche auf ein Liter Wasser 13 g feste Bestandtheile besitzt, unter denen 12,1 g Chlornatrium, 0,042 g Jodmagnesium und 0,058 g Brommagnesium sich befinden. Temperatur 11,2 ° C.

Indicationen. Das Wasser dient zu Trink- und Badecuren, Umschlägen, Gurgeln, Schnupfen etc. und findet seine hauptsächlichste Anwendung gegen Scrofulose in ihren verschiedensten Formen, gegen chronische Infarcte und Hypertrophien der Gebärmutter, chronische Harnröhrenkatarrhe, Syphilis und andere Krankheitszustände mehr, gegen welche Jod sich wirksam erweist.

2. **Weitere Curmittel** sind: Jodquellensalz als Badezusatz, Sooldampfinhalationen, Ziegenmilch, Schafmolke und eine Wasserbadeanstalt im Sulzbachthale.

Locale Verhältnisse. Aerzte: DDr. Katscher, Körbl, Pachner, Pollack, Rabl, Schuber.

Bahnstation: Vels und Linz an der Kaiserin Elisabethbahn.

Kinderhospiz: besteht seit 1855.

Klima: Mild, mässig, feucht.

Seehöhe: 376 m.

Neuere Literatur: Katscher, Dr., Der Curort Hall in Oberösterreich mit seinen jod-, brom- und natronhaltigen Quellen. Wien 1882, Perles. — Schuber, Dr., Der Curort Hall in Oberösterreich mit seinen jod- und bromhaltigen Quellen. 2. Aufl. Wien 1881.

Hall

in Oesterreich, Tirol, ein ziemlich besuchter klimatischer Curort mit 26,4 pCt. kochsalzhaltigen und an Chlormagnesium reichen Soolbädern, eine Stunde von Innsbruck im schönen Unter-Innthale gelegen.

Hapsal

in Russland, Esthland, Ostseebad, welches namentlich wegen seiner Seeschlammbäder aufgesucht wird.

Harkány

in Ungarn, im Beranyer Comitat, ein 11 km südlich von Fünfkirchen in anmuthiger, waldiger Weingegend gelegener Curort mit zwei im Allgemeinen stoffarmen Schwefelthermen, deren Hauptbestandtheile Chlornatrium und kohlensaures Natron, sowie das neuerdings von Than entdeckte Kohlenoxydsulfit sind und deren Temperatur 52° resp. 59° C. beträgt.

Indicationen. Sie finden in Form von Trink- und Badecuren gegen Gicht, Rheumatismen, Abdominalplethora, Mercurialkachexie, larvirte Syphilis ihre hauptsächliche Anwendung.

Neuere Literatur: Heller, Der Curort Harkány und seine Schwefelquelle. 1884.

Heiden

in der Schweiz, Canton Appenzell, beliebter Luft- und Molkencurort im westlichen Ausserrhoden, auf einem kleinen, auf drei Seiten mit Anhöhen umgebenen wiesengrünen Plateau gelegen, mit vollem, freiem, wahrhaft entzückendem Blick auf das östliche Gebiet des Bodensees und die ihn umgebenden Berge. Lage sonnig, geschützt.

Indicationen. Das Klima von Heiden eignet sich besonders für heruntergekommene, einer Anregung bedürftige Individuen als restaurirendes Mittel.

Locale Verhältnisse. Bahnstation: Heiden ist Endstation der Rorschach-Heidener Bergbahn.

Curfrequenz: Etwas mehr als 2000 wirkliche Curgebrauchende.

Seehöhe: 806 m überm Meer und 412 m über dem Bodensee.

Heilbrunn

in Baiern, Oberbaiern, ein im Landgerichte Tölz gelegenes kleines Pfarrdorf, in dessen Gebiete die Adelheidsquelle entspringt. Sie ist das gehaltreichste jod- und bromhaltige Kochsalzwasser Deutschlands von 10° C. Temperatur, welches bei verhältnissmässig wenig festen Bestandtheilen (6,01 g im Liter) und nur 4,95 g Kochsalz 0,0286 g Jodnatrium und 0,0478 g Bromnatrium enthält und hierdurch die Wirkungen des Jods und Broms in ungleich reinerer und intensiverer Weise hervortreten lässt, als es alle übrigen derartigen Quellen wegen zu hohen Kochsalzgehalts thun. Die Quelle dient vorzugsweise zum Trinken, ist aber in neuerer Zeit auch mit Einrichtungen zum Baden umgeben worden. Sie wird fast nur versendet.

Indicationen. Sie findet ihre hauptsächlichste Anwendung überall da, wo Jod und Brom indicirt ist, und zwar in erster Linie bei Scrofulose, Syphilis, chronischem Gebärmutterinfarct.

Neuere Literatur: Grundler, D., Mittheilungen über Heilbrunn und seine Adelheitsquelle. München 1886. II. 1888.

Helgoland,

Insel in der Nordsee, ein wegen seiner Lage geschätztes, unter britischer Hoheit stehendes Nordseedad.

Die Curmittel. 1. Die See. Die Nordsee hat bei Helgoland ihren höchsten Salzgehalt, welcher nach verschiedenen Analysen zwischen 3,0 bis 3,9 pCt. schwankt. Der Wellenschlag ist sehr stark und übertrifft an Mächtigkeit die meisten deutschen Seebäder. Die Temperatur des Wassers beträgt am Badeplatz auf der Düne + 17 bis 18,7° C.

Indicationen. Die Seebäder von Helgoland regen in energischer Weise die Innervation an und passen nur für resistente Naturen. Alle Formen von nervösen Schmerzen, durch schlechte Blutbildung unterhalten, habituelle Blutstockungen mit Hypochondrie im Gefolge, abgelaufener Muskel- und Gelenkrheumatismus, tabetische Erkrankungen baden in Helgoland mit grossem Erfolg.

2. Klima. Als klimatischer Aufenthalt eignet sich Helgoland nach Zimmermanns Erfahrung für suspecte Lungen ohne ausgebildete Cavernen, für Asthmatiker, scrofulöse Kinder und Reconvalescenten von schweren Krankheiten.

Locale Verhältnisse. Aerzte: DDr. Schwarz, Rupprich.

Curfrequenz: Im Jahre 1884 6272 Personen.

Curort: Die Insel, vom Meere rings umspült, besteht aus einem sterilen, fast senkrecht aus dem Meere emporsteigenden Plateau von rothem Sandstein: dem Oberlande mit der kleinen Stadt, und einem Vorlande, dem Unterlande. Die Curgäste wohnen vorzugsweise im Oberlande, wo die Luft rein und gut ist; das Unterland ist denselben nicht zu empfehlen, Luft schlecht, Wohnungen nicht gut. 1200 m östlich von diesem Vorlande liegt die Düne, ein kleiner, auf Felsgrund ruhender Sandhügel, auf welchem die Badeplätze sich befinden. Diese letzteren sind daher nur mittelst Boot zu erreichen, ein Uebelstand, der bei der 20 bis 30 Minuten dauernden Ueberfahrt von der Insel nervöse Kranke leicht seekrank macht und bei plötzlich eintretendem Sturmwetter die Badenden nöthigt, auf dem kleinen Dünenhügel, der nebenbei bemerkt jedes Jahr noch kleiner wird, oft lange Zeit zu verweilen und in einem Schuppen zusammengepfercht bisweilen sogar zu übernachten. Im Allgemeinen kann man wohl sagen, dass Helgoland die Bedingungen nicht erfüllt, die man an ein gutes Seebad heutigen Tages stellt.

Reiseverbindungen: Von Hamburg mittels Dampfer in 7 bis 8 Stunden.

Neuere Literatur: Berenberg, Die Nordseeinseln der Deutschen Küste. 1875, S. 51. — Zimmermann. Oesterr. Badeztg. 1879, No. 8. — Helgoland, Fremdenführer. 4. Ausg., 1879.

Herculesbad (Herculesfurdö)

in Ungarn, Krasso-Szörenyer Comitat, Curort unweit Mehadia, nach welchem der Curort auch genannt wird, der bedeutendste des Banats.

Die Curmittel. Die Mineralquellen. Es entspringen hier zweiundzwanzig Quellen, von denen jedoch nur neun benutzt werden. Sie sind muriatisch-erdige Schwefelthermen von 39 bis 44,5° C. Temperatur, denen von Aachen ähnlich, und werden zu Trink-, vorzugsweise aber zu Badecuren benutzt. Die wichtigste und wärmste von ihnen ist die Franzensquelle, eine Kochsalzquelle, welche im Liter Wasser auf 7,197 g feste Bestandtheile, 3,81 g Kochsalz und 2,76 g kohlensauren Kalk, sowie 42,6 ccm Schwefelwasserstoff besitzt. Die anderen Quellen sind stoffärmer und kühler.

Die Heilanzeigen kommen in der Hauptsache mit denen von Aachen zusammen. Scrofulöse, rheumatische und gichtische Gelenkanschwellungen, syphilitische Knochenaffectionen, traumatische Exsudate, Contracturen und Lähmungen sind hier vorzugsweise vertreten und finden in vielen Fällen Heilungen.

Locale Verhältnisse. Aerzte: Chorin, Munk, Némath, Vina, Brunn, Popovicin. Badeanstalten: Das Carolinenbad, das Ludwigsbad, das Elisabethbad, das Militärbad, das Schwimmbad. Die Einrichtungen sind zweckmässig.

Curfrequenz: Im Jahre 1887 5624 Personen.

Neuere Literatur: Munk, Em., Der Curort Herculesbad nächst Mehadia. Wien 1871. — Popovicin, A., Das Herculesbad bei Mehadia in Siebenbürgen. Wien 1885.

Heringsdorf

in Preussen, Insel Usedom, ein beliebtes Ostseebad in der Pommerschen Bucht, eine Meile nordwestlich von Swinemünde, von herrlichen Buchenwaldungen umgeben.

Die Curmittel. Die Seebäder zeichnen sich durch Stärke und Häufigkeit des Wellenschlages und durch den relativ starken Salzgehalt des Meerwassers vor vielen anderen Ostseebädern aus.

Locale Verhältnisse. Aerzte: S.-R. Dr. Kortüm, Dr. Vogt von Anclam, Dr. Leonhardt.

Curfrequenz: Im Jahre 1884 5620 Personen.

Reiseverbindungen: Eisenbahn von Berlin über Pasewalk und Ducherow nach Swinemünde und von da mit Wagen nach Heringsdorf.

Neuere Literatur: Wallenstedt, Dr. v., Das Ostseebad Heringsdorf auf der Insel Usedom. Berlin 1879. — Leonhardt, Herm., Das Ostseebad Heringsdorf. Stettin 1887.

Hermannsbad Lausigk

im Königreich Sachsen, Regierungsbezirk Leipzig, eine wenige Minuten von der Stadt Lausigk gelegene Badeanstalt mit einer Vitriolquelle, welche mit 4,2 g Eisenvitriol auf 5,44 g feste Bestandtheile zu den gehaltreichsten Eisenvitriolwässern gehört und namentlich in Form von Bädern gegen Atonie der Haut, schwächende Schweisse, Anämie und andere ähnliche Krankheitszustände Verwendung findet. Die Anstalt ist im Jahre 1881 neu restaurirt und vorzüglich eingerichtet worden. Arzt: Dr. Schumann.

Neuere Literatur: Hermannsbad bei Lausigk. Lausigk 1882, Verlag der Anstalt.

Heustrich

in der Schweiz, Canton Bern, eine im Berner Oberlande gelegene Badeanstalt mit einer vielfach benutzten Schwefelquelle.

Die Curmittel. 1. Die Schwefelquelle. Sie ist ein kaltes alkalisch-salinisches Schwefelwasser, welches bei grossem Reichthum an doppeltkohlensaurem Natron, schwefelsaure Alkalien, sowie Schwefelnatrium und bemerkenswerthe Mengen Lithioncarbonat enthält und viel Schwefelwasserstoff entwickelt.

Indicationen. Die Quelle findet vorzugsweise in Form von Trinkcuren ihre Anwendung gegen chronische katarrhalische Affectionen des Kehlkopfes, der Bronchien, des Rachens und der Harnblase.

2. Sonstige Curmittel. Inhalation, Hydrotherapie, Milch- und Molkencur.

Locale Verhältnisse. Arzt: Dr. Neukomm.

Badehaus: Seine Einrichtungen werden sehr gerühmt, namentlich gilt dies von den Douchen und Inhalationseinrichtungen.

Bahnstation: Scherzligen an der Schweizerischen Centralbahn, Linie Bern-Thun, oder Bahnstation Thun.

Seehöhe: 680 m.

Heyst

in Belgien, Provinz Westflandern, ein in neuerer Zeit ziemlich besuchtes, noch durch Einfachheit sich auszeichnendes Nordseebad, 1½ Stunde von Blankenberghe entfernt, mit demselben kräftigen Wellenschlag, wie Ostende, und feinsandigem Badegrunde. Der Ort ist aber wegen der in der Nähe des Badestrandes ausmündenden Kloaken ungesund und vom Typhus öfters heimgesucht.

Locale Verhältnisse. Curfrequenz: Etwa 3000 Personen.

Bahnstation: Heyst ist Station der Zweigbahn Blankenberghe-Heyst.

Hofgeismar

in Preussen, Provinz Hessen-Nassau, Curanstalt, unweit des gleichnamigen Städtchens gelegen, mit zwei erdig-salinischen Eisensäuerlingen, welche zum Trinken und Baden dienen und früher in hohem Ansehen standen.

Homburg vor der Höhe

in Preussen, Provinz Hessen-Nassau, ein bedeutender Curort am Fusse des Taunus, $1^3/_4$ Meilen nördlich von Frankfurt, in lieblicher Gegend der Wetterau gelegen, mit wichtigen Kochsalzsäuerlingen.

Die Curmittel. 1. Die Mineralquellen. Sie sind: Die Elisabethquelle, die Kaiserquelle, der Ludwigsbrunnen, die Louisenquelle und der Stahlbrunnen. Sämmtliche Quellen, welche zu Trink- und Badecuren, vorzugsweise zu ersteren, dienen, sind kalte kochsalzhaltige Säuerlinge, deren Kochsalzgehalt in den einzelnen Quellen von 5,1 bis 9,8 g schwankt, mit grossem Reichthum an Kohlensäure.

Indicationen. Therapeutische Anwendung finden die 3 ersten Quellen bei chronischem Magenkatarrh, habitueller Verstopfung und den dadurch bedingten Stauungserscheinungen, bei Dickdarmkatarrhen, chronischer Metritis, bei träger Circulation im Gebiete des Pfortadersystems, Fettsucht und anderen derartigen Krankheitszuständen mehr, die beiden letzteren bei anämischen Krankheitszuständen.

2. Klima. Das Klima von Homburg, welches in neuerer Zeit auch als Curmittel herangezogen wurde, ist ein mildes Gebirgsklima, mit reiner, mehr trockener, anregender und kräftigender Luft. Auf Börners Empfehlung hin (Deutsche medic. Wochenschrift, 1881, No. 27 bis 32) suchen Nervenleidende und Reconvalescenten nach schweren Krankheiten das dasige Klima auf und rühmen dessen wohlthuenden Einwirkungen.

3. Weitere Curmittel sind: Moorbäder, Gasbäder, Wasserbehandlung in zwei Anstalten, Fichtennadelbäder, Mutterlaugenbäder, Molken, Inhalationen, Electrotherapie, Massage.

Locale Verhältnisse. Aerzte: DDr. Deetz, Haase. Hitzel, Höber. Hühnerfauth (Besitzer einer Wasserheilanstalt, in welcher die Wasserbehandlung mit Orthopädie, Massage, Electrotherapie etc. combinirt ist), Lommel, Schetelig, Thel, Weber, Will, Zurbuch.

Badehäuser: Zwei, beide mit höchst eleganten und mannigfaltigen Einrichtungen. Ausserdem einige Privatbadehäuser.

Bahnstation: Homburg ist Endstation der Eisenbahnlinie Frankfurt-Homburg.

Curfrequenz: Im Jahre 1887 10 620 Personen, darunter viele Engländer.

Sanatorium für chron. Kranke und Reconvalescenten, von Dr. Lommel geleitet.

Seehöhe: 190 m.

Neuere Literatur: Höber, Dr., Homburg, ses eaux minérales et les maladies, qu'elles guerissent. Homburg 1882. Schick. — Höber, Fr., Bad Homburg und sein Heilapparat. Homburg 1885. — Will. Dr. H., Der Curort Homburg v. d. Höhe, seine Mineralquellen und klimatischen Heilmittel. Ein Rathgeber für Fremde und Einheimische. Homburg 1880. Fraunholz. (Auch englisch.) — Börner, Deutsch. med. Wochenschr. 1881, VI., No. 28, 31, 32. — Deetz, Geh.-R., Grossmanns Heilquellen des Taunus. Wiesbaden 1887.

Hyères

in Frankreich, Departement du Var (Provence), klimatischer Curort, die südlichste der französischen Mittelmeerstationen, 4 km vom Meeresstrande.

Die Curmittel. Das Klima. Im Allgemeinen lässt sich von dem Klima von Hyères sagen, dass es ein trockenes, anregendes und bei windstillem Wetter warmes ist, und in mancher Beziehung dem von Nizza nahe kommt. Leider ist dessen Lage derart, dass der Mistral fast den ganzen Ort und die Wohnungen der Kranken bestreicht. Die Zahl der schönen Tage ist eine sehr hohe.

Indicationen. Der Aufenthalt in Hyères ist nur solchen Kranken anzurathen, denen heftige Luftströmungen, sowie grosse Veränderlichkeit der Lufttemperatur nicht schaden.

Locale Verhältnisse. Aerzte: DDr. Biden, Bourgarel, Cessens, Chassinat, Décugis, Griffith, Jaubert. Kastus, Laure, Loniewski, Marquez. Roux, Sovard, Vidal; deutsche Aerzte fehlen.

Badeanstalten: Mehrere Seebäder, eine Stunde von der Stadt bei Pomponiana.

Bahnstation: Hyères ist Endstation der von La Pauline an der Hauptlinie Genua-Marseille sich abzweigenden Seitenbahn.

Curzeit: Vom 1. October bis 1. Mai, indess verlassen die meisten Kranken wegen der heftigen Winde Hyères meist schon Anfangs März.

Neuere Literatur: Honoraty, Lettre à un médecin de Paris sur Hyères. Paris 1864. — Pietra Santa, Dr. de, Les climats du midi de la France. Paris 1874. — Valcourt, Climatologie des stations hivernales. Paris 1865.

Ilmenau

im Grossherzogthum Sachsen-Weimar-Eisenach, Wasserheilanstalt am Thüringer Walde, in nächster Nähe des Städtchens gleichen Namens, welche zu den besuchtesten und besteingerichteten Anstalten Thüringens zählt.

Arzt und Director: S.-R. Dr. Preller und Dr. Haasenstein.

Neuere Literatur: Fils, A. W., Bad Ilmenau und seine Umgebungen. 3. Aufl. von S.-R. Preller, Hildburghausen 1886. — Preller, S.-R., Bad Ilmenau im Sommer 1883. Corresponzbl. d ärztl. Vereins von Thüringen. Jahrg. 1884.

Imnau

im Fürstenthum Hohenzollern, Curort mit acht erdigen Eisensäuerlingen, von denen die Casperquelle mit 0,052 g Eisenbicarbonat und 1160 ccm freier Kohlensäure die wichtigste ist und sich durch einen hohen Mangangehalt auszeichnet. Arzt: Dr. Scheef.

Neuere Literatur: Ritter, Hofrath Dr. B., Die Cur- und Badeanstalt Imnau, vormals und jetzt. Rottenburg 1880, Bader. — Mock, Dr. H., Das Stahlbad Imnau in Hohenzollern. Imnau 1873.

Inowrazlaw

in Preussen, Provinz Posen, ein im Jahre 1875 gegründetes Soolbad, dessen Soole ein kräftiges jod- und bromhaltiges Wasser mit

25 pCt. Kochsalzgehalt ist, welches zu Bädern sowohl, als auch zu Trinkcuren, mit kohlensaurem Wasser verdünnt, benutzt wird.

Inselbad

in Preussen, Provinz Westfalen, Curanstalt für Brustkranke, ¼ Stunde von Paderborn entfernt.

Die Curmittel. Die Mineralquellen. Es finden sich drei Quellen vor, von denen die Ottilienquelle, ein kochsalzhaltiges Kalkwasser mit reichlichem Stickstoffgehalt, zu Trink- und Badecuren, sowie zu Inhalationen benutzt wird.

Indicationen. Die Quelle und die Inhalationen finden Anwendung vorzugsweise gegen chronische Lungenentzündungen, Tuberculose im Anfangsstadium, Spitzenpneumonien, Bluthusten, chronische Kehlkopfentzündungen und ähnliche Zustände.

Locale Verhältnisse. Arzt: Dr. Brügelmann, zugleich Anstaltsdirector.

Curanstalt: ist gut eingerichtet.

Neuere Literatur: Brügelmann, Die Curanstalt Inselbad bei Paderborn. Ein Führer und Berather für den Curgast, zugleich eine kurze Darstellung meiner Ansichten und Behandlungsmethoden. Paderborn 1882, Schöningh.

Interlaken

in der Schweiz, Canton Bern, klimatischer Curort im Berner Oberlande, zwischen dem Thuner- und dem Brienzer See (daher der Name inter lacus) in einem von hohen Bergen eingeschlossenen Thalkessel gelegen, zugleich viel aufgesuchtes Standquartier von Touristen.

Die Curmittel. 1. Das Klima. Das Klima von Interlaken eignet sich nach Strasser vorzugsweise für Anämische und Reconvalescenten nach schweren Krankheiten, für anämische, rasch gewachsene, geistig zu sehr angestrengt gewesene Kinder, Neurasthenien, Hypochondrie, pleuritische Exsudate, chronische Phthise etc.

2. Weitere Curmittel sind: Eselinnenmilch, Kuh- und Ziegenmilch, Erdbeer- und Traubencur, Mineralwässer verschiedener Art, See- und Flussbäder, Douchen, Ziegenmolken.

Locale Verhältnisse. Aerzte: DDr. Delachaux, Curarzt, Schären, Strasser, Volz, Zürcher.

Bahnstation: Interlaken ist Station der Linie Bönigen-Därligen von der Jura-Bern-Luzerner Eisenbahn.

Seehöhe: 568 m.

Neuere Literatur: Delachaux, Dr., Der klimatische Curort Interlaken im Berner Oberlande. Interlaken 1885.

Johannisbad

in Oesterreich, Böhmen, Curort am südlichen Abhange des Riesengebirges, zugleich beliebte Sommerfrische.

Die Curmittel. 1. Die Quellen. Sie sind drei indifferente Thermen von 29° C., welche auf ein Liter Wasser 0,226 g feste Be-

standtheile enthalten und die Indicationen der lauen Wildbäder im Allgemeinen haben.

2. Weitere Curmittel sind: Eine schwache erdig-salinische
Eisenquelle, Molken, Milch, das Klima mit subalpinem Charakter
und Waldluft.

Locale Verhältnisse. Aerzte: DDr. Kopf, Pauer, Schreier.

Badeanstalt: Sie besitzt zwei grosse Bassinbäder mit der natürlichen Wärme
des Wassers und mehrere Wannenbäder.

Bahnstation: Freiheit, Endstation einer von Trautenau abgehenden Zweigbahn der Oesterr. Nordwestbahn, 2 km entfernt. Postverbindung.

Seehöhe: 610—651 m.

Neuere Literatur: Pauer, Dr. Bernh., Johannisbad im Riesengebirge in topographischer, geschichtl. und medic. Beziehung. Wien 1880, Braumüller.

Ischl

in Oesterreich, Oberösterreich, beliebter Curort des Salzkammer-
gutes mit mildem Klima und Soolbädern.

Die Curmittel. 1. Die Soole. Sie ist 26,2 pctig. und wird als
Bad, als Dampfbad, als Dampfinhalation, als kalte Zerstäubungsinhalation
und als Douche benutzt.

2. Die Trinkquellen. Sie sind die Maria-Luisenquelle und die
Klebelsbergquelle, beide schwache, geringe Mengen Kohlensäure haltende
Kochsalzquellen, welche bei chronischem Magen- und Darmkatarrh, Katarrh
der Respirationswege und anderen Krankheitszuständen mehr in Form
von Trinkcuren Verwendung finden.

3. Klima mild und feucht, ziemlich gleichmässig, wird gegen
Katarrhe der Luftwege empfohlen.

4. Molken. Sie sind Ziegen-, Kuh- und Schafmolken zum Trinken
und zu Bädern.

5. Weitere Curmittel sind: Kräutersäfte, Fichtennadelbäder, Schlamm aus dem Salzberge, Moorerde, eine Schwefelquelle
zu Bädern, kalte Flussbäder, pneumatische Behandlung, Gymnastik, hydropathische Curen, Terraincuren.

Locale Verhältnisse. Aerzte: DDr. Fürstenberg, Heinemann, Hertzka, Kaan,
v. Kottowitz, Pfost, Pollak, Schütz, Pollak, Reibmeyer, Mayer, Stieger (Leiter der
Curanstalten).

Bahnstation: Ischl ist Station der Kronprinz Rudolf-Bahn.

Curanstalten: Das Wirerbad, das Giselabad, das Rudolfsbad, das Dampf-
badgebäude, die Trinkhalle für Milch und Mineralwässer, kalte Flussbäder, die hydropathische Anstalt des Dr. Hertzka.

Curfrequenz: Im Jahre 1887 bis Ende September 14150 Personen incl.
Passanten.

Seehöhe: 468 m.

Neuere Literatur: Kottowitz, Dr. Gust. v., Curort Ischl in Oesterreich (Salzkammergut). 2. verm. u. verbess. Aufl. Mit einer Karte von Ischl und Umgebung.
Linz 1881, Ebenhöch. — Kaan, Dr. H., Ischl et ses environs. Wien 1879, Braumüller.

Juist

im Königreich Preussen, Provinz Hannover, Nordseebad auf
der zwischen Borkum und Norderney gelegenen ostfriesischen Insel gleichen
Namens, welches vorzugsweise von Lehrern und Pastoren aufgesucht wird,
mit feinsandigem Badegrund und gutem Wellenschlag. Wohnung einfach,
Leben billig.

Neuere Literatur: Berenberg, Die Nordseeinseln der Deutschen Küste. Norden
1875, S. 11.

Juliushall

im Herzogthum Braunschweig, Soolbad und Luftcurort, am
Fusse des sagenreichen Burgberges mit dem Bismarckdenkmale, in nächster
Nähe vom Marktflecken Harzburg, nach welchem das Bad bisweilen ge-
nannt wird, in romantischer Gebirgsgegend gelegen.

Die Curmittel. 1. Soolquellen. Die beiden Quellen sind 6,5
und 6,9 procentige kalte Kochsalzquellen, welche vorzugsweise zum Baden,
aber auch zum Trinken dienen.

2. Weitere Curmittel sind: Eine neu eingerichtete Wasserheilanstalt, mit der eine diätetische verbunden ist, Moorbäder, pneumatische Bäder, Fichtennadelbäder, Dampfbäder, Electrotherapie, eine Flussbade- und Schwimmanstalt.

Locale Verhältnisse. Aerzte: DDr. Dankworth, Dreyer, C. Franke, Münzel,
letzterer dirigirender Arzt der Anstalt und ebenso auch der Kaltwasserheilanstalt.

Badehaus: Es wurde in neuerer Zeit ansehnlich verbessert und erweitert.

Bahnstation: Harzburg, Endstation der Linie Braunschweig-Harzburg.

Curfrequenz: Im Jahre 1882 bis 17. September 11711 Personen, darunter
2911 wirkliche Curgäste.

Seehöhe: 260 m.

Neuere Literatur: Münzel, Dr. Ed., Harzburg-Juliushall und seine Heilmittel.
1883. — Risse, Joh., Bericht über die Saison. 1882.

Iwonicz

in Galizien, Samoter Kreis, Curort am nördlichen Abhange der
Karpathen, mit fünf jodhaltigen Kochsalzsäuerlingen, von denen
die beiden Hauptquellen, die Karl- und Amalienquelle, auf 10,6 g
feste Bestandtheile 0,016 g Jodnatrium und 0,023 g Bromnatrium im
Liter Wasser enthalten.

Ihre Indicationen sind die der jodhaltigen Kochsalzquellen.

Aerzte: Dr. Swirski, Dr. Demkicki.

Neuere Literatur: Swirski, Dr. Adam, Iwonicz als Heilquelle und seine Curmittel. 1880.

Kainzenbad

in Baiern, Regierungsbezirk Oberbaiern, klimatischer Curort,
eine Viertelstunde von Partenkirchen, in einer der schönsten Hochgebirgs-
landschaften des ganzen Alpengebiets gelegen.

Die Curmittel. Die Quellen. Kainzenbad besitzt drei kalte alkalisch-salinische jodhaltige Quellen und zwei schwache Eisensäuerlinge, von denen aber nur die Kainzenquelle als schwache alkalische Jodquelle benutzt wird.

Indicationen. Schonungsbedürftige erethische Individuen mit scrofulösem Habitus, Kehlkopfkatarrh und Bronchiten, Frauenkrankheiten, Anämien sind hier am meisten vertreten.

Locale Verhältnisse. Arzt: Dr. Behrendt, ärztlicher Leiter der Anstalt.

Seehöhe: 806 m. Filiale vom Bade ist die 1363 m hoch gelegene Alm am Eck oder der Eckbauer.

Neuere Literatur: Das Kainzenbad bei Partenkirchen in Oberbayern. München 1877, Finsterlin. — Das Kainzenbad. Bayr. ärztl. Intelligenzbl., 1877, Nr. 18.

Kaltenleutgeben

in Oesterreich, Niederösterreich, Pfarrdorf unweit Wien, mit zwei Wasserheilanstalten, und zwar der des Dr. Winternitz und der des Dr. Emmel. Die erstere hat vorzügliche Einrichtungen, die andere ist einfacher eingerichtet. Curzeit das ganze Jahr hindurch.

Locale Verhältnisse. Aerzte: Dr. Winternitz, Dr. Emmel.

Bahnstation: Liesing an der Oesterr. Südbahn.

Neuere Literatur: Wasserheilanstalt des Dr. W. Winternitz in Kaltenleutgeben bei Wien. Verlag der Anstalt.

Karlsbad

in Oesterreich, Böhmen, der bedeutendste Curort nicht blos dieses Landes, sondern auch von ganz Europa, in einem schönen aber engen Thale der Tepl und in höchst romantischer Gegend gelegen, mit einer grossen Anzahl Thermalquellen, deren hoher Ruf sich über die ganze civilisirte Welt ausdehnt.

Die Curmittel. 1. Die Thermalquellen. Sämmtliche in Karlsbad medicinisch benutzten Quellen sind Thermen, von denen die wichtigsten der Sprudel, der Schlossbrunnen, der Mühlbrunnen, der Neubrunnen, der Theresienbrunnen, die Elisabethquelle, die Felsenquelle, der Marktbrunnen, der Kaiserbrunnen sind. Die höchste Temperatur hat der Sprudel mit 73,8 $^\circ$ C., die Temperatur der übrigen Quellen liegt zwischen 49,7 $^\circ$ bis 63,4 $^\circ$ C.

Sämmtliche Quellen Karlsbads, welche vorzugsweise zu Trink-, aber auch zu Badecuren Verwendung finden und nur durch ihre Temperatur sich von einander unterscheiden, sind alkalisch-muriatische Glaubersalzthermen. Ihre Hauptbestandtheile sind: kohlensaures Natron, im Liter Wasser 1,298 g schwefelsaure Alkalien, besonders schwefelsaures Natron 2,591 g, ferner Kochsalz 1,042 g, kohlensaure Erden 0,487 g und halbgebundene und freie Kohlensäure 0,966 g, wobei aber nicht blos die absoluten Mengen dieser Agentien, sondern auch deren gegenseitiges quantitatives Verhältniss zu einander von grossem Einfluss auf die eigenthümliche Stellung dieser Thermalquellen ist, welche sie anderen alkalisch-salinischen Wässern gegenüber einnehmen.

Indicationen. Indicirt erscheinen nach Seegen („Compendium der allgemeinen und speciellen Heilquellenlehre") die Karlsbader Thermen zunächst bei Blutstauungen in den Unterleibsorganen, Leber, Magen, Milz, überhaupt im ganzen Gebiete der Pfortader und der unteren Hohlvene, welche durch anhaltend sitzende Lebensweise, durch lange, hartnäckige Stuhlverstopfung, durch allzureichlichen Genuss unzweckmässiger Speisen und Getränke hervorgerufen und unterhalten werden, insbesondere wenn Verdauungsstörungen dazutreten. Die grosse Mehrzahl der Karlsbader Curgäste ist leberkrank. Leberhyperämie, beginnende granulirte Leber, Fettleber neben Pfortaderstauung oder allgemeiner Fettsucht findet man in Karlsbad unendlich oft vertreten. Nicht minder häufig sind es ikterische Kranke, welchen man daselbst begegnet, die, mag der Ikterus in Folge zurückgehaltener Gallensteine oder eingedickter Galle, oder in Folge eines Duodenalkatarrhs entstanden sein, vorzügliche Curresultate zu erlangen pflegen, wie dies auch meist von leberkranken Individuen gilt. Katarrhe des Magens und Darmkanals, bei welchen ein grösserer Reizungszustand der Schleimhaut mit starker Stuhlverstopfung oder Diarrhöe stattfindet, Gastralgien und Magengeschwüre mit starker Säurebildung, chronische Stuhlverstopfung in Folge allzuträger Darmbewegung, Stein- und Griesbildung in den Nieren, Gicht als Folgezustand von Unterleibsstasen, Zuckerkrankheit finden in Karlsbad entweder ihre vollständige Heilung oder doch wenigstens wesentliche Besserung.

Sehr wichtig ist für die Karlsbader Cur, wie Jaworski (Wiener medicin. Wochenschrift, 1884, No. 35, 36) dargethan hat, dass die Temperaturen, bei welchen die Patienten das Thermalwasser an der Quelle und anderorts trinken, auch solche sind, bei welchen Albuminlösungen, speciell das Blutserum noch nicht zur Gerinnung gebracht werden und das Pepsin noch verdauungsfähig bleibt. Als solchen höchsten zulässigen Wärmegrad fand Jaworski 55 ° C. und als Durchschnittstemperatur, welche die Pepsinverdauung am meisten begünstigt, 50 ° C. Da aber die Temperatur der meisten Karlsbader Quellen weit höhere sind, so schlägt Jaworski vor, das frisch geschöpfte Wasser so lange sich abkühlen zu lassen, bis es die obige Temperatur hat. Aus einer von diesem Beobachter gegebenen Zusammenstellung ergiebt sich nun, dass Sprudel, Curhausquelle, Bernhardsquelle, Neubrunnen, Theresienbrunnen und Felsenquelle einer Abkühlung von 5 bis 15 Minuten, je nach der genuinen Temperatur bedürfen, ehe sie getrunken werden sollen, während alle anderen Quellen unmittelbar nach dem Schöpfen verwendbar sind.

Die Bäder, welche in Karlsbad als Nebenmittel betrachtet werden, dienen als Unterstützungsmittel der Trinkcur und finden da ihre Anwendung, wo Anregung der Hautthätigkeit und Beruhigung der peripherischen Nerven angezeigt ist. Ein anderes wichtiges Hülfsmittel in Karlsbad ist die strenge Diät, welche den Kranken vorgeschrieben wird und die sie mit einer angemessenen Bewegung im Freien verbinden müssen.

2. Weitere Curmittel sind: Eisenbäder, Flussbäder, Dampf- und Douchebäder, Moorbäder, Sauerbrunnenbäder, Sprudelpastillen, Sprudelsalz (durch Krystallisiren gewonnen), natürliches Quellsalz (Abdampfungsrückstand der sogenannten löslichen

Bestandtheile), **Mutterlauge, Sprudelseife, verschiedene fremde Mineralwässer.**

Locale Verhältnisse. Aerzte: Hofr. Ritter Dr. v. Hochberger, Geh. R. Dr. Preis, S. R. Dr. Isidor Gans, M.-R. Dr. Starke, Dr. Schnee, Dr. Fleckles. Dr. Neubauer. S.-R. Dr. Jacques Mayer. Dr. Kraus, Dr. Abeles. Dr. Kafka, Rath Dr. Grünberger. Dr. Pichler, Dr. Rosenberg, Dr. Löwenstein, Rath Dr. Sztankovanszky. Dr. Hassewitz, Dr. Pleschner, Stabsarzt Dr. Czapek. Dr. London, S.-R. Dr. Wollner. Dr. Stephanides, Dr. Hertzka, Dr. Mlady, Dr. Paul Cartellieri, Dr. Maschka. Dr. Rosenzweig. Dr. Friedenthal, Hofzahnarzt Dr. Hirschfeld, Dr. Hofmeister. Dr. Kallay, Dr. Freund, Dr. Edgar Gans, Dr. Hirsch, Dr. Löwy, Dr. Sticha, Dr. Seligmann, Dr. Putzlar, Dr. Marterer, Dr. Kretowicz, Dr. Herrmann, Dr. Kleen, Dr. Bayer, Dr. Becher, Dr. Ruff, Dr. Schumann-Leclercq, Dr. Strunz, Dr. Pollarzek, Stabsarzt Dr. Georg Kraus, Dr. Joseph Hochberger, Dr. Politzer, Dr. Ritter, Dr. Roth, Dr. Padowetz, Schiffer (im Winter in Berlin).

Badeanstalten: Sie sind das Sprudelbadehaus, das Neubad (neues Moorbadehaus), das Eisenbad, das Mühlbadehaus, das Curhaus, das Militärbadehaus, das Officierbadehaus.

Bahnstation: Karlsbad ist Station der Buschtehrader Eisenbahn.

Klima: Es ist etwas veränderlich; Morgen und Abende sind kühl, Nord- und Nordwestwinde häufig, viel Feuchtigkeit in der Atmosphäre.

Curfrequenz: Dieselbe betrug im Jahre 1887 bis 30. September 28666 Personen laut Curliste.

Curzeit: Die Saison dauert officiell vom 1. Mai bis 1. October, doch kann die Cur auch zu jeder Jahreszeit gebraucht werden.

Reiseverbindungen: Directe Eisenbahnverbindungen mit dem ganzen Continente durch die Buschtehrader Eisenbahn. Fahrzeit nach Karlsbad von Berlin 11 Stunden, von Dresden 7½ Stunden, von Hamburg oder Bremen 21 Stunden, von Leipzig 8 Stunden, von München 8 Stunden, von Wien 13 Stunden.

Seehöhe: 374 m.

Wasserversandt: Jährlich etwa 800000 Flaschen der verschiedenen Quellen. Sprudelsalz zu etwa 12000 Pfund, Sprudelseife zu etwa 1300 Pfund. Jetziger Brunnenpächter Löbl Schottländer.

Neuere Literatur: Hertzka, Dr. Emmer., Karlsbad in Böhmen in topographischer, historischer, physikalisch-chemischer Hinsicht, seine physiologischen und therapeutischen Wirkungen, für Aerzte und Curgäste. Wien 1879, Braumüller. — Illawaczek, Dr. C., Karlsbad in geschichtlicher, medicinischer und topographischer Beziehung. 13. Aufl. Karlsbad 1879, Feller. — Jaworski, Dr., Ueber die Trinkcuren der Karlsbader Thermen. Wien. med. Wochenschr., 1881, Nr. 35, 36. — Stephanides, Dr., Karlsbad, seine Thermen etc. 1883. — Gans, Dr. Edg, Einiges über die Contraindicationen der Karlsbader Cur. Prag. med. Wochenschr., 1887, XII., 12. — London, B., Ueber den Einfluss des kochsalz- und glaubersalzhaltigen Mineralwassers auf einige Factoren des Stoffwechsels. Ztschr. f. klin. Medicin, 1887, XIII. I., S. 48. — Kafka, Dr. Th., Carlsbad, ses sources, son action physiologique et ses indications par — médec. homöopathe à Carlsbad. Carlsbad 1884.

Karlsbad

im Königreich Württemberg, Jartkreis, eine in der Nähe der Stadt Mergentheim, nach welcher sie auch den Namen führt, gelegene Curanstalt mit einer Bittersalzquelle, welche zum innerlichen und äusserlichen Gebrauche vielfache Verwendung findet.

Die Curmittel. 1. Die Bittersalzquelle, welche den Namen Karlsquelle führt, ist ein natürliches, durch seinen Kohlensäuregehalt zugleich sehr werthvolles kochsalzhaltiges Bitterwasser, welches nach einer Analyse von Liebig als wichtigste Bestandtheile im Liter Wasser 13,37 g Kochsalz, 3,70 g schwefelsaures Natron, 2,48 g schwefelsaure Magnesia, sowie 737 ccm Kohlensäure enthält.

Indicationen. Nach Höring's und Ellinger's Erfahrungen (Balneolg. Zeitg., VII., S. 385) erweist sich das Mergentheimer Bitterwasser als sehr heilsam bei chronischen Katarrhen der Schleimhäute des Magens und des Duodenums, bei habitueller Stuhlverstopfung, bei chronischen Dickdarmkatarrhen, Unterleibsvollblütigkeit, bei Fettleber, Gicht, chronischer Gebärmutterentzündung und ähnlichen Krankheitszuständen mehr.

2. Unterstützende Curmittel sind noch Douchebäder in verschiedenen Formen, Dampfbäder, Kiefernadeldampfbäder, Kiefernadelbalsam-Sitzbäder, Fuss- und Handbäder, warme und kalte Umschläge mit Mineralwasser.

Locale Verhältnisse. Aerzte: Hofrath Dr. Höring, DDr. Ellinger, Kraus, Lindemann, Pflüger, Stützle, Scheuplein.

Badeanstalten: Das Etablissement besitzt zwei Logirhäuser zur Aufnahme der Curgäste, eine grosse Anzahl Badestuben, ein Curhaus und eine Trinkhalle.

Bahnstation: Mergentheim ist Station der von Stuttgart nach Würzburg führenden Eisenbahn.

Curfrequenz: Durchschnittlich 1100 bis 1200 Personen.

Seehöhe: 190 m.

Neuere Literatur: Höring, Hofrath Dr., Das Karlsbad bei Mergentheim mit seinen Heilmitteln. Taschenbuch für Curgäste. 2. Aufl., Mergentheim 1878. Verlag des Verfassers.

Kislowodsk (Sauerwasser)

in Russland, Kaukasien, ein Curort mit verschiedenen Säuerlingen. Der wichtigste unter der ganzen Quellengruppe ist der Narsan, eine Riesenquelle, welche in 24 Stunden 126000 Eimer Wasser und ein fünffaches Volumen Kohlensäure auswirft. Die Temperatur seines krystallhellen, stark perlenden Wassers ist 14,3° C. und der Geschmack sehr angenehm. Seine Hauptbestandtheile sind kohlensaurer Kalk, schwefelsaure Magnesia und freie Kohlensäure.

Die Indicationen sind die der erdigen Säuerlinge.

Neuere Literatur: Heifelder, Dr., Die Curperiode 1884 in Pjatigorsk. Petersb. medic. Wochenschr., 1885, Nr. 3 u. 4.

Kissingen

im Königreich Baiern, Regierungsbezirk Unterfranken, Curort ersten Ranges, der bedeutendste im ganzen Königreich, mit ausgezeichneten, zu Trinkcuren sich vorzugsweise eignenden Kochsalzsäuerlingen.

Die Curmittel. 1. Die Kochsalzsäuerlinge. Sie sind der Rakoczy, der wichtigste unter den dasigen Trinkquellen, der Pandur, der Maxbrunnen, der Salinensprudel und der Schönbornsprudel. Die drei ersteren Quellen dienen vorzugsweise zu Trinkcuren, die beiden letzten vorzugsweise zur Bereitung der Soolbäder, sind aber in den letzten Jahren mehr wie früher zu Trinkcuren benutzt worden. Sämmtliche Quellen Kissingens sind eisenhaltige Kochsalzquellen, deren Kochsalzgehalt in den beiden Haupttrinkquellen 5,8 und 5,5 g, in den Badequellen 9,5 bis 11.8 g im Liter beträgt. Dabei ist ihr Gehalt an Kohlensäure ein sehr hoher, der bis 1257 und 1440 ccm sich beläuft. Ausserdem enthalten die Kissinger Quellen noch mässige Mengen kohlensauren Eisenoxyduls.

Die stoffreichste Trinkquelle ist der Rakoczy, die gasreichste der Pandur, die stoffreichste und den höchsten Kohlensäuregehalt besitzende Badequelle ist der Salinensprudel. Die Temperatur der drei Trinkquellen schwankt zwischen 10,4° und 10,7°, die der beiden Badequellen zwischen 18,4 und 18,6° C. Das Wasser schmeckt säuerlich salzig, erfrischend, prickelnd.

2. Unterstützende Curmittel sind, das Kissinger Bitterwasser, welches in seiner chemischen Zusammensetzung ganz mit dem Friedrichshaller Bitterwasser übereinkommt, Moorbäder, Gasbäder, Gradirluft, Wasserbehandlung, pneumatische Apparate, Stickstoffinhalationen, Inhalationen zerstäubter Soole, Dampfbäder und Salzdampfbäder, gradirte Soole, Dampfbäder und Salzdampfbäder, Mutterlauge, Electrotherapie, Flussbäder, Ziegenmolken.

Wirkungsweise der Quellen und Indicationen. In neuester Zeit hat Sotier (Bad Kissingen, 1881) die physiologischen und therapeutischen Wirkungen der Kissinger Quellen festgestellt. Er bemerkt in dieser Beziehung, dass man die Kissinger Quellen nicht abführenden Quellen an die Seite setzen darf, sondern dass ihre Hauptwirkung in Hebung aller Functionen des Stoffwechsels besteht, und empfiehlt sie als besonders wirksam bei chronischem Magen- und Darmkatarrh, Rachenkatarrh, Circulationsstörungen im Unterleibe, Fettsucht und Fettherz, Leberanschwellungen, Hyperämie und Fettleber, Gallenblasenkatarrh und Gallensteinen, habitueller Stuhlverstopfung und ähnlichen Zuständen mehr.

Die Bäder hingegen entfalten eine mächtige Wirksamkeit bei Krankheiten der peripherischen Nerven, bei Hautkrankheiten, Exsudatresten und Gelenkaffectionen rheumatisch-gichtischer Natur.

Locale Verhältnisse. Aerzte: DDr. Beyerlein, v. Chlapowski, Hofr. Oskar Diruf, Hofr. Gätschenberger, Hofr. Stöhr, M.-R. Sotier, Stabsarzt Edm. Dietz (Arzt der pneum. Anstalt), Gust. Diruf, Edm. Diruf jun., Ising (Arzt der Wasserheilanstalt), Heinrich Welsch, Lender, Gottburg, Laudin, Freiherr v. Sohlern (Heilanstalt für Magenleidende), Scherpf, Heckenlauer, Neuhaus, Rosenau, Herm. Welsch, Zober, Helfreich (Augenarzt).

Badeanstalten: Kissingen hat drei grosse Badeanstalten, welche in vorzüglicher Weise eingerichtet sind.

Bahnstation: Kissingen ist Station der von Ebenhausen abgehenden Seitenbahn, einer Abzweigung der Bahnlinien Aschaffenburg-Würzburg-Hof und Schweinfurt-Meiningen.

Klima: Einem Gebirgsklima sich annähernd, mässig, anregend, erfrischend.

Curfrequenz: Im Jahre 1887 bis Ende September laut Curliste 13085 Personen. Alle europäischen Staaten stellen hierzu ihr Contingent.

Seehöhe: 191,6 m.

Neuere Literatur: Diruf, O., Kissingen und seine Heilquellen. 5. Aufl., 1884. — Sotier, A., Bad Kissingen. Verlag des Verfassers. 1881. — Diruf sen., O., Kissingen, Its baths and mineral springs. Würzburg 1887. — Wörl, Führer durch Bad Kissingen und Umgegend.

Klosters

in der Schweiz, Canton Graubünden, ein unweit Davos gelegener, sehr beliebter Luftcurort, welcher mit Davos concurrirt und gleiche Indicationen wie dieser Curort hat. Das Klima ist ein voralpines, hat nach Gsell-Fels viel heitere Tage und besitzt eine relative Feuchtigkeit in der Sommersaison von 69,1 pCt. im Durchschnitt.

Neuere Literatur: Gsell-Fels, Curorte der Schweiz. Zürich 1880, S. 94 u. ff.

Königsbrunn

im Königreich Sachsen, Regierungsbezirk Dresden, eine in der sächsischen Schweiz, am Fusse des Königsteins gelegene Wasserheilanstalt mit guten Einrichtungen und verschiedenen medicinischen Hülfsmitteln.

Königsdorff-Jastrzemb

in Preussen, Oberschlesien, Soolbad im südwestlichen Theile des Rybnicker Kreises gelegen, mit einer bromhaltigen Kochsalzquelle, welche im Liter Wasser auf 12,5 g feste Bestandtheile 0,016 g Jodmagnesium und 0,023 g Brommagnesium enthält. Zur Verstärkung der Bäderwirkung setzt man concentrirte Soole zu.

Die Indicationen sind die gewöhnlichen für schwache Soolbäder. Die Curanstalt hat durchgehends gute Einrichtungen.

Arzt: Dr. Witczak.

Neuere Literatur: Weissenberg, Dr., Das jod- und bromhaltige Soolbad Königsdorff Jastrzemb in Oberschlesien, seine Curmittel und seine Wirkungen. Berlin 1879, Hirschwald. — Wehse, Dr. sen., Die Bäder Schlesiens in ihrem therapeut. Werth und ihren Indicationen. Breslau 1885.

Königstein

in Preussen, Provinz Hessen-Nassau, Luftcurort mit einer Wasserheilanstalt, in malerischer, vor Wind geschützter Lage im Obertaunus gelegen, mit mildem Klima. Milch- und Molkencuren.

Aerzte: Dr. R. Pingler, Director der Wasserheilanstalt; Dr. Thewaldt.

Königswart

in Böhmen, Kreis Eger, ein zwischen Eger und Marienbad am südlichen Abhange eines bewaldeten Gebirgszuges gelegener Curort mit

25*

sechs starken erdig-alkalischen Eisensäuerlingen, welche im Liter
Wasser 0,085 g Eisenbicarbonat bei grosser Menge freier Kohlensäure
enthalten und zu Trink- und Badecuren verwendet werden.

Die Indicationen sind die für Eisenquellen im Allgemeinen aufgestellten. Ausser den Eisenquellen: Moorbäder, Fichtennadelbäder, Milch, Molken.

Locale Verhältnisse. Aerzte: Dr. Kohn, Dr. Kindl.
Badeeinrichtungen gut.

Neuere Literatur: Kohn, Dr. A., Der Curort Königswart, dessen Stahlquellen und
übrigen Heilpotenzen. Wien 1873, Braumüller.

Kösen

in Preussen, Provinz Sachsen, Soolbad, $^3/_4$ Meile westlich von
Naumburg im anmuthigen Saalthale gelegen.

Die Curmittel. 1. Die Soole ist eine fünfprocentige, mit einer
Temperatur von 18,7° C., und dient vorzugsweise nur zum Baden. In
neuerer Zeit hat man sie, verdünnt und mit Kohlensäure imprägnirt,
auch zu Trinkcuren verwendet.

2. Ausser Bade- und Trinkcur bietet das Gradirwerk eine Inhalationsanstalt. Auch Wellenbäder, Milch- und Molkencuren,
sowie Traubencuren und eine Trinkanstalt für natürliche und
künstliche Mineralwässer gehören unter die Heilmittel von Kösen.

Locale Verhältnisse. Aerzte: DDr. Löffler, Nöldechen, Risse, Geh. Sanitätsr.
Rosenberger (Badearzt), Wahn, W. Wahn, Weise, Zimmermann.

Badeanstalten: Die königliche und vier Privatbadeanstalten mit guten,
einfachen Einrichtungen.

Bahnstation: Kösen ist Station der Thüringischen Eisenbahn, Strecke
Naumburg-Sulza.

Curfrequenz: Im Jahre 1887 bis 30. September 2152 Personen.

Köstritz

im Fürstenthum Reuss j. L., Curanstalt im gleichnamigen Pfarrdorfe
an einem der schönsten Punkte des freundlichen Elsterthales, zwischen
den Städten Zeitz und Gera gelegen, mit heissen Sandbädern, Soolbädern, moussirenden Bädern, Fichtennadel- und anderen Bädern;
die ersteren sind die wichtigeren.

Krankenheil

in Baiern, Regierungsbezirk Oberbaiern, auch Krankenheil-Tölz
genannt, $^1/_4$ Meile südwestlich vom Marktflecken Tölz, eine in den letzten
Jahrzehnten rasch in Aufnahme gekommene Curanstalt mit mehreren
Jodquellen, welche in einer der reizendsten Gegenden des bairischen
Hochlandes am nördlichen Abhange des Blomberges entspringen.

Die Curmittel. 1. Die Mineralquellen sind drei, und zwar
die Bernhardsquelle, die Johann-Georgenquelle und die Anna-
quelle, welche auf 0,71 bis 1,03 g feste Bestandtheile 0,001 g Jodnatrium und verhältnissmässig geringe Mengen Kochsalz und kohlen-

sauren Natrons besitzen. Ihre hauptsächlichste Anwendung finden sie gegen Scrofulose, chronische Metritis, Hautkrankheiten, tertiäre Syphilis. 2. Weitere Curmittel sind: Quellsalz, Quellsalzseife, Pastillen, Kräutersäfte, Molken und die dasigen klimatischen Verhältnisse.

Locale Verhältnisse. Aerzte: DDr. Edelmann, Bez.-Arzt; Höfler, Letzel, Streber.

Badeanstalt: Mit guten Einrichtungen.

Bahnstation: Tölz an der Linie München-Holzkirchen-Tölz, 20 Minuten vom Bade entfernt.

Curfrequenz: Etwa 1200 Personen.

Seehöhe: 650 m.

Neuere Literatur: Höfler, Dr. M., Bad Krankenheil-Tölz in den bairischen Voralpen und seine Wirkungen. München 1881 (Freiburg i. Br., Herder). — Derselbe, Therapeutische Verwendung und Wirkung der jod- und schwefelhaltigen doppeltkohlensauren Natronquellen zu Krankenheil-Tölz für Aerzte und Curgäste. Freiburg i. Br. 1875. — Derselbe, Ueber den Einfluss des Krankenheiler Quellsalzes auf den Stoffwechsel. Deutsch. medic. Wochenschr., 1881, VII., 11. — Derselbe, Balneolog. Studien aus dem Bade Krankenheil-Tölz. München 1886.

Kreischa

im Königreich Sachsen, Regierungsbezirk Dresden, eine bei Dresden im freundlichen Lockwitzgrunde gelegene gut eingerichtete Wasserheilanstalt, welche seit dem Jahre 1881 zu einer Pension für Nervenleidende und Reconvalescenten erweitert ist. Arzt: Dr. Pelizäus.

Kreuth

im Königreich Baiern, Kreis Oberbaiern, einer der ältesten und bekanntesten Alpencurorte, im bayrischen Hochlande zwischen dem Tegernsee und dem Achensee in romantischer, abgeschiedener, idyllischer Gegend gelegen und von Bergen, Wald und Wiesen umgeben.

Die Curmittel. Die Curmittel von Kreuth sind eine erfrischende, reine Alpenluft, Milch- und Molkencuren, Stutenmilch, Kumyss (aus Stutenmilch), Kräutercuren, Soolbäder, Molkenbäder, Fichtennadelbäder und ein erdig-salinisches Gipswasser mit Schwefelwasserstoffgehalt.

Locale Verhältnisse Arzt: Dr. May, zugleich Curvorstand.

Seehöhe: 849 m.

Neuere Literatur: Beetz, Dr. Ful., Bad Kreuth und seine Curmittel. Mit einem Wegweiser. München 1879, Finsterlin. — Pletzer, Dr. Heinr., Bad Kreuth und seine Molkencuren. München 1875, Lindauer'sche Buchh.

Kreuznach

im Königreich Preussen, Rheinprovinz, wichtiger Curort mit Soolquellen, im romantischen Nahethale gelegen und rings von prächtigen Waldungen und rebenbepflanzten Hügeln umgeben.

Die Curmittel. 1. Die Soolquellen. Die wichtigste unter den zahlreichen hier zutagetretenden Soolquellen ist die an der südlichen

Spitze der Friedrich Wilhelms-Insel gelegene Elisabethquelle, welche im Liter Wasser auf 11,8 g feste Bestandtheile 9,5 g Kochsalz und 0,04 g Brommagnesium enthält. Ihre Temperatur ist 12,5° C. Sie dient vorzugsweise zum innerlichen Gebrauch. Die übrigen Quellen sind von der Elisabethquelle wenig verschieden, sie dienen vorzugsweise zum Baden.

Charakteristisch für die Soolquellen von Kreuznach ist ihr verhältnissmässig geringer Kochsalzgehalt, das Vorwiegen von Chlorkalium, Chlorcalcium und Bromverbindungen, das starke Zurücktreten der Jodverbindungen gegen diese letzteren und das gänzliche Fehlen von Sulfaten, namentlich von Gips.

2. Die Mutterlauge. Die Mutterlauge, reich an Chlorcalcium, Chlorlithium und Bromverbindungen, wird als Zusatz zu Bädern benutzt.

3. Mutterlaugensalz ist eingedickte Mutterlauge.

4. Ausserdem dienen noch zu Curzwecken: Inhalationen der Luft an den Gradirhäusern, zerstäubte Soole im Sooldunstcabinet behufs Einathmens, grosses Inhalatorium im Curpark, Dampf- und electrische Bäder, Sitzbäder, Injectionen, Brom-Jodseife, Molken und im Herbste Trauben.

Indicationen sind die der Soolbäder im Allgemeinen. In neuerer Zeit aber hat man die daselbst erlangten bedeutenden Curerfolge mehr der dasigen vorzüglichen Curmethode, der consequenten Behandlung und dem milden Klima als den Quellen zugeschrieben, an deren durchgreifender Wirksamkeit bei ihrem verhältnissmässig geringen Salzgehalt man Zweifel erhebt.

Locale Verhältnisse. Aerzte: DDr. Bardach, Bresgen, Dupuis, Engelmann, Freudenberg, Germer, Hermann (Heilanstalt f. Hautkrankheiten), Hessel, Hausner, Jung, Karst, Lier, Marwald, Prieger, Röhrig, Stabel, Strahl, Trautwein, Weber. Zwei Zahnärzte.

Badehaus: Es hat vollständige Einrichtungen, wie sie die Jetztzeit fordert.

Bahnstation: Kreuznach ist Station der Rhein-Nahebahn.

Klima: Vorzüglich mild. Es gilt als ein wichtiger Factor für die Cur.

Curfrequenz: Im Jahre 1884 bis 24. September 5441 Personen.

Neuere Literatur: Engelmann, Geh. S.-R., Kreuznach, seine Heilquellen und deren Anwendung Neu bearbeitet von Dr. Friedr. Engelmann. 7. Aufl., Kreuznach, 1882, Voigtländer. — Stabel, Dr., Ueber den Werth von Kreuznach und seine Stellung unter den Soolbädern. Kreuznach 1888. — Heusner, Dr. und Poltinsky, Bad Kreuznach. Mittheilungen für Aerzte und Curgäste. Berlin 1884. — Stabel, Das Soolbad Kreuznach. 4. Aufl., Kreuznach 1887.

Krondorf

in Oesterreich, Böhmen, ein unweit Karlsbad gelegener alkalischer Säuerling, welcher jährlich zu 931,000 Flaschen versendet wird.

Kronthal

im Königreich Preussen, Provinz Hessen-Nassau, Curanstalt am Taunus, mit drei erdig-muriatischen Säuerlingen, darunter der bekannte Apollinarisbrunnen, welche mässige Mengen Kochsalz, aber sehr viel freie Kohlensäure besitzen, eine Temperatur von 10 bis 16° C. haben und therapeutische Anwendung bei katarrhalischen Erkrankungen des Magens und der Luftwege finden. Weitere Curmittel sind: Gasbäder, Ziegenmolken, eine Wasserheilanstalt. Curanstalt gut eingerichtet.

Neuere Literatur: G r o s s m a n n, Heilquellen des Taunus. Wiesbaden 1887.

Krynica

in Oesterreich, Galizien, ein im raschen Aufblühen begriffener Curort mit mehreren starken Eisensäuerlingen, in einem anmuthigen Thale der Beskiden gelegen.

Die Curmittel. 1. Mineralquellen. Von achtzehn Eisensäuerlingen, welche hier zutagetreten, werden vorzugsweise nur die Hauptquelle in Krynica und die etwa $^1/_4$ Stunde davon entfernte Solotwiner Quelle benutzt. Beide Quellen gehören zu den starken kalkhaltigen Eisensäuerlingen mit 1,92 g doppeltkohlensaurem Kalk und 0,05 g Eisenbicarbonat, sowie 1280 ccm freier Kohlensäure im Liter Wasser. Sie dienen zum Trinken und Baden und haben die Indicationen der gehaltreicheren Eisensäuerlinge im Allgemeinen.

2. Weitere Curmittel sind: Moorerde, Schafmolke, Kumyss.

Locale Verhältnisse. A e r z t e: Dr. Zieleniewsky, Blatteis, Skoroczewski, Zdun.

B a d e h a u s: Vier Badeanstalten mit guten Einrichtungen, Badezimmer zu Wasser- und Moorbädern. Die Bäder selbst werden durchgehends nach Schwarzscher Methode erwärmt.

Neuere Literatur: H a u s s e r, Dr, in Tarnow. Wien. med. Wochenschr. 1879, Nr. 13, 14, 17, 18, 20, 23 und 24. — Z i e l e n i e w s k y, Oesterr. Badezeitung, 1877, Nr 1 und 1879, Nr. 1 bis 13. — D e r s e l b e, Statisch-medic. Darstellung des Kais K. Curorts in Kr. Krakau. 1881.

Landeck

in Preussen, Provinz Schlesien, Curort in der Grafschaft Glatz mit mehreren Thermalquellen, im Bielathale gelegen.

Die Curmittel. 1. Die Thermalquellen. Die sechs hier zutagetretenden Thermalquellen gehören zur Klasse der indifferenten Thermen mit geringem Gehalte an Schwefelnatrium und besitzen eine zwischen 20—31,5° C. liegende Temperatur. Sie dienen vorzugsweise zum Baden, doch werden sie auch zum Inhaliren und bisweilen sogar zu Trinkcuren benutzt.

Indicationen. Landecks Quellen werden vorzugsweise von Frauen benutzt, welche an gesteigerter Reizbarkeit des Nervensystems in Folge von Unterleibsvollblütigkeit oder Erkrankungen der Sexualorgane und an gewissen Neurosen, wie Migräne, Veitstanz etc., leiden. Auch rheumatische Erkrankungen und Katarrhe der Respirationswege finden sich in Landeck zur Cur ein.

2. Wasserheilanstalt. Die hiesige Cur- und Wasserheilanstalt „Thalheim" ist gut eingerichtet. Arzt: Dr. Leppmann.

3. Weitere Curmittel sind: Kräutersäfte, Molken, Moorbäder.

Locale Verhältnisse. Aerzte: DDr. Joseph, Gersch, Geb. San.-R. Langner, Stabsarzt Wehse sen., S.-R. Schütze. Ostrowicz, Wehse II, Schrader, Völkel, Leppmann (Wasserheilanstalt).

Badehäuser: Es befinden sich hier drei Badehäuser.

Bahnstation: Glatz an der Eisenbahnlinie Glatz-Mittelwalde, Patschkau an der Linie Frankenstein-Wette-Ziegenhals, beide 29 km entfernt.

Curfrequenz: Im Jahre 1884 6525 Personen.

Seehöhe: 467 m.

Neuere Literatur: Joseph, Dr. L., Ueber die gynaecologische Bedeu ung Landecks. Deutsch. medic. Wochenschr. 1883, IX., 10, 11, 12. — Wehse, Dr. sen., Bad Landeck. Breslau 1886. — Joseph, Dr. L., Die Thermen zu Landeck. Berlin 1887. — Wehse. Dr. sen., Die Bäder Schlesiens in ihrem therapeutischen Werth und in ihren Indicationen. Breslau 1885. — Derselbe, Bad Landeck. Sommerlicher Hauptterraincurort im Osten von Deutschland bei Kreislaufsstörungen. Breslau 1886.

Langenbrücken

im Grossherzogthum Baden, Amtsbezirk Bruchsal, ein zwischen Bruchsal und Heidelberg an der Bergstrasse gelegener Curort, welcher auch den Namen Amalienbad führt.

Die Curmittel. Die Schwefelquellen. Es giebt hier etwa 14 kalte salinische Schwefelquellen, welche Rehmann und Ziegelmeyer gegen Leberschwellungen, Hämorrhoidalleiden, überhaupt ausgebildete Abdominalplethora, besonders aber gegen Krankheiten der Respirationsorgane, Nasen- und Rachenkatarrhe lebhaft empfehlen und die Bäder aus denselben gegen Gelenk- und Muskelrheumatismus und andere chronische Krankheiten sehr rühmen. Zu einer Specialität hat sich in Langenbrücken die Inhalationsmethode ausgebildet.

Locale Verhältnisse. Aerzte: DDr. Ziegelmeyer, Badearzt, Neff.

Badeanstalt: Das Badehaus hat in der letzten Zeit vielfache Verbesserungen und Erweiterungen erfahren und ist mit allen Badeutensilien, namentlich Douchen versehen.

Neuere Literatur: Ueber Langenbrücken. Aerztl. Mittheilungen aus Baden. 1879, Nr. 7 und 8. — Rehmann. Ebendaselbst. 1876, Nr. 20. — Derselbe, Oesterr. Badezeitung. 1876, Nr. 15. — Ziegelmeyer, Dr. H., Badbericht über die Saison 1886 im Schwefelbad Langenbrücken. Bruchsal 1887.

Langeroog

in Preussen, Provinz Hannover, kleines Nordseebad mit starkem Wellenschlag und angenehm sandigem Badegrunde.

Laubbach

in Preussen, Rheinprovinz, eine bei Coblenz, unweit des Rheines gelegene Wasserheilanstalt, welche stark besucht wird. Sie ist das ganze Jahr geöffnet und sehr gut eingerichtet. Arzt: Dr. Averbeck, zugleich Anstaltsbesitzer.

Lauterberg

in Preussen, Provinz Hannover, Bade- und Luftcurort im Oberharz mit einer seit 1839 bestehenden vielbesuchten Wasserheilanstalt.

Locale Verhältnisse. Arzt: S.-R. Dr. Ritscher.
Seehöhe: 280 m.

Neuere Literatur: Ritscher, Dr., Bad Lauterberg a. Harz. Ein Circularschreiben.

Lenk

in der Schweiz, Canton Bern, Bade- und Curort im Ober-Simmen-
thale, mit trefflichen klimatischen Verhältnissen und mit zwei
gipshaltigen Schwefelquellen, von denen die eine, die Balm-
quelle, mit 52 ccm Schwefelwasserstoff zu den an diesem Gase reichsten
Quellen Europas zählt, und einer wenig benutzten Eisenquelle. Beide
Quellen dienen zu Trink- und Badecuren und werden von Bardeleben
(Deutsche medic. Wochenschr., 1877, No. 21) bei Erkrankungen der
Haut, besonders Eczem und Furunculose, in Form von Bädern, von
Treichler bei katarrhalischen Erkrankungen des Schlundes, Kehlkopfes
und der Bronchien in Form von Trinkcuren sehr gerühmt. Das Bade-
haus hat gute Einrichtungen.

Locale Verhältnisse. Arzt: Jonquière.
Seehöhe: 1105 m.

Leuk (Louèche-les-Bains)

in der Schweiz, Canton Wallis, Wildbad, in einem Bergkessel,
am südlichen Fusse der Gemmi, in grossartiger Alpennatur gelegen, das
höchste der Wildbäder.

Die Curmittel. Die Thermalquellen. Ihre Zahl beträgt 22
und ihre Temperatur schwankt von $34-51^0$ C. Sie werden
zu den sogenannten indifferenten Thermen gerechnet und haben als
Hauptbestandtheil Gips und etwas Bittersalz, weichen aber in Bezug auf
ihre Zusammensetzung wenig von einander ab. Die heisseste und er-
giebigste der dasigen Quellen ist die Lorenzquelle mit 51^0 C. Temperatur und 1,99 g festen Bestandtheilen, welche die drei grössten Badehäuser mit Wasser versorgt. Die Quellen werden zum Trinken, vorzugsweise aber zum Baden benutzt. Die Bäder werden hier bei 36^0 C.
Temperatur meist auf einige Stunden, sogar auf 5 bis 6 Stunden ausgedehnt und täglich genommen.

Indicationen. Die Bäder wirken reizend auf die Haut und haben
bei alten rebellischen Hautkrankheiten, namentlich pustulösen und blasen-
bildenden Hautausschlägen hohe Berühmtheit erlangt.

Locale Verhältnisse. Aerzte: DDr. Brunner, Mengis Vater und Sohn, Rey,
v. Werra.

Badehäuser: Es bestehen deren hier fünf und sind sämmtlich mit gemeinschaftlichen Bädern, Familienbädern, Einzelnbädern, Douchen und Inhalationsvorrichtungen versehen.

Curfrequenz: 1500 Personen im Jahresdurchschnitt.

Seehöhe: 1415 m.

Neuere Literatur: Werra, Dr. Jos. von, Der Curort Leukerbad im Canton Wallis.
— Brunner von Riedmatten, Das Leukerbad. Berl. klin. Wochenschr. 1887,
No. 24. — Brunner, A., Das Leukerbad im Canton Wallis, seine warmen Quellen

und seine Umgebung 5. Aufl., Basel 1887. — De la Harpe, Louèche-les-bains et ses
eaux thermales. Paris 1888.

Levico

in Oesterreich, Welschtirol, Badeanstalt am Eingange in das
herrliche von der Brenta durchflossene Val Sugana, zwei Stunden von
Trient entfernt, verbunden mit einer zweiten Anstalt, Vetriolo genannt.
Die Curmittel. 1. Die Mineralquellen. Levico hat zwei
Quellen, eine schwache, die Trinkquelle (sogenanntes saures Eisen-
Arsenik-Wasser), und eine starke (sogenanntes Eisen-Kupfer-Arsenik-
Wasser), die Badequelle.
Indicationen. Das dasige Wasser wird innerlich rein nur esslöffel-
weise oder mit anderem Trinkwasser vermischt gegen Anämie, Chlorose,
Neurosen, äusserlich in Bädern gegen Katarrhe der weiblichen Geschlechts-
organe, verschiedene Hautkrankheiten und Nervenleiden, namentlich
Hysterie, verordnet.
2. Schlamm. Der mit dem Niederschlage der Quellen vermischte
Schlamm wird zu Bädern benutzt.
Locale Verhältnisse. Arzt: DDr. Avenini, Pastrini.
Badeanstalt: Besitzt zweckmässige Einrichtungen und ist jedenfalls die best-
eingerichtete in Tirol.
Seehöhe: 533 m, der Quellen 1490 m.
Neuere Literatur: Knauthe, Archiv der Heilkunde. 1875, XVI., 2. — de Massa-
rellos, Dr., Bad Levico und seine arsenhaltigen Eisenquellen. München 1884. —
Poda, Dr., Das Bad Levico in Südtirol. Wien. med. Wochenschr. 1883, No. 11, 12, 13.

Liebenstein

im Herzogthum Sachsen-Meiningen, beliebter, namentlich von
Norddeutschen besuchter Curort mit kräftigen Eisenquellen und
2 Wasserheilanstalten, am Südabhange des Thüringer Waldes gelegen.
Die Curmittel. 1. Die Mineralquellen. Die hier in Gebrauch
befindlichen Quellen sind erbohrte erdig-salinische Eisensäuerlinge,
von denen nach Reichardt die alte Quelle auf 1,42 g feste Bestandtheile 0,10 g doppeltkohlensaures Eisenoxydul, die neue Quelle auf
1.61 g derselben 0,08 g dieses letzteren (im Liter Wasser) besitzt. Sie
dienen zum Trinken und Baden und finden vorzugsweise bei Anämien,
Neurosen und verschiedenen Frauenkrankheiten Anwendung.
2. Weitere Curmittel sind: 2 Wasserheilanstalten, Soolbäder, Fichtennadelbäder, Dampfbäder, irisch-römische Bäder,
Massage, electrische Bäder, Wellenbäder, Terraincuren.
Locale Verhältnisse. Aerzte: Hofrath Franz, Badearzt. S.-R Hesse, Vorstand
und Besitzer der Martiny'schen Wasserheilanstalt.
Badeanstalt: Mit durchgehends neuen, zweckmässigen Einrichtungen.
Curfrequenz: Im Jahre 1887 bis 15. September 1362 Personen.
Neuere Literatur: Wagner, Dr., Bad Liebenstein, eine historische Skizze. 1885.
(Saisonnachrichten von 1885.) — Thüringer Saisonnachricht von Dr. Willrich. 1887.

Liebenzell

in Württemberg, Schwarzwaldkreis, Wildbad, ein im romantischen Nagodthale des Schwarzwaldes gelegener, im 16. und 17. Jahrhundert in allen Landen des damaligen Deutschen Reiches bekannter und viel besuchter Curort, mit mehreren indifferenten, namentlich Kalksalze enthaltenden Quellen, deren Temperatur von 23 bis 25° C. schwankt. Die Indicationen sind die der indifferenten Thermen im Allgemeinen.

Lipik (auch Lippik)

im Königreich Slavonien, Comitat Pozegan, Curort mit heissen alkalischen Jodquellen.

Die Curmittel. Die Jodthermen. Die alkalisch-muriatischen Jodthermen sind der Zahl nach drei, von denen zwei eine Temperatur von 41 bis 46° C. und im Liter Wasser bei 1,3 g kohlensaurem Natron 0,040 bis 0,076 g Jodcalcium haben. Die dritte, vor wenigen Jahren erst erbohrt, ist 63,7° C. warm und enthält in obiger Wassermenge 1,55 g Natroncarbonat, 0,61 g Chlornatrium und 0,021 g Jodnatrium. Das Wasser, welches viel Kohlensäure und Stickgas entbindet, wird getrunken und auch zu Bädern und Klystiren benutzt und als angeblich specifisches Heilmittel gegen constitutionelle Syphilis, Scrofulose, Drüsenschwellungen, namentlich der Schilddrüse, chronischen Gebärmutterinfarct, Gicht, Rheumatismus und andere Krankheitszustände mehr gerühmt.

Locale Verhältnisse. Aerzte: DDr. Kern, Marschalkó, Badearzt, Gregoric, Thomas.

Badeanstalt: Die innere Einrichtung derselben soll gut sein; Neubau.

Curfrequenz: Im Jahre 1887 bis Ende September 1419 Personen.

Neuere Literatur: Kern, Dr. Heinr., Das Jodbad Lipik und seine warmen Quellen. Wien 1881, Braumüller. — Lipiker Jodthermalquelle. Lipik 1885, Selbstverlag der Badedirection

Lippspringe

in Preussen, Provinz Westfalen, ein 8 km von Paderborn entfernter, am Südabhange des Teutoburger Waldes gelegener Curort mit einer lauen Quelle.

Die Curmittel. Die Mineralquelle. Von den verschiedenen hier entspringenden Quellen kommt nur die Arminiusquelle zur Benutzung. Sie hat eine Temperatur von 21,2° C. und im Liter Wasser 2,4 g feste Bestandtheile, welche vorzugsweise aus Gips, Glaubersalz, Kalkcarbonat und geringen Mengen Eisencarbonat bestehen, sowie noch 646 ccm freier Kohlensäure und 303 ccm Stickstoff.

Indicationen. Die Quelle findet nach den neueren Erfahrungen, insbesondere nach denen von Neumann (Deutsche militärärztl. Zeitschr. 1878, 3.), nur bei denjenigen Lungenkatarrhen nutzreiche Anwendung, namentlich in Form von Trinkcuren, welche mit Appetitmangel und Verschlechterung des Ernährungsmaterials sich complicirt haben. In solchen Fällen beobachtete Neumann bald günstige Veränderungen in den Luftwegen und im Allgemeinbefinden, sowie in der Ernährung.

Selbst der Inanition nahe Kranke mit grossen Cavernen erfahren nach demselben Autor noch diese günstige Wirkung, vorausgesetzt, dass Oedeme, Hydrops, Albuminurie noch nicht eingetreten sind. Bronchialkatarrhe, pleuritische Exsudate, chronische Pneumonien ohne den Verdacht der Tuberkelbildung eignen sich um so mehr für die Lippspringer Cur, wenn die Kranken der Schonung sehr bedürfen und an reizbarer Schwäche leiden. Bronchialkatarrhe mit Emphysem hingegen erzielen kaum nennenswerthe Besserung.

Ausser der Trinkcur kommt das Lippspringer Wasser noch in Form von Bädern, Douchen und Inhalationen zur Anwendung; in neuester Zeit aber hat diese Behandlungsmethode insofern eine Umwandlung erfahren, als die Benutzung der Quellengasinhalationen erheblich eingeschränkt ist, die Methode, baden zu lassen, nicht mehr forcirt wird, und der Enthusiasmus für die kalte Douche sehr abgenommen hat, die Trinkcur hingegen immer mehr in den Vordergrund tritt.

Locale Verhältnisse. Aerzte: DDr. v. Brunn, Dammann, Frey, Königer, Rörig.

Bahnstation: Paderborn an der Strecke Altenbecken-Soest der Hauptlinie Hannover-Altenbecken. Tägliche Postverbindung in einer Stunde.

Klima: Mild; Witterung sehr gleichmässig, ohne schroffen Temperaturwechsel. Luft sehr feucht, beruhigend wirkend.

Curfrequenz: Im Jahre 1887 bis Ende September 2700 Personen.

Seehöhe: 138 m.

Neuere Literatur: Brunn, Dr. v., Curmittel des Bades Lippspringe, nebst populärer Skizze der Lungenkrankheiten. 4. verm. Aufl., Köthen 1885, Schulze. — Dammann, Dr., Der Curort Lippspringe, seine Heilmittel und Heilwirkungen. 4. umgearb. Aufl., Paderborn 1885, Schöningh. — Rohden, L., Lippspringe. 5. Aufl., bearbeitet von K. Königer. Berlin 1887.

Lobenstein

im Fürstenthum Reuss-Schleiz, Gebirgscurort am südlichen Abhange des Thüringer Waldes mit vier erdigen Eisenwässern, von welchen nur die Neue Quelle, welche auf 0,43 g feste Bestandtheile 0,08 g Eisenbicarbonat im Liter Wasser enthält, gegen Anämien und daraus resultirenden Nervenleiden therapeutisch benutzt wird. Ausserdem Moorbäder, Kiefernadelbäder, eine Wasserheilanstalt, Sandbäder.

Locale Verhältnisse. Arzt: Dr. Aschenbach.

Seehöhe: 472 m.

Neuere Literatur: Aschenbach, Dr. Herm., Bad Lobenstein. Sandbäder, Moorbäder, Kaltwasserheilanstalt etc. Die örtlichen und klimatischen Verhältnisse, Cureinrichtungen und therapeutische Anwendung. 3. Aufl., Lobenstein (Teich) 1881.

Lohme

im Königreich Preussen, Provinz Pommern, ein kleines Ostseebad der Insel Rügen, an der nördlichen Spitze der Halbinsel Jasmund, mit gutem Wellenschlage.

Lugano

in der Schweiz, Canton Tessin, klimatischer Wintercurort, am
Südabhange der Alpen und an einer nach Süden und Osten offenen, sonst
von hohen Bergen eingeschlossenen Bucht des Luganer Sees malerisch
gelegen, auf deren Gehänge sich amphitheatralisch erhebend.
Die Curmittel. 1. Klima. Das Klima ist im Allgemeinen zwar
sehr mild, immerhin aber gehört Lugano nicht zu den wärmeren Winterstationen, indem die mittlere Wintertemperatur zu + 2,6 ° C. angegeben
wird. Die Luft ist ziemlich feucht, mässig bewegt und völlig staubfrei.
Regen sehr selten, Schnee unbedeutend. Vorherrschende Windrichtung
ist im Winter Westnordwest.
Indicationen. Lugano eignet sich als werthvolle Uebergangsstation besonders für Kranke, die der Beruhigung und der allmäligen
Kräftigung bedürfen, aber noch widerstandsfähig sind, besonders bei
leichteren Affectionen der Luftwege für Reconvalescenten nach Rippen-
fellentzündung, Rheumatiker, Scrofulöse mit Augenentzündungen.
2. Unterstützende Curmittel sind: Seebäder im See, warme
Bäder, Traubencuren, zwei leichte Eisenquellen.

Locale Verhältnisse. Aerzte: Dr. Cornils, deutscher Arzt; zehn italienische
Aerzte; Schweizer Arzt: Zbinder.

Bahnstation: Lugano ist gegenwärtig Station der St. Gotthardbahn, Strecke
Airolo-Bellinzona-Chiasso.

Curzeit: Vom November bis April, besonders von Ende August bis Ende
October.

Seehöhe: 275 m.

Neuere Literatur: Cornils, Dr. P. Lugano. Eine topographisch-klimatische und
geschichtliche Skizze. Basel 1882, Schwabe.

Luhatschowitz

im Markgrafenthum Mähren, ein in einem anmuthigen Karpathen-
thale gelegener Curort.
Die Curmittel. 1. Die Mineralquellen. Es treten hier vier
kräftige jodhaltige alkalisch-muriatische Säuerlinge mit einer
Temperatur von 8 ° C., deren Heilfactoren vornehmlich die kohlensauren
Alkalien und Erden, Chloralkalien, Jod- und Bromverbindungen und
Kohlensäure bilden, zu Tage. Die gehaltreichste Quelle ist der Vincenzbrunnen, welcher im Liter Wasser 4,3 g Natronbicarbonat, 0,03 g Bromnatrium auf 8,7 g Fixa und 1450 ccm freie Kohlensäure besitzt.
Indicationen. Nach Küchler haben diese Quellen sich besonders bewährt bei atonischen Bronchial-, Magen- und Darmkatarrhen, bei
chronischem Magengeschwür, Störungen in der Gallensecretion, vorzugsweise wenn Complicationen mit Scrofulose bestanden, Ophthalmien
Scrofulöser, Uterusinfarct und perimetritischen Exsudaten.
2. Weitere Curmittel sind: Badeschlamm, Douchen, Kiefer-
nadelextract, Inhalationen, Schafmilch, Molken.

Locale Verhältnisse. Aerzte: DDr. Küchler, Gallus, Spielmann.

Badeanstalt: Sie ist gut und zweckmässig eingerichtet.

Brunnenversendung: Vom Vincenzbrunnen jährlich 110000 Flaschen,
vom Amand-, Johann- und Louisenbrunnen 20000 derselben.

Curfrequenz: Im Jahre 1887 1348 Personen.

Seehöhe: 508 m.

Neuere Literatur: Küchler, Dr, Der Curort Luhatschowitz in Mähren. Wien
1875, Braumüller. — Spielmann, Wien. med. Bl. 1882, V., 17, 18.

Madeira,

portugiesische Insel, ein nordwestlich von Afrika gelegenes, vulkani-
sches, steil aus dem Meere aufsteigendes Felsengebirge, welches, mit
seiner immergrünen Vegetation reichen Wechsel grossartiger Naturgemälde
darbietend, in seiner Hauptstadt Funchal den klimatisch günstigsten sämmtlicher bekannten klimatischen Curorte besitzt.

Die Curmittel. 1. Das Klima. Das Klima von Madeira zeichnet
sich durch seine grosse Milde und ausserordentliche Gleichmässigkeit
aus, wodurch dem Kranken die Möglichkeit gegeben ist, Tag für Tag
das ganze Jahr hindurch, weit länger als in einem anderen Curorte im
Freien sich aufzuhalten. Von allen Seiten frische, freie, reine, staub-
lose Luft.

Der Winter ist um einige Grade kälter als der Sommer in Deutsch-
land, aber ohne grosse Temperatursprünge, indem die durchschnittliche
Differenz zwischen der höchsten und niedrigsten Temperatur kaum fünf
Grad beträgt. Keine andere Winterstation erreicht die Gleichmässigkeit
von Madeira. Hierzu kommt, dass wegen der Aequatornähe Tages- und
Nachtlänge im Winter und Sommer nur wenig von einander abweichen.
Vorherrschende Winde sind Süd- und Südostwinde. Mittlere relative
Feuchtigkeit 70 Procent. Regentage sind im Allgemeinen selten, in
grosser Mehrzahl heitere Tage.

Indicationen. Für das Klima von Madeira eignen sich besonders
Phthisiker und Kranke, auf welche rascher Temperaturwechsel besonders
störend einwirkt. Neigung zur Phthise und selbst beginnende Phthise
werden durch dasselbe vollkommen geheilt, freilich erst nach jahrelangem
Aufenthalt auf der Insel, aber auch bei vorgeschrittenen Leiden sind oft
genug noch günstige Resultate erzielt worden. Ausser der Phthise eignen
sich alle chronischen Entzündungszustände des Kehlkopfes und der
Bronchien, stationäre Pleuritis und Scrofulose bei erethischer Constitution
für den Aufenthalt in Madeira, dagegen ist bei einer entschiedenen Disposition zu Erkrankungen des Darmkanals, namentlich zu Diarrhöen, die,
dort als Mal de Madeira bekannt, oft in heftiger Weise sich ausbilden,
derselbe gänzlich zu widerrathen.

2. Seebäder. Es ist in Madeira zu jeder Jahreszeit Gelegenheit
zu Seebädern geboten.

3. Traubencuren. Hierzu trotz der Verwüstung, welche die Phyl-
loxera angerichtet hat, immerhin noch Gelegenheit.

Locale Verhältnisse. Aerzte: Als deutscher Arzt, der mit den dortigen Verhältnissen genau bekannt ist, practizirt schon seit dem Jahre 1866 in Madeira
Dr. Julius Goldschmidt. Ausser ihm DDr. Grabham, Larisa, Vieira, Langerhanss.

Beköstigung: Sehr gut, namentlich in den deutschen Hotels.

Kleidung: Für den Winteraufenthalt hat der Kranke eine unserem Spätherbste angemessene Bekleidung mitzubringen.

Curdauer: Es ist zweckmässig, sich auf 1½ bis 2 Jahre Aufenthalt einzurichten, da nur von einem ausgedehnten Aufenthalte wesentlicher Curerfolg zu erwarten steht

Curfrequenz: Die Zahl der Wintergäste beträgt zwischen 300 und 400, von denen etwa 25 bis 30 Deutsche sind. Engländer bilden die Hauptmasse der Fremden, ihnen folgen an Zahl Portugiesen und Brasilianer.

Reiseverbindungen mit Europa: Durch Dampfschiffverbindungen mit Plymouth, Liverpool, Lissabon, Hamburg, Bremen. Reisekosten von Deutschland 500 bis 600 M. à Person.

Neuere Literatur: Langerhanns, Prof. Dr., Handbuch für Madeira. Berlin 1885, Hirschwald. — Mittermaier, K. und Jul. Goldschmidt, Madeira und seine Bedeutung als Heilungsort. 2. Aufl., Leipzig 1885.

Marienbad

in Böhmen, Kreis Eger, Curort mit berühmten Glaubersalzsäuerlingen in einem nach Süden geöffneten, von bewaldeten Höhen eingeschlossenen Thalkessel.

Die Curmittel. 1. Die Mineralquellen. Die in Marienbad zur Benutzung kommenden Quellen sind der Kreuz- und Ferdinandsbrunnen, die Waldquelle, die Wiesen- und Rudolfsquelle, die Carolinen- und die Ambrosiusquelle und die Marienquelle. Alle diese Quellen, mit Ausnahme der Marienquelle, werden vorzugsweise zu Trinkcuren verwendet, welche in Marienbad überhaupt in erster Linie stehen. Die wichtigsten unter ihnen sind der Kreuz- und der Ferdinandsbrunnen. Der erstere hat eine Temperatur von 11,87° C. und im Liter Wasser 11,1 g feste Bestandtheile, darunter 4,95 g Glaubersalz, 1,7 g Kochsalz, 1,66 g Natronbicarbonat, 0,75 g Kalkbicarbonat, 0,66 g Magnesiabicarbonat, 0,048 g Eisenbicarbonat, sowie in gleicher Wassermenge 552 kcm freier Kohlensäure. Der Ferdinandsbrunnen hat gleiche chemische Beschaffenheit, ist nur etwas stoffreicher und an Kohlensäure reicher als der Kreuzbrunnen.

Indicationen. Beide Quellen finden ihre Hauptanwendung bei abdominaler Plethora und verlangsamter Blutcirculation wohlgenährter Personen, welche, an stoffreiche Kost gewöhnt, ohne dafür den Verbrauch in entsprechender Weise zu haben, starke Fettbildung, Gicht, Leberanschwellungen, Hämorrhoiden, chronischen Dickdarmkatarrh und derartige Krankheitszustände sich erworben haben.

Der Carolinenbrunnen und der Ambrosiusbrunnen sind erdige Eisenquellen und kommen wegen ihrer Schwerverdaulichkeit wenig zur Anwendung. Die Waldquelle, reich an Natroncarbonat, ist bei Katarrhen der Respirationsorgane und der Blasenschleimhaut ein beliebtes Curmittel. Die Wiesenquelle und die Rudolfsquelle, beide reich an kohlensauren Erden, werden als Analoga des Wildunger Wassers vorzugsweise bei Krankheiten des uropoetischen Systems, namentlich Blasenkatarrhen, empfohlen. Die Marienquelle, im Allgemeinen stoffarm, aber reich an Kohlensäure, dient nur zu Badecuren als belebend wirkendes Heilmittel.

2. **Gasbäder.** Sie gelten als belebendes Unterstützungsmittel der Badecur.

3. **Moorerde.** Sie wird zu Bädern und Umschlägen verwendet, ist reich an Eisenvitriol und anderen Sulfaten.

Locale Verhältnisse. Aerzte: DDr. Lucca, David. A. Herzig, Kisch, Schindler-Barnay, Ott, v. Basch, v. Heidler-Heilbronn, Sterk, C. Schmidt, v. Dobieszewski, Löwy, Lichtenstadt, Opitz, Kopf, Grimm, Reichl, Ingrisch, Lang, Danzer, Kopernicki, Prager, Wolfner, Kaufmann.

Badehäuser: Marienbad hat drei geräumige Badehäuser, sämmtlich mit vorzüglichen Einrichtungen und für Wannen- und Moorbäder benutzbar. Die Wassererwärmung geschieht nach Pfriem'schem System mittels directer Einleitung des Dampfes in das Badewasser.

Bahnstation: Marienbad ist Station der Franz Josefs-Bahn.

Klima: Nicht gerade mild, aber auch nicht rauh.

Curfrequenz: Im Jahre 1887 an Curgästen 12 426 Personen.

Seehöhe: 605 m.

Neuere Literatur: Kisch, M.-R. Dr.. Die rationellen Indicationen Marienbads. Prag 1876. — Derselbe. Ambrosiusbrunnen in Marienbad. Berl. klin. Wochenschr. 1882, XIX, 12. — Dobieszewski, Sigism. Sur le traitement des hémorrhagies passives par les sources sulfatées sodiques de Marienbad. Bullet de thérap. 1887, CXII., p. 419, Mai 15. — Sterk, Jul., Marienbad. 2. Aufl., Wien 1887. — Basch, v.. Die Entfettungscur in Marienbad. Centralbl. f. d. gesammte Therapie. Wien 1885. — Löwy, Em., Indicationen und Contraindicationen für Marienbad. Marienbad 1885. — Heidler-Heilbronn, C. von, Die stärkenden Heilmittel Marienbads. Marienbad 1888.

Meinberg

im Fürstenthum Lippe-Detmold, Badeanstalt am Abhange des Teutoburger Waldes, etwa 8 km von der Stadt Detmold entfernt, mit verschiedenen Mineralquellen und Schlammbädern.

Die Curmittel. 1. Die Mineralquellen sind eine erdig-salinische, mit Kohlensäure imprägnirte kalte Kochsalzquelle mit 5,3 g Kochsalz im Liter, eine erdig-salinische Schwefelquelle mit vorwiegendem Gipsgehalt und geringen Mengen Schwefelnatrium, und zwei erdig-salinische Eisensäuerlinge, der Alt- und Neubrunnen, mit schwachem Eisen-, aber reichlichem Kohlensäuregehalt.

2. Weitere Curmittel sind noch: Gasbäder, aus dem Boden entweichender Kohlensäure dargestellt, Schlammbäder, Hydrotherapie, Electrotherapie.

Indicationen. Nach Caspari sind es besonders Gicht in allen ihren Formen und pathologischen Folgezuständen, Rheumatismus, Neuralgien, wie Ischias, tabetische Erkrankungen, Abdominalplethora, verschiedene Frauenkrankheiten, Magen- und Darmkatarrhe, Scrofeln, centrale Lähmungen u. a. m., welche in Meinberg meist sehr günstige Curresultate zu erwarten haben.

Locale Verhältnisse. Arzt: Dr. Holtz, Brunnenarzt.

Badeanstalten: Die Badeeinrichtungen sind durchgehends gut und zweckmässig.

Seehöhe: 210 m.

Neuere Literatur: Holtz, Dr., Meinberg, seine Heilmittel und Curobjecte. Detmold 1883. — Derselbe, Meinberger Curerfolge seit 1882. Detmold 1885. — Caspari, S.-R., Meinberg, Curerfolge bei Neuralgie, Rheumatismus und Gicht. Paderborn 1876. — Derselbe, Deutsch. med. Wochenschr., 1378, No. 13.

Mentone (Menton)

in Südfrankreich, Departement Alpes maritimes, klimatischer Winter-Curort an der Küste des Mittelländischen Meeres, der Riviera di Ponente und in einer Bucht zwischen dem westlichen Cap Martino und dem östlichen Cap della Murtola gelegen, in welcher sich die Stadt gegen das Meer hin bogenartig ausbreitet.

Die Curmittel. 1. Klima. Bei dem Schutze vor kalten Winden und der stetigen Einwirkung der Sonne, sowie bei dem ungestörten Zutritt warmer Winde in die Bucht von Mentone ist das dasige Klima milder als an den anderen Curorten dieser Küste. Die nördlichen Winde, welche vorzugsweise von November bis Januar wehen, treffen den Ort nicht und streichen in hohen Luftschichten über denselben weg. Ganz windstille Tage sind im Allgemeinen selten. Die Temperaturschwankungen sind gering, und grosse Gleichmässigkeit der Wärmevertheilung zeichnet das Klima von Mentone besonders aus. Die durchschnittliche Temperatur bei Tage, zur Zeit, in welcher der Kranke im Freien verweilt, ist zwischen 10 bis 14,3° C. Heitere Tage in sehr hoher Zahl. Luft mässig trocken. Nebel nie.

Indicationen. Das Klima von Mentone wird in erster Linie zur Kräftigung der Constitution und Heilung fieberfreier, chronischer Katarrhe der Athmungsorgane und chronischer pleuritischer Exsudate, sowie der ersten Anfänge phthisischer Erkrankung empfohlen.

2. Weitere Curmittel sind: Warme Bäder, Fluss- und Seebäder, pneumatische Apparate.

Locale Verhältnisse. Aerzte. Deutsche Aerzte: DDr. v. Cube, Jessen, Stiege, Bade, Hellwig, Thieme, Christiansen; russische: Dr. v. Cube: französische und italienische: DDr. Logerais, Farina, Reale, Reynaud, Trenca, Caval (Homöopath).

Bahnstation: Mentone ist Station der Eisenbahnlinie Genua-Marseille.

Curfrequenz: Jährlich etwa 6000 Personen excl. Passanten.

Meran

in Oesterreich, Südtirol, klimatischer Curort, am südlichen Abhange der Tiroler Alpen, nördlich von Botzen im schönen Etschthale gelegen.

Die Curmittel. 1. Das Klima. Meran hat eine kältere Sommer- und Wintertemperatur als andere südliche Curorte, übertrifft dieselben aber in Bezug auf Gleichmässigkeit der einzelnen Monats- und Tagestemperaturen, was aber von mancher Seite sehr bestritten wird, und hat eine hohe Ziffer heiterer und wolkenloser Tage aufzuweisen. Sogar wirklicher Winter, während welcher Zeit das Thermometer unter Null sinkt und es schneit, ist vorhanden, allein die Winterszeit ist meist nur eine kurze und die Zahl der heiteren Tage mit erwärmendem Sonnenschein gross genug, um der von Winden wenig bewegten Luft eine angenehme

Wärme zu verleihen, welche den Kranken häufig gestattet, im Freien sich aufzuhalten. Dabei ist die Luft mässig trocken und die Regenmenge eine geringe.

Diese günstigen klimatischen Verhältnisse Merans sind besonders in dem Schutze begründet, den die den Ort zunächst und entfernter umgebenden Gebirge gewähren, welche den Curort im Westen, Norden und Osten einschliessen, das Thal nur nach Süden offen lassen und dasselbe zu beiden Seiten weithin noch begleiten. Immerhin ist Meran kein eigentlicher Wintercurort, sondern hat nur für Herbst- und Frühjahrscuren und als Uebergangsstation Bedeutung.

Indicationen. Das Klima von Meran eignet sich bei seiner etwas scharfen Luft besonders für torpide, scrofulöse Subjecte, die an chronischen Katarrhen der Respirationswege mit starker Schleimabsonderung leiden, pleuritische Exsudate und Emphysem sich erworben haben und mit allgemeiner Körperschwäche behaftet sind. Auch chronische Phthisis in den Anfangsstadien passt noch für Meran, dagegen ist solche in vorgeschrittenen Stadien nicht zulässig.

Unterstützende Curmittel sind: Molken, Kräutersäfte, Kuh-Kumyss, Trauben, Soolbäder, russische Dampfbäder, eine pneumatische Anstalt, hydropathische Behandlung, Massage, Electrotherapie und Oertelsche Entfettungscuren, electrische Bäder, Inhalationen.

Locale Verhältnisse. Aerzte: DDr. Fischer, Frank, v. Guggenberg, Brühl, Huber, Hönigsberg. Bósányi, Hausmann, Jaroszynski, Kaufer, v. Kaan, Kleinhans, Kuhn, Ladurner, Mazegger, v. Messing, Pircher, Prager, Pröll, Prünster, Putz, Reiss, Rochelt, Schreiber, Tappeiner, Theiner, Veniger.

Bahnstation: Meran ist Endstation der Zweigbahn Bozen-Meran.

Curzeit: Man unterscheidet eine Frühjahrssaison vom 1. April bis 15. Juni für Molkencuren und Kräutercuren, eine Herbstsaison vom 1. September bis letzten October für Traubencuren und eine Wintersaison vom 1. November bis letzten März für klimatische Curen.

Seehöhe der Stadt 319 bis 332 m, von Obermais 343 m.

Neuere Literatur: Kuhn, Dr. E., Die Curmittel von Meran. Wien 1875, Braumüller. — Pircher, Dr. J., Meran als klimatischer Curort mit Rücksicht auf dessen Curmittel. 3. Aufl., Wien 1875, ebenda. — Knoblauch. H., Meran. Ein Führer für Curgäste und Touristen. 6. Aufl., Meran 1884, Pötzelberger. — Mazegger, B., Méran-Mais, station climatique pendant les saison d'automne, d'hiver et de printemps Meran 1887. — Thomas, St. Clair, Meran im Winter. Med. times and Gaz. March., 1885, 14., pag. 363. — Hausmann, Weintraubencur. 4. Aufl. 1887.

Mergentheim

siehe Karlsbad in Württemberg.

Michelstadt

in Hessen-Darmstadt, Provinz Starkenburg, eine im Jahre 1842 gegründete, wohl renommirte und gut eingerichtete Wasserheilanstalt, mit Einrichtungen für warme, Dampf- und Fichtennadelbäder, Electricität, Massage, Heilgymnastik.

Arzt: Dr. Scharfenberg.

Misdroy

auf der Insel Wollin, ein beliebtes, gegen Nord- und Nordostwinde geschütztes und von schönen Buchen- und Kiefernwaldungen umgebenes Ostseebad mit sehr gutem Badegrund, gutem Wellenschlag. Curfrequenz im Jahre 1885 6000 Personen.

Aerzte: DDr. Forner, Baumann, Günther.

Mitterbad

in Oesterreich, Südtirol, Badeanstalt im wildromantischen Marauerthale mit einer Eisenvitriolquelle, welche zum Trinken und Baden dient, und einer einfachen Badeanstalt.

Monsummano

in Oberitalien, Provinz Lucca, zwei kleine Ortschaften in dem Thale von Nievole, in deren Nähe eine im Jahre 1849 entdeckte Grotte sich befindet, welche, mit warmen Wasserdämpfen erfüllt, ein natürliches Dampfbad darstellt und als solches vielfache Benutzung findet.

Neuere Literatur: Daubrawa, Dr. Ferdin., Die natürliche Dampfgrotte bei Monsummano in Italien. Wien 1877, Braumüller. — Knoblauch, Die Heilgrotte von Monsummano in Italien. Warmbrunn 1876.

Mont-Dore

in Frankreich, Departement Puy-de-Dôme, ein sehr besuchter Badeort in der alten Auvergne.

Die Curmittel. Die Thermalquellen. Die neun hier entspringenden Quellen haben eine Temperatur von 40 bis 45° C. und im Liter Wasser 2,0 bis 3,1 g feste Bestandtheile, welche vorzugsweise aus Natroncarbonat und Chlornatrium bestehen. In neuerer Zeit aber hat man in ihnen Arsen aufgefunden, welches in obiger Wassermenge 1 mg arsenigsaures Natron beträgt. Dieses letztere hält man für sehr wichtig und einflussreich auf die Quellenwirkung.

Indicationen. Alle Arten von Bronchitis, sowie chronische Pneumonie finden nach Rabagliati durch die Quellen von Mont-Dore Besserung, bezw. sogar Heilung, wenn der Process ein langsamer und umschriebener ist und sich noch in seinem Anfangsstadium befindet. Weiter erweist sich die Cur erfolgreich bei Affectionen der Rachenorgane, sowie bei spasmodischem Asthma, bei chronischen phthisischen Affectionen im Allgemeinen, bei Rheumatismen, Gicht und ähnlichen Zuständen.

Neuere Literatur: Rabagliati, British med. Journ. 1880. July 10. October 2 -- Senney, Journ. de thérap. 1880, No. 9 u. 10. — Mascarel, Bullet. gén. de thérap. 1881, Mai 15. — Emond. Bullet. gén. de thérap. 1885, 10, p. 463. — Cazalis, Ueber die Pulvorisationssäle zu Mont-Dore. Gaz. hebd. 1885, 2, 5, XXII. 15. p. 243. — Emond, Ueber Behandlung des Asthma in Mont-Dore. Bullet. de thérap., 1885, CVIII., pag. 463, Mai 30. — Boyd, Dr., The Lancet 1887, No. 3347, S. 805.

Montreux

in der Schweiz, Canton Waadt, gemeinsamer Pfarrgemeindename von mehr als zwanzig am Genfersee zerstreut liegenden Ortschaften.

26*

Die Curmittel. 1. Das Klima. Die Milde des Klimas schliesst in Montreux weder die Winterkälte, noch den Schnee aus, aber die erstere macht sich in der Tageszeit, während welcher die Kranken im Freien sich aufzuhalten pflegen, weniger geltend und der Schnee schmilzt bald wieder. Zudem giebt es fast in jedem Winter Tage, wo auch im Januar und December in den Mittagsstunden Kranke ohne Schaden im Freien einige Stunden sitzen können. Die mittlere Jahrestemperatur ist 10,54 ° C., die niedrigste Temperatur bis 8,7 ° C. Die Herbsttemperatur ist eine ausserordentlich behagliche und angenehme, die Luft ist im Allgemeinen sehr ruhig.

Indicationen. Hauptindicationen für das dasige Klima sind: trockner Katarrh der Bronchien und des Kehlkopfs, Spitzenkatarrhe, chronische Phthise mit beschränkter Secretion, bronchiales Asthma, Reconvalescenz nach schweren Krankheiten, Herzfehler. Dagegen eignen sich chronische Phthise mit reichlicher Absonderung und Neurosen mit dem Charakter der Depression für Montreux nicht; ebensowenig vorgerückte Lungenschwindsucht mit hektischem Fieber.

2. Weitere Curmittel sind: Kuh-, Ziegen- und Eselsmilch, Molken; pneumatischer Apparat nach Waldenburg; Trauben.

Locale Verhältnisse. Aerzte in Montreux und Vevey: DDr. Günther, Bertholet, Monnier und 11 andere; in Vernex: DDr. Carrard, Steiger; in Clarens: DDr. Masson, Miniat.

Bahnstation: Montreux liegt an der Eisenbahnlinie Lausanne-Bex-Brieg mit drei Stationen: Clarens, Montreux-Glion und Chillon-Territet.

Beköstigung: Im Allgemeinen gut.

Curfrequenz: Nach Angabe des dortigen Comités 1500 bis 2000 Curgäste.

Curzeit: Das ganze Jahr hindurch ausser Juli und August. Die zum Aufenthalte im Freien geeignetsten Monate sind vorzugsweise September und October. Traubencurzeit von Mitte September bis Ende October.

Seehöhe: Von Montreux 372 m.

Neuere Literatur: Steiger, Dr. C., Der Curort Montreux am Genfersee. Eine Frühjahrs-, Herbst- und Winterstation. 2 Aufl., Clarens-Montreux 1881, Meyer.

St. Moritz

in der Schweiz, Canton Graubünden, ein im letzten Jahrzehnt rasch in Aufnahme gekommener, jetzt zu den besuchtesten dieses Landes zählender Curort des Oberengadins.

Die Curmittel. 1. Die Mineralquellen. Sie sind zwei erdigalkalische Eisensäuerlinge, welche verhältnissmässig geringen Eisengehalt (0,033 g, resp. 0,038 g Eisenbicarbonat im Liter Wasser), aber hohen Gehalt an freier Kohlensäure besitzen, von der die alte Quelle in obiger Wassermenge 1550 ccm, die neue Quelle 1615 ccm enthält.

Das Wasser beider Quellen perlt stark, schmeckt angenehm, ist geruchlos und klar und leicht verdaulich.

Indicationen. Obschon die Quellen zu den schwächeren Eisenwässern zählen, gehören sie doch therapeutisch betrachtet zu den wirksamsten Mitteln gegen Anämien und auf solchen fussende Nervenleiden, weil sie in dem Höhenklima ein ausgezeichnetes Unterstützungsmittel für die Eisenwirkung besitzen. Sie dienen zu Trink- und Badecuren. Die Bäder äussern durch ihren Reichthum an Kohlensäure einen stark belebenden Reiz auf das peripherische Nervensystem und finden ihre Hauptindication bei den mit Anämie verbundenen Nervenleiden. Bei Kachexien, convulsivischen, spastischen Zuständen, Psychosen mit Aufregung, Frauen mit plethorischer Constitution, mit Neigung zum Abortus wird der Curgebrauch in St. Moritz widerrathen.

2. **Das Klima.** Es gehört zu den erregenden und gleichzeitig stärkenden Klimaten und unterstützt wesentlich die Acte der Ernährung und Blutbildung. Es concurrirt mit Davos.

3. Ausserdem eine Wasserheilanstalt, Electricität, Molken.

Locale Verhältnisse. Aerzte: DDr. Em. Brügger sen., Ed. Brügger (Sohn), Berry, Biermann, Drummond, Taverny, Veraguth, Hössli, Christeller.

Badeanstalten: Die Badeeinrichtungen in den beiden Badehäusern sind einfach. Die Wassererwärmung geschieht durch directe Einleitung des Dampfes.

Bahnstation: Chur an der Eisenbahnlinie Zürich-Glarus-Chur, von da mit Post über den Julierpass und Churwalden in 12¹/₄ Stunden oder über Thusis in 13¹/₂ Stunden (19 Frcs., resp. 21 Frcs. Fahrgeld) oder über den Albulapass in 13¹/₂ Stunden zum Curort. Station Landquart an derselben Eisenbahnlinie, von da mit Post über Davos-Dörfli und den Flüelapass nach St. Moritz.

Curzeit: Vom Anfang Juni bis 15. September. Klimacuren auch während der Winterszeit.

Seehöhe: 1769 m.

Neuere Literatur: Veraguth, Dr., Bad St. Moritz in Ober-Engadin. Zürich 1887. — Hössli, St. Moritz als Wintercurort Berl. klin. Wochenschr., 1887, 43. — Kaden, Waldemar, St. Moritz-Bad. Zürich 1885.

Muggendorf

im Königreich Baiern, Oberfranken, ein im Mittelpunkte der Fränkischen Schweiz, in romantischer Gegend gelegener viel besuchter Molkencurort.

Münster am Stein

in Preussen, Rheinprovinz, königliches Soolbad, nahe bei Kreuznach und der Ebernburg am Rheingrafenstein gelegen, mit einer lauen Kochsalzquelle, welche zum Baden und Trinken dient und mit den Kreuznacher Quellen übereinstimmt. Die Curanstalt ist gut eingerichtet.

Aerzte: DDr. Welsch, Glässgen, v. Frantzius.

Neuere Literatur: Frantzius, Dr. J. v., Das Soolbad Kreuznach-Münster am Stein. Für Aerzte bearbeitet, nebst Anhang für Curgäste. Kreuznach 1881, Voigtländers Sort. — Welsch, Dr. C., Das Sool- und Thermalbad Münster am Stein.

Muskau

in Preussen, Provinz Schlesien, eine bei dem gleichnamigen Städtchen der preussischen Oberlausitz gelegene Curanstalt, welche auch den Namen Hermannsbad führt. Die zwei hier zu Tage tretenden Eisenwässer sind Eisenvitriolwässer mit mittlerem Eisenvitriolgehalt und dienen zum Trinken, vorzugsweise aber zum Baden.

Weitere Curmittel sind: Moorerde, welche zu Badezwecken viel benutzt wird, Fichtennadelbäder, Molken.

Aerzte: DDr. Damerow, Deichmüller, Prochnow.

Nassau

im Königreich Preussen, Provinz Hessen-Nassau, eine gut renom-mirte, zum gleichnamigen Städtchen gehörende Wasserheilanstalt mit Kiefernadelbädern, Dampfbädern, irisch-römischen Bädern, Heilgymnastik, Electricität. Die Anstalt ist speciell für Nerven-leidende eingerichtet.

Arzt: Dr. Pönsgen, zugleich Director.

Neuere Literatur: Die Wasserheilanstalt Bad Nassau, Führer zu den Spazier-gängen etc. Ohne Jahreszahl. — Dr. Haupt's Heilanstalt zu Nassau. Wiesbaden 1858.

Nauheim

in Hessen, Provinz Oberhessen, Curort in der Wetterau, zwischen Frankfurt und Giessen, am nordöstlichen Abhange des Taunusgebirges gelegen.

Die Curmittel. 1. Die Soolthermen. Nauheim besitzt drei kochsalzhaltige Trinkquellen, nämlich den Curbrunnen mit 22,2°C. Temperatur und mit 15,4 g Kochsalz, den Karlsbrunnen mit 22,5° C. Temperatur und mit 9,86 g Kochsalz, und den Ludwigsbrunnen mit 18,3° C. Temperatur und 0,34 g Kochsalz im Liter Wasser. Der Kohlen-säuregehalt dieser Quellen schwankt zwischen 721 und 995 ccm in obiger Wassermenge. Zu Badequellen dienen der Friedrich-Wil-helms-Sprudel mit 35,3° C. Wärme, der grosse Sprudel mit 31,6° C. Wärme und der kleine Sprudel mit 27,6° C. Temperatur.

Alle diese Quellen enthalten ziemliche Mengen von Kohlensäure und sind reicher an Kochsalz als die Trinkquellen.

Indicationen. Die besten Heilresultate bietet nach Bode jun. (Deutsche Klinik, 1870, No. 13 u. 14) und Benecke (Berl. klinische Wochenschr., 1875, XII., 9) die Scrofulose mit allen ihren verschiedenen Aeusserungen dar. Fast gleich günstige Resultate sah Bode bei den verschiedenen Affectionen des Uterus und der Ovarien, welche mit Hyper-ämie dieser Organe verbunden waren. Auch Exsudate im Beckenraum erfuhren die günstigsten Veränderungen. Muskelrheumatismus und frische Fälle von Gelenkrheumatismus passen vollkommen für Nauheim.

Nach Gödel und Schott leisten die dasigen Bäder, namentlich die Sprudelstrombäder, vorzüglichste Dienste bei tabetischen und anderen Rückenmarkserkrankungen.

2. Der Schwalheimer Säuerling. Er ist ein an Kohlensäure sehr reiches, Kochsalz und Eisen führendes Wasser, welches in halb-stündiger Entfernung von Nauheim entspringt und, dahin in Flaschen transportirt, blutleeren und an Harngries leidenden Individuen als Getränk verordnet wird.

Locale Verhältnisse. Aerzte: Geh. M.-R. Bode, M.-R. Bode jun., Abée, Grödel, Theod. Schott. Müller, Credner, Friedländer.

Badeanstalten: Durchgehends mit guten Einrichtungen und allen Bade-utensilien versehen.

Bahnstation: Nauheim ist Station der Eisenbahnlinie Frankfurt-Kassel.

Curfrequenz: Durchschnittlich über 4000 Curgäste.

Neuere Literatur: Weiss, Bergr. Otto, Soolbad Nauheim. Führer für Curgäste. 2. Aufl, Friedberg 1878, Bindernagel — Das kohlensäurehaltige Soolbad Nauheim, vom Cur- und Verschönerungsverein. 1872. — Weiss, Bergr., Zur Gründung und Entwickelung des Soolbades Nauheim. Frankfurt a. M. 1875, Auf-farth — Schott, A. und Th. Schott. Die Nauheimer Sprudel und Sprudel-strombäder. Berl. klin. Wochenschr., 1884, No. 19. 20. — Bad Nauheim, mit besonderer Berücksichtigung seiner Eigenschaften als kohlensäurereiches Thermal-Sool-Stahlbad. Vom Cur- und Verschönerungsverein von Nauheim (1888).

Nenndorf

im **Königreich Preussen, Provinz Hessen-Nassau,** ein in der ehemaligen Grafschaft Schaumburg gelegenes, dem preussischen Staats-fiskus zugehöriges **Schwefelbad.**

Die Curmittel. 1. **Die Schwefelquellen.** Von den in und bei Nenndorf entspringenden Schwefelquellen kommen hauptsächlich vier in Betracht, nämlich die **Trinkquelle,** die **Gewölbequelle,** die grosse **Badequelle** in der Esplanate und die **Quelle auf dem breiten Felde.** Alle diese Quellen werden zum Baden verwendet, und nur die Trinkquelle dient nebenbei zum innerlichen Gebrauch. Sie enthält nach Bunsen im Liter Wasser 1,057 g schwefelsauren Kalk, 0,302 g schwefelsaure Magnesia, 0.592 g schwefelsaures Natron, 185,7 ccm Kohlensäure und 45,4 ccm Schwefelwasserstoff, ist sonach bezüglich dieses letzteren die zweitstärkste aller bekannten Schwefelquellen. Ihre Temperatur ist 11,25° C. Ihr Wasser riecht und schmeckt nach Schwefel-wasserstoff.

2. **Die Soole.** Die dasige Soole, welche auch Schwefelwasserstoff enthält, ist eine 6proc. Durch Zusatz der Rodenberger Mutterlauge wird ihr mehr Brom zugeführt.

3. **Weitere Curmittel** sind: Schlammbäder, Gasinhalationen, Molken, Electricität.

Die **Indicationen** für Nenndorf sind die für Schwefel- und Sool-bäder im Allgemeinen aufgestellten. Man sehe den allgemeinen Theil.

Locale Verhältnisse. Aerzte: Stabsarzt Dr. Ewe, Sanitätsrath Dr. Neussell, Dr. Varenhorst und Rigler. S.-R.

Badeanstalt: Die Einrichtungen sind sehr gut und werden sogar als muster-gültige hingestellt.

Bahnstation: Bad Nenndorf ist Station der Hannover-Altenbeker Eisenbahn.

Curfrequenz: Im Jahre 1884 bis Ende September 1500 Personen.

Seehöhe: 71 m.

Neuere Literatur: Ewe, Dr., Bad Nenndorf. 5. Aufl., Berlin 1887 — Riegler, Dr., Bad Nenndorf. Jubiläumsschrift 1887. Berlin, Hirschwald.

Nerothal

in Preussen, Provinz Hessen-Nassau, eine in nächster Nähe von Wiesbaden, am Fusse des Neroberges gelegene, viel besuchte Wasser-heilanstalt mit verschiedenen therapeutischen Hülfsmitteln, wie Mol-

koncuren, Traubencuren, pneumatische Apparate, Massage,
Electricität, electrische Bäder.
Arzt: Dr. Lehr, zugleich Anstaltsbesitzer.

Nervi

in Oberitalien, Provinz Ligurien, klimatischer Curort an der
Riviera di Levante, an einer nach Süden gewandten Berglehne.
Die Curmittel. Das Klima. Die Wärmeschwankungen sind sehr
gering, die Luft ist mässig trocken (60,5 pCt. relative Feuchtig-
keit), die Zahl der sonnigen Tage bedeutend. Nebel und Schnee sehr
selten.
Indicationen. Chronische Katarrhe der Luftwege, chronische
Phthise im vorgerückteren Alter, hochgradige Nervosität, Brightsche
Nierenkrankheit sind die vorzüglichsten Indicationen für das Klima von
Nervi.
Locale Verhältnisse. Aerzte. Deutsche: DDr. Schetelig, Thomas (im Sommer
in Badenweiler), Friedemann, Hilgers.
Bahnstation: Nervi ist Station der Eisenbahnlinie Genua-Pisa.
Seehöhe: 32 bis 48 m.
Neuere Literatur: Thilenius, Dr. M., Nervi und sein Klima. Wien 1875. —
Thomas, Dr.. Kurze Notizen über Nervi 1876/77. Berl. klin. Wochenschr., 1877,
No. 22. — Schetelig, Notes on the climate of Nervi. pag. 493 segg. Med. times
and gazette. Vol. II., v. 30. Octb. 1875.

Neuenahr

in Preussen, Rheinprovinz, ein zwischen Köln und Coblenz im anmuthigen Ahrthale gelegener Badeort.
Die Curmittel. 1. Die Thermalquellen. Neuenahr zählt deren
vier, den grossen Sprudel mit 40° C., die Augustaquelle mit
34° C., die Victoriaquelle mit 31° C. und den kleinen Sprudel
mit 20° C. Wärme. Der grosse Sprudel, der am meisten verwendet
wird, besitzt bei 2 g festen Bestandtheilen und 500 ccm Kohlensäure
im Liter Wasser 1,00 g doppeltkohlensaures Natron neben 0,74 g kohlensauren Erden und geringen Mengen an schwefelsaurem Natron und Chlornatrium, und muss, wie die übrigen Neuenahrer Quellen, welche nur
quantitativ von ihm unterschieden sind, dementsprechend als alkalischer
Thermalsäuerling bezeichnet werden.
Indicationen. Bei dem Vorwiegen des kohlensauren Natrons
fallen die Indicationen für die Neuenahrer Thermalquellen mit denen
der alkalischen Quellen zusammen und beziehen sich daher vorzugsweise
auf Katarrhe der Verdauungs-, Harn- und Respirationsorgane, Diabetes
mellitus u. a. m.
2. Sonstige Curmittel sind: Molken, Milch und Trauben,
sowie Pastillen.
Locale Verhältnisse. Aerzte: DDr. Schmitz, Taschemacher, Unschuld, Paul
zur Nieden. Stiege.
Badehaus: Die Bäder werden in zwei Badehäusern, welche mit Vollbädern
und allen Arten von Douchen ausgerüstet sind, gegeben.

Bahnstation: Neuenahr ist Station der linksrheinischen Eisenbahnlinie Ahrweiler-Remagen.

Klima: Mild, windgeschützt.

Curfrequenz: Im Jahre 1887 bis Ende September 5728 Personen.

Seehöhe: 87 m über dem Nullpunkt des Amsterdamer Pegels.

Neuere Literatur: Weidgen, Dr., Bad Neuenahr im Ahrthale. 2. Aufl., Ahrweiler 1869. — Schmitz, R., Erfahrungen über Bad Neuenahr. 5. Aufl., Ahrweiler 1886. — Derselbe, Ueber Bad Neuenahr Deutsch. med. Wochenschr., 1880, VI., No. 30. — Unschuld, Dr., Die Mineralquellen zu Neuenahr, verglichen mit denen von Karlsbad, Vichy, Ems. 2. Aufl., Bonn 1872, Weber. — Schmitz, Dr. R., Meine Erfahrungen über 600 Diabetikern. Deutsch. med. Wochenschr., 1881, No. 48 u. ff.

Neurakoczy

in Preussen, Provinz Sachsen, eine unweit Halle a. d. S. gelegene Curanstalt mit mehreren Kochsalzquellen, welche dem Kissinger Rakoczy gleichen sollen — daher auch die Benennung —, die von ihm aber durch einen grossen Gehalt an Stickstoff sich unterscheiden, welcher zu Inhalationen benutzt wird, während das Wasser selbst zu Trink- und Badecuren dient.

Ausserdem: Mineralmoor-, Dampf- und Flussbäder, Molken, Kefir, Entfettungscuren.

Indicationen. Sie beziehen sich für Neurakoczy hauptsächlich auf Abdominalplethora, Scrofeln, beginnende Phthise und chronische Bronchialkatarrhe.

Arzt: Dr. Steinbrück.

Neuere Literatur: Steinbrück, Dr., Deutsche Klinik. 1872, No. 12 u. 13.

Neu-Schmecks

in Ober-Ungarn, ungar. Uj-Tatrafüred (Neu-Tatrafüred), eine in der Tatra gelegene, im Jahre 1876 gegründete, rasch in Aufnahme gekommene Wasserheilanstalt, welche sich die Behandlung phthisischer Kranken, ähnlich wie die zu Görbersdorf in Schlesien, zur Aufgabe gemacht hat.

Arzt: Dr. Nicolas v. Szontagh, zugleich Besitzer der Anstalt.

Neuere Literatur: Szontagh, Dr. Nic. v., Neu-Tatra-Füred (Neu Schmecks). Klimatol. und therap. Studie. Budapest 1877.

Neustadt a. H.

im Königreich Baiern, Regierungsbezirk Rheinpfalz, Traubencurort, 2½ Meilen westlich von Speier, Knotenpunkt für die Maximilians- und Ludwigsbahn. Warme und kalte Douchen und Dampfbäder.

Nieuport-Bains

in Belgien, Provinz Westflandern, Nordseebad, 15 km südwestlich von Ostende, mit einem schönen Strande und schönen Villen. Nieuport bietet alle sanitären Vortheile und dieselben Seebäder, wie Ostende. Der Ort ist besonders solchen Kranken zu empfehlen, welche in Ruhe das Seeklima und Seebäder geniessen wollen und den Trubel

von Ostende scheuen. Trinkwasser gut, ebenso Verpflegung, besonders
im Hotel de la Digue. Curfrequenz etwa 1000 Personen. Störend für
Deutsche ist der vorwiegend französische Einfluss.
    Arzt: Dr. Grevaert.

Nizza (Nice)

in Südfrankreich, Departement Alpes maritimes, klimatischer
Wintercurort, sowie zugleich Seebadeort, nebenbei beliebter Winter-
aufenthaltsort der vornehmen Pariser und Russen, unmittelbar am
Mittelmeere und in einer Bucht gelegen, welche mit ihrer offenen Seite
dem vollen Süden zugewendet, nach Norden aber von einer dreifachen,
leider ziemlich entfernt gelegenen Bergkette eingeschlossen ist.
    Die Curmittel. 1. Das Klima von Nizza stellt sich als ein
mässig trockenes und mässig warmes Küstenklima dar, welches die vorherrschende Milde des Winters, die reine, anregende Atmosphäre, die
mächtige Sonnenhelle und eine grosse Anzahl heiterer Tage, die einen be-
ständigen, wenig unterbrochenen Aufenthalt im Freien gestatten, charakterisirt und dadurch Nizza als das Paradies der Kinder und Greise erscheinen lässt.
    Als Durchschnittstemperatur des Winters werden + 10 ° C., als
mittlere Temperatur desselben in der Sonne 36,9 ° C., im Schatten
13,3 ° C. angegeben. In nicht zu harten Wintern fällt das Thermometer
nie unter den Nullpunkt. Die mittlere relative Feuchtigkeit der Atmosphäre beträgt für die Winterszeit 61,4 pCt. Schnee und Nebel selten.
    2. Weitere Curmittel sind: Türkische Bäder, Fichtennadel-
bäder, eine gut eingerichtete Wasserheilanstalt, Seebäder.
    Indicationen. Das Klima von Nizza eignet sich besonders für
Erholungsbedürftige, nervöse und anämische Kranke, für Rheumatiker,
scrofulöse Kinder, chronische Bronchialkatarrhe und pleuritische Exsudate, wogegen es seinen früheren Ruf als Heilmittel der Phthise wegen
des daselbst herrschenden Windes und Staubes mit Recht vollständig
verloren hat.
    Locale Verhältnisse. Aerzte: DDr. Brandis, Cammerer (im Sommer in Reichen-
hall), Jantzen, Lippert, Schnee (im Sommer in Karlsbad), Schmaltz, Zürcher, zugleich
schweizerischer Consul, sämmtlich deutsche Aerzte. Ausserdem viele französische
Aerzte. Nizza zählt im Ganzen 175 Aerzte.
    Bahnstation: Nizza ist Station der Eisenbahn Marseille-Genua.
    Curfrequenz: Jährlich 10000 bis 15000 Personen, aus allen Nationalitäten,
vorzugsweise aber aus Franzosen, Engländern und Russen bestehend. Die Zahl aller
Fremden beläuft sich jährlich auf 40000 Personen.
    Curzeit: Zum Winteraufenthalt vom October bis Mai, für Seebadecuren vom
April bis October.
    Reiseverbindungen: Mit Deutschland durch die Eisenbahnlinien Genua,
Mailand, Verona, Brennerbahn, oder Lyon, Genf, Basel, Frankfurt, oder Savona,
Turin, Genf u. s. w.
    Neuere Literatur: Lippert, Dr. H., Das Klima von Nizza, seine hygienischen
Wirkungen und therapeutische Verwerthung, nebst naturhistorischen, meteorologischen
und topographischen Bemerkungen. 2. Aufl., Berlin 1877, Hirschwald. — Derselbe,
Oesterr. Badeztg., 1883, No. 2.

Norderney

im **Königreich Preussen, Provinz Hannover**, das bedeutendste Seebad an der deutschen Nordsee, welches eines wohlverdienten hohen Rufs sich erfreut.

Die Curmittel. 1. Offene Seebäder. Da der Salzgehalt der Nordsee bei Norderney etwa $3\frac{1}{3}$ pCt. beträgt, so wird das Seewasser hier schon ein starkes Reizmittel für die Haut. In noch höherem Grade gilt dies nach Fromm von dem hier stark hervortretenden Wellenschlag, weswegen auch nur resistenzfähige Individuen die hiesigen Seebäder gebrauchen dürfen. Im Weiteren sehe man den Abschnitt „Seebadecuren" im allgemeinen Theile.

2. Unterstützende Curmittel sind: Warme Seebäder, die Seeluft, wegen ihrer Milde und Gleichmässigkeit der Temperatur gerühmt, **Ziegenmolken, Kuh-, Schaf-, Esel- und Ziegenmilch, Electricität, Massage, schwedische Gymnastik.**

Locale Verhältnisse. Aerzte: S.-R. Dr. Fromm von Berlin, königl. Badearzt, Dr. Thalheim, Dr. Kruse, Dr. Lorent (Arzt am Kinderhospiz).

Badehaus: Zum Gebrauche warmer Seebäder dienen zwei Badehäuser mit Douchen und sonstigen zweckmässigen Einrichtungen.

Kinderhospital: Es ist auf 250 Betten berechnet, besitzt ein eignes Badehaus und besteht aus 11 Gebäuden. Verpflegungskosten pro Kind 10 Mark die Woche.

Curfrequenz: Im Jahre 1887 bis 22. Sept. laut Curliste 13273 Personen.

Curzeit: Vom 1. Juli bis 15. September.

Reiseverbindungen: Mit dem Festlande durch das Nordener Dampfschiff täglich, Emsdampfer, Lloyddampfer.

Trinkwasser: Es soll gegenwärtig sehr gut sein.

Neuere Literatur: Fluthtabelle nebst den officiellen Taxen und Nachweisen für das königliche Seebad Norderney. 24. Jahrg., Norden und Norderney 1882, H. Braams. — Fromm, S.-R. Dr., Ueber die Bedeutung und den Gebrauch der Seebäder mit besonderer Rücksicht auf das Nordseebad Norderney. 2. Aufl., Norden und Norderney 1881. ebenda. — Bencke, Geh. M.-R. Prof. Die erste Ueberwinterung Kranker auf Norderney. Aerztl. Bericht 1882. Norden. ebenda. — Beerenberg, Carl. Das königl. Nordseebad Norderney. Eine Skizze. Norden 1882, ebenda. — Beneke, Geh S.-R. Prof., Die sanitäre Bedeutung des verlängerten Aufenthalts auf den deutschen Nordseeinseln, insonderheit auf Norderney. Norden 1881, Braams. — Lorent, Dr., Seehospiz. Berl. klin. Wochenschr. 1887, No. 42. — Kruse, Seeluft und Seebad. Eine Anleitung zum Verständniss und Gebrauch der Curmittel der Nordseeinseln, insbesondere von Norderney. Norden 1887.

Obersalzbrunn

im **Königreich Preussen, Provinz Schlesien**, ein zwischen Waldenburg und Freiburg gelegener **Curort** mit mehreren alkalischen Säuerlingen.

Die Curmittel. 1. Die Mineralquellen. Obersalzbrunn besitzt neun alkalisch-salinische Säuerlinge, von welchen der Oberbrunnen, der Mühlbrunnen und die Demuthquelle als die gehaltreichsten zum Trinken, die übrigen zum Baden dienen. Alle diese Quellen enthalten als Hauptbestandtheil kohlensaures Natron, von welchem

der Oberbrunnen auf 3,8 g fester Bestandtheile 2,15 g besitzt. Schwefelsaure Salze und Chloride, die sich noch im Wasser vorfinden, sind nur
in untergeordneten Mengen vertreten. In neuerer Zeit macht die erst
vor wenigen Jahren aufgefundene Kronenquelle viel von sich reden,
welche nach einer Analyse von Prof. Poleck im Liter Wasser auf
2,336 g Fixa 0,011 g Lithiumbicarbonat hat.

Indicationen. Professor Gscheidlen in Breslau und Dr. Laucher in Straubing empfehlen die Kronenquelle sehr warm bei Krankheiten mit harnsaurer Diathese, sonach bei Abgang harnsaurer Concremente und gichtischen Affectionen der Gelenke. Gleiche Mengen Lithium
hat aber auch der Oberbrunnen, so dass dieser in seiner Wirkung gegen
harnsaure Concremente gegen die Kronenquelle nicht zurückstehen dürfte,
wie man vielfach der Meinung ist. Im Uebrigen sehe man in der klinischen Abtheilung den Abschnitt „Harnconcremente resp. Nephrolithiasis".
Vorzugsweise werden die Obersalzbrunner Quellen gegen Katarrhe der
Luftwege, welche mit abdominalen venösen Stasen und Scrofulose verbunden sind, sowie gegen Katarrhe des Intestinaltractus empfohlen. Sie
erfüllen alle die Indicationen, welche man in dieser Beziehung für Natronsäuerlinge aufgestellt hat.

2. Weitere Curmittel sind: Molken, Kefir, Eselinnenmilch,
Moorerde, Inhalationen vom zerstäubten Oberbrunnen, Kräutercuren.

Locale Verhältnisse. Aerzte: DDr. Geh. S.-R. Valentiner, Kuschbart, Sträbler,
Berliner, Nitzsche, Oliviero, Pohl.

Bahnstation: Salzbrunn ist Station der Eisenbahnlinie Breslau-Halbstadt.

Klima: Etwas rauh und feucht, die Luft aber rein und frisch.

Curfrequenz: Im Jahre 1887 3615 Curgäste. Ausserdem während der
Saison etwa 2000 Luftcurgäste.

Seehöhe: 400 m.

Neuere Literatur: Scholz, Dr., Salzbrunn, Novelle über die zu dem Verbande des
schlesischen Bädertags gehörenden Bäder. Reinerz 1878. — Biefel, Dr. R., Der Curort Salzbrunn in Schlesien. 2. Aufl., Breslau 1868. — Gscheidlen, Prof. Dr., Ueber
die Kronenquelle zu Obersalzbrunn in ihrer Bedeutnng als Natronlithiumquelle. —
Valentiner, Dr., Mittheilungen über die Unterschiede des Oberbrunnens in Obersalzbrunn gegenüber der Kronenquelle in Obersalzbrunn. Breslau 1880. — Fresenius,
Chemische Analyse des Oberbrunnens. Wiesbaden 1882, Kreidel. — Valentiner,
Dr., Der Curort Obersalzbrunn in Schlesien, geschildert für Curgäste und Aerzte.
2. Aufl., Berlin 1877, Hirschwald. — Poleck, Th., Chemische Analyse der Kronenquelle zu Salzbrunn in Schlesien. Breslau 1882, Maruschke. — Laucher, Die
Kronenquelle zu Obersalzbrunn. Aerztl. bair. Intelligenzbl. 1882, XXXIX. No. 17.
— Wehse, Dr. sen., Die Bäder Schlesiens in ihrem therap. Werth und in ihren In-
dicationen. Breslau 1885.

Oeynhausen (Rehme)

in Preussen, Provinz Westfalen, ein zwischen Minden und Herford
unweit der Porta Westphalica, unmittelbar bei dem Orte Rehme gelegener Curort, nach welchem er früher genannt wurde, mit erbohrten
kochsalzhaltigen Thermalquellen.

Die Curmittel. 1. Die Thermalquellen. Die dasigen drei
Quellen enthalten nach Finkener im Liter Wasser 36 bis 42,6 g feste
Bestandtheile, welche vorzugsweise aus Kochsalz (28,0 bis 33,0 g);

schwefelsaurem Natron und Gips, sowie aus mässigen Mengen Eisenbicarbonat (0,046 g) bestehen, und freie Kohlensäure, die in den einzelnen Quellen zwischen 613 bis 754 ccm beträgt. Die stoffreichste
und seit der Nachbohrung im Jahre 1877 auch wärmste Quelle ist die
aus dem Bohrloche I., deren Temperatur gegenwärtig 33,75 ° C. ist,
während die beiden übrigen eine Wärme von 27 ° C. besitzen.

2. Die Soolquellen. Es sind deren zwei. Die stärkere Bülow-
Soole hat 9 pCt., die schwächere Bülow-Soole 4 pCt. Kochsalz.

3. Der Bitterbrunnen. Derselbe ist eine Quelle mit schwachem
Kochsalz- und noch schwächerem Gipsgehalt. Er führt schwach ab,
wird aber verhältnissmässig selten getrunken.

4. Weitere Curmittel sind: Mutterlauge, Sooldunstbäder,
Gasbäder, Wellenbäder, Gradirluft.

Indicationen. Die Hauptindication für Oeynhausen ist die Scro-
fulose nervöser, etwas anämischer Individuen, ferner sind es rheumatische
Gelenkexsudate, rheumatische Lähmungen, Krankheiten der weiblichen
Sexualorgane, ganz besonders aber tabetische Erkrankungen, welche hier
Hülfe suchen.

Locale Verhältnisse. Aerzte: DDr. Cohn, Huchzermeyer, S.-R. L. Lehmann,
E. Lehmann, Rinteln, Rohden (im Winter in Gardonn-Riviera), Sauerwald, Voigt.

Badeanstalten: Sie sind das grosse Badehaus, das kleine Badehaus, das
Dunstbad, das Gasbad, das Soolbadehaus, das Wellenbadehaus im Werreflusse, die
Anstalt für Fluss- und Schwimmbäder. Einrichtungen vorzüglich.

Bahnstation: Oeynhausen ist Station der Eisenbahnlinie Hannover-Hamm,
Hannover-Löhne-Osnabrück und Hameln-Löhne.

Klima: Nicht mild. Im Frühjahr viel Nord- und Ostwinde.

Curfrequenz: Im Jahre 1887 5241 Curgäste.

Seehöhe: 71 m.

Neuere Literatur: Lehmann, L., Die chronischen Neurosen als klinische Objecte
in Oeynhausen. Bonn 1880. Cohen u. Sohn. — Rinteln, Die Thermalsoolbäder in
Oeynhausen und ihre Anwendung bei Krankheiten des Nervensystems. Med. Central-
zeitg. 1879, XLVIII., No. 34, 35, 36, 37. — Voigt, Dr. W., Die Curmittel Oeyn-
hausens. Braunschweig 1883. — Lehmann, L., Bad Oeynhausen (Rehme). 3. Aufl.
Oeynhausen 1887. — Baehr, P., Bad Oeynhausen und seine Umgebung. Oeynhausen 1887.

Ofen (Buda)

in Ungarn, in seiner Vereinigung mit Pest Budapest genannt, Ungarns
malerisch gelegene Hauptstadt, mit einer grossen Anzahl Thermalquellen und Bitterwässern.

Die Curmittel. 1. Die Thermalquellen. Sie sind schwache
erdig-salinische Quellen mit 1,37 g festen Bestandtheilen im Liter
Wasser und gehören zu den sogenannten indifferenten Thermen, von
denen besonders hervorzuheben sind, die zehn Thermen des Kaiserbades,
welche zusammengeleitet ein Thermalwasser von 57,5 ° C. geben; die
Wäscherquelle und der Kochbrunnen mit 65 ° C. Wärme und die
Quellen des Königsbades und Schlammquelle mit einer Temperatur
von 60 ° C.; die Quelle des Volksbades mit einer Temperatur von
48 ° C., die Quellen des Bruckbades mit 45 ° C. Wärme und die des

Raitzenbades mit einer Temperatur von 46°C., die Hungariaquelle
mit 30°C. Die physikalischen Eigenschaften und die chemische Beschaffenheit sind in allen diesen Quellen fast ganz gleiche, ihre Haupt-
verschiedenheit liegt in ihrer Temperatur.

Indicationen. Die Ofener Thermalquellen dienen vorzugsweise
zum Baden und haben die allgemeinen Heilanzeigen der indifferenten
Thermen. Zum innerlichen Gebrauch wird besonders die Trinkquelle
des Kaiserbades und die Amazonenquelle verwendet, welche bei Magenkatarrhen und Gicht herangezogen werden.

2. Badeschlamm. Derselbe vom Kaiserbade wird zu einer Temperatur von 50°C. in Form von Bähungen und Umschlägen angewendet.

3. Die Bitterwässer. Die aus einem mächtigen Thonlager hervortretenden, in der Nähe von Budapest sich vorfindenden Bitterwässer
sind sehr zahlreich und zeichnen sich durch grossen Reichthum an
schwefelsaurer Magnesia und schwefelsaurem Natron neben geringen
Mengen Gips und Kochsalz aus. Die wichtigsten von ihnen sind die
Hunyadi-Jánosquelle, welche zu einer Million Flaschen jährlich versendet wird, das Rakoczy-Bitterwasser, Franz Josef-Bitterwasser,
Mattonis Ofener Königs-Bitterwasser, Elisabeth-Bitterwasser,
die Arpadquelle, die Deak- und die St. Istvanquelle. Alle diese
Wässer sind in den Handel gebracht.

4. Die Margarethenquelle. Sie ist ein auf der Margaretheninsel
durch Bohrversuche gewonnener artesischer Brunnen, welcher eine Temperatur von 45°C. besitzt und als Hauptbestandtheile kohlensaure Kalk-
und Talkerde, Gips und Kochsalz enthält. Er gehört zu den inkrustiren-
den Wässern. Getrunken erweist sich das Wasser sehr nützlich bei
Blasenkatarrhen, harnsaurer Diathese, Erkrankungen der Schleimhäute
im Allgemeinen, in Form von Bädern bei Muskel- und Gelenkrheumatismus, Gicht und verschiedenen Hautkrankheiten.

5. Die Elisabethquelle. Die eine Stunde von der Festung im
Taban gelegene Elisabethquelle mit 15°C. Temperatur ist ein kochsalzhaltiges Glaubersalzwasser, welches zu Trink- und Badecuren dient und
zu diesem Behufe mit einer Badeanstalt versehen ist.

Ausser den hier genannten Quellen giebt es noch eine beträchtliche
Anzahl Thermalquellen und Bitterwässer, welche entweder gar keine oder
nur sehr beschränkte Benutzung finden.

Locale Verhältnisse. Aerzte: Ausser den zahlreichen Aerzten von Budapest
als specielle Badeärzte: DDr. Emerich von Kovách (am Kaiserbade), Frankel, Papay,
Bruck. Tarczy, Heinrich, Lisznyay, Hlatky (am Margarethenbade).

Badeanstalten: Das Kaiserbad ist ein Gebäudecomplex mit etwa 300 Zimmern und einer ausserordentlich grossen Anzahl Spiegel- und Einzelbäder. Kleinere
Badeanstalten sind: das Lukasbad, das Blockbad, das Raitzenbad, das
Königsbad und das Elisabethbad, sowie das Margarethenbad auf der Margaretheninsel, einer zwischen Pest und Ofen gelegenen Donauinsel, welches höchst
comfortabel eingerichtet ist.

Bahnstation: Budapest ist Station von 4 Eisenbahnlinien.

Seehöhe: 140 m.

Neuere Literatur: Fresenius, Chemische Untersuchung der Hunyadi Janos-Bitter
salzquellen. Wiesbaden 1878, Kreidel. — Zsigmondy-Bergingen, W., Mit-

theilungen über die Pohrthermen auf der Margaretheninsel nächst Ofen-Pest 1873. — Martin, Prof. Aloys, Die Hunyady-Janos Bittersalzquelle zu Ofen. Ihre Entstehungs-verhältnisse, chemische Bestandtheile physiol. wie therap. Wirkungen und Anwendungs-weise. 2. Aufl, München 1872, Ackermann.

Ostende

in Belgien, das bedeutendste Nordseebad, welches auf den Namen eines Weltbades unter den Seebädern vollen Anspruch machen kann.
Die Curmittel. Die offenen Seebäder. Der Wellenschlag ist ein sehr kräftiger und der Salzgehalt des Seewassers der höchste, den die Nordsee überhaupt erreicht, und der etwa 3½, pCt. beträgt.
Indicationen. Die hiesigen Seebäder eignen sich nur für Indivi-duen, welche eine gewisse Widerstandsfähigkeit den Einwirkungen des Seebades entgegensetzen können.
Es giebt hier drei treffliche Badeplätze, wo mit Ausnahme des „Paradieses" die Geschlechter gemeinschaftlich baden. Der Strand ist ausgezeichnet, feinsandig und flacht sich nur ganz allmälig ab.

Locale Verhältnisse. Aerzte: DDr. de Hondt, v. Jumné, Schramme, de Ceuny-nek, Freyman, Janssens, Fourmarier, van Oyl, Kockenpoo, Corbisier, Verseheure.

Badeleben: Bei dem Zusammenströmen aller Nationalitäten ist das Bade-leben in Ostende ein sehr geräuschvolles und unruhiges, und Leute, welche körper-licher und geistiger Ruhe bedürfen, finden hier keine Befriedigung. Es giebt hier viel vornehme Welt, aber auch viel Demimonde.

Bahnstation: Ostende ist Station der Eisenbahnlinie Köln-Brüssel-Gent-Ostende.

Curfrequenz: Im Jahre 1882 laut Allg. med. Centralztg. 20932 Personen.

Curzeit: Vom 1. Juni bis 15. October.

Trinkwasser ist filtrirtes Regenwasser mit fadem Geschmack. Selterswasser ist vorzuziehen.

Neuere Literatur: Ostende en poche, guide, avec carte pratique de la ville. Paris.

Palermo

auf der Insel Sicilien, Provinz Palermo, ein wichtiger klimatischer Wintercurort, an der nördlichen Küste der Insel, unmittelbar am gleich-namigen Golfe liegend, zugleich Hauptstadt von Sicilien.
Die Curmittel. 1. Das Klima ist ein mässig feuchtes, warmes Küstenklima, welches sich durch Höhe und Gleichmässigkeit der Tem-peratur auszeichnet und in dieser Beziehung selbst die Klimate von Ajaccio und der Curorte an der Riviera nicht unwesentlich übertrifft. Die mittlere Wintertemperatur für die Monate December bis Februar beträgt $+ 11,5^0$ C., die mittlere Herbsttemperatur für die Monate Sep-tember bis November $+ 19,3.^0$ C. und die mittlere Frühlingstemperatur für die Monate März, April und Mai $+ 15,3^0$ C. Der mittlere Baro-meterstand 754 mm. Auch die Feuchtigkeit der Luft, welche für die Saison im Durchschnitt 74,5 pCt. beträgt, ist eine sehr constante und zeigt hier nicht die Extreme, welche man an den meisten klimatischen Curorten der Riviera findet. Die Zahl der sonnigen Tage ist eine sehr grosse.

Die Indicationen für Palermo fallen nach Reimer (Klimatische Wintercurorte) mit denen von Venedig und Pisa zusammen, und Kranke mit chronischer Laryngitis und chronischem Bronchialkatarrh mit relativ hohem Reizzustand der Schleimhaut und sehr mässiger Absonderung oder mit angehender fieberloser Phthise, sowie Asthmatiker aller Art ziehen Vortheil aus dem dortigen Winteraufenthalt, wogegen erschöpfte, zu gastrischen Störungen oder Nierenaffectionen geneigte oder mit Spitzenkatarrhen behaftete Personen Palermo zweckmässiger meiden. Auch für Neurasthenie Hysterie eignet sich das Klima von Palermo besonders.

2. Weitere Curmittel ausser dem Klima sind: Eine muriatisch-salinische Trinkquelle, warme und kalte Bäder, Traubencuren, Seebäder, deren mittlere Temperatur im Sommer 23,6° C., im Herbst 20,6° C. durchschnittlich beträgt.

Locale Verhältnisse. Aerzte: DDr. Berlin, de Jonge (während des Sommers in Ems), Kolb, Ohlsen, Prof. Federici, Prof. Albanese (Chirurg), Piazza u. A.

Curfrequenz: Bedeutend, viele Deutsche, Engländer und Amerikaner.

Curzeit: Von November bis Ende April.

Reiseverbindungen: Bis Neapel mit Eisenbahn und von da aus die Ueberfahrt nach Sicilien mit Dampfschiff in 17½ Stunden oder von Marseille oder Genua aus mittelst Seeweges nach Palermo. Ausserdem Eisenbahnverbindungen mit Syrakus, Messina, Catania.

Trinkwasser: Es wird als gut bezeichnet.

Wohnungsverhältnisse für Kranke nach de Jonge im Allgemeinen befriedigend. Oefen in vielen Zimmern, die meist gross und gut ventilirt sind.

Neuere Literatur: Valentiner, Dr. Die klimatischen Curorte Siciliens. Berlin. klin. Wochenschr. 1881, No. 24. — Reimer, Dr, Klimatische Wintercurorte. 3. Aufl. Berlin 1881. — de Jonge, Ueber die Bedeutung Palermos als Winteraufenthalt Berl. klin. Wochenschr. 1887, No. 38.

Pallanza

in Oberitalien, Provinz Novara, klimatischer Winter-Curort am rechten, westlichen Ufer des Lago Maggiore auf einer nach Süden vorspringenden Landzunge, in prachtvoller See- und südlicher Alpenlandschaft.

Die Curmittel. 1. Das Klima ist mild und die Wintertemperatur 1,2° wärmer, als die von Montreux, und 1,6° wärmer, als die von Meran. Die mittlere Temperatur des Winters beträgt + 3,6°, der Monate October und November zusammen 9,8°, der Monate März und April zusammen 10,0° C. Dabei sind die Differenzen der Wärme zwischen den einzelnen Tageszeiten nicht bedeutend. Vorherrschende Windrichtungen sind Nordwest und Südost. Der Luftdruck zeigt nur geringe Schwankungen, die relative Feuchtigkeit der Luft schwankt im Monatsmittel von October bis April von 58—75 Procent. Die Zahl der heiteren Tage ist in den Wintermonaten eine relativ grosse, die der Regentage eine relativ geringe.

Indicationen. Zu einem vollen Winteraufenthalt in Pallanza eignen sich nach der Erfahrung von Scharrenbroich am meisten Personen von schwacher Constitution, mit Blutarmuth Behaftete oder Reconvalescenten, welche einer leichteren Anregung des Stoffwechsels bedürfen, und speciell chronische Pneumonie und Pleuritis, Spitzeninfiltration ohne tuberculöse Grundlage, chronische Bronchialkatarrhe, während Fieber und eine ausgesprochene Reizbarkeit des Nervensystems als Gegenanzeige angesehen werden müssen.

2. Weitere Curmittel sind: Seebäder, warme Bäder, Traubencuren, electrische, pneumatische Curen, Kumyss, Kefir, Kräutersäfte.

Locale Verhältnisse. Arzt: Dr. Scharrenbroich (Deutscher).

Curzeit: Von Ende September bis Ende Mai.

Promenaden: Angenehme und windgeschützte in hinreichender Abwechselung.

Reiseverbindungen: Mit dem Norden resp. Deutschland durch die Gotthardtbahn, bis Locarno mit Dampfboot. Wer die Route Frankfurt, Basel, Genf. Montcenis, Turin wählt, verlässt die Mailänder Linie bei Novara und geht von hier auf der Zweigbahn bis Arona; von Mailand fährt man in $2^{1}/_{2}$ Stunden nach Arona. In Locarno und Laveno vermitteln Dampfschiffe den Anschluss an alle Züge der Gotthardtbahn.

Seehöhe: 193 m.

Neuere Literatur: Scharrenbroich, Dr., Pallanza am Lago Maggiore als klimatischer Curort. Wien 1877. — Reimer, Klimatische Wintercurorte. 3. Aufl. 1881. — Pellmann, Dr., Pallanza im März 1887. Deutsche medic. Wochenschr. 1887, No. 16.

Pau

in Frankreich, im Departement Basses Pyrénées, ein vielbesuchter klimatischer Winter-Curort am südlichen Abhange einer Hochebene und nach Süden und Südwesten von dem sich ihr gegenüber erhebenden Kamme der Pyrenäen begrenzt.

Die Curmittel. Das Klima. In Folge der Lage der Gebirgszüge haben alle kälteren Winde, deren Schärfe allerdings durch den Ocean etwas gemildert wird, in Pau freien Zutritt. Die mittlere Saisontemperatur, d. h. des Zeitraums von October bis April, beträgt + 10,1° C., wovon 6,9° C. auf den Winter kommen. Die Tagesschwankungen sind nicht bedeutend. Die relative Feuchtigkeit der Luft ist eine hohe und beträgt für die Monate October bis incl. März durchschnittlich 81 bis 83 pCt. Entsprechend ist auch die Zahl der Regentage eine hohe. Mittlerer Barometerstand 746 mm. Von den Mittelmeerstationen unterscheidet sich Pau durch seinen niedrigeren Wärme- und höheren Feuchtigkeitsgrad.

Indicationen. Nach Reimer verlangsamt das Klima von Pau den Herzschlag um einige Schläge in der Minute, mässigt fieberhafte Aufregung und vermindert die nervöse Reizbarkeit. Phthisiker und nervös Erregte mit lebhaftem Puls und Neigung zu Congestionen werden die eintretende Beruhigung wohlthätig empfinden, während Geschwächte, Heruntergekommene, mit Blennorrhöen Behaftete, die einer Anregung bedürfen, Verschlimmerung ihrer Leiden befürchten müssen. Der trockene Katarrh, Neuralgien und Neurosen erethischer Individuen bilden die hauptsächlichsten Curobjecte für Pau.

Locale Verhältnisse. Aerzte: DDr. Lahillonne, de Voogt, Ottley, Taylor.

Curfrequenz: Etwa 3000 Personen, darunter sollen sich etwa 300 Eng-

länder und Amerikaner, 150 Franzosen und 30 bis 40 Deutsche befinden. Die
übrigen sind Russen, Belgier, Holländer, Schweizer und Spanier.

Curzeit: Vom October bis Ende April.

Reiseverbindungen: Der schnellste Weg führt über Paris, von wo aus
man Pau in 17 bis 23 Stunden erreicht; von Bordeaux geschieht es in $5^1{}_4$ bis
8 Stunden, von Toulouse in $6^1/_2$ bis 8 Stunden.

Seehöhe: 207 m.

Neuere Literatur: Lahillonne, Pau. Etude de meteorologie médicale. Paris
1869. — Carrière, Le climat de Pau. Paris 1870. — Schaer, Klimatologische
Skizze über Pau. Bremen 1864. — Guide de l'etranger à Pau, publié par la com-
mission syndicale. — Reimer, Dr. H., Klimatische Wintercurorte. 3. Aufl., 1881,
S. 21, 6 u. ff.

Pegli

in Oberitalien, Provinz Genua, ein im Grunde des Golfs von Genua,
an der Grenze der Riviera di Levante und der Riviera di Ponente gelegener klimatischer Curort.

Die Curmittel. 1. Das Klima von Pegli ist zwar ein mildes,
bei dem mangelhaften Schutz aber, den der Gebirgszug gewährt, an
welchen der Ort sich anlehnt, entschieden kühler, als das der geschütz-
teren Orte der Riviera di Ponente, namentlich als das von S. Remo und
Mentone. Dabei ist die Luft oft stark bewegt, ihre Temperatur aber
sehr gleichmässig, der Feuchtigkeitsgrad derselben ein ziemlich hoher.

Indicationen. Das Klima von Pegli, mit Unrecht als Uebergangsstation gerühmt, wird besonders gegen chronische trockene Katarrhe
der Respirationsorgane, chronische Phthisis erethischer und zu Blutungen neigender Individuen und allgemeine Schwächezustände der Reconvalescenz
empfohlen.

2. Weitere Curmittel sind: Seebäder, kalte und warme, während der Sommerszeit.

Locale Verhältnisse. Aerzte: DDr. Schnyder, Deutschschweizer (im Sommer
in Weissenburg), Dr. Frühauf, G. W. Heyd und Laudien (im Sommer in Kissingen),
Deutsche; Pisoni, Nigretto, beide Italiener.

Bahnstation: Pegli ist Station der Eisenbahnlinie Genua-Nizza und von
Genua aus in 30 Minuten zu erreichen.

Curzeit: Von Ende October bis Mitte Mai.

Neuere Literatur: Reimer, Klimatische Wintercurorte. 3. Aufl., Berlin 1881. —
Peters, Die klimatischen Wintercurorte Centraleuropas und Italiens. Leipzig 1880. —
Frühauf, Dr. H., Der klimatische Curort Pegli und seine Umgebungen. Nebst
einer Ansicht und Karte. Leipzig 1882, Selbstverlag des Verfassers. — Derselbe,
Die klimatischen Wintercurorte Pegli, Arenzano, Nervi. 1886. — Pegli, zur weiteren
Kenntniss desselben. Deutsch med. Ztg. 1887, VIII., 51, S. 853.

St. Peter

im Preuss. Regierungsbezirk Schleswig, ein kleines Nordseebad auf der Halbinsel Eiderstedt, welches in neuester Zeit die Aufmerksamkeit des Publikums auf sich zu lenken beginnt. Einrichtungen sehr
einfach, Leben billig. Strand ziemlich entfernt. Der Ort passt besser
für einen Luftcurort, als für ein Seebad, da derselbe durch hohe Dünen
sehr geschützt ist.

Petersthal

im Grossherzogthum Baden, bedeutender Curort der Renchthalbäder, im südlichen Theile des Renchthales und am westlichen Abhange des Kniebis gelegen, mit mehreren gasreichen Eisenquellen.

Die Curmittel. Die Eisenquellen. Die vier hier entspringenden Eisenquellen sind gasreiche, erdig-salinische Eisensäuerlinge, deren Temperatur zwischen 8,75 und 10° C. schwankt, und von denen die Petersquelle, mit mittlerem Eisen- (0.046 g Eisenbicarbonat im Liter Wasser), aber hohem Kohlensäuregehalte (1270 ccm in obiger Wassermenge), die am meisten benutzte ist.

2. Weitere Curmittel sind: Douchebäder, Fichtennadelbäder, Schwimmbad und die Magnesine, ein künstlich dargestelltes moussirendes Bitterwasser.

Indicationen. Petersthal hat die allgemeinen Indicationen der reineren Eisenwässer.

Locale Verhältnisse. Aerzte: Dr. Jägerschmidt. Dr. Kimmig.

Bahnstation: Oppenau an der Eisenbahnlinie Appenweier-Oppenau, 8 km von Petersthal entfernt. Täglich Postverbindung.

Seehöhe: 421 m.

Neuere Literatur: Petersthal, Das Stahl- und Lithionbad des badischen Schwarzwaldes Petersthal 1880.

Pfäfers

in der Schweiz (siehe Ragaz-Pfäfers).

Pisa

in Italien, Toscana, klimatischer Wintercurort am Arno, in einer wasserreichen Ebene gelegen.

Die Curmittel. 1. Das Klima. Es wird als ein mildes, mit gleichmässiger Wintertemperatur und mit mässig, aber stetig feuchter und häufig windstiller Luft bezeichnet, welche während der kälteren Jahreszeit vom November bis März eine Mitteltemperatur von +8,1° C. besitzt. Die mittlere relative Feuchtigkeit während der kühleren Zeit ist 75,3 pCt. Im Allgemeinen ist Pisa wärmer und weniger feucht als Venedig, Genua und Livorno, wärmer und feuchter als Lucca und Florenz, kühler und feuchter als Cannes, Mentone, San Remo, Rom, Palermo, Catania und Ajaccio.

Vorherrschende Winde sind Westwinde. Umwölkter Himmel, Nebel und Regen sind sehr häufig, so zwar, dass man in Pisa jeden dritten Tag einen Regentag zählt.

Indicationen. Trockene Katarrhe des Kehlkopfes und der Lungen, Asthma und Emphysem, namentlich erethischer Individuen, pleuritische Exsudate solcher erfahren in Pisa rasche Besserung. Beachtenswerth aber ist es für die hier Hülfe Suchenden, dass Scorbut und Wechselfieber in Pisa keine seltenen Krankheiten sind.

2. Weitere Curmittel sind: Kalte und warme Bäder, Fluss-

bäder im Arno, die alkalischen Quellen von Olivato, die warmen alkalischen Quellen von S. Giuliano.

Locale Verhältnisse. Aerzte: DDr. Barduzzi, Carls, Prof. Fedeli, Feroci (spricht französisch, englisch, deutsch), Frediani (spricht französisch, englisch), Hirschl (deutscher Arzt), Kunitz (Deutscher), Lombard, Prof. Gyn. Minadi, Paci, Schinz (Schinz und Kunitz kommen nur zur Consultation von Livorno nach Pisa), Steinschneider, Wachs.

Curfrequenz: Jährlich im Durchschnitt 1500 Personen. Im letzten Jahrzehnt hat der Besuch von Deutschland aus, der sich sehr verringert hatte, wieder zugenommen.

Curzeit: Vom Ende October bis Ende April.

Reiseverbindungen: Mit Deutschland durch die Brennerbahn. Man fährt mit der Eisenbahn bis Florenz, dann über Empoli oder Pistoja nach Pisa; von Genua nach Pisa mit der Bahn oder von Spezzia mit Dampfboot dahin.

Seehöhe: 52 m.

Neuere Literatur: Thomas, Dr H. J., Pisa als klimatischer Wintercurort. Deutsch. Klinik. 1874, S. 209, 241, 249, 257. — Bröcking, Pisa als klimatischer Wintercurort. Vierteljahrschr. f. Klimatologie. 1876. I. S. 355. — Cobianchi Osservazioni meteorologice fatte nel gabinetto di fisica della R. Universita di Pisa Pisa 1878. — Peters, Klimatische Wintercurorte Centraleuropas und Italiens. Leipzig 1880, O. Wigand.

Plombières

in Frankreich, Departement der Vogesen, ein unweit der deutschen Grenze gelegener Curort mit einer grossen Anzahl kalter, lauer und heisser Quellen.

Die Curmittel. Die Mineralquellen. Von 27 Quellen werden nur 10 benutzt, deren Temperatur zwischen 19 bis 65° C. liegt. Sie haben gleiche Zusammensetzung und gehören bei 0,266 g festen Bestandtheilen im Liter Wasser zu den sogenannten indifferenten Wässern, welche hier vorzugsweise in Form von prolongirten, meist bis zu zwei Stunden Dauer ausgedehnten Bädern gebraucht, bei Gichtleiden und nach Bottentuit besonders auch bei chronischen, mit Wechselfieber verbundenen Diarrhöen, bei Lähmungen und verschiedenen Neurosen Anwendung finden. Douchen dienen in Plombières als wichtige Unterstützungsmittel der Badecur. Bisweilen wird das Wasser gegen chronische Diarrhöen auch getrunken.

Locale Verhältnisse. Aerzte: DDr. Grillot, L'héritier, Türk, Sibylle, Garnier, Bottentuit, Lietard, Verjon.

Badeanstalten: Die sechs Badeanstalten sind sämmtlich vorzüglich eingerichtet.

Klima: Ziemlich rauh, wechselnd.

Seehöhe: 450 m.

Neuere Literatur: Lietard, Etudes cliniques sur les eaux de Plombières. Paris 1860. — Bottentuit. E., Des diarrhoes chroniques et de leur traitement par les eaux de Plombière. Paris 1873, Delahaye.

Pontresina

in der Schweiz, Canton Graubünden, ein in neuerer Zeit sehr in Aufnahme gekommener, früher nur von Touristen besuchter klimatischer Curort des nordöstlichen Oberengadins. Die Curmittel. Das Klima. Es ist für die Höhe des Orts auffallend mild. Die mittlere Temperatur beträgt nach Gsell-Fels für Mai 7,57°, für Juni 9,11°, für Juli 11,38°, für August 9,82°, für September 7,35° C., der mittlere Barometerstand während der Sommerszeit 613,3 mm, die relative Feuchtigkeit 71 bis 74 pCt. Rauhe Winde, sowie grosse Temperaturschwankungen fehlen. Indicationen. Das Klima von Pontresina eignet sich besonders für anämische Damen und Nervöse, geistig Ueberangestrengte, Reconvalescenten nach schweren Krankheiten, die die Mehrzahl der Curbedürftigen ausmachen und die besten Erfolge erzielen. Lungenkranke, die schon hektisch sind, erfahren Verschlimmerung ihres Zustandes, hingegen die ersten Anfänge der Phthise bei jungen Leuten meist wesentliche Besserung, oft Heilung; chronische Bronchitis heilt rasch.

Locale Verhältnisse. Arzt: Dr. Ludwig.

Bahnstation: Chur und Landquart an der Strecke Sargans-Chur der Linie Zürich-Chur.

Curzeit: Von Anfang Juni bis Ende September.

Seehöhe: 1803 bis 1828 m.

Neuere Literatur: Ludwig, Dr. J. M., Pontresina, klimatischer Curort. Berichte über die räthischen Bäder und Curorte vom Schweizer ärztl. Centralverein. Chur 1879. — Derselbe, Pontresina und seine nächste Umgebung. Mit Karte. Leipzig 1875, Engelmann. — Derselbe, Das Oberengadin in seinem Einfluss auf Gesundheit und Leben. Stuttgart 1877.

Püllna

in Oesterreich, Böhmen, Dorf, unweit der Stadt Brüx und des Curortes Teplitz, mit einem kräftigen Bitterwasser, welches jährlich zu 800000 Flaschen versendet wird und Glaubersalz und Bittersalz in erster Linie enthält. Curanstalten fehlen. Die Quelle ist Eigenthum der Gemeinde Püllna.

Putbus

in Preussen, Insel Rügen, ein Ostseebad, welches den Namen Friedrich-Wilhelmsbad führt und von prächtigen Buchenwaldungen umgeben ist. Arzt: Dr. Brasch.

Pyrawarth

in Niederösterreich, ein unweit Wien gelegener Curort, mit einem starken alkalisch-salinischen Eisensäuerling, welcher 0,113 g Eisenbicarbonat bei 428 ccm freier Kohlensäure enthalten soll und die Indicationen der reineren Eisenwässer hat. Ausserdem: Molken und Trauben. Arzt: Dr. Brée.

Pyrmont

im Fürstenthum Waldeck-Pyrmont, ein im Nordwesten Deutschlands gelegener und von schön bewaldeten Bergen umgebener Curort, der als Stahlbad eine hervorragende Stellung einnimmt. Die Curmittel. 1. Die Mineralquellen. Die zahlreichen Quellen Pyrmonts sind theils erdig-salinische Eisensäuerlinge, theils Soolquellen von verschiedener Concentration, welche sowohl zu Trink- als zu Badecuren gebraucht werden. Die hervorragendsten Eisenquellen sind die Hauptquelle, die Brodelquelle und die Helenenquelle, deren Eisengehalt zwischen 0,037 und 0,077 g Eisenbicarbonat im Liter Wasser schwankt. Dabei sind diese Quellen sehr reich an Kohlensäure, welche in der Hauptquelle 1271 ccm beträgt. Sie haben eine Temperatur von 10 bis 12° C. und entwickeln sehr viel Kohlensäure.

Von den Kochsalzsäuerlingen gelangen die Trinkquelle, die Badequelle und die Bohrlochsoole zur vorwiegenden Benutzung. Die erstere Quelle, welche nur zu Trinkcuren benutzt wird, hat im Liter Wasser 7,0 g Kochsalz und ausserdem Bittersalz und Kalksalze. Die beiden anderen Quellen mit höherem Salzgehalte dienen nur zum Baden.

Indicationen. Bei dem gleichzeitigen Vorhandensein gehaltreicher Eisen- und Salzquellen theilen sich die Indicationen für Pyrmont in die für Eisen- und für Kochsalzquellen, indess stehen die ersteren in erster Linie, und allgemeine Störungen in der Ernährung, Blutarmuth, allgemeine Schwächezustände, functionelle Störungen des Nervensystems, welche den Eisengebrauch fordern, sind in Pyrmont am meisten vertreten. Besonders vortheilhaft erweist sich aber Pyrmont in combinirten Krankheitsformen, bei welchen Eisen und Kochsalz zugleich indicirt sind, wie bei mit Anämie verbundener Scrofulose, Katarrhen und Verdauungsstörungen, welche die Blutmasse vermindert haben, und anderen Zuständen mehr.

2. Weitere Curmittel sind: Fremde Mineralwässer, Ziegenmolken, Ziegen-, Kuh- und Eselinnenmilch, ein russisches Dampfbad, Moorbäder, Salz-, Fichtennadelextract-, Mutterlaugen-, Malz- und Kleienbäder.

Locale Verhältnisse. Aerzte: Geh. Hofr. Dr. Lynker, Hofr. Seebohm. DDr. Gruner, S.-R. Menke. S.-R. Marcus. Schücking (Frauenarzt), Weitz.

Badehäuser: Die fürstlichen Badehäuser haben vorzügliche Einrichtungen. Die Erwärmung des Badewassers geschieht nach Schwarz'schem System.

Bahnstation: Pyrmont ist Station der Hannover-Altenbeker Bahn.

Klima nicht mild. mangelnder Schutz vor Ost- und Nordwinden, Luft feucht, viel Regen.

Curfrequenz: Im Jahre 1887 bis 24. September laut Curliste 7249 Curgäste und 5155 Passanten.

Seehöhe: 125 bis 130 m.

Neuere Literatur: Lynker, Geh. Hofr., Altes und Neues über den Curort Pyrmont und seine Mineralquellen. Pyrmont 1880, Uslar. — Seebohm, Dr. A., Zur Behandlung der chronischen weiblichen Sexualerkrankungen mit den Curmitteln Pyrmonts. Deutsch med. Wochenschr., 1881. — Markus, Dr., Der Curort Pyrmont. Berlin 1883. — Schücking, Bad Pyrmont. 2. Aufl., 1887, Pyrmont.

Pystjan

in Ungarn, Comitat Neutra, auch Pistyan, Pöstjén, Pöstèny genannt, Curort an der Waag, im nordwestlichen Theile des Landes
gelegen.

Die Curmittel. Die Thermen. Sie sind Schwefelthermen,
welche eine Temperatur von 57,5 bis 63,75° C. haben. Die Hauptquelle, 63° C. warm, gehört zu den erdig-salinischen Gipswässern
mit Schwefelwasserstoff und setzt reichlichen Schlamm ab, welcher
als vorzügliches Curmittel gilt.

Im Liter Wasser sind 1,37 g feste Bestandtheile mit 0,53 g Gips,
0,35 g Natronsulfat und 0,20 g Kalkcarbonat, sowie 15 ccm Schwefelwasserstoff enthalten.

Indicationen. Die Quellen, wie der Schlamm vorzugsweise nur
zu Bädern verwendet, finden bei chronischer Gicht und Rheumatismus, Ischias, chronischen Entzündungen und ihren Folgezuständen, verschiedenen Hautkrankheiten, Caries u. s. w. ihre Hauptanwendung, besonders in Form von Vollbädern.

Locale Verhältnisse. Aerzte: DDr. Fodor, Badearzt; Weinberger, Masteidesz,
Alexander.

Seehöhe: 155 m.

Neuere Literatur: Wagner, Dr. Adb, Die Heilquellen von Pystjan in Ungarn.
4. Aufl., Wien 187?, Braumüller. — Weinberger, Dr. S, Der Curort Pystjan in
Ungarn und seine Heilquellen. Wien 1875, Braumüller.

St. Radegund

in Oesterreich, Steiermark, eine unweit Graz am südöstlichen Fusse
des Schöckel gelegene, gut eingerichtete Wasserheilanstalt. Arzt:
Dr. Novy.

Radein

in Oesterreich, Steiermark, Cur- und Badeanstalt, mit einem
alkalisch-muriatischen Säuerling, welcher durch grossen Reichthum
an Kohlensäure, an kohlensaurem Natron und wirksamen Mengen von
Jod- und Bromverbindungen, sowie von kohlensaurem Lithion sich auszeichnet und theils als Luxusgetränk, theils zu medicinischen Zwecken
dient.

Neuere Literatur: Der Radeiner Sauerbrunnen bei Radkersburg in Steiermark (das
steiersche Vichy). Wien 1874, Braumüller.

Ragaz-Pfäfers

in der Schweiz, Canton St. Gallen, zwei berühmte Wildbäder,
welche ihr Thermalwasser aus einer und derselben Quelle erhalten. Der
Ursprung derselben ist in Pfäfers und wird von hier aus mit einem
Wärmeverluste von etwa 2° C. in hölzernen Röhren nach Ragaz geleitet.

Die Curmittel. 1. Das Thermalwasser. Die einzelnen Quellen-
ausbrüche, welche dasselbe bilden, treten in Pfäfers aus einer senkrechten

Felswand zu Tage und haben vereinigt eine Temperatur von 37,5° C., in Ragaz eine solche von 35,4° C. Sie gehören zu den indifferenten Thermen und haben deren Indicationen. (Man sehe den allgemeinen Theil.)

2. Ausserdem in Ragaz: Alle bekannten Mineralwässer; Molken-, Erdbeer- und Traubencur.

Locale Verhältnisse. Aerzte in Ragaz: DDr. Kaiser, Jäger, Dormann. Kündig und Schädler.

Badeanstalten: Ragaz hat z. Z. fünf Badeanstalten, welche durchgehends musterhaft eingerichtet sind. In Pfäfers befinden sich die Bäder im Erdgeschosse des Curhauses.

Bahnstation: Ragaz ist Eisenbahnstation der Linie Rorschach-Chur. Von hier nach Pfäfers auf einer in den Felsen gesprengten Fahrstrasse.

Klima in Ragaz: Mildes Alpenklima, welches noch das Gedeihen der Weinrebe erlaubt, gleichmässig, mit constanter Ventilation. In Pfäfers ist die Luft feucht und um etwa 5° C. kälter als in Ragaz. Die Sonne kann nur einige Stunden lang in den Kessel hinein scheinen.

Curfrequenz: In Ragaz zwischen 4000 bis 5000 Curgäste, in Pfäfers 800 bis 1000 derselben. Pfäfers wird hauptsächlich vom Mittelstande besucht und solchen, die Ruhe wünschen, Ragaz vorzugsweise von der vornehmen Welt.

Curzeit: In Ragaz von Anfang Mai bis Ende October, in Pfäfers von Anfang Juni bis Ende September.

Seehöhe: Von Ragaz 521 m, von Pfäfers 685 m.

Neuere Literatur: Daffner, Dr. Fr., Die indifferente Therme von Ragaz-Pfäfers in der Schweiz. Wien 1876, Braumüller. — Weiss u. Schreiber, Führer für Ragaz-Pfäfers. Ragaz 1871. — Schädler, Alb., Ueber die Heilwirkung der Therme Pfäfers. Schweiz. ärztl. Correspondenzbl., 1880, X., 23, 24.

Rehburg

in Preussen, Provinz Hannover, klimatischer Curort mit einer vortrefflichen Ziegenmolkenanstalt, welche eine der ersten und jetzt noch die grösste der nördlichen Deutschlands ist, in einem freundlichen, von bewaldeten Bergen umschlossenen Thale gelegen.

Die Curmittel. 1. Die klimatischen Verhältnisse. Sie sind für die nördliche Lage des Orts sehr günstig und vorzugsweise durch den Schutz von Seiten der das Thal, in welchem Rehburg liegt, umgebenden bewaldeten Höhen und die Richtung dieses letzteren, welche nur wärmeren Luftströmungen Zutritt gestattet, bedingt. Durch die Nähe des südlich von Rehburg gelegenen Steinhuder Meeres erhält die Luft, deren Temperaturgrade hier stets etwas höher sind, als in den benachbarten Ortschaften, einen höheren Feuchtigkeitsgrad. Grosse Temperaturschwankungen der Luft und Stürme sollen hier nicht vorkommen.

2. Ziegenmolken. Sie sind von sehr guter Beschaffenheit, haben in Norddeutschland einen hohen Ruf sich erworben und werden viel getrunken.

3. Weitere Curmittel sind: eine erdig-salinische Eisenquelle, Kräutersäfte, Kräuter-, Fichtennadel- und Fichtennadeldampfbäder, Malz-, Mutterlaugenbäder.

Indicationen. In neuerer Zeit haben sich in Rehburg ungleich mehr Brustkranke als andere Kranke eingefunden, welche besonders des milden Klimas wegen diesen Ort wählen. Es sind chronische Phthise der Luftwege, chronische Bronchialkatarrhe, pleuritische Exsudatreste und verwandte Krankheitszustände, welche hier am meisten vertreten sind und gute Curerfolge erzielen.

Locale Verhältnisse. Aerzte: S.-R. Dr. Michaelis, Dr. Kaatzer.

Bahnstation: Wunstorf, Knotenpunkt der Eisenbahnlinien Hannover-Bremen und Köln-Minden-Lehrte.

Seehöhe: 100 m.

Neuere Literatur: Kaatzer, Dr. P., Kurzer prakt. Leitfaden für den Besucher von Rehburg, Aachen 1879, Weyers-Kaatzer. — Michaelis, S.-R. Dr. Rud., Bad Rehburg. Mit Bild und Karte. 2. Aufl., Hannover 1879, Schmorl und v. Seefeld. — Kaatzer, Pet., Bad Rehburg. Eine Heilstätte für Lungenkranke, Reconvalescenten etc. 2. Aufl., Hannover 1885.

Rehme
in Preussen s. Oeynhausen.

Reiboldsgrün
im Königreich Sachsen, Regierungsbezirk Zwickau (Voigtland), klimatische Curanstalt, zugleich Winterstation für Phthisiker, auf einem stark bewaldeten Höhenzuge des sächsischen Erzgebirges gelegen.

Die Curmittel. 1. Das Klima. Die dasigen klimatischen Verhältnisse sind ausserordentlich günstig und schliessen grelle Temperatursprünge und kalte Luftströmungen aus. Die Luft ist ausserordentlich reine Waldluft, mild, windstill ohne Stagnation. Dabei zeichnet sich R. durch eine grosse Reihe sonniger Tage aus. Diese günstigen Verhältnisse haben Reiboldsgrün zu einem vortrefflichen Sanatorium für Brustkranke, namentlich für angehende Phthisiker und chronische Bronchiten gemacht, sowie für Kranke, die einer belebenden, anregenden Luft bedürfen.

2. Weitere Curmittel sind: eine erdige Eisenquelle, Moorbäder, Milch, Molken, Kefir.

Locale Verhältnisse. Arzt und Besitzer der Anstalt Dr. Driver.

Bahnstation: Rautenkranz an der Eisenbahnlinie Chemnitz-Aue-Adorf.

Curanstalt: Sie besteht in einzelnen gut ventilirten Villen, deren bequem und theilweise elegant eingerichtete Zimmer mit guten Heizvorrichtungen und guter Bodenventilation versehen sind. Die Aborte sind nach Heidelberger Tonnensystem eingerichtet. Gesammteinrichtung der Anstalt sehr gut.

Seehöhe: 688 m.

Reichenhall
in Baiern, Regierungsbezirk Oberbaiern, Soolbad und zugleich der grösste deutsche klimatische Alpencurort, an der Grenze gegen Salzburg, im Centrum eines der schönsten Gebiete der Alpen und in einem weiten, von dichtbewaldetem Hochgebirge eingeschlossenen Kessel gelegen.

Die Curmittel. 1. Klima. Die Luft ist mild und weich, feucht und der Ort vor rauhen Winden geschützt. Die mittlere Jahrestemperatur beträgt 8,4° C., die Sommertemperatur 17,5° C.

2. Soolquellen. Unter den concentrirten zwänzig Salzquellen übertrifft alle die Edelquelle mit 23 pCt. Salzgehalt. Sie wird zu Badezwecken mit der Karl Theodorsquelle vermischt und für den innerlichen Gebrauch bis zu 0,9 pCt. Salzgehalt mit Süsswasser verdünnt und mit Kohlensäure imprägnirt, wo sie dann in Krankheitszuständen, die für den Kissinger Rakoczy passen, ihre Anwendung findet.

3. Inhalationen. Am Gradirwerke, in den Sudhäusern und in der Mack'schen Inhalationsanstalt dient theils zerstäubte Soole oder solche, in kleinen Partikelchen der Luft zugemischt, theils comprimirte Luft zu Curzwecken.

4. Weitere Curmittel sind: ein Bitterwasser, pneumatische Kammern, Kefir und Terraincuren, Molken, besonders Ziegenmolke; Kräutersäfte, Fichtennadelbäder, aus dem aromatischen Extract der Legeföhre (Pinus pumilio) bereitet; Fluss- und Wellenbäder, Mutterlauge und Traubencuren mit Meraner und Botzener Trauben, sowie Heilgymnastik in der Anstalt des Dr. Sensburg.

Die Indicationen zum Gebrauche Reichenhalls geben Anämie, Scrofulose, Rhachitis, chronische Bronchialkatarrhe und Lungenkranke mit asthmatischen Beschwerden, Gicht, Hypertrophien und Verhärtungen der drüsigen Gebilde.

Locale Verhältnisse. Aerzte: DDr. Hofr. v. Liebig, Hofr. Schneider, Hofr. Pachmayr, Rapp, Schmidt, Bulling, Harl, Burdach, Cornet, Goldschmidt, Löb, Mund, Schröder.

Badeanstalten sind: Achselmannstein, das älteste Curgebäude zu Reichenhall und 5 andere.

Bahnstation: Reichenhall ist durch eine Zweigbahn mit der München-Salzburger Bahn verbunden.

Curfrequenz: Im Jahre 1887 bis 10. September 5615 Personen.

Seehöhe: 456 m.

Neuere Literatur: Liebig, Hofr. Dr. v., Reichenhall, sein Klima und seine Heilmittel. Mit Karte. 5. Aufl., Reichenhall 1883. Büchler. — Schneider, Dr. Max, Krankheitsmaterial und Behandlung im Curorte Reichenhall. München 1875, Finsterlin. — Liebig, v., Die Indicationen für den Gebrauch der pneumatischen Kammern. Deutsch. med. Wochenschr. 1883, No. 22.

Reinerz

in Preussen, Provinz Schlesien, Bad und klimatischer Gebirgscurort in der Grafschaft Glatz, unweit der böhmischen Grenze gelegen, mit mehreren Mineralquellen und einer der grössten Milch- und Molkencuranstalten Deutschlands.

Die Curmittel. 1. Klima. Das Klima von Reinerz ist keinesweg so rauh, als es bisweilen geschildert wird. Temperaturschwankungen in den einzelnen Tageszeiten sollen nicht erheblich sein. Dabei ist die Luft rein und frisch, belebend und kräftigend und thut anämischen, schwachen Personen sehr wohl.

2. Die Mineralquellen. Von den acht Mineralquellen, welche hier zu Tage treten, dienen zu Trinkcuren die kalte Quelle, die laue Quelle und die Ulrikenquelle, während die fünf anderen nur zur Bereitung der Bäder verwendet werden. Sie gehören zu den eisenhaltigen alkalischen Säuerlingen mit einem vorwiegenden Gehalte an kohlensaurer Kalk- und Talkerde und reichlichem Gehalte an freier Kohlensäure, der zwischen 1097 bis 1465 ccm im Liter schwankt. Die stoffreichste unter ihnen ist die laue Quelle, welche auf 2,61 g feste Bestandtheile 1,2 g Kalkbicarbonat, 0,78 g Natronbicarbonat und 0,052 g Eisenbicarbonat besitzt.

3. Moorerde. Sie enthält ausser vegetabilischen Stoffen noch schwefelsaures Eisenoxydul, Gips und andere Sulfate, geringe Mengen Kochsalz und etwas Jodnatrium.

4. Weitere Curmittel sind: Molke und Milch von Ziegen, Schafen, Eselinnen und Kühen.

Indicationen. Nach Dreschers statistischer Zusammenstellung fallen von der Gesammtmenge der in Reinerz zur Behandlung gelangenden Krankheiten 50,2 pCt. Krankheiten der Athmungsorgane, und von diesen wiederum 28 pCt. Kehlkopf- und Bronchialkatarrhen und 13,9 pCt. der Lungenphthise zu, während nur 16,4 pCt. Krankheiten des Blutes und der Gefässe und 11,1 pCt. Krankheiten der Verdauungsorgane und Harnwerkzeuge angehörten.

Locale Verhältnisse. Aerzte: DDr. Berg, Kolbe, Secchi. Zdralek, Hilgers, Schubert.

Badeanstalt: Das neue Badehaus ist gut eingerichtet.

Bahnstation: Glatz, an der Breslau-Mittelwalder Bahn und der Neurode-Glatzer Bahn.

Curfrequenz: Im Jahre 1887 3060 Curgäste.

Seehöhe: 556 m.

Neuere Literatur: Drescher, S.-R. Dr., Der Curort Reinerz. Glatz 1878. — Scholz, Reinerz. Novelle über die zum schlesischen Bädertag gehörenden Bäder. Glatz 1878. — Dengler, Berichte über die Verwaltung des Bades Reinerz in den Jahren 1867 bis 1876 und 1877 bis 1882. Selbstverlag der Badeverwaltung. — Wehse, Dr sen., Die Bäder Schlesiens in ihrem therap. Werth und in ihren Indicationen. Breslau 1885.

Rheinfelden

in der Schweiz, Canton Aargau, Soolbad, drei Stunden östlich von Basel entfernt, mit einer 31,8 procentigen, sehr reinen Soole, welche viel zu Bädern verwendet wird.

Aerzte: DDr. Fetzer, Wieland.

Neuere Literatur: Wieland, Dr. Em., Die Soolbäder zu Rheinfelden und ihre Wirkungen. 2. Aufl., Aarau 1878, Selbstverlag.

Rigi-Kaltbad

in der Schweiz, Canton Luzern, Luftcurort und Molkencuranstalt, zwei Stunden von Rigi-Scheideck, Seehöhe 1400 m.

Arzt: Dr. Paravicini.

Rigi-Scheideck

in der Schweiz, Canton Schwyz, Luftcurort an der Ostseite des Rigi, auf einem Plateau mit der grossartigsten Gebirgsaussicht, welche man auf den Rigi geniesst, gelegen, dessen Klima gegen anämische Zustände und Digestionsstörungen empfohlen wird. Seehöhe: 1648 m. Rigi-Scheideck ist Endstation der Rigibahn.

A rzt: Dr. Christeller.

Rippoldsau

im Grossherzogthum Baden, Schwarzwaldkreis, das bekannteste und besuchteste der Kniebisbäder mit mehreren Eisensäuerlingen, in der wildromantischen Schlucht der Wolfach gelegen.

Die Curmittel. 1. Die Eisensäuerlinge. Die hier entspringenden vier Quellen, die Josephsquelle, die Leopoldsquelle, Wenzelsquelle und die Badequelle, sind erdig-salinische Eisenwässer mit dem höchsten Glaubersalzgehalt, welchen man bei den Kniebisbädern antrifft, und reich an Kohlensäure und Eisen, welches letztere in ihnen zwischen 0,047 bis 0,054 g Eisenbicarbonat schwankt, in der Wenzelsquelle aber die Höhe von 0,113 g desselben im Liter Wasser erreichen soll. Der Kalkgehalt beträgt in dieser letzteren Quelle 1,45 g kohlensauren Kalk. Der Gehalt dieser Quellen an freier Kohlensäure variirt von 559 bis 587 ccm.

Indicationen. Nach Feyerlin (Archiv für Balneol., Bd. I, Heft 1) haben die dasigen Quellen die Indicationen der Eisenwässer im Allgemeinen. Bei reiner Blutarmuth pflegt man die Leopolds- und Wenzelsquelle, bei trägen Stuhl- und Blutstockungen im Unterleib die an Salzen reichere Josephsquelle zu wählen.

2. Natroine. Durch Zusatz von Natron zur Josephsquelle und Imprägnirung derselben mit Kohlensäure stellt man die Natroine, durch gleiche Behandlung der Leopoldsquelle die Schwefelnatroine dar. In ihren Eigenschaften und Wirkungen soll die erstere dem Marienbader Kreuzbrunnen, die letztere dem Weilbacher Schwefelbrunnen gleichen.

3. Weitere Curmittel sind: Gasbäder, Fichtennadelbäder, Ziegenmolken, Pastillen.

Locale Verhältnisse. Arzt: M.-R. Feyerlin.

Badeanstalt: Die Badeeinrichtungen sind gut und vollständig.

Bahnstation: Wolfach an der Linie Hausach-Wolfach, 22 km entfernt; Postverbindung.

Klima: Nicht rauh, reine, erquickende Waldluft, Schutz vor kalten Winden.

Seehöhe: 611 m.

Neuere Literatur: Feyerlin, M. R. Fr., Das Schwarzwaldbad Rippoldsau, seine Heilquellen, Curmittel und Umgebungen. 3. Aufl., Stuttgart 1881, Enke.

Rohitsch

in Oesterreich, Steiermark, gemeinhin Rohitsch-Sauerbrunn genannt, steiermärkische Landescuranstalt, nicht weit von Cilli und dem Dorfe Heiligenkreuz entfernt.

Die Curmittel. 1. Die Mineralquelle. Es entspringen hier sieben alkalisch-erdige Glaubersalzquellen mit hohem Kohlensäure- und sehr geringem Eisencarbonatgehalt, von denen zwei, die Tempel- und die Ignatzquelle zu Trinkcuren, die übrigen zu Badezwecken dienen. Die gehaltreichste ist der Tempelbrunnen, welcher nach der von Buchner im Jahre 1875 ausgeführten Analyse im Liter Wasser 1,83 g schwefelsaures Natron, 2,25 g Magnesiabicarbonat, 0.78 g Natronbicarbonat. 0,72 g Kalkbicarbonat, sowie 1240 ccm freie Kohlensäure enthält. Der Ignatzbrunnen hat nach Hruschauer 9,725 g feste Bestandtheile und 548 ccm freier Kohlensäure im Liter Wasser. Charakteristisch für die erstere Quelle ist der hohe Gehalt an Magnesiabicarbonat, den man bei keiner bekannten Quelle wieder findet. Die Temperatur aller Quellen schwankt zwischen 10 und 13 ° C.

Indicationen. Nach Glax sind für Rohitsch geeignete Curobjecte: Fettsucht, die lymphatische Constitution, chronische Bronchialkatarrhe, Wechselfieberkachexie, Unterleibsvollblütigkeit, Magen- und Darmkatarrhe und andere Zustände mehr, wobei neben der Trinkcur auch die Badecur Anwendung findet.

Locale Verhältnisse. Aerzte: DDr. J. Glax, Hoisel.

Badeanstalt: Sie ist gut eingerichtet und mit allen Badeutensilien der Neuzeit versehen.

Bahnstation: Poltschach an der Oesterr. Südbahn.

Klima: Mild, gleichmässig. fast ein italienisches. Vegetation sehr üppig.

Curfrequenz: Im Jahre 1887 bis 17. September 2044 Personen, darunter viele höhere österreichische Beamte und Adel.

Seehöhe: 236 m.

Neuere Literatur: Glax, J., Ueber Indicationen und Contraindicationen des Curgebrauchs in Rohitsch-Sauerbrunn. Mittheil. d. Vereins d. Aerzte in Steiermark. 1880, XVI., S. 15. — Hoisel. Dr. J., Der landschaftliche Curort Rohitsch-Sauerbrunn in Steiermark. 3 verm. Aufl.. Wien 1885, Braumüller. — Glax, Rohitsch und seine Heilquellen in socialer, ökonomischer, physikalisch-chemischer und medic. Beziehung. Graz 1876.

Roisdorf

in Preussen, Rheinprovinz, Dorf zwischen Köln und Bonn, mit zwei muriatischen Natronsäuerlingen, welche dem Seltorswasser sehr ähnlich sind und jährlich zu 700 000 Flaschen und Krügen versendet werden. Das Wasser dient vorzugsweise als Luxusgetränk.

Rom

in Italien, Provinz Roma, klimatischer Curort, zugleich Reichshauptstadt, 22 km vom Meere und ebenso weit von den Vorbergen der Apenninen entfernt.

Die Curmittel. 1. Das Klima. Nord- und Südwinde sind in Rom die vorherrschenden Luftströmungen. Die Wintertemperatur Roms mit 8,1 ° C. ist 1½ Grad niedriger; als die von Neapel, dessen Herbsttemperatur mit 16,4 ° C. über ½ Grad und dessen Frühlingstemperatur mit 15,7 ° C, über 1 Grad. Der mittlere Barometerstand während der Saisonmonate beträgt 756,8 mm. Die mittlere relative Feuchtigkeit ist 66,6 pCt.; heitere und fast heitere Tage gegen 70 pCt. Die beste Zeit für den Fremden, um in Rom einzutreffen, ist die zweite Hälfte des October.

Indicationen. Schwächlichen Kindern und Greisen sagt das Klima von Rom wegen seiner mässig tonisirenden Eigenschaft besonders zu. Nach Erhardt's reicher Erfahrung hat es langjährige Bronchiten, chronische Pneumonien und Lungenphthisen im früheren und mittleren Stadium häufig zum Stillstand, zu dauernder Besserung und selbst zur Heilung gebracht. Für nervöse sensible Individuen eignet es sich weniger, gar nicht für solche, die zu Apoplexien und Wechselfieber neigen.

2. Die Mineralquellen. In der Umgegend von Rom entspringen mehrere Säuerlinge, welche medicinische Benutzung finden. Man vergleiche hierüber Schivardi in der Gazetta medica Italiana-Lombardia. 1872, No. 13, 16, 20, 21, 22.

Locale Verhältnisse. Aerzte. Deutsche: DDr. Erhardt, v. Fleischl, Gottburg (im Sommer in Kissingen). Hoyer, Bötke, Wittmer, Weber (im Sommer in Homburg), Prof. Zaverthal, v. Wendt, Neuhaus-Zimmerly, Dantone (Augenarzt); italienische Aerzte: Cecarello, Manassei, Nardini. Prof. Pantaleoni.

Curzeit: Von Mitte October bis Ende Mai.

Römerbad

in Oesterreich, Unter-Steiermark, eine den steierischen Landständen zugehörende grosse Curanstalt, auf einer Anhöhe des Sanuthales und in einer an Naturreizen reichen Gegend gelegen, mit mehreren indifferenten Thermen, deren Hauptbestandtheile Kochsalz und kohlensaure Erden sind, und die eine Temperatur von 36 bis 38° C. besitzen. Sie werden fast nur zu Bädern benutzt. Die wohleingerichtete Badeanstalt besitzt ein grosses Curbassin und vier Vollbäder.

Arzt: Dr. Mayrhofer.

Neuere Literatur: Mayrhofer, Dr. H., Curort Römerbad, das steiersche Gastein. 3. Aufl, Wien 1885, Braumüller.

Roncegno

in Südtirol, Dorf mit einer in neuerer Zeit sehr in Ruf gekommenen Arsenquelle.

Die Curmittel. 1. Die Mineralquelle. Sie gehört zu den arsenikreichsten schwefelsauren Eisenoxydulwässern und ist, wenn die Analyse richtig ist, ein Unicum, indem sie in einem Liter Wasser fast 0,07 g Arsensäure und ausserdem eine grosse Menge schwefelsauren Eisenoxyduls, sowie bemerkenswerthe Quantitäten von schwefelsauren Salzen, von Kupfer, Mangan, Ammonium, Aluminium, Magnesium u. a. nachweist. Das Wasser ist gelblich und von zusammenziehendem Geschmack. Die Quelle kommt 1 Stunde oberhalb des Berggebäudes auf dem Berge Tesobo zu Tage und bezieht ihre Bestandtheile aus dem Arsenikkies, den sie durchdringt. Am Ursprunge der Quelle ist das Wasser ganz ockergelb und trübe und wird deshalb, ehe es zur Verwendung kommt, in steinerne gedeckte Riesenbassins geleitet, in welchen es einige Monate steht, um sich abzuklären. Der zuletzt am Boden befindliche Schlamm wird zu localen Schlammbädern benutzt. Von den Bassins wird das Wasser in Wannen geleitet. Das Wasser wird stark versandt. Zum Baden wird das Wasser rein oder zu $^2/_3$ oder $^1/_2$ mit warmem Wasser vermischt gebraucht. Getrunken wird es esslöffelweise, rein oder mit 1—2 Löffel Wasser verdünnt, am besten vor den Mahlzeiten.

Indicationen. Therapeutische Verwendung findet das Wasser gegen Hautkrankheiten, Anämie, Chlorose. Nervenkrankheiten, Intermittens.

Locale Verhältnisse. Das Badegebäude ist ein grosses Haus mit guten Badeeinrichtungen. einer hydropathischen Anstalt, einem Dampfbad und Wohnungen für Curgäste. welche fast ausnahmslos Italiener sind.

Klima sehr warm; für einen Sommeraufenthalt für Deutsche zu warm.

Verpflegung im Allgemeinen gut.

Seehöhe: 480 m.

Neuere Literatur: Knauthe. Oesterr. Badeztg 1885, No. 22, 23. — Goldwurm, Das Mineralbad Roncegno in Tirol. Wien 1885.

Ronneby

in Schweden, Landeshauptmannschaft Bleckingen, das besuch-teste Bad dieses Landes mit sechs kalten zu Trink- und Badecuren benutzten Eisenvitriolquellen, deren Eisenvitriolgehalt von 0,38 bis 2,50 g im Liter Wasser schwankt. Ausserdem sind Gips, Alaun, Jodnatrium Bestandtheile derselben. Wärmegrad 6,25 ° C.

Der Badeschlamm besteht aus verwitterten Laminaria- oder Zasteraarten, enthält Schwefelalkalien, Schwefeleisen, Jod etc. und wird zu Bädern von meist 32 bis 34 ° C. gegen Gicht, Rheumatismus und ähnliche Krankheiten benutzt.

Neuere Literatur: Hentschen, Dr. S. E. Upsala läkarefören. Förh XVII. 5 och 6. S. 293. 1881. — Waller, J., Hygiea, med och pharmac.. 1881, XLII. 3. S. 208.

Rothenfelde

in Preussen, Provinz Hannover, Soolbad mit 5,6 pCt. Soole, welche freie Kohlensäure enthält. Sie ist 18 ° C. warm und dient zum innerlichen und äusserlichen Gebrauch.

2. Weitere Curmittel sind: Die an Brom- und Jodmagnesium reiche Mutterlauge und die Gradirluft, sowie Molken.

Neuere Literatur: Senff, Dr.. Bad Rothenfelde, Soolbad ersten Ranges. Osnabrück 1878, Verlag der Anstalt. — Isermeyer, Dr., Die Kinderheilanstalt im Soolbade Rothenfelde in den Jahren 1883 und 1884. Deutsch. med. Wochenschr., 1885, XXXV. 36. 37.

Royat

in Frankreich, Departement Puy de Dôme, ein in der Auvergne, in wilder Gebirgsgegend, liegender Curort mit vier Thermalquellen von 35,5 bis 19,0 ° C. Temperatur, die alle von gleicher Beschaffenheit, als alkalisch-muriatische Natronsäuerlinge zu bezeichnen sind. Sie zeichnen sich durch einen höheren Gehalt an kohlensauren Alkalien und Kochsalz aus, von denen nach Lefort die Quelle Royal 1,35 g im Liter Wasser kohlensaures Natron und 1,728 g Kochsalz enthält. Die

Quelle César, ebenfalls eine Hauptquelle von Royat, ist bedeutend
ärmer an festen Bestandtheilen, aber reicher an Kohlensäure (0,620 g
= 314,6 ccm) in obiger Wassermenge.

Indicationen. Die therapeutische Wirkung von Royat wird von
Petrequin als eine tonische, die geschwächte Constitution aufbessernde
bezeichnet und daher das Wasser gegen Anämien, chronische Verdauungsstörungen und kachektische Zustände, welche nach Säfteverlusten und
acuten Krankheiten zurückbleiben, empfohlen. Die Quellen von R. werden in Frankreich den Quellen von Ems gleichgestellt und finden, wie
diese, bei Erkrankungen der Respirationsorgane, besonders arthritischen
und katarrhalischen Ursprungs und bei gleichzeitiger Anämie vielfache
Anwendung.

Unterstützendes Curmittel ist hydrotherapeutisches Verfahren.

Locale Verhältnisse. Arzte: DDr. Homolle, Allard, Basset.

Klima: Ziemlich rauh, viel Regenwetter und Stürme.

Curfrequenz: Royat gehört zu den stark besuchten Bädern und wird von
der Aristokratie sehr begünstigt.

Curzeit: Von Mitte Juni bis Mitte September.

Seehöbe: 450 m.

Neuere Literatur: v. Hesse-Wartegg, Oester. Badeztg. 1881, No. 9. — Fredet,
E., Royat. Revue méd. de l'Est. XI. 9. S. 284. Mai 1879. — Derselbe, Note sur
quelques indications thérapeutiques 1885. Gaz. méd. de Paris 1886. No. 10.

Roznau

am Radhost in Mähren, viel besuchter Molkencurort mit Schafmolken in einem von Gebirgen umschlossenen, nur nach Süden offenen
Thale gelegen.

Neuere Literatur: Modry, Dr. Mor., Der Molkencurort Roznau in Mähren. Eine
Würdigung der Milch- und Molkencuren vom physiol. und therap. Standpunkte. Wien
1875, Seidel u. Sohn.

Saidschitz

in Oesterreich, Böhmen, Dorf am Rande des böhmischen Mittel-
gebirges, mit mehreren Brunnen. aus denen das bekannte Saidschitzer
Bitterwasser gewonnen wird. Dieses letztere enthält im Liter 10.9 g
schwefelsaure Bittererde, 6,1 g schwefelsaures Natron und 1,3 g Gips
und dient als schwaches Abführmittel. Es wird nur versendet.

Salzbrunn

in Schlesien, siehe Obersalzbrunn.

Salzschlirf

in Preussen, Provinz Hessen-Nassau, Curort mit Kochsalzquellen, von denen der Bonifaciusbrunnen 10,2 g, der Tempelbrunnen 11,1 g, der Kinderbrunnen 4,3 g Kochsalz im Liter Wasser
enthält. Ihr Kohlensäuregehalt liegt zwischen 545 und 1029 ccm in

obiger Wassermenge. Ausserdem enthalten die Quellen verschiedene
Sulfate und Carbonate, der Bonifaciusbrunnen ziemliche Mengen
Lithium (angeblich 0,21 g Chlorlithium im Liter Wasser) und der
Tempelbrunnen bemerkenswerthe Mengen von Eisencarbonat. Sie dienen
zu Trink- und Badecuren und concurriren in dieser Beziehung mit Kissingen, mit denen sie gleiche Indicationen haben. Als Unterstützungsmittel
dienen eine schwache kochsalzhaltige Schwefelquelle, das Grossen-
lüdersche, gemeinhin hessische Bitterwasser, Moorbäder, Molken,
Kiefernadelbäder. Die Schwefelquelle soll ähnlich der Weilbacher
Schwefelquelle wirken. Das Grossenlüder Bitterwasser wird zur Vor-
und Nachcur in Salzschlirf getrunken. Die Badeanstalt ist zweckmässig
eingerichtet und hatte zuerst die Schwarz'sche Erwärmungsmethode
des Badewassers. Seehöhe: 250 m. Arzt: Dr. Reitemeyer.

Neuere Literatur: Bad Salzschlirf, Brunnen und Badeort, klimatischer Curort.
Prospect und Circularschreiben der Badedirection Salzschlirf 1881. — v. Mohring,
Deutsch. Zeitschr f. prakt. Med. 1877, No. 18. — Martiny, Die Heilquellen und
Bäder Salzschlirfs. Giessen 1873.

Salzungen

in Sachsen-Meiningen, Thüringen, Soolbad, in schöner Gegend
des Werrathales zwischen dem südwestlichen Abhange des Thüringer
Waldes und dem nordöstlichen des Rhöngebirges gelegen.

Die Curmittel. 1. Die Soolquellen. Von den hier erbohrten
Soolquellen werden zu medicinischen Zwecken benutzt: der Bernhards-
brunnen, der neue Bohrbrunnen, der Stadtbrunnen und der Trink-
brunnen, von denen die ersteren 27 pCt., die letzteren 3 pCt. Chlorverbindungen bei 12 ° C. Temperatur des Wassers enthalten. Die Trinkquelle wird mit Kohlensäure imprägnirt. Die anderen Quellen dienen
zum Baden.

Weitere Curmittel sind: Mutterlauge, Fichtennadelbäder,
Molken, fremde Mineralwässer, Electricität, Inhalationen zer-
stäubter gesättigter Soole in der Inhalationshalle, Dampfbäder,
Moorbäder und eine Anstalt für Nervenkranke.

Die Indicationen für Salzungen sind die gewöhnlichen für Soolbäder. Man hat den Erkrankungen der Schleimhaut der Luftwege hier
besondere Beachtung geschenkt, so dass Krankheiten der Respirationsorgane, namentlich Bronchialkatarrhe und Katarrhe des Kehlkopfes hier
vielfach zur Cur sich einfinden. Die Erfolge derselben sollen meist befriedigende sein.

Locale Verhältnisse. Aerzte: DDr. Geh. M.-R. Wagner, Ledy, Trautretter.

Bahnstation: Salzungen ist Eisenbahnstation der Linie Eisenach-Meiningen
(Werrabahn).

Curfrequenz: 1573 Curgäste im Jahre 1887.

Seehöhe: 252 m.

Neuere Literatur: Wagner, M.-R. Dr., Das Soolbad Salzungen mit besonderer Berücksichtigung seiner Curmittel und deren Wirkungen. 3. Aufl, Salzungen 1882,
Scheermesser.

Samaden

in der Schweiz, Canton Graubünden, ein in den rhätischen Alpen, im Oberengadin, liegender beliebter klimatischer Höhencurort, welcher gegenwärtig auch Wintercurort geworden ist, dessen klimatische Verhältnisse denen des Davoser Hochthales sehr ähneln. Samaden ist nach Pernisch angezeigt bei ererbter oder erworbener Anlage zur Phthise, mangelhafter Entwickelung des Thorax, Residuen pneumonischer und pleuritischer Entzündungen, Neurasthenien, Reconvalescenten nach überstandenen schweren Krankheiten und bei anderen ähnlichen Zuständen, wogegen Neigung zur Apoplexie, Laryngitis, Emphysem und alle organischen Herzfehler nach Ludwig ausgesprochene Gegenanzeigen bilden. Das Curhaus, ein Actienunternehmen, hat gute, vollständige Wintereinrichtung.

Locale Verhältnisse. Aerzte: DDr. Lendi, Brügger.

Bahnstation: Chur an der Linie Chur-Rorschach.

Seehöhe: 740 m.

Neuere Literatur: Ludwig, Dr. J. M., Das Oberengadin in seinem Einflusse auf Gesundheit und Leben. Stuttgart 1877.

Sandefjord

in Norwegen, Seebad mit kochsalzhaltigen Schwefelquellen, an einem Fjord in reizender Gegend gelegen, und Seeschlamm, der als wichtiges Curmittel gilt und besonders gegen Rheumatismen Verwendung findet. Aerzte: Dr. Thaulow und Dr. Knutsen.

Neuere Literatur: Knutsen, C. A., Ueber das Bad Sandefjord im Sommer 1881. Norsk Magazin for Lägevidenskaben. 1882. 3 R. XII. 4.

San Remo

in Oberitalien, Provinz Porto Maurizio, ein in neuerer Zeit sehr beliebt gewordener, am Golfe von Genua gelegener klimatischer Wintercurort.

Die Curmittel. 1. Das Klima. Im Allgemeinen zählt San Remo zweifellos zu den windgeschütztesten Punkten des Mittelmeeres. Dabei haben die Sonnenstrahlen ungehinderten Zutritt und die kalten Wintermonate dadurch eine relativ hohe Temperatur bei geringer Differenz zwischen den verschiedenen Tagestemperaturen. Die Luft ist leider oft recht staubig, ist nicht sehr feucht, indem die mittlere relative Feuchtigkeit 69,26 pCt. beträgt, und die Barometerschwankungen sind gering. Die Anzahl heiterer, sonnenklarer Tage, welche den ergiebigsten Aufenthalt im Freien ermöglichen, ist eine sehr grosse.

Indicationen. Nach v. Brunn (Deutsche medic. Wochenschr., 1881, No. 37) sind es, wenn der Allgemeinzustand noch gut ist, besonders chronisch entzündliche, resp. phthisische Processe der Lunge, sowie die Disposition dazu in Folge von Scrofulose und Vererbung, Neigung zu Katarrhen und Kurzathmigkeit, die ersten Anfänge phthisischer Erkrankungen, selbst wo schon Infiltration der Lungenspitzen eingetreten ist, wo durch einen längeren Aufenthalt in San Remo nicht selten völlige Heilung erfolgt. Aber auch pleuritische Exsudate, chronische Affectionen des Larynx und der Bronchien, besonders die secretorischen Katarrhe mit abnorm reichlichem Secrete, Reconvalescenten nach schweren Krankheiten, Herzerkrankungen, chronische Nephritis finden im dasigen Klima ein treffliches Erleichterungsmittel. Wichtig hierbei ist, dass der kranke Körper noch so viel Widerstandsfähigkeit besitzt, dass er auf die stimulirenden Einflüsse des Klimas mit physiologischen Reflexen antworten kann. Wo dies aber nicht der Fall ist, vielmehr beschleunigte Consumption befürchtet werden muss, da ist San Remo contraindicirt. Weitere Gegenanzeigen sind grosse nervöse Reizbarkeit, Neigung zu Geisteskrankheiten und allgemeine Plethora.

2. Unterstützende Curmittel sind: Warme Bäder, pneumatische Apparate, thierwarme Milch, Traubencuren im Herbst und Anfang des Winters.

Locale Verhältnisse. Aerzte. Deutsche: DDr. Biermann (im Sommer in St. Moritz), Brandis, v. Brunn (im Sommer in Lippspringe), Hilgers, Golz (im Sommer in Ems), Rieth (Kehlkopfkrankheiten), Salzmann, Schütze, Schmidt, Secchi (im Sommer in Reinerz), Sträbler (im Sommer in Obersalzbrunn), v. Tymowski; englische Aerzte: Daubenay, Freemann; mehrere italienische Aerzte.

Krankenpflege: Es giebt hier eine ziemliche Anzahl unabhängiger Krankenpfleger und Pflegerinnen verschiedener Nationalitäten, auch deutscher, und einige religiöse Orden und Diaconissen-Anstalten, welche vorzüglich geschulte Krankenpflegerinnen abgeben.

Curfrequenz: Im Winter 1500 bis 2000 Personen excl. Passanten, darunter sehr viele Deutsche. Jahresfrequenz etwa 8000 Personen.

Curzeit: Von Mitte October bis Ende April.

Reiseverbindungen: Mit Deutschland durch die Brennerbahn und von da über Verona, Alessandria, Savona nach San Remo. Ausserdem Bahnverbindungen mit Mailand, Genua, Florenz, Rom, Mentone, Nizza, Marseille.

Neuere Literatur: v. Brunn, San Remo und seine Indicationen. Deutsch. med. Wochenschr., 1881. VII. No. 37. — Goltz, G., San Remo und die Riviera als Winteraufenthalt für scrofulöse Kinder. Deutsch. med. Wochenschr. 1881. VII. No. 13. — Körner, Dr. R., San Remo, eine deutsche Wintercolonie. Leipzig 1883. — Schmidt, M., San Remo als Wintercurort. Deutsch med. Wochenschr. 1885. XI. 48.

Sassnitz

auf der Insel Rügen, mit dem anstossenden Crampas auch Sassnitz-Crampas genannt, ein in neuerer Zeit sehr in Aufnahme gekommenes Ostseebad auf der Halbinsel Jasmund am offenen Seestrande. Aerzte: DDr. Fickel, Oppermann.

Saxon (Saxon-les-Bains)

in der Schweiz, Canton Wallis, Curort am linken Ufer der Rhone, in herrlicher, grossartiger Gebirgslandschaft, mit einer 24 bis 25 ° C. warmen Jodtherme, welche nach einer Analyse von Heidepriem und Poselger im Liter Wasser 0,171 g Jodkalium bei sehr wenig festen Bestandtheilen enthält und gegen Knochenscrofeln, Kropf, tertiäre Syphilis innerlich und äusserlich angewendet wird. DDr. Cleivaz, Rey.

28*

Schandau

im Königreich Sachsen, Regierungsbezirk Dresden, ein an der
Elbe, im Mittelpunkte der Sächsischen Schweiz, gelegener Curort mit
eisenhaltigen Mineralquellen, einem vortrefflich eingerichteten Bade-
und Curhause, einem grossartigen, mit allem Comfort ausgerüsteten
Hotel (Hotel-Sendig) und einer Wasserheilanstalt, zugleich eine sehr
beliebte, auch vom Auslande stark besuchte Sommerfrische.

Aerzte: DDr. Roscher, Beuchel, Müller, Stabsarzt a. D.

Neuere Literatur: Der Curort Schandau. Ein Rathgeber und Führer für Fremde
und Curgäste. 4. Aufl., Schandau 1876, Verlag der Badecommission. — Bad Schandau an der Elbe. Flugblatt von der städtischen Badeverwaltung herausgegeben.
Schandau 1884.

Scheveningen

in Holland, Nordseebad, dem sowohl der günstigen Lage als den
eleganten Einrichtungen nach die erste Stelle unter den Nordseebädern
des Continents zugestanden werden muss.

Die Curmittel. Seebäder. Der Wellenschlag ist hier eben so
kräftig wie in Helgoland. Der Salzgehalt des Seewassers variirt von
3,1 bis 3,4 pCt. und die Wärme desselben während der Badesaison von
14,4 bis 23,9° C.

Man badet hier täglich meist zweimal bei völlig entblösstem Körper,
und zwar sowohl zur Zeit der Fluth, als auch zu jeder Tagesstunde.
Die Zahl der zu einer vollständigen Cur gehörigen Bäder beträgt in der
Regel 40 bis 50. Der Badegrund ist feinsandig.

Locale Verhältnisse. Aerzte: DDr. Mess, van der Mantele.

Badehaus: Das grosse Badehaus ist ein prachtvoller Gebäudecomplex mit
vorzüglichen Einrichtungen und zugleich der Mittelpunkt des Badelebens.

Bahnstation: Haag, 3 km von Scheveningen entfernt.

Curfrequenz: Durchschnittlich 20 000 Personen, darunter alle Nationalitäten
und sehr viel vornehme Welt vertreten; im Jahre 1882 bis 19. Sept. 12 690 Personen nach der Oesterr. Badezeitung (1882, No. 24).

Neuere Literatur: Krauss, Dr., Das Seebad Scheveningen in seiner gegenwärtigen
Bedeutung. Oesterr. Badeztg. 1877, No. 8, 10, 11.

Schinznach

in der Schweiz, Canton Aargau, Curort in einem freundlichen
Thale der Aar, zwischen Aarau und Basel, auch Habsburger Bad
genannt.

Die Curmittel. 1. Die Schwefeltherme variirt in der Temperatur von 28,5 bis 35° C. Sie ist ein muriatisches Gipswasser,
welches nach einer Analyse von Grandeau im Liter 1,09 g Gips, sowie
37,8 ccm Schwefelwasserstoff und 90,8 ccm Kohlensäure enthält.

Indicationen. Die Bäder, welche ausserordentlich reizend auf die
peripherischen Nerven einwirken, werden vorzugsweise als prolongirte
(von $1\frac{1}{2}$ bis 2 Stunden Dauer) mit Vorliebe bei nässenden und
squamösen, chronischen Exanthemen zur Anwendung gebracht. Ausser-

dem kommen in Schinznach unter Mitgebrauch der Trinkcur Scrofulose, chronische Rheumatismen, chronische Periostitis mit oberflächlicher Caries verbunden und andere Krankheitszustände mehr zur Behandlung. Man badet meist zweimal täglich.

2. Wildegger Jodwasser. Es dient als Unterstützungsmittel der Schinznacher Badecur, namentlich bei Hautkrankheiten, Scrofulose und Drüsenanschwellungen.

Locale Verhältnisse. Aerzte: DDr. Amsler, Hemmann, Amsler jr., Tyrnowsky.

Badeanstalt: Es bestehen hier deren zwei, eine ältere und eine neuere, letztere mit eleganten Badeeinrichtungen. In neuester Zeit sind auch Inhalationsräume und eine Soolbadeanstalt eingerichtet worden.

Bahnstation: Schinznach ist Station der Linie Basel-Zürich-Romanshorn.

Seehöhe: 351 m.

Neuere Literatur: Dronke, Ueber die Einwirkung des Schinznacher Schwefelwassers auf den Stoffwechsel. Berl. klin. Wochenschr., 1837, No. 49.

Schlangenbad

im Königreich Preussen, Provinz Hessen-Nassau, ein in einem von waldigen Höhen umschlossenen Thale, am südlichen Abhange des Taunus, in der Nähe des Rheingaues gelegener alter Curort mit mehreren. Thermalquellen.

Die Curmittel. 1. Die Thermalquellen gehören zu den sogenannten indifferenten Thermen und enthalten im Liter Wasser 0,402 g feste Bestandtheile, welche vorzugsweise aus Kochsalz und kohlensauren Erden bestehen. Ihre Temperatur schwankt von 28° C. an bis 32° C. Das Wasser dient zu Bade- und ausnahmsweise zu Trinkcuren.

Indicationen sind die der stoffarmen indifferenten Wässer im Allgemeinen. Frauenkrankheiten wiegen in Schlangenbad numerisch vor.

2. Unterstützende Curmittel sind: Ziegenmolken, Milch, Kräutersäfte.

Locale Verhältnisse. Aerzte: DDr. Baumann, S.-R. Wolf, Hofrath Grossmann (während des Winters in Cannes).

Badehäuser: Es bestehen hier deren drei, welche neben Einzelbädern auch Bassinbäder und gute Einrichtungen besitzen. Sie sind fiscalisch.

Bahnstation: Eltville an der Frankfurt-Wiesbaden-Coblenzer Eisenbahnlinie, zugleich Station der Rheindampfschiffe; von da mit Wagen in einer Stunde nach Schlangenbad.

Klima: Frisch, gleichmässig. Luft rein.

Seehöhe: 310 m.

Neuere Literatur: Baumann, S.-R. Dr., Aerztliche Mittheilungen über Schlangenbad und seine Indicationen. Wiesbaden 1880, Jurany und Hensel. — Bertrand, Schlangenbad und seine Warmquellen für Curgäste. Heidelberg 1873, Köster. — Grossmann, Heilquellen des Taunus. Wiesbaden 1887.

Schwalbach

in Preussen, Provinz Hessen-Nassau, auch Langenschwalbach genannt, ein am Nordabhange des Taunus gelegener Curort, mit starken Eisensäuerlingen, den gesuchtesten und beliebtesten Deutschlands.

Die Curmittel. 1. Die Eisensäuerlinge. Die Schwalbacher
Eisenquellen gehören zu den erdig-alkalischen, deren Eisengehalt bei
dem Zurücktreten der übrigen festen Bestandtheile sehr in den Vordergrund tritt und sie daher als ziemlich reine Eisenwässer erscheinen
lässt. Von den beiden Hauptquellen, dem Stahl- und Weinbrunnen,
welche lediglich zu Trinkcuren benutzt werden, enthält der Stahlbrunnen bei 0,607 g festen Bestandtheilen im Liter Wasser 0,083 g Eisenbicarbonat und 1570 ccm Kohlensäure. Alle anderen Quellen haben einen
geringeren Eisengehalt und auch weniger Kohlensäure. Das Wasser perlt
stark im Glase und hat eine Temperatur, die in den einzelnen Quellen
zwischen 8,75° und 12,5° C. schwankt.

Indicationen. Die Schwalbacher Quellen repräsentiren die reinere
Eisenwirkung. Es sind daher auch Blutarmuth, Bleichsucht, Nerven-
krankheit und andere von Blutarmuth ausgehende oder mit ihr verbundene Krankheitszustände in Schwalbach ganz besonders vertreten.

Weitere, in neuerer Zeit noch hinzugekommene Curmittel sind:
Moorbäder, Fichtennadelbäder, Malz- und Mutterlaugenbäder,
Dampf- und Douchebäder.

Locale Verhältnisse. Aerzte: DDr. Böhm, Hofrath Frickhöffer, C. Frickhöffer jr., Genth, Gosebruch, Grebert, Oberstadt (Kreisphysikus).

Badeanstalten: Sie sind die königliche Badeanstalt, in welcher die
Wassererwärmung nach Schwarz'schem Princip erfolgt, und die im Jahre 1879 erst
gegründete Badeanstalt am Lindenbrunnen, in welcher ausser Mineralwasserbädern besonders Moorbäder verabreicht werden. Ausserdem noch einige Privatbadeanstalten.

Bahnstation: Eltville an der Linie Frankfurt-Coblenz.

Curfrequenz: Im Jahre 1887 3680 Curgäste laut Badeliste.

Wasserversendung: Jährlich etwa 160000 Flaschen.

Seehöhe: 292 m.

Neuere Literatur: Die Königl. Trink- und Badeanstalten zu Schwalbach.
Wiesbaden, Verlag der Anstalt. — Das Badehaus am Lindenbrunnen zu
Schwalbach. Schwalbach 1880, Verlag der Anstalt. — Genth, Dr. C., Die Heilquellen
Schwalbachs Wiesbaden 1883. — Derselbe, Ueber die Veränderung der Harnstoff-
ausscheidung bei dem innerlichen Gebrauche des Schwalbacher kohlensauren Eisen-
wassers. Deutsch. med. Wochenschr., 1887, XIII. 46. — Frickhöffer, Dr. C.,
Grossmann's Heilquellen des Taunus. Wiesbaden 1837.

Schweizermühle

im Königreich Sachsen, Regierungsbezirk Dresden, eine im
Bielagrunde der Sächsischen Schweiz gelegene Wasserheilanstalt mit
Milch-, Molken- und Mineralwassercuren, electrischen Bädern,
Massage, Terraincuren. Arzt: Dr. Beerwald.

Selters

in Preussen, Provinz Hessen-Nassau, richtiger Niederselters,
Dorf an den nördlichen Ausläufern des Taunus, in dessen Nähe das
weltbekannte Selterser Wasser entspringt. Es ist ein alkalisch-

muriatischer Säuerling mit reichlichem Gehalt an kohlensaurem Natron und an freier Kohlensäure.

Neuere Literatur: Grossmann, Heilquellen des Taunus. Wiesbaden 1887.

Soden (am Taunus)

in Preussen, Provinz Hessen-Nassau, besuchter Curort am südlichen Fusse des Taunus, inmitten der schönsten Landschaften dieses malerischen Gebirges, im weiten, allseitig geschützten Kesselthale gelegen. Die Curmittel. 1. Die Kochsalzsäuerlinge. Die 24 hier zu Tage tretenden Quellen sind zwar sämmtlich Kochsalzsäuerlinge, in ihrer Temperatur und dem Gehalte an festen und gasigen Bestandtheilen aber sehr von einander verschieden. Ihre Temperatur schwankt zwischen 15 und 28,7 ° C., während ihr Gehalt an Kochsalz zwischen 0,3 bis 14,56 g, der an kohlensaurem Eisenoxydul von 0,008 bis 0,066 g und der an freier Kohlensäure von 845 bis 1500 ccm differirt, so dass die der Individualität des Kranken genau angepassten Quellen stets herausgewählt werden können. Im Ganzen haben die schwachen Quellen die höhere Temperatur, die starken den höheren Eisen- und Kohlensäuregehalt. Von den 24 Quellen, welche sämmtlich Nummern tragen, werden nur 9 zu Trinkcuren und 5 zu Badecuren verwendet, unter welchen letzteren der erbohrte Soolsprudel theils wegen seiner höheren Temperatur von 28,5 ° C., theils wegen seines höheren Kochsalzgehaltes (im Liter Wasser 14,55 g bei 750 ccm freier Kohlensäure) besonders wichtig ist.

2. Die Neuenhainer Stahlquelle. Sie ist etwa 20 Minuten von Soden entfernt und ein an Kohlensäure reicher erdiger Eisensäuerling, welcher im Liter Wasser 0,045 g kohlensaures Eisenoxydul bei 0,742 g festen Bestandtheilen und 1260 ccm freier Kohlensäure enthält.

3. Weitere Curmittel sind: Milch und Molken, pneumatische Apparate, Klima. Bei dem Schutz der Gebirge vor kalten Luftströmungen ist die Luft eine sehr milde, mit Feuchtigkeit genügend durchzogen und jähem Temperaturwechsel nicht unterworfen. Im Allgemeinen herrscht Windstille vor. Die angenehmste Zeit in Soden ist die Frühjahrs- und Herbstzeit, im Sommer wird es oft lästig heiss.

Indicationen. Sodens Kochsalzquellen und Klima zeigen sich besonders wirksam bei chronischen Katarrhen der Luftwege zarter, leicht zu Erregung des Gefässsystems oder zu Erkältungen neigender scrofulöser Individuen und bei jenen chronischen Pneumonien, wo die pneumonische Exsudation vorläufig in ihrem Weiterschreiten einen Stillstand gemacht oder sich wesentlich beschränkt hat, das Fieber aber beseitigt ist. Auch alte pleuritische Exsudate finden hier nicht selten wesentliche vortheilhafte Veränderungen. Ausgesprochene Consumtionszustände eignen sich, wie schon Grossmann vor Jahren andeutete ("Soden am Taunus", Mainz 1858), für Soden nicht, wohl aber zur Verhütung und weiteren Ausbildung ihrer Anfänge, namentlich der miliaren Tuberculose.

Ausser den eben dargelegten Erkrankungen der Athmungsorgane sind es besonders der chronische Schlundkopfkatarrh, Dyspepsie und Magenkatarrh, chronischer Darmkatarrh schwächlicher Personen und

ähnliche Krankheitszustände mehr, welche Gegenstände der ärztlichen
Behandlung in Soden sind.

Die Neuenhainer Stahlquelle findet ihre Verwendung bei Anämien und von solchen abhängigen Nervenkrankheiten.

Locale Verhältnisse. Aerzte: DDr. Fresenius, S.-R. Köhler, Haupt, Stöltzing,
Otto Thilenius.

Badehaus: Das neue Badehaus ist mit vorzüglichen Einrichtungen für kohlensaure Salz- und Soolbäder, sowie auch mit Brehmer'schen Douchen versehen.

Bahnstation: Soden ist Station der Zweigbahn Höchst-Soden an der Frank-
furt-Wiesbadener Eisenbahnlinie.

Curfrequenz: Jährlich 2500 bis 3000 Curgäste excl. Passanten.

Seehöhe: 145 m.

Neuere Literatur: Köhler, S.-R. Dr. Heinr., Der Curort Soden am Taunus und
seine Umgebungen. Ein Rathgeber und Führer. Frankfurt 1873, Diesterweg. —
Haupt, Dr. A., Soden am Taunus als klimatischer Wintercurort und Heilbad. Würzburg 1883. — Derselbe, Grossmann's Heilquellen des Taunus. Wiesbaden 1887.

Sonneberg

in Thüringen, Sachsen-Meiningen, eine Wasserheilanstalt mit
Kiefernadelbädern, Electricität, Douchen. Arzt: Dr. Richter,
zugleich Besitzer der Anstalt.

Spa (Spaa)

in Belgien, Curort nahe der preussischen Grenze, mit berühmten Stahlquellen, dessen Glanz in das achtzehnte Jahrhundert fällt, zu welcher
Zeit es das Ansehn wie jetzt Baden-Baden genoss und viel von fürstlichen Persönlichkeiten aufgesucht wurde.

Die Curmittel. 1. Die Eisenquellen. Es entspringen in Spa
und in dessen nächster Umgebung sechszehn kalte, im Allgemeinen stoff-
arme, erdig-alkalische Eisensäuerlinge, mit hohem Eisengehalte,
von denen aber nur acht, besonders der Pouhon, Groesbeck, Gé-
ronstère, Sauvenière, Barisart benutzt werden. Die am meisten
benutzte Quelle ist der in der Stadt befindliche Pouhon, welcher nach
Struve im Liter Wasser 0,545 g feste Bestandtheile, darunter 0,047 g
Eisenbicarbonat, sowie 274 ccm freie Kohlensäure enthält. Die anderen
Quellen, welche in der Umgebung von Spa sich befinden, sind theils
ärmer an festen Bestandtheilen und Eisen, theils reicher an diesem
letzteren.

2. Moorbäder. In neuerer Zeit hat man auch Moorbäder eingerichtet.

Indicationen. Die Wirkung der dasigen Quellen ist die einer
reinen Eisenwirkung. Spa ist daher vorzugsweise angezeigt bei der
grossen Gruppe der Anämien, mag die Anlage hierzu angeboren oder
erworben, die Ursache in Störungen der Thätigkeit eines der verschiedenen Systeme des menschlichen Organismus gelegen sein, besonders
aber bei der durch ungünstige klimatische Verhältnisse hervorgerufenen
Blutarmuth.

Locale Verhältnisse. Aerzte: DDr. Kuttler, Denis, Lezaak, Rouma.

Badeanstalt: Die neue Badeanstalt ist mit grossem Luxus ausgestattet und mit trefflicher innerer Einrichtung versehen.

Bahnstation: Spa ist Station der Eisenbahn Pepinster-Luxemburg.

Seehöhe: 320 bis 330 m.

Neuere Literatur: Scheurer, Etudes médicales sur les eaux de Spa. Bruxelles 1877. — Litton Forbes, British med. Journ. Oct. 2. 1880. — Lersch, Die kohlensauren Eisenbäder in Spaa. Bonn 1868, Henry.

Spezia

in Oberitalien, Provinz Genua, klimatischer Curort mit Seebädern, am Ligurischen Meere, an der Riviera di Levante und dem Golfe von Spezia gelegen, mit einem feuchten Küstenklima, dessen Wintertemperatur 10,3° C. beträgt, und das gegen chronische trockene Katarrhe der Luftwege und chronische Phthise empfohlen wird. Arzt: Dr. Goldschmidt.

Spiekeroog

ostfriesische Insel, ein kleines freundliches Nordseebad, westlich von Wangeroog gelegen. Leben billig und gut.

Neuere Literatur: Berenberg, Nordseeinseln der Deutschen Küste. 1875, S. 41.

Steben

in Baiern, Regierungsbezirk Oberfranken, gemeinhin Untersteben genannt, ein auf einer Hochebene, an den nordwestlichen Ausläufern des Fichtelgebirges gelegener Curort mit mehreren Eisenquellen.

Die Curmittel. 1. **Eisenquellen.** Die Hauptquelle, zu Trinkwie zu Badecuren benutzt, ist ein erdig-alkalischer Eisensäuerling, welcher im Liter Wasser auf 0,68 Fixa 0,056 g Eisenbicarbonat, sowie 1117 ccm enthält. Ihre Temperatur beträgt 10,5° C.

Indicationen. Therapeutische Anwendung finden die Stebener Quellen vorzugsweise bei Bleichsucht und Blutarmuth und den hieraus resultirenden Krankheiten des Nervensystems und der allgemeinen Ernährung.

2. **Weitere Curmittel** sind: Moorbäder, Fichtennadelbäder, Hydrotherapie, Hydro-electrische Bäder, Massage, Langenauer Eisensäuerling.

Locale Verhältnisse. Arzt: Dr. Stifler.

Badeanstalt: Sie besteht aus einem Mineralbadehause und einem Moorbadehause, beide mit guten Einrichtungen.

Bahnstation: Steben-Marxgrün ist Endstation der Marxgrüner Eisenbahnlinie.

Seehöhe: 630 m.

Neuere Literatur: Klinger, Dr., Das Bad Steben, seine Umgebungen und Heilmittel. 2. Aufl., Hof 1875, Büching. — Stifler, Dr., Stebener Eisen-Mineralmoor, dessen Zusammensetzung und Wirkung. München 1881, Findeisen.

Streitberg

in Baiern, Oberfranken, eine bei dem gleichnamigen Pfarrdorfe in der Fränkischen Schweiz gelegene vortrefflich eingerichtete und sehr besuchte Molkencuranstalt, welche aber auch Kräutersäfte und Bäder verschiedener Art verabreicht.

Locale Verhältnisse. Arzt: Dr. Köttnitz.

Bahnstation: Forchheim an der Linie Hof-Nürnberg, von da in 1¼ Stunden mit Wagen nach Streitberg.

Seehöhe: 583 m.

Neuere Literatur: Weber, Dr., Der Molkencurort Streitberg in der Fränkischen Schweiz. Streitberg 1878, Selbstverlag des Verfassers.

Suderode

in Preussen, Provinz Sachsen, Soolbad mit dem Beringerbrunnen in den Vorbergen des Harzes, in schöner Waldgegend gelegen, zugleich eine beliebte Sommerfrische mit einer 2¾ proc. Soole, die zu Trink- und Badecuren dient.

Aerzte: Dr. Steinbrück (im Winter in Quedlinburg), Dr. Wallstab, Weihl (im Winter in Gernrode).

Sulza

im Grossherzogthum Sachsen-Weimar, ein aus Stadt Sulza, Saline Obersulza und Dorf Sulza zusammengesetzter Curort mit fünf stoffreichen Soolquellen, deren Kochsalzgehalt zwischen 4 bis 9 pCt. variirt, und Gradirhäusern.

Ausserdem: moussirende Bäder, medicinische und Flussbäder, Inhalationen, Massage, Electricität, Traubencur, sowie ein Kinderheilbad.

Aerzte: DDr. Sänger, Schenk, Günther.

Swinemünde

in Preussen, Provinz Pommern, Ostseebad auf der Insel Usedom, am Ausfluss der Swine gelegen.

Aerzte: DDr. Kasper, Hoffmeister, Kortum (Badearzt in Heringsdorf), Grabow.

Szozawnica

in Oesterreich, Galizien, einer der besuchtesten Curorte dieses Landes, mit 6 alkalisch-muriatischen Säuerlingen, welche bei verschiedenen Brustkrankheiten eines hohen Rufes sich erfreuen und sich bei mässigem Gehalt an festen Bestandtheilen durch grossen Reichthum an kohlensaurem Natron und freier Kohlensäure auszeichnen. Die gehaltreichste aller dieser Quellen ist die Magdalenenquelle mit 8,45 g Natronbicarbonat und 4,61 g Chlornatrium. Die Temperatur aller Quellen liegt zwischen 9 bis 11° C.

Aerzte: DDr. Trembecki, Warschauer u. A.

Neuere Literatur: Trembecki, Onuphrius, Saisonbericht über die Hauptquellen von Szczawnica für das Jahr 1879. Krakau 1880.

Szinye-Lipócz

in Ungarn, Sárofer Comitat, ein Dorf in der Nähe von Eperies, mit der in neuerer Zeit erst aufgefundenen Salvatorquelle, welche durch die Eigenthümlichkeit ihrer Mischungsverhältnisse als Unicum zu betrachten ist. Sie ist ein $16,25^0$ C. warmer alkalisch-salinischer Säuerling, welcher im Liter Wasser auf 2,271 g feste Bestandtheile 0,28 g borsaures Natron, 0,01 g Jodnatrium und 0,09 g kohlensaures Lithion und eine grosse Menge freier Kohlensäure enthält und gegen Gicht und Krankheiten mit harnsaurer Diathese, sowie von Prof. Koranyi gegen Harnblasenkatarrhe empfohlen wird.

Szliács

in Ungarn, Sohler Comitat, früher Bad Ribar genannt, eine an der Gran zwischen den Städten Altsohl und Neusohl gelegene Curanstalt mit acht erdig-salinischen Eisenthermen, deren Temperatur zwischen $25,6^0$ und $32,5^0$ C. schwankt, und welche zum Trinken und Baden dienen.

Aerzte: Szemeré (im Winter in Abazzia), Grünwald, Hasenfeld.

Neuere Literatur: Grünwald, Dr. M., Die Eisenthermen Szliács. Budapest 1887.

Tarasp

in der Schweiz, Canton Graubünden, auch Tarasp-Schuls genannt, ein im Unterengadin im Innthale gelegener und in den letzten Jahrzehnten in Aufschwung gekommener Alpencurort mit sehr wichtigen Eisen- und Natronsäuerlingen.

Die Curmittel. 1. Die Natronsäuerlinge. Von den vielen in Tarasp und Schuls zu Tage tretenden Säuerlingen, welche theils Natronsäuerlinge, theils Eisensäuerlinge, theils schwefelwasserstoffhaltige Säuerlinge sind, sind die wichtigeren die Lucius- und Emeritaquelle, die Ursus- und die Badequelle, von denen die beiden ersteren zu Trinkcuren dienen. Sie sind Natronsäuerlinge, in Tarasp gemeinhin Salzwässer genannt. Die stoffreichste, die Luciusquelle, enthält nach Husemann im Liter Wasser auf 14,75 g feste Bestandtheile 4,87 g Natronbicarbonat, 2,45 g Kalkbicarbonat, 2,10 g Natronsulfat und 3,67 g Chlornatrium, sowie 1060 ccm freier Kohlensäure. Die Temperatur dieser Quelle, wie auch der übrigen, ist 5,5 bis $6,7^0$ C. und ihr Geschmack angenehm, prickelnd stechend. Die Emeritaquelle stimmt mit der Luciusquelle in quantitativer und qualitativer Hinsicht ganz überein, nur zeigt sie eine etwas geringere Gasentwickelung. Die Ursus- und die neue Badequelle haben gleiche Bestandtheile wie die eben genannten Trinkquellen, nur sind sie stoffärmer.

Indicationen. Nach Killias („Die Heilquellen und Bäder von Tarasp im Unterengadin“, 8. Aufl., Chur) hat sich das Tarasper Salzwasser, beziehentlich die Luciusquelle, bewährt in erster Linie bei Gicht und Bildung von Harnsäuresedimenten im uropoetischen Apparate, bei allgemeiner Fettsucht, Anschwellung und Hyperämie der Leber, Gelbsucht, Gallensteinen, chronischem Magen- und Dickdarmkatarrh, Unterleibsvollblütigkeit und ähnlichen Krankheitszuständen.

2. **Die Eisensäuerlinge.** Sie sind die **Bonifacius-, Wy-** und **Carolaquelle,** von denen die beiden ersteren für die Trinkcur, die letztere zur Speisung der Eisenbäder in Gebrauch gezogen werden. Die gehaltreichste dieser Quellen ist die **Bonifaciusquelle,** welche im Liter Wasser auf 5,14 g feste Bestandtheile neben 1,46 g Natronbicarbonat 2,74 g Kalkbicarbonat und 0,045 g Eisenbicarbonat besitzt. Die **Wy-** und **Carolaquelle** sind schwächere Quellen. Der Kohlensäuregehalt in diesen drei Quellen schwankt zwischen 1180 bis 1200 ccm, ihre Temperatur von 6,5 bis 8,5° C.

Indicationen. Die eben genannten Quellen finden bei Anämien, Bleichsucht, Nervenschwäche und ähnlichen Zuständen, überhaupt wo Eisen indicirt ist, ihre therapeutische Anwendung.

3. **Unterstützende Curmittel** sind noch: Molken und Milch von guter Beschaffenheit.

Locale Verhältnisse. Aerzte: DDr. Killias, Pernisch in Tarasp, Arquint, à Porta in Schuls.

Klima: Bei der hohen Lage von Tarasp verhältnissmässig mild.

Curzeit: Von Mitte Juni bis Mitte September.

Reiseverbindungen: Mit Deutschland durch die Churer Eisenbahn bis Landquart, mit Tirol durch Postwagen von Meran-Nauders oder Innsbruck-Finstermünz über Martinsbruck nach Schuls, mit Italien durch Diligence von Chiavenna bis Samaden oder von Tirano (Veltlin) über den Berninapass bis dahin und von da nach Tarasp.

Seehöhe: Am Curhause 1185 m, in Oberschuls 1246 m, in Vulpera 1270 m.

Neuere Literatur: Pernisch, Dr. J., Der Curort Tarasp-Schuls, seine Heilmittel und Indicationen. 3. Aufl., Chur 1887. — Killias, E., Tarasp-Schuls. Unter-Engad. Gesundheit, 1885, X 9. Beilage.

Teinach

in **Württemberg, Schwarzwaldkreis, Curanstalt** mit vier **alkalisch-erdigen Säuerlingen,** deren Temperatur zwischen 11 und 12° C. schwankt und deren Eisengehalt ein mittlerer ist. Ausserdem: eine **Wasserheilanstalt, Kräutersäfte, Salzbäder, electrische Bäder, Molken.** Indicirt ist nach **Wurm Teinach** bei Larynxkatarrhen und Blutmangel.

Aerzte: Dr. Wurm, Schirmann.

Neuere Literatur: Wurm, Dr. W., Das königl. Bad Teinach. Aerzten und Curgästen geschildert 4. Aufl., Wien 1878, Braumüller.

Teplitz

in **Oesterreich, Kronland Böhmen,** wegen seiner Vereinigung mit Schönau gemeinhin **Teplitz-Schönau** genannt, der älteste Curort Böhmens und einer der berühmtesten Curorte Europas.

Die Curmittel. 1. Die Thermalquellen. Die Zahl der hier zu Tage tretenden Thermalquellen beträgt elf, von denen die heissesten und kältesten auf Teplitz, die mittelwarmen auf Schönau kommen. Sie sind durchgehends sogenannte indifferente Thermen mit vorwiegendem Gehalte an kohlensaurem Natron und haben eine Temperatur, die in den heisseren Quellen 47 bis 48° C., in den mittelwarmen 33 bis 44° C. und in den kühleren 28° C.. beträgt. Der Schaden, welchen die Quellen in den Jahren 1879 und 1887 erlitten, hat sich leider nicht wieder ausgeglichen.

Die Indicationen für Teplitz sind die der wärmeren Akratothermen. Sie dienen als akratische Wässer fast ausschliesslich zu Badecuren. In neuester Zeit ist das Wasser mit Kohlensäure imprägnirt auch zu Trinkcuren verwendet worden.

2. Weitere Curmittel sind: Moorbäder, Douchen der verschiedensten Art, Massage, Electricität und fremde Mineralwässer, zu deren Benutzung eine eigene Trinkhalle errichtet ist, sowie Milch und Molke.

Locale Verhältnisse. Aerzte: DDr. Seiche, Eberle, Ficker, Kraus, Hirsch, Heller (electrische Behandlung und Massage), Eichler, Lustig (Frauenkrankheiten), Musil (Massage), Baumeister, Redlich, Müller (electrische Behandlung), Radnik, Löwy, v. Krajewski, Langstein (chirurgisch-orthopädische Heilanstalt), Samuely (Halsleiden), Janka (electrische Behandlung), Lieblein, Treutler, Moritz Hirsch, Nusko, Bergmann.

Badeanstalten in Teplitz: Stadtbad, Kaiserbad, Stein- und Stephansbad, Herrenhaus, Fürstenbad, Sophienbad, Sandbad. In Schönau: Schlangenbad, Neubad. Alle Badecabinette sind mit grossem Comfort eingerichtet.

Bahnstation: Teplitz ist Station der Aussig-Teplitzer und der Dux-Bodenbacher Eisenbahn.

Curfrequenz: Im Jahre 1881 laut Curliste 10116 Curgäste, im Jahre 1887 bis 24. September deren 7252.

Seehöhe: 221 m.

Neuere Literatur: Heller, K., Teplitz Schönau, vorwiegend medicinisch abgehandelt. Teplitz 1880. — Samuely, Dr., Teplitz-Schönau. Wien 1886. — Der Curort Teplitz-Schönau in Böhmen-Teplitz. 1886. Stadtvertretung. — Delbäs, Ueber die Behandlung der constitutionellen Syphilis an den Thermen von Teplitz. Deutsch. med. Ztg., Berlin 1833.

Tharandt

im Königreich Sachsen, Regierungsbezirk Dresden, eine reizende, unweit Dresden im Plauischen Grunde in waldreicher Gegend gelegene Sommerfrische mit zwei erdigen Eisenquellen, die vorzugsweise zum Baden dienen, Moorbädern, Fichtennadelbädern und günstigen klimatischen Verhältnissen.

Vor Allem am wichtigsten ist die hiesige Curanstalt des Dr. Haupt für Nervenkranke, welche einer besonderen systematischen Curmethode zu unterwerfen sind. Die Behandlung besteht in Anwendung der Wasserheilmethode, der Electricität im Allgemeinen, der hydro-electrischen Bäder, sowie von Massage, Gymnastik, Trinkcuren. Leiter der Anstalt ist Dr. Haupt selbst.

Seehöhe: 210 m.

Aerzte: Dr. Biehayn, Dr. Haupt.

Neuere Literatur: Tharandt, Mineralbad und klimatischer Curort. Prospect des Curvereins. 1880.

Torquay

in England, Grafschaft Devon, sehr beliebtes Seebad und klimatischer Wintercurort in der Torbai, an der Südküste von Devon auf Hügeln gelegen, mit einem milden ausserordentlich gleichmässigen Klima, wie kaum ein anderer Ort Englands.

Travemünde

im Gebiete der freien Stadt Lübeck, Ostseebad an der Ausmündung der Trave in die Ostsee mit feinsandigem Badegrund.

Arzt: Dr. Müller.

Trencsin-Teplicz

in Ungarn, Comitat Trencsin, gemeinhin Teplitz (Töplitz) oder Trentschin genannt, einer der bedeutendsten Curorte Ungarns mit sechs warmen, zu den stärkeren schwefelwasserstoffhaltigen Gipswässern gehörenden Quellen. Das Wasser schmeckt nach Schwefelwasserstoff und hat im Liter 2.47 bis 2,51 g feste Bestandtheile, von denen 1,6 g Gips, der Rest derselben schwefelsaure Alkalien, kohlensaure Magnesia und Chlormagnesium ist. Die Temperatur der einzelnen Quellen liegt zwischen 37 und 40,2° C.

Indicationen. Nach Ventura finden die Trentschiner Thermen erfolgreiche Anwendung bei chronischem Rheumatismus und Gicht, bei constitutioneller Syphilis unter Mitanwendung von Quecksilber, Scrofulose, rheumatischen Lähmungen, Ischias und anderen Krankheitszuständen mehr.

Weitere Curmittel sind: Schafmolken, Kiefernadelbäder, Schlammbäder, Electricität.

Aerzte: S.-R. Dr. Ventura, Dr. Nagel.

Neuere Literatur: Ventura, S., Die Trencsiner Schwefelquellen in Ungarn. 4. Aufl., Wien 1880, Braumüller.

Triberg

im Grossherzogthum Baden, im Amtsbezirk Triberg, ein im Schwarzwalde, in wild romantischer Gegend gelegener und in neuerer Zeit viel aufgesuchter Luftcurort.

Seehöhe: 686 m.

Trouville

in Frankreich, Departement Calvados, stark besuchtes Seebad an der Küste der Normandie, Sammelplatz der vornehmen Pariser Welt und vornehmer Russen.

Tüffer

in Oesterreich, Steiermark, Markt mit dem $\frac{1}{4}$ Stunde davon entfernten Franz-Josefsbade, welches drei indifferente Thermen von

35 bis 38,7° C. besitzt, die lediglich zum Baden dienen und überall da medicinisch benutzt werden, wo Akratothermen indicirt sind.

Ausserdem: Badeschlamm, Trauben- und Molkencuren.

Die Badeanstalt ist gut eingerichtet.

Neuere Literatur: Brumm, Das Mineralbad Tüffer. Wien 1875.

Varberg

in Schweden, Provinz Halland, ein am Kattegat gelegenes, in neuerer Zeit beliebt gewordenes Seebad mit Tang- und Moorbädern, Fichtennadel- und warmen Seebädern. Salzgehalt des Meeres ist 2 bis 3 pCt. Salz. Wellenschlag mässig. Klima mild. Leben billig. Curzeit vom 8. Juni bis 8. September.

Aerzte: Dr. Levertin, Dr. Brunstedt, Dr. Bolin.

Venedig

in Italien, Provinz Venezia, an der nordwestlichen Küste des Adriatischen Meeres, in den Lagunen gelegen, mit dem Festlande durch eine lange Brücke verbunden.

Die Curmittel. 1. Das Klima. Das Klima von Venedig hat den Charakter einer milden und gleichmässigen Temperatur, welche mit einem hohen Feuchtigkeitsgrade der Luft (88 pCt. relat. Feuchtigkeit) sich verbindet. Besonders angenehm sind Frühjahr und Herbst, deren mittlere Temperaturen 13,3° resp. 14,5° C. betragen, aber auch die Temperatur des Winters (December bis Februar) ist bei +3,7° C. mittlerer Wärme keine tiefe. Trotz der sehr feuchten Luft regnet es selten. Im Gegentheil ist die Zahl der heiteren Tage eine bedeutend überwiegende.

Indicationen. Der Aufenthalt in Venedig wird besonders Kranken empfohlen, welche an chronischen Katarrhen der Luftwege und chronischer Phthise mit Disposition zu Blutspeien, sowie an chronischer Pneumonie leiden, wogegen Scrofulösen, Chlorotischen, an passiven Hyperämien Leidenden und Rheumatikern das dortige Klima keineswegs zusagt.

2. Die Seebäder. Sie befinden sich am sogenannten Lido und müssen mittels Boot erreicht werden. Einrichtungen sind sehr gut. Strand sandig, mit allmäligem Abhange. Der Wellenschlag ist mässig. Die mittlere Temperatur des Seewassers beträgt am Lido im Mai und Juni, sowie im September und October 21 bis 24° C., im Juli und August 25 bis 27° C. Badezeit vom Mai bis zum November. Baden selbst in Cabinen. Die dasigen Seebäder dienen als Unterstützungsmittel der klimatischen Frühlings- und Herbstcuren.

Arzt am Lido: Dr. Levi.

3. Weitere Curmittel sind: Hydrotherapeutisches, electrisches und pneumatisches Institut.

Locale Verhältnisse. Aerzte: DDr. Kurz. Kappler. Minnich, Levi, Richetti, Gosetti (Augenarzt), Pietro da Venezia, Rossi, Valtorta u. A., von denen die italienischen sämmtlich Deutsch oder Französisch sprechen.

Reiseverbindungen: Mit Triest durch die Eisenbahnlinie Udine-Mestre in 7½ Stunden oder mit dem Lloyddampfer in 6 Stunden, mit Wien durch die Bahnlinie Pontafel-Udine in 16½ Stunden, mit München durch die Brennerbahn über Verona in 20 bis 22 Stunden.

Trinkwasser: Das Trinkwasser ist durchgehends schlecht und im Sommer nicht zu geniessen.

Wohnungen für Curgäste: Am besten an der Riva degli Schiavone und an den Zattere. Andere Stadttheile eignen sich nicht zum Aufenthalt für Kranke, namentlich Lungenkranke.

Seehöhe: Fast dem Meeresspiegel gleich, bis etwa 17 m.

Neuere Literatur: Kurz, Alfr., Venedig als klimatischer Curort. Deutsch. med. Wochenschr., 1881, VII. 3.

Ventnor

in England, Insel Wight, berühmter klimatischer Curort an der Südküste der Insel, im sogenannten Undercliff, unmittelbar am Meere.

Die Curmittel. 1. Das Klima. Ventnor hat ein ausserordentlich mildes Klima, welches exotische Gewächse im Freien gedeihen lässt. Die mittlere Temperatur der Herbstmonate beträgt 9,0° C. Die Temperaturdifferenzen sind gering.

Indicationen. Das Klima von Ventnor wird wegen seiner tonisirenden Wirkung besonders anämischen Kranken mit phthisischer Anlage, wo es sich hauptsächlich darum handelt, die Constitution derselben zu heben, als ausserordentlich wirksam empfohlen.

2. Ausserdem: Seebäder mit schönem sandigen Badegrund.

Vevey

in der Schweiz, Canton Waadt, klimatischer und Traubencurort am nordöstlichen Ende des Lemansees, mit milder, angenehmer Lufttemperatur, aber ziemlich starken Schwankungen derselben, weswegen Vevey auch nicht zum Aufenthaltsort für Lungenleiden dienen kann, sondern mehr für Reconvalescenten und Nervenleidende passt. Die zu Curen verwendete Traube ist von vorzüglicher Beschaffenheit.

Ausserdem: kalte Seebäder.

Seehöhe: 380 m.

Neuere Literatur: Cérésole, Vevey und seine Umgebung Europ. Wanderbilder, No. 26, Zürich. — Curchod, Dr., Essai sur la cure de raisins. Vevey 1863.

Vichy

in Südfrankreich, Departement Allier, Frankreichs elegantester und besuchtester Curort mit mehreren Thermalquellen, in einem weiten gesegneten Thale der Auvergne gelegen.

Die Curmittel. 1. Die Mineralquellen. Die dreizehn hier zu Tage tretenden Mineralquellen, welche theils natürliche, theils artesische sind, zeichnen sich durch hohen Gehalt an kohlensaurem Natron und durch verschiedene Temperatur aus, welche von 14,0 bis 45° C. in einzelnen Quellen wechselt. Die vorzüglichste und am meisten angewendete Quelle ist die Grande-Grille mit 41,8° C. Tem-

peratur und 4,88 g Natronbicarbonat im Liter Wasser, welche zum
Trinken und Baden benutzt wird. Die anderen Quellen sind etwas
kühler, haben aber meist gleichen Gehalt an Natroncarbonat. Die kühleren sind reicher an Kohlensäure.

Indicationen. Nach Durand-Fardel sind die hauptsächlichsten
Heilanzeigen für den Gebrauch von Vichy Dyspepsie und chronischer
Magenkatarrh ohne hyperämische und congestive Reizungszustände, chronische Darmkatarrhe, Säurebildung in den ersten Wegen, Stasen in den
Unterleibsorganen, besonders aber Katarrhe der Harnorgane mit Gries-
und Steinbildung, überhaupt, wie die Vichyer Aerzte sagen, Krankheiten
unterhalb des Zwerchfelles, während Gicht, Rheumatismus, Diabetes und
andere Krankheitszustände zwar auch wesentliche Veränderungen erfahren, aber erst in zweiter Linie als indicirt erscheinen.

Die in Vichy bevorzugte Anwendung der Grande-Grille bei Lebererkrankungen, der source l'Hopital bei Affectionen des Gastro-Intes-
tinal-Canals, der source des Célestins bei Störungen im Harnapparate
und Gicht hat Durand-Fardel verworfen, indem er behauptet, dass
eine solche specielle Indication sich nicht rechtfertigen lasse. Nur darin
macht er einen Unterschied in der Anwendung dieser drei vorzugsweise
zu Trinkcuren benutzten Quellen, dass er der Hospitalquelle sich überall
da bedient, wo man beruhigend einwirken will, der Grande-Grille und
der Celestinerquelle hingegen in denjenigen Fällen, wo wegen Torpidität
des Individuums man eines reizenden Mittels bedarf.

2. Weitere Curmittel sind: Inhalationen des den Quellen
entsteigenden Gasgemenges, Gasbäder, Pastillen und Vichysalz.

Locale Verhältnisse. Aerzte: Durand-Fardel, Grellety, Daumas, Dubois, Vil-
lemin, Souligoux, Barudel, Champagnat, Chopard, Gaudin. Nicolas, Papier, Sénac,
Cornillon, Charmaux. Cyr.

Bahnstation: Vichy ist Endstation der Zweigbahn St. Germain-Vichy von
der Hauptlinie Paris St. Germain-Lyon.

Curfrequenz: Jährlich gegen 26000 Fremde. Vichy gehört zu den besuchtesten Badeorten Europas.

Reiseverbindungen: Mit Paris in 8 bis 12, mit Lyon in 7½ bis 8½,
mit Berlin in 36 Stunden Fahrzeit.

Seehöhe: 240 m.

Neuere Literatur: Durand-Fardel, L'Union med. de Paris, 1881, No. 36 u. 38.
— Pidoux, L'Union med. de Paris, 1872, No. 49 und 51. — Durand-Fardel.
Ueber die specielle Anwendung der einzelnen Quellen von Vichy. Bullet. de thérap.
CVI. 97. Févr. 15. 1884. — Cornillon, Gaz. de Paris, 1884. 21. 22.

Vöslau

in Oesterreich, Niederösterreich, ein unweit Wien in lieblicher
Gegend gelegenes, viel von der vornehmen Welt besuchtes Frauenbad
mit mehreren, nur zu Badezwecken dienenden indifferenten Thermalquellen von 23° C., welche bei verschiedenen Frauenkrankheiten, vorzugsweise chronischen Gebärmutter- und Scheidenkatarrh und Hysterie,
einen hohen Ruf sich erworben haben. Ausserdem Kiefernadelbäder,
Milch-, Molken- und Traubencuren, sowie die zwanzig Minuten von

Vöslau entfernte, aber zum Dorfe Gainfahren gehörende Wasserheil-anstalt „Kaltenbrunn".

Locale Verhältnisse. Aerzte: DDr. Krischke (Badearzt), Friedemann (an der Wasserheilanstalt), Weniger (im Winter in Meran), Prof. Rosenthal, Chimany (schwe-dische Heilgymnastik).

Bahnstation: Vöslau ist Station der Oesterr. Südbahn.

Seehöhe: 200 m.

Wangeroog

Grossherzogthum Oldenburg, Amtsgericht Iever, eine recht traurige, sterile Insel ohne Vegetation mit einem im Anfang dieses Jahr-hunderts gegründeten Seebade mit einem ansehnlichen Etablissement, welches aber durch allmäliges Wegwaschen des Bodens durch die Fluthen der See mit der ganzen Insel einem sichern Untergange ent-gegensieht. Ausserdem eine kleine Kinderheilanstalt. Der Wellenschlag ist ein sehr kräftiger. Trinkwasser gut. Das Bad sehr ruhig und still.

Warmbrunn

in Preussen, Provinz Schlesien, Curort am nördlichen Fusse des Riesengebirges, im schönsten Theile des Hirschberger Thales gelegen.

Die Curmittel. 1. Die Mineralquellen. Die fünf Thermal-quellen, welche Warmbrunn besitzt, gehören nach einer neueren Analyse des Professors Sonnenschein zu den Wildbädern, nicht aber, wie man früher der Ansicht war, zu den Schwefelquellen und enthalten im Liter Wasser 0,615 g feste Bestandtheile, die meist aus schwefelsaurem und kohlensaurem Natron bestehen. Ihre Temperatur schwankt zwischen 36,1 und 38,1 ° C.

In den letzten Jahren hat man Bohrversuche nach neuem Thermal-wasser gemacht. Gegen Ende des Jahres 1882 haben dieselben insoweit einen Abschluss gefunden, als man eine Quelle mit 37 ° C. zutagefördert, deren chemische Beschaffenheit nach den Untersuchungen von Poleck mit der der alten Warmbrunner Quellen übereinstimmt.

Indicationen. Warmbrunns Bäder haben die allgemeinen Heil-anzeigen der indifferenten Thermen. Man sehe den allgemeinen Theil.

2. Das Klima. Das gemässigte Klima von Warmbrunn, welches sich im Sommer durch eine angenehme Frische auszeichnet, lässt Warm-brunn mehr als Sommerfrische, denn als einen klimatischen Curort er-scheinen, zu welchem man es zu stempeln geneigt ist, und wird Kranken, die einer belebenden Luft bedürfen, sicherlich sehr wohl thun.

Locale Verhältnisse. Aerzte: DDr. S.-R. Höhne (Badearzt), Collenberg, Franz, Lange, Jahn, Lowy, Troche.

Badeanstalten: Sie bestehen in dem kleinen und grossen Bassin, dem neuen Badehause, dem Armenbade und der Vorbereitungsbadeanstalt. Sie sind sämmtlich gut eingerichtet.

Bahnstationen: Reibnitz bei Hirschberg, 7 km von Warmbrunn entfernt, mit täglicher Postverbindung; Hirschberg, 6 km entfernt und ebenfalls mit täglicher Postverbindung.

Curfrequenz: Jährlich etwa 2300 Badecurgäste und 5400 Erholungsgäste, von denen etwa 500 Ausländer, meist Russen, sind.

Seehöhe: 345 m.

Neuere Literatur: Warmbrunn, Novelle über die zum schlesischen Bäderverbande gehörenden Bäder. 2. Aufl., Separatabdruck, Glatz 1879. — Höhne, Dr., Warmbrunn, seine verbesserten Bädereinrichtungen und seiner Quellen neueste Analyse. Glatz 1878. — Warmbrunn. Ein Führer durch den Ort und seine Umgebung. Für Fremde und Einheimische. Warmbrunn 1879. — Wehse, Dr. sen., Die Bäder Schlesiens in ihrem therapeutischen Werth und in ihren Indicationen. Breslau 1885. — Poleck, Analyse der neu erbohrten Quelle zu Warmbrunn im 13. schles. Bädertag. Reinerz 1885, S. 84.

Warnemünde

in Mecklenburg-Schwerin, Ostseebad an der Ausmündung der Warnow in die Ostsee, etwa 10 km nordwestlich von Rostock entfernt. Die Curmittel. Die Seebäder. Der Gehalt des hiesigen Ostseewassers an festen Bestandtheilen beträgt im Liter 15,26 g, wovon 11,39 g auf Kochsalz kommen. Ihren höchsten Wärmegrad erreicht die Ostsee hier erst im August, zu welcher Zeit sie bei anhaltend hoher Lufttemperatur bis 25 und 26° C. steigt; die mittlere Temperatur ist 17,5° C. Die Stärke des Wellenschlages ist verschieden, je nach der Stärke des Seewindes.

Locale Verhältnisse. Aerzte: DDr. Ed. Mahn, Uterhart.

Neuere Literatur: Mahn, Dr. Ed., Warnemünde. Fremdenführer, spec. für Badegäste. Wismar, Rostock und Ludwigslust 1880, Hinstorff. — Dornblüth, Deutsch. med. Wochenschr., 1882, VIII. 29.

Weilbach

in Preussen, Provinz Hessen-Nassau, eine zwischen Frankfurt und Wiesbaden gelegene Curanstalt.

Die Curmittel. Die Mineralquellen. Sie sind eine Schwefelquelle und eine Natronquelle, von denen die erstere ein kaltes alkalisch-salinisches Wasser mit Schwefelwasserstoffgehalt ist, welches auf 1,14 g feste Bestandtheile im Litor 0,41 g doppeltkohlensaures Natron, 5 ccm Schwefelwasserstoff und 290 ccm Kohlensäure enthält und in Form von Trink- und Badecuren, wie auch als Inhalation bei Kehlkopfkatarrhen, die mit Rachenkatarrh verbunden sind, ihre Hauptanwendung findet. Sie eignet sich besonders für vollblütige Hämorrhoidarier und Leberkranke, welche leicht an Congestionen nach dem Kopfe und Schwindel leiden.

Die andere Quelle, 12° C. warm, enthält 1,35 g doppeltkohlensaures Natron, sowie 0,009 g Lithionbicarbonat, und wird gegen Gicht und Harngries, sowie gegen trockenen Katarrh empfohlen.

Locale Verhältnisse. Arzt: Dr. Stifft, zugleich Badeverwalter.

Badehaus: Es enthält mehrere grössere und kleinere vorzüglich eingerichtete Badestuben, einen Salon für Gasinhalationen und einen kleinen für Einathmen zerstäubten Mineralwassers. Einrichtung durchgehends vorzüglich. Badehaus, wie Quellen sind fiskalisch.

Bahnstation: Flörsheim an der Linie Frankfurt-Wiesbaden.

Seehöhe: 135 m.
Neuere Literatur: Stifft, Grossmann's Heilquellen des Taunus 1887.

Weissenburg

in der Schweiz, Canton Bern, Curort mit zwei wohleingerichteten Curetablissements und einer Therme in einem engen,
waldigen Gebirgskessel gelegen. Die Curmittel. 1. Die Thermalquelle. Die Therme, besitzt
eine Temperatur von 29° C. und gehört zu den erdig-salinischen
Gipswässern, deren Hauptbestandtheile erdige und alkalische
Sulfate neben erdigen Carbonaten sind. Sie wird fast ausschliesslich
als Trinkquelle benutzt gegen Lungenphthise vom Initialstadium bis zur
Cavernenbildung und den derselben verdächtigen Spitzenkatarrhen sowie
dem phthisischen Habitus. Auch chronische Bronchialkatarrhe, pleuritische Exsudate, Reizzustände der Kehlkopfschleimhaut werden in
Weissenburg meist mit sehr gutem Erfolge behandelt.
2. Klima. Durch seine Lage hat W. völligen Windschutz, namentlich vor Nord- und Ostwinden, vollkommene Insolation und eine im
hohen Grade feuchte, mit Wasserdampf gesättigte reine milde Luft,
welche den Curort zu einem natürlichen Inhalatorium macht.

Locale Verhältnisse. Arzt: Prof. Dr. Huguenin.

Bahnstation: Thun an der Linie Bern-Thun. mit täglicher Postverbindung
in drei Stunden.

Neuere Literatur: Schnyder, Dr. H., Bad und Curanstalt Weissenburg. Basel
1884. — Starke, Prof., Deutsch. med. Zeitschr., 1884, No. 44.

Wenningstedt

in Nord-Schleswig, Insel Sylt, ein kleines, eine Stunde von Westerland nördlich und etwa 15 Minuten vom Strande entfernt gelegenes
Nordseebad, ein ruhiger Platz, welcher gern von Predigern und Lehrern,
die billig leben wollen, aufgesucht wird. Das Bad ist in jeder Weise
ebenso gut, wie in Westerland. Verpflegung jetzt gut.

Werne

im Königreich Preussen, Regierungsbezirk Münster, ein an
der Lippe in Westfalen gelegenes Städtchen mit einem Soolbade. Die
dasige Soole, eine kohlensaure Sooltherme von 29,2° C., hat im
Liter Wasser 62,8 g Kochsalz, 71,4 g feste Bestandtheile und 742 ccm
freier Kohlensäure. Sie dient in Form von Bädern gegen Scrofulose und
Hautkrankheiten als Heilmittel. Bahnstation Cönen an der Dortmunder-
Enscheder Eisenbahn.

Aerzte: DDr. Hövener, Pässens, Thöle.

Westerland

in Nord-Schleswig, Insel Sylt, renommirtes Nordseebad, mit dem
Luftcurort Marienlust, an der Westküste dieser grössten Friesischen

Insel, unmittelbar am Strande gelegen, vier Meilen westlich vom Festlande entfernt.

Die Curmittel. Die Seebäder. Westerland hat von allen Nordseebädern den kräftigsten Wellenschlag und bietet bei Fluth, wie bei Ebbe in fortwährend bewegter See und bei dem hohen Salzgehalt, welchen die Nordsee hier hat, sehr heilkräftige Bäder, welche es zu den Nordseebädern ersten Ranges erheben. Der Strand flacht sich allmälig ab; der Sandboden ist fest, eben und frei von grossen Steinen.

Locale Verhältnisse. Aerzte: Dr. Labusen, Badearzt; Dr. Nicolas.

Bahnstation: Tondern an der Bahnlinie Tingleff-Tondern, einer Zweigbahn der Hauptlinie Flensburg-Wamdrup. Von Tondern ab per Post nach Hoyer und von hier mittels Dampfschiffs nach Munkmarsch auf der Insel Sylt, von wo aus man mit Wagen in einer halben Stunde nach Westerland gelangt.

Kinderheilanstalt: Es besteht hier eine Kinderheilstätte unter Leitung von Schwestern der evangelisch-lutherischen Diaconissenanstalt in Flensburg. Die Einrichtung befriedigt nicht, die Räume sind zu klein und schlecht ventilirt. Für die ärmere Klasse ist das wöchentliche Pensionsgeld zu hoch.

Neuere Literatur: Kunkel, Dr. C, Der Curort Sylt und seine Heilwirkung. Kiel 1878, Schwers. — Bruck, W., Das Nordseebad Westerland Sylt. Dresden 1877. — Lahusen, Leitfaden für Seebadreisende mit besond. Rücksicht auf Westerland-Sylt. Tondern 1885.

Wiesbaden

in Preussen, Provinz Hessen-Nassau, uralte Bäderstadt, unter dem Namen Visbium mit seinen Aquis mattiacis bereits den Römern bekannt, zugleich klimatische Winterstation, am südlichen Abhange des Taunus in einem nach Nord, Nordwesten und Osten geschlossenen Thale gelegen, mit einer grossen Anzahl Thermalquellen und einem milden Klima, das besuchteste Bad in Deutschland.

Die Curmittel. 1. Die Thermalquellen. Wiesbaden besitzt ausser der Hauptquelle, dem Kochbrunnen, noch 23 Thermalquellen, welche gleiche Bestandtheile haben, aber in ihrer Temperatur verschieden sind. Der Hauptbestandtheil derselben ist Kochsalz, welcher im Liter Wasser des Kochbrunnens bei 8,2 g festen Bestandtheilen 6,8 g beträgt. Die übrigen Bestandtheile sind besonders Chlorcalcium und kohlensaurer Kalk. Die Temperatur der am meisten benutzten Quellen schwankt von 50 ° bis 68,75 ° C. (Kochbrunnen). Die Wiesbadener Quellen werden zum Trinken und Baden benutzt. Die Badecur aber ist die vorwiegende; zu Trinkcuren dient nur der Kochbrunnen und der kühlere Wilhelmsbrunnen.

Indicationen. Für die Wiesbadener Badecur ergeben sich als Hauptindicationen Gicht und chronischer Rheumatismus. Sie bilden den höchsten Procentsatz unter den hier zur Behandlung gelangenden Krankheiten. Ausserdem aber kommen noch Hemiplegien, Neuralgien, Wunden, Folgezustände nach Schussfracturen, nach Stich- und Hiebwunden in Wiesbaden vielfach vor, welche nicht minder günstige Curerfolge zu verzeichnen haben.

Die innerliche Anwendung des Wiesbadener Thermalwassers, welche in neuerer Zeit namentlich von Pfeiffer vielfach empfohlen wurde, bezieht sich vorzugsweise auf chronische Erkrankungen der Respirations-, Magen- und Darmschleimhaut, bei welcher ein hoher Grad von Reizbarkeit derselben besteht, namentlich wenn sich zu solchen Gicht oder Scrofulose hinzugesellen.

2. Klima. Durch locale Verhältnisse ist das dasige Klima ein äusserst mildes. Dabei sind die Temperaturdifferenzen der Sommer- und Wintermonate unter einander sehr geringe und die Schwankungen der Tagestemperaturen machen keine grossen Sprünge. Stärkere Luftbewegungen sind selten, heitere Tage vorherrschend, die Witterung meist beständig, die Luft mehr trocken. Dass solche günstige klimatische Verhältnisse die Wirkungen des Thermalwassers wesentlich unterstützen, ist einleuchtend.

3. Weitere Curmittel sind: Fichtennadel-, russische, römisch-irische, Dampf- und Schwimmbäder, eine heilgymnastische Anstalt, pneumatische Apparate, Electricität, Molken- und Ziegenmilch, Massage, im Herbste Traubencuren und drei in der nächsten Nähe von Wiesbaden befindliche Wasserheilanstalten, die zur Dietenmühle, im Nerothale und Lindenhof), sowie Kumyss.

Locale Verhältnisse. Aerzte: DDr. Albrecht, Aschendorf, Becker, Beerlein, Berna, Bertrand, Bickel (M.-R.), G. Bickel, Ernst Bickel, Brauns, Brauneck, Bockhart, Clouth, Cohn, W. Cuntz, Fr. Cuntz, Cramer, Dalkowski, Diesterweg, Elenz, Erbse, Fischenich, Fleischer, v. Fragstein-Niemsdorff, Frech, Freudenthal, Friedländer, Ernst Fritze, Genth, Gerges, Greis, Gross, Griessheim, Gräfe, Götz, Grossmann, Gygas, Hartmann, Heinrich, Heinzel, Heubach, Hochgeladen, Häppe, Hempel, Heymann, v. Hoffmann, Max Hoffmann, Emil Hofmann, Huth, Kempner, Koch, Kranz, Krauskopf, Kremers, Kühne (Nerothal), Lagemann, Lange, Laquer, Lehr (Nerothal), Lüddecke, Marc (Dietenmühle), Mathiessen, Meurer, Meurer jr., Mordhorst, Moxter, Müller, Möggerath, Pagenstecher (S.-R.), Pagenstecher, Dir. der Augenheilanstalt. Emil Pfeiffer, Aug. Pfeiffer, Pohl, Pospisil, Prölsting, Reuter, Ricker (O.-M.-R.), Ricker (S.-R.), Rolfes, Rosenau, Sämann, Scheinmann, Schill, A. Schmidt, C. Schmidt, Schuler, Seyberth, Spieseke, Staffel, Stamm, Thilenius, Touton, Voigt, Wagner, Weber, Wehner, Wibel, Wiegand, Wilhelmi, Wolzendorff, Ziemssen. 3 Zahnärzte.

Badehäuser: Das Römerbad, dicht am Kochbrunnen, das älteste Wiesbadens, und ausser ihm noch zwölf grössere, welche auch für Wintercuren eingerichtet sind. Die Gesammtzahl aller Badehäuser beläuft sich auf vierundzwanzig.

Badeleben ist das einer grossen Stadt und bietet alle Zerstreuung und Unterhaltung einer solchen.

Bahnstation: Wiesbaden ist Station der Bahn Frankfurt-Wiesbaden-Coblenz.

Curfrequenz: Im Jahre 1884 Curgäste incl. Passanten 72039.

Seehöhe: 177 m.

Neuere Literatur: Pfeiffer, Dr. Emil, Die Trinkcur in Wiesbaden. Geschichte, Methode und Indicationen derselben. Wiesbaden 1881, Bergmann. — Derselbe, Grossmann's Heilquellen des Taunus. 1887. — Fresenius, Chemische Untersuchungen der Schützenhofquelle in Wiesbaden. Journ. f. prakt. Chemie. N. F. XXXV. 5. S. 237. — Ziemssen, O., Wiesbadener Curerfolge. Leipzig 1885. — Mordhorst, C., Wiesbaden gegen chronischen Rheumatismus, Gicht, Ischias u. s. w. als Winteraufenthalt. Wiesbaden 1885.

Wight

in **England, Hampshire**, eine an Naturschönheiten reiche, in der Bucht von Southampton gelegene und von der Südküste Englands durch einen schmalen Canal getrennte **Insel**, welche durch die **Salubrität** ihres **Klimas** und ihre **angenehmen Seebadeplätze** ausgezeichnet ist.
Die Curmittel. 1. Klima. Der südliche Theil der Insel, der den vollen Schutz vor kalten Winden geniesst, und dem übrigens auch die warmen Meeresströmungen von Südamerika zufliessen, zeigt Wärmegrade der Atmosphäre, wie sie nur in südlich gelegenen Gegenden sich beobachten lassen, während die Lufttemperaturen der nördlich gelegenen Theile der Insel weit niedrigere sind, und dem Klima eine mehr belebende, erfrischende, tonisirende Eigenschaft verleihen. Aus dieser Verschiedenheit der klimatischen Verhältnisse erklärt es sich, dass die klimatischen Curorte vorzugsweise dem Süden der Insel zufallen, während die gesuchteren Seebadeplätze auch an anderen Theilen der Insel sich vorfinden.
2. Seebäder. Die günstigsten klimatischen Verhältnisse der Insel kommen auch den Seebädern zu Statten, welche namentlich an der Südküste auf die Erwärmung des Wassers einwirken und einen längeren Bädergebrauch ermöglichen. Störend ist hierbei der Umstand, dass, wie bei Shanklin, der Fall des Ufers ein ausserordentlich geringer ist und dadurch bei der Ebbe die See allzu seicht, und durch die Sonnenstrahlen nicht selten allzusehr erwärmt wird.

Locale Verhältnisse. Badeplätze: An der Nordküste liegen die Badeorte Ryde, ein sehr fashionables Bad, und Cowes, letzteres von lieblichen Waldungen umgeben, beide aber wegen ihres städtischen, aufregenden Treibens für Kranke nicht recht geeignet. An der Ostküste finden sich dagegen Sandown und Shanklin und an der Südküste Bonchurch und Ventnor als Heil- und Seebadeplätze, wie sie nach Benekes Urtheil („Zur Kenntniss der Seebäder und ihrer Wirkungen", in der Berliner klin. Wochenschrift, 1872, No. 29) schwerlich lieblicher und zweckmässiger gefunden werden können.

Landschaft: Die Landschaft ist überraschend schön und die Vegetation ausserordentlich reich und prächtig; exotische Pflanzen gedeihen hier schon im Freien.

Reiseverbindungen mit England durch die Eisenbahn bis Portsmouth und von da mit Dampfschiff nach der Insel.

Neuere Literatur: Groves, Jos., Die Insel Wight als Curort. Brit. med. Journ. 1881, Oct. 22.

Wildbad

in **Württemberg, Schwarzwaldkreis**, sehr besuchter Curort am nordöstlichen Abhange des Schwarzwaldes, im wildromantischen Enzthale gelegen.
Die Curmittel. 1. Die Thermalquellen. Die hier in grosser Anzahl entspringenden und durch Bohrungen noch vermehrten **Thermen**

mit einer zwischen 33 und 37 ⁰ C. schwankenden Temperatur sind sogenannte indifferente Thermen, welche geringe Mengen kohlensaures Natron und Chlornatrium und im Liter Wasser 0,56 feste Bestandtheile enthalten.

Die Indicationen für die W. Bäder fallen mit denen für indifferente Thermen im Allgemeinen aufgestellten zusammen.

Zu Trinkcuren werden der Eberhardtsbrunnen und der Königsbrunnen benutzt, der erstere mit einer Temperatur von 31 resp. 34,7 ⁰ C., der andere mit 37,5 ⁰ C. Sie dienen vorzugsweise bei Katarrhen der Respirationswege, des Magens und Darmkanals.

2. Sonstige Curmittel sind noch: Douchen der verschiedensten Art, Dampfbäder, Inhalationen des Thermalwasser Dunstes und zerstäubten Thermalwassers, Molken und Milch, verschiedene natürliche und künstliche Mineralwässer und Electrotherapie.

Locale Verhältnisse. Aerzte: DDr. v. Burkhardt, Hausmann sen., Hausmann jr. (Electrotherapie), Geb. Hofr. v. Renz (königl. Badearzt), Meeb, de Ponte, Wagner.

Badeanstalt: Sie befindet sich im Königl. Badehotel und ist mit gemeinschaftlichen und einzelnen Bädern, sowie mit comfortablen und zweckmässigsten Einrichtungen ausgerüstet.

Bahnstation: Wildbad ist Station der Eisenbahnlinie Pforzheim-Wildbad.

Curfrequenz: Im Jahre 1884 bis Ende September 6422 Personen.

Seehöhe: 430 m.

Neuere Literatur: Renz, Geh. Hofr Dr. W. Th. v., Das Wildbad und seine Umgebung. Ein Führer für Curgäste. Mit einer Karte. 8. Aufl., Wildbad 1880. — Derselbe, Die Cur zu Wildbad 1887.

Wildungen

im Fürstenthum Waldeck, ein altes, schon im Mittelalter sehr besuchtes Bad, welches in den letzten Decennien einen neuen Aufschwung genommen hat.

Die Curmittel. 1. Die Mineralquellen. In der Nähe der Stadt Nieder-Wildungen entspringen fünfzehn kalte, erdige Säuerlinge. Von ihnen finden aber nur sieben medicinische Benutzung. Zu Trinkcuren dienen der Georg-Victorbrunnen, die Helenenquelle und die Stahlquelle, die übrigen Quellen werden zu Bädern benutzt. Alle Quellen haben viel kohlensaure Magnesia, Kalk und Gips und sind reich an Kohlensäure. Der Stahlbrunnen besitzt erhebliche Mengen von Eisencarbonat.

Indicationen. Die in Wildungen am meisten vertretenen und mit Erfolg behandelten Krankheiten sind Blasenkatarrh, chronische Pyelitis, Prostatitis und harnsaure Concremente in der Blase und Niere, welche, wenn nöthig, hier auch chirurgische Behandlung erfahren.

Locale Verhältnisse. Aerzte: DDr. Krüger, Marc. Reinhold, Röbrig jun., Röbrig. Schmitz, Severin.

Bahnstation: Wabern an der Main-Weserbahn, 21 km von Wildungen entfernt, von da Secundärbahn bis Wildungen.

Curfrequenz: Im Jahre 1884 2682 Personen.

Seehöhe: Des Orts 228 m, der Georg Victorquelle 302 m, der Helenenquelle 267 m.

Neuere Literatur: Stöcker, Dr., Bad Wildungen und seine Mineralquellen. 8. Aufl., 1884.

Wittekind

im Königreich Preussen, Provinz Sachsen, Soolbad bei dem Dorfe Giebichenstein, unweit Halle a. S.

Die Soole hat eine Temperatur von 12,5° C. und etwa 3,3 pCt. feste Bestandtheile, welche vorzugsweise aus Kochsalz, Chlormagnesium und Chlorcalcium bestehen. Sie dient zum Baden. Nebenbei giebt es eine Trinksoole (Wittekind Salzbrunnen), welche etwas weniger Kochsalz enthält und mit Kohlensäure imprägnirt wird.

Das hier bereitete Mutterlaugensalz kommt in seiner Zusammensetzung mit dem Kreuznacher Mutterlaugensalz überein. Es dient als Zusatz zu Soolbädern. Ausserdem dienen zu Curzwecken: Inhalationen der Sool- und Mutterlaugendämpfe und gute Ziegen- und Kuhmolke. Die Indicationen für Wittekind sind die für Soolbäder allgemein aufgestellten. Arzt: Sanitätsrath Dr. Gräfe.

Wolkenstein

im Königreich Sachsen, Regierungsbezirk Zwickau, Curanstalt mit einer indifferenten Therme von 30° C. Temperatur, welche nach Stöckhardt im Liter Wasser 0,245 g feste Bestandtheile, darunter vorzugsweise kohlensaures Natron und kohlensaure Erden, besitzt und in Form von Bädern gegen Krankheitszustände, welche für akratische Wässer sich eignen, angewendet wird. Seehöhe 458 m. Arzt: Dr. Kay.

Neuere Literatur: Uhlig und Kay, Warmbad bei Wolkenstein. Annaberg 1879, Schreiber.

Wyk

auf der schleswigschen Insel Föhr, Nordseebad, welches den Namen „Wilhelminenbad" führt, ein für Familien sehr geeigneter Aufenthaltsort für den Sommer mit einem sehr milden, nur ganz geringen Temperaturschwankungen unterworfenen Klima, welches während der Winterszeit mit dem Wiesbadener concurriren kann, und freundlichen Häusern.

Die Curmittel. 1. Seebäder. Das unmittelbar am Strande gelegene Seebad Wyk hat nur mässigen Wellenschlag und ist deswegen auch weniger aufregend, als die übrigen Nordseebäder. Es gilt als das mildeste Nordseebad und eignet sich besonders für Kinder, schwache Frauen und Reconvalescenten. Der Salzgehalt hingegen ist ein sehr bedeutender, da kein Süsswasserstrom in der Nähe sich befindet und in den Watten rasche Verdampfung eintritt. Der Badegrund besteht aus feinem Sand und fällt nur allmälig ab.

2. Das Klima. Des milden Klimas wegen wird Wyk gern von Phthisikern leichten Grades und Asthmatikern aufgesucht.

Locale Verhältnisse. Arzt: Dr. Gerber auf Föhr.

Bahnstation: Husum an der Eisenbahnlinie Jübeck-Tönning; Tondern an der Eisenbahnlinie Tingleff-Tondern. Beide Linien sind Zweigbahnen der Hauptlinie Altona-Flensburg-Wandrup. Von Husum mittels Dampfschiffs in drei Stunden nach Wyk.

Heilanstalt: Es besteht hier eine von Dr. Gerber geleitete Heil- und Erziehungsanstalt für scrofulöse, blutarme und brustschwache Kinder, welche sehr gerühmt wird. Auch andere Kinder finden daselbst während der Ferienzeit Pensionat.

Neuere Literatur: Gerber, Dr., Das Nordseebad Wyck auf Föhr. Circularschreiben. 1881. — Berenberg, Nordseebäder der deutschen Küste. 1875, S. 65.

Zaizon

in Siebenbürgen, im Comitate Kronstadt, Curort am nördlichen Abhange der Transsylvanischen Alpenkette gelegen, mit mehreren jodhaltigen alkalisch-muriatischen Säuerlingen, von denen die Ferdinandsquelle mit 1.316 g Natroncarbonat und 0,249 g Jodnatrium auf 2,797 g feste Bestandtheile im Liter Wasser die wichtigste ist. Ausserdem findet sich noch eine Stahlquelle, der Ludwigsbrunnen, vor, welcher im Liter Wasser 0,156 g Eisenbicarbonat auf 1,713 g Fixa besitzen soll. Wohnungsverhältnisse sehr einfach.

Zandvoort

in Holland, Provinz Nordholland, ein von Deutschen vielfach besuchtes Nordseebad, etwa eine Stunde von Amsterdam entfernt, dessen Seebäder mit den übrigen Nordseebädern der holländischen Küste in Bezug auf Wellenschlag, Salzgehalt und Temperaturverhältnisse vollständig übereinkommen.

Locale Verhältnisse. Arzt: Dr. Gerke.

Badegrund feinsandig, fest.

Badeleben frei ohne Luxus.

Zellerbad

im Königreich Württemberg, siehe Liebenzell.

Zinnowitz

in Preussen, Provinz Pommern, ein in den letzten Jahren in Aufnahme gekommenes Ostseebad, auf dem nordöstlichen Theile der Insel Usedom gelegen, mit gutem Wellenschlage und einer schönen, reinen, mit Waldluft gemischten Seeluft, welche schwächlichen, anämischen Individuen mit phthisischem Habitus und scrofulösen Kindern lebhaft empfohlen wird. Aerzte: DDr. Habermann, Körner, Wiesener in Wolgast, Sachse.

Neuere Literatur: Sachse, W., Zinnowitz, ein neues Ostseebad. Berlin. klin. Wochenschr., 1880. No. 27. — Reinecke, Hugo, Das Ostseebad Zinnowitz mit Carlshagen und Cosserow. Wolgast 1887.

Zoppot

in Preussen, Provinz Westpreussen, ein am Fusse eines bewaldeten Höhenzuges mit anmuthigen Umgebungen gelegenes, 12 km von Danzig entferntes, stark besuchtes Ostseebad, dessen Seebäder einen schwachen Wellenschlag und geringen Salzgehalt besitzen, so dass sie besonders für schwächliche Personen, Frauen und Kinder geeignet erscheinen. Die Badeanstalten enthalten gute Einrichtungen zu warmen Seebädern, verschiedenen Douchen, Sool-, Schwefel- und Fichtennadelbädern und für electrische Behandlung. Zoppot ist Station der hinterpommerschen Bahn. Aerzte: DDr. Benzler, Zaczek, Schmidt, Lindenau.

Neuere Literatur: Benzler, Das Ostseebad Zoppot bei Danzig. Danzig 1882, Saunier. — Oesterr. Badeztg., 1879, No. 10.

I. Orts- und balneologisches Register.

Die fettgedruckten Zahlen geben die Seite an, wo sich die Schilderung des Curortes befindet.

A.

Aachen 55. 60. 61. **296.**
Aalbeck **294.**
Abano **294.**
Abbazia **299.**
Abendberg **299.**
Achselmannstein s. Reichenhall.
Aci reale **300.**
Acqui **300.**
Adelheidsquelle s. Heilbronn.
Adelholzen **301.**
Ahlbeck **301.**
Ahrweiler **301.**
Aibling **302.**
Aigle **302.**
Aix-les-bains 55. 60. **302.**
Ajaccio **303.**
Akratothermen 5.
Alap 49.
Alassio **305.**
Albisbrunn **305.**
Alexandersbad 31. **305.**
Alexandrien **306.**
Alexisbad 33. **306.**
Algier **307.**
Alkalische Quellen 13. 19.
Alkalisch-erdige Quellen 21. 24.
Alkalisch-muriatische Quellen 17. 20.
Alkalisch-sulfatische Quellen 14. 21.
Allevard 56. **308.**
Alm am Eck s. Kainzenbad.
Alt-Haide 32. **305.**
Alveneu 56. **309.**
Amélie-les-bains 55. 60. **310.**
Andermatt **310.**
Andreasberg **311.**
Antogast 31. **311.**
Anthrakokrenen 11.
Apenrade **311.**

Apollinarisbrunnen 20. 12. **390.**
Appenzell **312.**
Arbon **312.**
Areachon **312.**
Areo **313.**
Arendsee **313.**
Arensburg **313.**
Arnstadt **314.**
Arosa **314.**
Artern **314.**
Assmannshausen **314.**
Augustusbad **315.**
Aussee **316.**
Ax in Frankreich 55.
Axalp **317.**
Axenstein **317.**

B.

Baasen **317.**
Bad-Elster 21. 30. **319.**
Baden Baden **321.**
Baden in Niederösterreich 55. 61. **323.**
Baden im Aargau 55. 60. **324.**
Badenweiler 10. **326.**
Bagnères de Bigorre **327.**
Bagnères de Luchon 55. 60. 61. **328.**
Bains 10.
Bajmocz 19.
Balneographie **295.**
Barèges 55. **329.**
Bartfeld 30. **330.**
Bath 24. **331.**
Battaglia **331.**
Bäder, hydroelectrische, Orte mit 90.
Beatenberg **332.**
Beckenried **333.**
Berchtesgaden **333.**
Berka a. d. Ilm 31. **333.**
Berneck **333.**

Bertrich 21. **324.**
Beuron **324.**
Bex **324.**
Biarritz **335.**
Bibra 31.
Bilin 19. **336.**
Binnenseebäder 69.
— in Deutschland 69, in Oesterr.-Ungarn
   70, in der Schweiz 70, in Italien 70.
Binz **336.**
Birmensdorf 49.
Birresborn 19.
Bitterwässer 46. 48.
Bitterwasser, ungar. 48.
— Birmensdorfer 49.
— hessisches 49.
Blankenberghe **337.**
Blankenburg **337.**
Blasewitz **337.**
Blasien, St. **337.**
Bocklet 31. **338.**
Boltenhagen **338.**
Boppard **338.**
Borbye **339.**
Bordighera **339.**
Borkum 339.
Bormio 10. 24. **340.**
Borszék 24. 32. **340.**
Botzen 340.
Boulogne 341.
Bourbonne-les-Bains **341.**
Bourboule, La **341.**
Bournemouth 341.
Brennerbad 10.
Brighton **342.**
Bristol 24.
Brückenau 12. 32. 342.
Brüx 20.
Busum 342.
Bürgenstock **343.**
Burtscheid 55. **343.**
Buziás **344.**

C.

Cairo **344.**
Calais **345.**
Cannes **345.**
Cannstadt mit Berg **346.**
Catania **347.**
Cauterets 55. 60. **347.**
Charbonnières 31.
Charlottenbrunn 13. **348.**
Chaumont **348.**
Churwalden **348.**
Colberg **349.**
Contrexéville 24. **349.**
Corfu **350.**
Crampas **350.**
Cranz **350.**
Cudowa 12. 30. **351.**

Curorte, klimatische alpine **115.**
Cuxhaven **351.**

D.

Dangast **352.**
Daruvar 10.
Davos 352.
Dax 10.
Dieppe **353.**
Dietenmühle **353**
Dievenow **353.**
Dinkholder Brunnen 30.
Dissentis **354.**
Dizenbach 12.
Dobbelbad 10. **354.**
Doberan **354.**
Driburg 24. 30. 61. **355.**
Dürkheim 60. **355.**

E.

Eaux-bonnes 55. 60. **356.**
— chaudes 55.
Edenkoben **356.**
Eichwald **356.**
Eilsen 56. **357.**
Eisenthermen 25.
Eisenquellen 25. 30. 125.
Eisenwässer, kohlensaure 25. 30.
— schwefelsaure 29. 32.
Eisenvitriolwässer s. schwefelsaure Eisen-
   wässer.
Eisenmoorbäder, Orte mit 83.
Elgersburg **357**
Elmen 60. **357.**
Elöpatak 30. **358.**
Elster s. Bad Elster.
Ems 20. **358.**
Engelberg **359.**
Enghien 56.
Erdöbenye 33.
Ernsdorf **359.**

F.

Fachingen 19. **360.**
Falkenstein **360.**
Faulenseebad 24.
Fellathalquellen 19.
Fichtennadelbäder, Orte mit 83.
Fideris 13. **360.**
Flinsberg 19. 32. **360.**
Frankenhausen **361.**
Franzensbad 21. 31. 61. **361.**
Freiersbach 31. **363.**
Freienwalde 32. **363.**
Friedrichshall 49. **363.**
Friedrichsroda **364.**
Frohnleiten **364.**
Füred 21. **365.**
Fürstenhof **365.**

G.

Gais 365.
Galthofen Bitterquelle 42.
Gardone-Riviera 366.
Gasbäder 61.
Gasbäder, kohlensaure, Orte mit 61.
Gastein 10. 366.
Geilnau 20. 367.
Geisenheim 367.
Geltschberg 367.
Gersau 367.
Giebichenstein s. Wittekind.
Giesshübel 20. 368.
Gipswässer 23.
Gipsthermen 23.
Glaubersalzquellen 21. 46.
Gleichenberg 20. 12. 368.
Gleisweiler 369.
Glücksburg 369.
Gmunden 369.
Goczalkowitz 370.
Godesberg 31. 370.
Gonten 370.
Görbersdorf 370.
Gräfenberg 371.
Gradirluft 39.
Gran 48.
Gries 371.
Griessbach 31. 372.
Grossenlüder 42.
Gross-Wunitz 49.
Grosswardein 55.
Gurnigelbad 56. 372.

H.

Hall in Oberösterreich 372.
Hall in Tirol 373.
Halopegen 33.
Halothermen 33.
Hapsal 373.
Harkány 55. 373.
Hechingen 56.
Heiden 373.
Heilbrunn 374.
Helgoland 374.
Helouan 56.
Heppinger Brunnen 12.
Herculesbad 375.
Heringsdorf 375.
Hermannsbad in Sachsen 32. 376.
Heustrich 56. 60. 376.
Heyst 376.
Höhencurorte mit alpinem Klima 114.
— — subalpinem Klima 115.
Hübenstedt 56.
Hofgeismar 32. 376.
Homburg 30. 61. 377.
Huyères 378.
Hydroelectrische Bäder, Orte mit 90.
— — Einrichtungen von 87.

J.

Ilmenau 378.
Imnau 12. 31. 378.
Inhalationscuren, Orte mit 80.
Inowrazlaw 378.
Inselbad 24. 60. 379.
Interlaken 379.
Jodquellen 44. 36.
Johannisbad 10. 379.
Johannisquelle 20.
Ischl 380.
Juist 381.
Juliushall 381.
Ivanda 49.
Iwonicz 381.

K.

Kainzenbad 381.
Kaltenleutgeben 382.
Karlsbad in Böhmen 21. 13. 382.
— — Württemberg 384.
Kesscuren, Orte mit 76.
Kis-Czeg 49.
Kislowodsk 385.
Kissingen 48. 60. 385.
Klimafactoren 104.
Klimatische Curorte 115 u. ff.
Klimaformen 107.
Klimatypen 107.
Klosters 387.
König-Otto-Bad 30.
Königsbrunn 387.
Königsdorff-Jastrzemb 387.
Königstein 387.
Königswart 30. 387.
Kochsalzwässer 33. 40.
Kochsalztrinkquellen 34. 41.
Kochsalzbäder 37. 42.
Kochsalzsäuerlinge 41. 36.
Kochsalzquellen mit Chlorcalcium 43.
— — Jodverbindungen 44.
— — Bromverbindungen 43.
Kochsalzthermen 42.
Korytnica 30.
Kösen 388.
Köstritz 388.
Krankenheil 388.
Kreischa 389.
Kreuth 57. 389.
Kreuznach 60. 389.
Kräutersaftcuren, Orte mit 79.
Kräuterbäder, Orte mit 86.
Krondorf 20. 390.
Kronthal 390.
Krynica 31. 391.
Kumysscuren, Orte mit 76.
Kurorte, siehe Curorte.

L.

Labassere 57.
La Bourboule siehe Bourboule.
Lamalou 32.
Landek 10. 391.
Landskrone 13.
Langenbrücken 57. 60. 61. 392.
Langensalza 57.
Langeroog 392.
Laubbach 392.
La Preste 56.
Lautorberg 392.
Lavey 56. 61.
Lenk 57. 60. 393.
Le Prese 57.
Leuk 24. 393.
Levico 394.
Liebenstein 30. 394.
Liebenzell 10. 395.
Liebenwerda 13. 32.
Lipik 20. 395.
Lippspringe 24. 60. 395.
Lithionquellen 17.
Lobenstein 31. 396.
Lohme 396.
Lostorf 57. 60.
Lubien 57.
Lugano 397.
Luhatschowitz 20. 397.
Luxeuil 10.

M.

Madeira 398.
Malmedy 31.
Marienbad 21. 12. 61. 399.
Marlioz 57. 60. 61.
Mehadia siehe Herculesbad.
Meinberg 57. 61. 400.
Mentone 401.
Meran 401.
Mergentheim, Bitterwasser 42. 353.
— siehe Karlsbad.
Michelstadt 402.
Milch- und Molkencurorte 75.
Misdroy 403.
Mittelländisches Meer, Seebäder am 69.
Mitterbad 33. 403.
Moltig 56.
Monsummano 403.
Mont-Dore 20. 403.
Montmiroil 49.
Montreux 403.
Moorbäder 78.
Moor- und Schlammbäder 78.
St. Moritz 32. 404.
Muggendorf 405.
Münster am Stein 60. 405.
Muri 24.
Muskau 32. 405.

N.

Nassau 406.
Nauheim 60. 61. 406.
Natronthermen 19.
Nenndorf 57. 60. 61. 407.
Néris 10.
Nerothal 407.
Nervi 408.
Neuenahr 20. 13. 408.
Neuenbain 31.
Neuhaus 10.
Neurakoczy 60. 409.
Neuschmecks 409.
Neustadt a. H. 409.
Niederlangenau 32.
Niedernau 13.
Niederungsklimate, Curorte mit 117.
Nieuport-Bains 409.
Nizza 410.
Norderney 411.
Nordseebäder 67.
— deutsche 67.
— belgische 67.
— holländische 67.
— englische 67.
— schwedische 67.
— schottische 67.
Nydelbad 24.

O.

Obersalzbrunn 19. 411.
Oeynhausen 60. 412.
Ofen 48. 413.
Ostende 415.
Ostseebäder 67.
— deutsche 67.
— dänische 68.
— russische 68.
— schwedische 68.
Ottobad 30.
Ozean, Seebäder am atlantischen 68.

P.

Palermo 415.
Pallanza 416.
Parad 32.
Passug 19. 12.
Pau 417.
Pegli 418.
Peter, St. 418.
Petersthal 31. 419.
Pfäfers 10. 421.
Piätigorsk 56.
Pierrefonds 57. 60.
Pisa 24. 419.

Mutterlaugen 43. 16. 45. 44.
— mit Brom 46.

Plombières 10. 420.
Polzin 31.
Pontresina 421.
Preblau 19.
Püllna 49. 421.
Puttbus 421.
Pyrawarth 31. 421.
Pyrmont 31. 422.
Pystjan 56. 423.

R.

Radegund, St. 423.
Radein 19. 423.
Ragaz-Pfäfers 10. 423.
Ratzes 33.
Rehburg 424.
Rehme siehe Oeynhausen.
Rehmer Bitterwasser 49.
Reiboldsgrün 30. 425.
Reichenhall 60. 425.
Reinerz 12. 31. 426.
Reutlingen 57.
Rheinfelden 427.
Rigi-Kaltbad 427.
— -Scheideck 428.
Rippoldsau 12. 30. 428.
Rodna 30.
Rohitsch 19. 21. 428.
Roisdorf 20. 429.
Rom 429.
Römerbad 10. 430.
Roncegno 32. 430.
Ronneburg 31.
Ronneby 32. 431.
Rothenfelde 431.
Royat 20. 431.
Roznau 432.
Rutihubelbad 24.

S.

Saidschütz 432.
Saint-Honoré 60.
— -Sauveur 56.
Salvatorquelle siehe Szinye-Lipócz.
Salzbrunn siehe Obersalzbrunn.
Salzschlirf 432.
Salzungen 60. 433.
Samaden 434.
Sandbäder, Orte mit 92.
Sandefjord 434.
Sangerberg 30.
San Remo 434.
Sassnitz 435.
Säuerlinge, einfache 11.
— Orte mit 12.
Saxon-les-bains 435.
Schandau 436.
Scheveningen 436.
Schimborgbad 57.

Schinznach 56. 60. 436.
Schlammbäder 52.
— Orte mit 51.
Schlangenbad 10. 437.
Schwalbach 12. 30. 437.
Schwarzwald 31.
Schwefelquellen 19. 56.
Schwefelthermen 55.
Schweizermühle 438.
Sebastiansweiler 57.
Sedlitz 49.
Seebäder 61.
Seeklima 110.
— Orte mit 112.
Seeluft 64.
Seebäder an der Nordsee 67, an der Ost-
     see 67, am Canal 68, am atlantischen
     Ozean 68, am mittelländischen Meere
     69, im Binnenlande 69.
Selters 20. 438.
Sinzig 13.
Skleno 24.
Soden am Taunus 439.
Sommercurorte, klimatische 115.
Sonneberg 440.
Soolbäder 40.
Spa 31. 440.
Spezia 441.
Spikeroog 441.
Stachelberg 57.
Stahlquellen 25. 30.
Steben 31. 441.
Sternberg 32.
Stickstoffhaltige Quellen 23.
Strandbäder 61.
Streitberg 442.
Stubica 10.
Suderode 442.
Sulza 442.
Sulzmatt 20.
Swinemünde 442.
Szczawanica 20. 442.
Szinye-Lipócz 443.
Szliács 24. 30. 61. 443.

T.

Tarasp 21. 12. 32. 443.
Teinach 12. 444.
Tennstedt 57.
Teplitz 444.
Tharandt 445.
Thermen, indifferente 5.
Tönnistein 20.
Tobelbad siehe Dobbelbad.
Topusko 10.
Torquay 446.
Traubencurorte 78.
Travemünde 446.
Trencsin-Teplitz 56. 446.
Triberg 446.

Trouville **446.**
Tüffer 10. **446.**
Türr 49.

U.

Ussat 24.
Uriage 60.

V.

Vals 19.
Varberg **447.**
Venedig **447.**
Ventnor **444.**
Vernet 56. 60.
Vevey **448.**
Vichy 19. **448.**
Vittel 24.
Vöslau 10. **449.**

W.

Wals 24.
Wangeroog **450.**
Warmbrunn 10. **450.**
Warasdin-Teplitz 56.
Warnemünde **451.**
Wasserheilanstalten **101.**
Weilbach 20. 57. 60. **451.**

Weissenburg 24. 60. **452.**
Wennigstedt **452.**
Werne **452.**
Westerland **452.**
Wiesbaden **453.**
Wiesenbad 10.
Wiesau 30.
Wight **455.**
Wildbad 10. **455.**
Wildbadeorte 10.
Wildegg siehe Schinznach.
Wildungen 12. 24. **456.**
Wintercurorte, klimatische 115.
Wipfeld 57. 61.
Wittekind **457.**
Wolkenstein 10. **457.**
Wyk **457.**

Y.

Yverdon 57.

Z.

Zaizon **458.**
Zandvoort **458.**
Zellerbad siehe Liebenzell.
Zinnowitz **458.**
Zoppot **459.**

II. Therapeutisches Register.

A.

Abdominalplethora **235.**
Abreibungen kalte, Wirkung und Anwendung **92.**
Abortus, Neigung zum **257.**
Acne **252.**
Akratothermen, physiol. und therap. Wirkungen **1.**
Alkalisch-erdige Quellen, therap. Wirkungen **21.**
— — — gegen Gicht 23.
— — — gegen Harnconcremente 23.
Amenorrhoe **252.**
Amenorrhoe bei Chlorose 134. 255.
Anämie, Eisenwasser gegen **123.**

Anämie, Kochsalzwässer gegen 127.
— nach Hämorrhoidalblutungen **126.**
— nach Menorrhagie u. Metrorrhagie **126.**
— nach Blutbrechen 127.
— nach Magen- und Darmkatarrhen 127.
— nach Albuminurie **128.**
— bei Herzleiden **128.**
— bei Tuberculose **128.**
— bei erschwerter Reconvalescenz **129.**
— bei höheren Staatsbeamten **130.**
— perniciöse 134
Anästhesie **161.**
Angina pectoris 214.
Aortenklappen, Insufficienz und Stenose der 211.
Arteriosclerose **215.**

Arsenhaltige Wässer gegen Chlorose 134.
Arsenintoxication chron., Schwefelbäder
  gegen 121.
— Eisensäuerlinge gegen 154.
Asthma, bronchiales 191.
Atherom der Gefässe 215.
Atmosphäre, Einfl. auf den Organismus 106.
Augen, chron. Krankheiten der 290.
Augencongestionen 292.
Augenmuskellähmung, chron. 292.

B.

Badeeffecte s. Effecte.
Badecuren 1.
Bäder permanente gegen Ataxie 166.
— — gegen Myelitis 172.
— — gegen Sensibilitätstörungen 153.
Balneotherapie klinische 121.
— allgemeine 3. 5.
Beckenexsudate 248. 251.
Begiessungen kalte, Wirkung und An-
  wendung 100.
Bewegungsapparat, chron. Erkrankung des
  276.
Bitterwässer, therap. Wirkungen 17.
Blasenentzündung chron. 266.
Blasenschleimhautkatarrh, Alkal. Wässer
  gegen 16. 266.
Bleichsucht s. Chlorose.
Bleiintoxication, Schwefelwässer gegen 152.
— Jodkalium gegen 153.
— Alkalische Wässer gegen 153.
— Kochsalzwässer gegen 153.
— Moorbäder gegen 153.
Blutarmuth, balneoth. Behandlung 125.
Blutfleckenkrankheit 135.
Blut, Gewebserkrankungen des 132.
Brightsche Krankheit 262.
Bronchien, Krankheiten der 191.
Bronchialkatarrh, chron. 191.
Bulbärparalyse 184.
Dureaukratenauämie 130.

C.

Cardialgie 165.
Caries 254.
Callusbildung, allzu starke nach Schuss-
  fracturen 253.
Catarrhe s. Katarrhe.
Chlorose, Eisenwässer gegen 130.
Chlorose, Arsenhaltige Wässer gegen 134.
— Hydrotherapie gegen 134.
— Seebäder gegen 134.
— Schwefelquellen gegen 134.
— combinirt mit Koprostasen 132.
— — mit Dyspepsien u. Magengeschwür
  132.
— — mit suspecter Tuberculose 132.
— — mit menstrualen Störungen 133.

Chlorose, Sauerstoff gegen 133.
— erhöhter Luftdruck gegen 133.
Chorioidea, Hämorrhagien der 292.
Chorea 181.
Ciliarnerven, Hyperästhesien der 292.
Circulationsapparat, Krankheiten des 209.
Circulationsstörungen im Gehirn u. Rücken-
  mark 180.
Compressionslähmung 185.
Conjunctivitis chron. 291.
Constitutionelle Krankheiten 123.
Curorte klimatische 115.
— mit alpin. Klima 115.
— mit subalpin. Klima 115.
— mit Niederungsklimaten 117.
Cystitis chron. 266.
Cystinsteine 274.

D.

Darmkatarrhe, alkal. Wässer gegen 18. 228.
Darmkatarrhe chron. 227.
Dauerbäder 9.
Diabetes, Arsenhaltige Wässer gegen 149.
— Eisenquellen gegen 149.
— Diät bei 150. 149.
— Karlsbader Wasser gegen 147.
— mellitus, allgem. balneoth. Massnahmen
  gegen 146.
— Massage als Unterstützungsmittel der
  Cur gegen 149.
— Natronwässer gegen 17. 147. 148.
Douchen, Wirkung u. Anw. 100.
Drüsen, chron. Erkrankungen der grossen
  des Unterleibes 231.
Durchfall chron. 229.
Dysmenorrhoe 255.
— nervöse 255.
— congestive 256.
— membranöse 257.
Dyspepsie, habituelle 218.
— nervöse 225.
Dyspeptische Beschw. bei Chlorose 132.

E.

Effecte, mechanische 87.
— thermische 93.
Eierstocksentzündung, chron. 247.
Einwickelung kalte, feuchte, Wirkg. und
  Anw. 94.
Eisenvitriolwässer gegen Anämie 127.
Eisenwässer bei Herzleiden 210. 212. 213.
Entwickelungschlorose, baln. Beh. der 131.
Eczem, chron. 253.
Erdige Wässer gegen Gicht 23.
Erysipel, chron. 255.
Eustachische Röhre, Katarrh der 293.
Exantheme, Kochsalzwässer gegen 254.
— chron. 255.
Epilepsie 160.

Episcleritis chron. 292.
Exsudate, Kochsalzwässer gegen 205.

F.

Fettleber 233.
Fettherz 212.
Fettsucht, allgemeine balneoth. Massnahmen gegen 144.
— alkalisch-salinische Wirk. gegen 144.
— Aufenthalt im Hochgebirge gegen 146.
— Jodwässer gegen 116.
— kochsalzhalt. Quellen gegen 144.
— kalte Bäder gegen 146.
— Massage gegen 146.
Fibromyome 250.
Fichtennadelbäder, Wirkung u. Anw. 84.
Furunkulose, chron. 255.
Fussbad kaltes, Wirkung u. Anw. 99.

G.

Gallenblase, chron. Erkrankungen der 231.
Gallenconcremente 236.
Galle eingedickte 236.
Gallenwege, chron. Katarrhe der 235.
Gallensecretion 17.
Gasbäder, therap. Wirkung der 61.
Gastrodynie 226.
Gebärmutterentzündung, Kochsalzwirkung gegen 36.
— chron. 240.
Gebärmutterkatarrh, chron. 241.
Gefässsystem, chron. Erkrankungen des 214.
Gehirn, Circulationsstörungen im 169.
— Anämie im 169.
— Hyperämie im 170.
— Hämorrhagie im 170.
— multiple Sclerose des 171.
Gehirnlähmungen 152.
Gehörorgan, chron. Krankheiten des 203.
— Katarrhe des 203.
Gehörsstörungen 203.
Gelenkrheumatismus, chron. 276.
Gesichtsschmerz 161.
Geschlechtsorgane, Krankh. der weibl. 240.
— — der männlichen 250.
Gewebserkrankungen des Blutes 130.
Gicht, Indicationen der Brunnen- u. Badecuren gegen 139.
— Kochsalzquellen gegen 37. 141.
— alkalische Wässer gegen 140.
— indifferente Wässer gegen 142.
— eisenhaltige Wässer gegen 142.
— kohlensaure Soolbäder gegen 142.
— Kochsalzthermen resp. Wiesbaden gegen 143.
— Moor- und Schlammbäder gegen 82. 143.
— lithiumhaltige Wässer gegen 141.
— Schwefelwässer gegen 54. 141.
Glaskörpertrübungen des Auges 292.
Gradirluft, therap. Wirkung der 39. 58.

H.

Halbbad, Wirkung u. Anw. 99.
Hämorrhoiden 235.
Harnapparat, chron. Erkrankungen des 262.
Harnblasenentzündung, chron. 266.
Harnorgane, Krankheiten der, Eisenwässer gegen 263.
Harnröhre, chron. Erkrank. 271.
— — Katarrh der 271.
Harnsäure, überschüssige, alkalische Wässer gegen 140.
Harnsäuresteine 270.
— concremente 270.
Haut, chron. Erkrank. der 254.
Hautgeschwüre 259.
Hautschwäche, Kochsalzwirk. gegen 290.
Hemicranie 161.
Hemiplegien 152.
Herz, chron. Erkrankungen des 209.
Herzhypertrophie 210.
Herzdilatation 210.
Herz, Klappenfehler am 211.
Herzklopfen nervöses 213.
Herz, Auflagerung von Fett 213.
Herzleiden, Eisenwässer gegen 210. 212. 213.
Himmel, Bewölkung des, Einfluss auf dem Organismus 105.
Hirnsyphilis 174.
Hodenentzündung chron. 259.
Hydrotherapie gegen Chlorose 134.
— allgem. 92. 101.
— Formen der 97.
Hydroelectrische Bäder, Wirkung und Anwendung 58. 89.
Hydrargyrose, Schwefelthermen gegen 153.
— mit Syphilis complicirt, Schwefelwässer gegen 154.
— Wildbäder gegen 154.
— Hochgebirge gegen 151.
— Eisenwässer gegen 154.
Hyperästhesie, allgem. 159.
Hypochondrie 157.
Hysterie 155.
Hysterische Lähmungen 159.
Hysterie, Prophylaxe der 160.
Hystero-Epilepsie 159.

I.

Inhalationscuren 77.
Intercostalneuralgie 161.
Impotenz, männliche 170.
Impetigo 256.
Ichthyosis 259.
Iritis, chron., rheum. und gichtische 292 (syphil. 293).
Iridochorioideitis, chron., rheum. u. gicht. 292.
Ischias 161.

K.

Katarrhe, alkal. Wässer gegen 16. 17.
— der Respirationswege, Kochsalzwässer
   gegen 192.
Koprostasen b. Chlorose 132.
Kehlkopf. Krankheiten des 196.
Kefircuren 73.
Keratitis syphil. 293.
Klimatotherapie 102.
Klima Begriff des 103.
Klimatypen 107 u. fg.
Klimafactoren 104.
Klima an der See 110.
— alpines 109.
— subalpines 109.
— der Niederungen 113.
Knochenentzündung 252.
Knochen, chron. Erkrankung 252.
Kohlensäure-Inhalationen, phys. u. therap.
   60.
— Wirkungen phys. u. therap. 11.
Kräutersaftcuren, Anwendung u. Wirkg. 78.
Kräuterbädercuren Wirkung 85.
Kumysscuren 73.

L.

Lakenbad, Wirkung und Anwendung 95.
Larynx, Sensibilitäts- u. Motilitätsstörungen
   des 190.
Laryngitis, chron. 196.
Lateralsclerose, amyotrophische 169.
Lähmungen, motorische 173.
-- sensible 165.
— centrale 182.
— periphere 180.
— functionelle 170.
— aus Blutarmuth 170.
— nach schweren Krankheiten 177. 186.
— diphtherische 177.
— nach Infectionskrankheiten 177.
— hysterische 177.
— nach Schreck 178.
— in Folge von Reflexen 178.
— der männl. Sexualorgane 179.
— aus anatomisch nachweisbaren Ursachen
   175. 180.
— rheumatische und gichtische 180.
— traumatische 180.
— nach Intoxicationen 181.
— neurit. Muskel- 182.
— halbseitige 182.
— in Folge von Trombose u. Embolien 183.
— des verlängerten Marks und des Halsmarks 184.
— Landrysche 184.
— in Folge von Compression des Rückenmarks 185.
— in Folge von chron. Myelitis u. Meningitis 185.

Leber, chron. Erkrankungen der 231.
Lebercirrhose 231.
Leberhyperämie 231.
Leukämie 135.
Leptomeningitis spinalis, chron, 170.
Luftdruck, erhöhter, gegen Chlorose 133.
— vermehrter 106.
— verminderter 106.
Luftelectricität, Wirkg. auf d. Körper 107.
Luftfeuchtigkeit, Einfluss auf d. Org. 104.
Luftröhre, Krankheiten der 191.
Luftströmungen, Einfl. auf d. Körper 106.
Lüftwärme, Einfl. auf d. Organismus 104.
Lunge, chron. Entzündung der 193.
— Krankheiten der 191.
— Tuberculose 195.
Lungenemphysem 207.
Lungenschwindsucht 193. 198.
Lupus 289.

M.

Magenkatarrh, chron. 218.
Magenkrankheiten, alkal. Wässer gegen
   16. 18.
Magen, Erosionen der Schleimhaut des 226.
Magengeschwür, chron. rundes 226.
Magen, Neurosen des 225.
Mechanische Effecte d. Hydrotherapie 97.
Meningitis chron. 170.
Menorrhagie 233.
Menstruationsanomalien 231.
Menstruation, reichl. b. Chlorose 133.
Metallintoxicationen, chron. 152.
Metritis, chron. 215.
Metrorrhagie 233.
Milchcuren 70.
Milzerkrankungen, chron. 237.
Milzhypertrophie 237.
Mineralwassercuren 5.
Mitralklappe, Insufficienz der 211.
Molkencuren 71.
Moorbäder, Wirkung und Anwendung 79.
Motilitätsstörungen, functionelle d. Nerven-
   systems 170.
Morbus Brightii 202.
Muskelatrophie, progressive spinale 184.
Muskellähmung, neuritische 182.
Muskelrheumatismus chron. 250.
Myelitis chron. diffuse 171.
Myome 230.
Myositis, chron. 250.

N.

Nahrungscanal, Krankheiten des 216.
Nasenhöhle, chron. Erkrankung der 291.
Natronwässer, therap. u. phys. Wirkg. 14.
Nebel, Einfluss auf den Organismus 105.
Nekrose der Knochen 251.
Nervenkrankheiten, chronische 155.

Nervensystem, chron. Erkrankungen, Eisen-
wässer gegen 154.
— Verhalten b. Chlorose 132.
— functionelle Störungen des 155.
Nephritis, chron. 262.
Nephrolithiasis 270.
Neubildungen in d. weibl. Sexualorg. 250.
Neuralgien 161.
Neurasthenie 89. 105.
Niederungsklimate 113.
Nierenentzündung, parenchymatöse chron.
262.

O.

Obstipation, habituelle 227.
Ohrenkrankheiten, chron. 293.
Oligämie 123.
Oophoritis, chron. 247.
Orchitis, chron. 219.
Ovarien, Neubildungen an d. 250.
Oxalatsteine 273.

P.

Paralyse, Landrysche 184.
Parametritis 245.
Parästhesie 165.
Periost, chron. Erkrankungen des 282.
Pelveoperitonitis 245.
Pemphigus 259.
Perimetritis 245.
Pfortadergebiet, Wirkung der alkalisch-
sulfatischen Wässer 239.
— der Schwefelquellen 239.
— der Kochsalzwässer 239.
— der hydriatischen Curen 239.
Pharyngitis, chron. 216.
Phlebectasien 215.
Phthisis der Lunge 195. 196.
Phosphatsteine 272.
Pleura, Krankheiten der 209.
Pleuritisches Exsudat 208.
Pneumonie, chron. einfache 195.
Poliomyelitis, chron. 184.
Pollutionen 260.
Prostata, chron. Erkrankung 275.
Prostatitis, chron. 275.
Prurigo 257.
Pruritus 257.
Pseudoleukämie 123.
Psoriasis 258.
Pyelitis, chron. 264.

Q.

Quecksilberintoxication s. Hydrargyrose.

R.

Rachenkatarrh, chron. 216.
Reconvalescenz erschwerte, balneoth. Be-
handlung gegen 120.
Reflexlähmung 178.
Regen, Einfl. d. auf d. Organism. 105.
Respirationsorgane, Krankheiten der 186.
Retina, Hämorrhagien der 292.
Rheumatische Zustände, Kochsalzbäder
gegen 278.
Rückenmark, Anämie im 169.
— Circulationsstörungen im 169.
— Hämorrhagie im 170.
— Hyperämie im 170.
— Lähmung vom R. ausgehend 182.
— Multiple Sclerose des 174.
— Syphilis des 173.
Rückenmarkserschütterung 155.

S.

Sanatorien für Phthisiker 200.
Sandbadecuren, Wirkung u. Anwend. 91.
Sauerstoffinhalationen b. Anämie 123.
Säuerlinge, therap. u. physiol. Wirkg. 11.
Scheidenkatarrh, chron. 244.
Schlaflosigkeit, hysterische 160.
Schlammbäder, Wirkung u. Anwend. 82.
Schrecklähmung 178.
Schwefelbäder, Indicationen u. Wirkg. 50.
Schwefelwasserstoffinhalationen, Wirkg. 60.
Schwindsucht, Lungen- 195.
Schwitzeinpackungen, Wirkg. u. Anw. 100.
Sclero-Chorioideitis postica 292.
Sclerose, multiple, des Gehirns und des
Rückenmarks 174.
Scrofulose, Kochsalzwässer gegen 136.
— balneotherapeut. Behandlung der 136.
— erethische Form der 136.
— höherer und verminderter Luftdruck
gegen 139.
— Jodquellen gegen 137.
— Soolquellen gegen 137.
— torpide Form der 137.
— verschied. Formen der, und deren ver-
schiedenartige Behandlung 136.
— gegen, und Anlage zu solcher 139.
— Sool- oder Seebäder 138.
Seebadecuren 81.
Seebäder gegen Scrofulose 135.
— physiolog. und therapeut. Wirkungen
62. 66.
Seeklima 110.
Seeluft, therapeut. Wirkungen der 64.
Sehschwäche 291.
Sensibilitätsstörungen, Behandl. von functionellen 155.
Seewassertrinkcuren 66.

Sexualorgane, Erkrankungen der, Eisen-
    wässer gegen 244. 246. 253. 258.
    260. 275.
— Erkrankungen weiblicher 240.
Sinnesorgane, Krankheiten der 290.
Sitzbad, kaltes, Wirkung und Anwend. 99.
Sooldunstbäder, Wirkungen der 58.
Sommercurorte, klimat. 115.
Sonnenlicht, Wirk., auf d. Organism. 105.
Speckleber 234.
Spermatorrhoe 260.
Spinalmeningitis, chron. 170.
Spinalparalyse, spastische 184.
Stahlbäder, Indicat. 25.
Sterilität, weibliche 258.
Stenocardie 214.
Stickstoffinhalationen, Wirkungen von 59.
Stuhlverstopfung, habituelle 227.
Sturzbäder, kalte, Wirkung u. Anw. 100
Syphilis, arsenhalt. Thermen gegen 151. 152.
— des Gehirns und Rückenmarks 173.
— hereditäre, balneotherap. Behandlung
    der 152.
— Jodquellen gegen 151.
— Kaltwassercur gegen 151.
— Schwefelquellen gegen 150.
— Wildbäder gegen 151.

T.

Tabes dorsualis 166.
Thermische Reizeffecte (Hydrotherapie) 93.
Trachea, Krankheiten der 191.
Traubencuren, Wirkung u. Anwend. 76.
Trinkcuren 5.
Tuberculose der Lunge 195.

U.

Umschläge, kalte, Wirkung u. Anwend. 99.
Unfruchtbarkeit, weibl. 258.
Unterleibsplethora 238.
Urticaria 288.
Uteruskatarrh, chron. 244.
Uterus, Neubildungen am 250.
Uterusinfarct 240.

V.

Vaginalkatarrh 244.
Veitstanz s. Chorea.
Vollbad, kaltes, Wirkung u. Anwend. 98.

W.

Waschungen, kalte, Anwend. u. Wirk. 97.
Weichtheile, chron. Erkrankung der, Be-
    wegungsapparat 283.
Werlhoff'sche Krankheit 135.
Wildbäder, physiol. und therapeut. Wir-
    kungen 5.
Wintercurorte, klimat. 118.
Wolken, Einfluss auf klim. Verhältn. 105.

X.

Xanthinsteine 274.

Z.

Zuckerkrankheit s. Diabetes mellitus.

Gedruckt bei L. Schumacher in Berlin.